页岩气分析测试技术及地质评价方法与应用

李大华　陆朝晖　周军平　程礼军　张　烨◎著

重庆大学出版社

图书在版编目(CIP)数据

页岩气分析测试技术及地质评价方法与应用 / 李大华等著. -- 重庆 : 重庆大学出版社, 2021.2

ISBN 978-7-5689-2583-9

Ⅰ. ①页… Ⅱ. ①李… Ⅲ. ①油页岩-采气-分析②油页岩-石油天然气地质-评价 Ⅳ. ①TE375 ②P618.130.2

中国版本图书馆 CIP 数据核字(2021)第 038584 号

页岩气分析测试技术及地质评价方法与应用

李大华　陆朝晖　周军平　程礼军　张　烨　著

策划编辑:杨粮菊

责任编辑:文　鹏　　版式设计:杨粮菊

责任校对:王　倩　　责任印制:张　策

*

重庆大学出版社出版发行

出版人:饶帮华

社址:重庆市沙坪坝区大学城西路 21 号

邮编:401331

电话:(023)88617190　88617185(中小学)

传真:(023)88617186　88617166

网址:http://www.cqup.com.cn

邮箱:fxk@cqup.com.cn(营销中心)

全国新华书店经销

重庆升光电力印务有限公司印刷

*

开本:787mm×1092mm　1/16　印张:22.75　字数:514 千

2022 年 1 月第 1 版　2022 年 1 月第 1 次印刷

ISBN 978-7-5689-2583-9　　定价:268.00 元

前言 / Forword /

我国是能源消耗大国,面临着能源需求增长和节能减排的双重压力,寻找并生产更多的清洁能源是保障国家能源安全和建设"美丽中国"的必然选择。页岩气作为一种清洁高效的能源,加快其勘探开发,有助于保障国家能源安全,缓解节能减排压力。

美国的"页岩气革命"引发了全球页岩气开发热。从20世纪80年代开始,美国用20年时间掌握了由探索性开采到水平井开采的成熟技术,实现了页岩气商业化开采,再用10年时间将页岩气产量突破1 000亿 m^3 大关,其开发模式在北美地区得到较好的移植和应用,加拿大等国的页岩气产量也呈井喷之势。

在北美页岩气革命的影响和国家政府的推动下,我国近几年陆续开展了页岩气的研究与勘探工作,并在局部地区取得了勘探突破,建立了示范区。据国土资源部数据,我国页岩气可采资源量约为25.08万亿 m^3,资源量与美国大致相当,具有较好的勘探开发潜力。随着勘探认识不断深入,资源储量有可能大幅增加,如当初预计重庆可采资源量为2.05万亿 m^3,目前仅中石油通过勘探评价就已超过5万亿 m^3。国家相关部委也发布了《页岩气发展规划(2011—2015)》,提出到2015年,中国页岩气产量将达到65亿 m^3,到2020年,页岩气产量达到600亿~1 000亿 m^3。

我国的页岩气研究处于起步阶段,早期研究主要集中在泥页岩理论方面,并侧重于泥页岩裂缝油气藏研究。与美国相比,我国页岩气主要有以下特点:

①类型复杂。美国页岩气大多为单一海相热成因型,而我国除海相类型外,还有海陆过渡相与陆相两种类型。

②赋存条件复杂。美国页岩气埋藏深度适中,一般小于3 000 m;我国页岩气埋藏浅于3 000 m的范围小,部分埋深甚至超过5 000 m。

③目标层自身特点复杂。美国含气页岩有机碳含量高,有机质成熟度适中,单层厚度与整体厚度大,页岩脆性好,经历的构造活动相对简单,易于开发;我国海相页岩经历的构造活动较复杂,有机碳含量高、有机质成熟高和非均质程度高,陆相页岩有机质成熟度低、脆性矿物含量低,开发难度相对大。

④区域分布地形复杂。美国含页岩气地区地形开阔平坦,勘探开发条件好;我国则多为丘陵和山区,交通不便、水源缺乏,增加了工程施工难度。由于我国页岩气资源禀赋条件较美国复杂,适合我国地质特点的页岩气分析测试、综合地质评价及勘探开发技术要求更高。

针对以上问题,重庆地质矿产研究院加大科技攻关力度,于2012年6月以"页岩气分析测试关键技术及评价方法研究与应用"为题目,申请获得了重庆市科委科技攻关重点项目的立项资助,同时该研究依托于重庆市国土资源和房屋管理局设立的"重庆市页岩气资源调查评价"和"页岩气高效开发科技攻关"项目。课题以重庆地区海相富有机质页岩储层为研究对象，通过调查研究、实验测试、技术研发、对比分析和优选集成等手段，构建适合重庆地区海相页岩气勘探开发的一系列页岩气分析测试关键技术、页岩气地球物理储层模拟技术、资源评价方法及综合地质评价方法体系，为提高重庆地区页岩气前期综合地质评价的可信度奠定技术基础和参考依据。

开展的研究工作主要依托页岩气勘探开发国家地方联合工程研究中心、自然资源部岩气资源与勘查重点实验室、重庆市页岩气资源与勘查工程技术研究中心、油气资源与探测国家重点实验室重庆页岩气研究中心、国土资源部重庆矿产资源监督检测中心等多个科研平台，以重庆地区页岩气先导勘探项目的数据、资料与研究成果为基础，对页岩气分析测试技术、地球物理储层模拟技术、资源评价等综合评价关键技术的原理方法和数据进行深入分析与对比研究；以针对重庆地区典型海相页岩储层的技术适用性、成果可靠性和执行规范化为目标，实施系统的关键技术优选与新技术研发；基于收集掌握的重庆地区多口页岩气勘探参数井、探井的钻井、录井、测井和地震资料及岩心分析测试数据，借鉴北美先进的分析测试与评价技术以及丰富的开发经验，开展适合重庆地区特殊地质特征的综合地质评价技术与关键指标体系构建工作；对所构建的分析测试关键技术和综合评价体系进行以渝东南勘探数据为基础的应用实例研究。

由于作者水平有限，书中难免存在不足与纰漏，敬请批评指正！

李大华
2020 年 10 月

目录 / Contents /

第1章 | 绪　论

1.1　页岩气地质与开发特征

1.1.1　页岩气地质特征

页岩气是指主体位于暗色泥页岩或高碳泥页岩中，以吸附或游离状态为主要存在方式聚集的天然气。页岩气藏、煤层气藏和致密砂岩气藏并称为三大非常规气藏，其天然气在烃源岩中大规模滞留，是典型的"自生自储"式气藏，运移距离极短，页岩气藏成藏典型地质特征如图1.1所示。页岩储层的渗透率超低，页岩的典型渗透率为100～0.01 mD，在常规油气藏中泥页岩通常被认为是油气运移的天然遮挡，即在油气圈闭中充当盖层的角色。常规致密气藏孔隙结构的尺寸都在微米或者更大的量级，但含气页岩的孔隙结构一般都在微米至纳米级。页岩气赋存形态包括游离气、吸附气和溶解气等，目前主要关注的是吸附气和游离气。游离气，又称为自由气，是以游离状态赋存于页岩孔隙和天然微裂缝中的天然气；吸附气是指吸附于有机质和黏土矿物表面的天然气，以有机质吸附为主，黏土矿物中的伊利石也具有一定的吸附能力。

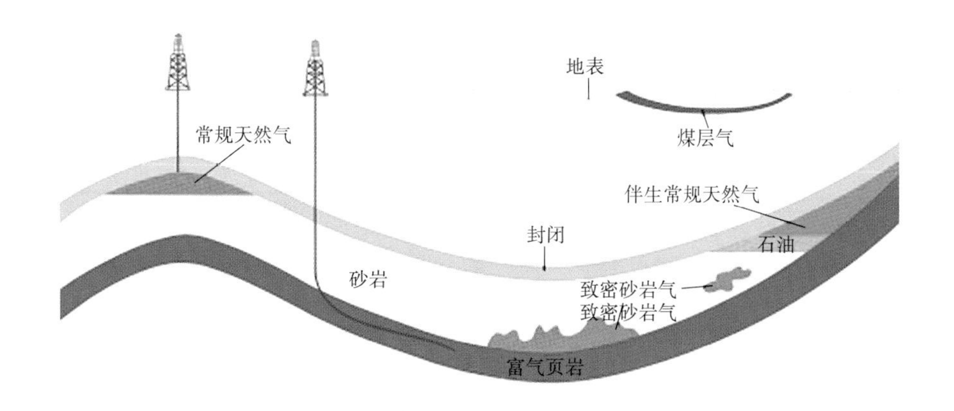

图1.1　页岩气藏成藏典型地质特征图

页岩气的成因机理、赋存相态、成藏聚集机理、分布变化特点及其与其他类型气藏关系之间存在广泛的变化性。由于页岩气成藏边界条件可有适度地放宽且变化较大，各成藏地质要素之间具有明显的互补性。

1)页岩气成因机理多样性

页岩气既可以是生物成因气也可以是热成因气,或是生物成因气与热成因气的混合气。生物成因气,通过在埋藏阶段的早期成岩作用或近代富含细菌的大气降水的侵入作用中厌氧微生物的活动形成;热成因气,通过在埋藏比较深或温度较高时干酪根的热降解或低熟生物气再次裂解形成,以及油和沥青达到高成熟时二次裂解生成,覆盖了几乎所有可能的有机生气作用机理。成因多样性特点延伸了页岩气的成藏边界,扩大了页岩气的成藏与分布范围,使通常意义上的非油气勘探有利区带成为需要重新审视并有可能获得工业性油气勘探突破的重要对象。通过对页岩气组分特征、成熟度特征的分析,一般认为页岩气是连续生成的生物化学成因气、热成因气或两者的混合。

生物成因气是有机物在低温下经厌氧微生物分解作用形成的天然气,富含有机质的泥页岩是页岩气形成的物质基础,缺氧环境、低硫酸盐和低温环境是生物成因页岩气形成的必要外部条件,足够的埋藏时间是生成大量生物成因气的保证。相对于热成因气,生物成因的页岩气分布较少,主要分布于盆地边缘的泥页岩中。热成因气是有机质在较高温度及持续加热期间经热降解和裂解作用形成的天然气。与生物成因气相比,热成因气生成于较高的温度和压力条件,因此随干酪根热成熟度增加,热成因气在盆地地层中的体积含量呈增大趋势。

总之,页岩气的形成是热成因和生物成因共同作用的结果。页岩气形成的根本是经微生物作用和热作用可以生成甲烷等烃类的埋藏有机质,有机质的丰度和类型对于页岩气的形成至关重要,温度、压力和还原环境是页岩气形成的必要条件。

2)页岩气赋存相态多样性

与常规天然气、根缘气不同,对于页岩气来说,页岩既是烃源岩又是储集层,因此无运移或运移距离极短,就近赋存是页岩气成藏的特点;泥页岩储层的储集特征与碎屑岩、碳酸盐岩储层不同,天然气在其中的赋存方式也有所不同。由于页岩气在主体上表现为吸附或游离状态,成藏过程中没有或仅有极短距离的运移,因此从某种意义上说,页岩气藏具有典型煤层气和典型根缘气的双重机理,表现为过渡特征及"自生、自储、自封闭"成藏模式。页岩气可以在天然裂缝和粒间孔隙中以游离方式存在,在干酪根和黏土颗粒表面上以吸附状态存在,甚至在干酪根和沥青质中以溶解状态存在。生成的天然气一般情况下先满足吸附,然后溶解和游离析出,在一定的成藏条件下,这三种状态的页岩气处于一定的动态平衡体系。

页岩气包括游离态(大量存在于页岩孔隙和裂缝中)、吸附态(大量存在于黏土矿物颗粒、有机质颗粒、干酪根颗粒及孔隙表面上)及溶解态(少量存在于干酪根、沥青质、残留水以及液态原油中)气体,包含了天然气存在的几乎所有可能相态。吸附态存在的天然气可占天然气赋存总量的20%~85%,吸附机理增强了天然气存在的稳定性,提高了页岩气的保存能力及抗破坏能力,但同时也导致了页岩气具有产量低、周期长的开发特点。

(1)吸附机理

页岩气的含量超过了其自身孔隙的容积,溶解机理和游离机理难以解释这一现象,因此吸附机理就占据着主导优势地位,吸附作用过程可以是可逆或不可逆的,吸附方式分为物理吸附和化学吸附。吸附量与页岩的矿物成分、有机质、比表面积(孔隙、裂隙等)、温度和压力有关。

(2)游离机理

游离状态的页岩气存在于页岩的孔隙或裂隙中,气体可以自由流动,其数量取决于页岩内自由的空间。当气体分子满足吸附后,多余的气体分子一部分就以游离状态进入岩石孔隙和裂隙中。游离气体含量的大小取决于孔隙体积、温度、气体压力和气体压缩系数。

(3)溶解机理

天然气分子满足吸附机理后很可能进入液态物质中发生溶解作用,一部分页岩气以溶解态存在于干酪根、沥青和水中。溶解机理主要以间隙充填和水合作用的形式表现出来,页岩气体分子和液态烃类接触,由于分子的扩散作用进入干酪根和沥青等烃类分子间的空隙中,称为间隙充填。间隙充填受温度和压力影响较大。页岩中气体分子和水分子相互作用结合或分解的过程为水合作用。这是一个可逆过程,当结合和分解的速度相等时,它们就达到了一种动态平衡。

3)页岩气成藏机理多样性

页岩气成藏经历了非常复杂的多机理过程,是天然气成藏机理序列中的重要构成和典型代表。根据不同的成藏条件,页岩气成藏可以表现为典型的吸附机理、活塞运聚机理或置换运聚机理。在特征上,页岩气介于典型的吸附气(如煤层气藏)、典型活塞式成藏的根源气(如狭义深盆气藏)和典型置换式运聚的游离气(如常规的背斜圈闭气藏)三大类气藏之间。

在页岩气成藏过程中,随天然气富集量增加,其赋存方式发生改变,完整的页岩气藏充注与成藏过程可分为4个阶段。第一阶段为天然气生成与吸附阶段,该阶段形成的页岩气藏具有与煤层气相似的成藏机理;第二阶段为吸附气量(包括部分溶解气量)达到饱和时,富余气体解吸或直接充注到页岩基质孔隙中(也不排除少量直接进入了微裂缝中),其富集机理类似于孔隙型储层中天然气的聚集;第三阶段是随着大量气体的生成,页岩基质孔隙内温度、压力升高,出现岩石造缝以及天然气以游离状态进入页岩裂缝中成藏;经过前述三个过程后,天然气最终以吸附气和游离气的形式富集形成页岩气藏,即页岩气藏形成阶段,页岩气的形成示意图如图1.2所示。

4)影响页岩气分布的地质因素具有多样性

构造背景与沉积条件,泥页岩厚度与体积,有机质类型与丰度,热成因历史与有机质成熟度,孔隙度与渗透率,断裂与裂缝,以及构造运动与现今埋藏深度等因素,均是影响页岩气分布并决定其是否具有工业勘探开发价值的重要因素。影响因素多样性导致页岩气勘探具有隐蔽性。

页岩气成藏的主要影响因素是烃源岩的有机质含量及其生气作用,而控制天然气自然产能的主要条件是泥页岩中的裂缝发育程度。因此,发现泥岩厚度较大、含碳量高、母质丰富且生气强度大以及裂缝发育,就能大致确定页岩气的空间分布,降低页岩气的勘探难度。

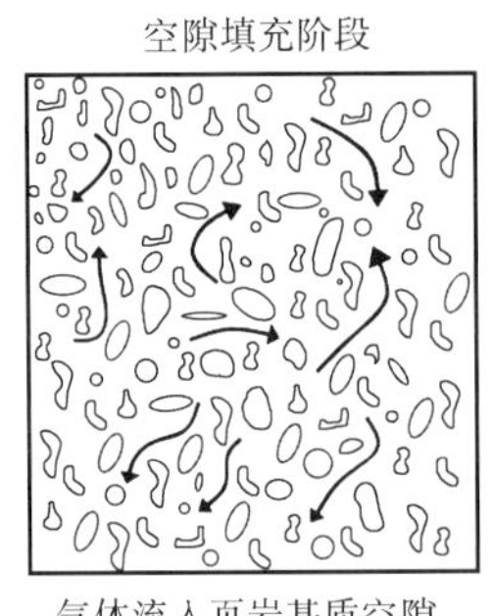

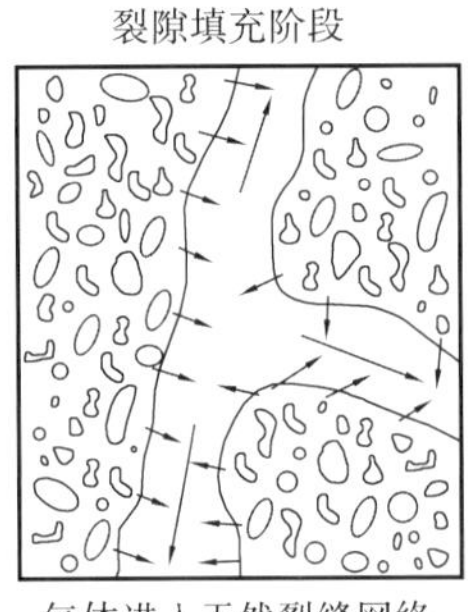

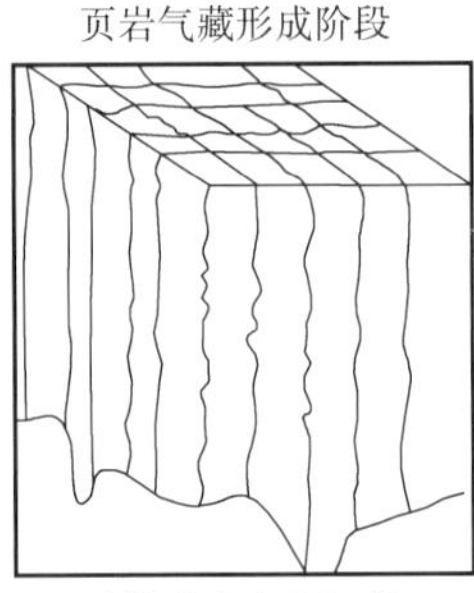

图 1.2　页岩气赋存方式与成藏过程示意图

5)生产机理

当页岩层压力降到一定程度时,页岩中被吸附的气体开始从裂隙表面分离下来,成为页岩气的解吸气。由于节理中的压力降低,解吸出的气体和游离态、溶解态天然气混合通过基质孔隙和裂隙扩散进入裂隙中,再经裂缝等输导系统流向井筒。页岩气的产出可以分为三个阶段:

①在钻井、完井降压的作用下,裂缝系统中的页岩气流向生产井筒,基质系统中的页岩气在基质表面进行解吸;

②在浓度差的作用下,页岩气由基质系统向裂缝系统进行扩散;

③在流动势的作用下,页岩气通过裂缝系统流向生产井筒。

由于裂缝空间是有限的,因此早期以游离气为主的天然气产量快速下降并且达到稳定,稳定期的产量主要来源于基质孔隙里的游离气和解吸气,如图 1.3 所示。美国泥盆系页岩气藏 90% 的工业性气井需要经过压裂增大裂缝空间和连通性,使更多的吸附气发生解吸而向裂缝聚集。

1.1.2　页岩气的开发特点

页岩气为原地滞留成藏,几乎没有自然产能,必须通过压裂释压解吸开采,而其勘探风险就在于能否从低渗透的页岩储层中获取经济可采储量。在地质、地化、测井和地震综合评价基础上,通过水力压裂等增产措施提高储集层渗流能力是页岩气开采的关键,成因、赋存、成藏及生产机理上的特殊性决定其开发过程的差异性。

1)页岩气与常规气藏动用方式的差异

常规气藏由于其渗透率较大,一般高于 0.1 mD,有些储层在不进行增产改造的情况下,仍然能够有较高的产量。水平井大规模应用之前,开发以直井为主,随着水平井开发效益的逐步显现,水平井也越来越多地应用到了常规油气藏的开发中。

相比于常规油气藏,页岩气最大的特点在于其超低的渗透率,一般只有 100 ~ 1 000 nD。

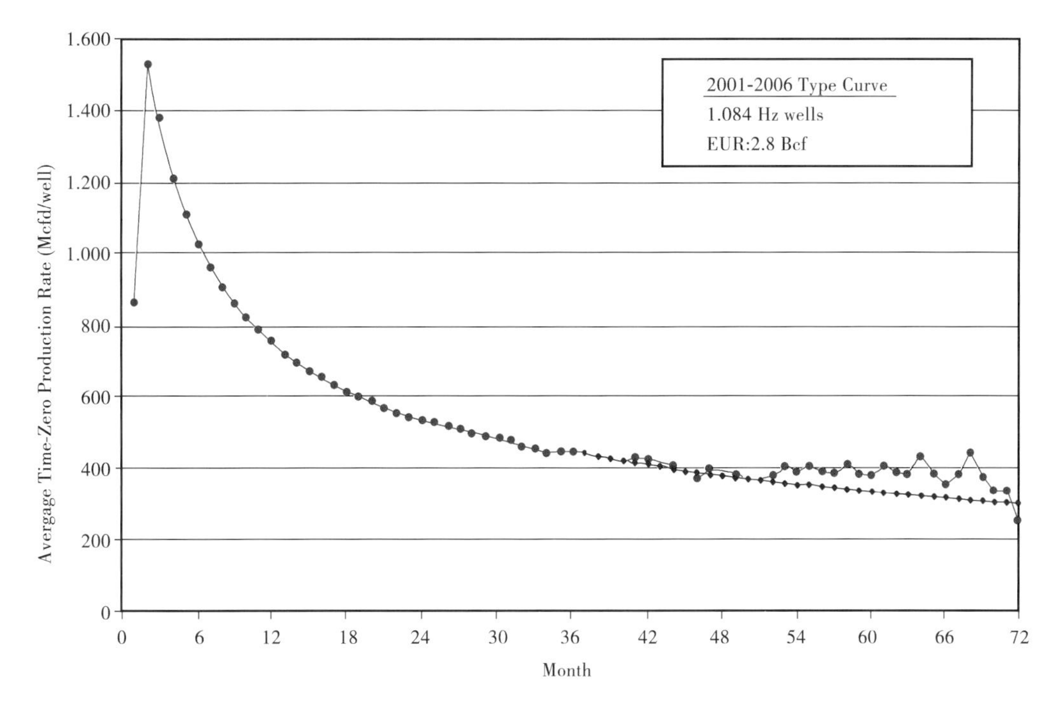

图1.3 Barnett页岩典型水平井生产曲线

要想具有经济产量,必须进行储层改造,目前水平井多段压裂为应用最广泛的改造措施。压裂施工中,常规气藏一般都是采用高黏液体作为压裂液,如胍胶等,而页岩气压裂施工中,主要采用清水压裂,或者采用清水与线性凝胶的混合压裂。对于常规气藏,其最优的裂缝形态是保证一条主裂缝,并且保证其导流能力,应尽量避免复杂缝网,因为复杂缝网的出现会降低该类储层的产能;对于页岩气藏,在形成一条具有较高导流能力的主裂缝外,还需要形成复杂缝网,因为复杂缝网能够极大提高储层产能。此外,生产过程中,页岩气与常规气藏的一个重要差异就在于其产量递减速率较高,不能长期保持较高的产量。具体比较项目见表1.1。

表1.1 常规气藏与页岩气藏动用方式的区别

	常规气藏	页岩气藏
井的类型	直井为主	水平井为主
储层改造类型	酸化或酸压较多,也有压裂	一般只进行压裂
压裂液	高黏交联冻胶为主	清水压裂液为主
生产情况	产量较高且稳定,递减较慢	初期产量较高,递减速度很快
最优裂缝形态	形成主裂缝,避免复杂缝网	形成主裂缝,并尽可能得到复杂缝网

2)页岩气与致密气藏动用方式的区别

目前存在多种致密气藏的定义,但现今最为认可的是美国联邦能源管理委员会(FERC)对致密砂岩气的定义,即储层渗透率小于0.1 mD的砂岩储层。与页岩气类似,致密气藏也具有较低的渗透率,但页岩气的渗透率更低,只有100~1 000 nD。除了渗透率,致密气藏不同于页岩气的一个主要特征就在于储层的矿物成分,致密气藏一般都是砂岩储层,其中的黏土成分含量较少,而典型的页岩气储层中,硅酸盐、碳酸盐和黏土成分大约各占1/3,所以页岩气储层中含有较多的黏土成分,这对后续的储层改造设计提出了挑战。此外,与常规气藏类似,致密气藏中的天然气都是储集在基质孔隙中的自由气或游离气,基本上没有吸附气,而页岩气不仅有储集在孔隙和天然裂缝中的自由气,还有吸附在黏土和有机质表面的吸附气。

由于两种气藏的渗透率都较低,所以一般都需要进行压裂改造,主要采用低黏度的液体作为压裂液,但是由于页岩气储层中黏土含量高,所以对压裂液体系要求更高。此外,国外许多学者都认为,页岩气储层中天然裂缝发育,天然裂缝对压后产量起到至关重要的作用,所以压裂设计时要尽可能地使人工裂缝沟通天然裂缝。

在井型上,前期都是以直井为主,随着水平井在Barnett页岩的成功应用,水平井压裂开发逐渐成为主流,页岩气中水平井的比例更高,现在有超过90%的新井都是水平井。在压裂施工规模上,相比于致密砂岩,页岩压裂施工规模更大,压裂级数超过20级,最多的可以达到60级,而在致密砂岩气藏中,多数都达不到20级。此外,数值模拟结果显示,对于致密气藏,其最优的裂缝形态应该为具有较高导流能力的平面主裂缝,再加上小规模的复杂裂缝网络,而对于页岩气藏,其最优的裂缝形态为具有一定导流能力的主裂缝和大规模的缝网。在压后产量上,页岩气产量递减速度更快,据一份来自Chesapeake的报告显示,在Haynesville页岩气储层,其公司所属的水平井在第一年产量递减达到了85%,具体参数比较见表1.2。

表1.2　致密气藏与页岩气藏动用方式的区别

	致密气藏	页岩气藏
矿物组成	一般是砂岩储层,黏土较少	黏土成分含量较高,25%~45%
气体组成	游离气	游离气和吸附气约各占1/2
压裂液滤失	滤失较严重	滤失较少
压裂液返排	返排率较高	返排率较低,5%~30%
最优裂缝形态	主裂缝+小规模复杂缝网	主裂缝+大规模复杂缝网
生产情况	产量递减相对较慢	产量递减较快,第一年超过60%

3)页岩气与煤层气藏动用方式的差异

狭义的煤层气是指可供能源开发利用的、在煤层及其周围岩石自生自储的以甲烷为主的天然气,其气体成分以吸附气为主,基本没有自由气。煤层气产出机制为“排水—降压—解吸—扩散—渗流—煤层气”,也就是通常所说的压裂排水降压后获得解析吸附气,从而获得具有工业开采价值的煤层气。煤层气储层深度较浅,在我国,煤层埋深小于1 500 m的资源量占总资源量的 82.1%，而煤层埋深 1 500 ~ 2 000 m 的资源量占总资源量 17.9%，也就是说，煤层埋深一般都是小于 2 000 m。页岩气储层埋深范围较大，较浅的如 Antrim 和 New Albany，深度为 200 ~ 600 m，较深的如 Haynesville，深度为 3 000 ~ 4 000 m。图 1.4 表明了在不同埋深或者不同地层压力条件下，页岩气中吸附气和自由气的相对含量，可以看出：在埋深较浅的储层中，吸附气所占的比例更大，而在埋深较深的储层中，自由气所占的比例更大。埋深上的差异也导致开发方式的差异，前面所提到的两个最浅的页岩气藏 Antrim 和 New Albany，它们的开发方式与煤层气类似，主要采用排水降压开采，压后初期产水量很大，其产气高峰期出现在储层改造的 1 ~ 2 年后，除了这两个页岩气藏外，在北美的其他主要页岩气产区都没有出现产水情况。

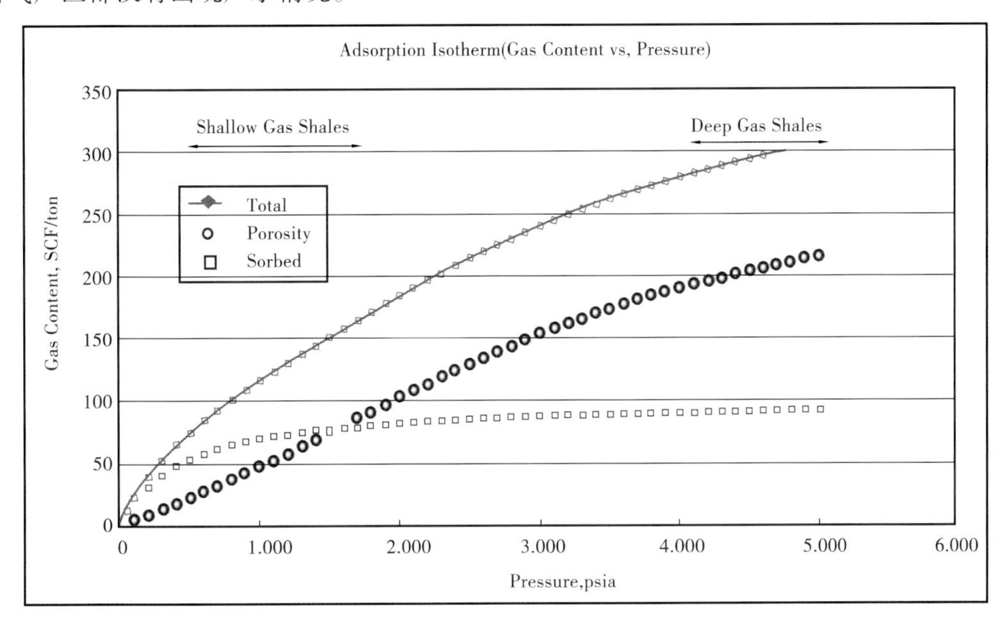

图 1.4　不同地层压力条件下页岩气藏中吸附气与自由气比例的关系

除了由于埋深不同所引起的开发方式不同外，两种气藏还有一些其他差异。首先是井的类型，在 2002 年以前，页岩气开发以直井为主，此后就进入了以水平井为主的开发阶段，开发方式就是进行水平井多段压裂，形成几十条横向裂缝；而在煤层气开发中，除了垂直井和水平井外，还有一些新型的井结构，例如羽状水平井、U 形井等。在压裂液方面，两者一般都是采用低黏度的清水压裂液，但在具体配方上，页岩气储层需要针对黏土类型选择黏土稳定剂和防膨剂，为了提高返排率，需优选表面活性剂；而煤层气储层为了防止煤粉堵塞裂缝，需要添加煤粉分散剂。此外，在生产曲线上，相对于页岩气，煤层气产量递减较慢。表 1.3 列出了煤层气藏与页岩气藏动用方式的一些差异。

表 1.3　煤层气藏与页岩气藏动用方式的差异

	煤层气藏	页岩气藏
储层深度	一般小于 1 000 m	1 000 ~ 4 000 m
渗流通道	充分利用割理	一般天然裂缝比较发育

续表

	煤层气藏	页岩气藏
气体组成	游离气较少,以吸附气为主	游离气和吸附气约各占1/2
井的类型	垂直井、水平井、羽状水平井、U形井等	水平井为主,也有少量的垂直井

1.2 我国页岩气勘探开发进展

1.2.1 页岩气勘探开发历程

我国自2004年起,由国土资源部油气资源战略研究中心与中国地质大学(北京)合作开展了页岩气资源的研究工作。通过对比湖南、四川等8省市成藏条件后,认为重庆市渝南和东南地区广泛分布下寒武统、下志留统、中二叠统3套地层,许多地区有形成大规模页岩气的可能。

自2005年起,中石油(CNPC)开展了页岩气方面的研究工作,一是通过对以往资料的分析,证实了页岩气确实在国内广泛存在,二是加强与国外的合作。

2007年10月,中国石油天然气集团公司与美国新田石油公司签署了"威远地区页岩气联合研究"协议,开展了威远地区寒武系筇竹寺组页岩气资源潜力评价与开发可行性研究。

2008年11月,中国石油勘探开发研究院在川南长宁构造志留系龙马溪组露头区钻探了中国第一口页岩气地质评价浅井——长芯1井,设计200 m的井深取心154 m,并进行了大量的分析测试。

2009年,国土资源部启动了"全国页岩气资源潜力调查评价与有利区优选"项目,对中国陆上页岩气资源潜力进行系统评价。与此同时,中国石油与壳牌石油公司在富顺—永川地区开展了中国第一个页岩气国际合作勘探开发项目。

2009年8月17日,中共中央政治局常委、国务院副总理李克强作了关于加大地质勘查工作力度、立足国内开发利用资源的重要讲话。同一天,国土资源部油气中心会同中国地质大学(北京)等单位,在重庆市綦江县、巫溪县启动了全国首个页岩气资源勘查项目,标志着我国正式实施页岩气资源的勘探开发。

2009年8月27日,中国研究人员在重庆市境内的北部县区(秦岭褶皱带南端)肉眼观察并发现了页岩气的直接存在。

2009年11月15日,美国总统奥巴马首次访华,中美签署了《中美关于在页岩气领域开展合作的谅解备忘录》,多次开展政府间交流,促进了中国页岩气资源的调查、勘查工作。包括国土资源部在内的国家有关部委、各级地方政府、有关石油企业乃至非油气企业、勘查单位、高等院校、科研院所等,都积极投身于页岩气资源的开发和研究中。

2009年11月,中石油与壳牌公司签订"四川盆地富顺-永川区块页岩气联合评价协议”。

2010年，中国海油（CNOOC）成立了专门的页岩气专题研究组，主要从事南方地区页岩气藏潜力评价和区带优选工作。

2010年开始，中国页岩气勘探开发陆续获得单井突破。2010年4月，中国石油在威远地区完钻中国第1口页岩气评价井——威201井，压裂获得了工业性页岩气流。

2011年，国土资源部在全国油气资源战略选区项目中，设置了“全国页岩气资源潜力调查评价及有利区优选”项目，将全国陆域分为上扬子及滇黔桂区、中下扬子及东南区、华北及东北区、西北区、青藏区5个大区，组织27个单位420余人，对页岩气资源潜力进行系统评价。评价结果表明，我国页岩气地质条件复杂，资源类型多、分布面积广，陆域页岩气地质资源潜力为134.42×10^{12} m^3，可采资源潜力为25.08×10^{12} m^3（不含青藏区），与我国陆域常规天然气相当，与美国页岩气的24×10^{12} m^3相近。

2011年，科技部在油气重大专项中设立《页岩气勘探开发关键技术》项目。

2011年12月，国土资源部正式将页岩气列为中国第172种矿产，按独立矿种进行管理。

2012年，国家发展和改革委员会等多部委联合编制了《中国页岩气“十二五”勘探开发规划》。

2012年4月，中国石油在长宁地区钻获第一口具有商业价值页岩气井——宁201-H1井，该井测试获得日产气15×10^4 m^3，实现了中国页岩气商业性开发的突破。

2012年11月28日，中国石油化工股份有限公司（以下简称中国石化）在川东南焦石坝地区完钻的焦页1HF井在五峰组—龙马溪组获得页岩气测试产量20.3×10^4 m^3，正式宣告了涪陵页岩气田的发现，该井也被重庆市政府命名为“页岩气开发功勋井”。

2012年，壳牌与中石油签署产品分成合同，以共同对四川盆地的富顺-永川区块进行页岩气勘探、开发与生产。次年3月，这份分成合同得到了政府的批准。

2012年，康菲石油与中石化签订了4 047 km^2綦江区块的联合研究协议进行页岩气的勘探开发研究，随后，在2013年2月，康菲石油又与中石油签订了2 023 km^2的内江-大足区块的产量分成合同。

2013年10月，国家能源局发布了《页岩气产业政策》，推动页岩气产业发展。

2014年，中国石化焦石坝区块提交中国首个页岩气探明地质储量1067.5×10^8 m^3，实现了中国页岩气探明储量零的突破。

2015年，四川盆地及其周缘逐渐形成了涪陵、长宁、威远和昭通4个国家级海相页岩气开发示范区，页岩气探明储量及产量逐年增长。

2015年10月21日，中国石油天然气集团公司和天然气巨头英国石油公司（BP）共同宣布签署了一项战略合作框架协议，该协议涵盖潜在的四川盆地页岩气勘探和开发项目、拟推进的中国油品销售合资合作项目。

2015年12月底，全国共设置页岩气探矿权54个，面积17×10^4 km^2，主要集中在四川盆地及其周边地区。

2015 年，威页 1HF 井、焦页 8 井、金页 1HF 井、隆页 1HF 井取得新突破，扩展了四川盆地页岩气勘查领域。

2017 年，涪陵页岩气田如期达到百亿 m^3 产能，当年产量超过 60×10^8 m^3。同年，中石油全年页岩气产量超过 30×10^8 m^3。全国页岩气产量超过加拿大（52.1×10^8 m^3），成为世界第二大页岩气生产国。我国基本掌握了 3 500 m 以浅海相页岩气开发技术，勘查开采技术设备全面实现国产化，已从“跟跑”阶段进入和国外先进技术“并跑”阶段。

2018 年，中石化威（远）荣（县）页岩气田整体提交探明储量 $1\ 247\times10^8$ m^3，标志着国内深层页岩气领域取得重大突破，成为继涪陵页岩气田后又一页岩气重大商业发现；同年，南川金佛斜坡焦页 10HF 井试获稳定工业气流，取得盆缘复杂构造带常压页岩气勘探重要发现。

2019 年，丁山-东溪区块东页深 1 井，在埋深 4 270 m 的优质页岩气田试获了日产 31×10^4 m^3 的高产气流，实现了埋深超 4 000 m 页岩气井压裂工业技术的突破，为深层页岩气大规模商业开发奠定了技术基础。

2019 年，中石油在长宁、威远两个页岩气田新增探明地质储量 $6\ 050.21\times10^8$ m^3，累计探明地质储量已达 $10\ 610.3\times10^8$ m^3，成为我国第一个探明地质储量上万亿立方米的超大型页岩气气田。

2020 年 4 月，探明储量超千亿方的威荣页岩气田开发建设目前已全面铺开，这是我国首个深层页岩气田，计划建成年产能 30×10^8 m^3。

2020 年 4 月 9 日，江汉油田涪页 10HF 井放喷测试求产获得稳定工业油气流，标志着复兴地区陆相页岩气勘探取得重要突破。

截至 2019 年底，全国累计探明页岩气地质储量达 1.79×10^{12} m^3，页岩气产量创历史新高，达到 150×10^8 m^3。其中，中石化产气 70×10^8 m^3，中石油产气 80×10^8 m^3。

表 1.4 中石化各公司勘探开发新进展

开发公司	区　块	进　展
中石化江汉油田分公司	涪陵页岩气区块	2013 年 9 月，国家能源局批复设立“重庆涪陵国家级页岩气示范区”。2015 年 4 月，涪陵区至石柱王场页岩气管道实现全线贯通，管道全长 136.5 km，设计输气量 60×10^8 m^3/a。2015 年 12 月底，中国石化正式宣布，涪陵页岩气田完成 50×10^8 m^3/a 产能建设目标，同时，二期 50×10^8 m^3 产能建设启动。截至 2019 年，涪陵页岩气田完钻 504 口，投产 438 口，建成年产能 107.79×10^8 m^3，累计产气 277.85×10^8 m^3，年产量 63.33×10^8 m^3。
	湖北恩施建南地区、湘鄂西	2011 年，施工建 111 井、建页 HF-1 井，均见工业气流。2013 年申请在湘鄂西Ⅰ、Ⅱ两个常规油气区块中增列矿种，开展页岩气勘查，在与壳牌合作的区域内完成了两口探井。

续表

开发公司	区　块	进　展
中石化勘探分公司	涪陵区块	在江东和平桥区块实施了焦页 9 井、河焦页 8 井，证实商业开采价值和条件，推动了涪陵区块二期产建工作。
	綦江-綦江南区块	在丁山构造实施了丁页 1、丁页 2、丁页 3、丁页 4 和丁页 5，丁页 4HF、丁页 5HF 井分别试获日产 20.56×10^4 m^3、16.33×10^4 m^3 工业气流，证实了丁山中深层为页岩气高产富集带。 在东溪构造实施了东页深 1 井，试获了日产 31×10^4 m^3 的高产气流，实现了深层页岩气突破。
中石化华东油气分公司	贵州中北部地区	截至 2014 年底，公司持续在贵州境内投资约 15 亿元开展了页岩气勘探工作，但仍未能压裂成功。
	南川区块	截至 2019 年，完成二维地震勘探 1 032 km，三维地震 263 km^2，完钻 58 口，投产 44 口，建成年产能 7.7×10^8 m^3，累计产气 13.48×10^8 m^3，年产气 8.023×10^8 m^3。
	彭水区块	截至 2019 年，完成二维地震勘探 1 343 km，三维地震 195 km^2，完钻 9 口，投产 7 口，建成年产能 0.7×10^8 m^3，累计产气 0.71×10^8 m^3，年产气 0.16×10^8 m^3。
中石化西南油气分公司	荣昌-永川区块	完成三维地震满覆盖评价，完钻井 17 口，测试产量 $(3\sim14)\times10^4$ m^3/d，建成年产能 1.8×10^8 m^3，累计产气 1.749×10^8 m^3。目前开展井组试验，评价中央背斜区，攻关北部向斜区深层页岩气工艺技术，实施滚动建产，规划“十四五”建成产能 20×10^8 m^3。
中石化石油工程地球物理有限公司江汉分公司	湖南桑植-石门区块	项目于 2014 年 10 月启动，目前已完成江垭宽线二维地震勘探采集和全区二维地震资料采集工作。项目勘探工作于 2015 年 5 月完工，目前已转入数据分析研究阶段，下一步将部署三维地震资料采集项目。

表 1.5　中石油各公司勘探开发新进展

开发公司	区　块	进　展
中石油西南油气田公司	四川威远页岩气区块	截至 2017 年 12 月，四川省辖区内累计开钻页岩气井 343 口，完钻 290 口，压裂 221 口，投产 215 口，已建成年产能突破 45×10^8 m^3，年产量达到 30×10^8 m^3，累计产量已达到 66×10^8 m^3。
重庆页岩气勘探开发有限公司	渝西区块	完钻 10 口，投产 6 口，建成产能 0.83×10^8 m^3，累计产气 0.61×10^8 m^3。区块取得多点单井产能突破，目前正开展井组评价，规划“十四五”建成产能 50×10^8 m^3。
	忠县-丰都区块	完钻水平井 2 口，并实施 2 井压裂与试气评价，暂未取得重大突破。
	宣汉-巫溪区块	完钻 4 口，实施 1 井压裂与试气评价，暂未取得重大突破。

续表

开发公司	区 块	进 展
中石油浙江油田分公司	湖北荆当盆地	在荆门常规油气区块中实施页岩气探井,有良好的页岩气显示。
	贵州黔西北地区	截至2014年底,公司在镇雄-毕节地区完成页岩气井8口,其中浅井2口,预探井6口,累计进度超过16 000 m。
	云南昭通区块	2018年12月31日,浙江油田昭通页岩气示范区全年共生产页岩气 $10.39\times10^{12}\ m^3$,累计投产页岩气井102口,日产气量突破 $460\times10^4\ m^3$。

表1.6 延长石油勘探开发新进展

开发公司	区 块	进 展
延长石油	陕西延安国家级陆相页岩气示范区	截至2014年12月,延长石油在鄂尔多斯盆地完钻页岩气井51口。其中直井44口,丛式井3口,水平井4口;完成页岩气井压裂44口,其中直井37口,丛式井3口,水平井4口,均获页岩气流。延长石油水平井钻井周期从65天缩短至54天。“十三五”末,延长石油将建成页岩气产能 $10\times10^8\ m^3$。

表1.7 其他公司勘探开发新进展

开发公司	区 块	进 展
中国华电科工集团有限公司	湖南花垣区块	2015年5月,“花页1井”顺利开钻。
华电湖北发电有限公司	湖北来凤-咸丰区块	2015年10月16日,“来页1井”的成功压裂,意味着华电第一口海相页岩气井诞生。
	湖北鹤峰区块	2013年7月至2014年8月,该区块已完成2 306 km^2 的二维地震外业和数据整理与分析工作。2014年11月15日,1 380 m的资料井正式开钻。
华电煤业集团有限公司	贵州绥阳区块	2014年12月,项目二维勘探野外采集资料工作通过验收。
河南省煤层气开发利用公司	重庆渝黔湘秀山	开展二维地震勘探523.5 km,实施6口参数井、1口探井钻探工作。三年勘查期内因投入不足,被核减勘探矿权面积。区块未取得重大进展,目前已停止相关勘查工作。

续表

开发公司	区 块	进 展
重庆矿产资源开发有限公司	黔江区块	开展二维地震勘探402.7 km,三维地震勘探137.86 km^2;完成参数井3口、探井5口的钻探工作。2015年对濯页1HF井实施了16级压裂及排采试气评价,未取得重大进展;目前区块已停止相关勘查工作。
	酉阳区块	开展二维地震勘探320 km,实施2口参数井、2口探井钻探工作。未取得重大进展;目前区块已停止相关勘查工作。
国家开发投资公司	重庆城口	开展二维地震勘探87.05 km,实施4口参数井,1口探井钻探工作。2015年,实施了页岩气探井城探1井的5段压裂与试气评价,未取得突破,已核减勘探矿权面积;目前已停止相关勘查工作。
湖南华晟能源投资发展有限公司	湖南龙山区块	2014年9月,公司第一口参数井"龙参2井"完钻,井深1 998 m。2015年1月,试点火成功。排气量约为6 500×m^3/d,气量稳定。2015年公司在龙山地区部署三维地震勘探和水平井钻探工作。
中煤地质工程总公司	贵州凤冈一区块	页岩气勘查先后钻探永新1井、桑页3井、永参1井、桑页6井等,现场解吸含气量最高可达1.6~2.6 m^3/t,特别是永参3井现场先后两次进行放喷点火,火焰高达1.7~3.0 m。
	湖南桑植区块	项目已完成地质调查、野外踏勘、二维地震、钻探"桑页2井"等工作,正在进行室内资料分析和部署下一步的三维地震及参数井、预探井等工作。
神华地质勘查有限责任公司	湖南保靖区块	2014年6月以来,神华集团在保靖分别成功开钻了"保页2""保页1""保页4XF""保页3井"四口探井。

表1.8 中海油勘探开发新进展

开发公司	区 块	进 展
中海油	安徽芜湖下扬子西部	2014年6月,中海油第一口页岩气探井"徽页1井"顺利完钻,完钻井深3 001 m,钻井周期91天。2015年3月,中海油方面表示已决定搁置其在安徽的页岩气项目,原因是经过初步评估,认为公司在安徽的页岩气资源量还不足以支持大规模开发。

1.2.2 我国页岩气勘探开发初期面临的问题

1)分析测试技术方法未成体系

美国Intertek、Weatherford、Chesapeak、Terra Tek等实验室对页岩气的实验测试项目有较

为成熟的研究，并在岩心处理技术、气体评价、致密岩心分析、烃源岩分析等形成了一系列的研究体系。我国页岩气工作还处于起步阶段，部分分析测试仪器与方法还有待改进，分析测试技术方法实用性和系统性集成还有待于进一步研究。国内页岩气资源评价的重要参数多采用常规油气、煤层气的测试技术，或直接引用国外页岩气测试技术与方法，有些分析测试技术方法已满足不了我国页岩气特殊测试要求，需要对测试仪器和方法进行改进和研发，解决页岩气分析测试技术存在的问题，发展和完善页岩气分析测试技术，形成针对页岩气的测试技术方法体系。

2）部分储层模拟预测技术不适应

页岩具有低孔低渗特性，要想获得较高的页岩气的产能，必须利用工程压裂技术进行地层改造来提高页岩储层的连通空间和泄流面积。同时，页岩储层的非均质性和各向异性等突出问题，使得有效页岩储层的模拟技术和预测方法的研究尤为重要。目前，地球物理技术在储层模拟和预测方法研究中起到了重要的作用，测井技术具有比较高的分辨率，对井眼周围储层的刻画较为精细，而地震技术具有比较强的宏观控制能力，对于研究储层的横向非均质性起到很大的作用，测井和地震技术有效结合，能够达到对储层特征进行模拟、描述和预测的目的。

重庆地区具有典型盆缘山区复杂地质背景，经历多期次构造演化，尤其下古生界地层遭受了强烈的构造挤压和抬升剥蚀，模拟、描述和预测页岩储层的连续性、非均质性及各向异性非常关键。因此，需要研究建立适合重庆地区页岩储层地球物理模拟和预测技术，为重庆地区页岩勘探开发部署方案提供重要技术支撑。

3）综合评价方法未成体系

北美地区页岩气勘探开发评价技术已比较完善，综合地质评价标准和技术方法已基本形成。我国尚处于起步阶段，相关部委、各大油公司和国有企业自 2005 年以来成立了多个页岩气科研机构和勘探开发企业，以常规油气相关技术和先期页岩气工作为基础，借鉴北美最新页岩气勘探开发评价技术，积极探索了页岩气综合地质评价与方法体系构建的推动工作。国土资源部出台了《页岩气勘探开发相关技术规程》（征求意见稿），初步确定了页岩气勘探开发方面指导性技术方法和相关参数基本标准。但由于重庆地区复杂的地质背景，有些评价指标和方法需要进一步细化和完善，并针对重庆地区特殊的地质条件增加评价指标。因此，应借鉴北美的研发思路，通过科技攻关与工程实践相结合，进一步完善进而形成适合重庆地区的页岩气综合地质评价和资源评价方法体系。

第2章 | 页岩气综合地质分析关键技术

2.1 页岩气分析测试关键技术

2.1.1 页岩气生烃潜力分析测试技术

地球化学分析测试技术,无论是在常规油气还是非常规油气研究中,都是了解某区块或某地区最关键、最基础的测试技术。页岩气勘探中地球化学分析测试技术有与常规油气的通用性,但针对不同地区,地球化学某些指标已经失去指向意义或某项测试技术不适用,因此页岩气地球化学测试技术有其本身的特殊性。

目前,国际上针对页岩气地球化学分析测试技术流程和体系比较先进和系统的是美国几个石油公司和技术公司。美国 Intertek 公司实验室在页岩气的实验室测试方面形成了烃源分析体系。烃源岩分析主要包括总有机碳的测定和评价、岩石快速热解分析实验、镜质体反射率测定和页岩成熟度、分类和显微相组分的测定。美国 Weatherford 石油公司实验室在页岩气的地化测试方面主要有岩石热解实验确定有机质丰度和热成熟度,天然气组分分析解析气体组分和气体特性,气体同位素分析确定储层产气来源及盆地和储层中页岩气的分布。通过国外实验室的测试项目总结出页岩气地化测试分为两大方面内容:

①烃源岩分析。烃源岩分析主要通过岩石的热解实验和镜质体反射率的测定分析有机质丰度、成熟度和总有机碳量。

②气体评价。通过气相色谱法分析产出气的组分,利用稳定同位素评价储层的产气来源和有利储集区。

页岩既是储集层又作为烃源岩,有必要研究其作为烃源岩的有机地球化学特征进而分析其生烃条件,页岩生烃能力的内部控制因素主要是页岩自身的地球化学指标,即有机碳含量、成熟度、干酪根类型、气体成因类型等参数,同时这些地球化学指标也是影响页岩气赋存状态及页岩含气性能的重要因素。

1)有机质丰度

有机质丰度是指源岩中有机质的富集程度,它是油气形成的基本物质基础。世界各大油田统计资料表明:有机质含量高的岩石与油气储集产出之间,无论在全球范围还是区域范围都有显著的良好关系。与常规气藏相同,不管是生物成因气还是热成因气,都需要高丰度的有机质，在正常热演化条件下，有机碳含量、氯仿沥青"A"和总烃史评价烃源岩有机质丰度的常规指标。

(1)有机碳含量

基本原理：有机碳的测定方法是将被测定的样品用5%的HCl除去岩石中的碳酸盐无机碳，然后将有机碳在高温或含氧的惰性气流中，经过燃烧和氧化剂的充分氧化使其分解成CO_2，红外检测器将CO_2转换成有机碳含量。

(2)岩石热解法参数——总烃

岩石热解参数总烃(S1+S2)也可以描述有机质丰度。启动程序升温的热解炉，对样品进行程序升温，岩石中烃类和干酪根在不同温度下裂解。①将样品粉碎，称取100 mg左右用90 ℃氦气吹洗2 min，样品内的轻烃由氢焰检测器检测，获得S0峰；②样品置于热解炉内，炉温升至300 ℃时恒温3 min，岩石中的烃类释放，获得S1峰；③当炉温由300 ℃升至600 ℃，干酪根、胶质、沥青质裂解，获得S2峰；炉温在300～390 ℃时含氧化合物裂解，获得S3为CO_2峰；④T_{max}为S2峰最高热解峰温。裂解的烃类气体由氢焰离子检测器检测；样品残渣进入分子筛柱，经过氧化炉、催化炉的氧化、催化后，气体进入色谱柱，经分离后由热导检测器检测。

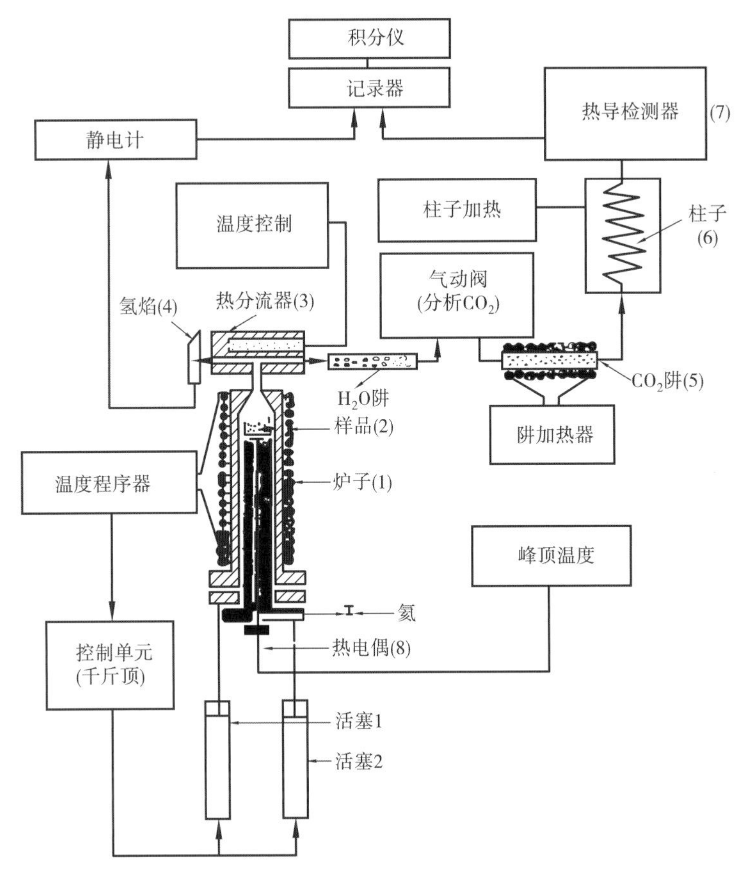

图2.1 岩石热解流程图

由法国石油研究院Espitalie等设计研发的生油岩快速评价仪Rock-Eval，具有操作简便、分析速度快、成本低、样品用量少的特点。

Rock-Eval 热解仪主要由自动进样器、热解舱、温度程序器和检测系统组成。

Rock-Eval 热解仪的基本原理：

第一步：启动程序升温的热解炉，使样品在 N_2 条件下加热至 500 ℃，最高可达 600 ℃。

第二步：炉子上方有一个热解分流器，把热解气体分为两个相等的部分，一部分引向氢焰检测器，测定岩石中烃类和干酪根热解产生的烃；另一部分引向分子筛柱，吸收 CO_2，程序升温结束后，分子筛柱被加热释放出 CO_2，脱出气体进入色谱柱，经分离后进入热导检测器检测。

第三步：炉内有一个热电偶即钼丝探测器，在样品舱下面可以测定碳氢化合物热解最大量时的温度。

Rock-Eval 目前有 3 种型号：

Ⅰ型仪器的程序升温速率和恒温时间调节范围宽，程序升温速率为 1 ~ 59 ℃/min，热解开始温度到终止温度为 0 ~ 599 ℃，恒温时间为 1 ~ 99 min。

Ⅱ型仪器与Ⅰ型结构和分析原理基本相同，只是增加了机械手自动进样和出样，可连续自动分析 50 个样品，分析结果自动运算，自动打印数据，但仪器灵敏度不可调，只能分析有机质丰度高的样品。

Ⅲ型仪器又称油显示分析仪，除了保持Ⅱ型的自动进出样、连续分析和自动打印结果外，其特点是能分析岩样中的轻烃（气峰），能把可溶烃分为天然气峰（S0）和液体油峰（S1）进行分析，还能分析岩石中的残余碳，根据得到残余碳的百分率和 S0+S1+S2 来计算总有机碳百分率，因此可以发现井下油层和气层，能独立测得总有机碳值。要取得准确有代表性的 S0 数据，必须用密封罐在井口取未经冲洗的岩屑湿样，送实验室分析。

（3）氯仿沥青“A”

基本原理：原理粉碎试样至 100 目滤纸包好，借助三氯甲烷即氯仿对岩石中沥青物质的可溶解性，用索氏抽提器进行加热提取，以质量法求出所取沥青物质的含量并计算出氯仿沥青的含量，可以应用岩石中氯仿沥青“A”的含量评价有机质丰度。用德国 Behr 制造的索氏抽提仪，利用溶剂的回流和虹吸原理，用溶剂对固体混合物中所需成分进行反复提取，从而达到目的产物的快速提取和富集。

2）有机质成熟度

有机质成熟度的研究一直受到有关学者（尤其是石油工作者）的高度重视，成熟度也是页岩气生产高流量的关键地球化学参数之一。成熟度是指沉积有机质在温度（主要与埋藏深度有关）、时间等因素的综合作用下，向烃类演化的程度。表征有机质成熟度的常用指标有镜质组反射率（镜质体反射率和镜状体反射率）、沥青反射率，也可以用热解顶峰温度（T_{max}）等。

（1）镜质组反射率技术

镜质组反射率（R_o）是目前国际上通用的最可靠的烃源岩的有机质成熟度评价指标，能够客观地表征晚古生代以来的绝大多数烃源岩的有机质成熟度。

表 2.1　有机质丰度测试

方　法	有机碳	总　烃	氯仿沥青“A”
原理	将被测定的样品用 5% 的 HCl 除去岩石中的碳酸盐无机碳，然后将有机碳在高温或含氧的惰性气流中，经过燃烧和氧化剂的充分氧化使其分解成 CO_2，经红外检测器检测，然后转换成总有机碳含量。	对样品进行程序升温，岩石中烃类和干酪根在不同温度下裂解，然后通过载气的吹洗，裂解的烃类气体由氢焰离子检测器检测；样品残渣进入分子筛柱，经过氧化炉、催化炉的氧化、催化后，气体进入色谱柱，经分离后由热导检测器检测。	即用低沸点有机溶剂三氯甲烷回流抽提，除去样品中的沥青，以样品与残渣质量之差计算沥青含量。
适用性	适用于未成熟-过成熟的泥页岩及碳酸盐岩	不适用于高-过成熟的泥页岩或碳酸盐岩	不适用于高-过成熟的泥页岩或碳酸盐岩
仪器设备	生油岩快速评价仪 Rock-Eval	生油岩快速评价仪 Rock-Eval	索氏抽提器
生产厂家	美国 Leco	法国石油研究院	德国 Behr
仪器特点	具有操作简便、分析速度快、成本低、样品用量少的特点。	具有操作简便、分析速度快、成本低、样品用量少的特点。	一次可处理 6 个样本；每个样品的加热模块可分别调节；冷却水分配系统保证了所有样本的快速冷却。

镜质体是一组富氧的显微组分，由泥炭成因有关的腐殖质组成，具镜煤特征，其结构为以芳香烃为核，常有不同的支链烷基。在热演化过程中，链烷热解析出，芳环稠合，出现微片状结构，芳环片间距逐渐缩小，致使反射率增大、透射率减小、颜色变暗，这是一种不可逆反应。镜质组反射率与成岩作用关系密切相关，热变质作用越深，镜质组反射率越大。

镜状体是在研究海相烃源岩中新发现的一种原生有机显微组分，首次在北欧寒武-奥陶系 Alum 海相页岩中发现，又称海相镜质体，并认为它是由藻类、菌类、海草、节肢动物表皮经凝胶化作用形成。通过自然演化 Alum 页岩和未成熟 Alum 页岩加水热模拟实验对比研究，得出镜状体热演化轨迹类似富氢镜质体的结论，其反射率随成熟作用增强而增大，因此认为镜状体反射率可以作为早古生代地层的成熟度指标（Buchardt，1990）。

程顶胜、郝石生、王飞宇通过相近成熟度的褐煤和 Kukersite 油页岩进行同步热模拟实验，得到镜状体的镜质体反射率的相关关系式为：$R_o=0.75+0.461R_{of}$。其中，R_{of} 为镜状体油浸反射率。

镜状体反射率的应用也有局限性，一是使用范围窄，仅适用于 $0.7\%<R_o<2.1\%$ 的范围。

基本原理：镜质组反射率是指在波长 546 nm+5 nm（绿光）处，镜质组抛光面的反射光强度对垂直入射光强度的百分比。它是利用光电效应原理，通过光电倍增管将反射光强度转变为电流强度,并与相同条件下已知反射率的标样产生的电流强度相比较而得出,主流仪器为蔡司显微镜。

(2)沥青反射率

沥青反射率也是比较常用的用于测量成熟度的方法之一。基本原理:与测镜质组反射率相似,根据沥青物质表面反射光强度与入射光强度的百分比,也是利用光电效应原理,通过光电倍增管将反射光强度转变为电流强度,并与相同条件下已知反射率的标样产生的电流强度相比较而得出。

(3)T_{max} 判断成熟度

除了用光学方法,也可以用 T_{max} 值和氢、氧指数的变化结合镜质组反射率来研究生油岩的成熟度。

T_{max} 是用得最多的判断源岩成熟度的重要指标之一,干酪根热降解生成油气时,首先降解热稳定性最差的部分,而余下稳定性较好的就需要更高的温度来降解,碳氢化合物释放量最大时的温度与 S2 高点对应,称作 T_{max}。利用 T_{max} 变化可以记录源岩的成熟度,其随成熟度的增大而增高。法国石油研究院 Esptalie 在 1982 年提出了判别烃源岩的有机质成熟度的 T_{max} 数值范围及与 R_o 的匹配关系(表 2.2)。

表 2.2 Esptalie(1982)提出 T_{max} 与 R_o 对应关系表

成熟度指标	未 熟	生 油	凝析油	湿 气	干 气
R_o/(%)	<0.5	0.5~1.3	1.0~1.5	1.3~2.0	>2.0
Ⅰ型 T_{max}/℃	<440	440~450			
Ⅱ型 T_{max}/℃	<435	435~455			
Ⅲ型 T_{max}/℃	<430	430~465	455~475	465~540	>540

我国学者邬立言在 1986 年针对国内烃源岩重新提出 T_{max} 数值范围(表 2.3)。

表 2.3 邬立言等(1986)提出 T_{max} 与 R_o 对应关系表

成熟度指标	未 熟	生 油	凝析油	湿 气	干 气
R_o/(%)	<0.5	0.5~1.3	1.0~1.5	1.3~2.0	>2.0
Ⅰ型 T_{max}/℃	<437	437~460	450~465	460~490	>490
Ⅱ型 T_{max}/℃	<435	435~455	447~460	455~490	>490
Ⅲ型 T_{max}/℃	<432	432~460	445~470	460~505	>505

3)有机质类型划分

有机质类型决定着源岩的生烃潜力和生成产物的不同,这是由于有机质化学结构不同造成的。用于研究烃源岩有机质类型的方法和手段可分为两大类:一类是光学法,另一类是化学方法。

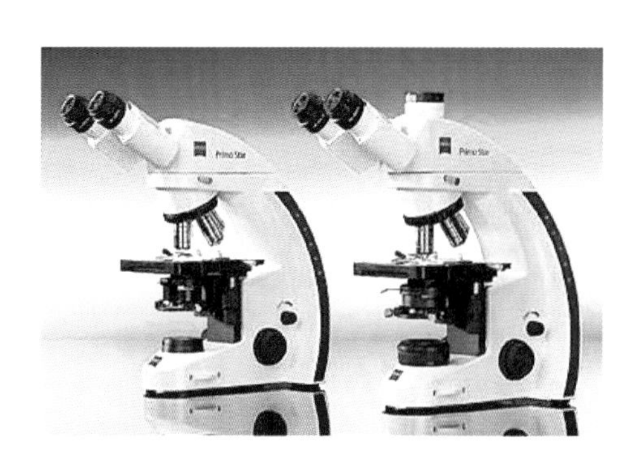

图 2.2　蔡司显微镜 Primo Star

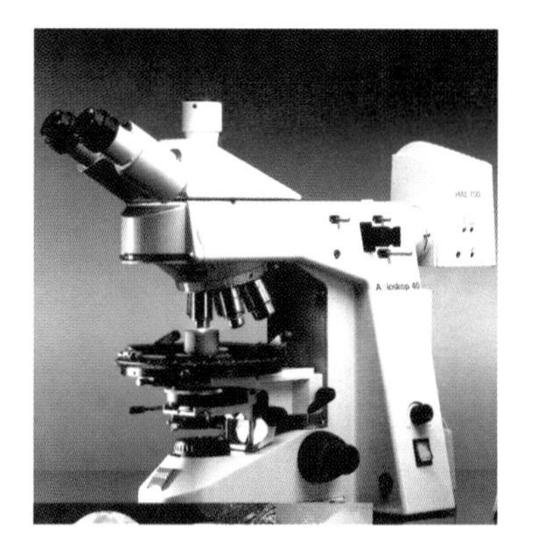

图 2.3　蔡司显微镜 AxioScope A1

表 2.4　有机质成熟度测试

方　法	镜质组反射率	沥青反射率	岩石热解
原理	利用光电效应原理,通过光电倍增管将反射光强度转变为电流强度,并与相同条件下已知反射率的标样产生的电流强度相比较而得出	沥青物质表面反射光强度与入射光强度的百分比	T_{max} 值
适用性	适于测定泥盆纪以后地层	适于测定泥盆纪以前的地层	作为光学方法的补充
仪器设备	蔡司显微镜	蔡司显微镜	生油岩快速评价仪 Rock-Eval
生产厂家	德国卡尔蔡司公司	德国卡尔蔡司公司	法国石油研究院
仪器特点	物镜精度高,图像质量好	物镜精度高,图像质量好	

(1)光学方法鉴定有机质类型

生物显微镜基本原理:在镜下直接观察干酪根组分(类脂组、壳质组和惰质组等)的形态和荧光性,统计不同组分所占百分比和荧光强度,确定干酪根类型。对干酪根类型划分主要采用两种方法,一种是统计主要成分类脂体与镜质体的比例;另一种是采用类型指数(T 值)来划分干酪根类型,具体方法是把鉴定的各组分百分含量代入下式:

$$T=\frac{\text{类脂体含量}\times(100)+\text{壳质体含量}\times(50)+\text{镜质体含量}\times(-75)+\text{惰质体含量}\times(-100)}{100} \tag{2.1}$$

括号中加权系数是根据干酪根中各显微组分对生油的贡献能力制定的。

扫描电镜主要从微观上了解烃源岩的岩石矿物。样品一般无特殊要求,岩心、岩屑只要直径在 2.2 mm 以下的固体样品都可以进行分析。由于地质样品一般都是不导电的绝缘体,为了得到较好的效果,可以在样品上喷镀一层金属薄膜(金、铝或碳膜)。另外,可将配有锂漂移硅探测器的 X 射线能谱仪装在扫描电镜上,运用电子所形成的探测针(细电子束)

作为 X 射线的激发源,以进行显微 X 射线光谱分析。

扫面电子显微镜基本原理:利用具有一定能量的电子束(相当于光源)轰击固体样品,使电子和样品相互作用,产生一系列有用信息,借助特制的探测器分别进行收集、处理并成像,就可以直观认识样品的超微形貌、结构以至元素成分。它的分辨率目前都优于 100×10^{-8} cm,放大倍数(连续可调)为 10 ~ 200 000 倍。

(2)稳定碳同位素分析

石油和天然气中主要元素是碳和氢,代表性原油的碳占 85%。因此,油气以及有机母质中碳同位素组成、变化,是研究油气生成、演化、类型等重要对象之一。

石油是沉积有机质在地质条件下热降解而成,因此,油气的同位素组成与物源和演化程度有关,同时还可能与运移聚集和封闭条件有关。^{13}C 在有机组成中的分布是向烷烃→芳烃→非烃→沥青质、向烷烃→MBA 抽提物→干酪根方向富集。相对富集 ^{13}C 的干酪根,随着热演化程度加深,^{13}C 相对较少;这是由于干酪根大分子中的 ^{12}C—^{13}C 键裂解的反应速度大于 ^{12}C—^{12}C 键和 ^{13}C—^{13}C 键所引起的。因此,$\delta^{13}C$ 的变化过程也证实了干酪根的成油过程,即干酪根先裂解为 MAB 抽提物,再进一步裂解生油。

基本原理:质谱的测量是应用 CO_2 在高能电子流的轰击下产生不同质荷比的离子,测量质荷比为 44 和 45 的离子,即得同位素 ^{12}C 和 ^{13}C 的组成。测量中采用双束补偿法和双样系统,用两个收集器同时分别收集 m/e44 和 45 的两束离子进行补偿,并对被测样品和标准样品进行交替测量,所得是样品对于标准的相对关系,用 $\delta^{13}C$(‰)表示,即

$$\delta^{13}C = \frac{(^{13}C/^{12}C)_{样品} - (^{13}C/^{12}C)_{标准}}{(^{13}C/^{12}C)_{标准}} \times 1\,000‰ \tag{2.2}$$

国际通用标准是美国南卡罗来纳州白垩纪的箭石,其 $^{13}C/^{12}C = 1\ 123.72\times10^{-5}$ 或 $\delta^{13}C = 0$‰称 PDB 标准;我国的测量标准是北京周口店奥陶系灰岩,$^{13}C/^{12}C = 1\ 123.6\times10^{-5}$ 和四川广福坪一号井天然气,其 $^{13}C/^{12}C = 1\ 084.4\times10^{-5}$。各种有机物质的测量精度为±0.3%。

(3)岩石热解技术

20 世纪 80 年代,邬立言等人统计了国内数十个盆地和地区的大量源岩热解数据,划分出适合我国的有机质类型划分标准(表 2.5)。

表 2.5　邬立言等划分源岩有机质类型的划分

类　别	类　型	S_2/S_3	D/(%)	I_{HC}(mgHc/g TOC)	P_g(mg Hc/g Rock)
Ⅰ	腐泥	>20	>50	>600	>20
$Ⅱ_1$	腐殖腐泥	5 ~ 20	20 ~ 50	250 ~ 260	10 ~ 20
$Ⅱ_2$	腐泥腐殖	2.5 ~ 5	10 ~ 20	120 ~ 250	2 ~ 5
Ⅲ	腐殖	<2.5	<10	<120	<2

表 2.6　有机质类型鉴定测试

方　法	光学方法	稳定碳同位素	岩石热解
原理	在镜下直接观察干酪根的形态和荧光性，统计不同组分所占百分比和荧光强度，确定干酪根类型/一定能量的电子束（相当于光源）轰击固体样品，使电子和样品相互作用，产生一系列有用信息，借助特制的探测器分别进行收集、处理并成像，就可以直观地认识样品的超微形貌	在 920 ℃下于氧气流中燃烧成 CO_2；天然气样品先经碱性溶液洗涤，去掉酸性气体，消除对烃类同位素组成的干扰，然后在 850 ℃下，通过氧化铜生成 CO_2，利用 CO_2 低凝固的性质，用液氮冷阱捕集，再用真空泵抽去杂质气体	公式计算，图版，经验值
适用性	适用于低成熟-成熟源岩	适用于低成熟-高过成熟源岩	适用于低成熟-成熟源岩
仪器设备	生物显微镜、荧光显微镜和扫描电子显微镜	碳同位素 MS-20 型质谱仪	
生产厂家	德国徕卡公司/上海光密仪器有限公司/日本电子株式会社	日本津岛公司	
仪器特点	非破坏性测量，采样面积小，逐点的定性和定量分析	操作简单，性能稳定，精度高	

4）气体组分及碳同位素

目前已发现的页岩气成因类型有生物成因气、热成因气和混合成因气。利用气体组分和碳同位素特征来进行天然气成因类型判识具有现实意义。天然气的元素组成与石油类似，以碳、氢为主，碳占 65% ~80%，氢占 12% ~20%，其次是少量硫、氮、氧和其他微量元素。天然气主要由烃类气体和非烃类气体组成。烃类占主要成分，通常以甲烷占绝对优势，乙烷和丙烷也最为常见，含量也高，碳数大于 4 的烃类含量较低，在多数情况下含量随碳数的增加而较少。将 C2+>5% 称为湿气，C2+<5% 称为干气。天然气的非烃气主要有 CO_2、N_2、H_2 等，非烃气体的含量一般小于 10%。根据有机质热演化程度来划分天然气类型，可分为生物成因气、低熟-成熟气、高-过成熟气、二次生气等。①生物成因气是有机质在微生物降解作用下的产物，在埋藏阶段的早期成岩作用过程中，或在近代富含细菌的大气降水的侵入中，厌氧微生物的活动形成了生物成因气。②热成因气是达到一定温度和压力的条件下，有机质发生一系列物理化学变化生成的，可以通过干酪根的直接热降解生成，或者低熟生物气再次裂解，以及油、沥青等达到高成熟时二次裂解生成。

由于天然气是一种以轻烃为主的混合物，它不像组成比较复杂的石油，本身富含丰富的分子指纹化石，能够指示源岩的特征及成熟度情况，其组成简单，因此，根据稳定同位素来判识天然气的特征就成了一项重要的研究内容。天然气在运移或后期的调整改造中组分变化很大，但天然气组分的碳同位素分馏却变化不大，在天然气研究中显示了特殊的优越性，因此稳定碳同位素是一个较为可靠的参数，成为天然气类型的判识主要内容之一。我国天然气中 $\delta^{13}C1$ 值主要分布在-54‰～-30‰，$\delta^{13}C2$ 值主要分布在-38‰～-24‰，$\delta^{13}C3$ 值主要分布在-36‰～-22‰，$\delta^{13}C4$ 值主要分布在-30‰～-20‰。烷烃气的碳同位素组成关系一般是正相关，即 $\delta^{13}C1 < \delta^{13}C2 < \delta^{13}C3 < \delta^{13}C4$。利用甲烷碳同位素与烃成分指标 C1/(C2+C3)值能很好地鉴别不同成因天然气。天然气中甲烷碳同位素变化较大，但乙烷与丙烷的碳同位素值主要受母质类型控制，因此，应用 $\delta^{13}C1$ 与 $\delta^{13}C2$ 值和 $\delta^{13}C1$ 与 $\delta^{13}C3$ 值相关性，能较好地鉴别天然气的成因类型。

实验室用 Thermo 气相色谱仪对气样进行组分分析，用 Thermo Finnigan Delta Plus XL GC/C/IRMS 进行稳定碳同位素分析。组分测试和同位素测试的绝对误差分别为+0.02%和+0.01%。

5）盆地模拟

数值盆地模型可以定量描述地质特征，综合考虑诸如沉积埋藏过程、成岩过程、温度场演化、压力场演化等沉积盆地演化的基本方面及其相互间的耦合关系，因此利用数值盆地模型可以定量描述复杂地质现象，同时考虑多个因素的作用及其相互间的影响，为克服时空的限制、定量再现地质事件的发生、发展、演化过程提供了一条可行之路。盆地模拟的核心是从石油天然气地质学的物理、化学机理出发，在时空和空间域内定量恢复一个盆地和地区的历史发展过程，动态再现油气的生成、运移、聚集成藏规律。页岩气藏本身是一个复杂的地质体，通过多学科综合研究，再利用软件操作可以将页岩气的预测风险最小化，提高页岩气发现率。引用该技术在页岩气战略选区，预测页岩气资源潜力起到积极作用。

一个完整的盆地模拟系统由以下五个模型有机组成：地史模型、热史模型、生烃史模型、排烃史模型和运移聚集史模型。一维盆地模拟系统包括前四个模型，二、三维盆地模拟系统包括五个模型，对页岩气的模拟重点更应放在前四史的研究。

（1）地史模型

它是整个盆地模拟的基础，其精度直接影响后面四史的精度，在建立地质模型时应尽可能考虑各种地质事件的影响。剥蚀厚度恢复和古水深恢复是地史参数研究中最困难，也是最重要的两个方面。

主要输入参数：各个地层的地质年龄、孔隙度—深度曲线（分为砂岩、泥岩、灰岩等），模拟点各地层的分层深度、剥蚀量、剥蚀年代、岩性。

表 2.7　盆地模拟系统各模块的功能及主要模拟方法表

系统模块	模拟功能	模拟的方法	适用性
地史	沉降史、埋藏史	回剥技术	正常压实带
		超压技术	欠压实带
		回剥和超压相结合	正常压实带和欠压实带

续表

系统模块	模拟功能	模拟的方法	适用性
热史	热流史、地温史	构造演化模型	定性
		古温标	定量
		构造演化模型与古温标结合	定量和定性精度更高
生烃史	生烃量史	化学动力学法	适用性广
		热解模拟法	计算结果可靠，只适于低演化地区
排烃史	排烃量史、排烃方向史	相态累加法	适于水溶相、油溶相，难于计算游离气和扩散气
		物质运移模型	适用性强

(2)热史模型

热史一方面依赖于地史，另一方面又影响着生烃史及以后的油气运聚史。热史模型建立在地史模拟结果基础上，是盆地模拟的关键，因为古地温史是烃类成熟度的最重要的客观因素，其精度直接影响后面的生烃史模型和排烃史模型的精度。热史研究方法有构造演化史热效应与岩石圈构造变形有关，因此可按盆地成因分门别类地研究热演化史；古地温法研究对象是盆地，其原理是用古地温度计(R_o、裂变径迹、黏土矿物、包裹体等)反推古地温场；典型代表有 Easy-Ro 法、磷灰石裂变径迹法和黏土矿物法 3 种。两种热史研究方法结合使用就叫结合法。主要输入参数有：地表年平均温度、镜煤反射率—深度曲线和现今地温梯度等。

(3)生烃史

生烃史的研究重点是生烃量、生烃时间(开始、高峰和结束)。生烃量的计算方法有化学动力学法和热降解模型法，化学动力法有单组分和多组分两种计算方法，其中多组分法近年来发展很快，现已经成为计算生烃量的主要方法之一。图版法是以热降解模拟实验为基础的，岩石热解评价结果-降解率图版和热压模拟实验结果图版，是目前用于生烃量计算的主要图版。生烃史的恢复是建立在有机质成熟度史基础上的，根据 R_o 史，结合以上两种图版，就可以求出各历史时期的生停量-生烃史。主要的输入参数有：干酪根降解率—R_o 曲线(或产油率—R_o 曲线)、产气率—R_o、产烃率—R_o 曲线等、泥岩百分比、残余有机碳含量等。

(4)排烃史模型

排烃史也叫初次运移史，其研究重点是排烃效率、排烃量和排烃时间(开始、高峰、结束时间)。由于初次运移机理复杂，目前还存在很多争议，利用现有的机理很难建立起一套完善的排烃量模型。

在软件工业化应用方面，目前在国际商品软件市场上活跃的主要是三家盆地模拟软件：①德国有机地化研究所（IES）的 PetroMod，由剖面二维油气系统分析软件 PetroFlow、平面二维油气系统分析软件 Finesse 和沉积应用分析软件 Sedpad 三个相对独立的系统组成。②法国石油研究院（IFP）的 TemisPack（二维）、Genex（一维）和 Temis 3D（三维）系列软件，该系列软件由 Beicip-Franlab 公司市场化。③美国 Platte River 公司（PRA）的 BasinMod，其主打产品是 BasinMod-1D、BasinMod-2D、BasinMod-3D。

BasinMod 的特色是埋藏史用压实回剥法，热史模拟用地温梯度法，生排烃史模拟用烃产率法和化学动力法，油气运聚史模拟用运载层吸附油气散失模型法，资源量估算用排聚系数法。每一个模块使用的参数较多，BasinMod 软件具有 Windows 图形用户界面，可以通过对话框进行操作，操作简单灵活，使用方便。

PetroMod 的特点是能够使多维模拟在同一平台下操作，并使数据能够在多维模块中共享含油气系统模拟软件，再者在油气运聚史方面表现出先进的油气模拟技术，开发了兼达西定律和流线法组合的模拟器，保证了模拟精度和运算速度。

Temis 操作麻烦，界面不甚友好，所以目前最广泛使用的是 BasinMod 和 PetroMod。

表 2.8　盆地数值模拟软件

软件	BasinMod	PetroMod	Temis
原理	数值盆地模型，多因素综合考虑	数值盆地模型，多因素综合考虑	数值盆地模型，多因素综合考虑
适用性	适用于油气勘探阶段	适用于油气勘探阶段	适用于油气勘探阶段
研发单位	美国 Platte River 公司	德国有机地化研究所	法国石油研究院
优缺点	包括一维、二维、三维，使用参数较多，操作简单灵活，在地热史、生烃史表现突出	包括一维、二维、三维，多维模拟在同一平台下操作，在油气运聚史方面表现突出	包括一维、二维、三维，操作麻烦，界面不友好

2.1.2　页岩岩石学测试技术

常规油气储层岩石学实验项目主要包括薄片鉴定、扫描电镜、XRD 及全岩分析、元素分析、粒度分析、比表面积、数字岩心等。利用岩石薄片鉴定可以对岩石的矿物成分进行定性分析，对岩石结构特征进行描述，并简单分析岩石成因；利用岩矿成分分析、黏土矿物分析、扫描电镜分析等技术，可进行岩石定名、岩矿组成分析、元素分析、矿物定量定性分析，进而对储层的成因、孔隙结构、吸附能力等进行研究和评价。与常规油气储层相比，细粒泥页岩的成分和结构决定了其储集空间和储集物性的特殊性。页岩岩矿组成是页岩储层评价的重要组成部分。同时，岩矿组成也能为钻井、完井和压裂提供分析资料。

目前，美国三大实验室（Intertek 实验室、Weatherford 实验室和 Chesapeak 实验室）的页岩岩石学实验测试项目有较为成熟的研究，并形成了一系列的研究体系。综合三大实验室关于页岩气的实验项目测试，其通用的页岩气岩石学特征测试项目是通过 CT 扫描、SEM、薄片鉴定和 X 衍射实验分析页岩的层理产状、孔隙结构和岩石矿物组成。由于我国页岩气勘探开发尚处于起步阶段,已有的岩石学测试技术主要基于常规储层岩石。目前,已有一些单位引进国外先进的岩石学测试设备,如中石油勘探开发研究院廊坊分院、华北石油勘探开发研究院、重庆地质矿产研究院、中国石油大学(北京)等,能够针对细粒泥页岩进行分析。我国的页岩气勘探开发,需要在国内外页岩岩石学测试技术现状基础之上改进低孔低渗透储层岩石学测试技术,使其满足特低孔极低渗页岩岩石学测试要求,为页岩气勘探开发提供技术支撑。

1)岩石定名

(1)薄片鉴定

基本原理:岩石薄片鉴定通常以偏光显微镜为手段,利用矿物的光性特征,确定岩石的组成、结构、构造等矿物及岩石学参数。

薄片鉴定技术可在显微镜下直观观察岩石成分,确定岩石矿物基本组成,操作简单、高效,满足页岩岩石定名需要。

制样:注意偏光薄片加水磨制时黏土矿物易被水洗去,根据研究需要泥页岩制片,一般采用偏光、铸体制片,引用标准 SY/T 5913—2004 岩石制片方法。

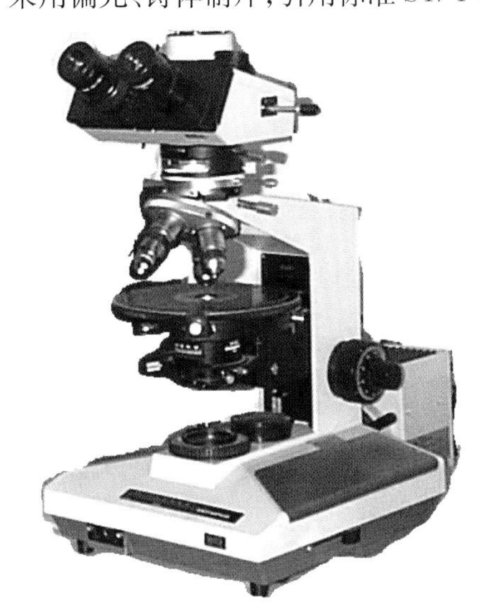

图 2.4 Olympus BX51-P 偏光显微镜

设备 1:Olympus(BX51-P)偏光显微镜。(图 2.4)生产商:日本奥林巴斯公司。放大倍数:目镜放大 10 倍、物镜放大 100 倍。优点:UIS2 光学系统大幅度提高了光学显微镜性能,无论使用者在各种放大倍率下观察,或是在光路中插入像检偏器、全波片或者补偿板这些偏光部件,都能得到清晰的图像;操作简便、观察清晰的显微镜机体;支持更高效的偏振光观察的载物台;偏光特性的升级;鲜明的正像镜影像和锥光镜影像;使用数码照相机可以记录保存数码图像。

设备 2:BD-200 系列金相显微镜。(图 2.5)生产商:中国博视达光学。放大倍数:目镜放大 10 倍,物镜放大倍数可根据要求选配。优点:采用平场消色差光学系统和落射式柯拉照明系统,同时在落射照明系统中设计防反射结构,可有效防止反射光干扰成像光线,从而使成像更清晰、视场衬度更好;提供稳定可靠的操作机构,使成像更清晰、操作更简便;显微镜镜体采用全新的人机工程学设计,结构匀称,实现镜体扩展积木化;工作台、光强与粗微调的低位操作,提高了使用的舒适性。

行业标准:主要操作方法及流程参考行业标准 SY/T 5368—2000。

(2)X 射线荧光分析技术(XRF)

基本原理:X 射线荧光分析是一种对被测物质从元素成分及含量的角度进行测定的技术,以随钻获取的岩屑粉末为分析对象,采用特征 X 射线(X 荧光),从而获取元素组成(组分、含量及分布规律)信息,通过元素组合特征辨识岩性、划分地层,进一步开展深层次的数据分析处理,寻找与储层物性、含油气性相关规律,实现储层评价之目的。

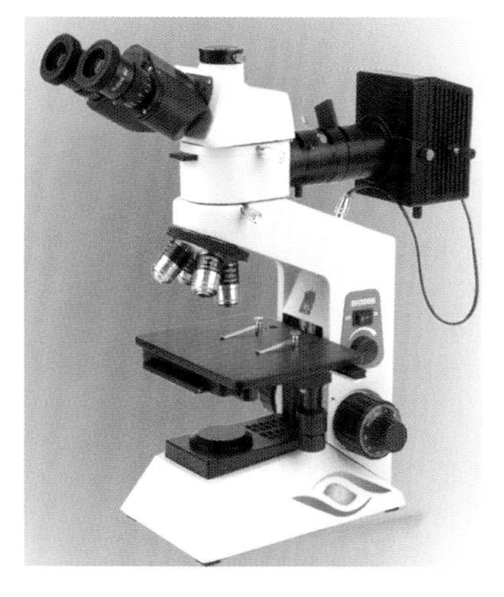

图 2.5　BD-200 系列金相显微镜

设备:MESA-50X 射线荧光分析仪。生产商:日本 HORIBA 公司。优点:为客户提供友好的操作界面和优异的使用性能;硅漂移检测器大幅度减少了测量时间,在高通量的同时提供了更高的灵敏度;便携式、体积小、质量小;减少日常维护工作(无肌液氮);操作简单,不需真空泵,各种材料测量直观简单;中英文操作软件;Excel 数据管理工具。

2)矿物组成分析

(1)X 射线衍射全岩及黏土矿物分析技术(XRD)

基本原理:岩石类型、矿物组成及结构特征是影响页岩储层岩石力学性质的重要因素。XRD 分析就是基于不同的黏土矿物具有不同的晶体构造,利用了黏土矿物具有层状结构的特征以及 X 射线的衍射原理,根据衍射峰值计算出晶面间距,判断出矿物类型,并半定量地推断出样品中各种黏土矿物的百分含量。定量分析是 X 射线衍射技术的重要应用,几十年来发展的方法很多。

图 2.6　MESA-50 X 射线荧光分析仪

图 2.7　德国 D8 型 X 射线衍射仪

设备:X 射线衍射仪。X 射线衍射仪最常用的厂家是德国布鲁克、荷兰帕纳科、日本理学。

设备 1:D8 型 X 射线衍射仪。生产商:德国布鲁克。优点:设计精密、硬件、软件功能齐全,能够精确地对金属和非金属多晶粉末样品进行物相检索分析、物相定量分析、晶胞参数计算和固溶体分析、晶粒度及结晶度分析等。测量范围:2 ~ 30 keV;能量分辨率:$E \geq$ 279 eV。

设备 2:X' Pert PRO 多功能 X 射线衍射仪。生产商:荷兰帕纳科。优点:由于采用

DOPS 直接光学编码器,由直流马达驱动,完全消除机械误差,精度与稳定性大大提高。测量范围:能够实现纳米材料的粒度测定。

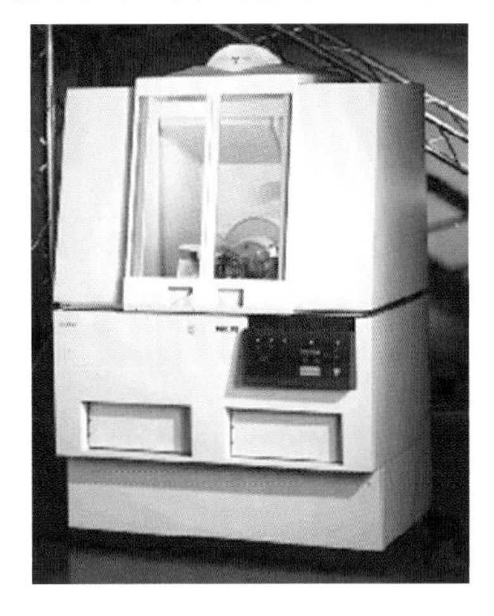

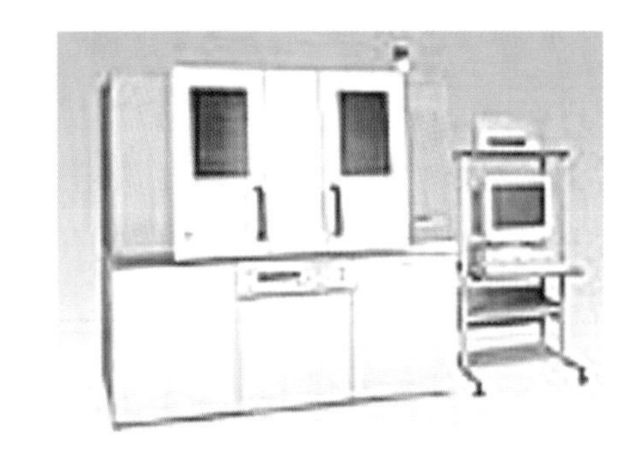

图 2.8　X' Pert Pro 多功能 X 射线衍射仪　　　图 2.9　D/MAX2500 X 射线粉末衍射仪

设备 3:D/MAX2500 X 射线衍射仪。生产商:日本理学。优点:聚焦法光学系统和平行光束法光学系统可轻松切换,不需要重新设置即可自由选择;具备"柔性光学系统"的立式、卧式、水平测角仪。操作方便的封闭靶及大功率 X 射线旋转阳极 X 射线发生器,通过自由组合各种附件,适合多种样品的各种测试。

行业标准:《沉积岩中黏土矿物和常见非黏土矿物 X 射线衍射分析方法》SY/T 5163-2010。

(2)阴极发光显微镜技术

阴极发光显微镜技术是在普通显微镜技术基础上发展起来用于研究岩石矿物组分特征的一种快速简便的分析手段。

基本原理:阴极发光仪电子束轰击到样品上,激发样品中发光物质产生荧光,又称阴极发光。该方法能够快速、准确判别石英碎屑的成因和方解石胶结物的生长组构,鉴定自生长石和自生石英,描述胶结过程等。

设备:阴极发光仪。

设备 1:CL8200 MK5 型阴极发光仪。生产商:英国 CAMBRIDGE IMAGE TECHNOLOGY LTD(CITL)。优点:显示面板新增了控制信息,并且可以根据房间的照明条件进行自动亮度补偿。考虑到更换样品时切断束流电压并保证真空泵同时运行,节省了换样时间。另外,还设计了与计算机连接的扩展卡,便于将来仪器的软件升级。

设备 2:RELIOTRON 阴极发光仪。生产商:美国 RELION INDUSTRIES 公司。优点:产品设计在射束高压、射束电流、操作中的真空度等做了较好稳定性控制,并在其他方面也有突出之处,例如缩小工作距离,x、y 坐标可同时改变,双手同时操作来移动样本;一直延续冷阴极水平式电子束输出技术,以保证低温矿物(像包裹体)及晶体等阴极发光的观测;产品开发还考虑到更换样品时切断束流电压,节约了换样时间。为观测不同样品,RELION IN-

DUSTRIES 设计了多种样品承载器;为缩小工作距离,为用户设计了 Reentrant Window 观察窗,方便不同使用需求的用户。

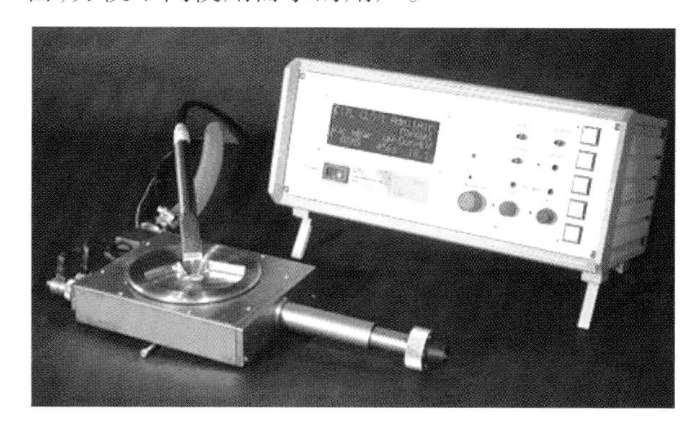

图 2.10　CL8200 MK5 型阴极发光仪

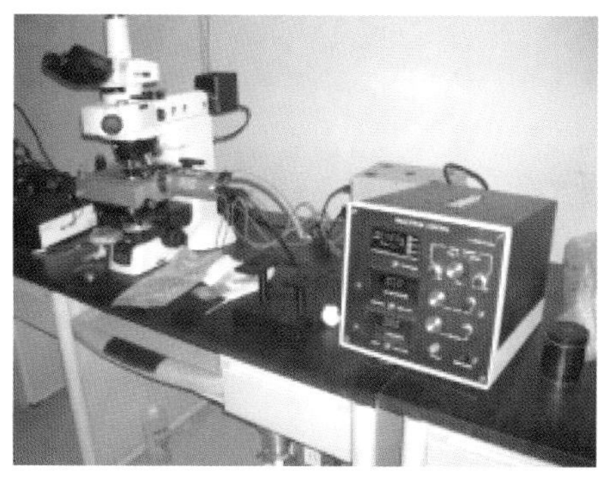

图 2.11　RELIOTRON 阴极发光仪

(3)QEMSCAN 矿物分析

QEMSCAN(Quantitative Evaluation of Minerals by scanning electron microscopy),即扫描电镜矿物定量评价。这种检测方法能够对矿物、岩石进行定量分析。

基本原理:QEMSCAN 通过沿预先设定的光栅扫描模式用加速的高能电子束对样品表面进行扫描,并得出矿物集合体嵌布特征的彩图。仪器能够发出 X 射线能谱并在每个测量点上提供出元素含量的信息。通过背散射电子(BSE,backscattered electron)图像灰度与 X 射线的强度相结合能够得出元素的含量,并转化为矿物相。

制样:样品的制备要求包括粒级、干燥的样品表面,表面导电涂层(如镀碳)。样品的测试条件必须是稳定的高真空度环境下,15 ~ 25 kV 的电子束。通常情况下,需要将待测岩屑、矿石、土壤制作成直径为 30 mm 的树脂浸渍块,或者光薄片。诸如大气粉尘之类非常微小的颗粒,须在碳带或者滤纸上进行检测。

设备:QEMSCAN 已于 2009 年成为 FEI 公司的注册商标。整套系统包括一台带样品室(Specimen Chamber)的扫描电镜(Electron Scanning Microscope),四部 X 射线能谱分析仪(EDS),以及一套能够自动获取并分析处理数据的专用软件(iDiscover)。

图 2.12　Quanta 200 扫描电子显微镜

3) 页岩储层微观结构特征观测与分析

(1)扫描电镜技术(SEM)

基本原理:为适应不同要求,在扫描电镜上安装上多种专用附件,实现一机多用,使扫描电镜成为同时具有透射电子显微镜(TEM)、电子探针 X 射线显微分析仪(EPMA)、电子衍射仪(ED)等多种功能的一种直观、快速、综合的表面分析仪器。

表 2.9　页岩储层矿物成分鉴定方法

方法	薄片鉴定	X 射线荧光分析技术（XRF）	X 射线衍射全岩及黏土矿物分析技术（XRD）	阴极发光显微镜技术	QEMSCAN 矿物分析
原理	通常以偏光显微镜为手段，利用矿物的光性特征，确定岩石的组成、结构、构造等矿物及岩石学参数	以随钻获取的岩屑粉末为分析对象，采用特征 X 射线（X 荧光），从而获取元素组成（组分、含量及分布规律）信息	在混合物中，每一种物质成分的衍射图谱与其他物质成分的存在与否无关。也就是说，样品的衍射图谱是由样品中各组成物质的衍射图谱组成的，这就是 X 射线衍射做定量分析的基础	阴极发光仪电子束轰击到样品上，激发样品中发光物质产生荧光	通过沿预先设定的光栅扫描模式加速的高能电子束对样品表面进行扫描，并得出矿物集合体嵌布特征的彩图。通过背散射电子图像灰度与 X 射线的强度相结合能够得出元素的含量，并转化为矿物相
行业标准	SY/T 5368—2000		SY/T 6210—1996		
仪器设备	Olympus 偏光显微镜	MESA50 X 射线荧光分析仪	D8 ADVANCE、X'Pert PRO、D/MAX2500	CL8200 MK5 阴极发光仪、RELIOTRON 阴极发光仪	QEMSCAN 设备

生产厂家	日本奥林巴斯公司	日本 HORIBA 公司	德国布鲁克、荷兰帕纳科、日本理学	英国 CITL 公司、美国 RELION INDUSTRIES 公司	荷兰 FEI 公司
优点	镜下直观观察岩石成分，确定岩石矿物基本组成	通过获得样品的化学元素组成直接判断岩性	是鉴定黏土矿物的常用且有效的方法，其原理及操作均较简单	快速准确判别石英碎屑的成因和方解石胶结物的生长组构，鉴定自生长石和自生石英，描述胶结过程等	数据包括全套矿物学参数以及计算所得的化学分析结果。通过对样品表面进行面扫描，几乎所有与矿物结构特征相关的参数都能够计算获得
缺点及优化改进	薄片鉴定主要是对各种矿物给出定性数据，只能简单分析岩石的成因，可结合其他实验数据对岩矿组成进行定量分析	最准确的判定岩性首先要知道矿物组成。因此，X 射线荧光分析技术判断流程有问题	大多数要求有已知含量的标样来做计算的标准，而测量结果也不是很精确	阴极发光显微镜技术主要针对石英和方解石的发光特征研究	样品的制备要求：粒级、干燥的样品表面，表面导电涂层（如镀碳）。测试条件必须是稳定的高真空度环境，15～25 kV 的电子束。通常情况下，需要将待测岩屑、矿石、土壤制作成直径为 30 mm 的树脂浸渍块，或者光薄片

制样:扫描电镜对样品无特殊要求,岩心、岩屑、地面手标本、单矿物颗粒、化石等固体样品均可进行分析,样品的大小根据各型号扫描电镜样品的尺寸而定。

设备:扫描电镜仪。

设备1:Quanta 200 扫描电子显微镜。生产商:荷兰FEI公司。优点:具有环境扫描电镜技术,可在高真空、低真空和环境真空条件下对各种样品进行观察和分析;先进的系统结构平台,全数字化系统,可同时安装能谱仪、波谱仪和EBSP系统;可安装低温冷台、加热台、拉伸台等进行样品的动态观察和分析,并可完成实时动态记录。

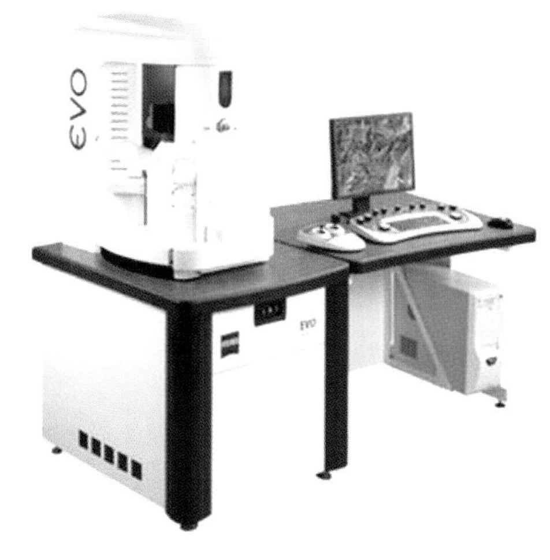

图2.13　蔡司EVO MA 15扫描电子显微镜

设备2:蔡司EVO MA 15扫描电子显微镜。生产商:德国蔡司公司。优点:提供了先进的图像和分析方案。它用一个机动化的5轴平台和大的*XYZ*轴跟踪扫描,以可变的压力容量作标准,软件操作方便,可提供完美的视觉图像。EVO MA15分析型扫描电镜可以用来分析泥页岩的微观空隙、裂缝特征、矿物成分。

设备3:蔡司环境扫描电子显微镜(ESEM)。生产商:德国蔡司公司。优点:可以直接对含水含油样品在环境状态和低真空下进行分析,能最大限度地反映样品的原始状态,尤其是对储层酸、水、速、碱、盐及温度敏感性试验样品,利用环境扫描电镜分析储层样品敏感性试验前后的变化,分析储层样品黏土矿物的变化,胶结物及储层格架的变化,孔隙及喉道的变化,确定储层敏感性发生的类型和程度,并采取预防措施。

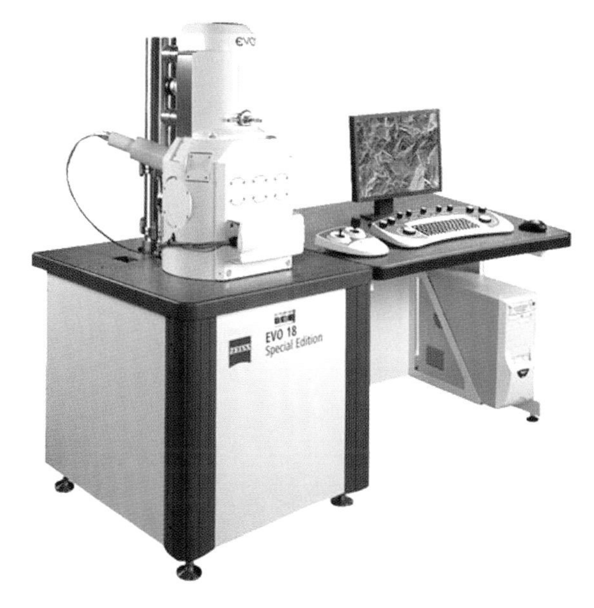

图2.14　蔡司环境扫描电子显微镜(ESEM)

行业标准:石油行业标准《岩石样品扫描电子显微镜分析方法》SY/T 5162—2014。

(2)氩离子抛光分析技术

基本原理:页岩结构致密,孔隙微小,自然断面样品表面粗糙,还常常有脱落的碎屑覆盖,很难观察到纳米级孔隙(尤其是小于100 nm的孔隙),及其孔隙大小、形状、分布特征等。可以用氩离子抛光的方法对预磨好的样品表面进行处理,这样可以除去样品表面凹凸不平的部分及附着物,得到一个较光滑的平面。背散射电子成像方式的特点是利用原子序数衬度成像,原子序数越高,亮度越大。金属矿物(如黄铁矿)在背散射电子像里亮度最高,有机质亮度最低,而页岩里的主要成分黏土矿物、石英、方解石和白云石等则亮度适中。

设备:氩离子抛光仪(离子减薄仪)。

设备1:Gatan氩离子抛光仪。生产商:美国Gatan公司。优点:相较于传统的抛光设备,氩离子抛光仪没有应力,对样品几乎没有任何损伤。同时,磨抛掉的物质立即被真空抽走,不会像传统抛光那样堵塞孔隙;Gatan氩离子抛光仪在页岩气行业主要用来对含有微纳米级别孔隙样品、软硬不同材质样品的样品进行精密制样,从而解决机械研磨抛光会堵塞孔隙、软硬材质相互污染、样品在研磨过程中产生的应力损伤等问题;通过液氮冷台,可以去除热效应对样品造成的破坏,从而从根本上解决热效应的问题。

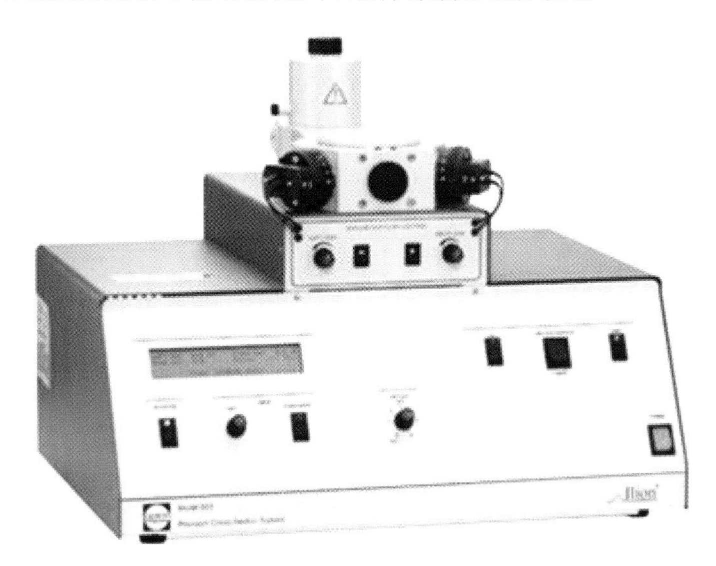

图2.15　Gatan氩离子抛光仪

设备2:SC-1000型SEM氩离子抛光仪。生产商:欧洲Technoorg公司。优点:扫描电镜专用剖面离子抛光仪,采用离子束斜坡切割法制备各种优质的固体材料横截面平面样品,用于SEM成像观察及显微分析;也可通过对样品进行温和抛光和清洁处理,用于电子背散射衍射(EBSD)研究以及取向分布成像显微分析(OIM)的样品制备。SC-1000广泛应用于石油地质(煤、页岩等)、半导体、材料研究领域的SEM样品制备,可克服机械抛光研磨的缺点,以确保获得样品的真实形貌。

(3)铸体薄片技术

基本原理:将染色树脂或液态胶(国际上通用为蓝色,我国使用颜色多有蓝色、红色,也

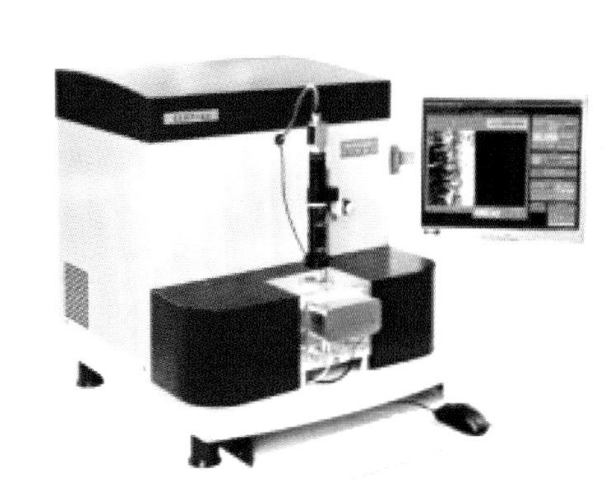

图 2.16 SC-1000 型 SEM 氩离子抛光仪

有绿色及黄色)在真空下灌注到岩石的孔隙空间中,在一定的温度和压力下使树脂或液态胶固结,然后磨制成岩石薄片,进而在偏光显微镜下观察孔隙、喉道及其相互连通、配合的二维空间结构等。

制样:样品需经抽涤洗油,不得含油;样品尺寸为 Φ25 mm×5 mm(柱塞样)或 25 mm×25 mm×5 mm(非柱塞样),送交的样品不少于两块。

如果要研究储层孔隙结构特征,必须结合压汞法,则铸体样品最好与压汞样品选在同一部位(即选取同一柱塞样)。

设备:偏光显微镜。

(4)压汞法分析技术

基本原理:岩石的孔隙结构极其复杂,可以看作一系列相互连通的毛细管网络。汞不润湿岩石孔隙,在外加压力作用下,汞克服毛管力,可进入岩石孔隙。随压力增加,汞依次由大到小进入岩石孔隙,岩心中的汞饱和度不断增加。注入压力与岩心中汞饱和度的关系曲线即为毛管力曲线。

(5)常规(高压)压汞+氮气吸附分析技术

利用常规高压压汞方法得到的喉道分布频率反映的是某一级别喉道所控制的孔隙体积,不能区分出泥页岩微孔和中孔的分布情况,把两种孔径累加在一起计算分布。因此,对微孔和中孔的分析很粗略,只能反映出微孔和中孔总体分布情况。氮气吸附法(胡荣泽,1982)将烘干脱气处理后的样品置于液氮中,调节不同试验压力,分别测出对氮气的吸附量,绘出吸附和脱附等温线。根据滞后环的形状确定孔的形状,按不同的孔模型计算孔分布、孔容积和比表面积。

引进氮气吸附法相结合的方法,能够对泥页岩的孔径分布进行从微孔到大孔的全面描述:

①常规(高压)压汞法受其测试原理的限制,在高压测试时,不能区分出泥页岩微孔和中孔的分布情况,把两种孔径累加在一起计算分布。因此,对微孔和中孔的分析很粗略,只能反映出微孔和中孔总体分布情况。而氮气吸附法根据等温吸附—脱附曲线形态确定孔径类型,针对不同的孔径模型和不同孔径大小具有不同的计算原理,能分别对微孔和中孔进行详细描述。

②泥页岩孔隙主要由微孔和中孔组成,但也存在部分大孔。氮气吸附法测试时受样品大小和孔隙分布不均一性的限制,可能忽视大孔的存在。压汞法受样品大小的影响相对较小,能够测试出泥页岩的大孔分布情况。

③氮气吸附法在泥页岩微孔和中孔分析方面有优势,压汞法在大孔分析方面具有优势。

设备：AutoPore Ⅳ9520 全自动压汞仪，仪器孔径测量范围为3 nm ~ 1 000 μm，进汞和退汞的体积精度小于0.1 μL。样品制成岩心柱后经过24 h的干燥处理，实验最高进汞压力达到200 MPa。

QUADRASORBSI 型比表面积和孔隙度分析仪，由美国 Quantachrome 公司生产，仪器孔径测量范围为0.35 ~ 400 nm。

(6)恒速压汞技术

恒速压汞技术采用高精度泵，以极低的恒定速度（通常为0.000 05 mL/min）向岩样喉道及孔隙内进汞，从而保证进汞过程在准静态下进行。假定在进汞过程中，界面张力和接触角保持不变，随着汞进入喉道，毛细管系统压力逐渐升高。在汞突破喉道限制进入孔隙的瞬间，汞在孔隙空间内以极快的速度发生重新分布，压力得以释放，此时整个系统压力回落。因孔隙半径与喉道半径存在数量级的差别，通过检测进汞压力的波动就可以将孔隙与喉道区分开来，实现对喉道和孔隙数量与大小的精确测量。

设备：ASPE-730 恒速压汞仪（图2.17）。

图2.17 ASPE-730 恒速压汞仪

(7)数字岩心技术

基本原理：根据岩石微观结构信息重建反映岩石真实微观孔隙空间的三维数字岩心（孙建孟等，2012）。数字岩心技术研究采用数字化方法（包括图像、离散数据、连续数据等）完整描述岩心，从不同侧面以不同方式描述岩石的多维数据体，使其具有相对完整的岩石物理信息，以便快速复现岩石的各种物理特性；用岩心数据库技术建立各种数据之间的内在联系，根据需要实现特定物理量的快速提取和预测。

制样：建立数字岩心的方法主要有切片组合法、X射线立体成像法以及基于图像的数值重建法等。

切片组合法需要大量时间制作岩心切片且破坏样品,极少使用。

X 射线立体成像法是最准确的方法,需要借助 X 射线微观成像仪,仪器价格也十分昂贵,较少被采用。

基于图像的数值重建法则需要极少量岩石切片的 X 光扫描图像(或铸体薄片),经济方便,使用较多。

设备:纳米/微米 X 射线层析 CT 成像的数字岩心分析设备。

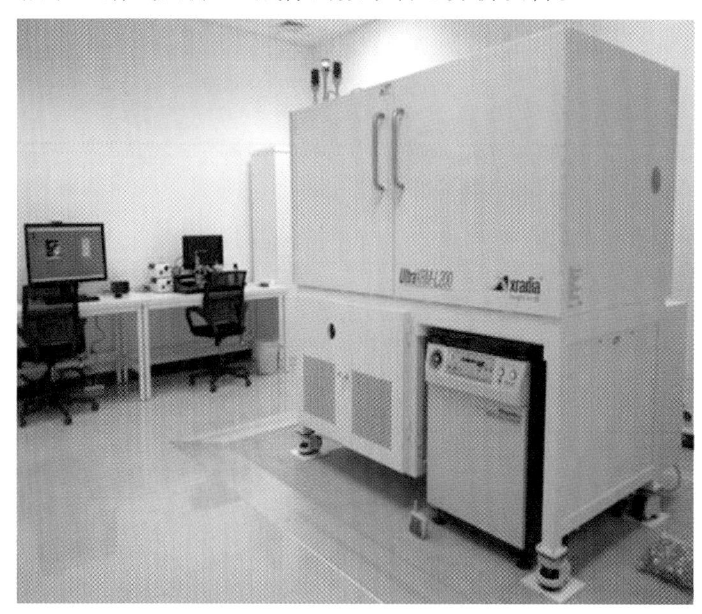

图 2.18　Ultra XRML200 纳米 CT

数字岩心技术研究领域,国外起步比较早,已经建立了 3 个数字岩石物理实验室,主要有澳大利亚国立大学的 Digital core Laboratory、斯坦福大学的 Ingrain Digital Rock Physics Lab 以及挪威的 Numerical Rocks。在国内,中国石油大学(华东)等单位进行了系统全面的研究,在某些方面已经达到或超过了国外的研究水平,其他一些科研机构也正在进入这一领域。

2.1.3　页岩物性测试技术

与常规储层岩石相比,页岩储层岩石非常致密。页岩储层发育有大量纳米级孔隙,具有极低的孔隙度和渗透率。页岩纳米级孔隙及纳达西级渗透率对页岩物性测试要求较高,常规储层物性测试已不能满足页岩物性测试需求。

美国作为成功勘探开发页岩气资源的国家具有成熟的页岩气分析测试技术,其物性测试技术完全能满足页岩纳米级孔隙物性测试。目前,美国三大实验室对页岩气的实验测试项目有较为成熟的研究,并形成了一系列的研究体系。这个三大实验室分别为:Intertek 实验室,Weatherford 实验室和 Chesapeak 实验室,主要采用压力脉冲衰减技术等。

我国页岩气勘探开发尚处于起步阶段,已有的物性测试技术主要基于常规储层岩石。

目前,已有一些单位引进国外先进的物性测试设备,如中石油勘探开发研究院廊坊分院、重庆地质矿产研究院、华北石油勘探开发研究院等。目前常规物性测试技术主要有:

①液体饱和法,主要用煤油分别测出岩样的有效孔隙体积和岩样的外表(视)体积,确定岩石的有效孔隙度。利用干岩样饱和煤油前后的质量差,求出饱和于岩样中的煤油质量,再除以煤油的密度可得到饱和于岩样中的煤油体积,即岩样的有效孔隙体积。

②压汞法,假设多孔材料的内部孔隙呈小不等的圆柱状,并且每条孔隙都能延伸到样品外表面,从而与汞直接接触,接触角约为 140°。根据 wasburn 公式 ,在一定压力下,汞只能渗入相应既定大小的孔中,压入汞的量就代表相应孔大小的体积,逐渐增加压力,同时计算汞的压入量,可测出多孔材料孔隙容积的分布状态。

③波义尔定律双室法,即当温度为常数时,一定质量理想气体的体积与其绝对压力成反比。在一定的压力 P_1 下,使一定体积 V_1 的气体向处于常压下的岩心室膨胀,测定平衡后的压力,就可求得原来气体体积 V_1 与岩心室的体积之和 V_{II}。在岩心室中放入岩样后,重复上述过程得到 V'_{II},$V_{II}-V'_{II}$ 即为岩样的固体体积。

④扫描电镜法,原理类似于电视摄像,扫描电子显微镜是以能量为 1 ~30 kV 的电子束,以光栅状扫描方式照射到被分析试样的表面上,利用入射电子和试样表面物质相互作用所产生的二次电子和背散射电子成像,获得试样表面微观组织结构和形貌信息。配置波谱仪和能谱仪,利用所产生的 X 射线对试样进行定性和定量化学成分分析。作为研究岩石孔隙结构特征的主要手段之一的扫描电镜能够清楚地观察到储层岩石的主要孔隙类型:粒间孔、微孔隙(包括粒内溶孔、杂基内微孔隙、微裂缝)、喉道类型(包括点状、片状和缩颈喉道)和测定出孔喉半径等参数。

⑤CT 技术,以 BEER' S 定理为基础,即用 X 射线穿透一个物体试验时,大部分光线能穿透物体,部分光束会被吸收或反射。CT 技术测量所测定的只是线性衰减系数,该系数为穿过岩心的射线的度量。透过物体后,射线强度与物体的密度有一对应关系,据此计算岩心的孔隙度与渗透率。

⑥流量计法,气体以一定流速通过岩样时,在岩样两端建立压差,根据岩样两端的压差和气体的流速,利用达西定律即可求出岩样的渗透率。

⑦瞬时脉冲技术,将一小的压力脉冲信号作用于岩心夹持器的样品上流,当孔隙介质在该脉冲压力驱动下穿过样品进入下流已知压力容器时,样品的渗透率可由岩样上端或下端压力随时间的衰变(或增加)的特性来确定。除此之外,还有阿基米德原理测试法、X 荧光光谱分析技术(XRF)、铸体薄片分析法等。

我国在页岩气勘探开发过程中,需要在国内外页岩物性测试技术现状基础之上改进低孔低渗透储层岩石物性测试技术,使其满足极低孔极低渗页岩物性测试要求,为页岩气勘探开发提供技术支撑。

1)覆压孔渗测试技术

覆压孔渗测试技术即非稳态压力脉冲衰减技术,基于该技术的物性测试仪器(页岩脉冲式衰减测试仪)是直接测量盖层渗透率、致密砂岩和其他低渗多孔介质的理想设备,测量范围为 10 nd ~ 1 md。

(1)基本原理

渗透率测试原理:设想一个小的压力脉冲信号作用在岩心夹持器样品上流,已知压力容器 V_1,当孔隙流动介质在孔隙压力和脉冲压力驱动下穿过样品进入下流已知压力容器 V_2 时,样品渗透率便可由样品上流压力容器 V_1 的压力随时间的衰变特性来确定。

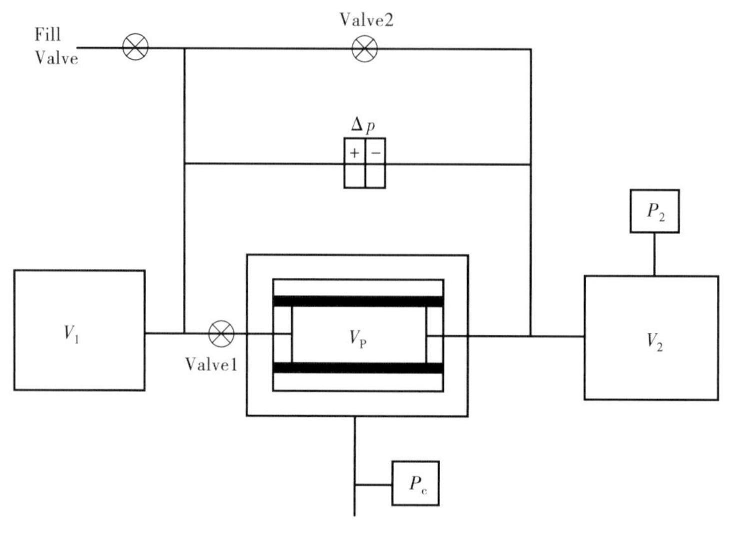

图 2.19　压力脉冲原理图

脉冲衰减法适用于测量超低渗样品(1 md ~ 10 nd),通过合理选择气罐体积和压力传感器范围,也可以扩展测试范围。不需要流量计,只进行时间-压力测定,在同一台仪器上同时或单独测定岩心孔隙度。由于用这种方法能测量非常低的渗透率,所以仪器的严格密封非常重要,同时控制周围环境的温度变化也非常关键。

即使利用了高回压,所测渗透率也是未经气体滑脱校准,测量值可能偏高。例如,如果氮气的 b 值为 100 psi(1 psi = 6.895 kPa),柱塞的平均孔隙压力是 1 000 psi,而所测气体渗透率比真实渗透率高出 10%。

孔隙度测试原理:孔隙度测试基于波义耳定律,即在初始压力下,使气体向常压下的岩心室作等温膨胀,利用压力变化和已知体积,依据气态方程求出被测岩样有效孔隙体积和颗粒体积,从而算出岩样孔隙度。

(2)仪器设备

设备 1 名称:CMS-300 型全自动覆压孔渗仪。生产商:美国岩心 Temco 公司。测试原理:达西-克氏-费氏综合计算模型。测量范围:渗透率 0.000 05 mD ~ 15 D;孔隙度 0.01% ~ 40%。采用达西-克氏-费氏综合计算模型,改进型波义耳定律结合先进的标定测试技术,测量精度更高。

设备 2 名称:PorePDP-200 型覆压孔渗仪。生产商:美国岩心 Temco 公司。测试原理:采用非稳态法(压力脉冲衰减法)测量渗透率。测量特点:适合测量超低渗岩芯,测量稳定时间短、速度快。测量范围:0.000 01 ~ 10 md;孔隙度 0.01% ~ 40%。模拟地层覆压条件下,按美国石油学会标准要求测量岩心样品克氏渗透率。

设备3名称:PDP-200型压力脉冲超低渗透率仪。生产商:美国岩心Temco公司。测试原理:采用非稳态法(压力脉冲衰减法)测量渗透率。测量特点:适合测量超低渗岩芯,测量稳定时间短、速度快;采用压力瞬变技术,分析快,消除起初压力平衡。测量范围:0.000 01~10 md;孔隙度0.01%~40%。

图2.20 CMS-300型全自动覆压孔渗仪

设备4名称:SMP-200型页岩颗粒渗透率测量仪。生产商:美国岩心Temco公司。测试原理:采用非稳态法(压力脉冲衰减法)测量渗透率。测量特点:适合测量超低渗岩芯,测量稳定时间短、速度快。测量范围:10^{-12}~10^{-3} md;孔隙度0.01%~40%。精确测定粉碎样品骨架渗透率,是美国天然气研究学会用于页岩储层评价的GRI-95/0496标准方法的组成部分。

设备5名称:HKY-200型脉冲衰减气体渗透率测定仪。生产商:海安县石油科研仪器有限公司。测试原理:采用非稳态法(压力脉冲衰减法)测量渗透率,适合测量超低渗岩芯,测量稳定时间短、速度快。测量范围:0.000 01~10 md;孔隙度0.01%~40%。拟地层覆压(最大压力70 MPa)条件下,按美国石油学会标准(API RP-40)的要求,采用脉冲衰减法测量岩芯样品的克氏渗透率。

2)气体吸附法

(1)基本原理

对于压汞法不能测定的孔隙区域,尤其是纳米级孔隙的测量,采用气体吸附法。具体原理为:采用氮气或二氧化碳为吸附质气体,恒温下逐步升高气体分压,测定页岩样品对其相应的吸附量,由吸附量对分压作图,可得到页岩样品的吸附等温线;反过来逐步降低分压,测定相应的脱附量,由脱附量对分压作图,则可得到对应的脱附等温线。页岩的孔隙体积由气体吸附质在沸点温度下的吸附量计算。在沸点温度下,当相对压力为1或接近于1时,页岩的微孔和介孔一般可因毛细管凝聚作用而被液化的吸附质充满。根据毛细管凝聚原理,孔隙的尺寸越小,在沸点温度下气体凝聚所需的分压就越小。而在不同分压下所吸附的吸附质液态体积对应于相应尺寸孔隙的体积,故可由孔隙体积的分布来测定孔径分布。

(2)仪器设备

设备1名称:V-Sorb 4800p孔隙度测量仪。生产商:美国岩心Temco公司。测量范围:孔径大于0.35 nm。

3)氦气膨胀法

(1)基本原理

波义耳定律，即在定量定温下，理想气体的体积与气体的压力成反比。

(2)仪器设备

设备 1 名称：ULtrapore-300 型自动氦孔隙度测量仪(图 2.21)。生产商：美国岩心 Temco 公司。测量范围：0.01% ~40%。

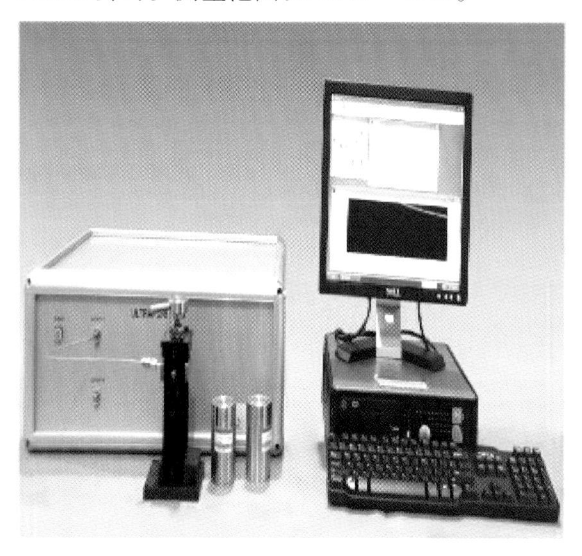

图 2.21　ULtrapore-300 型自动氦孔隙度测量仪

4)压汞法

(1)基本原理

压汞法假设多孔材料的内部孔隙呈大小不等的圆柱状，并且每条孔隙都能延伸到样品外表面，从而与汞直接接触。在一定压力下，汞只能渗入相应既定大小的孔中，压入汞的量就代表相应孔大小的体积，逐渐增加压力，同时计算汞的压入量，可测出多孔材料孔隙容积的分布状态。

压汞法测定岩石的微孔隙结构时，进口压汞仪工作压力虽最高可达 400 MPa，可测最小孔隙半径 1.8 nm，但对天然气盖层来讲，这种分析结果离盖层岩样微孔隙结构全分析还有差距；国产压汞仪因工作压力偏低，测定结果与实际要求差距更大。

(2)仪器设备

设备 1 名称：PoreMaster 60G。测量范围：孔径为 1 080 μm ~ 3 nm。生产商：美国康塔仪器公司。

设备 2 名称：AutoPore9500。测量范围：孔径为 6.0 ~ 5 000.0 nm。生产商：美国麦克公司。

设备 3 名称：WX-2000 型孔隙结构仪。测量范围：孔径大于 6.3 nm。生产商：无锡石油地质研究所。

5)稳态法

稳态法气体渗透率测量用于柱形岩芯样品，可用三点测试法给出克氏渗透率。

(1)基本原理

该方法的基本原理基于达西定律。气体在低渗透介质中的渗流存在非达西流动特点，应用达西流动公式计算介质渗透率不准确；介质渗透率很低时，需要很高的驱替压差和很长的流速稳定时间；操作时需要不断进行数据记录，人为误差比较大。

(2)仪器设备

设备名称：NANOK-100 型纳达西渗透率仪。生产商：美国岩心 Temco 公司。测试原理：达西定律。测量范围：10^{-15} md ~ 10^{-3} md。

该产品设计用于测试极低渗透率岩芯样品的克氏渗透率值。NANOK-100 配有两个岩芯夹持器，可同时测量两个岩芯样品。仪器采用稳态法测量气体渗透率，通过使用高精度数字压力传感器测量上游压力，采用最新的毛细管测量技术测量微小的气体流量，采用达西公式计算渗透率。位于下游经校准过的毛细管，可以测量低至 6.7×10^{-10} mL/秒的气体流量。该系统使用氮气或甲烷作为测试气体，可以用于不同测试气体的渗透率研究。由于气体流量很低，气体惯性滑脱效应被降低到最小。

6）扫描电镜法

（1）基本原理

扫描电镜（SEM）的原理类似于电视摄像，扫描电子显微镜是以能量为 1 ~ 30 kV 的电子束，以光栅状扫描方式照射到被分析试样的表面上，利用入射电子和试样表面物质相互作用所产生的二次电子和背散射电子成像，获得试样表面微观组织结构和形貌信息。然后，根据孔隙结构的几何形状计算其孔隙度和渗透率的大小。实验时，需要先对岩样进行氩离子抛光处理。

（2）仪器设备

设备 1 名称：LVEM5 台式透射电子显微镜。生产商：美国 Delong American 公司。测量范围：孔径大于 1.2 nm。

7） CT 扫描技术

（1）基本原理

CT 扫描技术以 BEER'S 定理为基础，即用 X 射线穿透一个物体试验时，大部分光线能穿透物体，部分光束会被吸收或反射掉。CT 技术测量所测定的只是线性衰减系数，该系数为穿过岩心的射线的度量。透过物体后，射线强度与物体的密度有一对应关系，据此计算岩心的孔隙度与渗透率。

（2）仪器设备

设备 1 名称：nanotom（工业 CT 层析成像）。生产商：德国菲尼克斯 phoenix 公司。测试原理：BEER'S 定理。测量范围：纳米级孔隙。

2.1.4 页岩微观结构测试技术

1）比表面积测试技术

（1）吸附法

①基本原理：测定黏土或泥页岩在一定条件下吸附吸附质的量，根据吸附质分子的截面积计算黏土和泥页岩的比表面积。测定比表面积的准确度不仅取决于实验测定的吸附量的准确度，而且取决于吸附质分子截面积的确定。因一种吸附质分子在各种固体表面上的截面积不同，且同一种吸附质分子在同种固体表面的不同几何位置上的截面积也不尽相同，因此吸附质分子的截面积难以准确测定。可以看出，测得的比表面积大小随样品制备方法、实验方法和实验条件而异。

②仪器设备。

设备 1 名称：JW-DA 比表面积测试仪。生产商：北京精微高博科学技术有限公司。测试原理：流动色谱法。测量范围：比表面 ≥0.01 m^2/g，无规定上限。测试精度：重复精度

±1.0%。分压范围：0.05～0.35。

设备2名称：JW-BF270高端精密型比表面及微孔分析仪。生产商：北京精微高博科学技术有限公司。测试原理：低温物理吸附法。测量范围：比表面≥0.000 5 m^2/g，无规定上限，可测最小孔径0.35 nm。测试精度：±1.0%。压力范围：2x1000torr、10torr、1torr等。测试功能：BET比表面（单点、多点）、Langmuir比表面、外表面测定。

设备3名称：JW-BK112比表面及孔径分析仪。生产商：北京精微高博科学技术有限公司。测试原理：低温氮吸附法。测量范围：比表面≥0.01 m^2/g，无规定上限，可测最小孔径0.35 nm。测试精度：±1.5%。分压范围：10^{-4}～0.997。测试功能：BET比表面（单点、多点）、Langmuir比表面、外表面测定。

设备4名称：AutoSorb-6B高性能全自动六通道气体吸附分析仪。生产商：美国康塔仪器公司。测试原理：低温物理吸附法。测量范围：不大于0.000 5 m^2/g，Kr吸附（无已知上限）；<0.05 m^2/g，N_2吸附（无已知上限）。此外还有BET法、亚甲基蓝法、乙二醇法、甘油法、EGME法等，主要差别在于吸附质不同。

（2）计算法

黏土矿物的比表面积与其晶格组成、交换性阳离子和CEC等有关，可以根据一些参数和实验结果间接计算黏土矿物和泥页岩的比表面积。主要方法有：用CST计算法、红外吸收法、CEC法、由b尺寸计算法。

①CST计算法。

过程：将页岩粉碎过100目筛，在93 ℃干燥4 h；将2 g试样粉末加入24 mL蒸馏水中，用瓦楞搅拌器搅拌2 min；用5 mL注射器取5 mL泥浆注入直径为1. 8 cm的CST漏斗中，记录CST读数；拿开漏斗，倒掉泥饼上的水，剪下泥饼称其湿重；将湿泥饼在（105±3）℃烘干后称其干重。扣除直径为1.8 cm滤纸的湿重和干重后，分别获得泥饼的湿重和干重。干钻屑密度用李氏比重瓶测定。然后按下式计算比表面：

$$A_{sp} = \{a \times CST \times \rho_{wc} \times X^3/[(1 - \O) \times C]^{1/2}/(\rho_s \times 10^6) \tag{2.3}$$

式中 A_{sp}——比表面积，m^2/g；

a——=1.66×10^{15}；

CST——CST值，S；

ρ_{wc}——湿泥饼密度，g/mL；

$\O$——孔隙度；

ρ_s——干钻屑密度，g/mL；

C——页岩浆尝试，磅/桶。

$$\O = [(M_{wc} - Mdc)/\rho_{wc}]/[(M_{wc} - M_{dc})/\rho_w + M_{dc}/\rho_s] \tag{2.4}$$

$$\rho_{wc} = M_{wc}/[(M_{wc} - M_{dc})/\rho_w + M_{dc}/\rho_s] \tag{2.5}$$

式中 M_{wc}——湿泥饼质量，g；

M_{dc}——干泥饼质量，g；

ρ_w——滤液密度，g/mL。

②CEC 法。

如果蒙脱石晶层中各层的表面电荷密度相同，那么测定的 CEC 与根据矿物组成计算的理论 CEC 的比值应等于膨胀层分数，该分数乘以理论比表面积就得出实际的比表面积。

③由 b 尺寸计算。

Odom 等人研究了蒙脱石的比表面积和 b 尺寸的关系，得出：

$$S_m = -1.4488 \times 10^8 b + 13.092 \times 10^8 \tag{2.6}$$

式中 S_m——蒙脱石的比表面积；

b——b 尺寸，A。

蒙脱石的比表面积等于理论表面积乘以膨胀层分数，该分数又与 b 尺寸成线性关系，故 S_m 与 b 有上述关系，因此可根据 b 尺寸计算蒙脱石的比表面积。

此外，红外吸收法也可以测比表面积。该方法的原理是：悬浮体中的蒙脱石颗粒的红外吸收理论上服从 Beer 定律，Law 和 Lerot 假定粒间水服从同一定律。有：

$$A_m/A_w = (E_m/E_w)(M_m/M_w) \tag{2.7}$$

式中 A——吸光度；

E_m、E_w——蒙脱石和水的吸收系数；

M——质量。

2）页岩孔径大小及分布测试

孔隙按大小可分为大孔（直径大于 50 nm）、介孔（直径为 2 ~ 50 nm）、微孔（直径小于 2 nm）。目前常用的孔径大小和分布测试方法主要有静态容量法和压汞法两种。

（1）静态容量法

①基本原理。

液氮温度下的氮吸附原理：利用气体在页岩孔隙中的吸附与解吸可以测量其孔隙大小及其分布情况，当压力低于气体的临界压力时，对于介孔与大孔，首先发生多层吸附，相对压力更高时，则发生毛细管凝聚，形成类似液体的弯液面。介孔孔径分布一般用 Kelvin 方程进行计算。以氮气作为吸附气体时，当液氮温度为 77 K 时，kelvin 方程可表述如下：

$$r_k = -\frac{0.953}{\ln(p/p_0)} \tag{2.8}$$

式中，r_k 为凝聚在空隙中吸附气体的曲率半径，p 为氮气的吸附平衡压力，p_0 为液氮温度下氮气的饱和蒸汽压。通过上面的方程与脱附曲线就可以计算孔隙大小的分布。

②仪器设备。

设备 1 名称：泥页岩孔径分析仪。生产商：贝士德仪器科技（北京）有限公司。测试原理：静态容量法。测量范围：微孔 0.35 ~ 2 nm；介孔 2 ~ 50 nm；大孔 50 ~ 500 nm。测试精度：测试精度高、重现性好。重复性误差小于±2%。

设备 2 名称：V-Sorb 2800P 比表面积仪。生产商：北京金埃谱科技有限公司。测试原理：静态容量法。测量范围：0.35 ~ 500 nm。测试精度：重复性误差小于 1.52%。

(2)压汞法

基本原理:测定中假定孔隙为圆柱状,孔径为 r,接触角为 θ,压力为 p,汞的表面张力为 γ,则孔径大小可表示为:

$$r = \frac{2\gamma/\cos\theta}{p} \tag{2.9}$$

压汞法相关仪器见压汞法测页岩渗透率和孔隙度中所述。

3)页岩毛管压力和孔喉分布曲线测试

毛管压力曲线是对岩样进行压汞分析得出来的,是研究岩样孔喉结构、连通性和流体分布的主要手段。压汞毛管压力曲线能够反映岩样的孔喉大小及分布,通过对压汞毛管压力曲线分析可以得到表征岩样孔隙结构的参数,如孔隙喉道均值、喉道分选系数、平均喉道半径等。压汞法相关仪器见压汞法测页岩渗透率和孔隙度中所述。

2.1.5 页岩岩石力学测试技术

页岩本身具有低孔、低渗的特征,一般而言都需经过大规模压裂改造才能获得商业产量,而页岩的强度特性影响着井壁的稳定性和压裂的可行性,当井壁应力超过页岩的抗剪强度便产生剪切破坏(井眼坍塌扩径);其次,需掌握页岩抗拉强度,控制地层破裂压力,配制合理注浆液密度,防治井壁拉伸应力超过岩石抗拉强度而产生拉伸破坏(井漏),故只有在已知页岩抗剪强度及抗拉强度后才可以得出保持井壁稳定的"安全钻井液"液柱压力范围。此外,研究发现,页岩的脆性能够显著影响井壁的稳定性,是评价储层力学特性的关键指标,同时还对压裂的效果影响显著。遴选高品质页岩时脆性指数是必要的评价指标。

因此,开展含气页岩的力学试验分析其破坏机制和力学特性对于预防钻完井复杂问题和保障页岩多级压裂综合效果具有十分重要的意义,页岩的力学特征是影响页岩气开采全局的关键因素。

目前,岩石力学特性参数的测定主要有两种方法:静态法和动态法。静态法是通过对岩样进行加载试验测得其变形而得到参数,所得参数为岩石静态力学特性参数。动态法是通过测定超声波穿过岩样的速度得到参数,所得参数为岩石动态力学特性参数。根据实际受载情况,岩石的静态力学特性参数更适合工程需要。迄今为止,岩石的静态力学特性参数的测定方法已比较成熟,有了一套规范的试验程序和数据处理程序。而动态法利用声波测井资料,可直接求出原地应力下的动态力学特性参数,获得岩层沿深度的连续的力学特性资料。岩石力学特性参数的静态值和动态值存在着一定的差异,静态弹性模量普遍小于动态弹性模量,而静态泊松比有的大于动态泊松比,有的小于动态泊松比。但根据实际受载情况,岩石的静态力学参数更适合工程需要。

国外由于页岩气工业起步较早,再加上一些研究机构设立了专门针对页岩气的实验室,页岩实验测试技术日臻完善,促进了页岩气勘探开发的进步。目前,美国三大实验室对页岩气的实验测试项目有较为成熟的研究,并形成了一系列的研究体系。这个三大实验室分别为:Intertek 实验室,Weatherford 实验室和 Chesapeak 实验室。针对岩石力学测试方法,三大实验室也有自己的测试分析体系。Intertek 实验室主要测试内容为单轴压缩试验、单极和多级三轴试验、杨氏模量与破坏试验等。Weatherford 实验室在页岩气的实验室测试方面主要有 9 项主要的测试项目,并形成了 6 大实验体系。其中,岩石力学体系的测试内容包括了岩石静态杨氏模量、泊松比动态弹性系数的测定和应力破坏分析。

我国的页岩气研究处于起步阶段,针对页岩开展力学测试分析的实验室较少,但我国多个大型实验室均能开展岩石力学分析测试,其设备仪器多采用能同时开展多个试验的综合试验系统,如中国科学院武汉岩土力学研究所、油气藏地质及开发工程国家重点实验室均采用的“MTS 岩石物理参数测试系统”。

1)三轴压缩试验

三轴压缩试验可以获得页岩岩石的弹性模量、泊松比、三轴抗压强度、黏聚力、内摩擦角、抗剪强度等参数。

(1)基本原理

三轴压缩试验的加载方式有两种,我们常采用的三轴试验是伪三轴试验。它通常用多个试样,分别在不同的恒定周围压力(σ_3)下,施加轴向压力,即主应力差($\sigma_1-\sigma_3$),直到破坏,得到其全应力应变曲线,施加的轴向力即为页岩三轴抗压强度,但是由于应力-应变曲线通常是非线性的,所以 E 和 ν 的值会随轴向应力值的不同而不同。在实际工作中,通常在 $\frac{1}{2}\sigma_c$ 处取 E 和 ν,所以可求得弹性模量及泊松比;其次,根据摩尔-库伦理论,可求得粘聚力、内摩擦角、抗剪强度。

(2)试验设备

设备 1 名称:TAW-2000 微机控制电液伺服岩石三轴试验机。

TAW-2000 微机控制电液伺服岩石三轴试验机由长春市朝阳试验仪器有限公司研发生产,主机采用美国 MTS 三轴主机结构,可完成单轴抗压强度试验、单轴压缩变形试验、三轴常规破坏试验、三轴连续破坏试验等多种试验。该设备最大轴力 2 000 kN,最大围压 100 MPa,孔隙水压 60 MPa,温度 $-50\sim200$ ℃,试件尺寸(Φ25 mm ~ Φ100 mm)×(100 mm ~ 250 mm)。

据调研,中国科学院工程地质力学重点实验室、任丘市华北石油邦达新技术有限公司已购置 TAW-2000 微机控制电液伺服岩石三轴试验机并投入使用。

设备 2 名称:RTR-1000/RTR-1500 高温高压三轴岩石力学测试系统。

RTR-1000/RTR-1500 高温高压三轴岩石力学测试系统由美国 GCTS 公司研发生产,可进行单轴、三轴压缩及拉伸、蠕变、松弛实验等试验,测定岩石弹性模量、泊松比、抗压强度、体积模量、剪切模量、内聚力和内摩擦角,抗张强度测试等力学参数。该设备最大轴力分别为 1 000 kN/1 500 kN,最大围压 140 MPa,孔隙压力 140 MPa,温度 150 ℃。试件尺寸 Φ25 ~ Φ100 mm。

据调研,油气藏地质及开发工程国家重点实验室、中国石油勘探开发研究院、西南油气田分公司采气工程研究院、国土资源部页岩气资源勘查重点实验室已购置 RTR-1000/RTR-

1500 高温高压三轴岩石力学测试系统并投入使用。

设备 3 名称:MTS815.03 岩石三轴试验系统。

MTS815.03 岩石三轴试验系统由美国 MTS 公司研发生产,可进行单轴、三轴压缩试验、岩石孔隙水压力试验及岩石水渗透试验。最大轴力 4 600 kN,最大轴向拉力出力 2 300 kN,最大围压 140 MPa,试验框架整体刚度 11.0×10^9 N/m,最大孔隙水压力 140 MPa。最大岩样尺寸 Φ100 mm×250 mm。

据调研,长江科学院岩土重点实验室、中国科学院武汉岩土力学研究所已购置 MTS815.03 岩石三轴试验系统并投入使用。

图 2.22　TAW-2000 电液伺服岩石三轴试验机

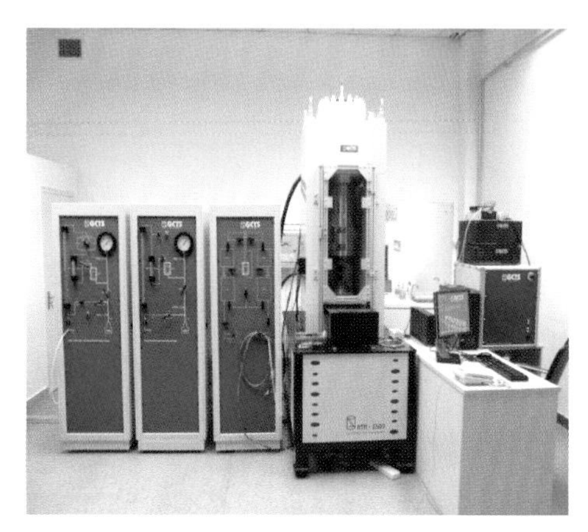

图 2.23　RTR-1000 型三轴岩石力学测试系统

图 2.24　MTS 815.03 型岩石三轴试验机

2)单轴压缩试验

单轴压缩试验用于测定岩石强度、变形、应变、杨氏模量、泊松比等力学参数,同时也可观察和测定岩石在载荷作用下伴随变形所出现的若干微观或宏观现象。同时,也可以根据试验岩心的应力-应变曲线判断岩心的变形特性。

(1)基本原理

岩石抵抗单轴压力破坏时的能力,即标准岩石试样在压力作用下破坏时的最大荷载与垂直于加荷方向的截面积之比。在单轴压缩破坏试验中,大多数岩石变现为脆性破坏,因此可以直接测得 σ_c。但是由于应力-应变曲线通常是非线性的,所以 E 和 ν 的值会随轴向应力值的不同而不同。在实际工作中,通常在 $\frac{1}{2}\sigma_c$ 处取 E 和 ν。

(2)实验设备

目前,国内实验室在岩石力学试验中根据试验要求配备了拉伸、压缩、弯曲等不同的附具,完成不同的力学试验,故采用三轴测试系统均能完成。此处将不再赘述。

3）拉伸试验

水力压裂时，页岩主裂缝的产生为张性破裂，抗张强度一定程度上反映了张性缝扩张的难易，此参数也可用于计算"脆性指数"。试件在拉伸荷载作用下的破坏通常是沿其横截面的断裂破坏。岩石的拉伸破坏试验分直接试验和间接试验两类，但直接拉伸试验在准备试件方面需要花费大量的人力、物力和时间，实际上我们常用间接拉伸试验求取岩石的抗拉强度。在间接实验中，最著名的是劈裂试验。

（1）基本原理

劈裂试验的时间为一岩石圆盘，加载方式如图2.25所示。试验时，沿着圆柱体的直径方向施加集中荷载，这可以在试件与上、下承压板接触处放两根垫条来实现。根据弹性力学公式，这时沿着垂直向直径产生几乎均匀的水平向拉应力。劈裂试验不适用于非脆性岩石。

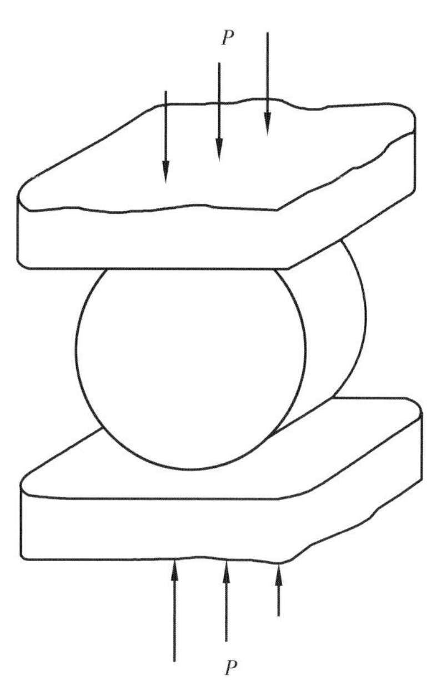

图2.25 试验加载方式简图

（2）试验设备

拉伸试验除了可以采用岩石三轴试验系统，部分试验室还采用微机控制电液伺服万能试验机。WAW-1000B系列微机控制电液伺服万能试验机由凯锐机械设备有限公司研发生产，其设备可对金属、非金属以及构件进行拉伸、压缩、弯曲、剪切、剥离、撕裂、低周循环等试验，满足GB/T 228—2010《金属材料 室温拉伸试验方法》要求，最大试验力1 000 kN，最大拉伸空间590 mm，最大压缩空间520 mm，小圆试样夹持直径$\Phi14 \sim \Phi32$ mm，大圆试样夹持直径$\Phi32 \sim \Phi45$ mm，剪切试样直径$\Phi10$ mm。

4）直剪试验

页岩储层中的天然裂缝和沉积层理是实现体积压裂的必备条件，这些裂隙通常被硅质或碳酸盐类矿物充填，胶结强度很低，易发生剪切破裂。

（1）基本原理

在外力作用下，其一部分试样对另一部分试样滑动时具有抵抗剪切的极限强度。试验参照我国行业标准《水利水电工程岩石试验规程（SL264—2001）》进行。

抗剪强度计算公式：

$$\sigma = P \sin \alpha / A \tag{2.10}$$

$$\tau = P \cos \alpha / A \tag{2.11}$$

式中 σ——正应力，MPa；

P——试件最大破坏荷载，N；

α——夹具剪切角，(°)；

A——试件剪切面积，mm^2。

根据不同剪切角下的试验均值，将试件被剪破坏时的剪应力与正应力标注到 σ-τ 应力平面上就是一个点，不同的正、剪应力组合就是不同的点，将所有点连接起来就获得莫尔强度包络线。这是除三轴抗压强度试验外，获得莫尔强度包络线的另一途径，可计算出 C、φ 值。

(2)试验设备

设备1 名称：电液伺服岩石直剪/三轴仪。

电液伺服岩石直剪/三轴仪由美国 GCTS 公司研发生产，配备岩石直剪试验系统，可进行岩石直剪和高温高压三轴试验，测试多种岩石试样的剪切强度。该设备轴压为1 500 kN，剪切荷载 300 kN、1 000 kN，剪切行程±50 mm，框架刚度 1.75 MN/mm，围压 140 ~ 210 MPa，温度 150 ~ 200 ℃，试样尺寸 Φ150 mm(最大可达 300 mm)，或 100 mm×100 mm×150 mm。

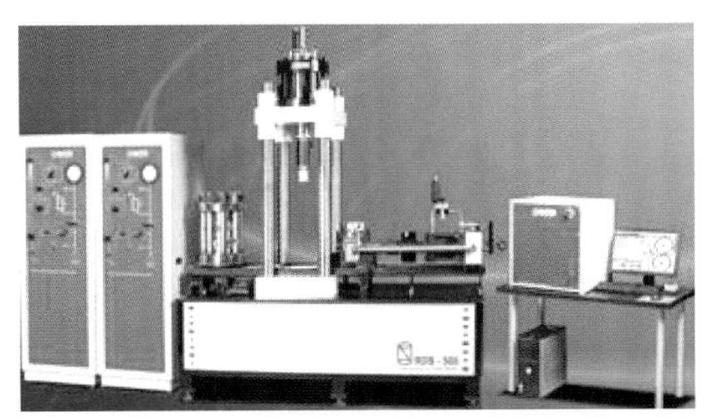

图 2.26　电液伺服岩石直剪/三轴仪(美国 GCTS 公司)

设备2 名称：RDS-300 全自动伺服控制岩石直剪仪。

RDS-300 全自动伺服控制岩石直剪仪由美国 GCTS 公司研发生产，可以测试各种岩石试样的剪切强度，例如圆形、立方体、岩石碎块等。该设备剪切荷载为±300 kN，剪切行程为±50 mm，轴向荷载为 500 kN、1 000 kN、1 500 kN。轴向行程 50 mm。试样尺寸：直径 150 mm，高度 150 mm。该设备也可以提供其他加载范围和试样尺寸，例如剪切荷载可以达到 1 000 kN。

图 2.27　RDS-300 全自动伺服控制岩石直剪仪(美国 GCTS 公司)

设备 3 名称:YSZJ20-1/2 型岩石直剪仪。

YSZJ20-1/2 型岩石直剪仪(图 2.28)由成都东华卓越科技有限公司生产。YSZJ20-1 型岩石直剪仪载荷为 1 000 kN;YSZJ20-2 型岩石直剪仪载荷为 2 000 kN。试样尺寸可为 200 mm×200 mm×200 mm、100 mm×100 mm×100 mm、50 mm×50 mm×50 mm、ϕ50 mm×100 mm。最大垂直载荷 1 000 kN、2 000 kN;最大水平推力 1 000 kN、2 000 kN;最大垂直行程 100 mm;最大水平行程 100 mm。

图 2.28　YSZJ20-1/2 型岩石直剪仪

设备 4 名称:YZ-6 型数显式岩石直剪仪(便携式)。

YZ-6 型数显式岩石直剪仪(便携式)由济南海威尔仪器有限责任公司生产,设备小巧、携带方便。法向最大压力 60 kN,法向活塞最大行程 50 mm,横向最大剪切力 60 kN,横向活塞工作行程 50 mm,法向最大空间 155 mm(分级可调),横向最大空间 120 mm(直剪盒可更换,即 ϕ70 mm×70 mm 和 ϕ50 mm×50 mm),手动加荷,数字显示,精度 1 级,剪切缝 0 ~ 5 mm 可调,横向位移 0 ~ 20 mm(测量精度:0.01 mm)。

5)断裂韧性测试实验

岩石内部存在着由于各种原因所产生的微小裂纹。在外力作用下,材料抵抗该裂纹扩展的能力,称为断裂韧性。断裂韧性又称临界应力强度因子,是裂纹体分析中的关键参数,可用来表征线弹性裂缝尖端场(应力和应变)的奇异性强度,其值一般与裂纹体的几何形状及所受载荷无关,是材料的一个基本属性。在水力压裂数值模拟中,普遍采用断裂韧性作为裂缝扩展的判据,即当 $K_I \geqslant K_{IC}$(K_I 为应力强度因子,K_{IC} 为临界应力强度因子)时,认为裂缝扩展。如果不能准确确定断裂韧性,则会直接影响模拟结果的可信度,因此对水力压裂断裂韧性的研究引起了普遍关注。

(1)基本原理

在断裂力学中,按裂纹体受力情况,岩石断裂韧度分为Ⅰ型(张开型)、Ⅱ型(滑移型)、Ⅲ型(撕开型)。H. Awaji 和 S. Sato 于 1978 年首次提出使用圆盘形试件(SNBD)测试Ⅰ和Ⅱ型断裂韧性,圆盘的半径为 R,厚度为 B,初始裂缝的长度为 $2a$。C. Atkinson 等人于 1982

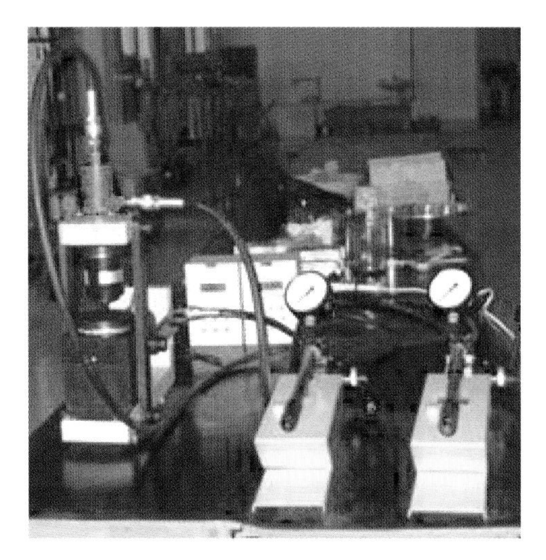

图 2.29　YZ-6 型数显式岩石直剪仪(便携式)

年给出了圆盘形试件测试Ⅰ和Ⅱ型断裂韧性的计算公式,如式(2.12)和式(2.13)所示:

$$K_{\mathrm{I}} = \frac{P\sqrt{a}}{\sqrt{\pi}RB}N_{\mathrm{I}} \tag{2.12}$$

$$K_{\mathrm{II}} = \frac{P\sqrt{a}}{\sqrt{\pi}RB}N_{\mathrm{II}} \tag{2.13}$$

式中,K_{I} 和 K_{II} 分别为Ⅰ、Ⅱ型应力强度因子;N_{I} 和 N_{II} 分别为Ⅰ、Ⅱ型无因次应力强度因子;P 为径向载荷。

对于满足 $a/R \leqslant 0.3$ 的微小裂缝,A. thinson 给出了两个近似多项式,如式(2.14)和式(2.15)所示:

$$N_{\mathrm{I}} = 1 - 4\sin^2\theta + 4\sin^2\theta(1 - 4\cos^2\theta)\left(\frac{\alpha}{R}\right)^2 \tag{2.14}$$

$$N_{\mathrm{II}} = \left[2 + (8\cos^2\theta - 5)\left(\frac{\alpha}{R}\right)^2\right]\sin 2\theta \tag{2.15}$$

在纯剪切状态平面,无因次应力强度因子 N_{I} 应该为零,即式(2.14)等于零。若给定a/R,可计算出发生纯剪切状态时预制裂缝与加载方向的夹角 θ,通过实验得到的试样破坏压力数据,计算出Ⅱ型应力强度因子 K_{II},即岩石Ⅱ型断裂韧性 K_{IIC}。同样,对于Ⅰ型断裂韧性,可以使Ⅱ型无因次应力强度因 K_{II} 和 N_{II} 等于零,即式(2.15)等于零,计算出预制裂缝与加载方向需要的夹角 θ。岩石的破坏主要受垂直于裂纹面的应力破坏为主,即以Ⅰ型断裂为主,因此,大多数岩石断裂韧度的测试工作主要着眼于Ⅰ型裂纹的断裂韧度 K_{IC}。

通过实验得到的岩样破裂压力,计算出Ⅰ型应力强度因子,即Ⅰ型断裂韧性 K_{IC}。

(2)实验设备

根据 SNBD 试件计算应力强度因子计算原理,测试者设计组建了一套在常压和围压下测试岩石Ⅰ型断裂韧性的测试系统。此系统主要有断裂韧性测试装置、MTS816 岩石测试系统伺服增压器、巴西实验装置三个主要部件。

6)脆性试验

尽管页岩在高围压状态下容易呈现延性的特征,但是在实际工程的大规模压裂改造下,岩体将发生破裂等脆性破坏现象。因此,页岩的脆性能够显著影响井壁的稳定性,是评价储层力学特性的关键指标,同时还对压裂的效果影响显著。遴选高品质页岩时脆性指数是必要的评价指标。

针对岩石脆性的评价方法,国内外学者提出了不同说法。统计发现,现有的脆性衡量方法有 20 多种,但经调研,针对页岩脆性评价主要由以下几种方法。

(1)矿物组分分析法

Sonderseld C H 等人研究页岩气的可压性时,根据页岩的矿物组分等提出了评价的脆性指数方法。该方法主要通过全岩分析计算脆性矿物的比例,一般储层中矿物组分主要有黏土矿物(高岭石、伊利石和蒙脱石等)、石英、方解石、长石、白云石等矿物。

$$\beta=\frac{C_{\text{quartz}}}{C_{\text{quartz}}+C_{\text{clay}}+C_{\text{carbornate}}} \tag{2.16}$$

式中 β——脆性指数,%;

C_{quartz}——页岩石英质量分数,%;

C_{clay}——页岩黏土矿物质量分数,%;

$C_{\text{carbornate}}$——页岩碳酸盐岩矿物质量分数,%。

(2)岩石模量、泊松比拟合

Rickman 提出用杨氏模量和泊松比来计算脆性指数的方法,并认为 BRIT 大于 40 时,岩石是脆性的。

$$\begin{aligned}&\text{YM\_BRIT}=((\text{YMS\_C}-1)/(8-1))\times 100\\&\text{PR\_BIRT}=((\text{PR\_C}-0.4)/(0.15-0.4))\times 100\\&\text{BRIT}=(\text{YM\_BRIT}+\text{PR\_BRIT})/2\end{aligned} \tag{2.17}$$

式中 YMS_C——岩石的静态杨氏模量,10^4 MPa;

PR_C——岩石的静态泊松比。

(3)抗压强度、抗拉强度比值

Goktan[6]介绍的计算脆性指数的简单方法,见式(2.18),脆性等级划分标准见表 2.10。

$$B_1=\sigma_c/\sigma_t \tag{2.18}$$

式中 σ_c——单轴抗压强度;

σ_t——抗张强度。

表 2.10 岩石脆性等级划分

等 级	B_1	特 征
1	>25	脆性很强
2	$15<B_1<25$	脆性
3	$10<B_1<15$	中等脆性
4	$B_1<10$	脆性较低

2.1.6 页岩含气性测试技术

页岩气含气性测试技术主要包括现场含气性测试技术、等温吸附测试技术和含油气饱和度测试技术。现场含气性测试技术利用现场钻井岩心和有代表性岩屑测定页岩含气量。等温吸附测试技术利用等温吸附实验测试页岩最大吸附气量。含油气饱和度测试技术利用现场密闭取芯、室内实验或者测井等手段测定页岩含油气饱和度,计算页岩含气量。

1)现场含气性测试技术

目前,国内外针对页岩气现场含气性测试技术是指解吸法。用解吸法测定的含气量由三部分组成,即损失气量、解吸气量和残余气量。损失气量是指岩心快速取出,现场直接装入解吸罐之前释放出的气量。这部分气体无法测量,必须根据损失时间的长短及实测解吸气量的变化速率进行理论计算。解吸气量是指岩心装入解吸罐之后解吸出的气体总量。残余气量是指终止解吸后仍留在样品中的部分气体,需将岩样装入密闭的球磨罐中破碎,然后放入恒温装置中,待恢复到储层温度后按规定的时间间隔反复进行气体解吸。常用的解吸方法包括 USBM 直接法、改进的直接法、史密斯-威廉斯法、曲线拟合法、密闭取心解吸法、直接钻孔法等方法。

目前国内外主要采用美国矿业局公布的 USBM 直接法,其国内外测试方法原理差异不大,只是测试设备有一定区别。国外 SCAL、Terra Tek 测试设备主要采用电温控箱加热和流量自动计数,威德福、UTAH 主要采用水浴加热和计量管手动计量方式读数。而国内中石油、中石化直接法测试设备主要采用电加热法和计量管手动计量方式或流量自动计数,测试方法主要参考煤层气含量测定方法 GB/T 19559—2008,这些设备的测试原理主要都是 USBM 直接法。

(1)USBM 直接法

①基本原理。

该方法的原理是假设气体解吸的理想模式为气体从圆柱形颗粒中扩散出来,可以建立扩散方程来描述,初始浓度为常数,表面浓度为零,其数值解表明在初始时刻积累解吸气量与时间的平方根成正比。由此在解吸气量与时间的平方根的图中,反向延长到计时起点,可估算出损失气量。

直接法的计时起点与取心液类型相关,对于气相或雾相取心,假设取心筒穿透储层即开始解吸,损失时间计为取心时间、起钻时间和样品到达地面后密封在解吸罐之前的时间总和。对于清水取心,假设当岩心提到距井口一半时开始解吸,这种情况下,损失时间为起钻时间的一半加上地面装罐之前的时间。损失气量与取心至样品封在解吸罐中所需时间相关,取心、装罐所需时间越短,则计算的损失气量越准。当损失气量不超过总含气量的 20% 时,直接法所测的含气量比较准确。

②含气量的测定。

USB 直接法测定解吸气量常用装置如图 2.30 所示,是将岩心取出,保持自然状态下装入解吸罐中,并对解吸罐水浴加热,由倒置在水盆中的刻度管计量解吸气量,同时记录各时间点的气量和时间。自然解吸时,每间隔一定时间测定一次,其时间间隔视罐内压力而定。样品装罐第一次 5 min 内测定,然后以 10 min 间隔测满 1 h,以 15 min 间隔测满 1 h,以 30 min 间隔测满 1 h,以 60 min 间隔测满 1 h,以间隔 120 min 测定 2 次,累计测满 8 h。连续解吸 8 h 后,可视解吸罐的压力表确定适当的解吸时间间隔,最长不超过 24 h。自然解吸持续到连续 2 小时解吸量不大于 5 cm^3,结束解吸测定。

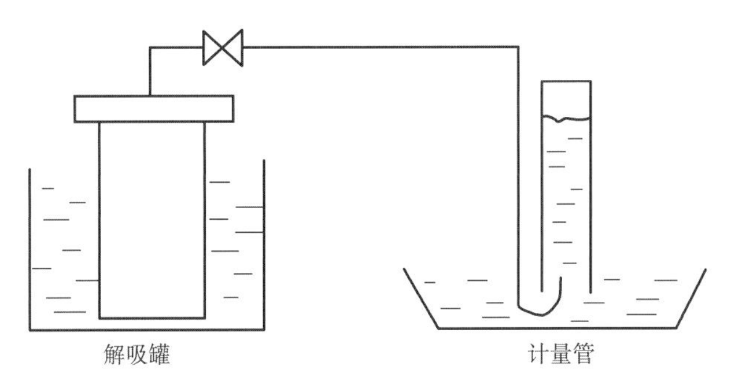

图 2.30 常规解吸试验测定仪图

自然解吸气所测得的气体体积应进行标准状态校正，换算到温度 0 ℃、压力 101.325 kPa 下。气体体积校正公式如下：

$$V_{\mathrm{STP}} = \frac{273.15 \times P_m \times V_m}{101.325 \times (273.15 + T_m)} \tag{2.19}$$

式中 V_{STP}——标准状态下的气体体积，单位为立方厘米，cm^3；

P_m——大气压力，kPa；

T_m——大气温度，℃；

V_m——气体体积，cm^3。

损失气量计算采用直接法。解吸初期，解吸量与时间平方根成正比。以标准状态下累计解吸量为纵坐标，损失气时间与解吸时间和的平方根为横坐标作图，将最初解吸的各点连线，延长直线与纵坐标轴相交，则直线在纵坐标轴的截距为损失气量。

在钻井循环介质为清水和泥浆时，取心筒提至井筒一半时的时间作为零时间；钻井循环介质为泡沫或空气时，钻遇目的层时间为零时间。损失气时间为从零时间到封罐的时间。

钻井循环介质为清水和泥浆条件下，损失气时间计算公式如下：

$$t_L = \frac{t_3 - t_2}{2} + (t_4 - t_3) \tag{2.20}$$

钻井循环介质为泡沫或空气条件下，损失气时间计算公式如下：

$$t_L = t_4 - t_1 \tag{2.21}$$

式中 t_L——损失气时间；

t_1——钻遇目的层时间；

t_2——提心时间；

t_3——岩心到达井口时间；

t_4——岩心封罐时间。

通常将密封罐内的岩样粉碎，用以确定残余气量，但常常粉碎罐只能容纳少量的样品，所以常选取一部分测试样品进行样品粉碎，通过称重选取样品来确定占总测试样品的比例，计算总测试样品的残余气量。

页岩气含量 G_C 等于损失气含量 G_{CL}、实测的自然解吸气含量 G_{CD} 和残余气含量 G_{CR}

之和：

$$G_C = V_{LOST}/m_T + V_D/m_T + V_R/m_R \tag{2.22}$$

式中 V_{LOST}——损失气体积，cm^3；

m_T——样品总质量，g；

V_D——实测的自然解吸气体积，cm^3；

m_T——样品总质量，g；

V_R——残余气体积，cm^3；

m_R——残余气样品质量，g。

(2)改进的直接法

①基本原理。

改进的直接法能够更精确地确定含气量较低岩样的含气量。在试验过程中，要定时记录密封样品罐的压力、环境温度和大气压，同时还要采集解吸出的气样进行成分分析，当压力高于外界大气压时，放出部分气体，直至罐内压力稍高于大气压，然后记录最终压力。利用这些数据，就可以计算出罐内释放出的各种气体的体积。根据最近的测量结果，从现有读数时的初始解吸体积中减去原先读数时残留在密封罐内的各种气体的最终体积，就可确定该种解吸气体的总体积，然后将这一差值加到该种气体总的积累体积之上。

这种方法测定含气量的仪器设备与USBM直接法测定含气量的仪器设备有一定差异。常见的改进直接法解吸装置由密封罐与3个压力计连接，开关方便。压力计标度为0～50 cm水柱压力、0～250 cm水柱压力，以及0～1.72 kPa。最终可以确定压力计本身和有关气路系统中的自由空间，在低压读数中可能有一些误差。目前，为减少自由空间体积带来的误差，使用配置有压力转换器的数字式电子应变压力计。常见的气路系统图如图2.31所示。

②含气量的测定。

确定气体X在给定时刻j的总解吸气量：从罐中的气体X在前一测量时间(j-1)的最终体积中，减去该气体在时间j的初始体积，将这一差值加上气体X在时间(j-1)的累积体积上，即为该气体在时间j的累积体积，见式2.23。当解吸气的体积在增量达到极小值后，解吸过程结束，将样品粉碎以测定残余气。终止解吸过程的标准建议为：在一周内每克样品的解吸气量小于0.05 cm^3/d，或者在一周内每个样品的解吸气量小于10 cm^3/d。

样品完成解吸后，打开样品罐，测量充满装有样品的样品罐所需水的体积，这样就可以确定自由空间体积(V_g)。同时将样品取出，在空气中风干4～6天，再称重确定样品的质量。

$$V_{xj.cum} = (V_{xj} - V_{x(j-1)}) + V_{x(j-1).cum} \tag{2.23}$$

式中 $V_{xj.cum}$——在时间j时X气体的累积体积；

V_{xj}——在时间j时X气体的初始体积；

$V_{x(j-1)}$——在时间j-1时X气体压力释放后气体在样品罐中的体积；

$V_{x(j-1).cum}$——在时间 j-1 时 X 气体的累积体积。

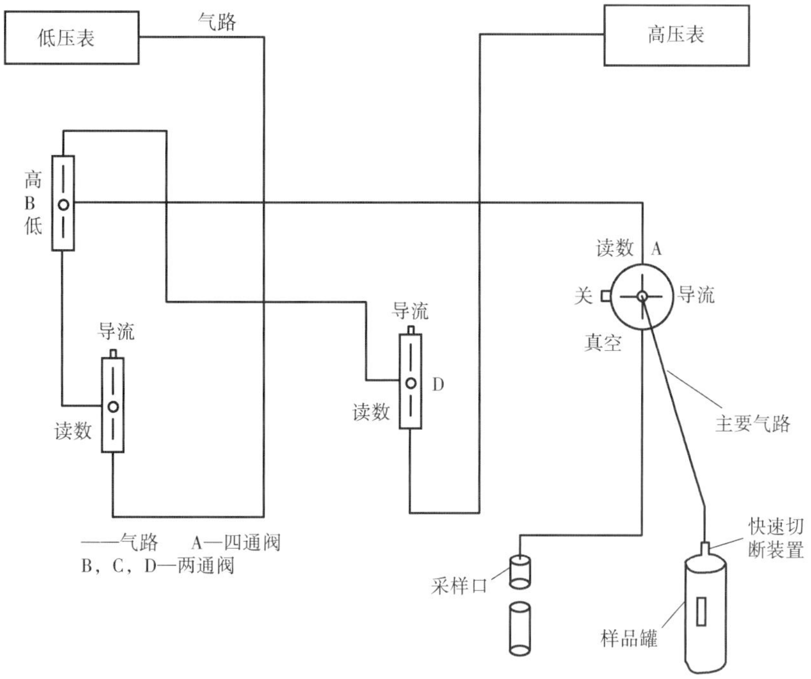

图 2.31　改进的直接法(MDM)装置气路系统原理图

计算密封罐中的气体 X 在时间间隔 j 内标准状态下的体积(V_{xj})，用以下公式(该公式由理想气体定律推导)。

$$V_{xj} = \frac{(P_{atmj} + dP)V_g TB_j}{T_{gj}P} \tag{2.24}$$

式中　P_{atmj}——时间 j 时的大气压力，MPa；

dp——罐内气体压力与大气压力的差值，MPa；

T_{gj}——在时间 j 时罐内气体的温度，K；

V_g——气体在样品罐中所占有的自由空间，cm^3；

T——标准温度(273 K)；

P——标准压力(101.3 kPa)；

B_j——罐内某种气体的体积系数。

反复应用上两式计算，即可计算最后时刻(解吸结束时)的解吸气体积。

损失气的计算是用一个数学回归方程计算，在最初解吸几个小时内，解吸气量与总解吸时间的平方根成正比(这点类似于 USBM 直接法，但只采用最初解吸几个小时的数据)。损失时间计算方法同 USBM 直接法计算损失气的方法，最后线性回归方程在纵轴负方向上的截距即为损失气量。

将密封罐内的部分岩样进行粉碎，用以确定残余气量。粉碎和测量方法同 USBM 直接法测定残余气量方法。

将解吸气量、损失气量、残余气量相加即为岩样含气量，其中解吸气量与损失气量之和为解吸气总量。

(3)史密斯-威廉斯法

该方法主要来自煤层气含气量的测定,其认为岩样的孔隙结构为"双峰型"。而计算损失气的直接法是以岩样单峰分布为前提,即假设所有岩样孔隙大小都是相同的。史密斯-威廉斯法(史威法)测定损失气量就是把这种双峰分布的孔隙结构作为前提。

史密斯-威廉斯法使用钻井岩屑测定含气量,在井口收集钻屑装入解吸罐中,其解吸方法同直接法。该方法假设岩屑在井筒上升过程中压力线性下降,直至岩屑到达地面。通过求扩散方程,将其解写成两个无因次时间的形式,见式(2.25)。由两个无因次时间比得到校正因子,用校正因子乘以解吸气量得到总含气量。

$$\begin{cases} STR = \dfrac{D - C}{D - B} \\ LTR = \dfrac{D - A}{D - A + t_{25\%}} \end{cases} \tag{2.25}$$

式中 STR——地面时间比,无因次;

LTR——损失时间比,无因次;

$t_{25\%}$——实测气体体积的 25% 解吸出来的时间;

A——钻遇目的层时间;

B——提心时间;

C——岩心到达井口时间;

D——岩心封罐时间。

该法在逸散气量小于 50% 时,准确度比较高。史密斯-威廉斯法虽然是根据钻井岩屑解吸建立的,也适合于取心样品含气量的确定。

(4)曲线拟合法

①基本原理。

曲线拟合法是通过将所有的解吸数据与扩散方程的解拟合求得含气量的方法,在曲线拟合过程中将损失气量看作第三个参数,而不是确定的解。这种方法对于特定的岩心或钻屑的实际边界条件可以给出相应的解,由不同的边界条件得到的解都具有相同的特征。

②含气量的测定。

该方法主要是利用公式的拟合作用,解吸气体积可以表述为随着时间指数递减的无穷级数。在假定表面浓度为零的情况下,其解可以表示为:

$$V_D = V_{LD}\left\{1 - \frac{6}{\pi^2}\exp\left(-\frac{\pi^2 Dt}{r_P^2}\right)\right\} - V_L \tag{2.26}$$

式中 V_D——t 时间点累计解吸气体体积,cm^3;

V_{LD}——损失气量和解吸气量之和,cm^3;

V_L——损失气量,cm^3;

t——时间,min;

D/r_p^2——扩散能力，min^{-1}；

D——扩散系数，cm^2/s；

r_p——扩散半径，cm。

对式(2.26)变形得：

$$\ln(V_{Dt}-V_D)=(\ln\frac{6}{\pi^2}-\ln V_{LD})-\frac{\pi^2 Dt}{r_P^2} \tag{2.27}$$

式中　V_{Dt}——实测总解吸气量，cm^3。

通过式(2.27)知，总解吸气量（损失气量和解吸气量之和）为 V_{LD}，损失气量为 $V_{LD}—V_{Dt}$，D/r_p^2 表征扩散能力。其中 V_D、V_{Dt} 值大小可根据现场含气量解吸获得，D/r_p^2 可由理论模型公式求得。

假设岩样的孔隙为圆形，由一定孔径的圆柱形吼道连接，Sevenster 通过研究煤样的扩散，使用 Unipore 扩散模型得到扩散系数。

$$\frac{D}{r_P^2}=\frac{k}{(6\sqrt{\pi})^2} \tag{2.28}$$

式中　k——由 USBM 法求得的直线斜率；

D/r_p^2——扩散能力，min^{-1}。

通过拟合公式(2.26)、(2.27)、(2.28)，可以求得解吸气和损失气体积，最后把岩心在研磨罐里粉碎，便可求得残余气体积，最终确定岩样含气量。

(5)密闭取心解吸法

①基本原理。

密闭取心解吸法主要来自煤层气含气量测试，由于 USBM 直接法、改进的直接法、史密斯-威廉斯法、曲线拟合法没有充分考虑岩心取出井筒时的温度、压力变化，其整个解吸过程只用扩散说明是不够准确的，此外，岩样的几何形状对解吸状况也有影响。

密闭取心法是直接测量储存在岩样中气体的一种好方法。但其取心相对直接法较复杂，当岩样被切下来后，其储存的气体被钻井泥浆封住。取心后，机械阀在井底关闭，气体和岩样在密闭的密闭取心筒中被提升到地面。但在裂缝或大孔隙中可能有一部分游离气损失掉，但只占页岩储层中总含气量的一部分，当然，相对于密闭取心技术还是会损失小部分游离气。

密闭取心解吸法可用于评价各种其他解吸方法的准确性，如 USBM 直接法、改进的直接法、史密斯-威廉斯法、曲线拟合法，估算样品在提升过程中的损失气量普遍偏低，对于具有高扩散能力的样品或者游离气含气量高的样品，由于散失速度快，很难准确估算损失气量。同样，对于埋深较深的页岩，一般常规取心时间较长，估算的损失气量偏低，此时可以选用密闭取心。

②含气量的测定。

含气量测定一般分为两步：取心筒解吸和常规取心解吸。如果取心筒中保持地层压力，也未充入惰性气体，则其步骤比较简单，只需要密闭取心筒就可解吸。然而，有些岩样需要几天的时间解吸，并且在脱气过程中，取心筒出口经常被钻井液或岩屑粉末堵塞。

除了需要常规解吸试验用的解吸罐外，需要现场的设备很少，图 2.32 为用于取心筒解吸测量装置。首先，用湿式气体流量计测量解吸过程中的气体体积。当气流量非常低时，打开取心筒，将岩心转移到解吸罐中，测量解吸罐解吸气体体积。转移过程中尽可能快，以减少损失气量。在整个取心筒解吸和解吸罐解吸过程中，记录环境温度和大气压力，需用这些数据将解吸气体积校正到标准状态。

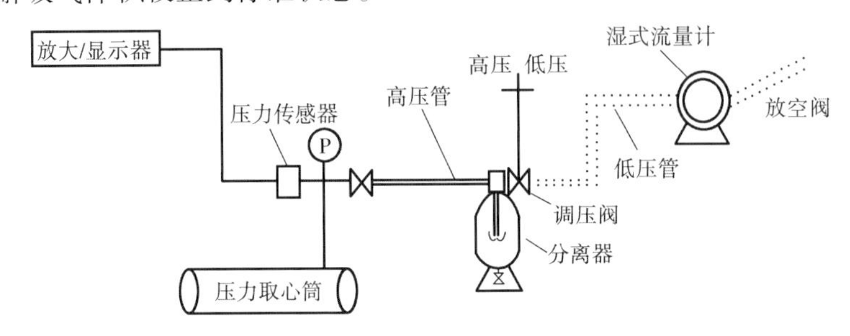

图 2.32 密闭取心解吸气计量装置图

该法需对放入解吸罐中解吸的岩心进行损失气量测定，损失气测定方法同 USBM 直接法计算损失气方法。由于岩样空气中暴露时间短，所以采用这种方法计算损失气一般较准确。

将密封罐内的岩样进行粉碎，用以确定残余气量。粉碎和测量方法同 USBM 直接法测定残余气体积。

岩样的总含气量为取心筒解吸气体积和解吸罐中解吸气量之和，包括从密闭取心筒转移到解吸罐过程中的损失气量。该式得到的是整个密闭取心筒平均含气量，能代表所取岩样层段的总含气量。

$$V=\frac{V_{BD}}{m_t}+\frac{\sum\left[(V_D)_i+(V_L)_i+(V_R)_i\right]}{m_t} \tag{2.29}$$

式中 i——下标指解吸罐；

Σ——对 N 个解吸罐进行加和；

V——含气量，cm^3/g；

V_{BD}——取心筒解吸气体体积，cm^3；

m_t——全部解吸罐内煤的总质量，g；

V_D——解吸气体体积，cm^3；

V_L——损失气体体积，cm^3；

V_R——残余气体体积，cm^3。

(6)直接钻孔法

①基本原理。直接钻孔法主要借鉴于煤层气含气量的测定，但用于页岩含气量的测定也存在一定的局限性。为使用该法进行测试，需要在页岩储层面上钻取 3 ~6 m 长的岩心，在第 3 m、4 m 或者 5 m 的末端 0.2 m 处，取粒径为 1 ~2 mm 样品 100 g 装入带有压力表的

密封罐中，从每个钻孔最后0.2 m钻取样品开始，必须在2 min内将样品装入样品罐，再过2 min后记录相应的压力，两个样品测试的压力值应大致相等。

②含气量的测定。

解吸气体体积采用J. Muzyczuk等建立的方程计算。

$$V_s = \frac{(P_1 - P_2)T_0 V_{V_0}}{P_0 T_2} - V_0 \tag{2.30}$$

式中 V_s——解吸气体体积，cm^3；

V_0——样品罐内空气体积，cm^3；

P_0——标准状况下压力；

P_1——初始压力，Pa；

P_2——最终压力，Pa；

T_0——标准温度，(273K)；

T——系统最终温度，K；

V_{V_0}——系统体积，cm^3。

采用直接钻孔法测定含气量时，损失气量的测定可以根据累计气量和时间平方根的关系估算损失气量（USBM直接法），但也可以采用一些经验公式计算。如根据J. Borowski（1975）方程损失气量；或者简单地乘以因子0.33计算损失气量。

$$V_L = 3.07V_C \tag{2.31}$$

式中 V_c——第2 min和4 min直接解吸出的气体体积，cm^3。

$$V_L = 0.33V_s \tag{2.32}$$

式中 V_s——解吸气气体体积，cm^3。

在实验室，将第一个测试的样品放入研磨机的样品罐中用钢球粉碎120 min。粉碎后，将样品罐与真空脱气系统相接，通过真空脱气系统进行负压脱气，记录残余气体积 V_R。

最终含气量为解吸气体积、损失气体积、残余气体积之和。

2）等温吸附测试技术

页岩等温吸附实验是间接测定页岩储层含气量的一种重要手段，通常采用Langmuir等温吸附模型通过室内实验推算页岩储层含气量。目前，等温吸附实验测试方法主要有体积法、重量法，其中体积法是国内最常用的方法（表2.12）。

国外目前页岩等温吸附实验主要采用体积法、重量法两种，主要以美国为代表，在等温吸附实验的方法和实验设备上发展相对成熟。其中，能独立做等温吸附实验的实验室和高校也很多，如Terra Tek实验室、Weatherford实验室、Chesapeak实验室、犹他大学、斯坦福大学等。其等温吸附实验测定原理和实验方法和国内等温吸附实验基本相同，在实验设备上有些不同。如使用体积法测量页岩等温吸附曲线时，国外常用的仪器是在波义耳定律孔隙度测定仪基础上改进的等温吸附试验装置，安装在恒温水浴或者油浴中，使页岩样品处于密封环境中，测定吸附气量为注入样品缸中气量与存在的自由气量之差，缸的孔隙体积用

表 2.11　现场含气性测试技术

方法	USBM 直接法	改进的直接法	史密斯—威廉斯法	曲线拟合法	密闭取心解吸法	直接钻孔法
原理	解吸气量通过使用排水法原理测定。损失气量测定原理是假设气体解吸的理想模式为气体从圆柱型颗粒中扩散出来,可以建立扩散方程来描述,初始浓度为常数,表面浓度为零,其数值解表明在初始时刻积累解吸气量与时间的平方根成正比。由此,在解吸气量与时间的平方根的图中,反向延长到计时起点,可估算出损失气量。残余气量测定原理是通过研磨解吸完成岩心测定。	解吸气量通过定时记录密封样品罐的压力 环境温度和大气压,压力高于外界大气压时,放出部分气体,直至罐内压力稍高于大气压,再记录最终压力。利用这些数据计算出罐内释放出的体积。根据最近的测量结果,从现有读数时的初始解吸体积中减去原先读数时残留在密封罐内各种气体的最终体积,就可确定该种解吸气体的总体积,然后将这一差值加到该种气体总的积累体积之上。损失气量用数学回归方程计算,在最初解吸几个小时内,解吸气量与总解吸时间的平方根成正比(类似于 USBM 直接法,但只采用最初解吸几个小时数据),线性回归方程在纵轴负方向上的截距即为损失气量。残余气量测定原理是通过研磨解吸完成岩心测定。	解吸气量通过收集井口钻屑或岩心采用排水法解吸测定。损失气量测定是假设岩样孔隙结构为“双峰型”,岩屑在井筒上升过程中压力线性下降,直至岩屑到达地面,通过求扩散方程,将其解写成两个无因次时间的形式,由两个无因次时间比查图版得到校正因子,用校正因子乘以解吸气量得到总含气量。该法不用求解残余气量。	解吸气量通过收集井口钻屑或岩心采用排水法解吸测定。损失气是通过将所有的解吸数据与扩散方程的解拟合求得,在曲线拟合过程中将损失气量看作第三个参数,而不是被确定的解。残余气量测定原理是通过研磨解吸完成岩心或岩屑测定。	解吸气量通过井下密闭取心,保持地层压力、岩样原始状态,分别进行取心筒解吸和常规取心解吸,获取岩样解吸气量,测试原理同 USBM 直接法。损失气计算方法同 USBM 直接法,残余气量测定通过研磨解吸完成岩心测定。	解吸气量测定需页岩储层面上钻取 3 ~ 6 m 长的岩心,在第 3 m、4 m 或者 5 m 的末端 0.2 m 处,取粒径为 1 ~ 2 mm 样品 100 g 装入带有压力表的密封罐中,从每个钻孔最后 0.2 m 钻取样品开始,必须在 2 min 内将样品装入样品罐,再过 2 min 后记录相应的压力,两个样品测试的压力值应大致相等。损失气量可根据累计气量和时间平方根的关系估算,也可以采用一些经验公式计算。残余气量测定通过研磨解吸完成岩心测定。

要求及条件	岩心测试	岩心测试	岩心或岩屑测试	岩心或岩屑测试	密闭取心测试	取心测试
国内外测试单位与仪器设备	威德福、UTAH：水浴手动含气量测定仪，SCAL、TerraTek：电温控箱含气量自动测定仪，斯伦贝谢：LA-316含气量测定仪，中国地质大学：LH-2 型含气量测定仪，重庆地质矿产研究院：CQJC-QT02 含气量测定仪，北京奥陶科技有限公司：HQC-Ⅲ 型含气量测定仪	UTAH、TerraTek：MDM 解吸装置，国内目前已不使用该方法	威德福、UTAH：水浴手动含气量测定仪，中国地质大学：LH-2 型含气量测定仪，重庆地质矿产研究院：CQJC-QT02 含气量测定仪，北京奥陶科技有限公司：HQC-Ⅲ 型含气量测定仪	威德福、UTAH：水浴手动含气量测定仪，中国地质大学：LH-2 型含气量测定仪，北京奥陶科技有限公司：HQC-Ⅲ 型含气量测定仪	斯伦贝谢：压力取芯筒、LA-316 含气量测定仪，中石油：压力取芯筒、自动含气量测定仪	国内外页岩气含气量测定中目前不使用该法
优缺点	现场操作简便、损失气量小于 20% 时比较准确；但损失气量计算误差大	能测定含气量较低的样品；实验步骤复杂，需每次测定解吸气体成分	岩屑、岩心测试含气量、损失气量小于 50% 皆可使用；但计算模型是“双峰型”，不适合页岩，需要改进	损失气采用解吸气和扩散方程解拟合求得，更实际；计算模型为单孔介质，与页岩储层介质类型有区别	能获取样品真实含气量；取心成本高，不适合广泛使用	取心成本低，损失气量计算简便；但取心方法，不适合页岩含气量测试

不被吸附的氦气确定,通过测定样品缸的压力确定是否达到平衡。使用这种设备使得在数据处理上和国内存在一定差异。使用质量法做等温吸附试验是测量煤样由于吸附而引起的质量变化,这需要使用高精度的微量天平。使用质量法测定等温吸附曲线具有选取样品量少,可以分析井壁取芯、钻井岩屑、煤岩、油页岩或者浓缩物等的吸附特征,是研究高压条件下吸附特征的一种有效方法。测量结果相关性高、计量准确,但测定结果较体积法偏小。

采用质量法等温吸附仪(如磁悬浮天平吸附分析仪),是通过磁悬浮天平直接称量得到一定压力条件下被测样品对气体的吸附量,是一种直接测定的方法,因此吸附数据的误差要小很多。而且采用重量法的高压吸附分析仪,还可以得到吸附过程的吸附动力学(时间和吸附量的关系)以及高压气体的气体密度,这是体积法无法得到的结果。国际上流行的质量法设备是采用德国 Rubotherm 公司生产的磁悬浮天平重量法吸附仪测量岩石(包括煤、页岩等)的等温吸附/脱附曲线。在国内,中国矿业大学、西南石油大学、成都理工大学、中石化无锡石油地质研究所和中国石油大学都选择了德国 Rubotherm 公司磁悬浮天平高压等温吸附/解析仪研究储集岩的吸附特性。

国内页岩等温吸附实验主要借鉴煤的等温吸附实验和国外页岩等温吸附的方法,主要采用方法为体积法,但该方法需要样品量较大,一般需大于 100 g 左右,才能保证测量结果的准确性。目前,专门针对页岩能做页岩等温吸附试验的单位主要有中石油勘探开发研究院廊坊分院。刘洪林、王红岩等人申请了针对页岩气解吸和吸附的高温高压吸附测试仪发明专利,并在实验室得到很好应用。此外,国内还有很多做煤等温吸附试验的仪器,这些仪器最初是针对煤的等温吸附试验使用,但经过部分试验方法和设备的改进,能完全用于页岩气的解吸和吸附高温高压吸附实验。国内体积法等温吸附试验基本原理、步骤、技术要求如下:

(1)基本原理及步骤

等温吸附测试装置图如图 2.33 所示。页岩的等温吸附试验主要包括:样品的制备,平衡水分的测定,试样装缸,气密性检查,自由空间体积测定,等温吸附试验,数据处理。

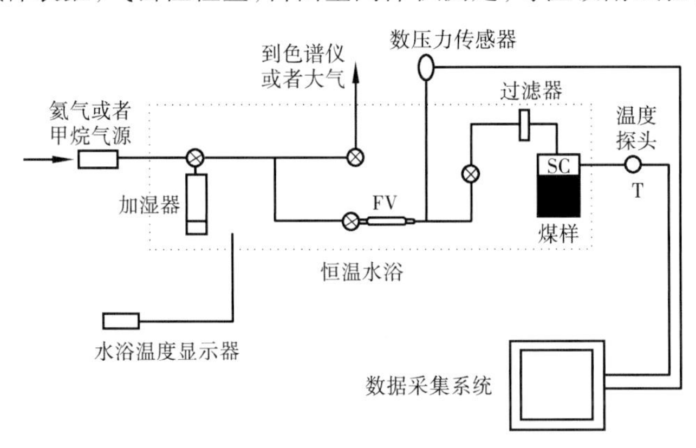

图 2.33　等温吸附测试装置图

①样品的制备。

选取样品 300 ~ 500 g,将其粉碎,并筛选粒度为 0.18 ~ 0.28 mm 的样品 100 ~ 200 g。

②平衡水分的测定。

称取空气干燥基煤样,样量不少于 35 g。将称量后的煤样置于器皿中,均匀加入适量蒸馏水。将装有样品的器皿放入湿度平衡的干燥器中,干燥器底部装有足量的硫酸钾过饱和溶液。每隔 24 h 称重一次,直到相邻两次称重变化不超过试样质量的 2%。

$$M_e = (1 - \frac{G_2 - G_1}{G_2}) \times M_{ad} + \frac{G_2 - G_1}{G_2} \times 100\% \tag{2.33}$$

式中 M_e——样品的平衡水分含量,%;

G_1——平衡前空气干燥基样品质量,g;

G_2——平衡后样品质量,g;

M_{ad}——样品的空气干燥基水分含量,%。

③试样装缸。

将达到平衡水分的页岩样准确称量,迅速装入样品缸内。

④气密性检查与自由空间测定。

做实验前,应检查试验设备气密性,设置并调节系统温度,使样品缸和参考缸的温度稳定在储层温度。向系统充入氦气,压力高于等温吸附试验最高压力 1 MPa。系统采集参考缸和样品缸的压力数据,压力在 6 h 内保持不变,则视为系统气密性良好。重复充气和数据采集工作两次,自由空间体积重复测定 3 次。其中,两两之间值差不大于 0.1 cm^3,求得页岩样的体积,计算出样品缸内自由空间体积(计算公式如下):

$$V_s = \frac{(P_2 \times V_2)/(Z_2 \times T_2) + (P_3 \times V_3)/(Z_3 \times Z_3) - (P_1 \times V_1)/(Z_1 \times T_1)}{P_1/(Z_2 \times T_2) - P_2/(Z_1 \times T_1)} \tag{2.34}$$

式中 V_s——煤样的体积,cm^3;

P_1——平衡后压力,MPa;

P_2——参考缸初始压力,MPa;

P_3——样品缸初始压力,MPa;

T_1——平衡后温度,K;

T_2——参考缸初始温度,K;

T_3——样品缸初始温度,K;

V_1——系统总体积,cm^3;

V_2——参考缸体积,cm^3;

V_3——样品缸体积,cm^3;

Z_1——平衡条件下气体的压缩因子;

Z_2——参考缸初始气体的压缩因子;

Z_3——样品缸初始气体的压缩因子。

$$V_f = V_0 - V_s \tag{2.35}$$

式中 V_f——自由空间体积,cm^3;

V_0——样品缸总体积,cm^3;

V_s——煤样的体积，cm^3。

⑤等温吸附试验。

打开调节阀门和参考缸阀门，向系统充入甲烷气体或其他试验用气体，调节参考缸压力至目标压力。达到目标压力且温度稳定后，启动等温吸附试验程序自动采集样品缸和参考缸内的时间、压力、温度等相关数据，并将数据记录为数据文件。根据页岩样的变质程度、样品质量等实际情况确定吸附平衡时间，但不得少于 12 h，重复以上步骤，自低而高逐个压力点进行试验，直至最后一个压力点试验结束。

⑥实验数据处理方法。

a. 计算各压力点吸附量。

利用下列公式，根据参考缸、样品缸的平衡压力及温度，计算不同平衡压力点的吸附量。

$$PV = nZRT \tag{2.36}$$

式中 P——气体压力，MPa；

V——气体体积，cm^3；

N——气体的摩尔数，mol；

Z——气体的压缩因子；

R——摩尔气体常数，$J \cdot mol^{-1} \cdot K^{-1}$；

T——平衡温度，K。

分别求出各压力点平衡前样品缸内气体的摩尔数(n_1)和平衡后样品缸内气体的摩尔数(n_2)，则岩样吸附气体的摩尔数(n_i)为：

$$n_i = n_1 - n_2 \tag{2.37}$$

式中 n_i——气体的摩尔数，mol；

n_1——平衡前样品缸内气体的摩尔数，mol；

n_2——平衡后样品缸内气体的摩尔数，mol。

通过各压力点的吸附气体总体积，计算各压力点的吸附量(如下)，同时记录各点吸附量与对应压力。

$$V_{吸附量} = n_i \times 22.4 \times 100/G_c \tag{2.38}$$

式中 $V_{吸附量}$——吸附量，$cm^3 \cdot g^{-1}$；

V_i——吸附气体的总体积，cm^3；

G_c——岩样质量，g。

b. 计算 V_L 和 P_L。

根据 Langmuir 方程：

$$P/V = P/V_L + P_L/V_L \tag{2.39}$$

式中 P——气体压力，MPa；

V——在压力 P 条件下吸附量，$cm^3 \cdot g^{-1}$；

V_L——最大吸附量,又称 Langmuir 体积,$cm^3 \cdot g^{-1}$;

P_L——Langmuir 压力,MPa。

令 $A=1/V_L$ 和 $B=P_L/V_L$,可以将 Langmuir 方程推导为 P/V 与 P 的函数:

$$P/V = P/V_L + P_L/V_L \text{ 或 } P/V = AP + B \tag{2.40}$$

根据以上方程,可将实测的各压力平衡点的压力与吸附量数据绘制为以 P 为横坐标、以 P/V 比值为纵坐标的散点图,利用最小二乘法求出这些散点图的回归直线方程及相关系数(R),进而求出直线的斜率(A)和截距(B),根据斜率和截距求出 Langmuir 体积(V_L)和 Langmuir 压力(P_L)即 $V_L=1/A$,$P_L=B/A$ 或 $P_L=V_{LB}$,最后利用求得的 V_L 和 P_L 绘制各压力点吸附量 V 和压力 P 的等温吸附曲线。

(2)技术要求

①最高试验压力通常设置为储层压力的 1.1 倍,且最高试验平衡压力不得低于 8 MPa。

②当最高试验平衡压力为 8 MPa 时,试验压力点不少于 6 个。当最高试验平衡压力为 8 ~ 12 MPa 时,试验压力点不少于 7 个。当最高试验平衡压力大于 12 MPa,试验压力点不少于 8 个。

③天平灵敏度 0.1 mg 以上,恒温控制系统灵敏度 0.3 ℃,温度监测系统传感器灵敏度 0.3 ℃,压力传感器灵敏度 0.001 MPa,甲烷、氦气纯度 99.99% 以上。

④V_L、P_L 数据精确到小数点后两位,平衡水分 V_L、P_L 的重复性限为 10%,平衡水分 V_L、P_L 的再现性限为 15%。

3)含油气饱和度测试技术

目前,研究油、气、水饱和度有许多方法,就油层物理、开发实验来看,有岩心分析方法、油层物理模型及数学模型等研究方法。另一方面,一些新的测井技术如脉冲中子俘获测井、核磁测井等也开始应用于测定井周围地层的含油、气、水饱和度。此外,根据地层不同孔隙度值而得到的一些统计经验方程式和经验统计图版也得到应用,但任何图版和经验公式都只适用于一定的地层条件而具有局限性。因此,目前矿场确定储层含油、气、水饱和度最直接、最常用的方法仍然是对取样饱和度的室内测定。

(1)岩心分析测试含油气饱和度技术

①常压干馏法。

常压干馏法又称为干馏法或蒸发法,矿场俗称为热解法。方法原理:在电炉高温 500 ~ 650 ℃下,将岩心中的油水加热,蒸发出来的油、水蒸气经冷凝管冷凝为液体而流入收集量筒中,即可由此直接读出油、水体积,再由其他方法(如氦孔隙度仪)测出岩石孔隙体积 V_p,就可算出岩石中的含油、水饱和度值。

此外,还需绘制干馏出水量与温度的关系曲线。通常,曲线上第一个平缓段为束缚水完全蒸出时所需要的温度,高于此温度则干馏出的水量中还包括矿物的结晶水。因此,在对岩心干馏时,蒸馏束缚水阶段温度不能太高,直至读出岩样内束缚水的体积后,才能将温度提高到 650 ℃。

表 2.12　等温吸附测试技术

方　法	体积法	重量法
原理	在波义耳定律孔隙度测定仪基础上改进的等温吸附试验装置安装在恒温水浴或者油浴中,使页岩样品处于密封环境中,测定吸附气量为注入样品缸中气量与存在的自由气量之差,缸的孔隙体积用不被吸附的氦气确定,通过测定样品缸的压力确定是否达到平衡。	质量法测试原理是使用高精度的微量天平或磁悬浮天平,测量岩样由于吸附而引起的质量变化来计算等温吸附气量。
国内外仪器设备与生产厂家	美国 Micromeritics 公司:超高压体积法气体吸附仪 HPVA-Ⅱ。美国 Quantachrome 公司:iSorpHP。中国北京金埃谱科技有限公司:H-Sorb 2600 全自动高压等温吸附仪;浙江泛泰 FINESORB-3120 全自动等温吸附仪。	德国 Rubotherm 公司:ISOSORP-HP Static,ISOSORP-HP Ⅱ Static,ISOSORP-HP Ⅲ Static。
仪器主要技术参数	HPVA-Ⅱ:压力真空至 20 MPa,温度最高 500 ℃。iSorpHP:压力 0.000 05 ~ 20 MPa,温度最高 400 ℃。H-Sorb 2600:压力达 20 MPa,温度最高 500 ℃。FINESORB-3120:压力达 40 MPa,温度最高 100 ℃。	ISOSORP-HP Static,ISOSORP-HP Ⅱ Static,ISOSORP-HP Ⅲ Static:压力 0 ~ 15 MPa、0 ~ 35 MPa、0 ~ 70 MPa,温度常温-200 ℃ 最高 400 ℃。
优缺点	采用体积法的等温吸附实验设备国内能生产,且有一定范围应用,但测试需要样品量较大,一般需大于 100 g 左右,才能保证测量结果的准确性。	选取样品量少,可分析井壁取芯 钻井岩屑 煤岩 油页岩或者浓缩物等的吸附特征,是研究高压条件下吸附特征的一种有效方法,测量结果相关性高 计量准确,但测定结果较体积法偏小。

目前,国内提供常压干馏法测试仪器主要有北京恒奥德仪器仪表有限公司:HSY-L-2 型岩心饱和度干馏仪,北京同德创业科技有限公司:TC-BD-I型,北京恒奥德科技有限公司:SZS-BD-I 型。测试最高工作温度可达 600 ℃左右。干馏精度:水:≤±2% ~4%,油:≤±3% ~6%。国内这类常压干馏法测试仪器的测试精度和质量已达到国际水平,故目前国内采用的常压干馏法测试仪器基本上为国产。

②溶剂抽提法(蒸馏抽提法)。

该方法的原理是:将含油岩样称重后,放入油水饱和度测定仪的微孔隔板漏斗中,然后加热烧瓶中密度小于水、沸点比水高、溶解洗油能力强的溶剂,如甲苯,相对密度为 0.867,沸点为 111 ℃或酒精苯等,使岩样中水蒸出,经过冷凝管冷凝而收集在水分捕集器中。直接读出水的体积 V_w,则含水饱和度为:

$$S_w = \frac{V_w}{V_p} \times 100\% \tag{2.41}$$

式中 V_p——岩样的孔隙体积;

V_w——由捕集管中读出的水体积。

此方法中,岩样的含油饱和度 S_o 采用质量法计算,测定时,分别测出抽提前岩心的质量及岩心经抽提、洗净,烘干后的质量 w_2,将水的体积 V_w 换算成水重量 w_w,可求出油的体积 $V_o=(w_1-w_2-w_w)/\rho_o$。,则含油饱和度 S_o 为

$$S_o = \frac{w_1 - w_2 - w_w}{V_p \rho_o} \times 100\% \tag{2.42}$$

式中 ρ_o——油的密度。

含气饱和度 S_g 为:

$$S_g = 1 - (S_W + S_O) \tag{2.43}$$

溶剂抽提法的优点在于岩心清洗干净,方法简单、操作容易,能精确测出岩样内水的含量,故最适用于油田开发初期测定岩心中的束缚水饱和度。在溶剂抽提法中,应以不改变岩心润湿性为原则,对不同润湿性的岩心。采用不同的溶剂,如对亲油岩心,可用四氯化碳;对亲水岩心,可用 1∶2、1∶3、1∶4的酒精苯;对中性岩心及沥青质原油可用甲苯等作溶剂进行抽提。对于含有结晶水的矿物,为了防止结晶水被抽提出,所选用溶剂的沸点应比水的沸点更低。此外,为了将岩心清洗干净,抽提时间的长短非常重要,对致密岩心的抽提,有时需要 48 h 或更长的时间。

国内外常见的溶剂抽提法测试仪器有:当前,国内外采用溶剂抽提法测试仪器测试含油气饱和度的实验室较少,主要是受其测试数据需校正等缺点限制。国内提供这类仪器的公司有江苏海安县石油科研仪器有限公司生产的蒸馏法全直径岩心饱和度测定仪,工作温度:≤100 ℃,适用岩心规格:直径≤120 mm。

③色谱法。

该方法的原理是基于水可以与乙醇无限量溶解的特点,将已知质量的岩样中的水分溶解于乙醇中,然后用色谱仪分析充分溶解有水分的乙醇。互溶后的水与乙醇通过色谱柱后,分离成水蒸气与乙醇蒸气,逐次进入热导池检测器,分别转换为电信号,并被电子电位差计记录水峰和乙醇峰,根据峰高比查出岩样含水量。与溶剂油提法相同,岩样经除油并

烘干后，用差减法得出含油量，再根据孔隙体积分别计算出岩心的油、水、气饱和度值。

一般根据岩心所测出的含油饱和度都比实际地层的小，这是由于岩心取至地面，压力降低，岩心中流体收缩、溢流和被驱出所致。误差的大小与原油的黏度、溶解油气比有关，可从零变化到70% ~80%。因此，实际应用中，常根据实验室测得的数据乘以原油的地层体积系数，再乘以校正系数1.15，以校正由于流体的收缩、溢流和被驱出所引起的误差。

(2)测井解释含油气饱和度测试技术

目前，在测井领域可用于计算地层内流体饱和度的测井资料有多种。对裸眼井而言，电阻率测井资料是计算地层含水饱和度的最主要资料。中子寿命测井主要应用于套管井中求含水饱和度。核磁共振测井则可同时应用于裸眼井和套管井计算含水饱和度。

①电测井。

利用电测井方法计算页岩含油气饱和度是当前测试获取含油气饱和度的主要技术之一。主要原理是基于阿奇尔公式计算含油气饱和度，具体公式原理如下：

$$F = \frac{R_o}{R_w} = \frac{a}{\varphi^m} \tag{2.44}$$

$$I = \frac{R_t}{R_o} = \frac{R_t}{F \cdot R_w} = \frac{b}{S_w^a} \tag{2.45}$$

由式(2.44)、式(2.45)可得：

$$S_w = \left(\frac{abR_w}{\Phi^m R_t}\right)^{\frac{1}{n}} \tag{2.46}$$

式中 R_w——地层水电阻率，Ω·m，可以由 SP 曲线计算得到；

R_t——地层岩石真电阻率 Ω·m，由深探测电阻率(深侧向或深感应)曲线读得；

Φ——岩石有效孔隙度，由孔隙度测井资料得到；

F——地层因；

m——地层胶结指数，取决于岩石颗粒的胶结类型和胶结程度；

a——岩性系数；

I——地层电阻增大系数；

b——与岩性有关的系数；

n——饱和度指数，与油(气)、水在孔隙中的分布状况有关。

m、n、b、a 可以用经验数值，对于常规孔隙性地层，通常取 $a=b=1$；$m=n=2$。由于不同地区的岩性不同、胶结情况不同，a、b、m、n 会有所区别。因此，精度要求高时，应根据岩电实验数据求出具体的 m、n、b、a 数值。此外求出汗水饱和度后可根据 $S_w+S_g+S_o=1$ 求出相应的含油气饱和度。

国产电测井仪器主要有：83 系列双感应-八侧向仪器、DIL5520 系列、JSB801 系列、GY2000 系列。国外有 Atlas 公司：1503 双感应-八侧向测井仪、1515 阵列感应测井仪，哈利伯顿公司：HRI 高分辨率感应-数字聚焦测井仪、SL6504 高分辨率感应-数字聚焦测井仪。

②脉冲中子俘获测井。

脉冲中子俘获测井通过发射源发射中子，获取地层岩石多中子的俘获来计算含油气水饱和度。孔隙度为 Φ 的泥质地层的宏观俘获截面可以表示为：

$$\Sigma = 1 - \Sigma_{ma}(1 - \Phi - V_{sh}) + \Sigma_{sh}V_{sh} + \Sigma_{w} \cdot \Phi \cdot S_{w} + \Phi \cdot (1 - S_{w}) \cdot \Sigma_{h} \quad (2.47)$$

当 $V_{sh}=0$ 时，有：

$$\Sigma = \Sigma_{ma}(1 - \Phi) + \Sigma_{w} \cdot \Phi \cdot S_{w} + \Phi \cdot (1 - S_{w}) \cdot \Sigma_{h} \quad (2.48)$$

式中 Σ——地层的宏观俘获截面，中子寿命测井值；

Φ——地层岩石孔隙度；

Σ_{ma}——岩石骨架的宏观俘获截面；

Σ_{w}——地层水的宏观俘获截面；

Σ_{h}——油、气的宏观俘获截面。

利用获取的地层中子俘获截面和结合地层孔隙度等资料，便可计算页岩储层含油气饱和度。

国内外常用的中子测井仪器有 PND-S 测井仪、RST 测井仪、RMT 测井仪、RPM 测井仪、PNN 测井仪。其中，PND-S 测井仪采用两种脉冲发射方式向地层发射高能快中子，一种为固有频率，一种为伺服发生发射。RST 测井仪具有非弹性-俘获、俘获-∑等三种测量方式。RMT 测井仪以两种方式发射 14 MeV 的高能快中子。RPM 测井仪主要有碳氧比能测井模式和脉冲中子俘获测井模式。PNN 测井仪属于脉冲中子—中子仪器一类，通过两个计数管探测中子。相比较于电测井技术，此项技术主要应用于套管井中求含水饱和度，消除套管存在的影响，成本较电测井高。

③核磁共振测井。

利用核磁共振测井技术，可获得质子在地层中传播的弛豫信号，对弛豫信号反演后，便可得到弛豫时间的谱分布，根据弛豫时间的谱分布可得到地层总孔隙度、有效孔隙度、自由流体体积、毛管束缚流体体积、黏土束缚水体积等地质基础参数，便可计算储层的含油气水饱和度。

国内的核磁共振测井仪器主要是靠国外引进，目前这项技术基本被国外石油公司垄断，常用的核磁共振测井仪有：斯伦贝谢公司的 CMR(磁共振专家)测井仪，CMR 仪器的探测深度很浅，但纵向分辨率高，采用贴井壁的测量方式受井眼泥浆矿化度的影响小。到目前为止，Schlumberger 公司先后推出了 CMR-A、CMR-200、CMR-Plus 以及最新一代 MR Scanner 电缆核磁共振测井仪。MR Scanner 是一种具有多个测量频率、多个磁场梯度的偏心型的测井仪器，共有 3 个天线，即一个主天线和两个高分辨率天线。主天线的测量频率为 0.5 ~1 MHz，对应的磁场梯度从 38 到 12Gauss/cm，纵向分辨率为 18 in*，探测深度为 1.5，2.3，2.7 和 4.0 in。贝克休斯公司的 MR Explorer(MREX)测井仪采用多个测量频率和多磁场梯度，采用偏心贴井壁测量方式。仪器操作频率为 400 ~800 kHz，每种频率的带宽为 12 kHz，相邻两个频率的间隔最小为 25 kHz。哈里伯顿公司的 MRIL-P 测井仪，是在 MRIL 仪器上发展而来，与贝克休斯的 MREX 测井仪特点有很多类似之处。

* 1 in=2.54 cm

表 2.13　含油气饱和度测试技术

方法	岩心分析测试含油气饱和度技术			测井解释含油气饱和度测试技术		
	常压干馏法	溶剂抽提法	色谱法	电测井	脉冲中子俘获测井	核磁共振测井
测试原理	在电炉高温 500 ~ 650 ℃下，将岩心中的油水加热，蒸发出来的油、水蒸气经冷凝管冷凝为液体而流入收集量筒中，即可由此直接读出油、水体积，再由其他方法测出岩石孔隙体积 V_p，算出岩石中的含油、水饱和度值。	将含油岩样称重后，放入油水饱和度测定仪的微孔隔板漏斗中，然后加热烧瓶中密度小于水、沸点比水高、溶解洗油能力强的溶剂，使岩样中水分蒸出，经过冷凝管冷凝而收集在水分捕集器中。直接读出水的相应体积，便可计算饱和度。	将岩样中的水分溶解于乙醇，再用色谱仪分析充分溶解有水分的乙醇。互溶后的水与乙醇通过色谱柱后，分离成水蒸气与乙醇蒸汽，逐次进入热导池检测器，分别转换为电信号，被电子电位差计记录水峰和乙醇峰，根据峰高比查出岩样含水量。岩样除油烘干后，用差减法得出含油量，再分别计算出岩心的油、水、气饱和度值。	通过获取地层电阻率值，利用阿奇尔公式和相应校正系数计算含油气饱和度。	通过发射源发射中子，获取地层岩石多中子的俘获面积计算含油气水饱和度。	利用核磁测井获得质子在地层中传播的弛豫信号，对弛豫信号反演，得到弛豫时间的谱分布，再得到地层总孔隙度、有效孔隙度、自由流体体积、毛管束缚流体体积、黏土束缚水体积等地质基础参数，便可计算含油气水饱和度。
国内外测试仪器设备与厂家	北京恒奥德仪器仪表有限公司：HSY-L-2 型岩心饱和度干馏仪，北京同德创业科技有限公司：TC-BD-I 型，北京恒奥德科技有限公司：SZS-BD-I 型。	江苏海安县石油科研仪器有限公司：蒸馏法全直径岩心饱和度测定仪。	美国安捷伦：7890A、7820A 型气相色谱仪。	国产：83 系列双感应-八侧向仪器、DIL5520 系列、JSB801 系列、GY2000 系列，Atlas 公司：1503 双感应-八侧向测井仪、1515 阵列感应测井仪，哈利伯顿公司：HRI 高分辨率感应-数字聚焦测井仪、SL6504 高分辨率感应-数字聚焦测井仪。	目前这类仪器国内主要使用国外的 PND-S 测井仪、RST 测井仪、RMT 测井仪、RPM 测井仪、PNN 测井仪。	斯伦贝谢：CMR-A、CMR-200、CMR-Plus 以及最新一代 MR Scanner，贝克休斯：MREX 测井仪，哈里伯顿公司：MRIL-P 测井仪。

仪器主要技术参数	HSY-L-2 型：最高工作温度可达 600 ℃。干馏精度：水≤±3%，油≤±5%。 TC-BD-I 型：最高工作温度可达 600 ℃。干馏精度：水≤±2%，油≤±6%，分析样量:1 个/次（单型），5 个/次（多型）。 SZS-BD-I 型：最高工作温度可达 650 ℃。干馏精度：水≤±3%，油≤±5%，所用岩样质量为 100～175 g。分析样量:1 个/次（单型），5 个/次（多型），所用岩样质量为 100～125 g。	蒸馏法全直径岩心饱和度测定仪：工作温度≤100 ℃，岩心直径≤120 mm。	7890A、7820A 型：FID 最低检测限<5 pg 碳/秒，线性范围≥107；ECD 最低检测限<0.008 pg 等。	国产系列：测量精度适中，能满足页岩含油气饱和度测量需要。Atlas、哈里伯顿电测井系列：较国内电测井先进，能完全满足页岩测含油气饱和要求。	PND-S 测井仪：采用两种脉冲发射方式向地层发射高能快中子，一种为固有频率，一种为伺服发生发射。RST 测井仪：具有非弹性-俘获、俘获-∑等三种测量方式。RMT 测井仪：以两种方式发射 14 MeV 的高能快中子。RPM 测井仪：主要有碳氧比能测井模式和脉冲中子俘获测井模式。PNN 测井仪：属于脉冲中子—中子仪器一类，通过两个计数管探测中子。	CMR 系列、MR Scanner：具有探测深度很浅但纵向分辨率高，采用贴井壁的测量方式受井眼泥浆矿化度的影响小的特点。MREX 测井仪与 MRIL-P 测井仪技术参数相当，但较 MR Scanner 系列差。
优缺点	高于一定温度，会干馏出矿物的结晶水。因此，在对岩心干馏时，蒸馏束缚水阶段温度不能太高，温度控制严格。	测定其饱和度方法简单，操作容易，能精确测出岩样内水的含量，故最适用于油田开发初期测定岩心中的束缚水饱和度，也是清洗岩心最常用的方法。但为了将岩心清洗干净，抽提时间一般较长。	岩心所测出的含油饱和度都比实际地层小，实际应用中需校正。	主要应用于裸眼测井中，价格便宜，但需要该地层基础资料全，系数校正准备，否则误差可能大。	主要应用于套管井中求含水饱和度，消除套管存在的影响，成本较电测井高。	可同时应用于裸眼井和套管井计算含水饱和度，且可获得自由和束缚含油气水饱和度，但成本较高。

2.2 页岩气地球物理储层模拟技术

2.2.1 页岩气地球物理测井解释技术

地球物理测井在页岩气勘探开发中起到了重要的技术支持作用,它在研究复杂岩性、非均质性等方面具有独特的优势。测井技术具有比较高的分辨率,对页岩气储层的评价主要包括:生烃能力、储集运移能力和力学性质。这就意味着从测井曲线中分析计算页岩的有机碳含量、岩性、矿物组分、孔渗饱参数、裂缝与力学参数成为重点(表2.14)。

页岩属于极低孔极低渗的范畴,且具有很强的非均质性和各向异性,常规油气藏测井解释评价方法适用性有限,须建立新的页岩气测井评价技术体系。目前,我国页岩气地球物理测井技术还处在起步阶段,研究缺乏系统性,主要是跟踪国外发展动态,与国外测井服务公司合作对页岩气进行评价。

评价页岩气藏的潜力涉及对多种影响因素的权衡,包括页岩矿物组分和结构、黏土含量及类型、干酪根类型及成熟度、流体饱和度、吸附气和游离气存储机制、埋藏深度、温度和孔隙压力等。其中,孔隙度、总有机碳含量和含气量等对于确定页岩储层是否具有进一步开发价值非常重要。

以下介绍国内外在评价页岩气储层重要参数方面的一些测井技术方法。

1)烃源岩测井解释技术

(1)总有机碳(TOC)

与砂泥岩相比,有机质的存在,使得测井曲线发生相应的变化。基于这种变化,可以利用测井技术预测TOC(表2.15)。

表2.14 页岩气储层常规测井曲线响应特征变化

测井项目	曲线代号	曲线特征	影响因素
自然伽马及能谱	U、TH、KGR	高值(>100API),局部低值	泥质含量越高,自然伽马值越高;有机质中可能含有高放射性物质
井径	CAL	扩径	泥质地层显扩径;有机质的存在使井眼扩径更加严重
声波时差	AC	较高,有周波跳跃	岩性密度:泥岩<页岩< 砂岩;有机质丰度高,声波时差大;含气量增大声波值变大;遇裂缝发生周波跳跃;井径扩大
中子孔隙度	CNL	中等值	束缚水使测量值偏高;含气量增大使测量值偏低;裂缝地区的中子孔隙度变大

续表

测井项目	曲线代号	曲线特征	影响因素
岩性密度	DEN	中低值	含气量大,密度值低;有机质使测量值偏低,裂缝底层密度值偏低;井径扩大
	PE	低值	烃类引起测量值偏小;气体引起测量值偏小;裂缝带局部曲线降低
双侧向-微球	RD、RS、Rxo	总体低值,局部高值;深浅测向曲线几乎重合	地层渗透率;泥质和束缚水均使电阻率偏低;有机质干酪根电阻率极大,测量值局部为高值

①自然伽马能谱测井法。

Fertl and Chilinger 研究了高放射性的富含有机质的黑色含气页岩,认为这种富含有机质的页岩是潜在的烃源岩,其测井相应值都是高 K、高 TU 且非常高的 U 值。作者主要是通过统计资料得出 TOC 和伽马测井曲线值具正相关的关系。由于干酪根富集铀、钍、钾元素,泥质的铀、钍、钾含量小于干酪根的铀、钍、钾含量,所以干酪根含量增大会引起页岩中铀、钍、钾含量增大,故地层中的铀、钍、钾含量与岩石中有机质含量呈正相关性。

Supernaw 等提出使用自然伽马能谱射线评价地下页岩的有机碳含量。U/K 比值和 C 含量成正相关关系。类似的 TU/K 比值和 K/U 比值也能得出相应的关系。此外,还有一些学者建立了 U 与 TOC 之间的定量关系。

②密度测井法。

体积密度是岩石骨架,地层孔隙度和孔隙中流体密度的函数。由于沉积岩的有机质密度低(声波时差大、氢含量高),所以密度测井曲线通常能用来确定有机碳含量。

Schmoker 等提出用密度测井可以估算泥质烃源岩的 TOC 含量,这种方法要考虑储层的流体和矿物是否大概一致。

③多测井组合法。

张立鹏等构造一个地层参数 B,与有机碳含量具有线性关系。由于富含有机质的地层与不含(或含少量) 有机质的地层的差别之一是它的声波传播速度低、体密度低。基于此特点,认为速度的平方与体积密度的乘积可能会更好地体现二者的差异。

$$B = (304.8 \times 304.8\rho/\Delta t^2) \times 10^9 \tag{2.49}$$

④$\Delta \log R$ 方法。

Passey(1990)认为电阻率测量和有机质体积间具有很强的关系,尽管碳不是导电物质。他提出了电阻率—孔隙度曲线交会图法识别、评价烃源岩。此方法使用合适刻度的孔隙度测井与电阻率曲线重叠。在饱和水的、有机质贫乏的岩石中,由于两条曲线都是对地层孔隙度变化的响应,它们互相平行;而在含烃储层或富含有机质的非储层岩石中,这两条曲线就发生偏离。有机质夹层中的偏移由两种结果导致:一是由于低速低黏度的干酪根对孔隙度曲线的影响；二是地层流体对电阻率的影响。在非成熟的有机质岩石中，没有油气的产生，曲线偏移是由于孔隙度曲线的影响；成熟源岩中，除了孔隙度曲线的影响，由于油气的存在，电阻率曲线也会增大。公式如下：

$$\Delta\log R = \lg(R/R_{基线}) + k \times (\Delta t - \Delta t_{基线}) \tag{2.50}$$

$$TOC = (\Delta\lg R) \times 10^{2.297-0.1688\times LOM} \tag{2.51}$$

其中，R 为岩石的实测电阻率（Ω · m）；Δt 为实测的声波时差（μs/ft）；$\Delta t_{基线}$ 为非烃源岩层段对应的声波测井值；$R_{基线}$ 为非源岩层段相对应 $\Delta t_{基线}$ 的电阻率测井值；LOM 表示有机变质作用和成熟度的等级；k 为声波时差 Δt 的单位相对电阻率 R 的一个对数坐标单位的系数。

⑤核磁-密度孔隙度法。

核磁-密度孔隙度法，利用核磁共振（NMR）测井资料和体积密度测井曲线相结合来计算 TOC。干酪根的密度较低，为 1.1 ~ 1.3 g/cm^3，因此干酪根的存在将会降低密度测井值，从而增加了由密度测井计算得到的孔隙度；而核磁共振孔隙度不受有机质存在的影响，只是反映了地层包含流体的孔隙空间。因此，通过计算干酪根的体积就可以得到 TOC 含量。测井评价 TOC 的方法见表 2.15。

表 2.15　测井评价 TOC 的方法

方　法	原　理	优缺点
自然伽马能谱测井法	黑色页岩有机质含量和 U 富集程度具有线性关系。	能准确反映 TOC 含量的变化，但是单一的曲线计算，精度不高。
体积密度	体积密度和 TOC 重量比率具有一定线性关系。	受地层矿物成分变化影响较大。
多测井组合法	TOC 含量的变化往往影响着伽马强度和地层密度等曲线，且变化灵敏。	多曲线计算，精度较高。使用前，需要校正气层对曲线的影响。
$\Delta\log R$	合适刻度的孔隙度测井和电阻率重叠法，综合反映 TOC 的变化。	直观，且精度较高；电阻率受地层水和导电矿物影响较大。
核磁-密度孔隙度法	利用核磁孔隙度与体积密度，通过物理体积模型，得到 TOC。	精确度高，能微观反映 TOC 含量，但核磁测井成本高，数据少。

（2）热成熟度

当前评价有机质热成熟度的指标有很多，如镜质体反射率，孢粉炭化程度、热变指数、岩石热解参数等，但利用测井资料评价热成熟度还很少。William H. Lang 探讨了声波时差曲线确定烃源岩的热成熟度，有机质的热成熟度随着深度增加而增大，声波时差也有同样的趋势，用化学方法分析岩屑的热成熟度，而声波时差则是直接来自测井曲线。通过分析大量的数据资料，确定它们之间的关系。Hank Zhao 定义了一个热成熟度指数 MI，他用岩心资料、电阻率曲线、密度测井曲线、中子测井曲线和含水饱和度计算岩心的平均热成熟度，公式如下：

$$MI = \sum_{i=1}^{N} \frac{N}{\Phi_{n9i}(1 - S_{w75i})^{1/2}} \tag{2.52}$$

$$S_{wi} = \left(\frac{R_w}{\Phi_{d9i}{}^m R_i}\right)^{1/2} \tag{2.53}$$

$$\Phi_{d9i} = \Phi_d - 0.09 \tag{2.54}$$

式中，N 为取样深度处密度孔隙度不小于 9%、含水不高于 75% 的数据样本总数；Φ_{n9i} 为密度孔隙度不低于 9% 时各点的中子孔隙度；S_{wi} 为各点的含水饱和度；S_{w75i} 为符合上述条件的各点的含水饱和度 S_{wi}；R_w 为地层水电电阻率；Φ_d 为密度孔隙度；Φ_{d9i} 为密度孔隙度中不低于 9% 的各点读数；R_i 为数据点的深电阻率读数。用上述公式求出的成熟度指数是综合有效层井眼测试数据计算出来的一个平均值。实测中，中子值与 MI 呈逆相关。高含烃饱和度、低中子值表示高含气饱和度和高热成熟度；低含烃饱和度、高中子值表示低含气饱和度和低热成熟度。

此种方法创造性地使用测井资料评价有机质的热成熟度，结合了电阻率测井、中子测井和密度测井方法。但是要求条件很多，$\Phi_{d9i}=\Phi_d-0.09$，是因为通过实验室测量的孔隙度与密度测井计算的孔隙度相差 9%，因此其他地区在使用本方法时要修改它们之间的差别；含水饱和度小于 75% 是为了把电阻率较小的值过滤掉，这在其他地区也不一定适用，需要重新调整。这种方法测量的只是岩心井段的平均值，并不能反映真正的成熟度趋势，也不受地层厚度的影响。

(3)干酪根体积含量

张厚福认为 TOC 乘以 1.22 或 1.33，即为有机质体积含量；Guidry 提出了一种计算干酪根含量的方法。泥盆纪页岩中总的碳氢化合物和有机质由自由气、自由油和干酪根组成，自由气的含量很少，可以忽略不计。自由油（称 S_1）由热解方法测量。干酪根就等于总的有机碳减去自由的油。John Quirein 对 Guidry 方法进行改进公式（不含油）：

$$V_{\text{kerogen}} = \left(\frac{(1-\phi)\rho_{ma}}{\rho_{\text{kerogen}} C_{\text{kerogon}}}\right) W_{\text{TOC}} \tag{2.55}$$

2)储层测井模拟技术

(1)岩相识别技术

Hickey 和 Henk 根据有机质相对含量、碎屑状淤泥、生物碎屑成分和早期自生岩相的不同，将 Mississippian Barnett 页岩分为富含有机质页岩、含有化石的页岩、方解石菱形页岩、白云质页岩、凝固的碳酸盐岩和磷灰岩。Jacobi 根据地化特征和利用 ECS 测井计算的矿物，分出 5 种重要的岩相，这对于 Canney 和 Woodford 地区的静水压力非常重要。

富硅有机质泥岩：Th/U 值小于 2、U 值高，TOC 高，石英含量也高。

少硅有机质泥岩：Th/U 值小于 2、U 值高，TOC 高，石英含量低。

硅质泥岩：Th/U 值大于 2、U 值低，TOC 低，石英含量高。

碳酸质泥岩：从方解石、白云石和菱铁矿中计算的总碳酸盐矿物。

低有机质泥岩：Th/U 值小于 2、U 值高，TOC 低，石英含量低。

岩相的分类对压裂改造有很大帮助，一般选取富含有机质的区域进行压裂，而少有机质的则不利于压裂。Jacobi 结合地球化学资料、声波测井、核磁共振等评价岩性、矿物、干酪根体积；用矿物、孔隙度、声波、体积密度、孔隙压力和上覆压力用来计算各层的泊松比、水平压力等；综合岩相和力学参数等划分出有利压裂带。

(2)多矿物组分模拟

页岩矿物成分复杂，各种矿物的物理性质差异性较大，且有机质的存在影响孔隙分布，测井评价页岩气储层难度加大。实验室确定矿物的方法有：X-射线绕射，傅里叶红外转换光谱(FTIR)和从 X-射线荧光或元素俘获仪中取得的元素重组。含气页岩主要是由石英、碳酸盐岩和黏土组成，而附加矿物和各种各样的黏土使这些储层的测井分析面临很大挑战。(X-射线绕射)XFR 能用于确定基本矿物，这种方法很好，但是当黏土分离不是很好时，会过多地预测石英含量。傅里叶转换红外分光光谱(FTIR)提供一个快速有效的方法消除此缺点且不需要黏土分离。但是，分析之前必须先去掉有机质。XFR 通常被一些实验室用来确定富含黏土的储集层的矿物。XRF 量化元素丰度，然后按化学计量分配给常见矿物，过多的碳指派给干酪根，XRF 不会过多地预测石英含量。

复杂岩性地层测井解释中，判别岩性主要采用交会图技术。交会图方法考虑的岩性比较简单，参数选择不当就会出现错误。王大力等提出一种处理复杂岩性测井解释的技术，主要采用“模型的概率”来选择岩性组合或解释模型，通过实际资料处理验证该方法解释结果，与取心分析对比符合较好。郭海峰、李红奇等使用基于突现自组织映射的数据挖掘方法识别岩性。

最优化方法的引入，给利用常规测井资料识别复杂岩性和计算孔隙度带来了便利。毛志强等在已知矿物类型的情况下，按照最优化测井解释原理，在 Geoframe 平台上编制相应的计算机模块，对实际资料进行处理，即可得到矿物含量。

使用常规测井方法获得矿物含量，利用最优化测井解释模型需要：a. 从 XRD 或 FTIR 中得到的矿物；b. 准确的黏土含量；c. 常规的测井曲线，包括中子、密度、Pe、声波和电阻率曲线；d. TOC 的重量百分比曲线。实际操作，把 TOC 曲线作为输入，结合常规孔隙度、Pe 和黏土含量曲线，再用最小平方法分配矿物体积以使输入曲线最佳化。这种方法只要矿物数量多于测井曲线个数就可以使用。

元素俘获测井的开发很大程度上解决了复杂矿物储层的岩性问题。元素俘获测井(ECS)是通过化学源向地层中发射快中子，快中子在地层中与一些元素发生非弹性散射、能量减少，经过几次非弹性碰撞快中子变为热中子，最终被周围的原子俘获，元素通过释放伽马射线回到初始状态。地层中各种矿物都有非常固定的化学元素成分，而岩石是由不同的矿物所组成。用 ECS 测量的主要元素包括 Si、Ca、Fe、S、Ti、Gd 等，其中 Si 主要与石英关系密切，Ca 与方解石和白云石密切相关，利用 S 和 Ca 可以计算石膏的含量，Fe 与黄铁矿和菱铁矿等有关，Al 与黏土(高岭石、伊利石、蒙脱石、绿泥石、海绿石)含量密切相关。John Quin、吴庆红等都运用了 ECS 测井来评价页岩气储层。Pemper 介绍了一种新的测井仪器它包括自然伽马能谱（K、Th、U）和俘获谱（Si、Ca、Fe、S、Ti、Gd、Mn）以及非弹性谱（Si、Mg、Al、C）3 个测量系统。这又丰富了测量的元素信息。Jacobi 借助这种仪器计算有机碳含量并划分岩相。

表 2.16　测井评价矿物成分的方法

方　法	原　理	优缺点
概率模型法	通过各曲线对岩性变化的灵敏反映，进行有机的概率结合，计算矿物成分。	对模型和参数的选取要求较高。
最优化方法	充分利用常规测井曲线反映的岩性变化信息，利用数学优化方法，得到最佳结果。	精度较高，但对于复杂岩性，常规测井资料反映的信息有限，具有多解性。
元素俘获法	通过中子源向地层发射快中子，测定地层非常固定的化学元素成分，再通过模型转换成矿物成分。	能准确计算矿物成分，但成本较高。

（3）孔隙度模拟

F. P. Wang 将具有生气能力的页岩气系统中分为 4 种类型的孔隙介质：非有机质骨架，有机质，自然裂缝和压裂改造缝。两种骨架类型的孔隙是纳米级或微米级的孔，通常纳米级小孔在有机质和富含黏土的泥岩中，而微米孔在富硅的泥岩中。

测井资料评价页岩气孔隙度最有效的方法是核磁共振法表 2.17。核磁共振测井是目前唯一能够直接反映岩石孔隙结构信息的测井方法，它在评价孔隙结构方面更是具有独特的优势。与矿物无关的孔隙度估计是 NMR 测井的一个重要应用。页岩气储层矿物复杂，传统测井方法求孔隙度不准确，而 NMR 可以解决这个问题。

Mavor 等利用体积物理模型法建立密度测井孔隙度的关系。模型包括非有机质骨架、有机质、油气和水四部分，但骨架参数选取困难。

Michael 等提出用元素俘获能谱测井对孔隙度进行计算。首先，通过 400 多块样品的矿物分析和地球化学实验，得到骨架密度值、中子值与元素含量的关系式为

$$\rho_{ma} = 2.620 + 0.0490W_{\mathrm{Si}} - 0.2274W_{\mathrm{Ca}} + 1.993W_{\mathrm{Fe}} + 1.193W_{\mathrm{S}} \tag{2.56}$$

$$N_{ma} = 0.408 - 0.889W_{\mathrm{Si}} - 1.014W_{\mathrm{Ca}} - 0.257W_{\mathrm{Fe}} + 0.675W_{\mathrm{S}} \tag{2.57}$$

式中　ρ_{ma}——骨架密度值；

N_{ma}——骨架中子值；

W_{Si}——硅元素含量百分比；

W_{Ca}——钙元素含量百分比；

W_{Fe}——铁元素含量百分比；

W_{S}——硫元素含量百分比。

把这两个参数代入利用体积模型求孔隙度的公式即可求得。

表 2.17 测井评价孔隙度的方法

方 法	原 理	优缺点
三孔隙度曲线法	通过各曲线对孔隙度变化的灵敏反映,进行多元线性拟合,计算孔隙度。	成本较低,计算精度一般,特别是对于页岩极低孔极低渗。
核磁共振法	通过核磁共振,测定流体氢元素的含量,微观反映岩石孔隙结构和有效孔隙度。	精度高,成本较高,测量深度浅,对于非均质性地层应用效果一般。
元素俘获法	利用中子源向地层发射快中子,测定地层矿物成分,确定骨架密度,通过物理模型计算孔隙度。	准确计算骨架密度和岩石孔隙度,但是成本高,测量深度有限。

(4)渗透率模拟

目前,测井资料确定渗透率的方法大多是建立在渗透率和其他参数间的经验关系基础上。

利用孔隙度和束缚水饱和度计算渗透率较为通用的公式有:

一般关系式:

$$K = C\frac{\varphi^x}{S_{wb}{}^y} \tag{2.58}$$

Timur 公式:

$$K = \frac{0.136 \times \varphi^{4.4}}{S_{wb}{}^2} \tag{2.59}$$

式中 φ——有效孔隙度;

S_{wb}——束缚水饱和度。

利用核磁共振测井确定渗透率的公式有:

Coates 公式:

$$K = \left(\frac{\varphi}{C}\right)^4\left(\frac{FFI}{BVI}\right)^2 \tag{2.60}$$

式中 FFI——自由流体孔隙度;

BVI——束缚水孔隙度;

C——系数。

SDR 模型:

$$K = C\varphi^4 T_{2GM}^2 \tag{2.61}$$

式中 T2GM——T2 分布的几何平均值;

C——系数。

利用电阻率与渗透率的经验关系确定的公式有:

声-感组合公式:

$$K = 1.34R_t^{1.7684}\left(\frac{\Delta t - 180}{100}\right)^{1.974} \tag{2.62}$$

表 2.18　测井评价渗透率的方法

方　法	原　理	优缺点
Timur 公式	通过束缚水的饱和度与岩石孔隙度的相关性，计算渗透率。	束缚水饱和度已知条件下，计算精度较高。
SDR 模型	利用核磁共振测井的 T2 谱分布与孔隙度	精度高，需要用到核磁测井，成本较高。
声-感组合公式	利用声波、电阻率与渗透率经验统计关系	应用简单，参数选取方便，但适用性一般。

(5)饱和度模拟

确定含水饱和度的测井方法有电阻率测井、介电常数测井、中子寿命测井和碳氧比测井等。它们分别利用地层中岩石和流体的电阻率、介电常数、热中子俘获特性等建立与饱和度的关系。中子寿命法和碳氧比法主要用于套管井地层评价。介电常数测井的理论、方法和仪器尚处于发展阶段，应用不广泛。目前，在裸眼井测井解释中，主要依靠各种电阻率测井提供的参数信息。

常用的电阻率计算饱和度公式有：阿尔奇公式、印度尼西亚公式、Simandoux 公式、Waxman-Smits 模型、双水模型等。

表 2.19　测井计算饱和度的方法

方　法	公　式	优缺点
阿尔奇公式	$S_W = \sqrt[n]{\dfrac{abR_w}{R_t\varphi^m}}$	基础公式，应用广泛，对非均质性地层计算效果不佳。
印度尼西亚公式	$\dfrac{1}{R_t} = \left[\dfrac{{V_{cl}}^c}{R_{cl}} + \dfrac{\varphi_e}{\sqrt{aR_w}}\right]^2 \cdot {S_w}^2$	适用于低地层水矿化度地层。
Simandoux 公式	$\dfrac{1}{R_t} = \dfrac{{V_{cl}}^d}{R_{cl}} \cdot {S_w}^{n/2} + \dfrac{{\varphi_e}^m {S_w}^n}{aR_w(1-{V_{cl}}^d)}$	适用于较高地层水矿化度地层。
Waxman-Smits 模型	${S_w}^{(-n^*)} = \dfrac{R_t}{F^* \cdot R_w}\left(1+\dfrac{BQ_vR_w}{S_w}\right)$	充分考虑了黏土矿物的影响，但实验室分析数据较多，参数确定难。
双水模型	$R_o = \dfrac{R_{wf}R_{wb}}{{\varphi_t}^2}[S_{wb}R_{wb}+(1-S_{wb})R_{wb}]^{-1}$ $S_w = \sqrt{R_o/R_t}$	考虑了束缚水与自由水的导电性，对于低阻地层应用效果一般。

目前，针对页岩储层的岩电实验较少，阿尔奇公式的实用性还有待改善，特别是岩电参数的确定。饱和度的计算主要是利用阿尔奇公式计算，参数选取方便。

(6)裂缝分析

页岩气井与自然裂缝网相交叉较为普遍,识别和表征自然裂缝,对于提高压裂有效性,了解自然缝类型、分布和方向较为重要。探测裂缝的常用方法是使用高分辨率成像测井,再结合其他测井资料,能综合定量分析裂缝,包括计算裂缝密度、裂缝长度和裂缝开度。齐宝权等应用电成像测井识别四川盆地南部页岩气储层的张开缝和充填缝;中国石油勘探开发研究院以及王贵文等都介绍了计算裂缝参数的方法。

3)含气量测井解释技术

吸附气含量的评价主要有吸附等温法和回归法。Schlumberger 公司根据地区的等温吸附曲线和测井得到地层温度、压力计算地层的吸附气含量。等温吸附曲线是在特定的温度和压力下得到的,因此确定地层条件下的吸附气含量,须经过一系列的校正。Langmuir 等温吸附线表示如下:

$$gc = \frac{V_l p}{(p + P_l)} \tag{2.63}$$

式中 gc——气体含量,scf/ton;

P——储层压力,pisa;

V_l——兰氏体积,scf/ton;

P_l——兰氏压力,pisa。

在精确得到黏土矿物含量及其类型和地层孔隙度的基础上,利用双水模型,采用 ELANplus 优化解释程序,得到游离气饱和度,可以把有效孔隙度、含气饱和度、含气量、储层压力以及温度转换到罐存状态下的含气量。

4)油气水层识别

了解储集层的流体性质及其生产能力,识别油气水层,对于油气田的勘探开发具有重要意义。目前,识别储层流体性质的常用方法有以下六种:

(1)电阻率特征判别法

气层和油层的电阻率明显大于围岩和水层的电阻率,而水层电阻率比围岩更低。其适用条件为:第一,只有在电性主要反映地层孔隙流体的情况下,这一方法才能得到较好的应用效果;第二,本方法适合于所研究层段具有可对比的典型纯水层,在地层水性上应属于一套水系,或者说应具有比较相近的油水性质。

(2)交会图法

交会图法是用测井读数或计算参数的数据构成交会图,根据交会图图形显示的特点评价地层的岩性、含油性、可动油气或可动水。交会图法是常用的流体识别方法,交会图法的类型很多。

(3)模糊识别法

利用单一的测井解释方法进行低孔低渗储层的油水层识别往往得不到理想效果,而模糊识别方法由于综合统计学和计算数学知识,因此在此类识别问题上具有一定优势。

(4)阵列感应测井法

高分辨率阵列感应测井是一种新型的电阻率测井技术,它克服了常规双感应测井纵向分辨率低、探测深度固定、不能解释复杂侵入剖面、不能划分渗透层等缺点,经过数据处理后可以得到地层真电阻率、冲洗带电阻率及侵入深度,从而得到直观形象的侵入剖面,因此比常规测井更能准确地确定流体性质。

(5)核磁共振测井法

核磁共振技术进行流体识别,主要依赖的是岩石孔隙中的不同流体对回波测量的不同敏感性。这些测量对流体的黏度和分子扩散系数敏感,从而提供了流体识别的必要信息。目前,核磁共振流体识别技术主要分为两大类型:基于扩散效应测量和基于弛豫试剂抑制。

5)力学参数模拟

泊松比和杨氏模量是岩石力学两个重要参数,它们可以用来鉴别页岩的塑性和脆性。塑性页岩并不是好的储层,因为此地层能够闭合任何自然的或压裂的裂缝,而这恰好是塑性页岩作为盖层的一个优点,它能阻止油气从下层脆性页岩运移出去。而且在压裂方面塑性页岩比脆性页岩复杂得多,因此,压裂时要找到脆性页岩,所以精确地计算出这两个参数就显得尤为重要。

常规测井曲线中能够计算岩石弹性参数的方法主要是声波测井,Grieser 和 Bray 以及 Rickman 等通过测量全波列的声波测井曲线,计算得到 E 和 υ。就单个参数而言,υ 越低,E 越大,页岩的脆性越大。通常情况下,根据不同的 E 和 υ 组合,判别塑性页岩和脆性页岩,一般 $E<34.5$ MPa 且 $\upsilon<0.25$,则被认为是脆性页岩。在压裂方面,塑性页岩比脆性页岩复杂得多,因此,压裂时要找到脆性页岩。

通过随钻声波测井资料,能够计算储层横向上相关的力学参数,如杨氏模量、泊松比、应力梯度和应力走向等。利用声波测井能够得到纵波和横波的声波时差,它们最重要的用途是被用来分析地下应力场。在均匀各向同性介质中,通常使用 2D 的孔隙弹性应力方程来进行压力场分析。但是对于页岩,它本身表现出很强的 VTI 各向异性特征,当井穿过页岩地层时会产生大角度裂缝,使得水平方向的最大主应力和最小主应力之间的差异增大,此时,页岩通常表现为 VTI 和 HTI 性质共存。无论是 HTI 还是 TTI,都需要运用各向异性条件下的孔隙应力方程进行压力场分析,因此需要同时测量垂向和水平的杨氏模量和泊松比作为输入。S. Y. Han 等利用随钻声波测井处理了某地区,得到很好的应用效果。

Dan Buller 等分析了动态杨氏模量与静态杨氏模量的关系,以便更好地把测井曲线应用在地层评价中,并指出水平测量的杨氏模量大于垂直测量的杨氏模量。利用各参数转化为各向异性后,横向上各向异性随着黏土含量增加而增大。此外,还定义一个相对脆性指数(RBI),使用矿物含量就可大概判断岩石脆性。

2.2.2 页岩气地震评价技术与方法现状

地震勘探技术是通过人工方法激发地震波,研究地震波在地层中传播的规律与特点,以查明地下的地质构造、沉积、储层等地质特征,为寻找油气田或其他勘探目的服务的一种物探方法。页岩气地震解释及预测技术主要借鉴相对成熟的常规油气地震勘探方法,以地质、钻井、测井、岩心分析等资料为基础,应用地震数据进行构造解释、储层反演、裂缝及含气性检测等研究,从而预测页岩气富集有利区(表2.20)。

1)构造精细解释

地震资料的构造精细解释是地质构造、储层预测准确性的前提条件,其利用地震数据解释系统,以人机联作的解释方法进行,主要分为断层解释与层位解释两大部分。目前常用软件主要有 Landmark、Geoframe 等。

①断层解释技术包括时间切片解释技术、相干体解释技术和三维可视化构造精细解释技术等。

时间切片解释技术:时间切片上同相轴的走向、振幅、疏密的突变都是断层的反映,在时间切片上可以指导断裂组合,断层平面展布规律等可提高断层解释精度。

相干体解释技术:相干体技术是利用三维数据体纵横上波形特征的相似性来解决地质问题的一种手段。通过对数据体进行相干处理,利用相干时间切片、相干沿层切片、相干体三维显示等手段来识别检验断层的解释。当地下地质体是均匀时,反映在地震信息上是相似的,即强相干,当地质体的结构或特征发生突变时,如断层、裂缝、地层尖灭等现象,地震信息也随之改变,表现为“弱相干”或“不相干”。

三维可视化构造精细解释技术:使用三维可视化技术可以在三维空间的任意视角对数据体进行三维显示,可以观察到地震资料的频率、振幅等各种参数在空间上的变化,从而可以直接看到地层和断层的空间展布,有利于进行质量监测(交点闭合及断层组合方式分析)。可视化技术与常规地震解释技术相互补充,它们中的任何一方的解释成果均可以被另一方所共享并互相检验,从而提高地震解释的精度和提高工作效率。

②层位解释。

层位解释的前提是地震反射层位的精细标定,通常使用人工合成地震记录标定地震反射层位。通过标定不但可以确定钻井层位、岩性、含油性等与地震反射相位、振幅、频率之间的关系,还可以得到一组井点的时间和深度关系。声波测井资料是制作合成记录的重要资料,但由于它的精度受井径变化、泥浆浸泡、能量衰减等因素的影响,因此,若想得到精度较高的标定结果,应对测井资料作环境校正。

在层位综合标定的基础上,利用 Landmark 地震解释软件和三维可视化技术可对各主要地震反射层进行线、道、面、体三维一体化精细解释,充分利用地震剖面的压缩、放大、任意线组合、等时切片、相干体切片解释断层的技术、自动追踪、种子点追踪、立体显示等地震解释技术,保证地震反射层追踪对比的可靠性。

2)储层反演技术

地震反演技术通常分为基于叠后地震资料的反演技术和基于叠前地震资料的反演技术两大类,应用的软件主要有 Jason 等。

近20年来,叠后地震反演已经形成了多种成熟技术,主要分为3大类。

①基于地震数据的声波阻抗反演。

其结果有两种:相对阻抗反演和绝对阻抗反演。主要算法有递归反演(早期的地震反演算法)与约束稀疏脉冲反演(优化的地震反演算法)。这种反演受初始模型的影响小,忠实于地震数据,反映储层的横向变化可靠,但分辨率有限,无法识别 10 m 以下的储层。

②基于模型的测井属性反演。

此种反演可以得到多种测井属性的反演解释,分辨率较高(可识别 2 ~ 6 m 的储层),但受初始模型的影响严重,存在多解性,只有井数多(至少 10 口以上的井且分布合理,要求反演的属性与阻抗有关),才能得到较好的结果。

③基于地质统计的随机模拟与随机反演。

此种算法可以进行测井属性的模拟与岩性模拟,分辨率高(可识别 2 ~ 6 m 储层),能较好地反映储层的非均质性,受初始模型的影响小,在井点处忠于井数据,在井间忠实于地震数据的横向变化,最终得到多个等概率的随机模拟结果。

页岩气储层具有低孔低渗的特征,叠后反演技术已不能完全满足页岩储层预测的需求。计算机技术的进步,使得叠前地震资料反演技术在最近几年已经成功地应用在生产实际中,为油气勘探做出了重要的贡献。叠前地震反演方法是将从叠前地震资料得到一些定量的参数,用来描述地下储层的岩性、物性和含油气性等的一项新技术。近年来,这项技术在国外发展很快,国内也开始重视。应用叠前反演技术能有效预测页岩储层的物性、含气性等,提高储层预测的精度。其方法可分为 3 类:

①基于波动方程的反演,这种方法计算复杂,精度高,但计算效率低,且在实际的应用过程中会产生许多复杂问题,因此并没有广泛应用;

②叠前弹性阻抗反演,该类反演方法简洁、方便、效率高、可操作性强,是目前应用比较广泛的叠前反演方法。弹性阻抗反演是声阻抗和 AVO 技术的结合,因此弹性阻抗反演可反映振幅随偏移距变化的信息,具有良好的保真性和多信息性。由弹性阻抗反演数据体可获得纵、横波阻抗,纵、横波速度,纵、横波速度比,密度、泊松比、拉梅系数等多种参数体,对油气藏响应更加敏感,信息量比叠后反演大大增加,具有明显的优越性,能更可靠地揭示地下储层的展布情况和孔、渗物性及含油气性。

③基于 Zoepprit 方程或其近似方程的叠前弹性多参数同步反演。该类反演结果稳定、分辨率高、可控制性强,在实际中得到了应用。2001 年,Ozdemir 等提出了利用 AVO 信息进行弹性参数同步反演(也称为“联合反演”)的新思路,2002 年出现了利用模拟退火方法进行叠前弹性参数同步反演的技术实现。随着近几年 AVO 分析和随机反演技术方法的不断发展和进步,叠前同步反演方法日益成熟,在叠前弹性参数同步反演方法中采用的技术一般多为非线性技术。

图 2.34 为叠前弹性阻抗反演和叠前弹性多参数同步反演流程,通过对比可以发现两种叠前反演输入的数据是相同的,同步反演由于不采用叠后反演的方法,可以避免提取角度地震子波,从而减少了数据转换中的累积误差。

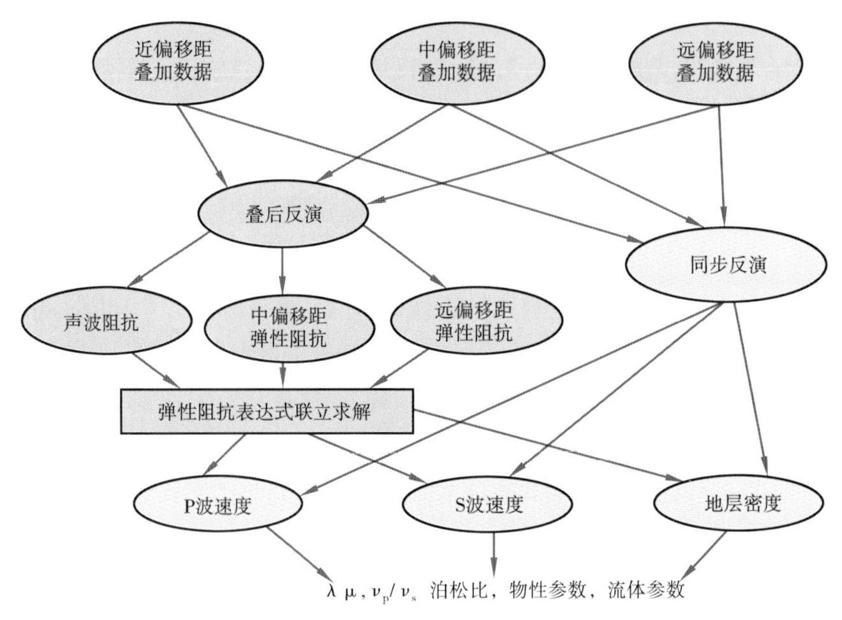

图 2.34　两种叠前弹性反演流程对比

3）裂缝预测方法

天然裂缝是游离态页岩气重要的储存空间，是影响产能的主要因素之一。裂缝性油气藏勘探开发的最大难点是如何预测储层岩体中的裂缝发育程度、产状和其分布范围。目前应用的地震裂缝预测技术方法主要有三大类：转换波裂缝检测、纵波方位各向异性检测和叠后地震属性分析。

（1）多分量转换波裂缝检测

多分量转换波裂缝检测以品质好的多分量资料为基础，常用的方法有相对时差梯度法和层剥离法。相对时差梯度法是一种在数据体上计算裂缝发育方位和密度的方法，其步骤为：首先分时窗扫描裂缝发育方位，然后将各方位的径向分量和横向分量数据旋转到裂缝方向上得到快、慢波数据体，最后计算快、慢波的时差数据体并计算其梯度以获得反映裂缝发育密度的相对时差梯度数据体，用以检测裂缝在空间上的发育情况。层剥离法是一种沿层位进行检测的方法，其步骤为：首先沿目的层顶面计算裂缝发育方位和密度，并通过时间补偿和旋转分析，消除上覆地层各向异性的影响，然后在目的层底界面分析裂缝发育方位和密度，以获得某一特定勘探目的层的裂缝发育方位和密度。

（2）纵波方位各向异性检测

较之于横波和转换波，纵波信号所携带的与方位相关的变化特征不仅可用于解决裂缝的方位、密度问题，而且对于了解裂缝充填状况有所帮助，加之其在费用和资料品质方面的优势，纵波检测裂缝方法日益受到重视。目前利用纵波各向异性进行裂缝检测的方法有动校正速度方位变化裂缝检测、正交地震测线纵波时差裂缝检测、纵波方位 AVO 和纵波阻抗随方位角变化裂缝检测方法。

(3)叠后地震属性分析

叠后三维地震属性分析是裂缝识别与预测的方法之一,与裂缝识别相关的叠后地震属性分析是近年业界的一个研究热点,Landmark、Petral 等软件已经形成比较成熟的叠后地震属性分析模块。在已有的研究中,振幅类、频率类、相位类地震属性以及一些分析技术,如地震波形分类、时频分析、沿层切片等已被广泛应用于识别和预测裂缝发育带。由于裂缝形态的特殊性,以上地震属性及分析技术更适用于推断断裂发育区的概貌,而较为精细的裂缝地震属性分析主要围绕地震反射波形的突变(不连续性)来开展,主要有曲率分析、相干分析、蚂蚁体分析等技术。

4)叠后流体检测方法

流体检测技术是最近几年发展起来的一项技术,常用的方法有多子波地震道分解技术和基于 Biot 双相介质中地震波传播理论的油气检测技术,多子波地震道分解技术是用数学方法将每一地震道分解成多个不同形状、不同频率的子波。根据已知的含油气地层的子波特征对地震道进行重构,找出规律性变化,从而预测未知的含油气区域;而基于 Biot 双相介质中地震波传播理论的油气检测技术是指地震波在穿过含油气和非油气层时,频率的衰减也不同,频谱特征和频谱衰减的横向变化为储层和含油气性预测提供了重要依据。低频共振、高频衰减同时出现即为油气储集层存在的重要标志,利用地震资料频率的这种属性可以直接进行油气检测,也是目前常用的油气检测技术。

(1)基于低频阴影流体识别

地震波在地层介质中传播时,受到波前扩散、介质吸收、界面的透射与反射、介质的各向异性、多次反射、反射界面的形态及振幅随偏移距的变化等多种因素的影响,主要表现为振幅和相位的变化。如果地震波在地层介质中传播时传播速度与频率无关,那么就不存在频散现象,地震波的衰减主要表现为振幅的变化;如果地震波速度存在频散时,地震波的衰减同时表现为振幅和相位的变化。其中,地震波振幅与传播的距离和品质因子(Q)密切相关,即

$$A_r = A_0 e^{-\frac{\pi r}{Q\lambda}} = A_0 e^{-\frac{\pi f}{Qv} r} = A_0 e^{-\frac{\pi f t}{Q}} \tag{2.64}$$

式中,r 为距离,A_0 为震源的振幅,A_r 为距震源 r 时的振幅,Q 为地层介质的品质因子,v 为速度,f 为频率,t 为时间。

研究表明,如果储层中含有流体(特别是油气),则储层具有低 Q 的特征,根据式(2.64)可知,地震波会发生非弹性衰减,其中,高频成分的衰减、散射和弥散等的程度远大于低频成分,使得低频成分保留了比高频成分更为丰富的反映地层岩性与物性的信息,这为我们利用地震低频信息判断天然气的存在提供了理论依据。

图 2.35 是利用低频阴影识别油气的一个物理实验,通过对原始地震记录进行不同频段滤波,油气储层具低频强振异常特征。研究发现,研究区储层也具有低频异常特征,如图 2.36 所示,钻井解释的储气段的低频强振幅显著,因此,基于低频阴影进行气层检测具有一定的可行性,在一定的条件下,低频阴影可以作为识别地层含油气性的一个直接指标。

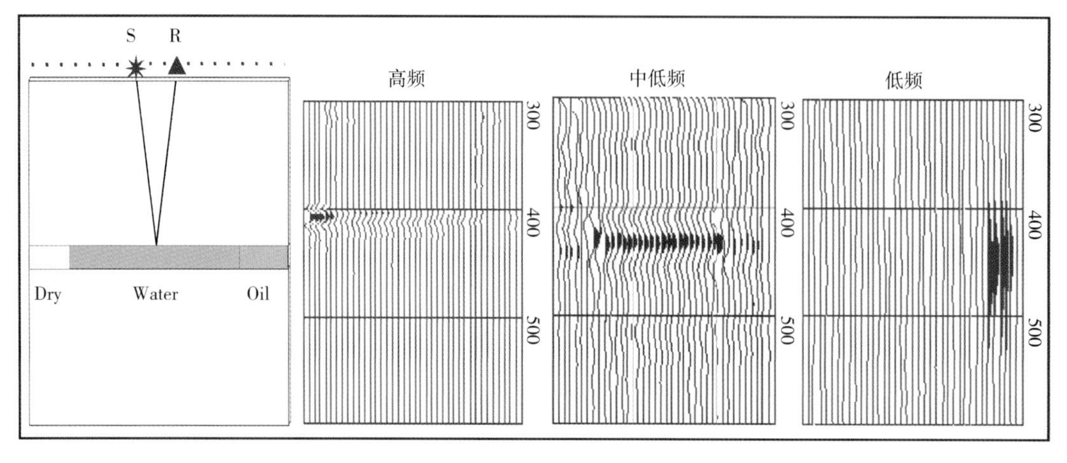

图 2.35　基于低频阴影识别流体的物理实验(据劳伦斯伯克利国家实验)

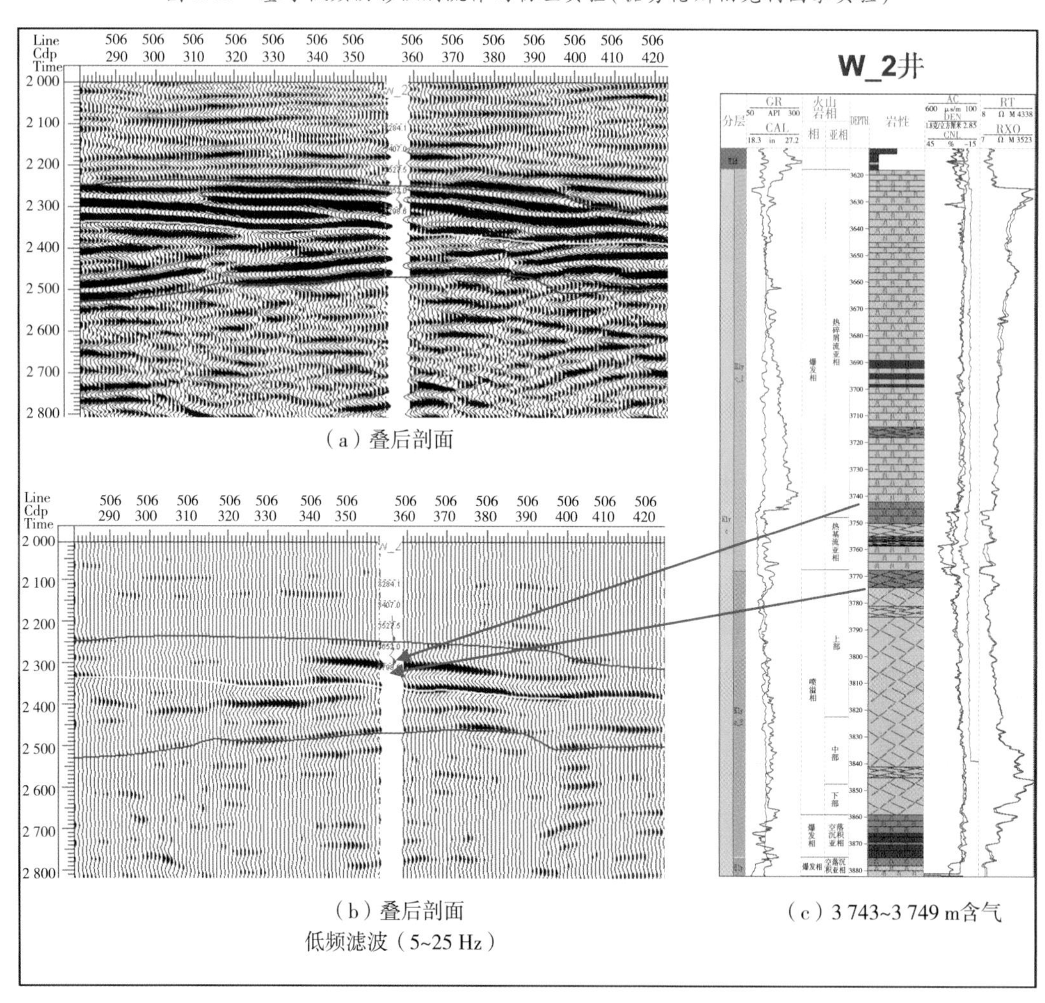

(a) 叠后剖面

(b) 叠后剖面
低频滤波(5~25 Hz)

(c) 3 743~3 749 m含气

图 2.36　研究区储层的低频特征

(2)基于高频衰减流体识别

理论研究表明,与致密层相比,当储层中含流体(如油、气),引起地震波能量的衰减;断层、裂缝等的存在也会引起地震波的散射,造成地震波的衰减(图 2.37)。因此,衰减属性是指示地震波传播过程中衰减快慢的物理量，是一个相对的概念。衰减属性的分析可以反过来指示这些衰减因素存在的可能性和分布范围。这里的衰减属性分析的就是要通过计算出的反映地震波衰减快慢的属性体来指示油气存在的可能性和分布范围。地震波不同频率成分的能量随频率的变化规律以指数衰减函数形式给出：

$$A = A_0 e^{-a_0 ft} \tag{2.65}$$

式中，A_0 为地震波的初始振幅，A 为地震波传播了时间 t 后的振幅，A_0 为地下介质的衰减系数（或吸收系数），也是我们所要计算的。

如图 2.38 所示，高频衰减梯度属性和等效吸收系数属性均是传播时间和吸收系数的函数，如果研究的储层埋藏深度变化不大或在地震资料处理过程中已经对地震传播时间影响消除了，这样一来上述两种属性值只是储层吸收系数的函数，是一种良好的储层流体检测属性。

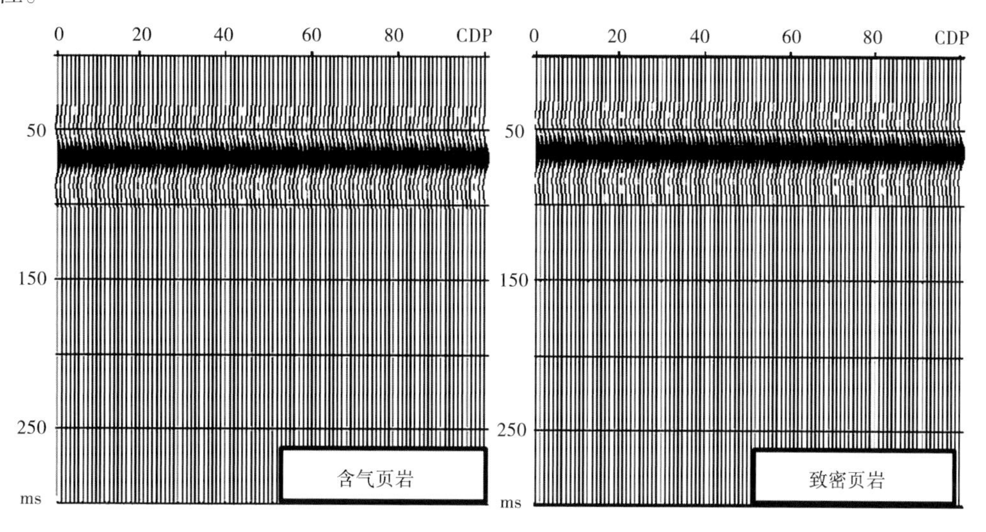

（a）正演模拟合成记录

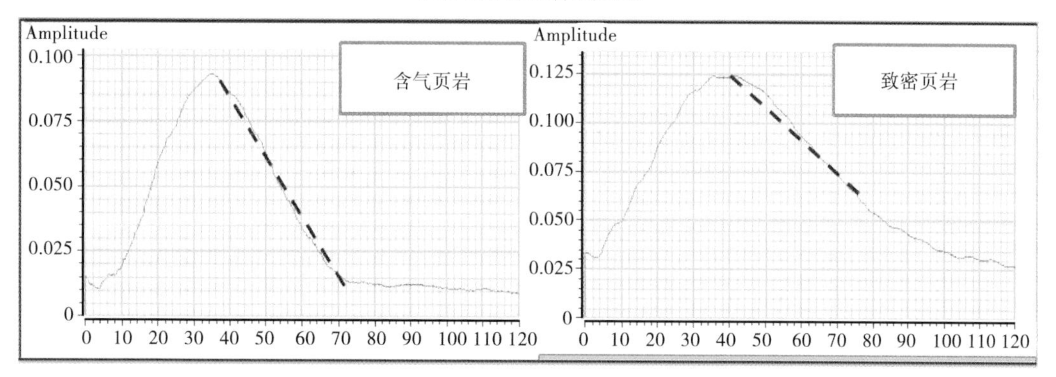

（b）频谱分析

图 2.37　含气储层的高频衰减特征

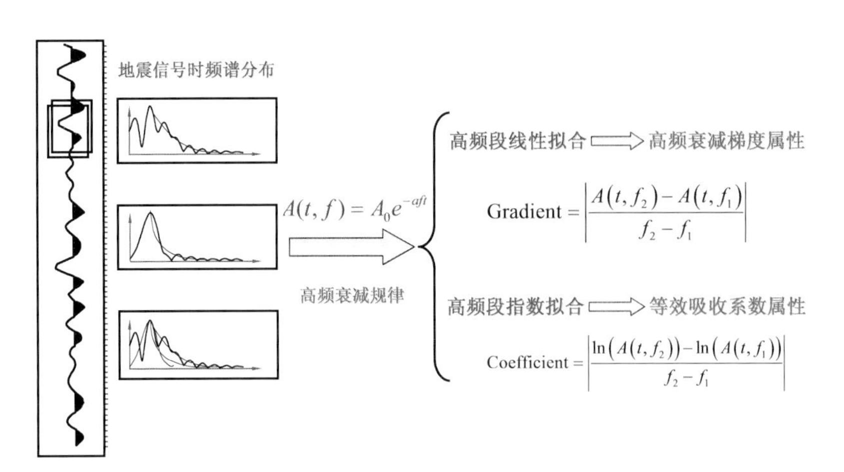

图 2.38　计算高频吸收衰减属性原理示意图

表 2.20　地震评价关键技术与方法

地震勘探技术		应用方法	应用现状及效果	常用软件
构造解释技术	断层	常规时间剖面对比法	解释精度较低	Landmark Geoframe 等
		相干体解释技术	解释较准确	
		三维立体展布技术	解释较准确	
	层位	手动追踪	受解释人员经验影响,速度慢	
		种子点自动追踪	解释精度高但易追错,速度快	
叠后反演技术		基于地震的波阻抗反演	至少 1 口井,以地震为主,可分辨 10 ~ 20 m 储层,分辨率低	Jason Strata Geoframe 等
		基于模型的测井属性反演	以测井数据为主,至少 10 口井,可分辨 2 ~ 6 m 储层,分辨率高但受模型影响而存在多解性	
		地质统计随机模拟与随机反演	综合应用测井和地震数据,受模型影响较小,可分辨 2 ~ 6 m 储层,分辨率高	
叠后裂缝预测技术		转换波裂缝检测	以高品质的多分量资料为基础	Landmark Petrel Opendtcet 等
		纵波方位各向异性检测	对数据的信噪比要求较高	
		叠后地震属性分析	应用普遍,是目前裂缝检测应用热点	
叠后流体预测技术		基于低频阴影流体识别技术	利用油气储层具低频强振异常的特征	VVA 等
		基于高频衰减流体识别技术	利用地震波不同频率成分的能量随频率的变化规律	

续表

地震勘探技术	应用方法	应用现状及效果	常用软件
叠前反演技术	基于波动方程的反演	计算复杂、精度高,但计算效率低	Jason 等
	叠前弹性阻抗反演	方法简洁、方便、效率高、可操作性强	
	叠前多参数同步反演	反演结果稳定、分辨率高、可控制性强	

2.3 页岩气资源评价技术

目前,世界上流行的油气资源评价一般按照含油气大区、盆地(凹陷)、区带和圈闭四个层次建立评价程序。在油气评价中,一般是以盆地为单元,以区带-圈闭为重点,以含油气层系为中心,通过地质评价、油气资源估算和决策分析三个环节来完成。通常的油气资源评价方法一般采用系统的"累加"法原则和思路进行,与常规油气的不断"富集"过程和特点相吻合。

页岩气发育条件及富集机理的特殊性,给页岩气资源评价方法和参数取值带来挑战:①在没有气水边界的情况下如何圈定含气面积;②如何识别含气页岩及确定其有效厚度;③泥页岩中的含气量、含气饱和度如何确定。同时,页岩气资源评价也要考虑技术、经济上的不确定性。因此,页岩气不同勘探开发阶段适用的方法不同,关键参数不同,参数获取方式不同,资源估算结果也有较大差异。

美国是世界上最早发现和生产页岩气的国家,2011 年页岩气产量达 $1\ 700\times10^{8}\ m^{3}$,占其天然气总产量的 1/4。美国曾采用多种方法计算页岩气资源量,如盆地类比分析法、容积法、地质要素分布概率分析法、基于生气量和排气率的成因法、物质平衡法、递减曲线法和数值模拟法等。在页岩气勘探前期和初期,由于地质资料相对较少,拥有少量甚至没有页岩气钻井,一般通过野外地质调查,借鉴参考常规油气勘探开发中的相关资料和数据,结合美国成熟的页岩气产区地质特征及采收率情况,采用类比法和体积法对页岩气新区进行资源评价;投入开发后,用产量递减曲线法或油气藏模拟法计算油气储量,投入开发的页岩气气田每年或二、三年要用产量递减曲线法计算页岩气储量的变化。

我国页岩气资源潜力的探讨始于 2008 年,由于各评价单位采用的资源评价方法不统一,参数取值差别较大,导致评价结果及其可信度、可比性差。2010 年,国土资源部组织国内石油企业、大学、地质调查机构和科研院所等开展《全国页岩气资源潜力调查评价及有利区优选》项目;2012 年,国土资源部油气资源战略研究中心制定并发布了《页岩气资源潜力评价与有利区优选方法(暂行稿)》,提出了针对我国地质特点、现有工作水平和认识程度的页岩气资源评价方法,为我国页岩气资源评价提供依据。此外,中国地质大学(北京)、中国石油大学(北京)、国土资源部油气战略研究中心、中石油勘探开发研究院、中石化勘探开发研究院、中国工程院等机构分别对我国页岩气资源量进行了预测研究,概算或估计我国页岩气可采资源量范围为10万亿~32万亿m^3。

目前,在常规油气资源评价方法基础上,基于常规油气资源评价方法并考虑页岩气聚集的地质特殊性,页岩气资源评价方法划分为类比法、成因法、统计法和综合分析法4大类若干小类。

2.3.1 类比法

类比法是页岩气资源量与储量评价和计算的最基本方法,由于重点考虑的因素不同可以进一步划分为多种。类比法主要用于新区、气田开发前和生产早期的资源评价。

类比法的适用条件是:①预测区的油气成藏地质条件基本清楚;②类比标准区已进行了系统的页岩油气资源评价研究,且已发现油气田或油气藏。③预测区和标准区的油气成藏地质条件类似。

理论上,该方法可适应于不同的地质条件和资料情况,但由于目前已成功勘探开发的页岩气主要集中在美国且页岩气富集模式还很有限,故该方法的应用目前还局限于与美国页岩气区具有相似地质背景的研究对象中。

(1)资源丰度类比法

根据具体操作方法的不同,资源丰度类比法可以分为面积丰度法、体积丰度法。面积丰度法是以单位面积的资源丰度作为主要类比资源参数进行类比;体积丰度法是以单位沉积岩体积的资源丰度作为主要类比资源参数进行类比。

资源丰度类比法是勘探开发程度较低地区常用的方法,也是一种简单快速的评价方法。

(2)含气量类比法

含气量类比法是以含气量作为主要类比资源参数进行类比,页岩气总地质资源量计算式为:

$$Q = A_i * h_i * \rho_i * G * \alpha \tag{2.66}$$

式中,Q为预测区的页岩气总资源量;A_i为预测区含气泥页岩层段的分布面积,km^2;h_i为预测区含气泥页岩层段厚度,km;ρ_i为预测区泥页岩密度,t/m^3;G为类比标准区含气量,m^3/t;α为类比相似系数,其值为预测区地质类比总分与标准区地质类比总分之比。

含气量类比法是一种简单快速的评价方法,但是由于利用参数少,评价结果可靠性较低。

2.3.2 统计法

当已经取得一定的含气量数据或拥有开发生产资料时,使用统计法进行页岩气资源与储量计算易于取得更加准确数据。

(1)概率体积法

依据概率体积法基本原理,页岩气资源量为泥页岩质量与单位质量泥页岩所含天然气(含气量)之概率乘积。泥页岩中天然气根据其赋存形式可分为吸附气、游离气以及溶解气,由于页岩中溶解气含量极少,因此页岩气总资源量可近似分解为吸附气总量与游离气总量之和。

体积法计算页岩气资源量的关键是页岩含气量的确定。

概率体积法可适用于页岩气勘探开发的各阶段和各种地质条件。

(2)福斯潘法(FORSPAN)

福斯潘法是美国地质调查局在1999年为连续型油气藏资源评价而提出的一种评价方法。该方法以连续型油气藏的每一个含油气单元为对象进行资源评价,即假设每个单元都有油气生产能力,但各单元间含油气性(包括经济性)可以相差很大,以概率形式对每个单元的资源潜力作出预测。福斯潘法涉及参数众多,基本参数有评价目标特征、评价单元特征、地质地球化学特征和勘探开发历史数据等。

福斯潘法建立在已有开发数据基础上,估算结果为未开发原始资源量。因此,该方法适合于已开发单元的剩余资源潜力预测。已有的钻井资料主要用于储层参数(如厚度、含水饱和度、孔隙度、渗透率)的综合模拟、权重系数的确定、最终储量和采收率的估算。如果缺乏足够的钻井和生产数据,评价也可依赖各参数的类比取值(David F Martineau,2007)。

(3)单井(动态)储量估算法

单井(动态)储量估算法由美国 Advanced Resources Informational(ARI)提出,核心是以1口井控制的范围为最小估算单元,把评价区划分成若干最小估算单元,通过对每个最小估算单元的储量计算,得到整个评价区的资源量数据(斯仑贝谢公司,2006)。

ARI(2006)认为,诸如页岩气藏的连续型气藏资源潜力评估对大量数据的需要和资源前景的快速变化常常使单井(动态)储量评估结果的大小和“甜点”的选择变得很困难,成功地引入地质新认识、钻井和完井技术进步、大量“专家论证”及动态评价非常重要。

(4)测井分析评价法

在勘探开发实践积累的基础上,斯伦贝谢公司通过测井数据以及岩心分析等资料,建立了关于吸附气、游离气以及总气量的数学模型和与测井曲线的对应关系(Lewis R),从而达到通过测井曲线评价页岩气资源量的目的,涉及的主要参数包括岩性、矿物及黏土含量、有机碳含量(TOC)、含水饱和度、基质密度、孔隙度及基质渗透率等。

测井分析方法适用于钻井评价和开发期间,是以大量钻井、录井、测井及岩心分析工作为基础。

(5)递减曲线分析法

从生产历史曲线上建立生产下降的趋势,并设计出未来的生产趋势,直至井的经济极限,从而估算出资源储量。最常用的为阿普斯递减曲线,主要包括指数、双曲线和调和曲线三种形式(Lee W J,Sidle R E,2010)。Valkó 提出了一个与阿普斯方法完全不一样的递减曲线分析法,其特点包括:①有限的(和逼真的)最终采收率随着生产时间逐渐变大;②适用于瞬时和稳定流动状态;③待确定的参数数量有限。Ilk 等人(Johnson N L,Currie S M,Ilk D, et al,2009)也提出了一个相似的模型,利用不同参数关系图共同建立最佳模型,从而进行地质资源量的估算。

递减曲线法适用于气田开发中、后期,以大量的生产数据为基础。

(6)数值模拟法

进入开发生产后,利用数值模拟软件对已获得的储层参数和实际的生产数据(或试采数据)进行拟合匹配,最后获取气井的预计生产曲线和可采储量。

数值模拟方法以生产数据为基础,适用于气藏开发阶段。

2.3.3 成因法

从油气的地质过程角度考虑,页岩气是泥页岩在生排气过程中残留在烃源岩中的天然气,为生气量与排气量之差。成因分析法是基于页岩气形成过程极其复杂(如古生界海相页岩),要弄清页岩生气过程中每一次生、排烃过程几乎是在不可能的条件下进行的,在页岩气的资源与储量评价计算过程中宜采用"黑箱"原理进行,即将页岩视为"黑箱"并以页岩气研究为核心,通过多次试验分别求得页岩的平衡聚集量,进而求得页岩的剩余总含气量。

由于在常规的页岩气资源评价方法中,页岩气是被作为残留于烃源岩中的损失量进行计算的,故页岩气资源量的成因算法是对油气资源量计算的重要补充。其中的剩余资源分析法适用于页岩气勘探开发早期。

(1)盆地模拟法

盆地模拟法及先进的盆地模拟软件可以定量模拟烃源岩的成熟演化及空间的展布特征,恢复盆地在地史时期中的烃源岩生排烃过程,利用动态研究的思想分析并预测页岩生气以后的留排过程,计算页岩中天然气的现今存留数量作为页岩气资源评价的结果。

(2)物质平衡法

物质平衡法在气田开发的中、后期应用十分普遍,比体积法的计算结果更加准确。物质平衡法主要是以物质平衡为基础,对平均地层压力和含气量之间的隐含关系进行分析,建立适合某一气藏的物质平衡方程,对于页岩气来说,还要考虑吸附气和游离气之间存在的吸附/解吸附的动态平衡。

物质平衡法要求气藏压力测值更为精确,既要求原始地层压力,又要求生产期间不同时段内的平均地层压力,同时要求这一时间段的油气产出体积量。以物质平衡为基础,对平均地层压力和采气量之间的隐含关系进行分析,建立适合气藏的物质平衡方程,通过描绘出 $p/Z*$ 与 G_p 图,最后计算出总体积(King G R,1993)。

2.3.4 综合分析法

在类比法、成因法、统计法计算资源量的基础上,采用蒙特卡洛法、打分法、专家赋值法、特尔菲综合法等对计算结果进行综合分析,并可通过概率分析法对页岩气资源的平面分布进行预测,得出可信度较高的结果。

(1)蒙特卡洛法

蒙特卡洛法是一种基于“随机数”的计算方法，它回避了结构可靠度分析中的数学困难而不需要考虑状态函数特征，只要模拟次数足够多，就可以得到一个比较精确的可靠度指标。计算公式可表示为页岩气成藏地质要素与经验系数的连乘，即资源量 Q 可表示为：

$$Q = K\prod_{i=1}^{n} f(X_i) \tag{2.67}$$

式中，$f(X_i)$ 表示第 i 个地质要素的值；Q 表示资源量；K 表示所有经验系数的乘积。

(2)特尔菲综合法

特尔菲综合法的主要原理是将不同地质专家对研究区页岩气的认识进行综合，是完成资源汇总与分析的重要手段。

设不同评价者给出的资源量分别为 $Q_1, Q_2, \cdots, Q_n$，各自所给出的依据系数分别为 K_1，$K_2, \cdots, K_n$，不同评价专家所赋予的权重系数为 $L_1, L_2, \cdots, L_n$。

则资源量估算结果平均值 Q 表示为：

$$Q = \frac{1}{mn}\left[L_1\left(\frac{Q_1}{K_1}+\frac{Q_2}{K_2}+\cdots+\frac{Q_n}{K_n}\right)+L_2\left(\frac{Q_1}{K_1}+\frac{Q_2}{K_2}+\cdots+\frac{Q_n}{K_n}\right)+\cdots+L_m\left(\frac{Q_1}{K_1}+\frac{Q_2}{K_2}+\cdots+\frac{Q_n}{K_n}\right)\right] \tag{2.68}$$

采用特尔菲法进行评价结果汇总的有效方法计算公式如下：

$$Q = \sum_{i=1}^{n} Q_i \cdot R_i\left(\sum_{i=1}^{n} R_i = 1\right) \tag{2.69}$$

式中，Q 为页岩气汇总资源量；Q_i 为第 i 个资源量评价结果；R_i 为第 i 个结果的权系数。

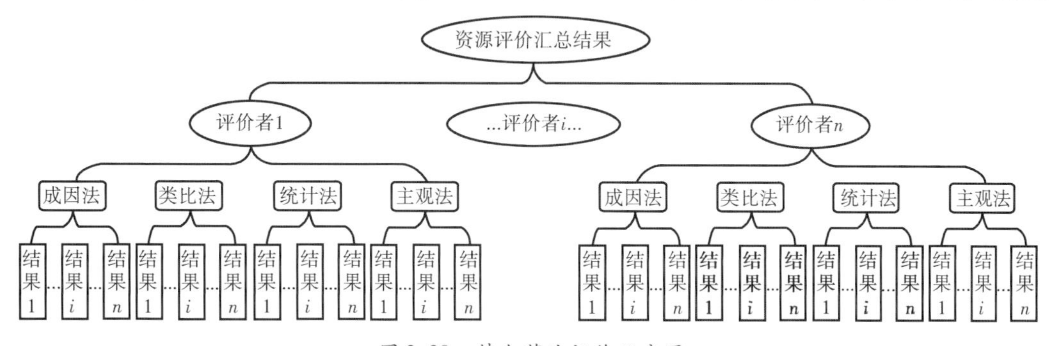

图 2.39　特尔菲法评价示意图

在美国、加拿大等国家，特尔菲法被认为是最重要的评价方法之一。

表 2.21　页岩气资源评价关键技术

方　法	类比法	统计法	成因法	综合法
方法列举	规模（面积、体积等）类比法、聚集条件类比法、统计类比法、工作量分析法、综合类比法等	体积统计法、福斯潘法（FORSPAN）、地质统计法、吸附要素分析法、地质要素风险概率分析法、产量分割法、（历史）趋势分析法、资源规模序列法、动态分析法等	剩余资源分析法、盆地模拟法、成因分析法、产气历史分析法、物质平衡法、地化参数法、模拟分析法等	蒙特卡罗法、专家赋值法、专家系统法、打分法、资源规模序列法、特尔菲综合分析法等
基本原理	评估目标区与类比区的关联参数，包括有机碳含量、热成熟度、分布面积、厚度、埋深、气体成因及类型、岩性和沉积环境、原始压力和温度等，求出类比系数（地质评价系数之比），利用所得类比系数计算目标区页岩气资源量	通过数理统计学原理和方法整理、分析已有的勘探工作和成果，进而预测目标区页岩气资源量	从研究页岩气在地壳中的生成、运移、聚集直到形成页岩气藏得成因条件出发，估算烃源岩的生烃量，再乘以排烃系数得到排烃量	对类比法、成因法、统计法计算的资源量结果进行综合分析，并可通过概率分析法对页岩气资源的平面分布进行预测，得出可信度较高的结果
主要影响因素	被比对象和类比系数	历史数据及统计模型。体积法主要影响因素：有效体积参数及含气量	过程模型及滞留参数	综合模型及权重分析

适用评价阶段	理论上,该方法可适应于不同的地质条件和资料情况,但由于目前已成功勘探开发的页岩气主要集中在美国且页岩气富集模式还很有限,故该方法的应用目前还局限于与美国页岩气区具有相似地质背景的研究对象中。主要用于新区、气田开发前和生产早期的资源评价	当已经取得一定的含气量数据或拥有开发生产资料时,使用统计法进行页岩气资源与储量计算,易于取得更加准确数据。	页岩气资源量的成因算法是对油气资源量计算的重要补充,适用于页岩气评价的各个阶段。其中,剩余资源分析法适用于页岩气勘探开发早期。	适用于页岩气藏勘探、开发的较成熟阶段,估算结果可信度较高
缺点	估算结果精度不高	参与计算参数过于简单,某些参与计算参数没有明确地质意义	地下页岩气运聚机理有大量问题有待研究和解决,影响资源量估算结果可靠性	需要利用类比法、成因法、统计法计算结果进行综合分析

第3章 | 页岩气地质综合评价技术

3.1 烃源岩评价

页岩气是指由生物化学成因、热成因或两者的混合气,以吸附或游离状态存在于低孔、低渗、富有机质页岩层中的天然气。Curtis(2002)指出页岩气是连续生成的生物化学成因气、热成因气或两者的混合,具有普遍的地层饱含气性、隐蔽聚集机理、多种岩性封闭以及相对很短的运移距离,可以在天然裂缝和孔隙中以游离方式存在,或在干酪根或黏土颗粒表面上以吸附状态存在,甚至在干酪根和沥青质中以溶解状态存在。

页岩的生烃潜力评价是新探区或页岩气层系远景评价的基础工作之一,页岩层生成的气体能否形成商业性规模还取决于有机质富集程度、有机质类型及所经历的热演化成熟。在勘探早期,可借鉴常规油气的方法,人们习惯用有机质丰度、成熟度和类型等指标来评价油气的潜力。其实,油气潜力实质上最终取决于其中有机组分的化学组成和结构,现在主要是结合有机岩石学和有机地球化学研究的基础上,进一步研究烃源岩有机组分的化学性质与油气的生成之间的关系。另外,人们还应用热模拟的方法对不同有机组分的生烃特征进行了研究。传统的烃源岩研究包括以下几个反方面的研究:有机质丰度;有机质类型;成熟度;油气源对比。页岩的生烃潜力评价只包括有机质丰度、类型和成熟度。

岩石中有足够的有机质是形成油气的物质基础,是决定源岩生烃潜力的主要因素。有机碳含量是指岩石中残留的有机成因的碳含量,它包括岩石中的可溶有机质和干酪根中的碳含量。对于常规油气来说,泥质烃源岩有机质丰度评价标准国内外比较一致,大多采用有机碳0.5%作为下限值。然而,有机质丰度明显受到干酪根类型、有机质沉积环境等因素影响。烃源岩的有机质类型决定着生烃潜力和生成产物的不同,这是由于有机质化学结构不同而造成的。在研究有机质类型时,常以烃源岩中的干酪根为对象,进行多种地化分析来研究有机质类型,其中最常用干酪根碳同位素法,它具有强烈的继承性,随成熟度变化不大;第二种方法是镜下有机显微组分分类,它可以保持有机物的自然状态,但对非高等植物成因为主的海相源岩其研究就不够完善。烃源岩有机质成熟度表示沉积有机质向油气转化的热演化程度,它决定着有机质生成油气的数量和潜力,只有在成熟烃源岩分布区才有较高的油气勘探成功率。

3.1.1 有机碳含量

不管是生成生物成因气还是热成因气,都需要充足的有机质。有机质含量是影响泥页岩生烃能力的主要因素,它从根本上决定着生烃量的多少。

页岩中有机质含量对页岩气成藏的控制作用主要体现在页岩气的生成过程和赋存过程中。岩石中总有机碳含量不仅在烃源岩中是重要的,在以吸附和溶解作用为储集天然气方式的页岩气储层中也是很重要的。

有机质的含量是生烃强度的主要影响因素,它决定着生烃的多少,因此,对页岩气成藏具有重要的控制作用。Schmoker 将有机质超过2%(包括2%)的泥盆系页岩定为"富有机质的"页岩。页岩气藏要求大面积的供气,而有机质页岩的分布和面积决定有效气源岩的分布和面积;从裂缝中聚集的天然气以大面积的活塞式整体推进为主要方式,因此必须有大量的天然气生成;页岩气藏要求源岩长期生气供气过程,而有机质含量决定生气量的一个主要因素。高的有机碳含量意味着更高的生烃潜力。

美国主要页岩气系统的地质、地球化学和储量参数见表3.1。美国五大页岩气盆地的含气页岩总有机碳含量一般为1.5%~20%。Antrim 页岩与 New Albany 页岩的总有机碳是五套含气页岩中最高的,其最高值可达25%,Lewis 页岩的总有机碳含量最低,也可达到0.45%~2.5%。一般认为总有机碳含量在0.5%以上就是有潜力的源岩(Bustin,2005)。

有机质含量随岩性而变化,富含黏土质的地层最高,成熟的地下样品与未成熟的露头样品也有显著区别。在福特沃斯盆地的中心与北部地区,富含硅质的高成熟井下样品的总有机碳含量为3.3%~4.5%,而从 Lampasas 县盆地南部边缘的未成熟露头样品的总有机碳值为11%~13%。

表3.1 美国主要页岩气系统的地质、地球化学和储量参数

(据 Hill,Nelson,2000;Curtis,2002 修改)

页岩名称	Antrim	Ohio	New Albany	Barnett	Lewis
地区	密歇根州 Otsego 郡	肯塔基州 Pike 郡	印第安纳州 Harrison 郡	得克萨斯州 Wise 郡	新墨西哥州 San Juan 和 Rio Arriba 郡
所在盆地	密歇根	阿巴拉契亚	伊利诺斯	福特沃斯	圣胡安
盆地类型	内克拉通盆地	山前坳陷	复合盆地	前陆盆地	陆缘坳陷
层位	泥盆系	泥盆系	泥盆系	石炭系	白垩系
岩性	薄层状粉砂质黄铁矿和富有机质页岩	碳质页岩和较粗粒碎屑岩互层	褐色页岩、灰色页岩	含硅页岩、石灰岩和少量白云岩	富含石英的泥岩
埋藏深度/m	183~732	610~1 524	183~1 494	1 981~2 591	914~1 829
页岩储层厚度/m	21~37	9~30	15~30	15~61	61~91

续表

页岩名称	Antrim	Ohio	New Albany	Barnett	Lewis
总有机碳含量/%	0.3~24.0	0~4.7	1.0~25.0	4.5	0.45~2.50
热成熟度 Ro/%	0.4~0.6	0.4~1.3	0.4~1.0	1.0~1.3	1.60~1.88
气体成因类型	热解气、生物气	热解气	生物气	热解气	热解气
干酪根类型	Ⅰ型	Ⅱ型、Ⅰ型	Ⅰ型	Ⅱ型	Ⅰ型
总孔隙度/%	9	4.7	10.0~14.0	4.0~5.0	3.0~5.5
含气孔隙度/%	4	2	5	2.5	1.0~3.5
吸附气含量/%	70	50	40~60	20	60~85
储层压力/psi	400	5 000~2 000	300~600	3 000~4 000	1 000~1 500
压力梯度/(psi · ft^{-1})	0.35	0.15~0.40	0.43	0.43~0.44	0.20~0.25
估计可采储量/(× $10^{12}m^3$)	0.31~0.53	0.41~0.78	0.05~0.54	0.10~0.28	NA
天然气地质储量/(× $10^{12}m^3$)	0.99~2.15	6.37~7.02	2.43~4.53	1.53~5.72	1.53~5.72
储量丰度/(× 10^8m^3 · km^{-2})	0.66~1.64	0.55~1.09	0.76~1.09	3.28~4.37	0.87~5.46

页岩对气的吸附能力与总有机碳含量之间存在线性关系。在相同压力下，总有机碳含量较高的页岩比其含量较低的页岩的甲烷吸附量明显要高。在对 Antrim 页岩总有机碳含量与含气量关系的研究中发现，二者呈密切的正相关关系[图 3.1(b)]，说明含气量主要取决于其总有机碳含量。在其他条件(如温度、压力)相同时，含气量均随着有机组分含量的增加而增大(樊明珠等，1997)。地层压力的大小也影响页岩层中吸附气量的大小。吸附气量与地层压力成正比关系，页岩中的地层压力越大，其吸附能力越强[图 3.1(a)]。许多学者认为，不同地区有机质含量、产气量及周围页岩封存能力的不同会引起压力梯度的差异。

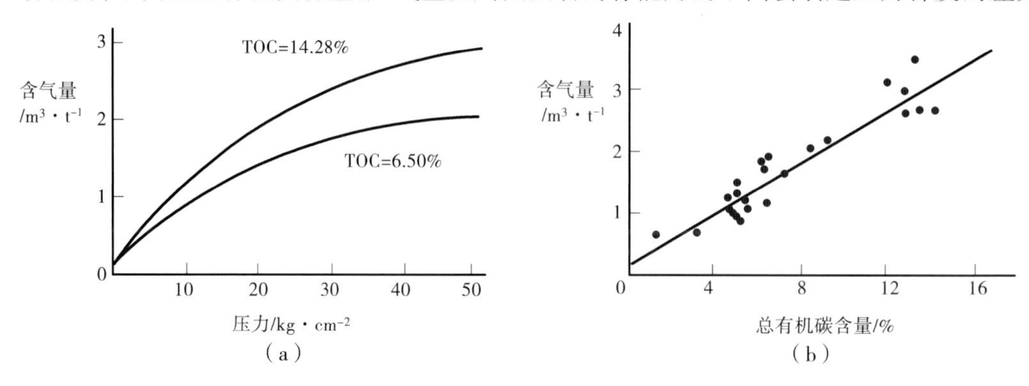

图 3.1 Antrim 页岩的等温吸附曲线及总有机碳含量与含气量关系图

事实上,泥页岩中的有机质丰度对含气量的影响主要是由于其对气体分子的吸附所造成的。页岩的有机碳含量(TOC)越高,则页岩气的吸附能力就越大。Ross 等(2006)对加拿大东北部侏罗系 Gordondale 地层和 Hickey 等(2007)对 Mitchell 2 T. P. Sims 井的 Barnett 页岩的研究,均发现有机碳含量较高的钙质或硅质页岩对吸附态页岩气具有更高的存储能力。其原因主要有两个方面:一方面是 TOC 值高,页岩的生气潜力就大,则单位体积页岩的含气率就高;另一方面,由于干酪根中微孔隙发育,且表面具亲油性,对气态烃有较强的吸附能力,同时气态烃在无定形和无结构基质沥青体中的溶解作用也有不可忽视的贡献。Lu 等(1995)和 Hill 等(2002)通过实验研究得出有机碳含量与甲烷吸附能力之间存在良好的正相关线性关系。Ross 等(2007)和 Chalmers 等(2008)研究了加拿大 Gordondale 页岩得到了和实验结果相同的结论,即有机碳含量越高,页岩吸附气体的能力就越强(图3.2)。

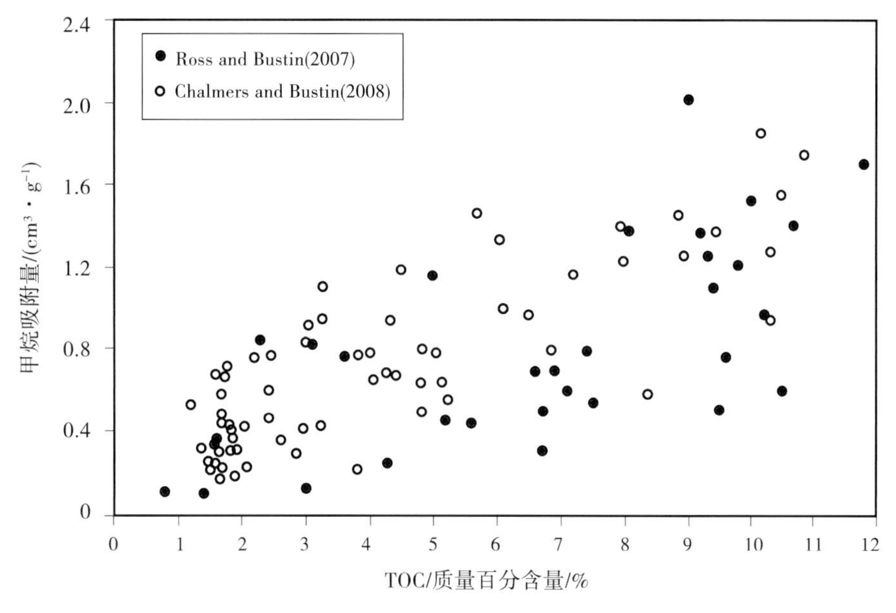

图3.2 甲烷吸附量和有机碳含量关系图

(Ross,2007;Chalmers,2008)

3.1.2 干酪根类型

不同类型的干酪根具有不同的生烃潜力,形成不同的产物,这种差异与有机质的化学组成和结构有关。了解泥页岩中干酪根的类型,可以为我们提供有关烃源岩可能的沉积环境的信息。干酪根的类型还可以影响天然气吸附率和扩散率,一般来说,在湖沼沉积环境形成的煤系地层的泥页岩中,富含有机质,并以腐殖质的Ⅲ型干酪根为主,有利于天然气的形成和吸附富集,煤层气的生成和富集成藏也正好说明了这一点(煤层中有机质的含量更加丰富,煤层的含气率一般为页岩含气率的 2 ~4 倍)。在半深湖-深湖相、海相沉积的泥页岩中,Ⅰ型干酪根的生烃能力和吸附能力一般高于Ⅱ型或Ⅲ型干酪根。

根据美国主要页岩气盆地的资料,产气页岩中的干酪根主要以Ⅰ型与Ⅱ型为主,也有部分Ⅲ型。Lewis 页岩属于海相沉积,干酪根类型以Ⅰ型为主;Antrim 页岩的主要产气层段以Ⅰ型干酪根为主，来源于塔斯马尼亚页岩(Tasmanites，一种浮游藻类)，通常存在于Antrim页岩沉积的局限陆源浅海中(Martini et al,. 1998)；Ohio页岩有机质以开阔海相成因及塔斯马尼亚页岩来源为主，即干酪根类型为Ⅱ型和Ⅰ型为主，然而并不排除Ⅲ型干酪根的来源方向。

众所周知，Ⅰ型与Ⅱ型干酪根主要以生油为主，Ⅲ型干酪根主要以生气为主，在热演化程度较高时，它们都可以生成大量天然气。由于不同干酪根的化学组成和结构特征不同，因此不同阶段产气率会有较大变化。在实验条件下，不同升温速率有机质的成气转化基本一致，但主生气期(天然气的生成量占总生气量的70%~80%)对应的R_o值不同。Ⅰ型干酪根为1.2%~2.3%，Ⅱ型干酪根为1.1%~2.6%，Ⅲ型干酪根为0.7%~2.0%，海相石油为1.5%~3.5%(赵文智等，1996)。因此，页岩气可以在不同有机质类型的源岩中产出，有机质的总量和成熟度才是决定源岩产气能力的重要因素。

3.1.3 有机质热演化程度

沉积岩石中分散有机质的丰度和成烃母质类型是油气生成的物质基础，而有机质的成熟度则是油气生成的关键。干酪根只有达到一定的成熟度才能开始大量生烃和排烃。不同类型的干酪根在热演化的不同阶段，生烃量也不同。含气页岩的热成熟度通常用R_o来表示，R_o越高，表明生气的可能越大。美国五大产气页岩的热成熟度可以从0.4%~0.6%到0.6%~2.0%，页岩气的生成贯穿于有机质向烃类演化的整个过程。也就是说，只要页岩层中的有机质达到了生烃标准，即R_o>0.4%，就可以生成天然气，它们就有可能在页岩中聚集成藏。一般地，当R_o>1.0%更易于生气，1.0%<R_o<2.0%为生气窗，当R_o>1.4%时则生成干气；R_o<0.6%为未成熟阶段，0.4%<R_o<0.6%时可生成生物成因气。大量统计资料表明页岩气有利区都与R_o有关，其中生物成因气R_o在0.4%~0.5%最为有利，热成因气在1.1%~3%发现得最多，典型的代表是密歇根盆地。

作为页岩储层系统有机成因气研究的指标，干酪根的成熟度不仅可以用来预测源岩中生烃潜能，还可以用于高变质地区寻找裂缝性页岩气储层潜能。干酪根的热成熟度也影响页岩中能够被吸附在有机物质表面的天然气量。Barnett页岩在核心地区R_o>1.5%，在西部地区R_o<0.9%。研究发现，低成熟Barnett页岩的地方，产气速率就比较低，这可能是由于生成的天然气量少以及残留的液态烃堵塞喉道造成的。在许多Barnett页岩高成熟的井中，产气速率比较高，这是因为干酪根和石油裂解产生的气量迅速增加。因此，热成熟度是评价可能的高产页岩气的关键地球化学参数，热成熟度越高越有利于页岩气的生成，也有利于页岩气的产出(Deniel et al,2007)。

实际上，泥页岩的生气能力受到有机质丰度、有机质类型和有机质热演化程度的综合控制。只有一定的有机质类型、充足的有机质丰度配合恰当的有机质成熟度，才能生成大量的天然气。

3.2 储层评价

3.2.1 页岩储层沉积特征

1)沉积相

沉积相是沉积环境的物质表现,可以表明特定沉积环境下的岩性和古生物等有规律的综合特征。沉积相对储层的影响实质上是对岩石类型和结构组分特征的影响,不同沉积相具有不同的水介质条件,所形成的岩石类型、粒径大小、分选性、磨圆度、杂基含量和岩石组分等方面均有所差异,岩石的这些特性决定了原生空隙和后期岩石的成岩作用类型和强度,从而导致储层物性在纵向和横向上的明显差异。

根据岩性特征(颜色、矿物成分、岩石类型、沉积结构、沉积构造等)、古生物特征、地球化学特征和地球物理特征(测井、地震)等标志,可以对沉积相进行分类和识别。

研究表明,富有机质页岩最发育的沉积环境为浅海陆棚相,根据陆棚的水深和水动力条件等,划分为深水陆棚相和浅水陆棚相,其中浅水陆棚相又可划分为以泥质成分为主的泥质浅水陆棚相和以砂质成分为主的砂质浅水陆棚相。

(1)深水陆棚相

深水陆棚处于陆棚靠大陆斜坡一侧、风暴浪基面以下的浅海区。由于水深相对较深,能量低,水体安静,为静水强还原环境,有利于有机质的保存。沉积物经过沉积、埋藏、压实、成岩等作用能够形成富含有机质的暗色泥页岩,岩石颜色通常为深灰-黑色,有机质含量普遍相对较高。深水陆棚主要发育一套以黑色泥岩、黑色炭质页岩、黑色硅质岩为主的细粒沉积,发育水平层理。

(2)浅水陆棚相

浅水陆棚处于滨外浪基面之下至风暴浪基面之上的浅海陆棚区,水体处于弱氧化弱还原环境,沉积物以深灰色、灰色、黑色含粉砂质泥页岩为主,其次为碳酸盐岩。由于水深较浅,水体动荡,常常间歇性地受到风暴、潮流和海流的影响,砂质沉积物常常被改造成席状砂、滩坝。浅水陆棚是一高能沉积环境,根据沉积特征水体识别主要以砂质沉积物为主的砂质陆棚及以泥质沉积为主的泥质陆棚。浅水陆棚主要沉积黑色泥岩、灰色泥岩、粉砂质泥岩和泥质粉砂岩,发育块状层理、水平层理。

对于哪种沉积微相的储层更好,目前并没有一个统一的评价标准,本书将结合渝东北地区的页岩储层沉积微相与相应的有机碳含量、孔隙度和渗透率的关系对页岩储层基于沉积相进行评级。

2)厚度

页岩作为页岩气生成和赋存的主体,一定的含气泥页岩厚度是形成页岩气富集的基本条件, 也是影响页岩气资源丰度高低的重要因素,控制着页岩气的经济效益。

含气页岩的厚度越大就越能保证页岩气的资源量,同时也越有利于水平井压裂。据国内外主要页岩气开采盆地相关文献调研发现,美国大规模商业开发的五大含气页岩系统厚度为 31 ~579 m(页岩净厚度为 9 ~91 m),加拿大核心开采区的页岩厚度为 30 ~300 m。

目前国内外普遍提出的页岩气藏的页岩厚度标准有:>6 m、>9 m、>15 m、>30 m、>45 m。但是其他条件的补偿将会使页岩储层具有很好的产能,所以说页岩的厚度下限可以随着有机碳含量的增大和成熟度的提高以及开采技术的进步而适当降低。目前,国内以张金川教授及国土资源部李玉喜等专家普遍拟用的经济开采标准为大于等于 30 m。

3)埋深

虽然页岩油气的保存条件没有常规圈闭油气藏要求那么高,但只有在一定的深度埋藏才具有一定的含油气丰度,一般认为盆地中心区或盆地斜坡区含气页岩的埋藏深度较有利。

但是,并不是埋深越大越好。随着埋藏深度的增加,压力和温度的增高导致页岩的空隙结构发生变化:一是高压带来孔隙度和渗透率降低,二是温度的增高使页岩吸附气含量降低;埋深的增加导致钻井成本增加,降低储层的经济价值(胡昌蓬,徐大喜,2012)。

所以页岩储层的埋深要在一定的范围内,埋深的确定要综合分析世界各大盆地页岩气系统的埋藏深度,埋深的下限要结合特定盆地的页岩储层特征以及当前的勘探开发水平(陈桂华等,2012)。

3.2.2 页岩储层岩性岩相特征

岩相作为沉积相的岩性方面,已经在地质学尤其是层序地层学方面使用了七十多年。岩相与矿物组成、有机质有非常密切的关系。在页岩气成功开采之前,研究人员主要研究砂岩和碳酸盐岩岩相。目前,只有很少量的关于页岩气储层的岩相研究,而且还都集中于巴涅特页岩(Loucks and Ruppel, 2007; Hickey and Henk, 2007; Singh, 2008; Kale et al., 2010)。利用先进的地球化学和 NMR 测井曲线手段可以识别页岩岩相,并且可以证明它们对 TOC 分布和孔隙分布的影响。由于页岩特殊的性质以及目前面临的挑战与勘探目标,有必要回顾岩相研究的历史并明确其定义。在页岩岩相研究的早期阶段,发展一种综合的方法,以期为未来的研究提供指导(Wangetal. ,2012)。

岩相(lithofacies)一词是从“相”这个术语中发展来的。相(facies)最早是 Amnaz Gressly 在 1838 年引入地质学中的,其定义是沉积岩中岩性和生物特征的总和。地质学家 Eberzin 在 1940 年最先在地质学中使用岩相这一术语来表示沉积岩中岩性方面的特征。岩相被广泛接受是基于 Krumbein 在 1948 年对沉积岩岩性特征的总结。岩性特征可以被部分定性参数和部分定量参数来描述,包括矿物组成、结构、构造、层理、颜色、粒度分布、磨圆度和分选性等(Borer and Harris, 1991; Dill et al., 2005; Khalifa, 2005; Qiand Carr, 2006; Wysocka and S'wierczewska, 2010)。在 20 世纪 50 年代到 70 年代,碎屑比和砂页比通常用来划分岩相和绘制岩相图(Amsden, 1955; Krumbein, 1948; Sloss, 1950; Walker, 1962)。

在过去,多数研究人员致力于对常规砂岩和碳酸盐岩储层岩相的研究。岩相识别的目的是了解古环境(Hughes and Thomas, 2011),判别古水流,建立沉积模式(Xie, 2009),并提高对孔隙度和渗透率的解释(Al-Anazi and Gates, 2010)。野外露头、岩心数据和岩性描述(如薄片、扫面电镜和 XRD)是识别和划分岩相的常用手段(Doyle and Sweet, 1995; Bridge et al., 2000; Porta et al., 2002; Sonibare and Mikeˇs, 2010; Hughes and Thomas, 2011)。对于典型的沉积盆地,野外露头可能不能完全反映地下真实状况,而且岩心数据由于花费太高而受到限制。因此,大家努力的方向是通过各种手段建立岩心数据和测井曲线的定性关系和定量关系(e. g., Chang et al., 2000; Qi and Carr, 2006; Dubois et al., 2007; Al-Anazi and Gates, 2010)。通常使用的测井曲线是:GR,密度、中子、成像和电阻率等常规测井曲线(Borer and Harris, 1991; Liu et al., 1992; Davis et al., 1997; Qing and Nimegeers, 2008)。最近,利用先进的测井工具通过直接测量矿物组成和岩石地质力学参数来划分岩相(Elshahawi et al., 2006; Kear et al., 2006; Sierra et al.,2010)。通过地震属性与测井和岩心数据的关系,建立三维地震,并应用于岩相研究,从而提供井眼之间岩石特性之间的信息(Yao and Chopra, 2000; Michelena et al., 2009; Stright et al.,2009)。

Imbrie(1955)最早开始研究页岩岩相。他通过设计实验获得了堪萨斯州 Florena Shale 岩相的定量数据,并将实验分析获得的不溶残余物的百分比和锶-钙比作为划分岩相的主要依据。Cassidy(1968)是第一个综合研究页岩岩相的人,他测量了俄克拉荷马州东北部的 Excello shale 的组成,通过有机物的类型定义了两种相。东部页岩气计划(The Eastern Gas Shales Project,EGSP)是美国页岩气研究的一个里程碑。Paul Edwin Potter 与他的同事和学生作为成员,系统研究了页岩的组成、构造、结构、层理和化学特征。Potter et al. (1980)通过测量沥青含量,在 Appalachian 盆地晚泥盆纪划分了两种相,并通过 GR 曲线识别了该岩相。Macquaker (1994)根据沉积控制泥岩中岩相变化和有机质的保存这一理论基础,描述了英国 Oxford Clay Formation 的岩相。随着页岩气在最近十年的发展,富有机质页岩变成了世界的焦点。加强对页岩详细的地质和工程远景的研究是维持页岩气生产的必要手段。因此,需要通过先进的技术来测试和测量页岩的矿物组成、结构、构造、有机物含量和成熟度、岩石学和地质力学特性。

1)岩相特征

岩相是指具有不同矿物成分和结构特征的岩石类型,岩相的划分主要基于岩石矿物组分及结构特征。因此,不同岩相的页岩具有不同矿物成分和结构特征,这也使得页岩储层在纵向上表现出不同的特性。合理的岩相划分有助于详细研究储层性质,进而规划合理的勘探开发方案。在野外,常根据页岩矿物组分、颗粒大小及结构特征将页岩划分为粉砂质页岩、泥质粉砂岩、粉砂质泥岩、白云质粉砂岩、碳质页岩、钙质泥页岩等类型(刘树根,马文辛,LUBA Jansa 等。四川盆地东部地区下志留统龙马溪组页岩储层特征,岩石学报,2011,27(8):2239-2252)。

2)岩石矿物组分

页岩的矿物成分按成因分为自生矿物和碎屑矿物,主要包括石英、黏土、斜长石、白云石、方解石、黄铁矿、铁白云石、钾长石、方沸石、菱铁矿等。黏土矿物具有较大的比表面积和较高的孔隙体积,其吸附能力比较强。在有机碳含量相当的情况下,黏土含量高的样品所吸附的气体量要大于黏土含量较低的样品，且随着压力的增高，黏土含量高的样品吸附的气体量与低含量黏土矿物所吸附的气体量的差值也在逐渐增大（图3.3）；但是，黏土矿物会造成页岩的塑性，使页岩中微裂缝发育程度降低，不利于页岩储层的压裂改造。石英、长石及碳酸盐矿物等脆性矿物的存在能提高岩石的脆性，使页岩容易形成天然裂缝和压裂缝网，提高页岩气的储集及渗流能力，增加页岩气单井产量。脆性矿物含量是页岩储层评价的关键，对页岩气勘探开发非常重要。

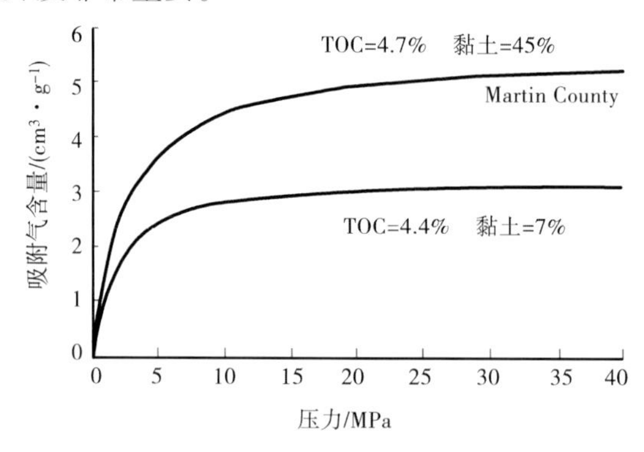

图3.3　不同压力条件下黏土矿物含量与吸附气含量的关系

目前，评价页岩储层岩石矿物成分的主要技术手段为X射线衍射技术，用于评价页岩中黏土矿物含量并进行全岩分析，可分别得到页岩储层中石英、长石、方解石、黏土矿物、黄铁矿等矿物成分的含量。

3）脆性特征

岩石脆性是岩石综合力学特性的表征，脆性破坏是在非均匀应力作用下产生局部断裂，并形成多维破裂面的过程。页岩脆性测试是储层力学评价、射孔改造层段选取和压裂规模设计的重要基础，对页岩储层压裂改造具有重要的意义。实践证明，页岩气压裂时脆性越好的层段破裂越充分，裂缝网络发育越好，能够建立越多的人工裂缝作为流体渗流和运移通道。岩石脆度的评价方法有多种，主要有基于强度的脆性评价方法、基于硬度或坚固性的脆性评价方法、基于全应力-应变的脆性评价方法和基于岩石矿物组成的脆性评价方法。页岩脆性的表现与所含矿物类型相关性非常明显，脆性矿物含量高的页岩其造缝能力和脆性更好。另外，矿物组成作为岩性识别标准，提高了计算结果的可靠性和细分性。基于岩石矿物组成的脆性评价方法可根据试验校正的测井矿物解释结果获得全井段脆性表征剖面，对页岩压裂改造比较适用。

页岩岩石矿物成分主要有石英、碳酸盐岩和黏土三大类，其相对含量决定了页岩的脆性程度，是计算页岩脆性指数和进行水力压裂设计的基本资料。根据岩心矿物成分分析确定页岩脆性指数的计算公式如下：

$$\beta = \frac{C_{\text{quarts}}}{C_{\text{quarts}} + C_{\text{clay}} + C_{\text{carbonate}}} \times 100\% \tag{3.1}$$

上式表明，页岩脆性与页岩中石英等脆性矿物含量有关，石英含量越高，页岩脆性越大，越有利于压裂改造，石英含量高的页岩储层是页岩气开发的有利地区。

3.2.3 页岩储层岩石微观结构特征

页岩由于其致密、孔渗条件较差的特点使其在常规油气勘探中一直被视为常规油气藏的盖层，页岩颗粒细小、致密，使得对页岩微观结构的表征较困难。但是，对页岩气勘探开发而言，页岩微观结构特征影响页岩气的储集和渗流，需认真加以研究。

页岩储层发育2种尺度的孔隙：微孔（孔隙直径大于0.75 μm）和纳米孔（孔隙直径小于0.75 μm），页岩油储集层中广泛发育纳米级孔喉，孔径主要为50～300 nm，局部发育微米级孔隙。页岩储层的储渗空间可分为基质孔隙和裂缝，基质孔隙有残余原生孔隙、有机质生烃形成的纳米级微孔隙、黏土矿物伊利石化形成的微裂（孔）隙和不稳定矿物（如长石、方解石）溶蚀形成的溶蚀孔等（图3.4）。图3.4（a）为四川盆地威201井志留系页岩有机质内孔，孔喉直径100～200 nm，图3.4（b）为鄂尔多斯盆地张2井上三叠统延长组7段页岩片状绿泥石基质孔，孔喉直径40～300 nm。微裂缝在页岩油储集层中也非常发育，类型多样，以未充填的水平层理缝为主，干缩缝次之，近断裂带处发育直立或斜交的构造缝。大部分页岩发育较好的片状结构，有黏土矿物片状结构、碳酸盐片状结构、有机质片状结构、黄铁矿等多种类型，页岩油广泛赋存于这些片状层理面或与其平行的微裂缝中。

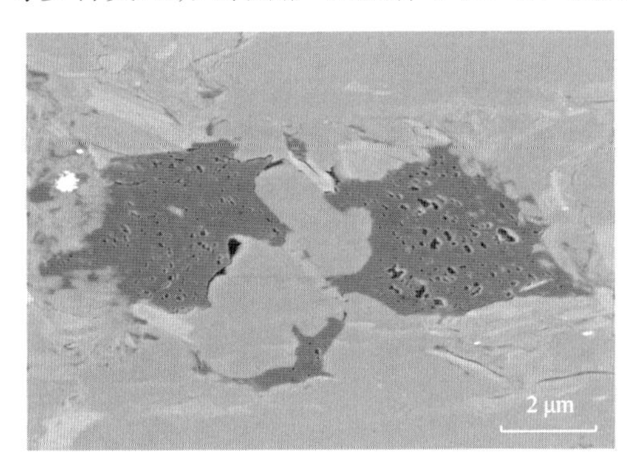

（a）四川盆地威201井志留系页岩

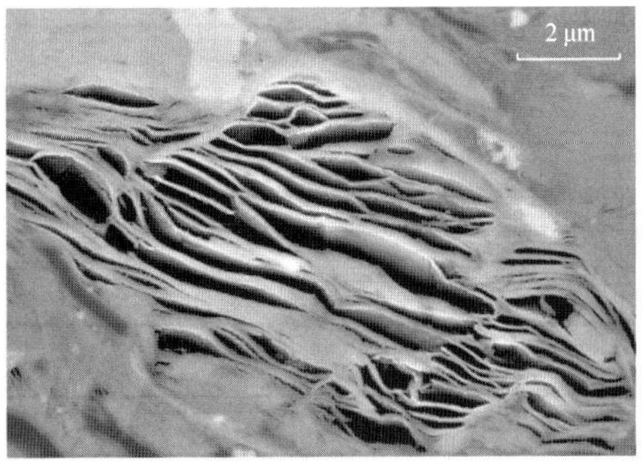

（b）鄂尔多斯盆地张2井延长组页岩

图3.4 页岩微观孔隙结构

1）残余原生孔隙

这类孔隙主要是分散在片状黏土矿物中的粉砂质颗粒间的孔隙。这部分孔隙与常规储集层孔隙相似，受埋藏压实作用的影响，通常随埋藏深度的增加而迅速减小。

2）有机质纳米级微孔隙

研究认为，页岩中的孔隙以有机质生烃形成的孔隙为主。据Jarvie等人研究，有机质含量为7%的页岩在生烃演化过程中，消耗35%的有机碳可使页岩孔隙度增加4.9%（Jarvie et al,. 2007）（图3.5）。有机微孔的直径一般为0.01～1 μm。有机质纳米级微孔隙的贡献通常与有机质演化程度有关，在高-过成熟页岩气储层中，有机质纳米级微孔隙较发育是页岩气赋存的重要空间。

3）伊利石化体积缩小的微裂（孔）隙

蒙皂石向伊利石转化是页岩成岩过程中重要的成岩变化。当孔隙水偏碱性、富钾离子时，随着埋深增加，蒙皂石向伊利石转化，伴随体积减小而产生微裂(孔)隙。

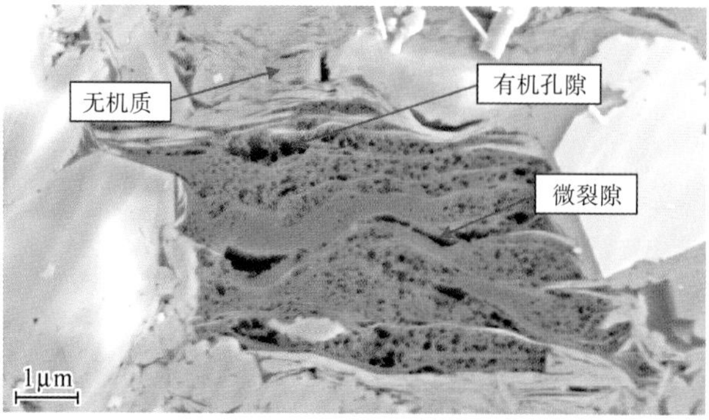

图 3.5　有机质生烃体积缩小形成的孔隙图(Jarvie et al,2007)

4)次生溶蚀孔隙

碳酸盐、长石等矿物的粒间溶蚀孔隙较常见，孔径一般为 500 nm ~ 2 μm。王正普等在鉴定川东及邻区志留系龙马溪组暗色泥质岩时见有发育的溶孔，次生溶蚀孔隙的孔径多数在 0.01 ~ 0.05 mm，少数在 0.05 ~ 0.60 mm，连通孔隙率最低值仅为 0.82%(不含易溶矿物)，最高达 32.41%，一般为 16%，碳酸盐含量在 10%~30% 时最易形成高孔段(王正普等，1986)。该类次生孔隙是由于有机质脱羧后产生的酸性水对页岩储层的碳酸盐矿物强烈溶蚀形成的。

蒋裕强等(2010)在四川盆地页岩储层的研究中亦发现黑色页岩中颗粒被溶蚀的现象。扫描电镜下溶蚀孔孔径为 15 ~ 20 μm，孔缘不规则。上述孔隙的观察依赖于微米-纳米级电子显微镜分析技术。

5)微裂缝

裂缝的发育可为页岩气提供充足的储集空间，也可以为页岩气提供运移通道，更能有效提高页岩气的产量(HILL et al,. 2000,2002; CURTIS,2002；张金川等，2004；程克明等，2009)。其产生可能与断层和褶皱等构造运动有关，也可能与有机质生烃时形成的超压而使页岩储层达到水力破裂有关，也有学者认为与差异水平压力有关(李荣等，2007)。在不发育裂缝的情况下，页岩渗透能力非常低。石英含量高低是影响裂缝发育的重要因素，通常富含石英的页岩脆性好，裂缝发育程度更强。Nelson 认为，除石英外，长石和白云石也是页岩中易脆组分。

中国海相、海陆过渡相和湖相页岩均具有较好的脆性特征，无论是野外地质剖面还是井下岩心观察，均发现其发育较多的裂缝系统。如上扬子地区寒武系筇竹寺组、志留系龙马溪组黑色页岩性脆、质硬，节理和裂缝发育，在三维空间成网络状分布，岩石薄片显示，微裂缝细如发丝，部分被方解石、沥青等次生矿物充填。

微裂缝对页岩气的产能增加有很大影响，同时裂缝的存在也使得页岩气的开发变得格外复杂。一方面，微裂缝发育并与大型断裂连通，对于页岩气的保存条件极为不利；地层水也会通过裂缝进入页岩储层，使气井见水早，含水上升快，甚至可能暴性水淹。另一方面，微裂缝发育不但可以为页岩气的游离富集提供储渗空间，增加页岩气游离态天然气的含量;而且,微裂缝也有助于吸附态天然气的解吸,并成为页岩气运移、开采的通道。

6)孔隙结构特征(孔隙、喉道)

孔隙结构一般指岩石所具有的孔隙和喉道的几何形状、大小、分布以及相互关系。常用的研究方法为孔隙铸体薄片法、扫描电镜法和压汞曲线法。根据国际理论和应用化学协会(IUPAC)的孔隙分类,孔隙直径小于2 nm的孔称为微孔隙,2~50 nm的孔称为中孔隙(或介孔),大于50 nm的称为宏孔隙(或大孔隙)。根据对渝东南地区页岩储层孔径大小分布统计,孔隙直径主要为5~10 nm,以中孔为主。页岩孔径虽然较小,但它是页岩气主要的储集空间和重要的渗流通道,影响页岩气的成藏和开发,因此,需对其进行详细的评价。

7)比表面积

页岩气主要以两种方式赋存在页岩储层中:第一种是以游离态赋存在孔隙及天然裂缝中;另一种是以吸附态吸附在岩石颗粒表面或有机质表面,吸附态页岩气占有比较大的比例。页岩气的吸附能力与页岩孔隙的比表面积相关,比表面积越大,则对页岩气的吸附能力越强。因此,评价页岩储层孔隙比表面积对评价吸附态页岩气含量具有重要作用。页岩比表面积测试技术采用吸附法。

3.2.4 页岩储层物性特征

页岩孔隙度和渗透率反映页岩储层的储集能力和渗流能力,是对页岩气勘探开发影响较大的两个关键参数。页岩储层的储渗空间可分为基质孔隙和裂缝。基质孔隙有残余原生孔隙、有机质生烃形成的微孔隙、黏土矿物伊利石化形成的微裂(孔)隙和不稳定矿物(如长石、方解石)溶蚀形成的溶蚀孔等。黔页1井及黔浅1井测试结果表明,页岩渗透率与解吸气含量及总含气量呈较好的正相关关系,页岩气测孔隙度与页岩渗透率亦呈较好的正相关关系。

页岩孔隙度测试采用压力脉冲衰减法、气体吸附法或者氦气膨胀法,这三种方法皆可满足页岩孔隙度测试精度要求;页岩渗透率测试采用压力脉冲衰减法,可满足页岩纳米级孔隙渗透率测试要求。

从石油地质观点看,烃源岩经过一系列地质条件作用生成大量天然气,并在持续压力作用下大量排出,向渗透性地层如砂岩和碳酸盐岩运移、聚集成构造或岩性气藏,而残留在细粒沉积岩层系中的部分形成页岩气资源。其中很大部分吸附在有机质和黏土矿物表面,与煤层气相似,另一部分以游离状态储集在基质孔隙和裂缝孔隙中,与常规储层相似,二者构成比例取决于多种地质作用过程,商业开发前后的一系列研究和实践也因此变得更复杂。

尽管泥页岩孔隙度(基质孔隙度几乎都小于$0.01\times10^{-3}\ \mu m^2$)、渗透率极低,但一定范围内二者依然显示出正相关性,仍需重视储层基质孔隙度和裂缝评价。孔隙度相对较高的区带,页岩气资源潜力大,经济可采性高,特别是吸附气含量非常低的情况下;裂缝则沟通致密储层孔隙,增强岩层渗透能力,扩大泄油面积,提高采收率。裂缝发育受内、外因控制。外因主要与生烃过程、地层孔隙压力、各向异性的水平压力、断层与褶皱等构造作用相关,内因主要取决于页岩矿物学特征。

页岩岩性多为沥青质或富含有机质的暗色、黑色泥页岩和高碳泥页岩类,岩石组成一般为30%~50%的黏土矿物、15%~25%的粉砂质(石英颗粒)和4%~30%的有机质。脆性矿物含量是影响页岩基质孔隙和微裂缝发育程度、含气性及压裂改造方式等的重要因素。页岩中黏土矿物含量越低,石英、长石、方解石等脆性矿物含量越高,岩石脆性越强,在人工压裂外力作用下越易形成天然裂缝和诱导裂缝,形成多树—网状结构缝,有利于页岩气开采。而高黏土矿物含量的页岩塑性强,吸收能量,以形成平面裂缝为主,不利于页岩体积改造。美国产气页岩中石英含量为28% ~52%、碳酸盐含量为4% ~16%,总脆性矿物含量为46% ~60%。中国3种不同类型页岩的矿物组成,无论是海相页岩、海陆过渡相炭质页岩,还是陆相页岩,其脆性矿物含量总体比较高,均达到40%以上,如:上扬子区古生界海相页岩石英含量24.3% ~52.0%、长石含量4.3% ~32.3%、方解石含量8.5% ~16.9%,总脆性矿物含量40% ~80%;鄂尔多斯盆地中生界陆相页岩石英含量27% ~47%,平均40%,总脆性矿物含量58% ~70%。岩石矿物组成对页岩气后期开发至关重要,具备商业性开发条件的页岩,一般其脆性矿物含量要高于40%,黏土矿物含量小于30%。中国海相页岩、海陆交互相炭质页岩和陆相页岩均具有较好的脆性特征,无论是野外地质剖面还是井下岩心观察,发现发育较多的裂缝系统。如:上扬子地区寒武系筇竹寺组、志留系龙马溪组黑色页岩性脆、质硬,节理和裂缝发育,在三维空间成网络状分布,岩石薄片显示,微裂缝细如发丝,部分被方解石、沥青等次生矿物充填;鄂尔多斯盆地上古生界山西组岩心切片可看到呈网状分布的微裂缝;鄂尔多斯盆地中生界长7段黑色页岩页理十分发育,风化后呈薄片状。页岩本身既是气源岩又是储集层,其总孔隙度一般小于10%,而含气的有效孔隙度一般不及总孔隙度的一半,渗透率则随裂缝的发育程度不同而有较大变化。页岩气虽然为地层普遍含气性特点,但目前具有工业勘探价值的页岩气藏或甜点主要依赖于页岩地层中具有一定规模的裂缝系统。根据有关资料分析(Curtis,2002),页岩的含气量变化幅度较大,从0.4 m^3/t到10 m^3/t,在美国的大约30 000口钻井中,钻遇具有自然工业产能的裂缝性甜点的井数只有大约10%,表明裂缝系统是提高页岩气钻井工业产能的重要影响因素。除了页岩地层中的自生裂缝系统以外,构造裂缝系统的规模性发育为页岩含气丰度的提高提供了条件保证。因此,构造转折带、地应力相对集中带以及褶皱—断裂发育带通常是页岩气富集的重要场所。页岩气藏因为页岩自身的有效基质孔隙度很低,主要由大范围发育的区域性裂缝,或热裂解生气阶段产生异常高压在沿应力集中面、岩性接触过渡面或脆性薄弱面产生的裂缝提供成藏所需的最低限度的储集孔隙度和渗透率。通常孔隙度最高仅为4%~5%,渗透率小于1×10^{-3} μm^2(Law,2002)。

3.2.5 页岩裂缝系统特征

页岩储层基质孔隙度和渗透率远远小于常规储层基质孔隙度和渗透率,对页岩气而言,页岩裂缝是页岩气重要的储集空间和主要的渗流通道,对页岩气的勘探开发具有十分重要的作用。

表征岩心上和单井裂缝发育情况的参数主要有裂缝密度、裂缝开度、裂缝孔隙度和裂缝渗透率,裂缝密度、裂缝开度、裂缝孔隙度和裂缝渗透率可通过岩心统计或测井的方法得到,裂缝对页岩气储集及渗流的贡献可根据裂缝的孔隙度和渗透率两个参数综合确定。此外,页岩裂缝的有效性直接影响裂缝所起到的储渗作用,因此,需要具体统计岩心上裂缝的充填性及充填程度,或通过测井手段对裂缝的充填性及充填程度进行统计表征。

通常而言,裂缝充填程度越低,裂缝密度、裂缝开度、裂缝孔隙度及裂缝渗透率越大,裂缝对页岩气的储集作用和渗流作用贡献越大,越有利于页岩气的富集及开发。但是,如果裂缝密度过大,有可能导致页岩气的散失,对页岩气的富集形成不利影响。

1)裂缝预测国内外研究现状

国内外针对裂缝的研究已有百余年的历史,最初的研究绝大多数是针对碳酸盐岩、泥岩及硅质岩地层,近年来对砂岩地层中的裂缝也有较多研究。

裂缝不仅是流体的储集空间,还是低渗透储层流体流动的主要通道,控制了低渗透油气藏的渗流系统(Van Golf and Racht,1982;Nelson,1988;王允诚,1992;寿建峰等,2005;宋永东和戴俊生,2007;张鼐等,2008;孟万斌等,2011)。在致密的砂岩油气藏中,裂缝主要作为渗流通道存在,大大改善了低孔低渗透储层的生产能力,其存在决定致密油气藏是否具有经济开采价值的关键因素,不存在裂缝系统的致密油气藏一般很难被经济有效地开发(刘喜杰等,2005;周贤斌等,2005;门孟东等,2005;温庆志等,2006)。随着石油工业的飞速发展和对能源的巨大需求,裂缝型储层在油气勘探和开发中已不断显示出其重要性。因此,识别和探测裂缝,研究裂缝的分布规律、发育程度,对油气储层评价、油气运移、产能规划及对其有针对性的高效开发,有着极其重要的意义(王允诚,1992;宋惠珍等,2001;袁士义等,2004;刘莉萍等,2004;苏培东等,2005;颜丹平等,2005;童亨茂等,2006;邓攀等,2006;Laurent et al. ,2006;宋永东等,2007;曾联波等,2007)。

2)裂缝识别技术

裂缝预测的方法主要包括地质方法、实验方法、数值模拟方法、测井方法、地震方法和动态方法(表3.2)。

表3.2 裂缝预测方法统计表

大　类	小　类
地质方法	露头区调查、岩心描述、薄片观察、地质统计等
实验方法	古地磁、图像扫描、核磁共振分析、岩石物理模拟、胶结物分析等
数值模拟方法	构造主曲率法、有限元法、加载模拟与随机模拟等
测井方法	FMS、FMI、井下声波电视、地层倾角测井、常规测井等
地震方法	VSP、相干体分析等
动态方法	试井、示踪剂等

(1)地质方法

地质方法,如露头区调查、岩心描述、薄片观察、地质统计等。

裂缝的相似野外研究方法:裂缝参数的观察与统计(裂缝组系、力学性质、走向、倾向、倾角、形态、延伸长度、间距或密度、高度、充填性);裂缝发育的控制因素(裂缝与岩性、层厚、构造部位的关系);分析裂缝形成时期的构造主应力方位和裂缝的形成机制;类比性分析。

岩心裂缝的研究方法:裂缝的组系与方位;裂缝的倾角(与岩心轴夹角);裂缝的垂向延伸高度或范围;裂缝分布与岩性和深度的关系;裂缝的宽度及变化规律;裂缝的充填性与含油性;裂缝的成因分析;裂缝的孔渗性(确定裂缝性储层类型);样品的测试分析(如岩石力学性质、地应力、实验室分析样品)。

(2)实验方法

实验方法,如古地磁、图像扫描、核磁共振分析、岩石物理模拟、胶结物分析等。

(3)数值模拟方法

数值模拟方法,如构造主曲率法、有限元法、加载模拟与随机模拟等。

①构造曲率预测方法。

②有限元预测方法。

有限元的基本思路:将一个连续的地质体剖分成有限个单元,单元之间以节点相连,通过构造插值函数,利用节点的平衡条件求出节点位移的近似值,再求出单元的应变和应力近似值。假设每个单元是均质的,由于单元划分得足够多、足够小,因而全部单元的组合,可以模拟形状、载荷和边界条件都很复杂的实际地质体。实际上它是一种结构离散化的数值近似解法,随着单元数量的增多和更微小,它能逐步逼近于真实解。

二维有限元方法:假设其垂向应力、应变为零。

三维有限元方法:无任何假设条件,适应于各类油藏。优点是考虑了影响裂缝形成的内因(岩性、岩相)和外因(构造应力)。

③其他预测方法。

a. 构造有限变形转动场方法。

储层构造裂缝是在地质历史时期中构造运动作用的结果。在构造变形过程中,应变和转动是同时存在的,甚至转动效应相当明显。因此,根据构造变形转动场的分析,可以评价构造变形程度以及由此形成的构造裂缝。

通常可以采用极分解法以及和分解法可以有效地把转动和应变分离出来。

和分解法:将一个物理上可能的变换函数分解为一个对称子变换和一个正交子变换的和,以实时位形为基准,采用拖带坐标描述方法来实现。

b. 构造滤波分析。

构造滤波分析,是一种将不同构造期次或者同一构造期次不同方向的构造形变从目前的叠加特征中分离出来的统计数学方法,它可以用于评价储层构造裂缝的相对发育情况。

构造变形形成的构造裂缝可能是多期或多组系的,在多期或多组系的构造裂缝叠加的地带,构造裂缝可以相互沟通形成裂缝网络系统,表现为裂缝发育的高渗透带。

构造滤波分析在现有构造数据的基础上,利用傅里叶变换技术,将不同期次、不同方向上的构造形变分离出来,并将它们的正向构造区进行叠加,认为多期次或不同方向构造变形的叠加区域为裂缝相对发育区域,从而对构造裂缝的发育程度进行定性评价。将正向构造叠加区评价为裂缝发育区,变形方向叠加得越多,裂缝相对越发育。

(4)测井方法

测井方法,如FMS、FMI、井下声波电视、地层倾角测井、常规测井等。

①常规测井系列。

a. 双侧向—微球形聚焦测井系列:

对高角度裂缝,深、浅侧向曲线平缓,深侧向电阻率>浅侧向电阻率,呈“正差异”。

在水平裂缝发育段,深、浅侧向曲线尖锐,深侧向电阻率<浅侧向电阻率,呈较小的“负差异”。

对于倾斜缝或网状裂缝,深、浅侧向曲线起伏较大,为中等值,深、浅电阻率几乎“无差异”。

b. 声波测井识别裂缝:

一般认为声波测井计算的孔隙度为岩石基质孔隙度,其理由是声波测井的首波沿着基质部分传播并绕过那些不均匀分布的孔洞、孔隙。但当地层中存在低角度裂缝(如水平裂缝)、网状裂缝时,声波的首波必须通过裂缝来传播。裂缝较发育时,声波穿过裂缝使其幅度受到很大的衰减,造成首波不被记录,而其后到达的波反而被记录下来,表现为声波时差增大,即周波跳跃。因此,可利用声波时差的增大来定性识别低角度缝或网状缝发育井段。

c. 利用感应差别识别裂缝:钻井液侵入裂缝,使感应测井曲线有明显的降低。

d. 密度测井识别裂缝:

密度测井测量的是岩石的体积密度,主要反映地层的总孔隙度。由于密度测井为极板推靠式仪器,当极板接触到天然裂缝时,由于泥浆的侵入会对密度测井产生一定的影响,引起密度测井值减小。

e. 井径测井的裂缝识别:

对于基质孔隙较小的致密砂岩,钻井使得裂缝带容易破碎,裂缝相交处的岩块塌落,可造成钻井井眼的不规则及井径的增大。另外,由于裂缝具有渗透性,如果井眼规则,泥浆的侵入可在井壁形成泥饼,井径缩小。因此,可以根据井眼的突然变化来预测裂缝的存在。

井径测井对于低角度缝与泥质条带以及薄层的响应很难区分;另外,其他原因(如岩石破碎、井壁垮塌)造成的井眼不规则,会影响到该方法识别裂缝的准确性。

f. 自然伽玛能谱测井识别裂缝:

测量地层中天然放射性铀(U238)、钍(Th282)、钾(K40)含量。

原理:正常沉积环境铀元素含量低于或接近泥质体(钍+钾)的值,当有裂缝存在时,铀含量比泥质体大。

应用能谱的高铀值识别裂缝和地下流体的运移及活跃程度有关。当裂缝(孔洞)发育段的地下水活跃时,地下水中溶解的铀元素才能被吸附及沉淀在裂缝(或孔洞)周围,造成铀元素富集,使得自然伽玛能谱测井在裂缝带处显示出铀含量增加,在地下水不活动地区,裂缝性储层的自然伽玛显示为低值。

②特殊裂缝测井技术系列。

a. 地层倾角测井,主要有裂缝识别测井(FIL)和异常电导率(DCA)检测。

原理:利用4条微电导率曲线的相关性进行对比分析。对于水平裂缝,需要与岩性测井资料相结合来分析。对高角度裂缝,4条微电导率曲线呈不相关或两两相关。

b. 地层微电阻率扫描成像测井(FMS、FMI和EMI)。

井壁成像方法,可显示井壁二维图像或井眼周围某一探测深度的三维图像。井壁覆盖率达80%,纵向分辨率为0.2 in(5 mm)。识别裂缝成因(天然裂缝和诱导裂缝)。诱导缝有3种:钻具振动产生的裂缝、重泥浆压裂缝、应力释放裂缝。解释裂缝参数:裂缝长度、密度、开度和面积孔隙度。裂缝密度为每米井段裂缝总长度(条/m);裂缝长度为每平方米井壁的裂缝长度之和(m/m^2);裂缝宽度指单位井段裂缝轨迹宽度的立方和开立方(μm);裂缝视孔隙度指裂缝在1 m井壁上的视开口面积与图像覆盖面积的比值。

c. 方位电阻率成像测井(ARI)。

方位电阻率成像测井仪ARI提供了井周围12个方位的地层深部电阻率,同时保留了深浅侧向的测量。其径向探测深度接近深侧向约2 m的范围,纵向分辨率与微球聚焦电阻率MSFL相当(为20 cm)。ARI能清楚识别开启缝,特别是径向延伸2 m以上的裂缝,而FMI可识别井壁上全部裂缝,两者结合可以判断有效裂缝的分布。

d. 声波测井新技术——超声波电视成像测井。

超声波电视成像测井记录声波反射波幅和传播时间,在井眼360°方位内进行高分辨率成像显示。其中的超声成像仪UBI和井周声波成像测井仪CAST可以在油基泥浆井眼中代替电阻率成像测井评价裂缝和储层。利用UBI井眼半径成像的测量结果和井眼横截面图可以探测出沿裂缝面的剪切滑动现象,而剪切滑动现象的存在可证明地层的非平衡构造应力和裂缝存在。

e. 声波测井新技术——多极子声波测井。

多极子(主要是偶极)声波测井可提供高质量的纵波、横波和斯通利波。斯通利波的波形、能量和反射系数反映了有一定径向延伸长度或连通较好的有效裂缝,计算反射系数确定的裂缝张开度可用于定量评价裂缝的渗透性。偶极横波波形变密度显示VDL可识别裂缝发育段。波形的显示特征受裂缝倾角影响。低角度和网状裂缝VDL显示基本与层面相似,并且纵横波和斯通利波能量衰减较大,斯通利波出现"人"字形,"人"字形中交叉的位置即为裂缝发育的位置。

f. 声波测井新技术——井旁声波反射成像测井。

井旁声波反射成像仪BARS是一种超长源距声波测井仪,可以对井眼以外的井旁3~10 m的声波不连续界面进行精细成像,其分辨率比地面地震和垂直地震剖面VSP高两个数量级。BARS可以识别砂岩和泥岩顶底界面以及过井断层和裂缝,弥补了其他测井资料横向识别裂缝的不足。

g. 电磁波传播测井(EPT)识别裂缝。

电磁波在不同的界面上产生反射和折射。当入射角等于临界角时,产生在井壁地层内滑行的电磁波。由于仪器采用双发双收原理,主要接收滑行波的信号,因此电磁波测井主要是探测冲洗带地层特征,其探测深度仅 20 mm 左右。电磁波测井的应用条件是高孔、均质地层,泥浆介电常数与电导率大于地层介电常数及其电导率。否则,岩石的相位差大于 360°,TPL 只反映超出 360°部分,曲线出现跳动,类似声波曲线的周波跳跃。

碳酸盐岩储层为非均质、低孔的储集类型,特别是无法形成利于电磁波滑行波传播的泥饼。因此,在储层裂缝发育段 TPL 曲线出现严重的跳跃。电磁波曲线的变化与裂缝的发育程度紧密相关。因此,电磁波测井适用于碳酸盐岩油藏裂缝段识别与的划分。

(5)地震方法

地震方法,如 VSP、相干体分析等。

①相干体分析是通过计算地震数据体中相邻道与道之间的非相似性,形成只反映地震道相干与否的新数据体,描述地层和岩性的横向非均质性。具有相同反射特征的区域表现为高相关性,计算出的值为 0;岩性变化的突变点则表现为低相关性,计算出的值为 1。运用相干数据体高低相干性能快速、准确地识别断层、岩性等异常地质现象,还能解释在常规解释中难以确认的小断层、裂缝、扰曲等地质现象。

②叠后资料检测裂缝——边缘检测。

边缘检测是运用振幅比例来加强数据的非相似性,此方法提供了排除倾角影响的 9 道的导数,并指定它为中心样点的值,这个数值加强了中心样点,突出了与相邻道的相似性和非相似性。如果相邻道是相似的,中心样点提供近似 0 的值,如果相邻道是变化的,则提供非 0 值。边缘检测提供了一个横向上表示非相似性的清晰图像,可清晰地分辨断层和岩性变化。

③叠后资料检测裂缝——Detect 切片。

Detect 以属性处理和神经网络技术为主线,以倾角调向技术为核心,即 Dip steering(倾角调向)和 Directivity。它只对三维资料进行处理,在相干处理之前,须将地震数据进行倾角调向处理,压制干扰,然后进行相干处理变化。Detect 裂缝处理比其他叠后处理软件的优越性在于:该方法考虑了实际地层倾角,因而可以强化细微的地震特征,充分揭示断裂空间展布。

④三维 P 波检测裂缝。

裂缝的存在导致速度随方位变化,从而导致振幅随方位变化,即不同方位的振幅差便可反映各向异性(裂缝)的存在,振幅差的比率反映了裂缝密度的大小,振幅差比率越大,裂缝密度越大。

⑤叠前资料检测裂缝——FRSTM Fracture 裂缝检测。

FRSTM Fracture 软件是美国 EPT 公司的裂缝软件系统,其原理是用三维 P 波叠前地震资料,利用 P 波地震属性随不同方位的变化特征,检测地层的各向异性特征,从而达到检测裂缝的目的。具体是采用全三维波动方程，利用测井资料，计算地震波在各方位角和偏移距上的反射振幅，模拟地下裂缝的响应特征。

(6)动态方法

①示踪剂分析。

②注水动态分析。

③压力的变化规律。油井压力升高，或油水井压力相当，反映了裂缝可能沟通油水井的程度。

④微地震监测。

⑤试井分析。

开井初：裂缝系统油流向井筒，基质岩块压力 P_m 不变，井底压力反映的是裂缝系统的特性；之后，基质岩块的油开始流入裂缝，压力 P_m 逐渐降低，压力变化呈非均质特性；两个系统压力达到平衡以后，既有油从基质岩块流入裂缝，也有油从裂缝系统流向井筒，压力 P_m 和 P_f 同时下降，井底压力反映两个系统的特性；井筒储存系数 C 比均质油藏大得多。

目前国内外裂缝发育的基本研究方法类似，主要差异体现在一些关键技术在细节上的改进，见表3.3。

表3.3　国内外同类技术对比表

技术名称	国外同类技术	国内同类技术
叠前纵波裂缝预测技术与地质地震相结合的预测技术	①主要根据应力场和应变场分析定性预测裂缝；②基于哈得孙等效介质理论的叠后纵波预测裂缝，适应范围局限。	①基于不同期次和不同方向裂缝的关键控制因素和非均质岩石破裂模型定量预测裂缝；②根据裂缝介质地震物理模拟发现的敏感属性和关键因素，基于哈得孙-汤姆森过渡模型，利用叠前纵波预测裂缝。
裂缝储层识别和定量评价技术	①依据单条裂缝的数值模拟建立裂缝评价模型，需双侧向测井协助；②用偶极声波测井计算地应力，在套管中受水泥胶结的影响大；③采用近似求解复杂非线性方程组的方法，趋肤效应影响大；④应用有限差分法求解。	①基于物理模拟和数值模拟建立裂缝定量评价模型，无须双侧向协助，并经竖井刻度和模拟验证；②消除了水泥胶结质量对套管井地应力测量的影响；③消除了趋肤效应在裂缝储层电磁波测井的影响；④应用有限元求解，考虑了管储效应及表皮效应的影响。

3.3 含气性评价

3.3.1 页岩气赋存机理

1)页岩气吸附机理

(1)吸附的定义

两种相互接触的物质,在其界面处形成一个与两者内部性质和组成不同的区域,即吸附,这是一种力与物质的综合反映(加路,1988)。吸附可发生在不同或相同相态的物质界面上,主要包括气-固界面、液-固界面、气-液界面、液-液界面等。其中,气-固界面吸附现象最为广泛(崔永君,2003)。在气-固界面吸附中,固体一般称为吸附剂,气体称为吸附质,而被吸附的气体分子称为吸附相或吸附态。

(2)吸附方式

按照吸附作用力的不同,可以将吸附划分为化学吸附和物理吸附两种类型(朱步瑶等,1996;顾惕人等,2001)。

物理吸附作用即范德华力吸附作用,通过吸附质与吸附分子之间的相互作用力产生的,这种力即为范德华力,它包括色散力、静电力和诱导力。一般来说,吸附质与吸附剂都有一定的极性,当这种极性不大时,彼此间相互作用主要表现为色散力;另外,当极性较大时,即极性分子与吸附剂表面上的静电荷相互作用时,这两者内部的电子结构产生了变化,这一变化产生了偶极矩,那么这两者之间的相互作用即表现为定向力和诱导力。物理吸附为页岩气主要的吸附方式,其具有吸附时间短、普遍性、无选择性、可逆性的特征。

另一种吸附作用为化学吸附,它是物理吸附的继续,当达到某一条件时就可以发生化学作用(包括化学键的形成和断裂)。化学吸附所需的活化能也比较大,所以在常温下吸附速度比较慢。页岩气的化学吸附具有吸附时间长、不可逆性、不连续性、有选择性(屈策计,2013)。

两者共同作用使页岩完成对 CH_4 气的吸附,但两者所处占主导优势的地位随成藏条件以及页岩和气体分子等改变而发生变化。吸附作用开始很快,越后越慢,由于是表面作用,被吸附到的气体分子容易从页岩颗粒表面解吸下来,进入溶解相和游离相,在吸附和解吸速度达到相等时,吸附达到动态平衡。

2)游离态页岩气赋存机理

游离状态的页岩气存在于泥页岩内部较大的粒间孔、晶间孔或层理缝、节理缝及构造裂缝中,其数量的多少决定于页岩内自由的空间。由于这些游离状态的天然气受到的分子间力相对较小,在孔隙喉道发育状态允许、持续生烃增压出现压差的情况下,可以发生一定程度的移动(马东民,2003;张雪芬等,2010)。

泥页岩中通过生物作用或热成熟作用所产生的天然气首先满足有机质和岩石颗粒表面吸附的需要。当吸附气量与溶解的逃逸气量达到饱和时,富裕的页岩气解吸进入基质孔隙。随着天然气的大量生成,页岩内压力升高,出现造隙及排出,游离状天然气进入页岩裂缝中并聚积(张金川等,2003;王祥等,2010)。

游离态页岩气遵循理想气体状态方程:

$$PV = \frac{MRT}{\mu} \tag{3.2}$$

式中,V 为气体体积;cm^3;M 为气体质量,kg;μ 为摩尔质量,kg/mol;T 为绝对温度,K;P 为气体压力,MPa。

$$PV = ZnRT \tag{3.3}$$

$$n = \frac{M}{\mu} \tag{3.4}$$

$$PV = \frac{ZMRT}{\mu} \tag{3.5}$$

$$B = \frac{V_T}{V_I} \tag{3.6}$$

$$V_{游} = V\frac{nRTZ}{PB} \tag{3.7}$$

式中,Z 为压缩因子,表示实际气体偏离理想气体行为的程度;B 为气体体积系数:地面标准状态(20 ℃,0.101 MPa)下单位体积天然气在地层条件下的体积。

从以上式子中看出,游离气量的多少主要受到孔隙体积、气体压力、温度、压缩因子以及体积系数的影响(屈策计等,2013)。

3)页岩气溶解机理

页岩中溶解状态的天然气多存在于地层水、沥青及干酪根中。尽管天然气的溶解度相对较小(胡文宣等,1996),但在不同环境中也存在一定差异。了解天然气在页岩中的溶解机理及其影响因素可以更准确地预测页岩气资源潜力。当天然气分子从满足吸附后很可能进入液态物质中发生溶解作用。溶解机理主要以间隙充填和水合作用的形式表现出来。

(1)间隙充填

页岩气体分子与页岩层中液体烃相接触时,页岩气分子通过扩散作用进入液体烃类分子间的空隙中,这一过程叫作间隙充填,其中地层的温度和压力对这一过程的进行影响较大。

(2)水合作用

页岩中气体分子和水分子相互作用结合或分解的过程为水合作用。这是一个可逆过程,当结合和分解的速度相等时,它们达到了一种动态平衡。

$$CH_4(汽) + nH_2O(液) \Leftrightarrow CH_4nH_2O(液) + 热量 \tag{3.8}$$

在温度较低的情况下,甲烷分子与水可以发生水合作用,即形成可燃冰,基于化学平衡原理,当温度逐渐升高时,分子的运动就会加快,这样甲烷分子与水直接的相互结合就会减弱。

3.3.2 页岩气赋存影响因素

1)吸附气赋存影响因素

吸附是指固体或者液体表面黏着的一层极薄的分子层(如固体、液体或气体分子),且它们与固体或液体表面处于接触状态(傅雪海等,2007)。与煤层气的吸附过程相同,页岩气的吸附作用又分为物理吸附和化学吸附,以物理吸附为主。物理吸附是由范德华力引起的可逆反应,需要消耗的吸附热量较少。当被吸附时,气体失去三个自由度中的一个,运动能量的损失转换成与吸附作用有关的热量。而化学吸附作用更强,主要以离子键吸附,反应更慢,也不可逆,一般只限在单层,需要很大的能量才能把离子键打开而使甲烷解吸。

页岩的吸附能力与有机碳含量、矿物成分、储层温度、地层压力、页岩含水量、天然气组分、页岩密度和孔隙结构等因素有关。

(1)地层压力对吸附作用的影响

压力与页岩气吸附能力呈正相关关系。Raut 等(2007)指出在压力较低的情况下,气体吸附需达到较高的结合能,当压力不断增大,所需结合能不断减小,气体的吸附量增加速度随之降低。Lu 等(1993)利用 Langmuir 等温吸附模型通过实验研究了美国多个盆地泥盆系页岩的吸附作用和温度压力之间的关系,证实吸附能力随着压力增高而增高,随着温度升高而降低。值得注意的是,压力在一个临界值以下,吸附气含量随压力增加的幅度很明显,而在其之上,增加的幅度不太明显,类似于常规的致密气藏。当然,不同地区由于有机质含量和周围围岩封存能力的不同,压力梯度也会产生差异(图3.6)。

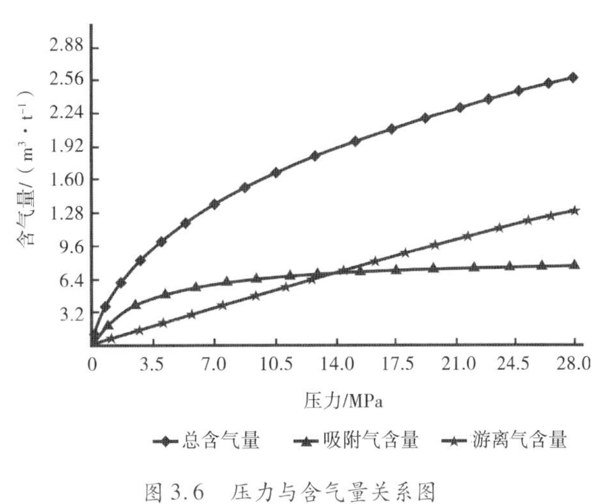

图3.6 压力与含气量关系图

(2)地层温度对吸附作用的影响

储层温度对甲烷吸附能力具有很大的影响,温度越高,甲烷吸附能力越小(图3.7)。Ross 等(2007)研究了加拿大东北部上侏罗统 Gordondale 地层的页岩气地质储量,指出压力为60 MPa、温度为30 ℃时,样品的甲烷吸附能力为0.05~2.00 cm^3/g。而 Besa River 和 Mattson 地层的储层温度为127~150 ℃,严重制约了甲烷的吸附,故其甲烷的吸附能力均小于0.01 cm^3/g,只有储层温度小于81 ℃、有机质含量在0.44wt%~3.67wt%、埋藏深度在1 539~2 013 m的 Musskwa 地层的甲烷吸附能力较大,最高可达0.70 cm^3/g(Ross et al.,2008)。

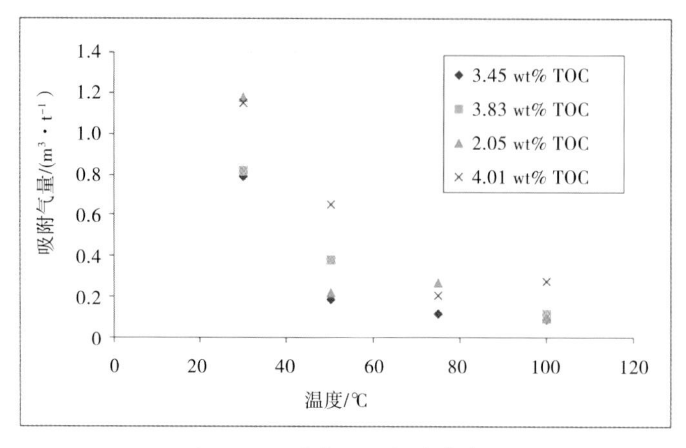

图 3.7　温度与吸附气量关系图

(3)页岩气成因对吸附作用的影响

页岩气的成因不同,赋存形式也会有差异。页岩气的组分随成因的不同而发生改变,从微生物降解成因气到混合成因气,再到热裂解成因气,组分中的高碳链烷烃(乙烷、丙烷)逐渐增加。微生物降解成因气多产于成熟度较低、水动力活跃的盆地边缘,以甲烷和二氧化碳为主;热裂解成因气则主要集中于成熟度较高的盆地中心,由甲烷和部分高碳链烷烃组成;混合成因气兼具微生物降解成因气和热裂解成因气的特点,分布最为广泛。实验研究发现乙烷、丙烷等碳氢化合物对活性炭吸附存储甲烷能力有显著的影响,当混合气体中含有乙烷(4.1%)和丙烷(2%)时,甲烷的吸附能力分别下降了25%和27%。张淮浩等(2005)也发现乙烷和丙烷等气体能导致吸附剂吸附甲烷能力降低,利用体积吸附评价装置,在20 ℃、充气压力3.5 MPa、放气压力0.1 MPa条件下,对混合气体(CH_4:89.49%,C_2H_6:4.30%,C_3H_8:4.96%,CO_2:0.91%,N_2:1.83%,O_2:0.51%)进行连续12次循环充放气实验,发现甲烷的吸附容量下降了27.5%。由此可见,由于生物成因气的乙烷和丙烷等高碳链烷烃含量较少,岩石对其吸附能力较强,如美国盆地的Antrim页岩产生物成因气,其吸附态页岩气占气体总量的70%~75%(Martini,2003)。

(4)有机碳含量对吸附作用的影响

在相同压力下,总有机碳含量较高的页岩中甲烷吸附量明显要高。页岩的有机碳含量(TOC)越高,则页岩气的吸附能力就越大。其原因主要有两方面:一方面是TOC值高,页岩的生气潜力就大,则单位体积页岩的含气率就高;另一方面,由于干酪根中微孔隙发育,且表面具亲油性,对气态烃有较强的吸附能力,同时气态烃在无定形和无结构基质沥青体中的溶解作用也有不可忽视的贡献。Lu等(1995)和Hill等(2002)通过实验研究得出有机碳含量与甲烷吸附能力之间存在良好的正相关线性关系。Ross等(2007)和Chalmers等(2008)研究了加拿大Gordondale页岩得到了和实验结果相同的结论,即有机碳含量越高,页岩吸附气体的能力就越强。另外,气态烃在无定形和无结构基质的沥青体中的溶解作用,也对气体吸附有着不可忽视的贡献。

(5)黏土矿物对吸附作用的影响

黏土矿物由于具有较高的微孔隙体积和较大的比表面积,对页岩气的吸附有重要作用(图3.8)。Cheng等(2004)研究了气体在吸附过程中对黏土矿物和干酪根的优先选择性问题,实验结果证实虽然在吸附载体的选择上不存在优先性,但干酪根的吸附能力要强于黏土;而黏土的吸附能力虽然相对较弱,但仍然占有很大比例而不可忽视。

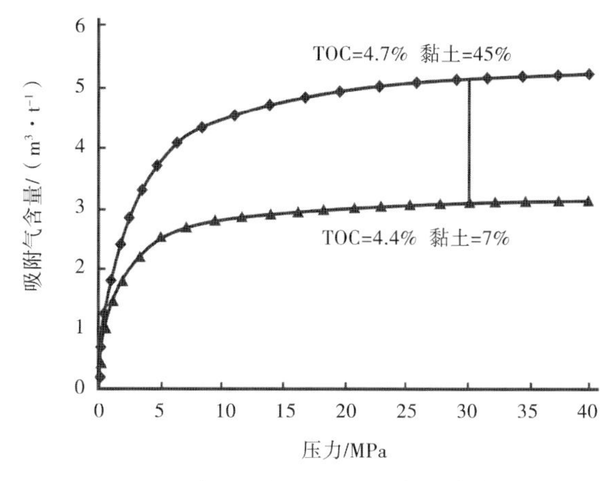

图3.8 黏土矿物与吸附气含量关系图

页岩的矿物成分比较复杂,除黏土矿物以外,常含有石英、方解石、长石、云母等碎屑矿物和自生矿物,矿物组分相对含量的变化会影响岩石对气体的吸附能力。碳酸盐矿物和石英碎屑含量的增加,会减弱岩层对页岩气的吸附能力。此外,伊利石、蒙脱石、高岭石等黏土矿物由于自身结构不同,对气体的吸附能力也不相同,吸附能力表现为蒙脱石>伊蒙混层>高岭石>绿泥石>伊利石(吉利明等,2012)(图3.9)。

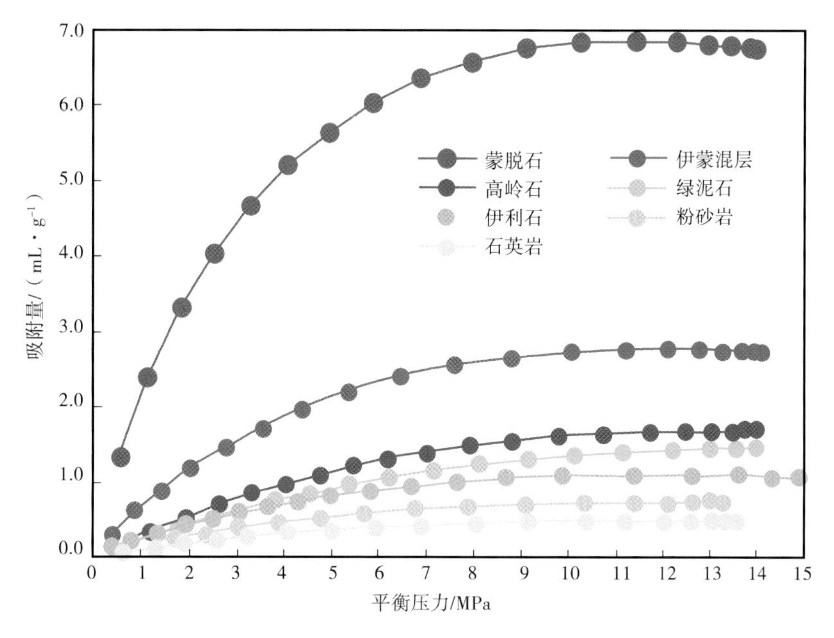

图3.9 伊利石、蒙脱石和高岭石与吸附气量关系图(吉利明等,2012)

(6)页岩密度的影响

页岩的密度也与吸附气量有着密切的关系,随着页岩密度的增加,吸附气含量随之而减小,二者呈现出较好的负相关关系(图3.10)。

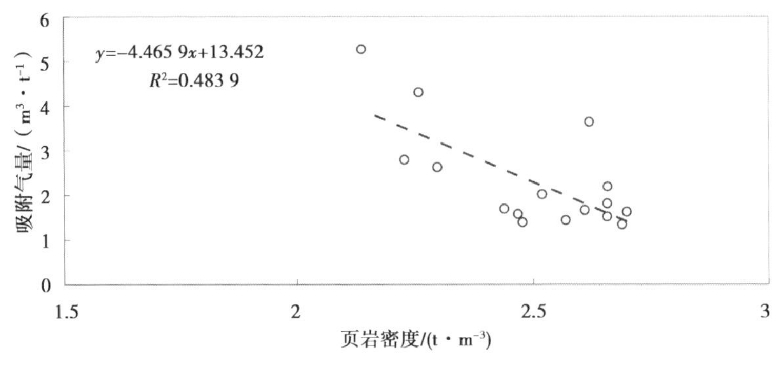

图3.10　页岩密度与吸附气量关系图

(7)含水量对吸附作用的影响

在页岩层中,含水量越高,水占据的孔隙空间就越大,从而减少了游离态烃类气体的容留体积和矿物表面吸附气体的表面位置,因此含水量相对较高的页岩,其气体吸附能力较小。

Ross等(2007)发现仅在含水量较大(大于4%)时,页岩对气体的吸附能力才有显著的降低(图3.11),饱和水的样品的气体吸附量比干燥样品低40%。此外,页岩层中含水量的增加,可能会导致天然气相态的改变,因为当页岩层中孔隙水增加时,天然气溶解于孔隙水中的量就会增加,从而使一定数量的游离态和吸附态页岩气溶于水,呈溶解态存在(Ross et al.,2008)。

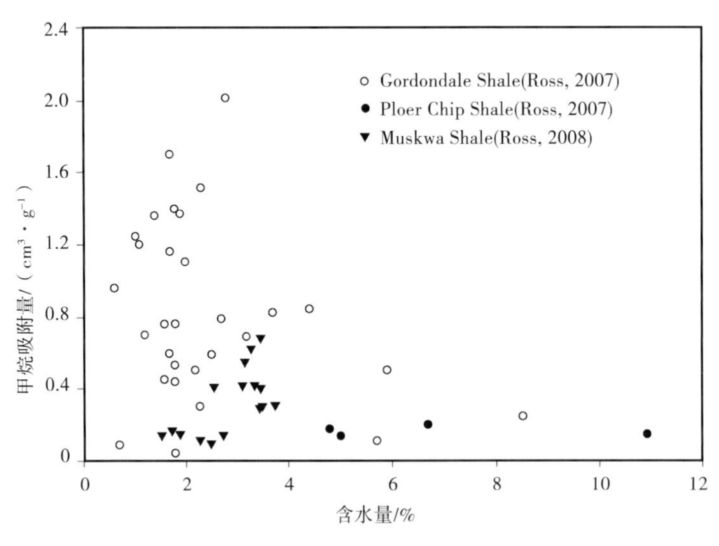

图3.11　含水量与吸附气量关系图

(8)孔隙结构和孔隙度对吸附作用的影响

岩石孔隙的容积和孔径分布能显著影响页岩气的赋存形式。一般来说,按孔的平均宽度来分类,可分为宏孔(>50 nm)、中孔(2~50 nm)、微孔(<2 nm)。相对于宏孔和中孔而

言,微孔对吸附态页岩气的存储具有重要的影响。微孔总体积越大,比表面积越大,对气体分子的吸附能力也就越强,主要是由于微孔孔道的孔壁间距非常小,吸附能要比更宽的孔高,因此表面与吸附质分子间的相互作用更加强烈。张晓东等(2005)也认为气体吸附能力与微孔比表面积总体上有正相关性,但同时又受孔径分布的影响。

除了上述影响因素之外,有机质类型、成熟度、页岩密度等也会影响页岩含气性。

研究页岩气的吸附特征具有重要的意义。首先,它可以评价页岩对气体的吸附能力,估算页岩气的地质储量;其次,评价在生产过程中随压力降低时释放的解吸气体积(评价时还要考虑吸附气和游离气的关系);最后,可以确定临界解吸压力,这对生产开发具有指导作用。

2)游离气赋存影响因素

游离态的页岩气存储机理与常规油气藏相似,这部分气体服从一般气体方程,其含量的大小取决于孔隙体积、温度、气体压力和气体压缩系数,在页岩气中占到高达15%~80%的比例,因此游离气的定量描述对页岩气也是十分重要的(Lewis et al. ,2004)。

页岩的孔隙度和孔径大小决定着其内游离气的含量。当页岩孔隙的孔径较大时,气体分子就以游离态存储于孔隙中。孔隙容积越大,则所含游离态气体含量就越高。Ross等(2007)发现当孔隙度从0.5%增加到4.2%时,游离态气体的含量从原来的5%上升到50%(图3.12)。

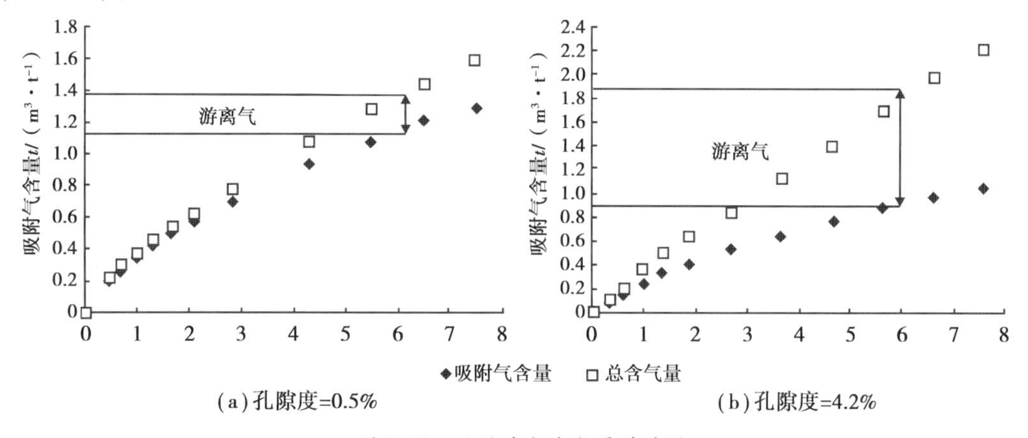

图3.12 孔隙度与含气量关系图

页岩内微裂隙的发育也常常使游离气富集。微裂隙是游离气的另一种主要储集空间(Jarvie et al. ,2007),长度为微米级至纳米级。由于页岩的低孔低渗特征,大量的游离态气体的聚集往往依赖于页岩中大量存在的微裂隙。微裂隙的成因多种多样,页岩在生烃过程中,随着烃类生成量的增加,内压增大,当达到突破压力后,会形成大量的微裂隙,为烃类排除提供通道,同时也会形成新的储集空间。在成岩过程中,矿物相的变化也会使微裂隙形成,同时在构造运动过程中也会形成大量的微裂隙。

游离气的储存与压力温度关系密切。游离气随着压力的增加表现出平稳增加的趋势,而吸附气在低压范围内随压力增高含量增加明显。由于压力往往与页岩的埋深有关,因此随着埋深的增加游离气含量逐步增加。

3)溶解气赋存影响因素

溶解气的含量取决于地层水的含量和矿化度、地层中残留烃的类型和含量、温度、压力以及气体类型。温度对气体溶解度的影响较复杂,一般温度小于 80 ℃时,随温度升高溶解度降低;当温度大于 80 ℃时,溶解度对温度升高而增加。当压力增大时,溶解度会逐渐增大。另外,实验研究还表明在相同的压力的温度下,甲烷的溶解度随地层水矿化度的增加而逐渐降低。

当页岩成熟度较低时,地层中往往有大量残余液态烃类残留,如沥青等,在特定条件下会溶解部分气体。残余烃类的种类和数量取决于页岩的成熟度和烃类转化率,进而会影响溶解气含量。

3.4 保存条件评价

国内外关于页岩气藏保存条件的研究相对较少,关于常规油气藏保存条件的研究比较多。中国南方海相地层油气藏分别在加里东、印支和燕山期经历了形成、演化、聚集、破坏和保存的多期多阶段演变过程,被构造活动改造的强度大。各期的沉积盆地、地质体、地下流体(包括油气水)都发生过多次调整和改造,整体油气保存条件受到了严重影响和破坏。油气保存条件的科学评价是南方海相油气勘探的关键技术之一,人们一直重视这方面的研究工作,取得了一些重要的研究成果(张义纲,1991;刘方槐等,1991;胡光灿等, 1997;李明诚等,1997;戴少武等,2002;赵宗举等, 2002),近几年又提出了油气保存单元的概念、类型和评价原理(梁兴等,2003,2004;何登发等,2004)。然而,针对我国南方海相地层油气保存条件的综合评价仍然缺乏系统的方法与技术。

马永生(2006)采用含油气沉积盆地流体历史分析 (Eadington,1991;楼章华等,1998)新方法,试图从动态和演化的角度,在分析油气保存条件评价主要参数的基础上,通过研究油气保存条件的破坏因素及其评价方法,总结出一套针对南方海相地层油气成藏、保存条件研究的理论与方法,形成一套适合多旋回叠合盆地油气保存条件综合评价的技术体系。其评价的主要参数有:

①盖层条件:盖层可分直接盖层和区域盖层,前者指储油气层上方直接阻止油气逸散的岩层,后者则为位于含油气层系上方对油气系统起整体保护上覆岩系。

②构造运动:通常构造运动越强烈,保存条件越差。

③气田(藏)形成时间:天然气藏形成越早,赋存时间越长,扩散、渗漏总损失越大。气藏要保存到现今除要求良好的封闭保存条件外还需形成时间晚。

④岩浆活动:岩浆活动对保存条件的影响主要决定于岩浆活动的时期与产状。

⑤生储盖组合在时间和空间的组合关系:指源岩成熟期与圈闭形成期的时间间隔和生储盖地层的空间位距(李明诚等,1997)。显然,时空跨距越小,越有利于油气的聚集和保存。

⑥源岩质量:它不仅是评价油气藏形成的重要条件,也是评价保存条件的一个指标。

⑦地层压力:出现异常高压表明地下仍存在大量生烃的、有利于油气聚集并保存的封隔体;而异常低压的出现可能是地壳抬升、生烃停滞和天然气已大量散失的标志。

郭彤楼(2003),万红(2002)等认为影响天然气保存与破坏的因素是盖层的封闭性、断层的封堵性和水文地质的开启性及它们的演化规律。

总结起来,保存条件研究主要有以下三个方面:盖层和断层封闭性是影响保存条件的直接因素;后期构造运动则是影响保存条件和油气藏破坏与散失的根本原因;水文地质条件和地下流体化学-动力学参数是判识现实保存状况好坏的判识性指标。因此,评价油气保存条件需要从上述三个互为成因联系的方面进行分析(马永生,2006)。

页岩气与常规油气相比,两者既具有共性,又具有一定的差异性。页岩气藏独特的地质特征主要表现在以下几个方面:页岩气藏为典型的自生、自储、自盖型天然气藏;页岩气藏储层具有典型的低孔、低渗物性特征;气体赋存状态多样:页岩气主要由吸附气和游离气组成;页岩气成藏不需要在构造的高部位,为连续型富集气藏;与常规油气藏相比,页岩气藏较易保存。因此,页岩气保存条件研究与常规油气保存研究既有共同点,又有其特殊性(见表 3.4)。

表 3.4　页岩气与常规油气保存因素的共异性

影响因素 \ 类型	常规油气保存	页岩气保存
主要因素	盖层条件	构造运动
	构造运动	演化历史
	断层封闭性	断层封闭性
	水文地质	水文地质
次要因素	生储盖组合	盖层
	地层压力	天然气组分
	岩浆活动	压力系数

页岩气由于其吸附特征,具有一定的抗破坏能力。但是四川盆地边缘地区构造运动强烈,期次多、生排烃也具有多期性、深大断裂普遍发育且水文地质条件复杂,因此,页岩气藏的保存还是遭受了巨大的影响,甚至在部分地区页岩气藏被完全破坏掉。因此,本项目在研究重庆地区页岩气保存条件时主要考虑构造、断层等几个主控因素,同时还要考虑水文地质、地层压力等因素。

3.4.1　构造

页岩气具有吸附和游离两种赋存状态特征,尤其吸附气赋存,有一定的抗破坏能力。但是在中国南方遭受多期强烈构造运动破坏的地区,对页岩气藏的保存影响最大,甚至在构造活动较为强烈的地区被完全破坏掉。因此,对页岩气保存影响比较大的因素与多期构造活动导致的演化历史、抬升剥蚀以及断裂和裂缝的发育程度等有关。(聂海宽,2012)

1)构造热演化史

构造热演化史控制着油气的生成、运移、聚集与成藏。构造热演化史不仅控制着烃源岩的多期生烃,还控制油气成藏的多期性。因此,构造热演化史的研究对页岩气保存条件研究至关重要。

通过研究页岩的生烃、排烃历史、最大生气时间与地层沉降埋藏史之间的时空匹配关系能判别页岩气藏保存条件的好坏。如果生烃时间较晚,大规模构造抬升发生在生气高峰期之后或者大规模构造抬升的时间比较晚,那么页岩气藏的保存条件比较好,目前有可能是我们勘探的目标,反之,页岩气藏可能已遭受破坏。

2)断层

断层和天然裂缝是页岩气运移、聚集的重要通道,对页岩气聚集具有保存和破坏的双重作用,断层和天然裂缝的发育程度和规模是影响页岩气聚集、保存和破坏的重要因素。断层和天然裂缝能连通层间和岩石基质孔隙,改善页岩气层的连通性,连通能力取决于断层和天然裂缝发育程度和规模。大规模的断层可以连通上下地层,尤其是区域性大断裂在多期次、长时间的构造活动中,以及地面水渗滤作用下,进一步改善了连通性,不利于页岩气的保存。小断层和裂缝可以连通岩石基质孔隙,改善页岩气层的连通性,提高页岩气层渗透率,有利于页岩气运移、聚集形成大规模的页岩气藏。

天然裂缝按发育规模可分为巨型裂缝、大型裂缝、中型裂缝、小型裂缝和微型裂缝等5类(聂海宽,2011)。总体认为:

①巨型裂缝和大型裂缝较发育的地区页岩气的保存条件较差,在页岩气勘探中应重点分析,研究裂缝的活动时期、是否封闭等。这类裂缝一般是页岩(烃源岩)排烃的通道,该类裂缝发育的区域,有利于页岩的排烃,页岩中残留烃较少,不利于页岩气聚集。在此类裂缝欠发育或不发育的区域,页岩的排烃受阻,排烃较少,页岩中残留烃较多,有利于页岩气聚集,是页岩气聚集的有利区域,因此,在选区上应远离巨型和大型断裂(裂缝),尤其是远离通天断裂。

②中型裂缝、小型裂缝和微型裂缝发育的地区页岩气具有较好的保存条件,这类裂缝一般不与外界沟通,不会导致页岩的排烃,同时提高了页岩自身的储集空间和渗流能力,有利于页岩气的聚集和保存。

断层对页岩气的保存和破坏程度还与其发育的位置、性质等有关。通常,现今最大水平主压应力方向与断层走向的夹角越大,断层封闭性越好,反之越差。在相同条件下,逆断层的封闭性比正断层好,扭性断层的封闭性又比逆断层好(陈永峤,2003)。

3)抬升剥蚀

从构造抬升的角度考虑,页岩气达到最大生气量以后的大规模抬升剥蚀可能对页岩气的保存产生不利影响。

抬升剥蚀一方面使含气页岩目的层上面的上覆岩层或区域盖层减薄或剥蚀,导致上覆压力变小,提高残余盖层的孔隙度、渗透率,导致盖层的脆性破裂或已形成的断裂(含微裂缝)转变成开启状态,降低盖层的封闭能力。如果抬升剥蚀的幅度较大,整个含气页岩目的层上面的盖层可能完全剥蚀,导致页岩含气目的层没有盖层的保护。另一方面,抬升导致页岩含气储层本身压力降低,游离气散失,进一步导致吸附气解吸,从而造成总含气量降低。研究区的抬升剥蚀作用可以分为两类:一类是整体性抬升,主要包括四川盆地和黔西北等地区;另一类是差异性抬升,以鄂西渝东为代表。不同的抬升类型,对页岩气藏产生的破坏作用不同,整体性抬升具有抬升范围大、抬升幅度小和地区间的抬升差异性小等特点,比较有利于页岩气的保存。差异性抬升具有抬升范围小、抬升幅度大和地区间的抬升差异性大等特点,导致页岩的埋深从出露地表到埋深超过万米均有分布,保存条件遭受一定的破坏(聂海宽,2012)。

3.4.2 盖层

页岩气藏集生储盖于一体,本身就是盖层,并且由于页岩气吸附机理的存在,即使经历一定的构造运动,也可能有吸附态的天然气赋存,具有一定的抗破坏能力。但是,对于构造运动期次较多、强度较大的四川盆地及其周缘来说,页岩气的盖层条件研究不容忽视。引用常规油气盖层的研究成果,将页岩气的盖层分为直接盖层和间接盖层。

直接盖层:页岩储层及其上下岩层是页岩气的直接盖层。这些岩层的岩性、物性以及物性之间的差异性决定页岩盖层的封闭能力,页岩自身的非均质性是页岩封闭天然气的先决条件,致密的硅质层或灰岩层可以把天然气封闭在相对较软弱的碳质页岩层内。

间接盖层:本书所指的间接盖层主要是目的页岩层系之上的各种泥页岩、膏盐岩和致密灰岩等岩层,这些区域性盖层的存在维持其下页岩层系的压力体系,尤其是寒武系和三叠系的几套膏盐岩层。这几套膏盐岩层作为区域盖层对其下的油气聚集起到了重要作用(聂海宽,2012)。

1)埋深与地层压力

页岩盖层的厚度和埋深是控制页岩气成藏的关键因素,同时具有足够的厚度与埋深也是页岩气形成工业聚集的基本条件(李钟洋,2012)。盖层埋深的增加或减少,乃至消失的过程,是对盖层封闭性的改造和破坏的过程。对盖层物性特征的研究表明,盖层的封闭性能与盖层的埋藏深度有一定的关系,随着埋藏深度的变化,各种岩石结构发生改变,对岩石孔隙、孔隙结构、毛细管压力产生较大影响,直接影响到盖层的封闭能力(万红,2002)。

地层压力也是判识页岩气保存的重要指标,出现异常高压表明地下仍存在大量生烃的、有利于油气聚集并保存的封隔体;而异常低压的出现可能是地壳抬升、生烃停滞和天然气已大量散失的标志。

2)孔隙度与渗透率

盖层的孔隙度和渗透率是定量评价其封闭性能的重要参数之一。对于盖层,孔隙度和渗透率数值越小,说明封闭能力越好(万红,2002)。

页岩气储层具典型的低孔、低渗特征,页岩产层厚度一般为15~100 m,孔隙度一般为

4%~6%，渗透率小于 $0.001\times10^{-3}\ \mu m^2$。处于断裂带或裂缝发育带的页岩储层渗透率可能增大，孔隙度最高可达11%，渗透率可达 $1\times10^{-3}\ \mu m^2$ 左右（阎存章，2009）。

3.4.3 水文地质

1）地层水矿化度和水型

一般情况下，地下水越靠近地表，与地表水联系越密切；相反，地下水埋藏越深，和地表水联系越少（杨绪充，1989）。因此，根据两者相互联系的程度，在纵向上与横向上可以将地层水划分为三个不同的区带（水文地质垂直分带），即自由交替带、交替阻滞带（或交替过渡带）和交替停止带（刘方槐等，1991）。不同的地层水区带，地层水的矿化度不同，钠氯系数、脱硫系数等参数也不同，对页岩气的保存影响也不同。在自由交替带内，由于地表水的大量渗入，成为活跃的、开启的氧化环境，油气往往受渗入水的"冲刷"破坏而难以保存；交替停止带则因地表水难以渗入，从而成为油气保存条件的有利封闭环境；交替阻滞带则介于自由交替带和交替停止带之间，在该带的下部具备一定的油气保存条件（马永生，2006）。

2）地层水中氢氧同位素

根据地层水中氢氧同位素组成特征进行地层水保存条件的定量评价，如尹观和刘光祥[29]等。研究认为，卤层中卤水的同位素组成及氘过量参数值反映了卤水的不同来源。例如，威远气田及其附近区域的下寒武统和下震旦统的地层水属于海相沉积型卤水，为封闭浓缩的结果，下寒武统页岩气藏的保存条件较好。通过勘探表明，在威201井古生界获得大于 $1\times10^4\ m^3\ d^{-1}$ 的页岩工业气。

3）区域水动力条件

上述地层水的矿化度、变质系数和氢氧同位素等指标主要和区域水动力条件有关，区域水动力条件是评价页岩气藏整体封存能力的一个重要指标。区域水动力可以划分为离心流、向心流等。研究区古老的地层经历了多期次的水动力演化，对页岩气藏的保存条件影响作用比较大的当属大气水的下渗深度，可以分为古大气水下渗深度和现今大气水下渗深度。

研究表明，重庆及其邻近地区古大气水下渗深度总体上由西向东增加，在石柱—利川—巫山一线以西古大气水下渗较浅且幅度较小，页岩气保存条件较好且地区间的差异不大；而在此线以东地区下渗幅度比较大且变化较大，导致页岩气保存条件较差且地区间的差异性明显，尤其是在中央复背斜和宜都鹤峰复背斜的局部地区下渗深度超过3 000 m的地区，页岩气保存条件遭到严重破坏。

现今大气水的下渗深度对页岩气藏的破坏比较强烈，根据大气水的下渗深度可以划分为大气水下渗区、地下水径流区和区域地下水流动区。在大气水下渗区页岩气的保存条件最差，大气水在纵向上的下渗深度和横向上的循环距离是决定页岩气保存条件破坏范围的两个评价指标，主要受区域地质条件、大断裂的活动期次和深度、地形和出露地层等因素的控制。大气水下渗可以使原生沉积水被淋滤、冲刷，从而使页岩气藏彻底破坏。另外，大气水的下渗也可能把氧气和微生物带入页岩层，在条件合适的时候可能有类似于美国密执安盆地 Antrim 页岩气藏和伊利诺斯盆地 New Albany 页岩气藏等生物成因的页岩气藏发育,这一类的代表地区有黔中隆起、湘鄂西各复背斜核部等。区域地下水流动区域相对有利于页岩气的保存,该区域的地层水与外界沟通较少,由区域性的隔挡层与大气水下渗区隔开。地层水具有较高的矿化度和能维持一定的压力系统,如在侏罗系覆盖的建南地区建深1井钻探表明,下志留统具有较高的压力系统和气测异常显示,是页岩气保存条件较好的区域,代表性地区有四川盆地、渝东地区侏罗系覆盖的下志留统和下寒武统等地。地下径流区的页岩气保存条件较差,介于上述两种水动力单元之间。

3.4.4 天然气组分

根据天然气组分可以判断天然气的成因、来源和运移路径等,本书主要研究氮气的含量对页岩气藏保存条件的指示作用。对南方海相地层而言,富氮气体中的氮主要来自大气,它表征了地下与地表的连通程度,是一项直接反映油气保存条件的指标(陈安定,2005)。

氮气含量大于20%的气体称为富氮气体,富氮气体中绝大部分氮来自大气,通过地面水下潜携带到地下,然后以过饱和方式脱出从而达到一定程度富集。湘鄂西大部分地区仅残存奥陶系、寒武系和震旦系,区域性盖层志留系残缺不全,而且埋藏较浅,整体保存条件较差,导致天然气中氮气含量普遍较高。黔中隆起的方深1井中氮气含量也较高,最高可达47.54%,同时甲烷含量只有1.83%~2.1%。说明了黔中隆起方深1井区附近下寒武统页岩气的保存条件较差。

3.4.5 压力条件

美国页岩气的勘探开发表明,页岩气藏的压力系数通常要超过正常压力系数。异常高压表明地下仍存在大量生烃的、有利于油气聚集并保存的封隔体;而异常低压的出现可能是地壳抬升、生烃停滞和天然气已大量散失的标志。

地层压力的大小在某种程度上会影响页岩层中吸附气量的高低。研究表明,地层压力与吸附气存在正相关性,如果地层压力越大,那么储集层的吸附能力就会相应增强,对应于吸附气含量就会越高(李钟洋,2012)。

3.5 页岩气资源评价

在页岩气资源评价过程中,表征气源条件的有机地球化学参数、表征页岩气富集与保存条件的储层性质参数、直接反映页岩气气体含量的参数、表征页岩气开采条件与风险的矿物学参数和地质复杂性参数对于资源评价是至关重要的。根据研究区的地质背景、勘探程度及资料基础,选择并确定合适的页岩气资源评价方法后,采用分析计算、实验测试、地质类比、统计分析等多种方法和手段,获取资源计算所需的关键参数。表3.5列出了几个关键参数的计算方法。

表 3.5　关键参数计算方法

主要参数	直接法	间接法
有效厚度/m	根据泥页岩含气层段中有效厚度进行统计	沉积相带推测
有效面积/km^2	根据 TOC 和成熟度值圈定	地球物理推测、沉积相带推测
游离气量/($m^3 \cdot t^{-1}$)	现场解析法	孔隙度计算、测井解释法
吸附气量/($m^3 \cdot t^{-1}$)	等温吸附实验	TOC 推算

3.5.1　关键参数的计算方法

1)面积、厚度与埋深

(1)面积

根据国土资源部油气资源战略研究中心《页岩气资源潜力评价与有利区优选方法(暂行稿)》规定,页岩气资源量起算的有效面积为:连续分布面积大于 50 km^2。

①存在概率估计法。

当资料程度较低、研究程度不足时,可根据研究区内的构造特点及其演化、沉积特点及展布特征、地层缺失与保存、页岩稳定性其有效性等,分别按条件概率估计其中可能的页岩面积大小。

②有机碳含量关联法。

页岩面积的大小及其有效性主要取决于其中有机碳含量的大小及其变化,可据此对面积的条件概率予以赋值,即当资料程度较高时,可依据有机碳含量变化进行取值。在扣除缺失面积的计算单元内,以 TOC 平面分布等值线图为基础,依据不同 TOC 含量等值线所占据的面积,分别求取与之对应的面积概率值。

根据泥页岩厚度等值线图和有机碳的质量分数(ω_{TOC})等值线图,运用存在概率估计法和有机碳含量关联法求取页岩展布面积。根据研究区实际情况确定有机碳的质量分数和厚度的下限值,将大于有机碳的质量分数且厚度的下限值作为计算页岩有效面积的最小极限,并依据有机碳含量变化,求取其不同条件概率下的面积。

(2)有效厚度

根据国土资源部油气资源战略研究中心《页岩气资源潜力评价与有利区优选方法(暂行稿)》规定,页岩气资源量起算的有效厚度为:单层厚度大于 10 m(海相)。计算时应采用有效(处于生气阶段且有可能形成页岩气的)厚度进行赋值计算。若夹层厚度大于 3 m,则计算时应予以扣除。

有效厚度可通过露头测量、钻井资料、地球物理等方法获得计算区内不同位置的厚度值,并当厚度数据达到一定程度时,可编制页岩分布等厚图。与之对应,厚度参数可作为离散型数据(数据资料较少时)或连续型数据(数据资料较多时)进行估计。依据每口井评价单元内不同岩相的厚度，结合地震资料，分别绘制泥页岩类、砂岩类、碳酸盐岩等的有效厚度平面分布图。

①勘探程度较高的地区。

在勘探程度较高的地区，纵向上以含气泥页岩层段为基本评价单元，依据测井响应特征、岩性组合特征、有机碳含量和气测显示等资料划分含气泥页岩层段，以富含有机碳的泥页岩作为含气泥页岩层段顶、底的界限。纵向上划分含气泥页岩层段顶、底的界限的依据为：

a. 含气泥页岩层段是以富含有机质泥页岩为主的含气层段，内部可以有砂岩类、碳酸盐岩类夹层，其中泥页岩累积厚度大于含气泥页岩层段厚度的 50% 以上；

b. 顶、底为致密岩层，内部砂岩条带较薄，或者无明显水层；

c. 在该层段内气测曲线上有明显异常；

d. 含气泥页岩层段测井响应呈现“三高一低”的特征，即高自然伽马（30 ~ 90 API）、高电阻率（大于 100 Ω · m）、高声波时差（50 ~ 90 μs/m）、低密度（$2.5 \sim 2.8\ g/cm^3$）；

e. 具有一定的压力异常。

而当有机碳含量数据不足时，可利用测井资料来拟合有机碳数据，建立有机碳含量与测井电阻率及声波时差的关系式（陈新军，等，2012）：

$$TOC = a\ \lg R_{LLD} + b\Delta t + c \tag{3.8}$$

式中，R_{LLD} 为深侧向电阻率，Ω · m；Δt 为声波时差，s/m；a，b，c 为待定参数。

可根据实验分析测定的 TOC 值、测井资料，利用多元统计分析进行拟合，求解得到公式中的参数 a、b、c；然后将测井数据代入公式，求得未做 TOC 测定但有测井资料地区的 TOC 值。也可根据评价区的资料，探索应用测井资料推算有机碳含量的方法，以准确刻画与评价含气泥页岩系统中不同类型岩石的有机质丰度。分别按 TOC<0.5%、0.5% ≤ TOC<1.0%、1.0% ≤ TOC ≤ 2.0%、TOC>2.0% 来统计每口井中含气泥页岩层段的厚度。

②勘探程度低的地区。

a. 利用野外地质剖面确定厚度。在缺少钻井资料的情况下，可在野外地质剖面上分别统计含气泥页岩系统中泥页岩、砂岩、碳酸盐岩的厚度。如果有足够的地化资料，也应分别按 TOC<0.5%、0.5% ≤ TOC<1.0%、1.0% ≤ TOC ≤ 2.0%、TOC>2.0% 统计泥页岩含气层段的厚度（陈新军，等，2012）。

b. 利用地震剖面特征推算厚度。如果地震资料达到一定精度，能用于识别评价单元，建议应用地震资料追踪含气泥页岩系统，以保证含气泥页岩系统厚度等值线图的精度和可靠性。以 B 井为例，按照某段含气泥页岩系统的起止深度，过 B 井切一条地震剖面（图 3.13），在剖面上标识出含气泥页岩系统，并根据这一段在地震剖面上的属性特征进行追踪，确定含气泥页岩系统的厚度变化。在无井或少井区，可利用地震剖面来大致预测含气泥页岩系统厚度，再依据有井资料地区的泥页岩、砂岩、碳酸盐岩厚度的比例关系和沉积相资料，推断出无井地区的泥页岩、砂岩、碳酸盐岩厚度。

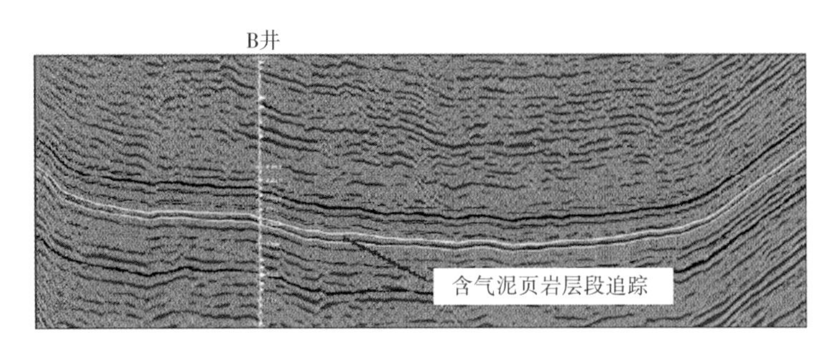

图 3.13 利用地震资料推算含气泥页岩系统厚度

c.利用沉积特征确定厚度。

烃源岩的地球化学特征、含气特征和沉积厚度受沉积相控制明显。因此,在缺少钻井、露头剖面、地震资料时,可根据沉积特征来确定含气泥页岩系统的大致厚度、变化趋势,以及泥页岩、砂岩、碳酸盐岩之间的厚度比例关系。例如,根据钻井或露头剖面确定半深湖相的含气泥页岩系统厚度为 70 m,其中泥页岩占 70%,那么可以推测深湖相的含气泥页岩系统厚度大于 70 m,泥页岩所占比例大于 70%,而浅湖相的含气泥页岩系统厚度小于 70 m,泥页岩所占比例小于 70%;含气泥页岩系统的确切厚度和泥页岩所占比例可依据离钻井或露头剖面的距离确定。

③勘探程度特低的地区。

对勘探程度特低的地区,可利用邻近地区井资料和以往常规资源评价中获得的烃源岩累计厚度推测含气泥页岩系统的厚度。首先,在某井点识别出一个含气泥页岩系统,根据前述的厚度计算方法计算出其中泥页岩的厚度 H_m、砂岩夹层的厚度 H_s、碳酸盐岩夹层的厚度 H_c,然后将得到的值分别除以该井点烃源岩的累计厚度得到相应的比例系数 R_m、R_s、R_c,再用 R_m、R_s、R_c 分别乘以其他井点烃源岩的累计厚度,得到泥页岩、砂岩、碳酸盐岩的厚度。最后根据每口井含气泥页岩系统的厚度,绘制含气泥页岩系统厚度图。

需要注意的是,这种算法对泥页岩、碳酸盐岩夹层而言,误差不大,因为其分布是区域性的,而对砂岩夹层而言,在计算时需要参考沉积相平面图。

(3)埋深

页岩层段埋深未直接参与页岩层系资源量估算,间接影响页岩层段面积参数的获取以及含气量参数的概率赋值。资源评价中,埋深小于 300 m 部分认为其含气量很低,不在资源量估算范围内;并且,埋深对页岩地层的地层压力、温度等参数都产生不同程度的影响,间接影响页岩地层的 Langmuir 压力以及含气量。因此,页岩地层埋深不直接参与资源量估算,但对资源量估算结果产生重要影响。页岩气地层埋深参数的选取主要通过老井资料收集和野外地质调查获取,根据获取的各层段埋深数据绘制埋深图,为页岩层段面积、含气量等参数的获取及概率赋值提供依据。

2)有机碳含量(TOC)、镜质体反射率(R_o)

页岩地层的有机碳含量(TOC)、镜质体反射率(R_o)的含量和分布虽未直接参与页岩气资源量的估算,但其对资源量的估算结果却有着极为重要的影响,对于页岩气资源潜力的勘探与开发具有十分重要的意义。有机碳含量的概率分布直接影响相应概率条件下的页岩地层面积。

根据国土资源部油气资源战略研究中心《页岩气资源潜力评价与有利区优选方法(暂行稿)》规定,计算单元内必须有TOC大于2%并且具有一定规模的区域。成熟度(R_o<3.5%):Ⅰ型干酪根>1.2%;Ⅱ1型干酪根>0.9%;Ⅱ2型干酪根>0.7%;Ⅲ型干酪根>0.5%。

对于数据有限的地区,可以利用岩心分析对测井曲线的解释进行校准,可以更好地证明页岩气储层在空间分布的多样性。

3)孔隙度

孔隙度是概率体积法计算页岩气藏资源量的重要参数之一。天然气在泥页岩中的储集空间包括基质微孔隙和裂缝2部分,故总孔隙度为两者之和。测定孔隙度既可利用岩心在实验室直接测得,也可通过测井解释等多种方法获取。目前,页岩气储集参数的测井解释,主要还是利用传统的三孔隙度测井与电阻率测井组合法(莫修文,李舟波,潘保芝,2011;李显路,曾小阳,胡志方,等,2004)。对获得的总孔隙度值进行统计分析,得到总孔隙度的条件概率赋值。当数据量较少且不能编制等值线图时,可采用离散数据统计法进行;当数据较多并且能够编制等值线图时,可采用相对面积占有法进行条件概率估计。

测定孔隙度的传统方法是利用岩心直接在实验室测量,美国天然气研究院就多次应用改进的岩心实验室方法测定孔隙度。但是,页岩气藏的储积空间包括基质孔隙和裂缝,裂缝的张开度受压力的影响较大,在岩心的采集过程中压力的改变会使岩心的裂缝孔隙度发生改变,不适合用岩心直接测量,因此,应该分别确定基质孔隙度和裂缝孔隙度。

目前,一般以岩心孔隙度为基础,利用测井资料测定基质孔隙度。当储层含水时,声波测井能准确反映基质孔隙度。当地层孔隙度小于5%时,用声波时差的"威利时间平均公式"计算,当地层孔隙度在5%~25%时,用"雷伊麦公式"计算基质孔隙度。但研究发现在双孔结构地层中,由于受到次生孔隙的形状、大小和分布的影响,威利方程求取的基质孔隙度不够准确(焦翠华,王绪松,等,2003)。

近年来,许多研究利用密度和中子测井解释气层孔隙度。当储层含有天然气时,密度测井受天然气的影响,解释孔隙度 φ_D 将比实际孔隙度大;而对于中子测井,由于天然气的含氢指数与体积密度比水小得多,再加上天然气挖掘效应的影响,解释孔隙度 φ_D 比实际值减小。可见,由于页岩基质孔隙度小,用单一的测井方法解释的孔隙度值误差就更大,因此利用中子、密度和声波的相互补偿关系,建立三孔隙度回归模型,这样求取的气层孔隙度数据更可靠(李显路,曾小阳,等,2004)。此外,核磁共振测井作为一种新方法近年被用于孔隙度的测定,它能弥补常规测井气层和岩性影响的不足(王胜奎,罗水亮,等,2007)。

裂缝孔隙度的确定是难点。目前,双侧向测井是计算裂缝孔隙度较为成熟的方法。在识别裂缝层段的基础上,用深、浅侧向测井资料,利用回归分析建立深浅侧向电阻率与孔隙度的关系模型。该方法适用于致密砂岩、碳酸盐岩等低渗储层裂缝孔隙度的评价(蒋进勇,2004;李善军,1996;秦启荣,黄平辉,等,2005)。

4）裂缝系统

裂缝按成因可分为异常压力裂缝、构造裂缝和成岩裂缝3类。不同方位、不同倾角以及不同成因类型的裂缝在平面上和纵向上互相连通，并通过层面、水平裂缝和穿层裂缝与储层及裂缝系统相连通，共同组建网状裂缝系统。页岩本身具有很低的渗透率，但网状裂缝系统大大提高了页岩的储气能力。北美页岩气藏的勘探实践证实，网状裂缝比较发育的地区往往能获得工业性的页岩气，成为勘探开发的首选区（Holst T B，Foote G R，1981；Zuber M D，Williamson J R，Hill D G，et al，2002；Curtis J B，2002；Gale J F W，Reed R M，Holder J，2007）。

目前，常用测井方法评价裂缝，如微电阻率测井、声波测井、双侧向测井、成像测井等（李捷，王海云，1993；唐为清，金勇，张世刚，等，2004）。在泥岩裂缝发育层段，自然电位幅度和形态趋向于纯砂岩层，较小裂缝层自然电位和幅度趋向于高含泥质砂岩层。声波测井对低角度和水平裂缝反映较好，对高角度裂缝反映较差。对低角度裂缝，声波时差和裂缝之间符合威利公式，声波孔隙度随裂缝倾角的增大而增大；声波时差不反映垂直裂缝。双侧向测井是近年发展起来的识别裂缝的好方法。裂缝越发育，双侧向电阻率越低；垂直及网状裂缝越发育，双侧向差异越大。高角度裂缝的有效性表现为电阻率曲线在高阻背景上有所下降，深浅侧向电阻率幅度差很大，但是如果差异过大，裂缝的张开度虽很大，但横向延伸很短，裂缝的有效性就很差；低角度裂缝的有效性表现在电阻率曲线在高阻背景上的明显降低，曲线形状尖锐，一般呈负差异，说明横向延伸较远，幅度差越大，张开角度就越大，有效性就越好；如果出现正差异，说明横向延伸短，有效性就差。此外，应用于页岩裂缝识别的还有井径曲线的变化、异常流体压力和应力的关系、相干分析技术等（李捷，王海云，1993；苏朝光，刘传虎，王军，等，2002；王建，李云，2005）。

5）含气量

（1）总含气量

页岩总含气量可通过实验、统计、类比、计算（如测井解释）、综合解析等多种方法获得。根据数据情况，可将所得到的总含气量值进行概率统计分析后赋值。由于该值变化较大且目前较难以大量获得，故也可以在评判分析后综合赋值。可以根据在研究区内取到的已知样品的TOC及吸附气量的测试结果进行拟合，得出其相关性公式。根据此公式，可在已绘制成的研究区TOC等值线分布图上读出页岩气有利区域的TOC值，将其转化为该区域页岩单位含气量值。

（2）吸附含气量

吸附含气量可由统计拟合、地质类比、等温吸附实验、现场解析和测井解释等多种方法得到。

①利用等温吸附模拟法计算吸附气量。

由于页岩气与煤层气具有相似的吸附机理，因此，目前对页岩吸附气量的确定主要是借鉴煤层气中吸附气的评价方法，采用等温吸附模拟实验，建立吸附气含量与压力、温度的关系模型。通过页岩样品的等温吸附实验来模拟样品的吸附特点及吸附量，通常采用

Langmuir 模型来描述其吸附特征。根据该实验得到的等温吸附曲线可以获得不同样品在不同压力(深度)下的最大吸附含气量,也可通过实验确定该页岩样品的 Langmuir 方程计算参数。

模拟实验一般采用纯 CH_4 作为吸附气,而实际天然气除 CH_4 外,一般还含有 N_2 和 CO_2 等气体组分,以往煤层气的吸附实验结果表明多元混合气体的吸附存在差别(唐书恒,杨起,汤达祯,2003;Cui Xiaojun,Bustin R M,Dipple G,2004;Ross D J K,Bustin R M,2007b),因此用纯 CH_4 进行等温吸附实验能否代表实际气体直接关系到页岩储层吸附量的评价。在进行模拟实验时,要充分考虑有机质、干酪根类型、矿物组成、气体成分等因素对吸附量的影响 Bustin R M, Clarkson C R,1998;Hill D G,2002;Cui Xiaojun,Bustin R M,Dipple G,2004),正确选取有代表性的样品、选择最接近的实验条件(如温度和湿度)、应用最佳的实验方法来提高实验结果的准确性。

国外的勘探实践表明北美页岩吸附气大多服从兰氏等温吸附式(Langmuir I,1918;Ross D J K,Bustin R M,2007a,2007b):

$$V_E = \frac{V_L P}{P_L + P} \tag{3.9}$$

其吸附特征是在低压下,吸附量随着压力的增大快速增加,达到一定压力后吸附量达到饱和,成为一条几乎不变的平滑直线。

②利用有机碳含量计算吸附气量。

依据不同 TOC 含量,测得的吸附气量,可以拟合本地区的吸附气量与有机碳含量 TOC 的关系,进行类推。

TOC 值与吸附气含量之间通常呈正相关关系(聂海宽,张金川,张培先,等,2009;张金川,李玉喜,聂海宽,等,2010),可建立关系式来获取吸附含气量:

$$Q = f(w_{TOC}) = k \cdot w_{TOC}$$

这里提供国外的吸附气量与 TOC 关系(图 3.14),供参考。

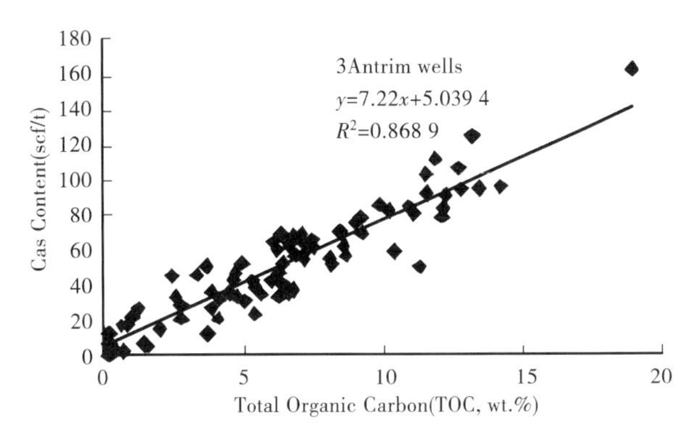

图 3.14　Antrim 页岩吸附气量与 TOC 的拟合关系图

Antrim 页岩吸附气量与 TOC 的关系式(公式引自 David Jacobi et al. ,2009):

$$y = (7.226x + 5.039) \times 0.028\,316\,8 \tag{3.10}$$

式中,x 为 TOC(%),y 为吸附气量 m^3/t。

将通过各种方法获取的计算区内不同位置的页岩吸附气含量进行汇总,通过概率统计分析得到不同概率下的含气量估计。

(3)游离含气量

直接获取该值较困难,但可通过测井解释等方法间接获取。如果裂缝不发育且已经有直接证据表明页岩中有天然气排出,此时的基质孔隙为游离气的主要储集空间,游离含气饱和度可考虑为100%;当有断裂发育但埋深较大、保存条件较好且已经有直接证据表明页岩中有天然气排出时,游离含气饱和度亦可考虑为100%;当页岩埋深较小、保存条件较差时,该值通常小于100%,可依据埋深、保存条件及实验结果等给予合理估计,利用具有连续分布特征离散数据的正态分布进行计算并予以概率赋值;当资料较多并且能够编制游离含气饱和度等值线图时,可采用相对面积占有法进行条件概率估计。

董大忠等(2009)提出游离气的计算公式为:

$$GIP_{游} = 0.028h\frac{\varphi_{g}}{B_{g}} \tag{3.11}$$

式中,h 为有效页岩厚度;φg 为页岩含气孔隙度;B_g 为体积系数,$B_g=(0.028\ 3\times ZT)/p$,$z$ 为气体偏差系数。

潘仁芳等(2011)通过对游离气与其他地质参数的分析,采用以下公式对游离气进行计算:

$$G_{f} = 32.036\ 9 \times \frac{\Phi_{e}S_{ge}}{\rho B_{g}} \tag{3.12}$$

$$\Phi_{e}S_{ge} = a + b\rho_{b} \tag{3.13}$$

$$B_{g} = \frac{Z(T + 459.67)}{p} \times \frac{p_{sc}}{Z_{sc}(T_{sc} + 459.67)} \tag{3.14}$$

式中,Φ_e 为有效孔隙度,%;S_{ge} 为有效孔隙度中的含气饱和度,%;Q 为岩石密度,g/cm^3;Q_b 为地层体积密度,g/cm^3;B_g 为气体体积地层因子,无量纲;Z 为真实气体偏差系数,无量纲;T 为地层温度,°F;p_{sc} 为标准条件下的压力,MPa;Z_{sc} 为标准条件下真实气体偏差系数(一般为0.199 8),无量纲;T_{sc} 为标准条件下的温度,°F;a、b 分别为常数。

可看出游离气量与有效孔隙度存在密切关系,而有效孔隙度可以由地层体积密度拟合计算得出。

此外,可以依据测井资料计算游离气量(宋涛涛,毛小平,2013)。具体计算方法为:建立孔隙度(Φ)与测井曲线值声波时差 Δt、中子 CNL、密度 DEN 的一个关系式如下(据中石化内部文献):

$$\Phi = a \times \Delta t + b \times \mathrm{CNL} + c \times \mathrm{DEN} + d \tag{3.15}$$

式中,a、b、c、d 为待确定的适合本地区的参数。利用测井曲线计算含水饱和度,再计算含气饱和度,最后代入前述公式计算游离气量。

6)含气饱和度

直接获取含气饱和度比较困难,但可通过测井解释等方法间接获取。对于泥页岩孔隙型储层,利用阿尔奇公式计算含气饱和度。对于泥页岩裂缝型储层,建立岩石电阻率、泥质水电阻率、有效孔隙度同地层混合水电阻率的关系式,以此为基础利用阿尔奇公式计算含水饱和度(李艳丽)。

近年来,利用核磁共振测井提供的T2谱,根据T2cutoff确定的界限,用不可动部分的面积与总谱图包络面积的比值来表示束缚水饱和度,这种方法的关键在于T2cutoff的确定(周灿灿,程相志,赵凌风,等,2001;岳文正,陶果,赵克超,2002)。

目前斯伦贝谢公司采用岩石物理解释程序ELAN,可准确地识别各类矿物的类型并计算各类矿物的含量和关键的物性参数(孔隙度、饱和度和渗透率)。首先将干酪根的体积定为石英、长石和云母的体积之和,根据解释获得的干酪根体积,将干酪根的量转化成总有机碳含量(Lewis R,Ingraham D,Pearcy M,2004);再根据地区的等温吸附曲线和测井得到的地层温度、压力,经过对温度和有机碳含量的校正,得到地层条件下的吸附气含量;最后采用ELAN解释程序,得到有效孔隙度和含气饱和度(Lewis R,Ingraham D,Pearcy M,2004;莫修文,李舟波,潘保芝,2011)。

7)压缩因子

压缩因子是天然气在地层温压条件下的体积与地面(标准)状态下的体积之比,与页岩的埋深(即压力和温度)等条件有关。具体参数可由图版法、经验公式计算法、统计公式拟合法等方法获得。如果无任何直接关于研究地区页岩层段地层压力的数据,考虑各层系页岩埋深不同,且同层段页岩在工区内埋深存在很大变化,可以参考相关地质资料和野外工作估计各层系页岩平均埋深,用静水压力大致等于地层压力进行计算。比如采用图版法估算压缩因子进行计算,据Standing等(1941)修改后的天然气压缩因子变化图版,可以求得不同条件下的天然气压缩因子。

8)Langmuir体积和压力

Langmuir体积和压力可由等温吸附实验法得到,其中的Langmuir体积反映了给定泥页岩的最大吸附能力,Langmuir压力则是当吸附量达到1/2的Langmuir体积时所对应的压力。通过这两项参数,可通过概率统计方法对不同压力(埋深)下的页岩吸附含气量进行估计。

3.5.2 评价参数分析

为了克服页岩气评价参数的不确定性,保证评价结果的科学合理性,在计算过程中需要对参数所代表的地质意义进行分析,研究其所服从的分布类型、概率密度函数特征以及概率分布规律。对于一般参数,通常采用正态或正态化分布函数对所获得的参数样本进行数学统计,求得均值、偏差及不同概率条件下的参数值,结合评价单元地质条件和背景特征,对不同的计算参数进行合理赋值。

计算过程中,所有的参数均可表示为给定条件下事件发生的可能性或条件性概率,表现为不同概率条件下地质过程及计算参数发生的概率可能性。可通过对取得的各项参数进行合理性分析,确定参数变化规律及分布范围,经统计分析后分别赋予不同的特征概率值(表3.6)。

表3.6　参数条件概率的地质含义

条件概率	参数条件及页岩气聚集的可能性	把握程度	赋值参数	
P5	非常不利,机会较小	基本没把握	勉强	乐观倾向
P25	不利,但有一定可能	把握程度低	宽松	
P50	一般,页岩气聚集或不聚集	有把握	中值	
P75	有利,但仍有较大的不确定性	把握程度高	严格	保守倾向
P95	非常有利,但仍不排除小概率事件	非常有把握	苛刻	

从参数的可获得性和参数变化的自身特点看,页岩气资源评价中的计算参数(地质变量)可分为连续型和离散型分布两种。对于厚度、深度等连续型分布参数,可借助比例法(如相对面积占有法)、间接参数关联法以及统计计算法进行参考估计和概率赋值。对于获得难度较大、数据量较少离散特点数据来说,可根据其分布特点进行概率取值,或经过正态化变换后,按正态变化规律对不同的特征概率予以求取和赋值。

第4章 | 页岩气综合地质分析关键技术研究

4.1 页岩气分析测试关键技术研究

页岩气实验室分析测试数据是认知储层品质、摸清资源储量和评价资源可开发性的重要基础,为页岩气综合地质评价等各类评价手段提供第一手资料,其可靠性与规范性直接决定了最终评价结果的质量。因此,针对区域地质特征,研究优选合适的测试指标与相应的测试技术非常关键。本研究以重庆地区页岩储层为研究对象,通过研究页岩气测试技术与国外相关技术如传统油气与煤层气测试技术差异,从生烃潜力分析测试技术、储层分析测试技术、含气性分析测试技术三个方面展开了科技攻关与技术优选工作。通过原理分析、技术调研与研发和对比实验验证等,形成了一套包含方法技术与推荐仪器的集地化测试方法、低孔低渗储层测试技术和含气性能测试技术为一体的页岩气分析测试关键技术体系。

4.1.1 页岩生烃潜力分析测试技术研究

页岩既是页岩气的烃源层,又是储集层,运移距离较短,具有原地成藏特征,高丰度的有机质既是成烃的物质基础,也是页岩气吸附的重要载体。因此,研究烃源岩的有机地球化学特征及其生烃潜力,是正确评价一个地区页岩资源潜力的基础。页岩生烃能力的内部控制因素主要是页岩自身的地球化学指标,即有机质丰度、成熟度、干酪根类型、气体成因类型等参数,这些地球化学指标是影响页岩气赋存状态及含气性的重要因素,而这些指标测试结果的准确性和精度是衡量区块资源潜力可靠性的保障,再结合盆地模拟技术,以地史和热史为基础,模拟出生烃史、排烃史,定量或半定量确定生烃量和排烃量。

目前,国际上针对页岩气地球化学分析测试技术流程和体系比较先进和系统的是美国几个石油公司和技术公司。美国 Intertek 实验室在页岩气的实验测试方面形成了烃源分析体系,主要包括总有机碳的测定和评价、岩石快速热解分析、镜质体反射率测定、分类和显微相组分的测定。美国 Weatherford 实验室在页岩气地化测试方面主要有岩石热解实验确定有机质丰度和热成熟度,天然气组分分析气体组分和气体特性,气体同位素分析确定储层产气来源及盆地和储层中页岩气的分布。通过国外实验室的测试项目总结出页岩气地化测试分为两大方面内容:

①烃源岩分析。烃源岩分析主要通过岩石的热解实验和镜质体反射率的测定分析有机质丰度、成熟度和总有机碳量。

②气体评价。通过气相色谱法分析产出气的组分，利用稳定同位素评价储层的产气来源和有利储集区。

地球化学分析测试技术，无论是在常规油气还是在非常规油气研究中，都是了解某区块或某地区最关键、最基础的测试技术。页岩气勘探中地球化学分析测试技术有与常规油气的通用性。地面露头揭示、钻井岩心观察描述和测井曲线特征等资料显示，重庆地区下古生界上奥陶统五峰组-下志留统龙马溪组、下寒武统牛蹄塘组（水井沱组）为海相陆棚沉积，以浅水陆棚和深水陆棚亚相为主，发育两套暗色富有机质页岩，两套地层发育年代老，成熟度演化高，某些地球化学指标（如氯仿沥青“A”）已经失去指向意义，因此页岩气地球化学测试技术有其本身的特殊性。

本研究主要从页岩的有机质丰度、有机质类型、热演化程度等地质问题出发，针对每项地质问题从多项地化测试可选指标参数中优选出适合重庆地区页岩气地化测试的关键指标参数，并基于大量技术调研研究推荐了相关测试仪器。

1）地球化学分析测试技术研究

（1）有机质丰度测试技术研究

页岩有机质丰度是生烃强度的主要影响因素，与常规气藏相同，不管是生物成因气还是热成因气，源岩都需要充足的有机质。高丰度的有机质既是生烃的物质基础，也是页岩气吸附的重要载体。在其他条件相近的前提下，岩石中有机质含量（丰度）越高，其生烃能力越强，所以其实验结果的可靠性、有效性对页岩含气量评价非常重要。总有机碳含量（TOC）、氯仿沥青“A”、和总烃（HC）是评价烃源岩有机质丰度的常用指标。

测试数据表明，重庆地区海相页岩烃源岩属到达高-过成熟阶段，干酪根热降解生烃和高温裂解、热蒸发作用，可溶烃及热解指标都自然失效，氯仿沥青“A”、总烃含量等均降到低含量水平。如果用这两项指标值来表征有机质丰度，会与重庆地区地层时代老演化程度高的页岩的真实有机碳含量产生矛盾。由于生油岩内只有很少一部分有机质转化为油气离去，大部分仍残留在地层中，并且碳又是在有机质中所占比例最大、最稳定的元素，所以TOC能够近似表示生油岩内有机质丰富程度（图4.1）。

TOC测定原理是将岩石样品粉碎至粒径小于0.2 mm，用5%的稀盐酸煮沸，除去碳酸盐后的剩余残渣在高温下有部分氧气条件下燃烧，将有机质燃烧成二氧化碳。检测所产生二氧化碳量并换算成碳元素的含量，根据二氧化碳含量的检测原理不同可分为体积法、重量法、仪器法等。比较常用的为重量法与仪器法两种。重量法是先用稀盐酸除去岩石样品中的无机碳，然后放在高温氧气流中燃烧，生成的二氯化碳用碱石棉吸收，以碱石棉的增量计算出总有机碳的含量。仪器测定法是先用稀盐酸除去岩石样品中的无机碳，然后将样品放在高温氧气流中燃烧，将总有机碳转化成二氧化碳，经红外检测器检测出总有机碳的含量。目前，国内外测TOC使用的主流仪器为碳硫测定仪和岩石热解仪，两种仪器在测有机碳的原理基本相同，都是采用仪器测定法检测出有机碳的，都具有操作简便、分析速度快、成本低、样品用量少的特点。只是岩石热解技术在不同设置分析条件下，除得到 TOC 外，还可得到热解分析的各分析参数，它们是 S_1、S_2、S_3 和 T_{max} 定量值，在表征生油岩成熟度、有机质类型和计算产油潜量等方面效果明显。

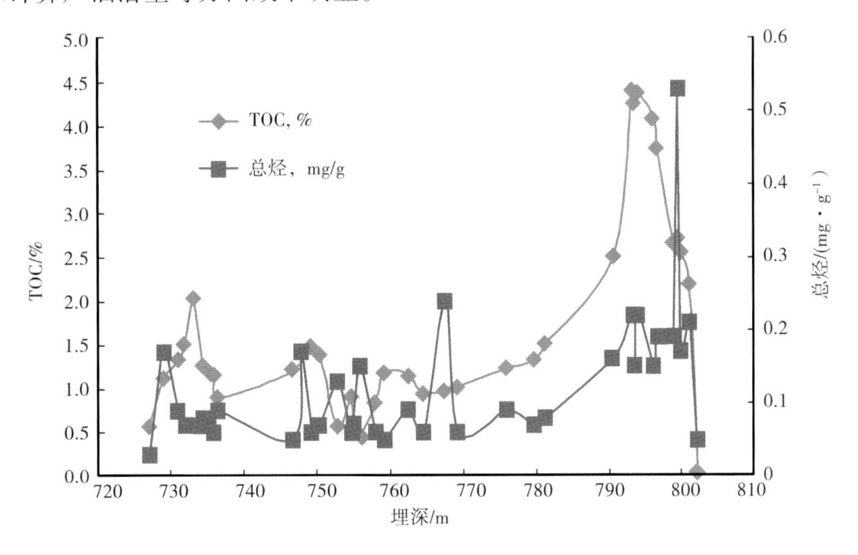

图 4.1　黔页 1 井 TOC 与总烃含量对比图

综合以上分析，在表征重庆地区富有机质页岩有机质丰度时，从 TOC、氯仿沥青“A”和总烃(HC)三项指标中优选 TOC 这项指标，利用岩石热解仪或碳硫测定仪来完成测试工作。本研究已用岩石热解技术测得钻井岩心样品 70 件，通过分析实测数据初步掌握了重庆地区富有机质页岩有机碳含量的分布规律，为研究重庆地区富有机质页岩的烃源岩评价提供了可靠数据支撑。

(2)有机质类型测试技术研究

由于有机质化学结构不同，不同的有机质类型决定了源岩生成产物的不同。Ⅰ型与Ⅱ型干酪根主要以生油为主，Ⅲ型干酪根主要以生气为主，在热演化程度较高时，它们都可以生成大量天然气。有机质的类型决定了页岩的生气窗和有机质转化率。

有机质类型划分的常用指标是生物显微组分、Rock-Eval 岩石热解参数和干酪根碳同位素。生物显微组分鉴定利用透射光或荧光镜镜下观察有机碎片的形态、亮度和颜色等。用这种方法确定干酪根的类型的缺点是指标受演化程度的影响，且镜下统计采用日估法，类型划分常不尽一致。岩石热解参数划分有机质类型包括：①根据气源岩的氢指数 I_H 和氧指数 I_O 图版划分有机质类型(图 4.2)；②根据气源岩的氢指数 I_H 与 T_{max} 图版划分有机质类型。③根据气源岩的类型指数 S_2(高温裂解产物)、S_3(二氧化碳)划分有机质类型，其缺点是干酪根随着成熟度增大降解成烃，S_2 值急剧下降，S_3 值则变化不大，导致氢氧指数、降解潜率等都比原始值低，发生趋同现象，已不能划分有机质类型，所以对高-过成熟烃源岩岩石热解参数已经失效。

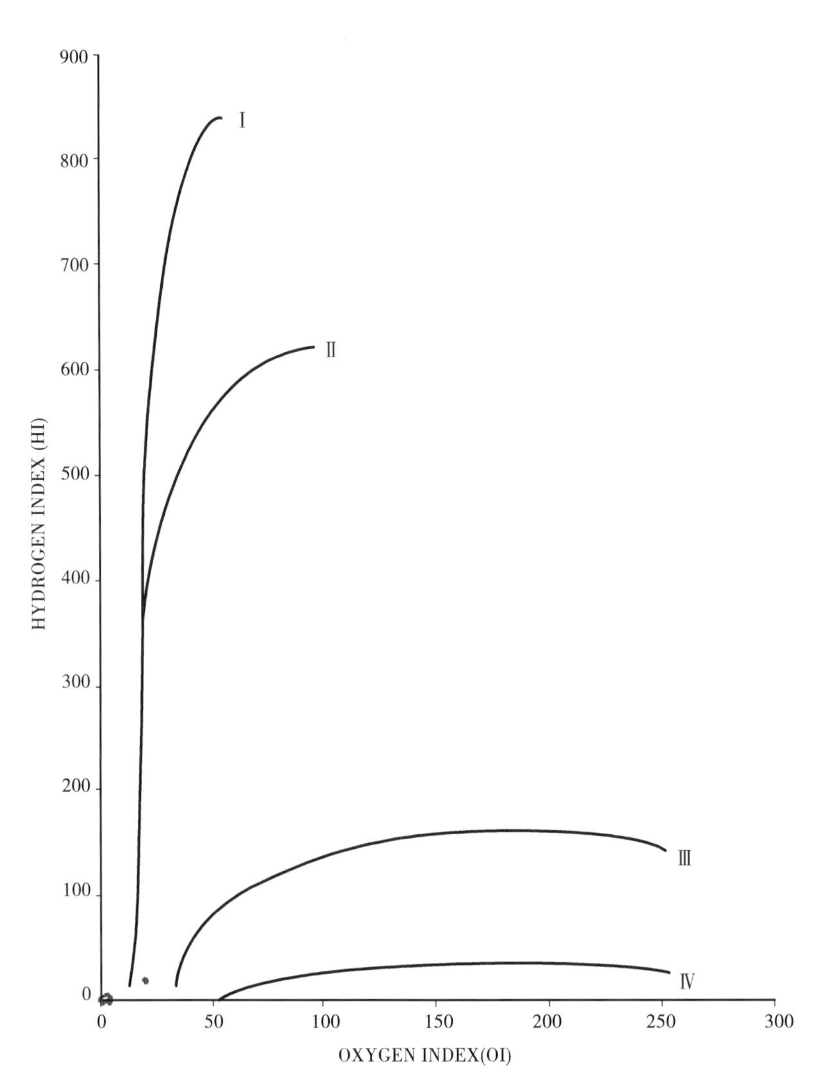

图 4.2 黔页 1 井干酪根类型判定图

干酪根的稳定碳同位素组成($\delta^{13}C$)能够表征原始生物母质的特征,次生的同位素分馏效应不会严重掩盖原始生物母质的同位素印记,它具有强烈的继承性,随成熟度变化不大;普遍认为是划分高-过成熟烃源岩有机质类型的有效指标。目前,普遍使用日本津岛公司生产的碳同位素质谱仪,其操作简单、性能稳定、精度高。质谱的测量是应用 CO_2 在高能电子流的轰击下产生不同质荷比的离子,测量质荷比为 44 和 45 的离子,即得同位素 ^{12}C 和 ^{13}C 的组成。测量中采用双束补偿法和双样系统,用两个收集器同时分别收集 m/e44 和 45 的两束离子进行补偿,并对被测样品和标准样品进行交替测量,所得的是样品与标准的相对关系,用 $\delta^{13}C$(‰)表示,即

$$\delta^{13}C = \frac{(^{13}C/^{12}C)_{样品} - (^{13}C/^{12}C)_{标准}}{(^{13}C/^{12}C)_{标准}} \times 1\ 000\% \tag{4.1}$$

国际通用标准是美国南卡莱纳州白垩纪的箭石,其中 $^{13}C/^{12}C = 1\ 123.72\times10^{-5}$ 或 $\delta^{13}C = 0$‰称 PDB 标准;我国的测量标准是北京周口店奥陶系灰岩,$^{13}C/^{12}C = 1\ 123.6\times10^{-5}$ 和四川

广福坪一号井天然气，其中$^{13}C/^{12}C=1\ 084.4\times10^{-5}$。各种有机物质的测量精度为±0.3%。

重庆地区下古生界页岩热演化史复杂，热成熟度较高，对于这种成熟度高的样品，特别是进入高成熟阶段以后的样品，不同类型干酪根之间的差异性逐渐消失，化学组成变得相似，干酪根类型的鉴别变得困难。综上对比分析有机质类型划分方法，优选测干酪根碳同位素的技术手段，以生物显微组分镜下鉴定和岩石热解参数作为辅助。目前，国内外主流仪器为日本津岛公司生产的碳同位素质谱仪。已利用岩石热解技术分析重庆地区页岩样品 70 件，生物显微镜鉴定薄片显微组分样品 70 件，为该地区页岩的生气能力研究提供重要依据。

(3)成熟度测试技术研究

页岩中丰富的有机质是生成油气的物质基础，但只有在有机质达到一定的热演化程度才能开始大量生烃，因此成熟度是生烃的重要控制因素。有机质成熟度的常用指标为镜质组反射率、沥青反射率。

泥盆纪之后高等植物开始出现的地层中有机质含有镜质组，镜质组包括结构镜质体和无结构镜质体，主要来源于高等植物中的木质素、纤维素以及单宁酸。在植物大规模登陆之前(泥盆纪之前)的地层中，有机质中没有由高等植物形成的镜质组，在有机质中往往有固体沥青存在，所以在研究有机质成熟度时采用沥青代替镜质体进行反射率测定，通过镜质体反射率与沥青质反射率的关系式将其沥青反射率再换算成镜质体反射率值。Jacob (1985)、丰国秀等经过详细研究认为，原生沥青(由本层烃源岩形成的，其运移仅限于本层烃源岩内的沥青)可用于研究源岩的成熟度，并且在高成熟至干气阶段应用效果较好。该方法可以很好地结合重庆区域地质演化史和有机地球化学分析结果，综合确定烃源岩的有机成熟度。Jacob(1989)通过对 R_{ob} 和 R_o 的对比研究，建立了两者的相关关系：

$$R_o = 0.618R_{ob} + 0.4 \tag{4.2}$$

通过公式换算成镜质体反射率而进行烃源岩成熟度评价，这也在一定程度上解决了缺乏镜质体的海相源岩的成熟度问题。

目前，国内外使用蔡司显微镜直接观测法测沥青反射率，其原理是利用光电效应原理，通过光电倍增管将反射光强度转变为电流强度，并与相同条件下已知反射率的标样产生的电流强度相比较而得出。每件光片上测定点数不少于 10 个，如果测点低于 10 个，应注明该数据仅供参考。每测完一块样品或经 2 h 后，需复测一次标样，如与测定前标样数值相差大于 0.02%，则所测样品须重新测定。

重庆地区下古生界海相页岩层系有机质中不含或极少含有来自陆源的镜质体，有机质中有固体沥青存在，因此，推荐利用蔡司显微镜测定沥青反射率值换算的手段来确定重庆地区富有机质页岩有机质演化程度。已利用沥青反射率测定手段完成重庆地区 61 件样品的测定，通过测得的实测数据基本掌握了该地区富有机质页岩有机质的热演化程度，为后续的烃源岩评价提供有利参数。

综合页岩有机质丰度、类型、成熟度的研究，结合重庆地区页岩层系特殊性，从多项地化测试指标参数中优选了适合重庆地区页岩气地化测试的关键指标参数，建立了页岩气地化分析关键技术体系(表4.1),为重庆页岩气的勘探开发提供有效技术手段。

表4.1　重庆地区页岩气地化测试关键指标优选

地化指标	可选指标参数			优选指标参数
有机质丰度	TOC	总烃	氯仿沥青“A”	TOC
有机质成熟度	镜质体反射率	沥青反射率		沥青反射率
有机质类型	显微组分	岩石热解参数	干酪根碳同位素	干酪根碳同位素

2)气体组分及成因类型测试技术研究

页岩气包括了未成熟生物气、低-成熟气、高-过成熟气等多种,覆盖了生物化学、热解及裂解等几乎所有可能的有机生气作用模式,即包括生物气、热成因气或者两者的混合气。

生物成因气是指成岩作用阶段早期,在浅层生物化学作用带内,沉积有机质经微生物的群体发酵和合成作用形成的天然气,这种气体出现在埋藏浅、时代新和演化程度低的岩层中,以含 CH_4 为主。同时,微生物的活动可以使有机质分解形成 CO_2、H_2S、H_2、N_2 等。从成分上看,甲烷是生物成因气的主体。它与乙烷以上重烃的比值大于100,甚至大于1 000。CH_4 含量一般大于98%,有的可达99%以上。生物成因气重烃含量低,一般少于0.2%,个别的可达1% ~2%,C_1/C_2 一般在数百到数千以上,为典型的干气。一般认为,重烃在1% ~2%以上者大多有热成因气混合。具有工业价值的生物成因气藏的 $\delta^{13}C_1$ 分布范围为-85‰~-55‰,明显富集轻碳同位素组成。

热成因气是指沉积有机质在热降解成油过程中,与石油一起形成的,或者是在过成熟阶段由有机质和液态烃热裂解形成的。热成因气主要为腐泥型干酪根进入成熟阶段以后在热力作用下形成的天然气,随着埋藏深度的增加,温度、压力增加,热化学作用成为重要因素,产生大量液态烃和气态烃,同时产生大量热化学甲烷;随着埋深继续增加,热化学作用完全代替生物化学作用,热化学甲烷及其同系物也大大增加,直至完全产生热化学甲烷,热成因气的特点是重烃含量高,一般超过5%。甲烷碳同位素组成为-55‰~-40‰;其中,石油伴生气偏轻,$\delta^{13}C_1$ 为-55‰~-45‰;凝析油伴生气偏重,$\delta^{13}C_1$ 为-50‰~-40‰;而过成熟裂解气,$\delta^{13}C_1$ 为-40‰~-35‰或更高。如果烷烃气出现 $\delta^{13}C_1>\delta^{13}C_2$ 逆序的特点,可能是混合成因气所致。

测气体组分及碳同位素测定技术是有效判识页岩气成因类型的可靠手段。早年,使用气相色谱仪和质谱仪两种仪器分别测试气体组分与碳同位素,随着技术的发展,普遍使用气相色谱质谱连用仪。天然气样品在气相色谱仪中经过色谱柱分离为单组分,再与质谱仪相连测定碳同位素组成。目前最通用的是美国赛默飞世尔公司生产的气相色谱与碳同位素联用仪 Thermo,该配置具有分析效率高、分析速度快、准确度好的特点。已应用气相色谱与质谱连用技术分析了重庆地区页岩气气体组分样品63件,获取了天然气各组分的百分含量,进行了页岩气成因类型的划分。

3）盆地模拟技术研究

页岩气藏本身是一个复杂的地质体，通过多学科综合研究，再利用软件操作态可以再现页岩气的生成和聚集，对页岩气资源潜力预测起到积极作用。数值盆地模型可以定量描述地质特征，综合考虑诸如沉积埋藏过程、成岩过程、温度场演化、压力场演化等沉积盆地演化的基本方面及其相互间的耦合关系，因此利用数值盆地模型，可以定量描述复杂地质现象，同时考虑多个因素的作用及其相互间的影响，为克服时空的限制、定量再现地质事件的发生、发展、演化过程提供了一条可行之路。盆地模拟的核心是从石油天然气地质学的物理、化学机理出发，在时空和空间域内定量恢复一个盆地和地区的历史发展过程，动态再现油气的生成、运移、聚集成藏规律。

一个完整的盆地模拟系统由以下五个模型有机组成：地史模型、热史模型、生烃史模型、排烃史模型和运移聚集史模型。一维盆地模拟系统包括前四个模型，二、三维盆地模拟系统包括五个模型（表4.2），对页岩气藏的模拟应放在前四史的研究。

表4.2 盆地模拟系统各模块的功能及主要模拟方法表

系统模块	模拟功能	模拟的方法	适用性
地史	沉降史、埋藏史	回剥技术	正常压实带
		超压技术	欠压实带
		回剥和超压相结合	正常压实带和欠压实带
热史	热流史、地温史	构造演化模型	定性
		古温标	定量
		构造演化模型与古温标结合	定量和定性精度更高
生烃史	生烃量史	化学动力学法	适用性广
		热解模拟法	计算结果可靠，只适于低演化地区
排烃史	排烃量史、排烃方向史	相态累加法	适于水溶相、油溶相，难于计算游离气和扩散气
		物质运移模型	适用性强

目前盆地的地史模拟中，主要采用回剥技术和超压技术相结合。回剥技术其实是反演的方法，由今溯古恢复埋藏史，回剥技术的优点是精度高、速度快；缺点是不能恢复异常压力史。超压技术其实是正演的方法，从古至今模拟埋藏过程，超压技术虽然能够恢复异常压力史，但其古厚度恢复结果精度较低，不适于单独使用。回剥技术和超压技术相结合，从已知的盆地现状出发，采用回剥技术，重建地层埋藏史。对于可能出现的异常地层压力层（如烃源岩层）采用超压技术，再修正回剥技术建的埋藏史，这样既得到了古压力史，又确保了计算精度。

热史研究可分为岩石圈和盆地两种尺度进行，在岩石圈尺度上，可根据数学模型调整参数，通过对盆地实际构造沉降量的拟合，获得盆地热流，进而结合盆地埋藏史，重建盆地热历史。该方法与盆地构造成因有关，称构造热演化法。在盆地尺度下利用盆地地层有机质、矿物、流体等记录的古地温反演地层的热历史和热流史，称古温标法，适于盆地模拟的古温度计有 R_o、黏土矿物和磷灰石裂变径迹。构造演化法的盆地模型都是简化的，加上各参数难于求取和不确定性，所以该方法偏重于定性研究，只起参考作用。古温度计仅限于局部范围的测量，可以进行定量研究。以上两种方法相结合，在选取一定的构造演化模型后，在此基础上求古地流、古地温的正、反演技术相结合法是目前几年普遍使用的方法。

生烃史模块是盆地模拟的心脏，主要是油气生成量的计算，油气生成量的计算方法有化学动力学法和热解模拟法。热解模拟法计算更接近实际情况，但在热解模拟实验数据少的地区，往往缺少降解率和产烃率模板，因此无法使用此方法。化学动力学方法使用的参数少，适用性广，但计算结果不如热解模拟法可靠，对于研究程度较低的重庆地区，推荐使用化学动力学方法。

排烃史研究的是油气自生油层向储集层的运移，也就是初次运移。初次运移的动力往往与相态有关。其中，压实法和压差法研究的是石油排油量的计算方法，不适用于研究页岩气排烃量。目前应用于天然气的排烃计算方法有两种，一种是相态计算累加法，首先计算各相态的运移量，然后再把结果分别相加，从而得到总排气量。这种计算方法比较符合生排烃顺序，也易于接受，但在实际操作中难以准确计算扩散气和游离气量。物质运移模型，基于物质平衡原理，绕开了气体相态问题，简化了计算过程，成为目前天然气初次运移时的主要技术。所以页岩气的排烃史推荐使用物质运移模型。

在软件工业化应用方面，目前在国际商品软件市场上活跃的主要是3套盆地模拟软件：①德国有机地化研究所（IES）的 PetroMod，由剖面二维油气系统分析软件 PetroFlow、平面二维油气系统分析软件 Finesse 和沉积应用分析软件 Sedpad 3 个相对独立的系统组成。②法国石油研究院（IFP）的 TemisPack（二维）、Genex（一维）和 Temis3D（三维）系列软件，该系列软件由 Beicip-Franlab 公司市场化。③美国 Platte River 公司（PRA）的 BasinMod，其主打产品是 BasinMod-1D、BasinMod-2D、BasinMod-3D。

Temis 系列软件利用有限体积法提供了一个耦合压力和多相流体的运移模拟器，用于模拟压力演化、流体流动和运移路径，估算油藏充注时间、圈闭内可能的油气充注体积等。但是 Temis 模拟软件运行一次长达一个半小时，操作麻烦，同时对计算机硬件要求高。

BasinMod 的特色是埋藏史用压实回剥法，热史模拟用地温梯度法，生排烃史模拟用烃产率法和化学动力法，油气运聚史模拟用运载层吸附油气散失模型法，资源量估算用排聚系数法。每一个模块使用的参数较多，BasinMod 软件具有 Windows 图形用户界面，可以通过对话框进行操作，操作简单灵活，使用方便。

PetroMod 是目前唯一能够使多维模拟在同一平台下操作，并使数据在能够在多维模块中共享的含油气系统模拟软件，另外，在油气运聚史方面表现出先进的油气模拟技术，开发了兼达西定律和流线法组合模拟器，保证了模拟精度和运算速度。

综合对比不同盆地模拟软件的优缺点，推荐使用 BasinMod 和 PetroMod 进行含页岩气盆地四史模拟。

表 4.3　盆地模拟系统主要模拟方法及软件优选表

系统模块	模拟功能	模拟的方法优选	适用性	软件优选
地史	沉降史、埋藏史	回剥和超压相结合	正常压实带和欠压实带	BasinMod 或 PetroMod
热史	热流史、地温史	构造演化模型与古温标结合	定量和定性精度更高	
生烃史	生烃量史	化学动力学法	适用性广	
排烃史	排烃量史、排烃方向史	物质运移模型	适用性强	

4.1.2　页岩储层分析测试技术研究

页岩储层分析测试结果是进行页岩发育有利区优选、钻井井位选取及勘探开发方案制订的基础,对页岩气勘探开发工作具有举足轻重的作用。针对重庆地区地质特征及页岩储层高石英含量和脆性指数、纳米级孔隙发育、低孔极低渗的地质特征,以储层岩石学、储层岩石微观结构特征、储层岩石物性及储层岩石力学作为储层分析测试的主要内容,并建立包括岩石定名、岩石组成及矿物组分、孔隙度、渗透率、孔径大小及分布、比表面积、抗压强度、弹性模量和泊松比、黏聚力和摩擦角、抗张强度、抗剪强度为测试指标参数的储层分析测试技术体系。

1)页岩岩石学测试

与常规油气储层相比,细粒泥页岩的成分和结构决定了其储集空间和储集物性的特殊性。页岩中有机质及黏土矿物(尤其是伊利石)较大的比表面积使其对页岩气具有较强的吸附作用,是吸附气重要的吸附载体。页岩中脆性矿物含量直接控制着页岩的脆性,对页岩储层物性有间接的影响。对页岩储层而言,开展页岩岩石学分析测试对页岩储层评价具有重要作用。

对成分复杂的页岩储层而言,不同矿物成分及其含量影响页岩气储集、渗流能力及页岩岩石力学性质。页岩岩石定名是开展页岩基础地质研究工作的基础,页岩岩石定名工作必不可少。页岩岩石矿物组成主要通过页岩中石英、长石等脆性矿物和黏土矿物含量来影响页岩气的储集空间及页岩吸附能力,是影响页岩储层性质的重要方面。综合现有常规储层、低渗透致密储层及页岩储层岩石学测试技术,薄片鉴定是储层岩石定名的主要技术手段,薄片鉴定、X 射线衍射全岩及黏土矿物分析技术是储层岩石矿物组成的主要测试技术手段。但是,对页岩储层而言,以上各种技术对页岩储层岩石学分析测试的适用性不同,下面通过对比上述各种储层岩石学测试技术,优选出适合重庆地区页岩岩石学分析测试的关键技术,为页岩储层评价等工作奠定技术基础。

(1)岩石定名

岩石定名主要基于岩石中主要矿物成分的含量,只需定性或半定量分析即可达到目的。目前,常用的储层岩石定名技术主要是薄片鉴定技术。

薄片鉴定主要以偏光显微镜为手段,利用矿物的光性特征,确定岩石的组成、结构、构造等矿物及岩石学参数。偏光显微镜除了具有放大作用以外,还装有聚光镜、起偏镜(下偏光镜)和分析镜(上偏光镜),起偏镜(下偏光镜)和分析镜(上偏光镜)透过偏光的振动面相互垂直。将岩石标本磨成薄片后,在偏光显微镜下通过单偏光、正交偏光和聚敛光三个步骤,利用偏光透过岩石薄片观察矿物的结晶特点,测定其光学性质,确定岩石矿物成分,研究其结构、构造,分析矿物的生成顺序,估算岩石矿物相对含量,确定岩石类型及其成因类型,最后定出岩石名称。世界各国生产的偏光显微镜型号甚多,而其基本原理和构造却大体相似,目前最通用的是奥林巴斯、莱卡、蔡司系列偏光显微镜,其操作简便、观察清晰。

薄片鉴定技术操作简单、省时、效率高、费用较低,完全能满足页岩岩石定名工作的需要。需要注意的是,对富有机质页岩而言,其颜色通常较深,在制作薄片时需将其磨得更薄,以便光线顺利透过薄片。另外,重庆地区页岩脆性较高、页岩储层中微裂缝较发育的特点给页岩制片工作带来一定的挑战。

利用薄片鉴定技术对渝东南地区8口井五峰—龙马溪组260块样品进行分析(图4.3)。初步掌握了渝东南地区五峰—龙马溪组地层的页岩类型,确定了页岩的组成、结构、构造等矿物及岩石学参数。

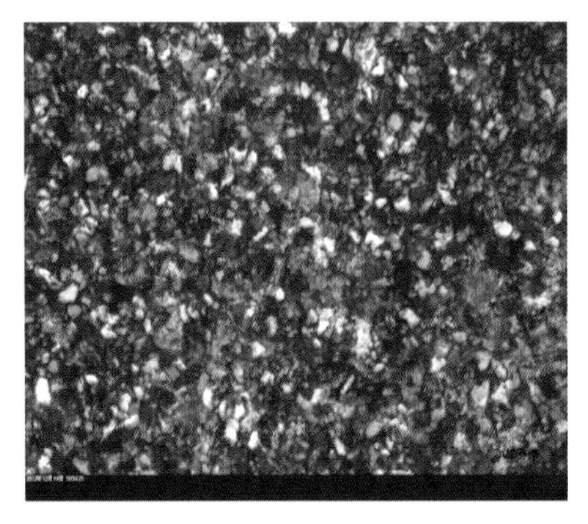

(a)灰黑色岩屑石英粉砂岩,1 103 m,龙马溪组

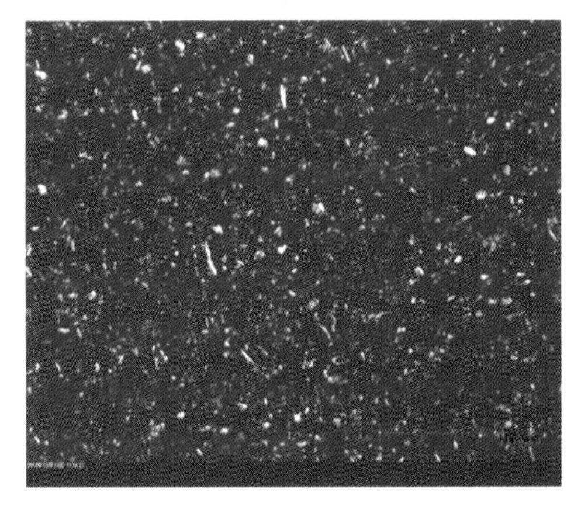

(b)黑色泥质石英粉砂岩,1 165.6 m,五峰组

图4.3 酉浅1井五峰—龙马溪组样品薄片鉴定结果

(2)岩石矿物组分

页岩岩石矿物组分的准确测定对于研究页岩脆性、页岩对页岩气的吸附能力,制订压裂改造方案具有重要作用。页岩岩石矿物组分的测定需要定量测试各种矿物成分的含量,对岩石矿物组分分析测试技术提出了较高的要求。目前,常规储层、低渗透致密储层及页岩储层常用的矿物组分分析测试技术主要有薄片鉴定技术、X射线衍射全岩及黏土矿物分析技术、QEMSCAN矿物分析技术。

采用薄片鉴定技术分析页岩岩石矿物成分操作简单、方便,但薄片鉴定技术只能定性或半定量判识各种矿物成分的相对含量,无法准确给出各种矿物成分的百分含量,不适合页岩岩石矿物成分定量分析工作。

X射线衍射全岩及黏土矿物分析技术(XRD)基于不同的黏土矿物具有不同的晶体构造,利用黏土矿物具有层状结构的特征以及X射线的衍射原理,通过试样衍射图谱定量分析页岩中石英、长石、方解石、白云石等矿物含量及伊利石等黏土矿物含量。XRD不仅可以确定混层矿物的类型,还可以确定各混层矿物的比例,所定量测定的岩屑分散矿物是油气钻井设计与施工中不可缺少的矿物学基础数据。X射线衍射仪最常用的厂家是德国布鲁克、荷兰帕纳科、日本理学。

QEMSCAN矿物分析技术能够通过沿预先设定的光栅扫描模式加速的高能电子束对样品表面进行扫描,并得出矿物集合体嵌布特征的彩图。在此基础上,利用自带能够自动获取并分析处理数据的专用软件(iDiscover)定量计算各种矿物成分的百分含量。该方法对样品制备要求较高,样品必须在稳定的高真空环境下进行测试。此外,QEMSCAN整套系统包括一台带样品室的扫描电镜、四部X射线能谱分析仪(EDS)以及一套能够自动获取并分析处理数据的专用软件(iDiscover),设备昂贵。

综上分析,虽然XRD技术和QEMSCAN矿物分析技术是分析页岩储层岩石组成、矿物成分分析的有效手段,但是QEMSCAN矿物分析技术对样品制备要求高、测试费用高,XRD技术原理及操作均较简单、测试费用便宜,是鉴定黏土矿物的常用且有效的方法。因此,优选XRD技术作为目前定量分析页岩矿物组成的首选技术;由于QEMSCAN矿物分析可以高效、系统得到全套矿物学参数以及计算所得的化学分析结果,建议在有条件的情况下引进QEMSCAN矿物分析设备。

利用X射线衍射全岩及黏土矿物分析技术对渝东南地区8口井五峰—龙马溪组236块样品进行分析(表4.4)。利用XRD评价技术得到了页岩储层中石英、长石、方解石、黏土矿物、黄铁矿等矿物成分的含量,为页岩储层改造提供依据。

表4.4 黔浅1井龙马溪组样品黏土矿物及全岩X-射线衍射分析结果

井深/m	黏土矿物相对含量/%								全岩定量分析/%							
	K	C	I	S	I/S	%S	C/S	%S	黏土总量	石英	钾长石	斜长石	方解石	白云石	黄铁矿	菱铁矿
725		18	30		52	15			36	44	3	8	3	3	3	
727.12		20	51		29	10			28	46	5	9	5	4	3	
729.92		15	50		35	10			28	47	4	9	6	4	2	
732.75		14	53		33	10			39	41	2	7	5	3	3	
735.08		13	45		42	10			30	44	4	9	6	4	3	
738.5		12	44		44	10			44	33	3	6	5	1	8	
740.6		9	43		48	10			39	40	4	7	5	2	3	

续表

井深/m	黏土矿物相对含量/%								全岩定量分析/%							
	K	C	I	S	I/S	%S	C/S	%S	黏土总量	石英	钾长石	斜长石	方解石	白云石	黄铁矿	菱铁矿
741.5		13	48		39	10			27	44	3	15	5	5	1	
744.1		12	46		42	10			26	41	3	17	5	7	1	
747.1		10	49		41	10			33	37	3	17	3	5	2	
749.5		10	48		42	10			35	42	2	12	4	3	2	
750.57		11	47		42	10			32	41	4	13	4	4	2	
752.4		12	52		36	10			33	44	3	12	4	3	1	

注:K:高岭石　C:绿泥石　I:伊利石　S:蒙皂石　I/S:伊/蒙间层　C/S:绿/蒙间层　%S:间层比

2)页岩物性测试技术研究

(1)渗透率测试技术研究

页岩储层致密,渗透率极低,在纳达西级别。页岩基质渗透率的大小直接决定页岩储层的渗流能力,对页岩气的产出具有重要影响。目前常用的压汞法无法满足页岩纳米级孔隙渗透率测试要求,需重新优选合适的页岩渗透率测试技术。国内外常用的渗透率测试方法包括稳态法渗透率测试、扫描电镜和CT扫描、压力脉冲衰减法等,各种方法具有不同的优缺点,比较如下:

①稳态法气体渗透率测量用于柱形岩芯样品,可用三点测试法给出克氏渗透率,该方法的基本原理基于达西定律。气体在低渗透介质中的渗流存在非达西流动特点,应用达西流动公式计算介质渗透率不准确;介质渗透率很低时,需要很高的驱替压差和很长的流速稳定时间;操作时需要不断进行数据记录,人为误差比较大。

②扫描电镜利用入射电子和试样表面物质相互作用所产生的二次电子和背散射电子成像,获得试样表面微观组织结构和形貌信息。根据所获得的成像孔隙结构,计算页岩渗透率。这种方法可精确确定孔隙结构平面形态。由于孔隙结构形状不规则,基于孔隙结构几何形状的渗透率计算存在一定误差。此外,扫描电镜价格较昂贵,样品需要进行氩离子抛光,实验时间较长。

③CT扫描技术以BEER'S定理为基础,CT技术测量所测定的只是线性衰减系数,该系数为穿过岩心的射线的度量。透过物体后射线强度与物体的密度有一对应关系,据此计算岩心的渗透率。这种方法可以精确确定页岩渗透率,效果较好,但是仪器价格非常昂贵,样品测试时间较长,不适合大量样品的渗透率测试。

④测井技术可根据测井信息结合岩心标定计算岩心的渗透率。这种方法可解决无法取心情况下页岩渗透率的计算,它根据井周测井信息计算岩心渗透率。

⑤压力脉冲衰减法测试页岩渗透率不需记录岩样出口流速和驱替压差,通过在测试岩

样入口端施加一定的压力脉冲，记录该压力脉冲在岩样中的衰减数据，然后结合相应的理论公式计算渗透率。黔页 1 井和黔浅 1 井 38 块样品渗透率测试结果（表 4.5）表明，压力脉冲衰减法测试页岩渗透率的范围可达到纳达西级别，比其他测试技术所测结果高出至少 1 个数量级，完全满足页岩极低渗透率测试要求。

表 4.5 基于不同测试技术的页岩渗透率对比

黔页 1 井页岩渗透率测试		黔浅 1 井页岩渗透率测试	
井深/m	压力脉冲衰减渗透率/mD	井深/m	稳态法渗透率测试/mD
727.14	0.000 050	727.64	0.007 9
729.00	0.000 076	730.21	0.009 1
731.90	0.000 055	732.79	0.007 6
735.25	0.000 082	735.36	0.016 8
746.83	0.000 080	747.10	0.010 4
749.29	0.000 084	749.50	0.008 7
750.38	0.000 082	750.50	0.175 4
752.87	0.000 090	752.57	0.009 3
754.72	0.000 073	754.63	0.024 0
756.00	0.000 070	756.70	0.010 5
758.04	0.000 087	758.77	0.338 4
762.48	0.000 127	762.90	0.010 6
764.60	0.000 115	764.97	0.019 2
767.60	0.000 115	767.03	0.088 1
769.30	0.000 118	769.1	0.008 8
779.79	0.000 098	779.43	0.006 1
781.20	0.000 161	781.50	0.018 5
793.87	0.000 304	793.60	0.004 6
796.11	0.000 171	795.60	0.009 2

根据以上页岩渗透率测试技术特点、渗透率测试范围的大小、测试效率及测试原理和结果的可靠性，优选压力脉冲衰减法作为页岩岩心渗透率测试的主要方法，这种方法适用于页岩气勘探阶段钻井取心的情况下。在页岩气开发过程中，由于开发井不取心，此时需要使用测井技术（需前期页岩渗透率测试结果进行标定）来测量页岩储层渗透率，使用的主要测井技术有 Timur-Coates 渗透率模型、SDR 渗透率模型、Timur 公式法和电阻率法（孙军昌，2013）。

（2）孔隙度测试技术研究

页岩储层致密，孔隙度较低，孔隙度的大小直接反映储层储集能力的大小，对勘探开发有重要参考意义。但对于页岩储层而言,常规孔隙度测试技术无法满足其纳米级有机质孔、粒间孔、粒内孔等微观孔隙的测试要求,需重要选择合适的测试技术。目前,国内外常用的孔隙度测试方法主要有压汞法、扫描电镜和 CT 扫描、氦气膨胀法、压力脉冲衰减法及气体吸附法等,各种方法具有不同的优缺点,比较如下:

①压汞法测孔隙度假设多孔材料的内部孔隙呈小而不等的圆柱状,并且每条孔隙都能延伸到样品外表面,从而与汞直接接触。在一定压力下,汞只能渗入相应既定大小的孔中,压入汞的量就代表相应孔大小的体积,逐渐增加压力,同时计算汞的压入量,可测出多孔材料孔隙容积的分布状态。由于页岩孔隙度极低,根据压汞法测试原理,测试结果会存在一定的偏差。

②扫描电镜利用入射电子和试样表面物质相互作用所产生的二次电子和背散射电子成像,获得试样表面微观组织结构和形貌信息。根据所获得的成像孔隙结构,计算页岩孔隙度。这种方法可精确确定孔隙结构平面形态,由于孔隙结构形状不规则,基于孔隙结构几何形状的孔隙度计算存在一定误差。此外,扫描电镜价格较昂贵,样品需要进行氩离子抛光,实验时间较长。

③CT 扫描技术以 BEER'S 定理为基础,CT 技术测量所测定的只是线性衰减系数,该系数为穿过岩心的射线的度量。透过物体后射线强度与物体的密度有一对应关系,据此计算岩心的孔隙度。这种方法可以精确确定页岩孔隙度,效果较好。但是仪器价格非常昂贵,样品测试时间较长,不适合大量样品的渗透率测试。

④测井技术可根据测井信息结合岩心标定计算岩心的孔隙度。这种方法可解决无法取心情况下页岩孔隙度的计算,它根据井周测井信息计算岩心孔隙度。

⑤气体吸附法采用氮气或二氧化碳为吸附质气体,恒温下逐步升高气体分压,测定页岩样品对其相应的吸附量,由吸附量对分压作图,可得到页岩样品的吸附等温线;反过来逐步降低分压,测定相应的脱附量,由脱附量对分压作图,则可得到对应的脱附等温线。在沸点温度下,当相对压力为 1 或接近于 1 时,页岩的微孔和介孔一般可因毛细管凝聚作用而被液化的吸附质充满。因此,页岩的孔隙体积由气体吸附质在沸点温度下的吸附量计算,再根据样品体积计算出页岩孔隙度。气体吸附法可测得大于 0.35 nm 孔径的微孔,测试效率高,适合页岩孔隙度测试。

⑥氦气膨胀法依据波义耳定律,即在定量定温下,理想气体的体积与气体的压力成反比。

⑦压力脉冲衰减法基于一维非稳态渗流理论,测量时在测试岩样入口端施加一定的压力脉冲,记录该压力脉冲在岩样中的衰减数据,然后结合相应的理论公式计算孔隙度,压力脉冲衰减法测试孔隙度具有较高的测试精度和测试效率。以黔页 1 井和黔浅 1 井共 84 块样品孔隙度测试结果(表 4.6)为例,压力脉冲衰减法所测页岩孔隙度明显大于氦气膨胀法所测页岩孔隙度(压力脉冲衰减法所测页岩孔隙度是氦气膨胀法所测页岩孔隙度值的 2 倍以上),原因可能在于压力脉冲衰减法所测孔隙度包含了页岩中纳米级孔隙的孔隙度,而氦气膨胀法等其他方法所测页岩孔隙度值缺少纳米级等较小孔隙的孔隙度值。

表 4.6　基于不同测试技术的孔隙度测试结果对比

序号	压力脉冲衰减法测试结果/%	氦气膨胀法测试结果/%
1	3.47	1.70
2	2.53	2.00
3	4.34	1.80
4	3.79	1.30
5	4.3	1.80
6	2.52	0.90
7	4.62	2.00
8	2.67	1.00
9	3.12	2.80
10	3.10	2.50
11	2.79	0.90
12	3.31	1.80
13	2.70	1.90
14	1.65	1.30
15	1.46	2.20
16	1.97	1.70
17	1.41	1.50
18	1.71	1.00
19	2.87	1.20
20	2.92	1.80
21	2.40	1.40
22	2.38	0.80
23	1.99	1.70
24	2.07	0.90
25	2.52	1.20
26	2.85	1.20
27	4.23	1.10
28	4.92	1.10
29	5.09	2.00
30	5.61	1.50
31	3.86	1.40
32	4.74	0.90

续表

序号	压力脉冲衰减法测试结果/%	氦气膨胀法测试结果/%
33	3.38	0.90
34	4.46	0.60
35	3.91	1.30
36	4.45	1.30
37	0.47	1.80
均值	3.15	1.46

根据以上页岩孔隙度测试技术特点、孔隙度测试范围的大小、测试效率及测试原理和结果的可靠性,优选压力脉冲衰减法作为页岩岩心孔隙度测试的主要方法,这种方法适用于页岩气勘探阶段钻井取心的情况下。在页岩气开发过程中,由于开发井不取心,此时需要使用测井技术(需前期页岩孔隙度测试结果进行标定)来测量页岩储层孔隙度的大小,孔隙度测井主要采用密度测井、补偿中子测井、岩心刻度测井、威利公式、中子-密度几何平均值计算的方法。

(3)页岩原岩孔渗测试技术研发

常规的孔隙度、渗透率测试没有考虑地下围压的影响,前人研究认为在有围压条件下,孔隙度和渗透率随着有效应力增大逐渐减小,常规测试方法不能准确反映地层围压条件下页岩真实孔隙度和渗透率。

①已有设备存在的缺点与不足。

当前页岩孔隙度、渗透率测试设备主要是在地面温度、压力环境下测试页岩孔隙度、渗透率,相比于实际地层中,页岩赋存环境存在一定区别,对测试真实孔隙度、渗透率存在一定不足,主要表现在以下几个方面:

a.测试样品时,忽略了地层围压条件下对测试结果的影响;

b.对页岩这种低孔隙度、纳达西级渗透率样品,常规设备满足不了测试精度要求;

c.已有的压力脉冲衰减法测试渗透率测试设备昂贵(该类设备只能进口),测试成本高。

②改进测量装置及测试流程。

基于以上常规孔隙度、渗透率测试技术上的缺陷,人们设计了一种页岩孔隙度和渗透率测试改进方法与设备。该方法与设备孔隙度测试基于波义耳定律,渗透率测试基于非达西渗流定律,测试通过模拟储层地下地质条件(加围压)测量页岩原位孔隙度和渗透率,这种方法可明显减少常规无围压条件下页岩孔隙度、渗透率测试结果中的误差。此装置设计简便,成本低廉,该装置及测试技术的成功应用可大大降低同类设备(如压力脉冲衰减孔隙度、渗透率测试仪器)的购置费用及实验测试经费。

a.改进测试设备方案。该改进测试设备目的在于在常规孔渗测试设备基础上,达到能在地层围压条件下的测试需求，同时改进的设备能够测试页岩这种低孔低渗岩样，并且精度不低于常规脉冲压力衰减法测试的样品结果。基于以上理念出发，对设备做了以下改进：

- 把原来岩心加持器置于能够提供围压和轴向压力的密封盒中，围压和轴向压力由液压泵提供。
- 在气源出口安置一个脉冲气体生成装置，达到脉冲测试孔渗目的。
- 改进或置换高精度参数测量传感器（包括压力、体积测量传感器等）。
- 改进孔隙度、渗透率测试计算原理公式，完善测试结果校正系数。

b. 测试基本原理。

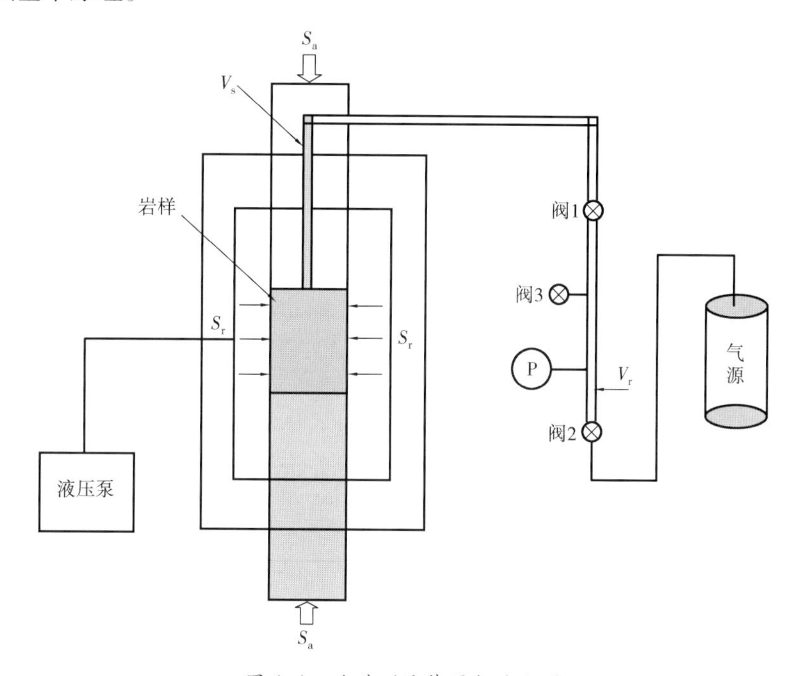

图 4.4　改进测试装置与流程图

样品孔隙体积可直接通过下式计算：

$$V_p = [(V_s + V_r)\rho_m - (V_s\rho_s + V_r\rho_r)]/(\rho_s - \rho_w) \tag{4.3}$$

则样品孔隙度为：

$$\Phi = V_p/V_b \tag{4.4}$$

式中，V_b 为模拟围压条件下的样品体积。

样品有效气体渗透率 K（mD）为：

$$K = 0.103\ 27 \times s \times \Phi \times c \times \mu/b^2 \tag{4.5}$$

式中，s 为密度-时间半对数图中直线部分的斜率，c 为气体压缩系数，μ 为气体黏度，b 为以下超越方程的根：

$$b \times \cot(b \times l) = -h \tag{4.6}$$

式中，l 为样品长度（cm），$h = A \times \Phi/(V_s + V_r)$，$A$ 为样品横截面积。

c. 改进设备测试步骤与常规孔渗测试步骤主要区别。

- 测试围压和轴向压力加载与卸载要求，改进设备测试时，要求测试围压和轴向压力加载点应该从低到高渐进加载;卸载时,不应瞬时卸掉加载压力,应渐进泄压。

- 测试过程中气源压力提供范围值应尽量大。
- 围压、轴向压力提供管线和相关设备密封性、安全性要好。
- 应先加好围压和轴向压力再测试样品。

③测试数据对比。

a. 孔隙度测试数据对比。

基于此方法,取重庆渝东南地区某井样品四个进行测试,并对样品测试结果进行了对比(表 4.7,图 4.5a)。

表 4.7　改进测试设备所测不同围压条件下孔隙度值

岩样 1		岩样 2		岩样 3		岩样 4	
压力/MPa	有效孔隙度/%	压力/MPa	有效孔隙度/%	压力/MPa	有效孔隙度/%	压力/MPa	有效孔隙度/%
0	4.4	0	4.95	0	5.45	0	6
6	4.25	6	4.85	6	5.15	6	5.7
6.2	4.2	24	4.6	20.8	4.7	6.2	5.9
24	3.95	38	4.4	21	4.4	6.4	5.55
24.3	3.9			26.8	4.35	13.8	5.6
37.4	3.75			27	4.3	14	5.6
37.6	3.65			37.4	4.25	32.5	5.1
38	3.6			37.6	4.3	33	4.8
				38	4.35	40	5

为方便实验测试,轴向压力 S_a 与围压 S_r 设定值相同。其中,压力为 0 MPa 时,为已有设备测试的页岩样品孔隙度测定值。测试结果表明,样品在没有围压的条件下孔隙度明显高于有围压条件下的孔隙度,且样品孔隙度随着有效压力的逐渐增大而逐渐减小。说明没轴向压力和围压的条件下测得的页岩孔隙度不可靠,会比实际地层条件下测得孔隙度值偏高。而在模拟地层压力条件下,该种孔隙度测试方法所没得的孔隙度值更接近页岩储层真实孔隙度。同时,从测得有效孔隙度与围压的变化曲线可知,可利用不同围压条件测得样品有效孔隙类推该地区不同地层压力下同目的层位的有效孔隙度值。

b. 渗透率测试数据对比。

分别采用改进设备与压力脉冲衰减法测试所取页岩样品渗透率(共 4 个样品),渗透率测试结果表明(表 4.8,图 4.5(b))。该方法所测得渗透率最小精度为 10 个 nD,达到页岩渗透率测试精度要求。由图中四个样品测试数据可以看出,该方法所测得渗透率随着有效压力逐渐增加而逐渐减小,可准确模拟页岩储层地下条件,从而测得更接近页岩储层地下条件下的真实渗透率,同时根据渗透率变化趋势线推测不同地层压力下同目的层位的渗透

表 4.8　改进设备渗透率测试结果与压力脉冲衰减法渗透率测试结果对比

岩样 1				岩样 2				岩样 3				岩样 4			
改进设备测试		压力脉冲衰减法测试		改进设备测试		压力脉冲衰减法测试		改进设备测试		压力脉冲衰减法测试		改进设备测试		压力脉冲衰减法测试	
压力/MPa	渗透率/mD	压力/MPa	渗透率/mD	压力/MPa	渗透率/mD	压力/MPa	渗透率/mD	压力/MPa	渗透率/mD	压力/MPa	渗透率/mD	压力/MPa	渗透率/mD	压力/MPa	渗透率/mD
8	0.041 230	6	0.045 000	21	0.006 000	20	0.006 530	16	0.085 500	15	0.080 000	6	0.000 400	5	0.000 350
18	0.035 100	24	0.027 200	27	0.004 000	27	0.005 500	24	0.075 000	25	0.075 300	16	0.000 150	15	0.000 250
27	0.025 000	38	0.025 400	34	0.002 800	34	0.003 450	31	0.035 400	30	0.045 000	24	0.000 080	25	0.000 120
37	0.020 000	45	0.020 200	41	0.002 100	41	0.002 510	37	0.023 400	35	0.023 500	32	0.000 070	30	0.000 100
45	0.017 000							41	0.020 500	40	0.015 000	40	0.000 046	40	0.000 035

率值，为勘探开发提供更精确的数据支撑。

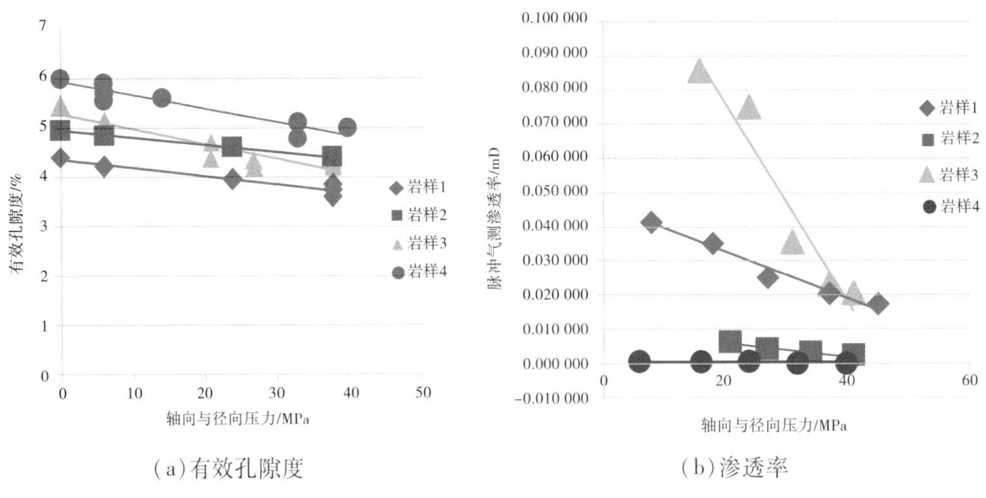

(a)有效孔隙度　　(b)渗透率

图 4.5　利用改进测试设备所测不同围压下的孔渗值

从岩样1-岩样4使用改进设备与压力脉冲衰减法测试渗透率对比图（图4.6）可知，使用改进方法测量页岩样品的测量值与常规压力脉冲衰减法测得的渗透率值相当。同时从变化趋势线可看出，部分改进设备测得渗透率值精度比压力脉冲衰减法测试渗透率测试值还高，其线性拟合能力较好。进一步说明改进的测试设备测试高致密页岩渗透率不比压力脉冲衰减法测试获得渗透率测试值效果差，同样能满足页岩渗透率测试要求。

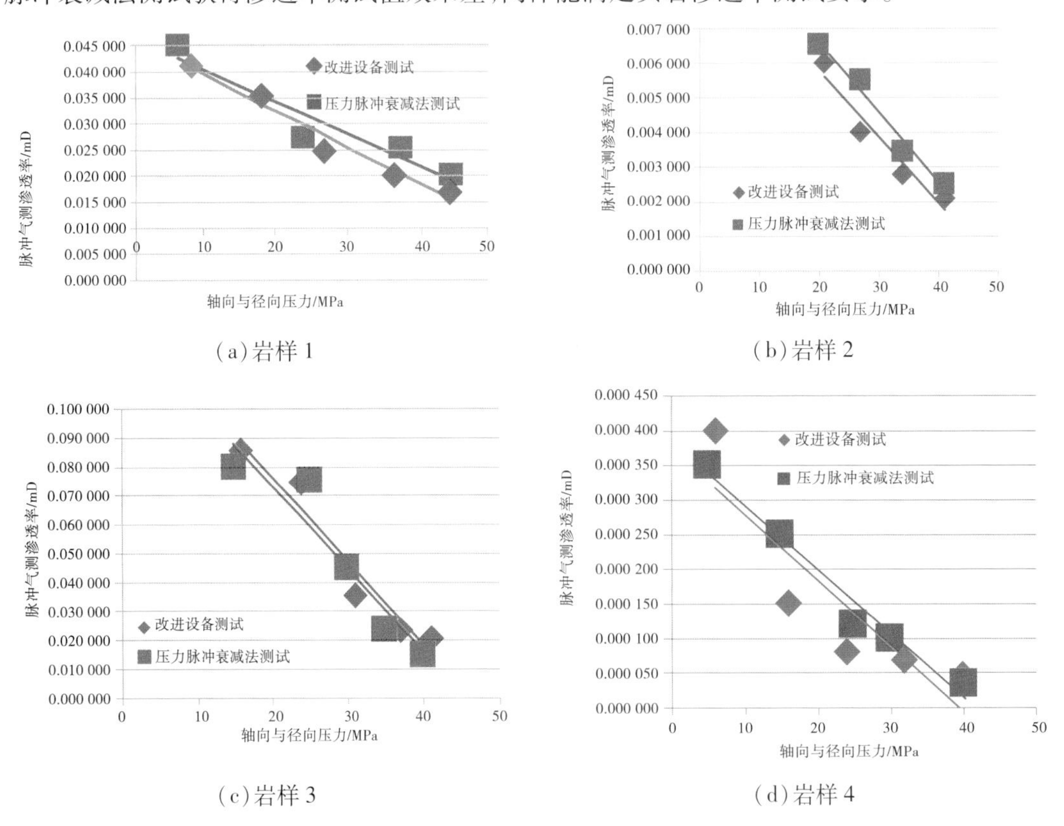

(a)岩样1　　(b)岩样2

(c)岩样3　　(d)岩样4

图 4.6　改进设备与压力脉冲衰减法测试渗透率对比

④改进设备优点。

该设备通过改进以后孔渗测试设备，使之能够测试高致密性岩石孔渗，其相比于已有常规孔渗测试设备和当前流行的压力脉冲衰减法测试设备，具有以下优点：

a. 比较于已有常规孔渗测试设备：一是该设备能够用满足低孔低渗样品孔渗测试要求，特别是渗透率测试精度能够达到10 nD级别。二是能够模拟地层围情况，准备获取样品在地层中的真实孔渗值。三是改进测试设备的测试原理简单，孔渗值计算方便。

b. 比较于压力脉冲衰减法测试设备：一是只需增加岩样围压提供装置、更换部分传感器和提供脉冲气体产生装置，设备造价便宜。二是该设备的测试精度不比压力脉冲衰减法测试设备低，测试精度相当。

3）页岩微观结构特征观测与分析测试技术研究

（1）孔径大小及分布

页岩储层致密，以纳米级孔隙为主，页岩孔径大小及其分布反映页岩储层的微观孔隙结构特征，是表征页岩储层的一个重要参数。通常，储层基质孔隙孔径大小和分布测试方法主要有观测法、氮气吸附法及压汞法，三种方法的适用范围不同，比较如下：

①观测描述法能直接描述页岩微观孔隙形态、连通性和孔隙密度等，但对页岩微观孔隙结构缺乏相应的检测手段和计算方法，并不能全面地展现页岩储层的储集空间特征。储层孔隙结构参数反映孔隙连通性的有排驱压力、毛细管中值压力、残余汞饱和度、退出效率和结构渗流系数等，它们的大小直接反映页岩储层的储渗能力。利用压汞法可以得到以上参数。

②恒速压汞实验模型中可假设多孔介质由直径大小不同的喉道和孔隙构成，能同时得到孔道和喉道的信息，更符合低渗、特低渗储层小孔细喉或细孔微喉的结构特征，更适用于孔、喉性质差别很大的低渗透、特低渗透页岩储层。但是恒速压汞技术由于对精密仪器制造技术有较高的要求，仪器造价费用高，目前国内引进仪器较少，样品实验费用较贵。

③氮气吸附法在泥页岩微孔和中孔分析方面有优势，压汞法在大孔分方面具有优势，常规（高压）压汞与氮气吸附分析技术相结合的方法，能够对泥页岩的孔径分布进行从微孔到大孔的全面描述。目前，国内常规（高压）压汞与氮气吸附分析结合技术已经发展成熟，多家实验室均具有相关仪器，样品实验费用较低。重庆地区A井（采用常规高压压汞与氮气吸附分析技术相结合测试孔隙结构）43块样品和B井（采用氮气吸附法测试孔隙结构）45块样品测试结果表明，氮气吸附法结合高压压汞法比常规压汞法测试精度更高，可测得更小孔径的孔隙，能弥补常规压汞法无法测试较小纳米级孔隙的缺点，满足页岩储层纳米级孔隙测试要求（表4.9）。

综合比较两种压汞法，建议采用常规（高压）压汞与氮气吸附法相结合的技术进行页岩储层孔隙结构参数测定。

表 4.9　高压压汞与氮气吸附法与常规压汞测试数据对比

A 井高压压汞与氮气吸附法相结合孔隙结构测试					B 井常规压汞法孔隙结构测试				
毛管压力	喉道半径	注入汞饱和度	毛管压力	退出汞饱和度	毛管压力	喉道半径	注入汞饱和度	毛管压力	退出汞饱和度
P_c/MPa	r/μm	S_{Hg}/%	P_c/MPa	S_{Hg}/%	P_c/MPa	r/μm	S/%	P_c/MPa	S/%
0.003 542 9	176.033 425	0	199.939 439 7	45.440 910 2	0.003	183.132	0.000		
0.020 610 6	30.259 553 1	4.887 042	188.049 057 1	45.373 498 3	0.014	45.783	1.130		
0.027 515 2	22.666 287 5	7.903 265 8	144.920 999 5	45.373 498 3	0.027	22.892	1.540		
0.037 843 6	16.480 146 9	11.072 199 1	110.587 816 5	45.373 498 3	0.041	15.261	1.790		
0.041 309 6	15.097 401 6	11.950 333 5	85.706 667 6	45.373 498 3	0.054	11.446	1.950		
0.051 615 4	12.082 964 1	14.126 595 7	66.326 448	45.373 498 3	0.068	9.143	2.200		
0.058 496 4	10.661 632 8	15.233 822 5	50.391 015 6	45.373 498 3	0.088	7.044	2.370		
0.072 216 1	8.636 121 9	17.028 276 4	39.376 461 5	45.373 498 3	0.109	5.707	2.510		
0.089 421 7	6.974 456 3	18.670 020 9	29.738 917 7	45.373 498 3	0.136	4.568	2.730	0.125	7.330
0.110 008 1	5.669 286 7	20.159 037 1	22.762 614 5	45.373 498 3	0.205	3.043	3.010	0.226	7.490
0.137 779 7	4.526 555 5	21.686 238 5	17.918 017 6	44.943 006 1	0.205	3.043	3.010	0.365	7.740
0.172 218 2	3.621 380 1	23.060 711 6	13.786 913 2	43.910 446	0.252	2.469	3.270	0.494	7.990
0.206 622	3.018 397 3	24.129 759 5	10.384 955	43.169 040 4	0.523	1.191	3.900	0.701	8.240
0.246 739 6	2.527 634 2	24.541 196 8	8.269 105 3	42.523 965 4	1.207	0.516	4.770	1.247	8.810
0.322 485 7	1.933 937 9	25.031 519 1	6.234 799 3	41.876 759 2	2.371	0.263	6.020	2.203	9.690
0.387 614 4	1.608 989 1	25.538 941 3	4.860 028 3	41.329 982 6	3.525	0.177	7.040	3.429	10.710
0.493 953 9	1.262 602 4	26.285 338 5	3.472 501 1	40.510 043 9	5.441	0.114	8.280	5.480	12.120
0.599 005 1	1.041 172 1	26.915 099 2	2.790 858 2	40.017 665 8	8.175	0.076	10.050	8.219	13.720
0.767 568 6	0.812 523 3	27.792 020 2	2.082 700 5	39.335 562 3	11.587	0.054	11.740	11.614	15.230
0.939 201 6	0.664 039 9	28.475 110 7	1.670 451 7	38.847 817 4	15.669	0.040	13.670	15.715	16.960
1.184 346 6	0.526 591 9	29.254 896 4	1.322 636 8	38.327 394 5	19.748	0.032	15.420	19.832	18.300
1.491 535 3	0.418 137 9	29.984 552 3	1.030 460 1	37.819 708 3	26.563	0.023	18.160	26.657	20.360
1.836 574 2	0.339 581 9	30.665 329 2	0.776 086 1	37.360 806 7	33.348	0.019	20.940	33.520	22.260
2.252 348 8	0.276 896 4	31.307 908 4	0.605 959 8	36.883 485 1	42.875	0.015	24.060	43.085	24.730
2.875 501 1	0.216 89	32.052 080 2	0.469 865 2	36.460 650 1	49.822	0.013	26.480	49.822	26.480
3.564 632 4	0.174 959 8	32.643 460 8	0.370 891 3	36.028 548 6					
4.392 417 3	0.141 987 3	33.219 175	0.230 577 2	35.428 888 5					
5.497 855 4	0.113 438 3	33.749 298 2	0.118 308 1	34.557 399 1					

续表

A 井高压压汞与氮气吸附法相结合孔隙结构测试					B 井常规压汞法孔隙结构测试				
毛管压力	喉道半径	注入汞饱和度	毛管压力	退出汞饱和度	毛管压力	喉道半径	注入汞饱和度	毛管压力	退出汞饱和度
P_c/MPa	r/μm	S_{Hg}/%	P_c/MPa	S_{Hg}/%	P_c/MPa	r/μm	S/%	P_c/MPa	S/%
6.811 794 1	0.091 557	34.280 578 3	—	—					
8.256 876 3	0.075 533 1	34.772 07	—	—					
10.322 432	0.060 418 6	35.241 552 1	—	—					
13.076 089	0.047 695 3	35.761 440 6	—	—					
16.170 306	0.038 568 7	36.250 612 6	—	—					
19.956 501	0.031 251 3	36.726 513 3	—	—					
24.757 235	0.025 191 3	37.774 029 4	—	—					
30.927 957	0.020 165 2	38.326 055 4	—	—					
38.499 215	0.016 199 5	39.010 661	—	—					
47.446 585	0.013 144 6	39.766 054 4	—	—					
59.150 626	0.010 543 7	40.586 885 8	—	—					
72.915 228	0.008 553 3	41.550 619 5	—	—					
90.815 625	0.006 867 4	42.645 857 6	—	—					
101.853 16	0.006 123 2	42.691 002 2	—	—					
112.871 76	0.005 525 5	43.453 512 1	—	—					
137.680 78	0.004 529 8	44.175 152 5	—	—					
172.328 13	0.003 619 1	45.054 663 6	—	—					
199.939 44	0.003 119 3	45.440 910 2	—	—					

(2)比表面积

页岩储层比表面积较大,对页岩气具有较好的吸附能力。因此,页岩储层比表面积测试对页岩气勘探开发具有一定的参考意义。目前,常用的比表面积测试方法主要包括吸附法和计算法两种方法,两种方法原理和适用性不同,现比较如下:

①计算法根据相关理论人为建立比表面积计算模型,并根据实验室相关参数计算页岩比表面积。相关计算公式人为因素较多,部分理论参数进行理想化设定,使得页岩实际比表面积值与计算结果有一定的偏差。吸附法测定黏土或泥页岩在一定条件下吸附吸附质的量,根据吸附质分子的截面积计算黏土和泥页岩的比表面积。理论上,吸附法测定页岩比表面积相较计算法准度高。但吸附法测定比表面积的准确度不仅取决于实验测定的吸附量的准确度,而且取决于吸附质分子截面积的确定。因一种吸附质分子在各种固体表面

上的截面积不同,且同一种吸附质分子在同种固体表面不同几何位置上的截面积也不尽相同,因此,确定吸附质分子截面积就非常重要。

②吸附法主要包括动态法和静态容量法。比较而言,动态法比较适合测试快速比表面积测试和中小吸附量的小比表面积样品(对于中大吸附量样品,静态法和动态法都可以定量得很准确),静态容量法比较适合孔径及比表面测试。通过 BET 法理论与物质实际吸附过程更接近,可测定样品范围广,测试结果准确性和可信度高。

综合以上分析,吸附法为页岩比表面积测试的主要方法。其中,低温物理吸附法最小可测孔径 0.35 nm 的微孔,比表面测试范围大于 0.000 5 m^2/g,无规定上限,可作为页岩比表面积测试优先考虑的方法。

4)页岩岩石力学测试技术研究

页岩岩心岩石力学测试技术主要分为声学测试方法和伺服刚性加载法两种。伺服刚性加载法与声学测试方法相比更为直接和准确,因此针对重庆地区页岩也推荐采用伺服刚性加载法,主要获取岩石的强度和弹性参数。页岩的非均质性决定了力学性质的各向异性,因此,在条件允许的情况下,建议采用小岩心柱多向制样的方法给储层的力学性质一个更为全面的描述。

(1)抗压强度

页岩深埋于地层中,即受到地层压力的作用,岩石抗压强度可通过三轴压缩试验及单轴压缩试验来获取,页岩力学性质与一般的致密砂岩、碳酸盐岩相比具有一定的特殊性,其具有微裂隙、层理面发育、脆性大等特征,在取芯过程中更加容易将闭合裂纹张开或者形成新的张性裂纹,而单轴抗压强度对试件的非均匀性、裂缝极其敏感,有很大的随意性。为了减少这种不确定性,人为地对测试构件施加围压后测取抗压强度,故通过三轴压缩试验测得的三轴抗压强度更接近储层的真实值。

三轴抗压强度综合考虑岩石所受地层压力的影响,测试值更加精确、误差更小,在页岩特性及试验结果的综合考虑下,页岩抗压强度推荐三轴压缩试验求取。

现大型实验室多采用岩石三轴力学试验系统。该系统由伺服系统或万能液压系统配备三轴力学试验系统构成,据调研,该设备的围压最大能达到 100 ~ 140 MPa,轴向力能达到 1 000 ~ 1 500 kN,而页岩围压一般取值为水平压力梯度与埋深的乘积,水平梯度根据经验取值为 0.015 ~ 0.02 MPa/m,故设备均能完成试验要求。

表 4.10 黔页 1 井龙马溪组页岩弹性模量及泊松比测试

序　号	岩心深度/m	体积密度/($g \cdot cm^{-3}$)	杨氏模量/Psi	泊松比
1	729.08	2.689	3.17E+06	0.175
2	729.08	2.689	3.62E+06	0.25
3	729.05	2.682	6.18E+06	0.241
4	737.00	2.663	5.00E+06	0.214
5	737.00	2.651	5.04E+06	0.149

续表

序 号	岩心深度/m	体积密度/(g·cm^{-3})	杨氏模量/Psi	泊松比
6	737.00	2.661	6.47E+06	0.273
7	755.32	2.683	5.46E+06	0.176
8	755.32	2.685	6.01E+06	0.232
9	755.42	2.687	6.87E+06	0.182
10	767.00	2.635	4.57E+06	0.172
11	767.00	2.639	3.19E+06	0.157
12	767.00	2.64	6.57E+06	0.203
13	782.19	2.662	5.07E+06	0.184
14	782.19	2.657	6.48E+06	0.24
15	782.21	2.662	7.34E+06	0.238
16	795.00	2.536	4.90E+06	0.15
17	795.00	2.536	4.41E+06	0.207
18	795.00	2.549	5.54E+06	0.18

(2)弹性模量及泊松比

弹性模量、泊松比作为岩石力学的基本参数,为后期的压裂改造的产量计算提供依据,目前各大试验采用单轴压缩及三轴压缩试验求取弹性模量、泊松比。基于页岩微裂隙、层理面发育、脆性大等特征,单轴压缩试验求取的弹性模量、泊松比较三轴压缩试验求取的值小得多,与实际相比误差也较大。

在页岩特性及试验结果的综合考虑下,页岩弹性模量、泊松比推荐三轴压缩试验求取。

黔页1井压裂改造方案基于压裂井及临井参数井(黔浅1井)岩心岩石力学测试结果制订。黔页1井采用三轴压缩实验测试的岩石弹性模量和泊松比结果表明,龙马溪组页岩弹性模量为3.17~7.34 Psi,均值为5.33 Psi,泊松比介于0.149~0.273,均值为0.201。

(3)抗拉强度

岩石的抗拉强度在油田有着广泛的应用,在压裂、注水时都要考虑抗拉强度的影响。当井壁上的有效应力达到岩石的拉伸应力强度δ_f时,岩石即产生裂缝。因此,掌握页岩的抗拉强度是必要的。

抗拉强度的求取可采用岩石的拉伸破坏试验求取,其又可分直接试验和间接试验两类:直接拉伸试验在准备试件方面需要花费大量的人力、物力和时间,且误差较大。巴西劈裂试验结果的误差影响因素较多,如荷载分布形式、荷载加载速率、试件尺寸等。巴西劈裂试验除了可以采用岩石三轴试验系统,还可通过RDS-300全自动伺服控制岩石直剪仪等液压伺服系统加载,避免便携式的人工加载,减小其操作误差。

黔页1井采用三轴压缩实验测试的岩石抗拉强度结果表明(表4.11),渝东南地区龙马溪组页岩岩石抗拉强度介于4～23 MPa，均值为10.9 MPa。

表4.11　黔页1井龙马溪组页岩抗拉强度测试

序　号	岩心深度/m	体积密度/(g·cm^{-3})	抗拉强度/MPa
1	729.27	2.600	13
2	729.27	2.643	13
3	737.00	2.662	13
4	737.00	2.870	4
5	737.00	2.661	8
6	755.45	2.674	23
7	755.45	2.677	7
8	767.00	2.627	6
9	767.00	2.641	5
10	782.30	2.590	23
11	782.30	2.583	7
12	795.00	2.536	12
13	795.00	2.54	8
14	795.00	2.554	10

(4)抗剪强度

在讨论压裂可行性及井壁稳定性时，通常首先会考虑到由于注浆液密度过低，对于页岩这种脆性岩石，井壁应力超过岩石的抗剪强度而产生剪切破坏(井眼坍塌扩径)，其次，掌握岩石抗拉强度，控制地层破裂压力，配制合理注浆液密度，防治井壁拉伸应力超过岩石抗拉强度而产生了拉伸破坏(井漏)，故抗剪强度为后期压裂提供依据。

抗剪强度可通过三轴压缩试验及直剪试验求取。三轴压缩试验求取抗剪强度基于Mohr-Coulomb准则，通过多次试验求得岩石破坏应力圆，绘制应力圆的包络线，最终求得岩石的抗剪强度，虽样品较多，但误差较小。采用直剪试验求取抗剪强度可参照中华人民共和国行业标准《水利水电工程岩石试验规程(SL264—2001)》，但试验页岩破坏时并未沿最薄弱面剪切破坏。

在试验条件、试验结果正确度的综合考虑下，建议采用三轴压缩试验求取页岩抗剪强度。

(5)粘聚力及内摩擦角

内摩擦角及粘聚力作为求取抗剪强度的中间值，采用的试验方法与抗剪强度一致。黔浅1井采用三轴压缩实验测试的岩石抗拉强度结果表明(表4.12)，渝东南地区龙马溪组页岩岩石粘聚力为3.09～13.99 MPa，均值为7.89 MPa；页岩岩石内摩擦角为41.26°～43.96°，均值为42.49°。

表4.12 黔页1井龙马溪组页岩粘聚力与内摩擦角测试

样品编号	粘聚力/MPa	内摩擦角/(°)
1	4.44	41.27
2	10.61	42.01
3	3.09	43.17
4	10.51	41.21
5	3.54	45.30
6	13.99	41.26
7	9.70	41.77
8	7.24	43.96

(6)脆性

页岩本身具有低孔、低渗的特征,一般而言都需经过大规模压裂改造才能获得商业产量。研究发现,页岩的脆性能够显著影响井壁的稳定性,是评价储层力学特性的关键指标,同时还对压裂的效果影响显著。遴选高品质页岩时,脆性指数是必要的评价指标。

针对页岩脆性分析测试方法主要有矿物组分分析法、岩石模量、泊松比拟合法及抗压强度、抗拉强度比值法。基于矿物组分分析页岩脆性法应用广、适用性高,可直接利用地化测试数据,但未考虑成岩作用,数据精度差。

岩石模量、泊松比法是利用单轴压缩试验求得的试验值,利用Rickman提出的拟合公式计算求取,其试验方法简单、费用低,但Rickman所提出的页岩脆性批判值是针对美国页岩特性提出的,目前在中国尚未得到验证。

在试验条件、试验结果正确度的综合考虑下,建议采用矿物组分分析法求取页岩脆性指数。

根据黔页1井及黔浅1井龙马溪组页岩岩石力学测试结果,制订了黔页1井龙马溪组页岩储层压裂改造方案。压裂后黔页1井获得了工业气流,压裂取得了成功,表明上述岩石力学测试技术的可靠性。

4.1.3 页岩含气性分析测试技术研究

页岩含气性测试技术主要包括现场含气性测试技术、等温吸附测试技术和含油气饱和度测试技术。现场含气性测试技术指利用现场钻井岩心或有代表性岩屑测定页岩含气量。等温吸附测试技术是指利用等温吸附实验测试页岩最大吸附气量。含油气饱和度测试技术是指利用现场密闭取芯、室内实验或者测井等手段测定页岩含油气饱和度,计算页岩含气量。

目前,国内外针对页岩气现场含气性测试技术是指解吸法。用解吸法测定的含气量由三部分组成,即损失气量、解吸气量和残余气量。损失气量是指岩心快速取出,现场直接装入解吸罐之前释放出的气量。这部分气体无法测量,需根据损失时间的长短及实测解吸气量的变化速率进行理论计算。解吸气量是指岩心装入解吸罐之后解吸出的气体总量。残余气量是指终止解吸后仍留在样品中的部分气体,需将岩样装入密闭的球磨罐中破碎,然后放入恒温装置中,待恢复到储层温度后按规定的时间间隔反复进行气体解吸。常用的解吸方法包括 USBM 直接法、改进的直接法、史密斯-威廉斯法、曲线拟合法、密闭取心解吸法、直接钻孔法等方法。国内外主要采用美国矿业局公布的 USBM 直接法,其国内外测试方法原理差异不大,但测试设备有一定区别。国外 SCAL、Terra Tek 测试设备主要采用电温控箱加热和流量自动计数,威德福、UTAH 主要采用水浴加热和计量管手动计量方式读数。而国内中石油、中石化直接法测试设备主要采用电加热法和计量管手动计量方式或流量自动计数,测试方法主要参考煤层气含量测定方法 GB/T 19559—2008,这些设备的测试原理主要都是 USBM 直接法。

页岩的等温吸附实验是间接测定页岩储层含气量的一种重要手段,其采用 Langmuir 等温吸附原理通过室内实验推算页岩储层含气量。目前,等温吸附实验测试方法主要有体积法、重量法,其中体积法是国内最常用的方法。国外目前页岩等温吸附实验主要采用体积法、重量法两种,主要以美国为代表,在等温吸附实验的方法和实验设备上发展相对成熟。其中,能独立做等温吸附实验的实验室和高校很多,如 Terra Tek、Weatherford、Chesapeak 实验室、犹他大学、斯坦福大学等。其等温吸附实验测定原理和实验方法和国内等温吸附实验基本相同,在实验设备上有一定程度不同。如使用体积法测量页岩等温吸附曲线时,国外常用的仪器是在波义耳定律孔隙度测定仪基础上改进的等温吸附试验装置,安装在恒温水浴或者油浴中,使页岩样品处于密封环境中,测定吸附气量为注入样品缸中气量与存在的自由气量之差,缸的孔隙体积用不被吸附的氦气确定,通过测定样品缸的压力确定是否达到平衡。这种设备在数据处理上和国内存在一定差异。使用重量法做等温吸附试验是测量煤样由于吸附而引起的重量变化,这需要使用高精度的微量天平。使用重量法测定等温吸附曲线具有选取样品量少,可以分析井壁取芯、钻井岩屑、煤岩、油页岩或者浓缩物等的吸附特征,是研究高压条件下吸附特征的一种有效方法。测量结果相关性高、计量准确,但测定结果较体积法偏小。采用重量法等温吸附仪如磁悬浮天平吸附分析仪,是通过磁悬浮天平直接称量得到一定压力条件下被测样品对气体的吸附量,是一种直接测定的方法,因此吸附数据的误差要小很多。而且采用重量法的高压吸附分析仪,还可以得到吸附过程的吸附动力学(时间和吸附量的关系)以及高压气体的气体密度,这是体积法无法得到的结果。国际上流行的重量法设备是德国 Rubotherm 公司生产的磁悬浮天平重量法吸附仪,可测量岩石(包括煤、页岩等)的等温吸附/脱附曲线。在国内,中国矿业大学、西南石油大学、成都理工大学、中石化无锡石油地质研究所和中国石油大学都选择了德国 Rubotherm 公司磁悬浮天平高压等温吸附/解析仪研究储集岩的吸附特性。国内页岩等温吸附实验主要靠借鉴煤的等温吸附实验和国外页岩等温吸附的方法。主要采用方法为体积法,但该方法需要样品量较大,一般需大于 100 g 左右,才能保证测量结果的准确性。目前,专门针对页岩能做页岩等温吸附试验的单位主要有中石油勘探开发研究院廊坊分院。刘洪林、王红岩等人申请了针对页岩气解吸和吸附的高温高压吸附测试仪发明专利,并在实验室得到很好应用。此外,国内还有很多种煤等温吸附测试仪器,这些仪器最初是针对煤等温吸附试验使用,但经过部分试验方法和设备的改进,能完全用于页岩气的解吸和吸附的高温高压吸附实验。

目前,研究油、气、水饱和度有许多方法,就油层物理、开发实验来看,有岩心分析方法、油层物理模型及数学模型等研究方法。另一方面,一些新的测井技术如脉冲中子俘获测井、核磁测井等也开始应用于测定井周围地层的含油、气、水饱和度。此外,根据地层不同孔隙度值而得到的一些统计经验方程式和经验统计图版也得到应用。但任何图版和经验公式都只适用于一定的地层条件而具有局限性。因此,目前矿场确定储层含油、气、水饱和度最直接、最常用的方法仍然是对取样饱和度的室内测定。

本书通过研究页岩含气性测试各项技术的方法、原理、测试仪器设备、比较优缺点,并结合重庆地区页岩气含气性测试技术需求与特点,优选出适合重庆地区的页岩气含气性测试技术。同时在现有现场含气量测试设备的基础上,根据现场含气量测试设备使用情况以及暴露的缺点,改进与研发一套适合重庆地区的现场含气量快速解吸设备。

1)页岩含气性测试优选技术研究

页岩气含气性测试技术主要包括现场含气性测试技术、等温吸附测试技术和含油气饱和度测试技术。

(1)现场含气性测试技术研究

现场含气性测试技术包括 USBM 直接法、改进的直接方法、史密斯-威廉斯法、曲线拟合法、密闭取心解吸法、直接钻孔法。其中,USBM 直接法是目前页岩气含气量测试应用最广的方法,主要优点在于现场测试设备相对简化,操作方便,同时公式计算简单。但该方法也有一定的缺点,要求损失气量不能超过总含气量的 20%,该方法来源于煤层气含气量的测试,其中,煤层气在储层中的储层方式与页岩气在储层中的储层方式有一定的不同。煤层气主要含气量为吸附气,含少量的游离气,而页岩气主要含气量为游离气和吸附气,游离气在总含气量中的比重远远大于煤层气中游离气在总含气量中的比重。USBM 直接法中损失气的估算,是基于分子的扩散得到的,适合吸附气损失气量的计算,但对于页岩气中游离气损失气量的计算还需要进一步研究。同时,页岩气中由于游离气的存在且比重高,损失气量相对于同样的煤层气储层大,限制了该法的适用性。

改进的直接方法优点在于能够更精确地确定含气量较低岩样的含气量,解吸气含气量测定精度比 USBM 直接法解吸气含气量测定精度高。其缺点在于:实验过程复杂,不便于现场操作;实验过程中需要定时记录密封样品罐的压力、环境温度和大气压,还需要采集解吸气的气样进行成分分析;其损失气量的计算同 USBM 直接法,损失气量的计算存在不准确的问题。

史密斯-威廉斯法优点在于可以采用岩屑测量含气量,损失气量满足小于 50% 便可应用。其缺点在于:该方法是基于孔隙结构为“双峰型”的模型建立的,而页岩为裂缝和孔隙并存的双孔隙介质,所以史密斯-威廉斯法应用于页岩气的含气量测试还需要进一步研究。

曲线拟合法优点在于估算损失气时，采用解吸气数据与扩散方程的解拟合的方法求得，而USBM直接法和史密斯-威廉斯法等方法都主要采用解吸初始时刻的几个点估算损失气量。缺点在于：计算的扩散方程模型是建立在单孔隙圆形的基础上的，这与页岩孔隙与裂缝的双重孔隙介质有区别。此外，这种模型建立在恒定扩散速率的基础上，没有考虑页岩中存在的大量游离气快速逸散而导致的损失。

密闭取心解吸法是目前较为理想的取心方法，能获得较为真实的含气量数据。优点在于：在井下采用密闭取心技术对页岩储层取心，损失气量小，在岩心提取过程中都是密封的，不会导致气体逸散，通过该法获取的含气量可认为是页岩储层的真实含气量。缺点在于：该法取心成本高，不适合大规模高效勘探开发含气量测试成本控制要求，只适合少数重要井采用。

直接钻孔法是直接在储层上钻孔取心，该法源于煤层气的甲烷含量的测试。优点在于取心成本低，计算损失气量简单、方便。缺点在于：计算损失气量是采用经验公式，往往不准确。其次是该法的取心方法针对于页岩储层实用性弱，目前出露的页岩储层基本上含气量低，代表性不强。此外，在井中像直接钻孔法这样取心不实际，现场工程施工达不到要求。

综合以上分析，含气量直接测试的各种方法都存在一定的缺点，往往需要结合现场实际情况选用测试方法，或者多个方法结合获取更准确的含气量数据。结合重庆地区的实际情况和页岩气勘探开发现状，推荐使用USBM直接法、密闭取心解吸法。

(2)等温吸附测试技术研究

等温吸附测试是一种间接反映页岩含气量的一种方法，反映的是岩样的最大吸附气量，往往比实际地层中岩样吸附气含气量高，但缺乏对游离气含气量的估算。在实际应用中，常用来对页岩含气量的一种估算，作为测量含气量的一种参考，是含气量测试技术中一种必不可少的方法。

体积法测量页岩等温吸附能力与重量法测量页岩等温吸附能力相比，主要是实验设备测定的原理、仪器测试精度不同，根据目前页岩等温吸附测试环境和实验精度的需要，目前采用该两种方法的实验设备都能满足实验需要。但单从实验精度上，德国Rubotherm公司采用重量法研制的ISOSORP-HP Ⅱ Static、ISOSORP-HP Ⅲ Static仪器较采用体积法的美国Micromeritics公司超高压体积法气体吸附仪HPVA-Ⅱ和美国Quantachrome公司iSorpHP实验数据精度高。

综上所述，等温吸附实验采用体积法和重量法测试页岩等温吸附能力皆可。

(3)含油气饱和度测试技术研究

常用的含油气饱和度测试技术主要包括岩心分析测试和测井解释含油气饱和度测试技术两大类。

岩心分析测试含油气饱和度技术常用的主要包括常压干馏法、溶剂抽提法、色谱法三类。常压干馏法高于一定温度，会干馏出矿物的结晶水，在对岩心干馏时，蒸馏束缚水阶段温度不能太高，要求温度控制严格，该法常规油气使用较多。溶剂抽提法测定其饱和度方法简单、操作容易、能精确测出岩样内水的含量,故最适用于油田开发初期测定岩心中的束缚水饱和度,也是清洗岩心最常用的方法。但为了将岩心清洗干净,抽提时间一般较长,该法也是常规油气使用较多。色谱法对于测量仪器含油气饱和度精度高,但常出现岩心所测出的含油饱和度都比实际地层的小,实际应用中需校正。

测井解释含油气饱和度测试技术主要包括电测井(电阻率测井)、脉冲中子俘获测井、核磁共振测井。电测井主要应用于裸眼测井中,价格便宜,在油气勘探中已当作油气饱和度获得的一种基本方法,目前是常规油气勘探必须完成的项目,但需要地层基础资料全和系数校正,否则误差可能大。中子寿命测井脉冲中子俘获测井主要应用于套管井中求含水饱和度,消除套管存在的影响,成本较电测井高,目前国内生产的该类仪器精度低,该类测试仪器主要靠进口。核磁共振测井可同时应用于裸眼井和套管井计算含水饱和度,且可获得自由和束缚含油气水饱和度,获取的基础资料全面,但该项技术被国外石油公司垄断,成本高。

综合以上研究,结合重庆地区页岩含油气饱和度测试现状,以及重庆地区实际情况。含油气饱和度测试技术主要推荐使用采用色谱法、电测井、脉冲中子俘获测井,有条件的地区同时采用核磁共振测井。

2)现场含气量快速解吸设备研发

(1)快速解吸设备研发技术背景

页岩气含气量是页岩气储层资源量评价的关键参数,其可靠程度直接影响到勘探初期对页岩气地质储量的估算精度。目前,国内外主要采用美国矿业局公布的USBM直接法,其在国内外的测试方法原理差异不大,只是测试设备存在一定区别。国外SCAL、Terra Tek测试设备主要采用电温控箱加热和流量自动计数,威德福、UTAH主要采用水浴加热和计量管手动计量方式读数。国内中石油、中石化直接法测试设备主要采用电加热法和计量管手动计量方式或流量自动计数,测试方法主要参考《煤层气含量测定方法》(GB/T 19559—2008)。

页岩气含气量测量的常规实验设备能满足一定的页岩气量测试要求,但是在实际应用中发现,上述测试系统存在一定缺陷。常规实验设备测量页岩气含气量,需要将含气页岩样装入单个的密封罐,密封罐放置在恒温的水槽中,让页岩样缓慢解吸。导气管一端连接在密封罐出口,另一端连接到量筒开口,量筒开口向下并置于水槽液面以下。上述这类测试设备进行现场解吸,能满足一定的页岩含气量测试要求,但是在实际应用中,发现上述测试系统存在以下缺陷:

①没有专门的实验箱,携带不便,玻璃量筒容易破碎,不便于多个页岩样品同时实验。

②操作过程复杂,每个量筒容积有限,需要多次装水测量,操作误差大,不便于野外环境读数,精度低。

③现场收集解吸气返回实验室化验不方便,不便于同时测量和收集气体。

④测试温度控制不精确、稳定,散热量大,加热和控温设备使用寿命短,常出现故障。

(2)快速解吸设备研发

①快速解吸设备。本设备名称为页岩气含气量便携测量仪,其包括实验箱、气体体积

测量器和密封罐。所述实验箱的箱体底部设有加热装置，密封罐定位放置在箱体内，箱体中充满保温液体。密封罐顶部设有气体开关接头和开关阀。所述气体体积测量器采用储液筒和体积测量筒连通的组合结构，由透明塑料制作。所述气体体积测量器的筒体部分通过平衡台和平衡螺柱安装在底座上，筒体部分左右并列分隔成储液筒和体积测量筒，两个筒在筒体底部相互连通；所述体积测量筒的筒体高度低于储液筒，储液筒顶部由顶盖盖住，体积测量筒顶部由密封盖密封；两个筒内都灌有液体，静止时储液筒内液面稍高于体积测量筒密封盖，且储液筒液面之上的空闲体积要稍大于体积测量筒的体积；体积测量筒的侧壁上标有高度刻度线，上部和下部分别设有排气阀和进气阀，储液筒底部设有排水阀。所述进气阀位置要高于体积测量筒与储液筒在底部连通处的开口位置。所述气体体积测量器的进气阀通过胶管与密封罐上的气体开关接头连接。该设备的气体体积测量器结构独特，采用储液筒和体积测量筒连通组合结构，一次集气结束或体积测量筒已满时，打开排气阀可使体积测量筒内重新充满液体，恢复到初始集气状态，无须再重新添加液体，使整个操作更为便捷。

其中，实验箱的加热装置为电磁加热装置，实验箱中还设置有温度控制仪和温度显示器，与电磁加热装置之间用导线连接。采用电磁加热装置可有效提高热效率，并能使加热速度提高60%，与电阻式加热方式相比更加安全、高效、节能。

图4.7　页岩气便携测量仪实物图

②快速解吸设备结构特征。

页岩气含气量便携测量仪特征体现在实验箱、气体体积测量器和密封罐。实验箱的箱体底部设有加热装置，密封罐定位放置在箱体内，箱体中充满保温液体。密封罐顶部设有气体开关接头和开关阀，特征在于：气体体积测量器采用储液筒和体积测量筒连通的组合结构，由透明塑料制作。气体体积测量器的筒体部分通过平衡台和平衡螺柱安装在底座上，筒体部分左右并列分隔成储液筒和体积测量筒，两个筒在筒体底部相互连通。体积测量筒的筒体高度低于储液筒，储液筒顶部由顶盖盖住，体积测量筒顶部由密封盖密封，两个筒内都灌有液体，静止时储液筒内液面稍高于体积测量筒密封盖，且储液筒液面之上的空闲体积要稍大于体积测量筒的体积。体积测量筒的侧壁上标有高度刻度线，上部和下部分别设有排气阀和进气阀,储液筒底部设有排水阀。进气阀位置要高于体积测量筒与储液筒在底部连通处的开口位置。气体体积测量器的进气阀通过胶管与密封罐上的气体开关接头连接。

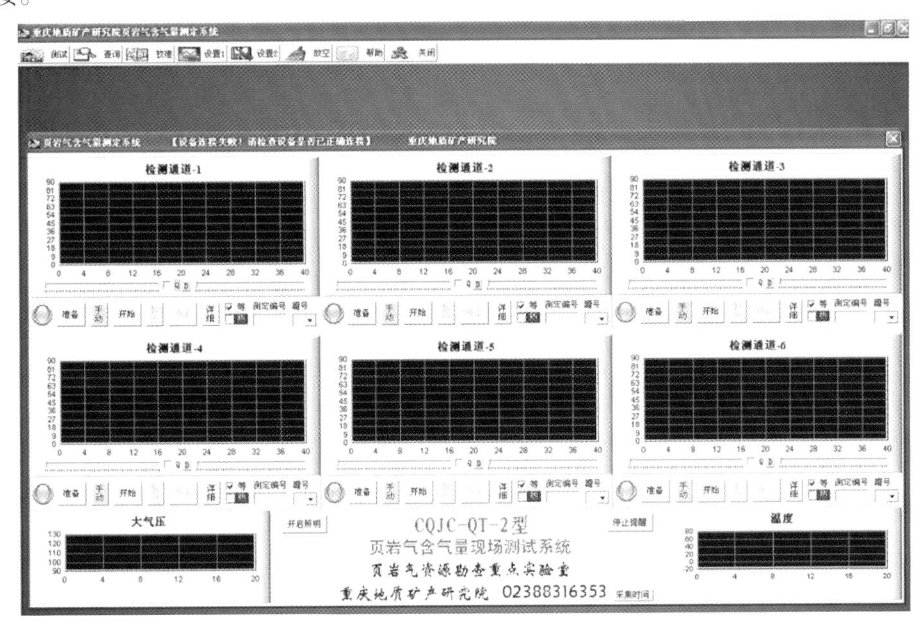

图 4.8　气体体积数据读取界面

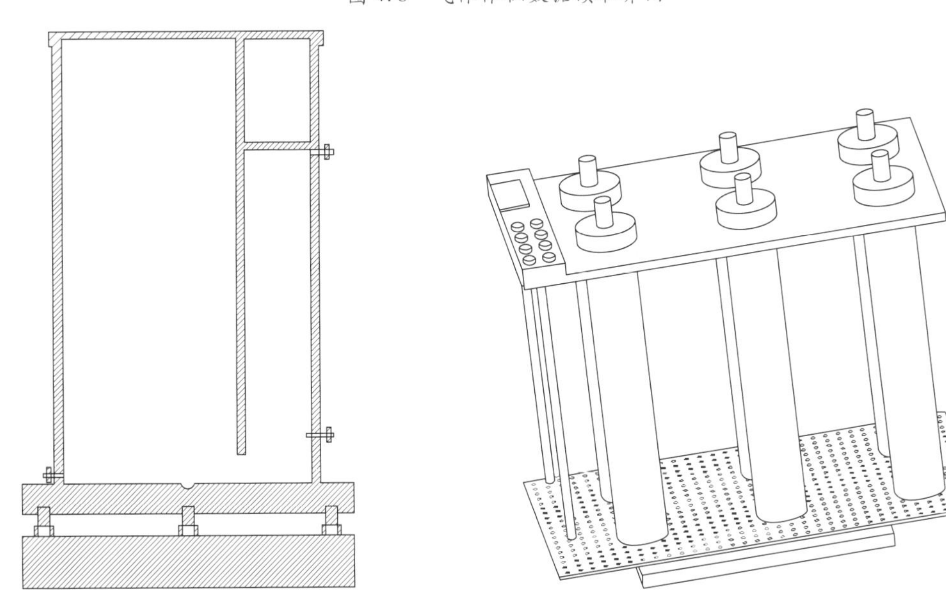

图 4.9　气体体积测量器的剖面示意图　　图 4.10　页岩气含气量便携测量仪实验箱的内部结构示意图

实验箱的加热装置为电磁加热装置。实验箱中还设置有温度控制仪和温度显示器,与电磁加热装置之间用导线连接。实验箱的箱体中设置有顶板和底板,在顶板上开多个密封罐定位孔,密封罐插装在密封罐定位孔中,底端由底板支撑,所述底板上设有便于保温液体对流的小孔,电磁加热装置位于底板下。箱体中设置有温度传感器并位于保温液体中,电磁加热装置中也设置有温度传感器。温度控制仪为电子数字可调控制仪,控制范围为0~100 ℃。箱体、顶板采用保温聚合物材料制作。

气体体积采用电子读数模式,减少了人为读数带来的误差和繁重工作,提高了测量气体体积的准确性。

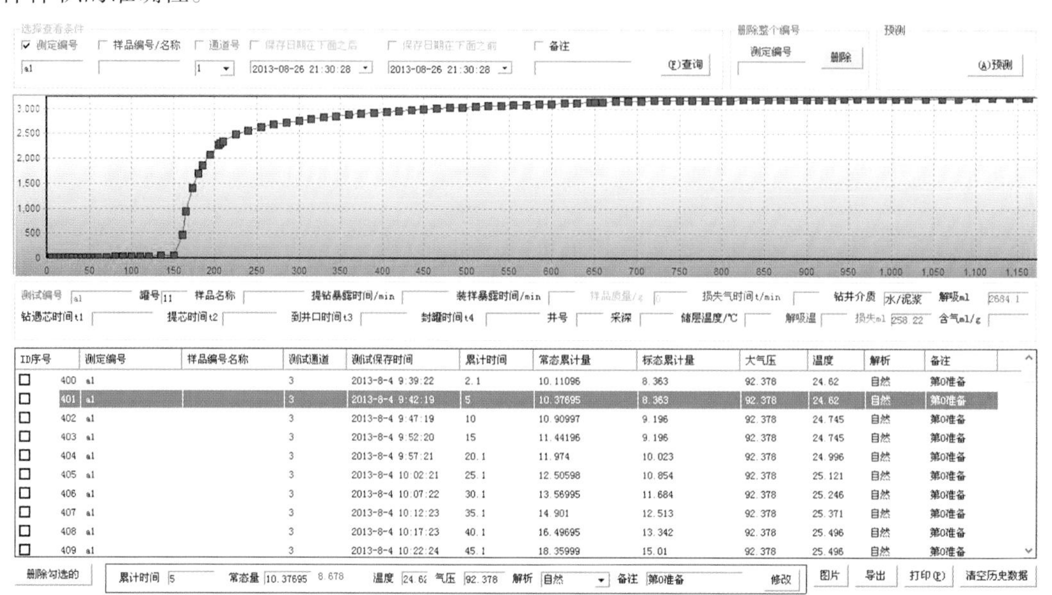

图4.11　软件中的数据库及数据分析模块

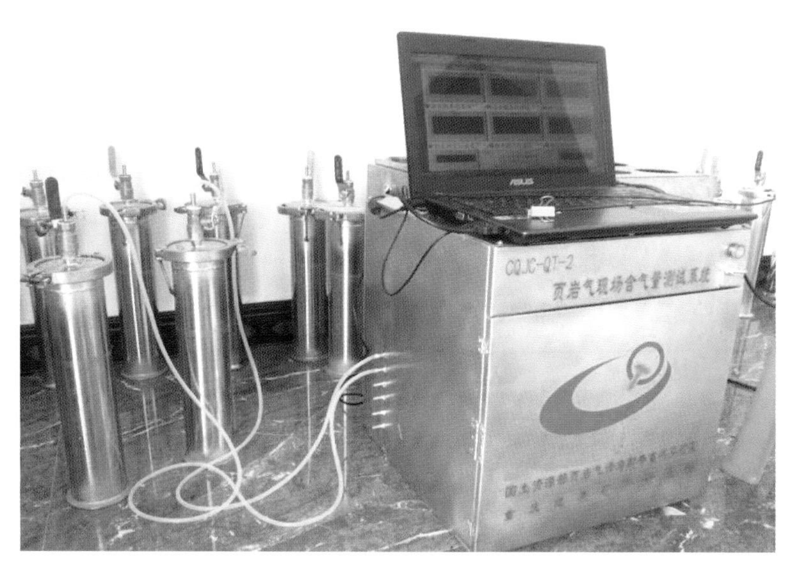

图4.12　自动多通道集气作业系统

(3)研发设备与原有设备使用对比

①研发设备的优点。

本发明是一种页岩气含气量测量仪,其使用性能稳定、加热系统稳定、温度控制系统精确、设备耐用,气体体积测量方便、准确,便于收集气体,同时便于移动、携带、操作、适合野外恶劣环境现场使用。比较于以前的页岩气含气量便携测量设备,其具有以下优点:

● 在加热系统上做了大量改进,能提供稳定、可控的加热源。

● 整个设备气体密封性强,不易发生气体漏失,同时气体体积测量、读数方便,便于采集气体。

● 便于携带、操作和在野外环境中使用,整套设备结构紧凑、耐用。

● 能快速、便捷地读取气体体积数。

②研发设备的创新点。

a. 首次采用电磁加热及其温控系统实现恒温水浴加热。采用电磁加热装置可有效提高热效率,并能使加热速度提高60%,比电阻式加热方式更加安全、高效、节能。传统页岩气现场含气量测试加热系统一般采用电阻加热,此种加热原理存在以下问题:测试温度控制不精确、稳定,散热量大,加热和控温设备使用寿命短,常出现故障。电磁加热恒温水浴加热装置及控制系统采用了目前技术成熟的电磁加热方式,可实现:温度可控,调节精确,升温快;加热设备耐用,寿命长,节能,能较好适应野外作业环境。通过在恒温水浴加热箱中安置温度传感器进行对比实验的方式,与采用传统电阻丝加热技术的恒温水浴加热箱相比,其温度恢复至调控平衡温度的时间缩短了35%。当水浴加热岩心周边温度波动过大会造成岩心内部气体分子热运动速度和吸附气体解吸速度起伏大,当采用理论公式反推损失气量或残余量时,会导致较大的系统误差。此项技术通过降低温度波动程度来有效降低该系统误差值。

b. 创新性应用排水称重法测定页岩气解吸过程的高跨度瞬时流量。页岩气现场含气量测定流量变化范围大,一般流量计难以满足误差要求。皂膜流量计或直接读取容器体积值方式是测定页岩气岩心排气瞬时流量的一般方法,此方法安全可靠,但一般需要人工读数,读数时间间隔较小时工作量繁重,且容易带来人为操作上的误差。本科技成果采用排水称重的瞬时流量测试方式,测试流量大小适应能力强,在流量大范围变化内皆有很高的准确度。含气量测试标准规定最小刻度不大于10 mL,而该系统分辨率达到0.1 mL,高了近100倍。

c. 开发出自动多通道集气作业系统及配套软件。保障页岩岩心在取出后最短时间内得到页岩气含气量的测量,通过开发多通道集气作业系统,可实现8通道同时采集。该系统与传统测试方法相比具有以下优势:可按照预先设置,测试过程自动完成温度、大气压、瞬时流量、累计流量、解析温度、标准状态含量等信息采集;用图表和文字清晰显示测试过程和状态;结果查询和导出方便;样品气体采集方便;多通道同时测试,互不影响;测试过程可以随时“暂停”,意外(如停电)停止后可以继续原状态测试,保证原测试数据及相关信息连续性。该系统记录信息全,显示直观,可大大降低人员工作强度,消除人为读数错误,提高工作效率。通过对比验证,与传统方法相比误差降低8%,能获得更为平滑的含气量测试曲线。

d. 设计了用于流量测试校验的新型人工读数排水集气装置。该气体体积测量器采用储液筒和体积测量筒连通的组合结构,由透明塑料制作。该装置结构独特,采用储液筒和体积测量筒连通组合结构,一次集气结束或体积测量筒已满时,打开排气阀可使体积测量筒内重新充满液体,恢复到初始集气状态,无须再重新添加液体,使整个操作更为便捷。

③研发设备现场使用对比。

通过在黔浅1井同时使用两种不同设备进行现场含气量测试,测试岩心样品各38个,比较所研发设备与原有设备进行使用效果。现场试验发现,使用新研发设备在同等条件下测试含气量时,同深度段岩心样品测得的解吸含气量值更高,数据点分布更光滑、均匀,没有出现由于原有设备温度调控不准、气体体积测量不精确等引起的测量数据点上下大幅波动等问题。试验比较时,为了保证试验比较的可行性,采取岩心样品为同一深度岩心。由于采取的岩心质量可能不完全相等,所以使用解吸含气量(m^3/g)、损失含气量(m^3/g)、残余含气量(m^3/g)、总含气量(m^3/g)数据进行比较。同时作出累计解吸气量数据曲线,观察解吸数据的平稳性和数据曲线的平滑性。再作出使用USBM法求取损失气的线性回归曲线,观察线性数据点的分布特点和拟合值大小,得出使用哪种设备测得数据更具有实用性。

为了便于比较,从测试的样品中随机选取了11个样品来比较含气量测试数据,其中龙马溪组样品5个,五峰组样品6个。从表4.13可知,使用研发的设备测得的总含气量普遍比原有设备测定的含气量数据高,这是因为通过研发测试设备,提高了解吸气体积测量的准确性。表4.13中显示每个样品主要是解吸气含量增大,说明研发的设备比原有设备在读取气体体积时的准确性和气体密封性增强。

表4.13 现场部分岩心含气量测试数据

样品编号	层位	采样深度/m	解吸样质量/g	解吸气含量/($cm^3\cdot g^{-1}$)	损失气含量/($cm^3\cdot g^{-1}$)	残余气含量($cm^3\cdot g^{-1}$)	总含气量/($cm^3\cdot g^{-1}$)	测试设备
1	S_1l	773.15	2 836	0.031 9	0.018 0	0.057 6	0.107 5	原有设备
			2 640	0.101 2	0.001 7	0.008 3	0.111 2	研发设备
2	S_1l	776.22	2 822	0.047 7	0.015 0	0.077	0.139 7	原有设备
			2 390	0.081 6	0.010 5	0.051 1	0.143 2	研发设备
3	S_1l	777.23	2 795.5	0.034 9	0.018 9	0.114 2	0.168	原有设备
			1 610	0.065 8	0.005 8	0.097 4	0.169 0	研发设备
4	S_1l	780.09	2 788.5	0.259 7	0.090 5	0.177 2	0.527 4	原有设备
			2 730	0.367 0	0.016 3	0.151 8	0.535 1	研发设备
5	S_1l	781.78	2 771	0.293 3	0.065 3	0.131 6	0.490 2	原有设备
			2 780	0.319 7	0.090 5	0.117 2	0.527 4	研发设备
6	O_3W	785.04	2 741.5	0.637	0.175 6	0.104 4	0.917 0	原有设备
			2 500	0.650 8	0.499 3	0.014 3	1.064 4	研发设备
7	O_3W	786.44	2 536	0.700 8	0.549 3	0.014 3	1.264 4	原有设备
			1 790	1.154 2	0.173 3	0.010 0	1.337 5	研发设备

续表

样品编号	层位	采样深度/m	解吸样质量/g	解吸气含量/($cm^3 \cdot g^{-1}$)	损失气含量/($cm^3 \cdot g^{-1}$)	残余气含量($cm^3 \cdot g^{-1}$)	总含气量/($cm^3 \cdot g^{-1}$)	测试设备
8	O_3W	787.62	2 686.5	1.497 3	0.979 8	0.005 9	2.483 0	原有设备
			2 700	1.625 6	0.870 0	0.024 0	2.519 6	研发设备
9	O_3W	790.6	2 403	1.631	1.160 9	0.019 5	2.811 4	原有设备
			2 500	2.23	0.560 0	0.050 0	2.840 0	研发设备
10	O_3W	793.52	1 911	0.985 1	0.686 6	0.006 9	1.678 6	原有设备
			1 640	1.406 1	0.088 7	0.187 3	1.682 0	研发设备
11	O_3W	795.59	2 659.7	1.332 9	0.596 8	0.009 6	1.939 3	原有设备
			1 880	1.517 0	0.057 0	0.410 3	1.984 3	研发设备

为了体现研发设备温度的可控性和设备的稳定性，选取表 4.13 样品中的 3 个样品，分别作累计含气量与时间的关系图和损失气体积求取曲线拟合图。其中，选择龙马溪组岩心 1 个，五峰组岩心 2 个，低含气量岩心 1 个，高含气量岩心 2 个。从图 4.13(a)、图 4.14(a)、图 4.15(a)气体含量累计曲线图知，使用原有设备测试，当对样品水浴加热时，气体体积累计读数拐点明显，说明该类设备调节温度能力弱，温度波动幅度大。当加热一定时间后，样品 10 和 11 气体体积读数上升幅度还很大，说明加热系统不稳定，从理论上推断，长时间加热后，应该只有很少量的气体释放出，但使用已有测试结果不符合这点。现场使用温度计对原有设备测试时温度进行测定时，发现该类设备温度波动幅度大，不稳定。常出现温度降下来后才发现温度不够，需要再次加热，这导致出现长时间加热后还产生大量气体。

在现场解吸测试过程中，还有一个重要环节就是利用在储层温度下已测得的解吸气数据求取损失气量。图 4.13(b)、图 4.14(b)、图 4.15(b)分别为样品 1、10、11 使用两种不同设备求取的损失气量数据拟合图。从三幅图可看出，使用原有设备在求取损失气量时，其解吸气量数据点更偏离直线，样品 1 解吸气量拟合值 R 为 0.900 3，而使用研发设备测得的解吸气量拟合值 R 为 0.970 2，同样使用原有设备样品 10、11 的曲线拟合值 R 分别为 0.928 6、0.933 2。而使用研发的设备曲线拟合值分别为 0.987 9、0.990 3，说明所研发设备测得解吸气量值对于求取损失气适用性更强，更符合实际情况，同时验证了所研发的设备在体积数读取和温度控制性能方面更优越。

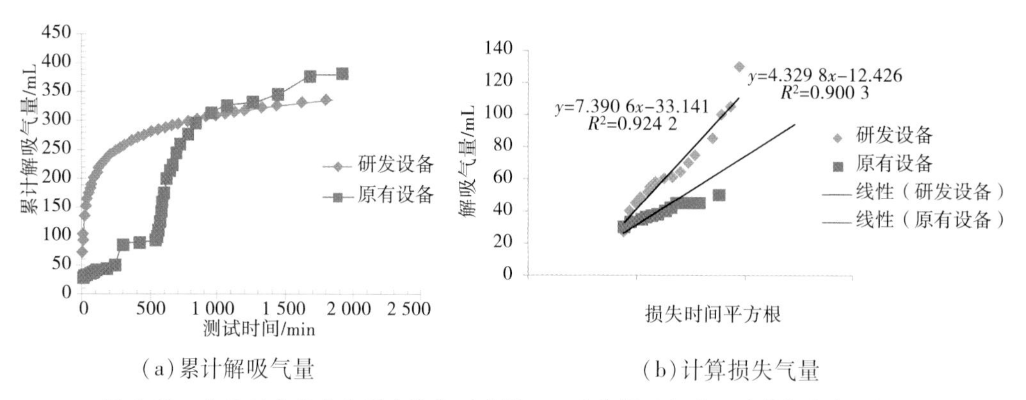

(a)累计解吸气量　　(b)计算损失气量

图 4.13　使用研发设备和原有设备测试样品 1 累计解吸气量及计算损失气比较图

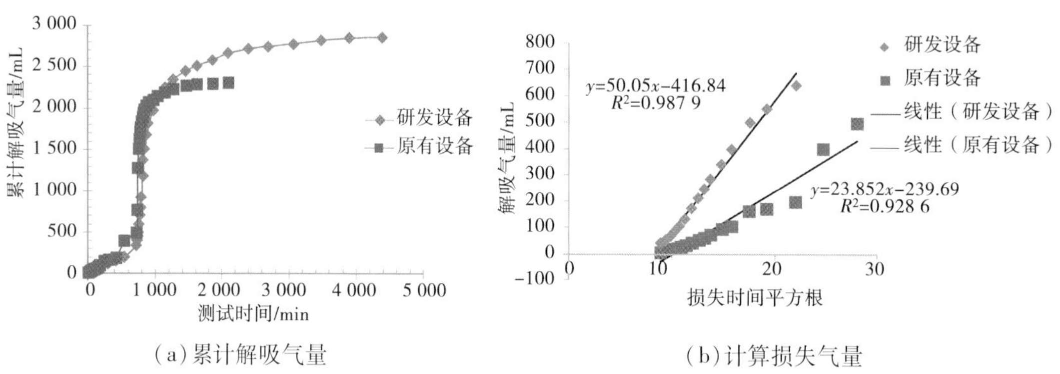

(a)累计解吸气量　　(b)计算损失气量

图 4.14　使用研发设备和原有设备测试样品 10 累计解吸气量及计算损失气比较图

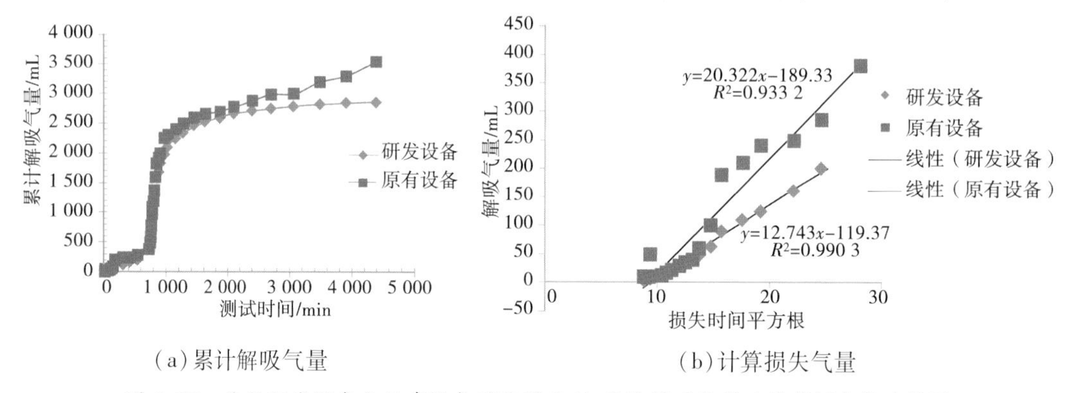

(a)累计解吸气量　　(b)计算损失气量

图 4.15　使用研发设备和原有设备测试样品 11 累计解吸气量及计算损失气比较图

4.2　页岩储层地球物理储层模拟与预测技术

地球物理技术在页岩气勘探开发过程中起到了重要的支持作用，它在研究页岩储层的复杂特征方面有独特的优势。测井技术具有比较高的分辨率，对页岩的有机碳含量、岩性、矿物组分、孔渗饱、裂缝、力学等参数模拟计算较为精确，而地震技术具有比较强的宏观控制能力，对于研究储层的横向非均质性非常有利，可以进行储层的精细描述和模拟。测井和地震技术的有效结合能够实现对储层特征的精细模拟，为勘探开发方案提供有效参考。

4.2.1 页岩储层地球物理测井评价技术研究

页岩属于极低孔极低渗的范畴,且具有很强的非均质性和各向异性,常规油气藏测井解释评价方法适用性有限,须建立新的页岩气测井评价技术体系。目前,我国页岩气地球物理测井技术还处在起步阶段,研究缺乏系统性,主要是跟踪国外发展动态,与国外测井服务公司合作对页岩气进行评价。

评价页岩气藏的潜力涉及对多种影响因素的权衡,包括页岩矿物组分和结构、黏土含量及类型、干酪根类型及成熟度、流体饱和度、吸附气和游离气存储机制、埋藏深度、温度和孔隙压力等。其中,孔隙度、总有机碳含量和含气量等对于确定页岩储层是否具有进一步开发价值非常重要。

页岩气测井评价关键技术的优选,还须依据井筒采用的测井项目和测井系列。目前,黔页 1 井采用全套测井系列,包括常规测井(伽马、中子、密度、电阻率、能谱)、特殊项目测井(元素俘获测井、核磁共振测井、阵列声波测井、成像测井),完整的地层信息采集,对页岩气储层参数评价带来了便利。参数井在钻井过程中采用小井眼钻井,全井段取芯,钻头直径 96 mm。测井系列选取的是环鼎 HH2530 平台测井仪,SL6000 采集系统,仪器直径 60 mm。参数井采集到的常规测井资料包括井径、自然电位、伽马、电阻率、声波时差、中子、密度、光电俘获截面。

1)烃源岩测井解释技术

目前,计算 TOC 常用的方法是 $\Delta\log R$ 法:

$$\Delta\log R = \lg(R/R_{基线}) + k \times (\Delta t - \Delta t_{基线}) \tag{4.7}$$

$$\text{TOC} = (\Delta\lg R) \times 10^{2.297-0.1688\times\text{LOM}} \tag{4.8}$$

此方法的使用必须符合两个条件:①烃源岩或非烃源岩地层中含有相似的黏土矿物或导电矿物;②对页岩的成熟度有所认识。公式中应用到了声波与电阻率曲线,在地层含有黄铁矿或者饱和水时,岩石的电阻率会变低,计算的 TOC 就会偏小。

也有些方法仅仅利用了单方面的特征差异,如伽马能谱,但是对于不同的地区,伽马与 TOC 并不一定具有较好的对应关系,即使有对应关系,也不一定是线性关系。单一的响应特征差异计算 TOC,精度也不高,适用性不强。对各测井技术计算 TOC 的总结见表 4.14。

表 4.14 测井计算 TOC 的方法

方 法	原 理	优缺点
自然伽马能谱测井法	黑色页岩有机质含量和铀富集程度具有线性关系	能准确反映 TOC 含量的变化,但是单一的曲线计算,精度不高
体积密度	体积密度和 TOC 重量比率具有一定线性关系	受地层矿物成分变化影响较大
多测井组合法	TOC 含量的变化往往影响着伽马强度和地层密度等曲线,且变化灵敏	多曲线计算,精度较高。但使用前,需要校正气层对曲线的影响

续表

方　法	原　理	优缺点
Δlog *R*	合适刻度的孔隙度测井和电阻率重叠法，综合反映 TOC 的变化	直观，且精度较高；但电阻率受地层水和导电矿物影响较大
核磁-密度孔隙度法	利用核磁孔隙度与体积密度，通过物理体积模型，得到 TOC	精确度高，能微观反映 TOC 含量，但核磁测井成本高，数据少

通过对渝东南地区参数井测井资料的研究，结合岩石物理实验数据，图 4.16 对 TOC 与测井曲线响应值做了相关性分析。

从图 4.16 可以看出，岩心分析 TOC 与 DEN、DT、GR、Δlog *R* 的相关性一般，但是，通过优选多元线性回归模型计算 TOC，精度更高。

$$TOC = -9.901 * DEN + 1.428 * DR + 0.002 * GR + 26.643 \quad R^2 = 0.896$$

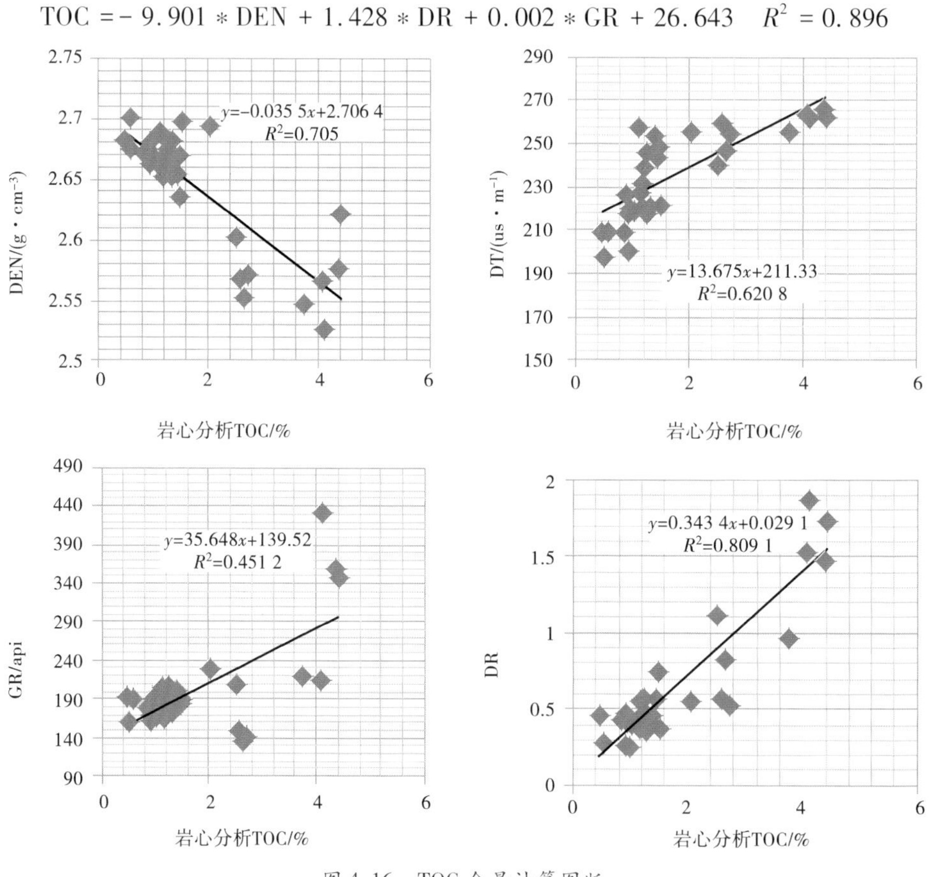

图 4.16　TOC 含量计算图版

计算结果如图 4.17 所示，总体变化趋势与岩心分析吻合较好（图 4.18），经过精度分析验证，误差较小，优选技术模型可靠。

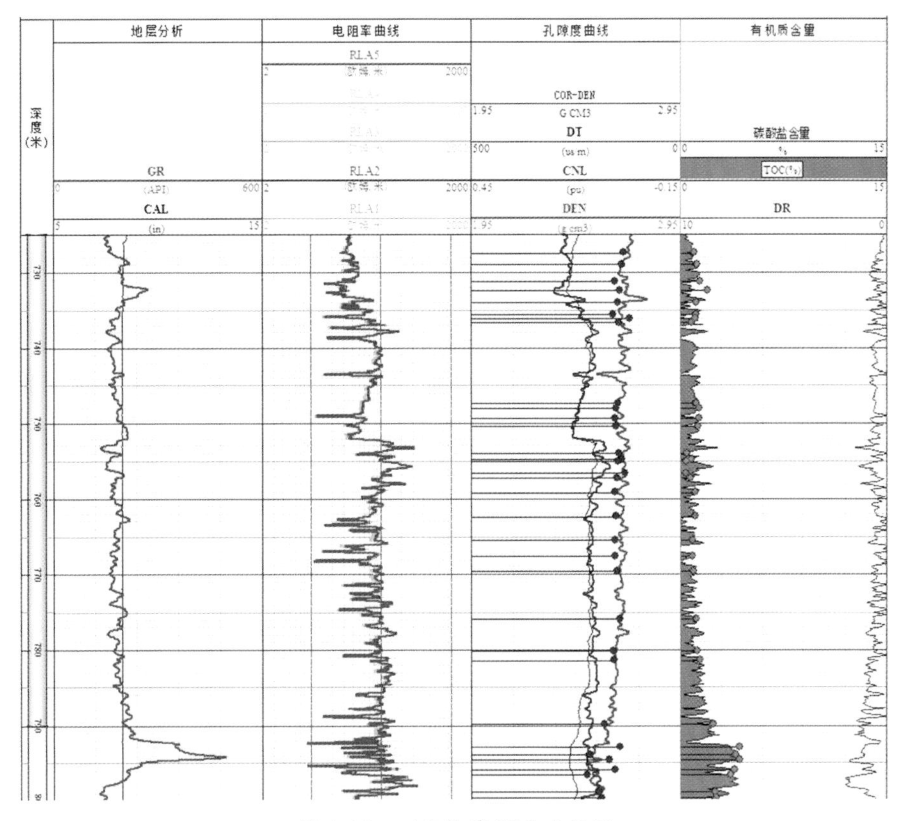

图 4.17　测井计算 TOC 成果图

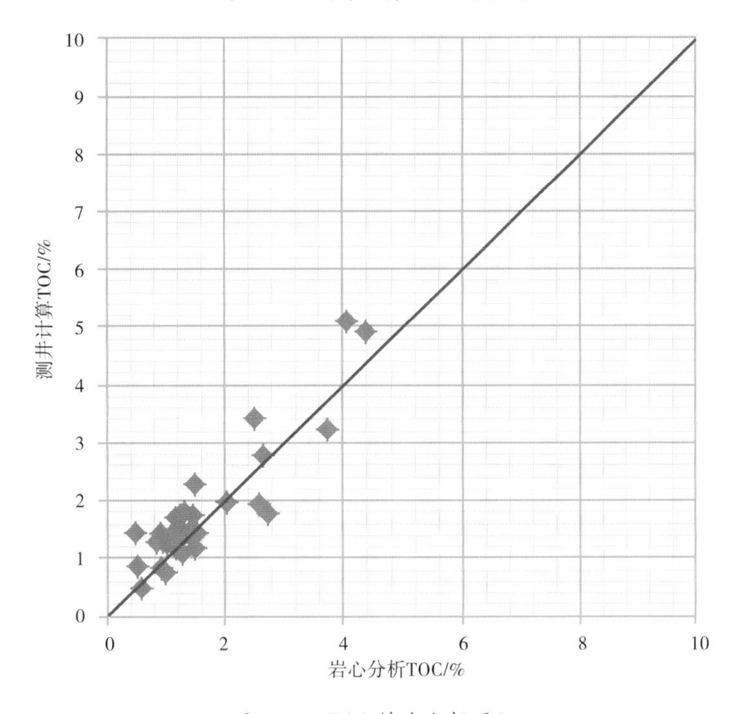

图 4.18　TOC 精度分析图版

对于黔页 1 井，因为有核磁共振测井，在计算 TOC 的方法上，可以优选核磁-密度孔隙度法，利用核磁共振（NMR）测井资料和体积密度测井曲线相结合来计算 TOC。干酪根的密度较低，大约为 1.1～1.3 g/cm³，它的体积可以通过式(4.9)确定，利用式(4.10)根据干酪根体积计算得到 TOC：

$$V_{干酪根} = \varphi_{\mathrm{RHOB}} - \varphi_{\mathrm{NMR}} \tag{4.9}$$

$$\mathrm{TOC}(wt\%) = \frac{V_{干酪根} * \rho_{干酪根}}{\mathrm{RHOB} * K} \tag{4.10}$$

式中，K 为转换系数，根据表 4.15 中的干酪根类型和成岩作用来选取。

表 4.15　干酪根类型和阶段所对应的转换系数

阶　段	干酪根类型		
	Ⅰ	Ⅱ	Ⅲ
成岩作用	1.25	1.34	1.48
后生作用	1.20	1.19	1.18

通过图 4.19 可以看出核磁-孔隙度法计算 TOC 精度较高，与岩心分析 TOC 吻合较好。

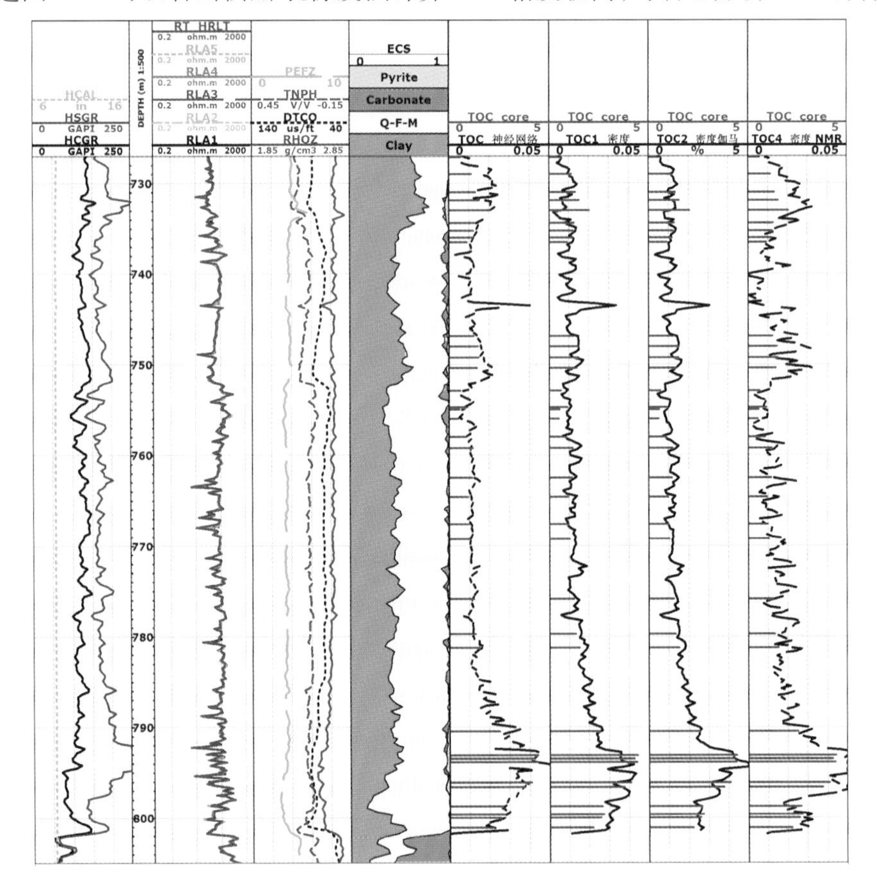

图 4.19　黔页 1 井 TOC 计算结果

2)储层测井模拟技术

(1)岩相分析技术

常规储层中，岩相的划分一般采用自然伽马与自然电位。但是对于页岩储层，自然伽马受有机质的影响较大，而自然电位对于页岩这种低渗透储层反映不明显，因此，建立页岩岩相精细划分模式，优选以下两种方法：

①以岩心资料刻度成像测井资料，以成像图上的色标变化标定常规测井资料；

②以元素俘获资料获取的岩性矿物成分，拾取岩相并标定常规测井资料。

将泥页岩划分为四种岩相：碳质页岩、硅质页岩、钙质页岩、泥质页岩。

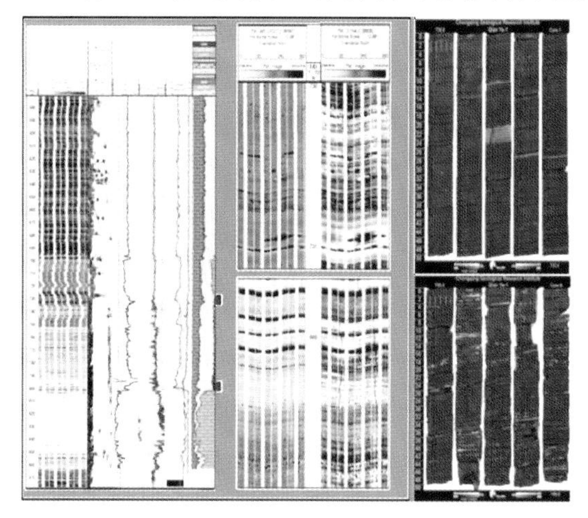

图4.20　碳质页岩

图4.21　硅质页岩

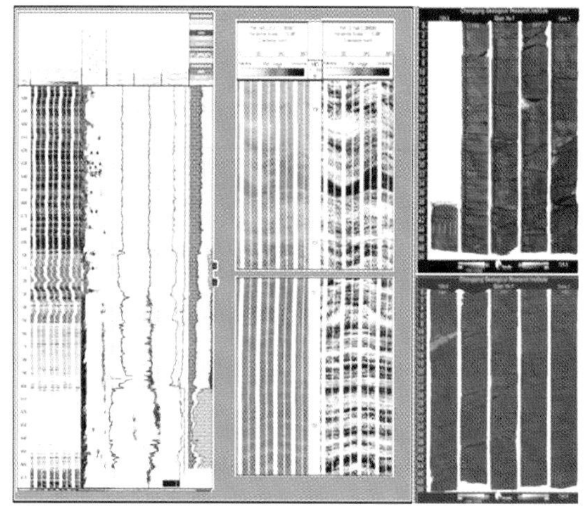

图4.22　钙质页岩

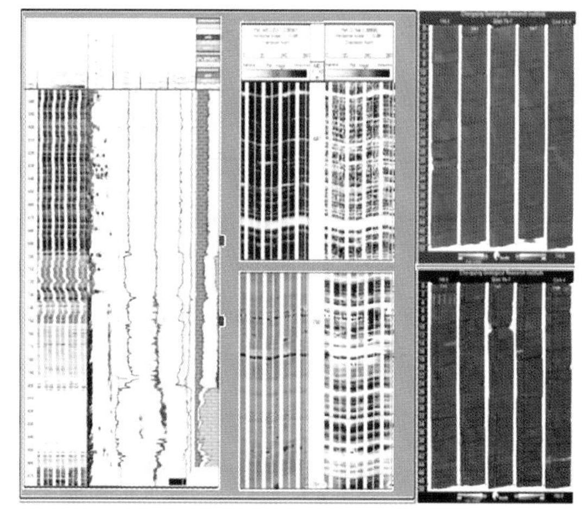

图4.23　泥质页岩

从常规测井响应特征，可以得出自然伽马与电阻率对页岩岩相变化反应明显。以黔页1井为标准井，选取四类岩相常规测井响应特征值，建立了页岩岩相识别图版，并将参数井的岩相特征值加入进行验证。

通过图4.24的GR-RT图版可以看出，四类岩相区分较好。针对渝东南地区，优选电成像测井结合常规测井技术识别页岩岩相，结果可靠，为优质页岩的划分提供了依据。

表 4.16　四类页岩相的测井响应特征

页岩相	测井响应特征
碳质页岩	“三高、一中、一低”。即:高自然伽马、声波时差、中子值,中电阻率,低密度值。
硅质页岩	“一高、两中、两低”。即:高电阻率,中自然伽马、密度值,低声波时差、中子值。
钙质页岩	“一高、一中、三低”。即:高密度值,中电阻率,低自然伽马、声波时差、中子值。
泥质页岩	“四中、一低”。即:中自然伽马、密度值、声波时差、中子值,低电阻率。

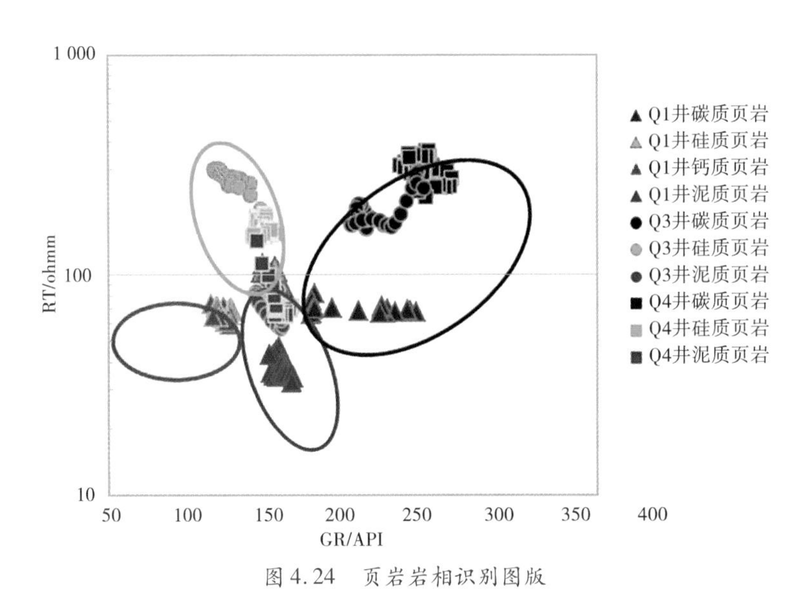

图 4.24　页岩岩相识别图版

(2)多矿物组分模拟

多矿物组分模拟优选的是斯伦贝谢公司 Elanplus 最优化测井解释程序。它根据岩石中各种固体和孔隙流体成分的相对体积来建立测井响应方程(包括线性和非线性方程),通过求解一组响应方程来计算地层各种成分的相对体积。

对于页岩地层,矿物成分复杂。需要建立常规砂泥岩模型、碳酸盐岩模型,还需要建立页岩矿物模型(方解石、黄铁矿、干酪根),如图 4.25 所示。

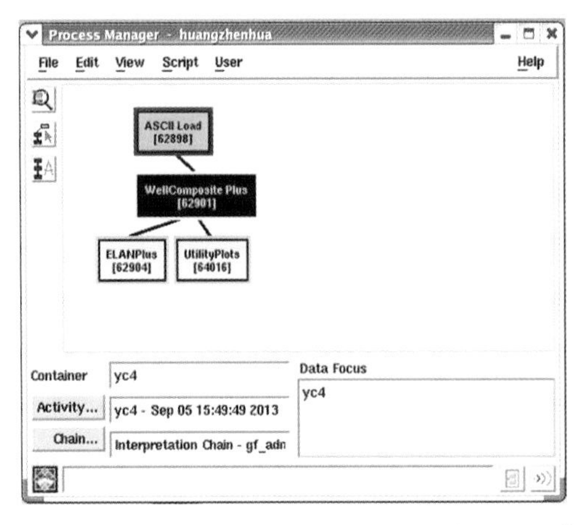

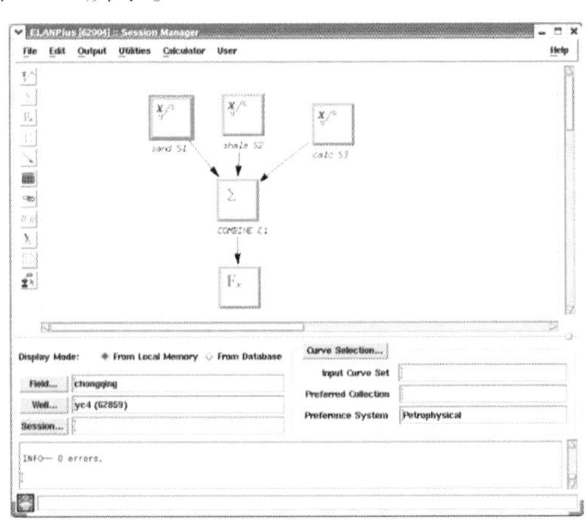

图 4.25　多矿物组分模型

图 4.26 为渝参 4 井多矿物组分模型处理成果,从图中可以看出黏土矿物含量与岩心分析吻合较好;有机质含量低,却与岩心分析分布一致,验证了评价结果的准度与精度。

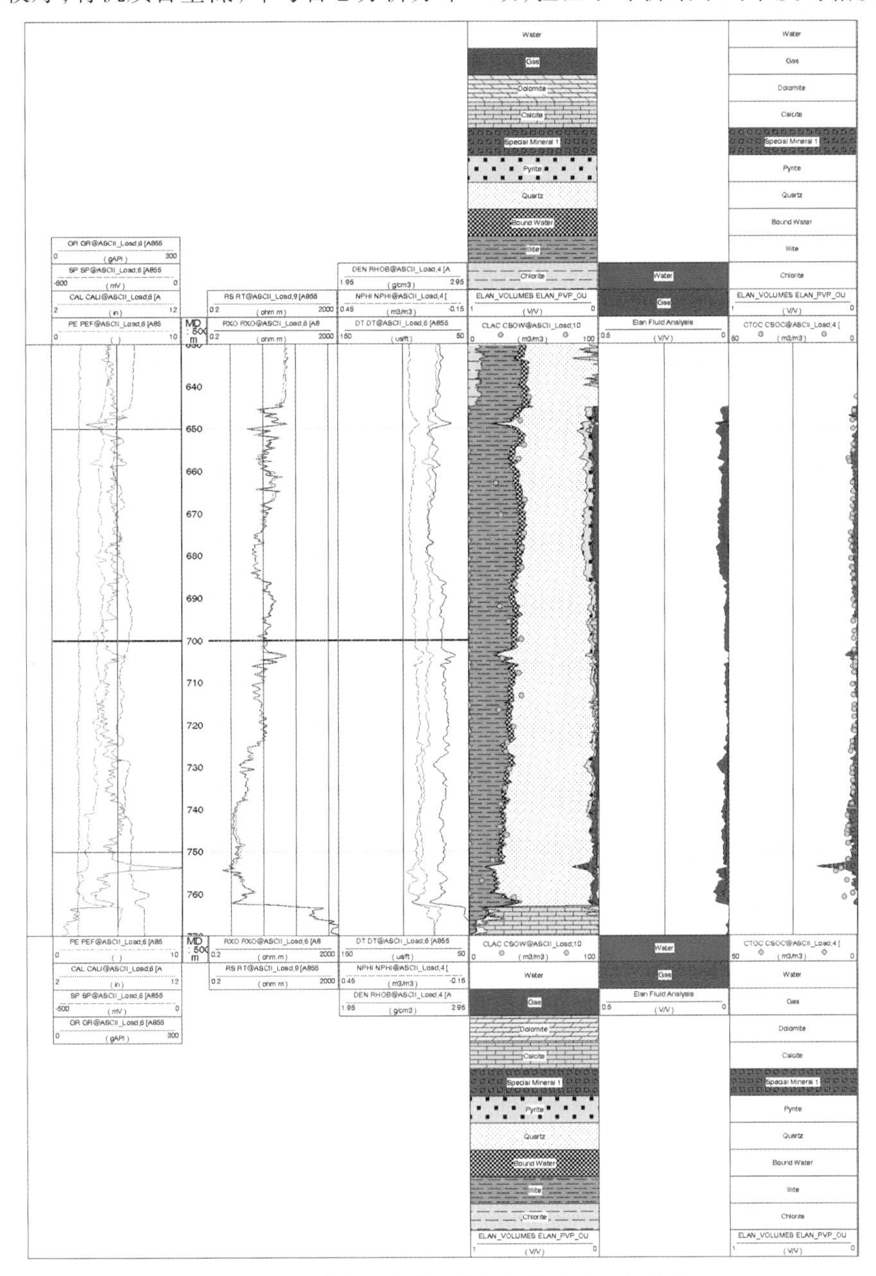

图 4.26　渝参 4 井多矿物组分模型处理成果图

(3)孔隙度模拟

常规的密度、中字和声波时差测井是计算岩石孔隙度的基础方法,但是页岩复杂的矿物组分、干酪根和微米至纳米级的孔隙结构给孔隙度的计算方法带来了挑战。利用常规测井方法计算孔隙度在页岩气工业生产中仍然起着重要作用。现将测井模拟孔隙度的方法分析总结如下:

表 4.17　测井模拟孔隙度的方法

方　法	原　理	优缺点
三孔隙度曲线法	通过各曲线对孔隙度变化的灵敏反应,进行多元线性拟合,计算孔隙度	成本较低,计算精度一般,特别是对于页岩极低孔极低渗
核磁共振法	通过核磁共振,测定流体氢元素的含量,微观反映岩石孔隙结构和有效孔隙度	精度高,成本较高,测量深度浅,对于非均质性地层应用效果一般
元素俘获法	利用中子源向地层发射快中子,测定地层矿物成分,确定骨架密度,通过物理模型计算孔隙度	准确计算骨架密度和岩石孔隙度,但是成本高,测量深度有限

对于参数井,只有常规测井资料,在有井壁取心的情况下,利用三孔隙度曲线进行岩心刻度测井计算孔隙度是较好的选择。

通过图 4.27 可以看出,岩心分析孔隙度与 DT 的变化有一定相关性,与 DEN、CNL 的关系不明显,所以,优选单元线性模型计算孔隙度:

$$POR = 0.0491 * DT - 7.5334 \qquad R^2 = 0.7387 \tag{4.11}$$

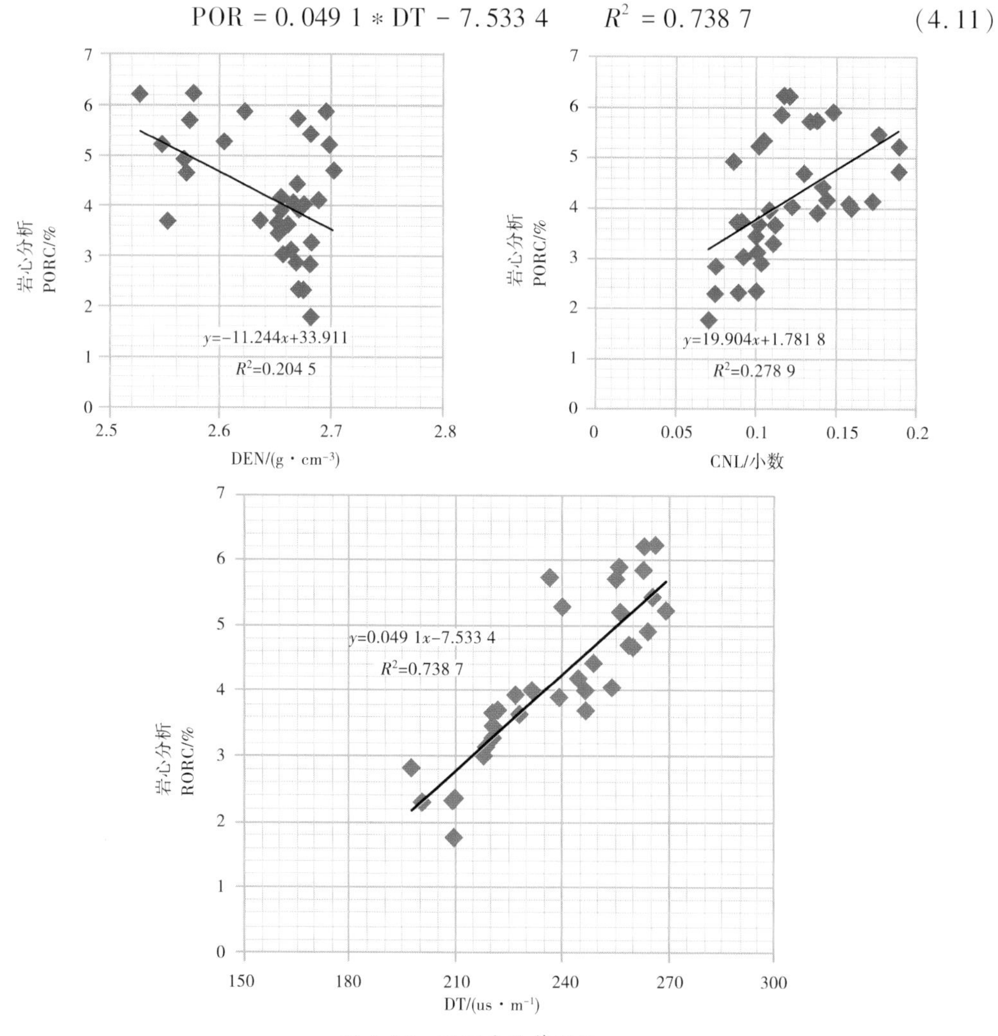

图 4.27　孔隙度计算图版

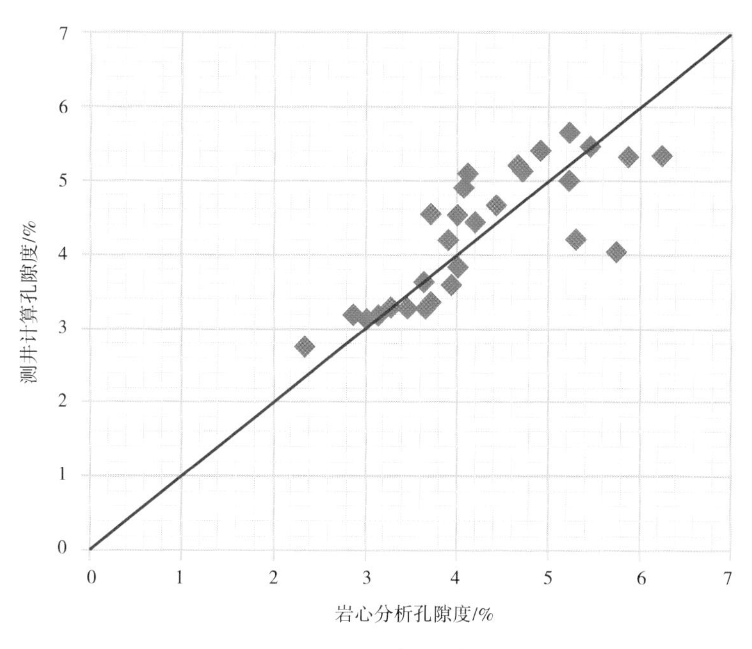

图4.28 孔隙度精度分析图版

由于黔页1井有核磁共振测井资料，在计算孔隙度的方法上又多了一种选择。核磁测井的特别之处不仅在于它能测量含氢流体充填的孔隙空间的体积，还在于它允许用弛豫率测量值推导出孔隙大小，即能将孔隙度分解成不同的分量，如大孔隙中的可动流体、小孔隙中的束缚流体。

由于MRIL-P型核磁测井仪能够用TE=0.6 ms进行测量，其所测量的信号基本上包含了黏土束缚流体信号，因此对全部T2分布（从T2min到T2max）的面积进行积分可以视为核磁总孔隙度ϕ_{mt}。通过选取不同定义的T2cutoff，可以计算不同类型的孔隙度。设T2c为可动流体与束缚水的截止值，T2b为黏土水与束缚水的截止值（通常选择3 ms）。对T2谱从T2b到T2max积分可以获得有效孔隙度ϕ_{me}；对T2谱从T2c到T2max积分可以获得可动流体孔隙度ϕ_{mf}；对T2谱从T2min到T2c积分可以获得束缚流体孔隙度ϕ_{mb}。

束缚流体孔隙度很难用常规测井方法得到，这也是核磁测井的独特优势。将束缚流体体积与常规测井资料结合起来，可以计算储层评价中的两个关键参数：渗透率和束缚水饱和度。

从图4.29中可以看出，核磁共振测井的计算值与实验室岩心分析值吻合较好，计算结果可靠，优选合理。

（4）渗透率模拟

目前，渗透率的模拟计算主要是采用常规测井资料的拟合经验公式，但是在有核磁共振测井的情况下，通过T2谱计算渗透率，精度更好。现将各模拟技术总结成表4.18。

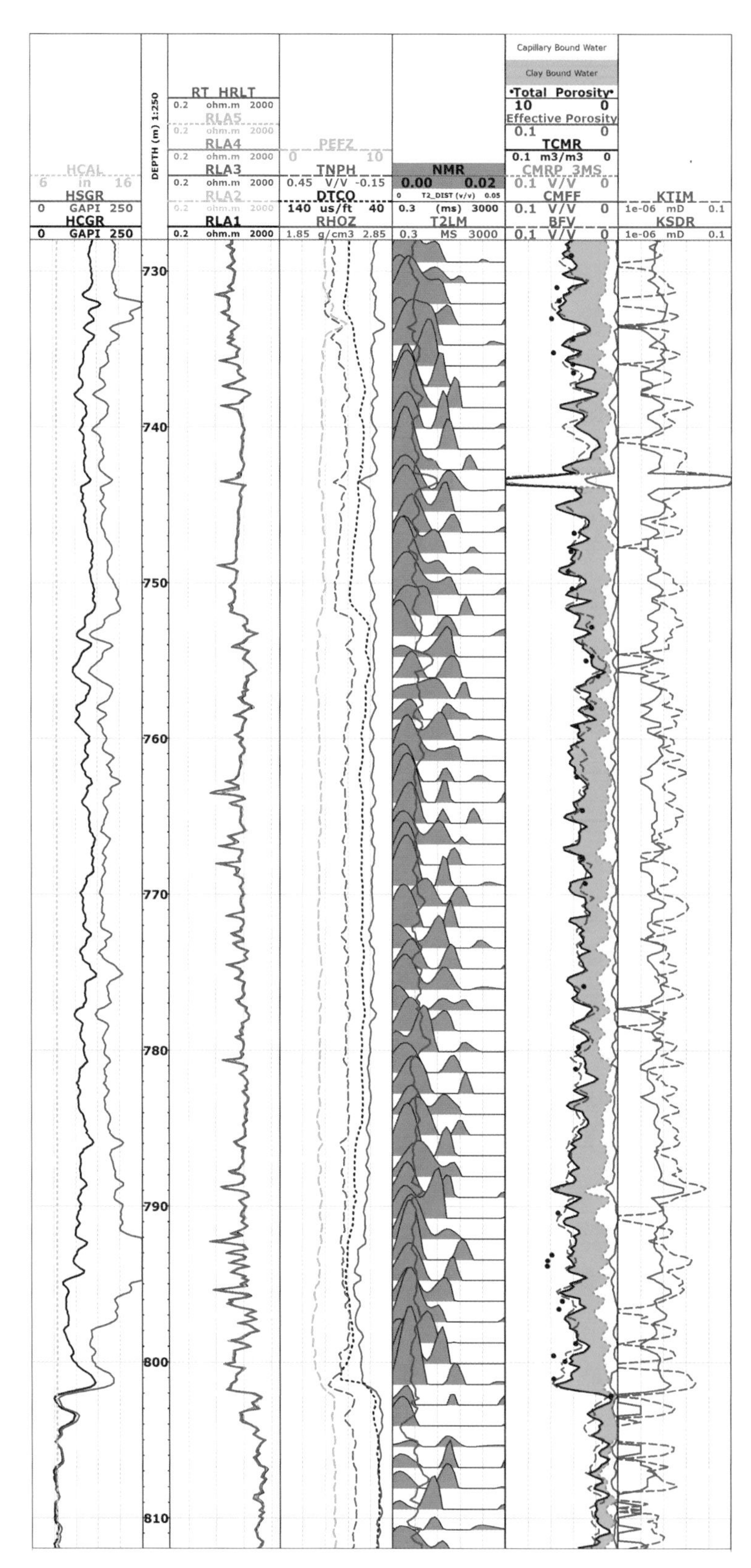

图 4.29　黔页 1 井核磁解释结果

表 4.18 测井模拟渗透率的方法

方 法	原 理	优缺点
Kozeny 一般关系式	通过微观孔隙结构和比表反映渗透率的变化	参数选取较困难
Timur 公式	通过束缚水的饱和度与岩石孔隙度的相关性,计算渗透率	束缚水饱和度较难确定
SDR 模型	利用核磁共振测井的 T2 谱分布与孔隙度的	精度高,需要用到核磁测井,成本较高
电阻率公式	利用电阻率与渗透率经验统计关系	应用简单,参数选取方便,但适用性一般

对于参数井的常规测井,渗透率的计算,其他方法较难确定。比对之后,优选通过声-感组合公式或者与孔隙度的经验关系,结合岩石物理实验分析数据来计算。

从图 4.30 可以看出岩心分析渗透率与有效孔隙度、电阻率的变化有较好相关性,图 4.31 为精度分析图版,计算结果误差较小。因此,渗透率计算可优选以下模型:

$$\mathrm{PERM} = 0.002\,6 * \mathrm{RT}^{0.904\,8} \tag{4.12}$$

$$R^2 = 0.646\,5$$

针对黔页 1 井的核磁共振测井资料,优选 SDR 模型:

$$K = C\varphi^4 T_{2\mathrm{GM}}^2 \tag{4.13}$$

式中 $T_{2\mathrm{GM}}$——T_2 分布的几何平均值;

C——系数。

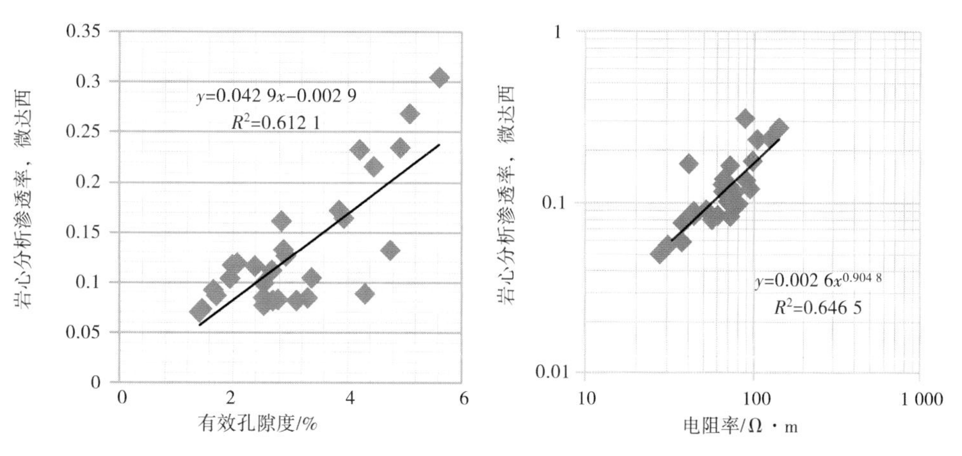

图 4.30 渗透率计算图版

计算结果见图 4.29,从图中最后一道可以看出,计算结果精度较高,整体变化趋势在合理范围内。

(5)饱和度模拟

目前,实验室对岩石饱和度方面的测试还较少,特别是对页岩岩电参数的研究,使得模拟饱和度时,参数的选取具有不确定性。

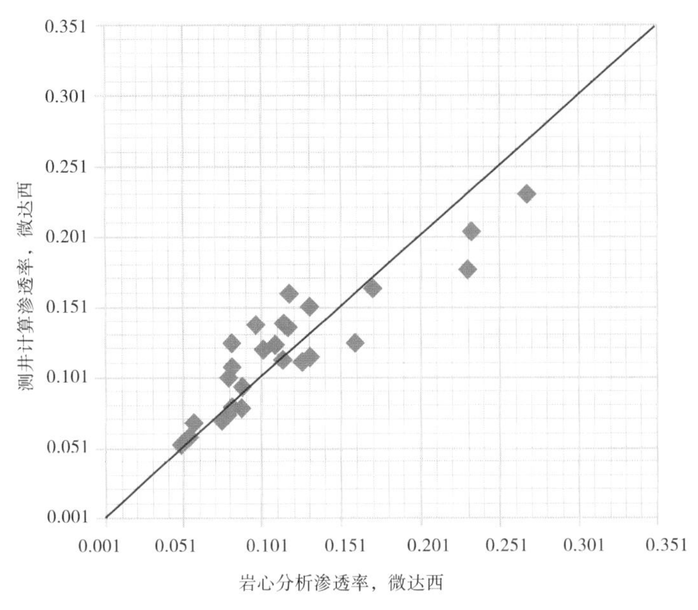

图 4.31 渗透率精度计算图版

对于参数井而言，印度尼西亚公式、Simandoux 公式、Waxman-Smits 模型以及双水模型的参数较多，选取不易。因此，饱和度的模拟依然采用阿尔奇公式：

$$S_W = \sqrt[n]{\frac{abR_W}{R_T\varphi^m}} \tag{4.14}$$

式中 S_W——目的层含水饱和度，小数；

R_T——目的层电阻率，Ω·m；

R_W——地层水电阻率，Ω·m；

φ——目的层孔隙度，小数；

m——地层水电导率 C_W 足够高时确定的泥质砂岩的胶结指数，也可看成经黏土校正后的纯砂岩的胶结指数；

n——相当于该岩石不含黏土的饱和度指数，常取 $n=2.0$。

注：在实际处理时可根据实际情况选择 a、m 值。

图 4.32 为参数井的饱和度计算结果，参数的选取为：$a=0.8$，$b=1$，$m=2.1$，$n=2$，$R_W=0.01$ Ω·m。从图中可以看出，应用阿尔奇公式，根据地区经验，适当调整参数也可以得到较好应用效果。

3）含气量测井解释技术

在页岩储层中，页岩气分为三部分，即吸附气、游离气和溶解气。由于溶解气含量较少，而且与吸附气不易区分。因此，通常将溶解气也归于吸附气的计算。

（1）吸附气含量计算

Rick 等（2004）提出应用兰格缪尔（Langumir）等温吸附模型来计算页岩吸附气含量。兰格缪尔等温线是用来描述在特定温度下吸附在干酪根表面的甲烷与以气态形式的甲烷的一种平衡状态。通过对含气页岩做等温吸附实验可以得到兰格缪尔等温线。对一个盆地而言，只有一条兰格缪尔曲线能够充分描述该盆地的含气页岩。

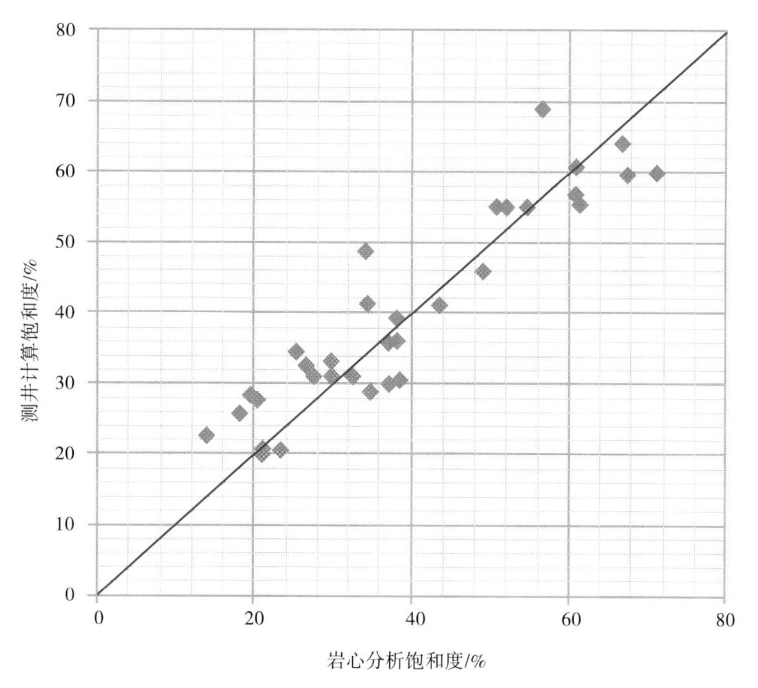

图 4.32 饱和度精度分析图版

在已知岩心总有机碳含量下,可以通过等温吸附实验得到兰格缪尔等温线。由于兰格缪尔曲线是在特定的温度和有机碳含量的情况下得到的,因此,当兰格缪尔等温线应用到测井评价时,需要对总有机碳含量、温度和压力进行校正。

对温度和压力进行校正,方法为:

$$\left.\begin{aligned} V_{\mathrm{lt}} &= 10^{(-c_1 \cdot (T+c_2))} \\ P_{\mathrm{lt}} &= 10^{(c_3 \cdot (T+c_4))} \\ c_4 &= \log P_1 + (-c_3 \cdot T_i) \\ c_2 &= \log V_1 + (c_1 \cdot T_i) \end{aligned}\right\} \tag{4.15}$$

式中 V_{lt}——在油藏温度下的兰格缪尔体积,scf/ton;

P_{lt}——油藏温度下的兰格缪尔压力,psia;

c_1——常数,0.002 7;

c_3——常数,0.005;

c_2、c_4——中间过渡变量;

T——油藏温度,℃;

T_i——等温线的温度,℃。

然后,对 TOC 进行校正,方法为:

$$V_{\mathrm{lc}} = V_{\mathrm{lt}} \cdot \frac{\mathrm{TOC}_{\mathrm{lg}}}{\mathrm{TOC}_{\mathrm{iso}}} \tag{4.16}$$

式中 V_{lc}——油藏温度下经过 TOC 校正后的兰格缪尔体积;

$\mathrm{TOC}_{\mathrm{iso}}$——得到兰格缪尔等温线时采用的 TOC 值;

$\mathrm{TOC}_{\mathrm{lg}}$——测井得到的 TOC 值。

最后,可以通过温度、压力和TOC校正后的兰格缪尔公式来计算吸附气含量:

$$g_c = \frac{V_{lc}p}{(p + P_{lt})} \tag{4.17}$$

式中 g_c——吸附气含量,scf/ton;

p——油藏压力,psia;

P_{lt}——油藏温度下的兰格缪尔压力,psia;

V_{lc}——在油藏温度下经过TOC校正后的兰格缪尔体积。

值得注意的是,由兰格缪尔等温吸附曲线计算得到的含气量是页岩能够容纳的吸附气含量的体积,而不是页岩中所含有吸附气的体积,即如果含气页岩中气体出现逃逸现象,用兰格缪尔曲线得到的结果会偏大,但页岩本身也是盖层,如果其封闭性较好,没有通天断裂,用这种方法计算吸附气含量效果较好。

(2)游离气含量计算

游离气含量的大小取决于气藏的压力、有效孔隙度和含气饱和度。游离气含量计算方法为:

$$G_c f_m = \frac{1}{B_g} \cdot (\varphi_{eff}(1 - S_w)) \cdot \frac{\psi}{\rho_b}$$

$$B_g = \left[\frac{p_z}{z_z(T_z + 459.67)}\right] \cdot \left[\frac{z(T + 459.67)}{p}\right] \tag{4.18}$$

式中 $G_c f_m$——游离气体积,scf/ton;

B_g——气体的地层体积因素,cf/scf;

φ_{eff}——有效孔隙度,v/v;

S_w——含水饱和度,v/v;

ρ_b——体积密度,g/cm^3;

ψ——常数,32.105 2;

p——气藏压力,psia;

T——油藏温度,°F;

z——气藏下的气体压缩因子,为无量纲参数,可以通过实验获得;

p_z——标准状况下的压力,14.696 psia;

z_z——标准状况下的温度,32°F。

图4.33为渝参6井的综合解释成果图。从图中可以看出,游离气与吸附气的计算值符合有机碳含量与孔隙度的变化,优选的计算模型可靠。

4)油气水层测井识别技术

常规测井资料判别油气水层,特别是针对页岩储层低孔低渗的特征,单一的测井信息或某一种储层参数是很难识别流体性质的。对于参数井,在缺乏阵列感应测井和核磁共振测井条件下,最常用、最有效的方法还是交会图分析法。

对比分析中要选择典型目的层段,找出有把握的含气层、含水气层、含气水层、干层,然后利用测井曲线所反映的变化特征。通过对渝东南地区参数井的分析研究,发现密度与电阻率能较好区别气水和干层。含气层电阻率最高,密度最小;含水气层电阻率中等,密度偏低;含气水层电阻率最低,密度中等;干层密度最大,电阻率中等。

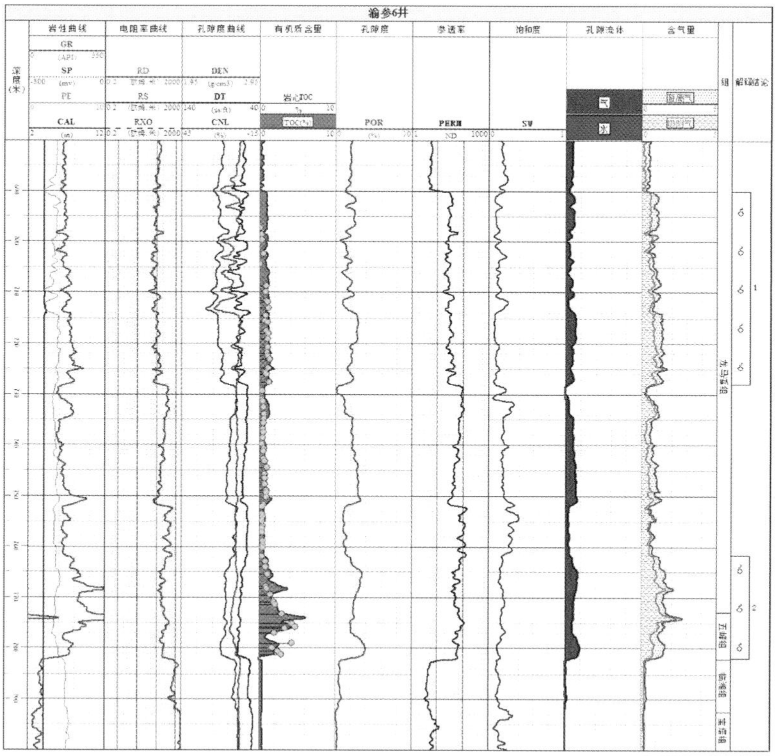

图4.33　渝参6井测井解释成果图

针对黔页1井、渝参4井、渝参8井三口井的测井综合解释与试油试气资料,选取其中代表性的层段,如图4.34—图4.36所示。

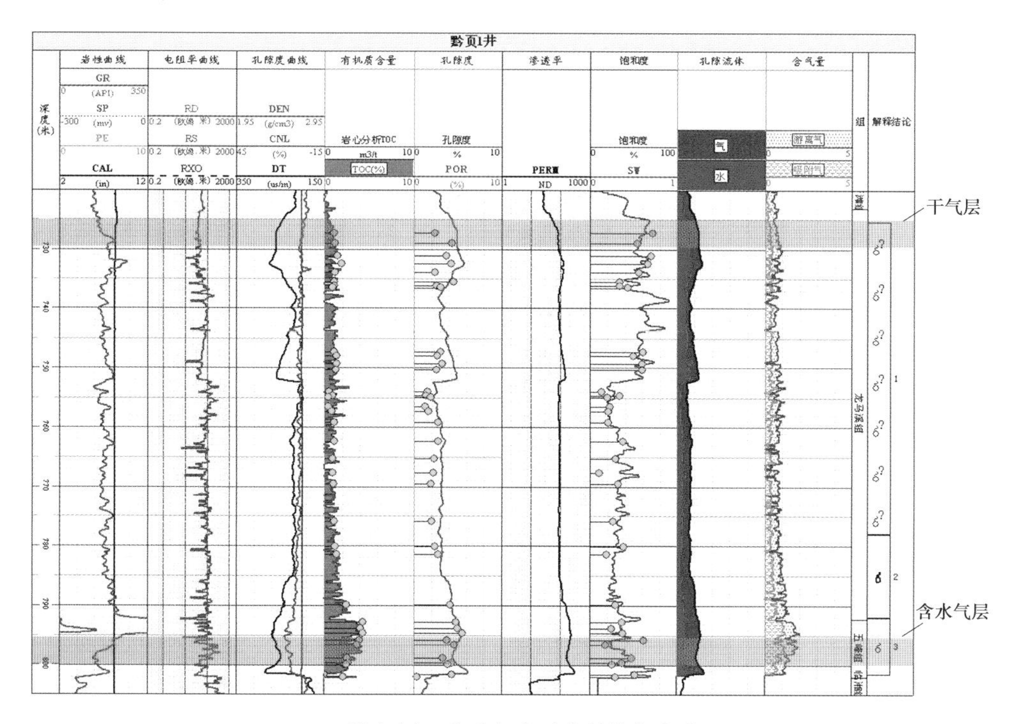

图4.34　黔页1井测井解释成果图

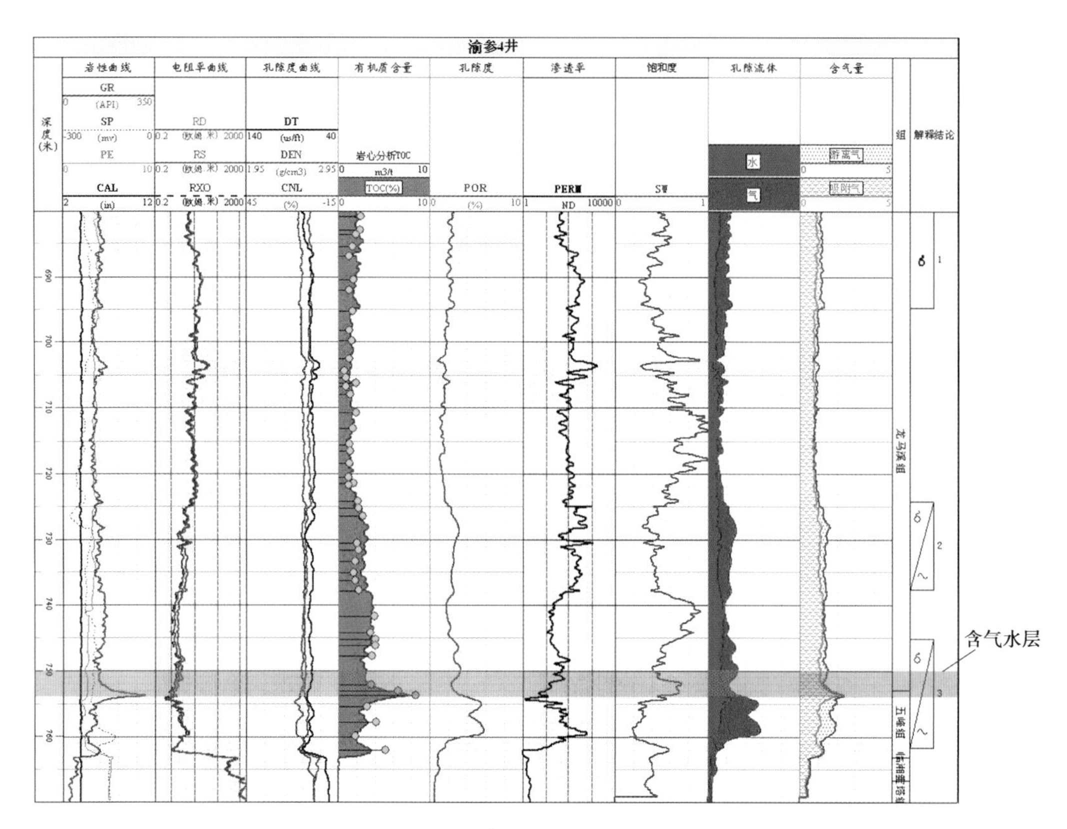

图 4.35　渝参 4 井测井解释成果图

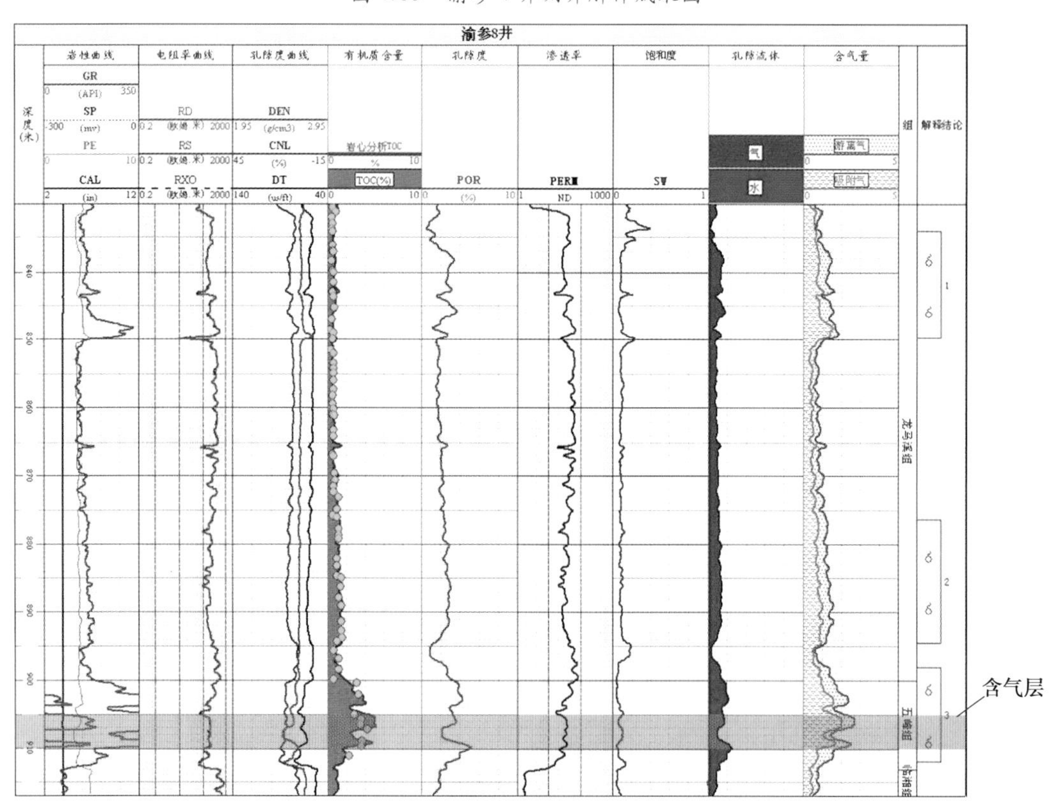

图 4.36　渝参 8 井测井解释成果图

通过分析目的层段,选取对应的曲线值,建立了油气水层识别交会图图版(图4.37),结果可靠,优选合理。

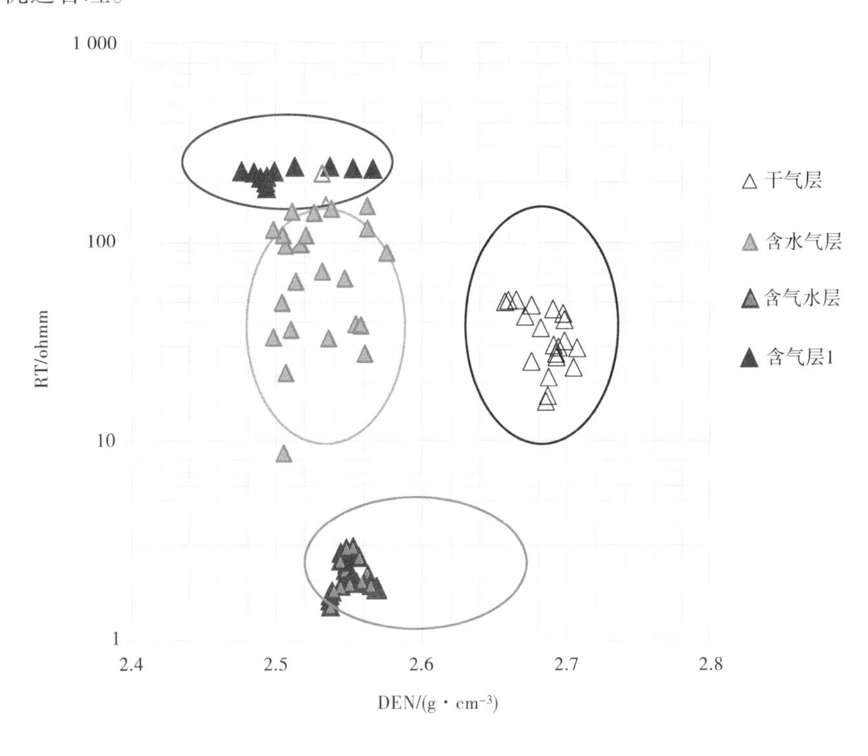

图4.37 油气水层识别图版

5)裂缝测井分析技术

对于页岩气储层的微裂缝,一般其开度为0.01~1 mm,而常规测井资料垂向采样间隔一般为0.125 m,对于大的裂缝还能定性识别,但对于裂缝、微裂缝则很难发挥作用。只有选择更高精度的电阻率成像测井,它的垂向分辨率为2.5 mm,对于一般裂缝能做到定量分析。

(1)裂缝类型

本井测量井段所见到的裂缝类型包括高导缝、高阻缝和钻井诱导缝(图4.38)。高导缝属于以构造作用为主形成的天然裂缝,对于储层的形成和改造具有重要作用,对油气的储渗具有现实意义;高阻缝属于以构造作用为主形成的天然裂缝,裂缝间隙被高电阻率矿物(方解石)部分或全部充填,裂缝有效性差;钻井诱导缝系钻井过程中产生的裂缝。

分析识别裂缝的类型:一方面是为了统计不同类型裂缝的产状或走向,以推断其与构造应力的关系,进而预测有效的天然裂缝发育范围或裂缝发育的构造部位;另一方面,对有效的天然裂缝进行定量计算,为储层评价提供定量依据。

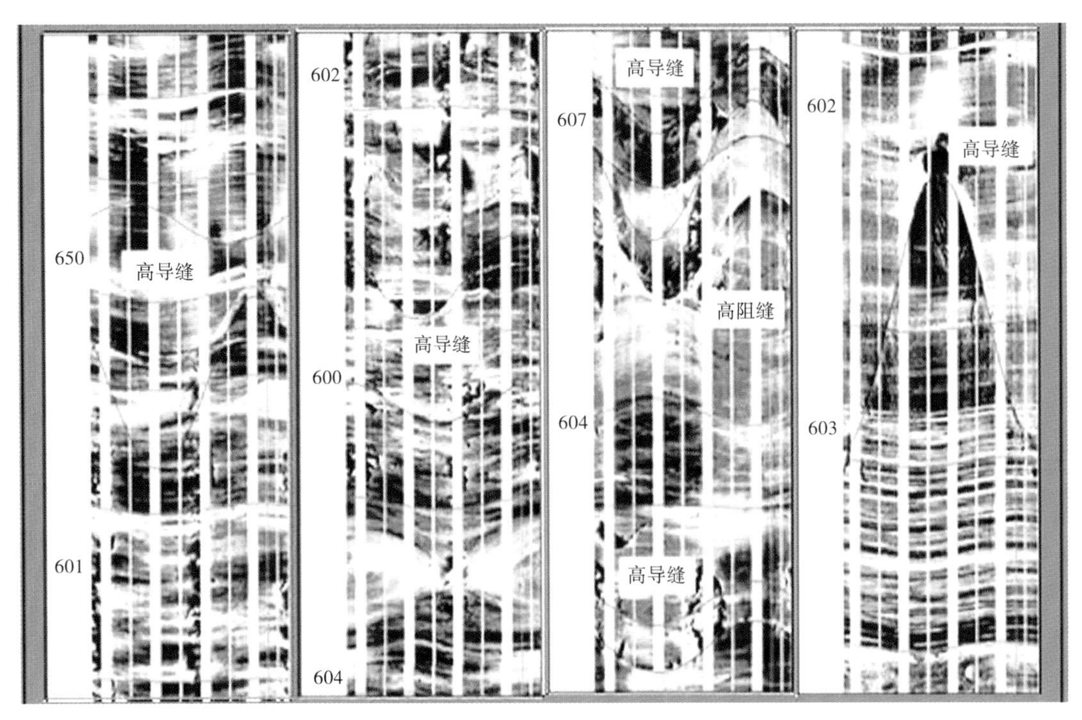

图 4.38 裂缝类型

(2)裂缝定量计算

FMI 成像测井的高密度采样、高分辨率和井眼高覆盖率，使得 FMI 成像测井不仅能够用于识别裂缝、划分裂缝类型、确定裂缝发育层段，还能够用于裂缝的定量分析，计算裂缝参数。裂缝的定量计算公式是针对 FMI 成像仪器由数值模拟得来的。其具体形式如下：

$$W = c \times A \times R_m^b \times R_{xo}^{1-b} \tag{4.19}$$

系数 c、b 之值完全取决于 FMI 成像测井仪器的具体结构。W 是裂缝张开度，A 是由裂缝造成的电导异常面积，R_{xo} 是裂缝岩石骨架电阻率，R_m 是裂缝中流体电阻率。

本井中 R_{xo} 由所测图像电阻率计算而得；R_m 为井底温度下的泥浆电阻率。

裂缝定量计算主要提供以下 5 种曲线：

①裂缝密度(FVDC)：每米井段所见到的裂缝总条数；

②裂缝长度(FVTL)：每平方米井壁所见到的裂缝长度之和；

③裂缝平均宽度(FVA)：裂缝轨迹宽度的平均值；

④裂缝水动力宽度(FVAH)：裂缝轨迹宽度的立方之和开立方；

⑤裂缝孔隙度(FVPA)：每米井段上裂缝在井壁上所占面积与 FMI 成像测井覆盖井壁的面积之比。

以上 5 种参数都是基于上述公式对裂缝张开度的准确计算，图 4.39 为计算结果。

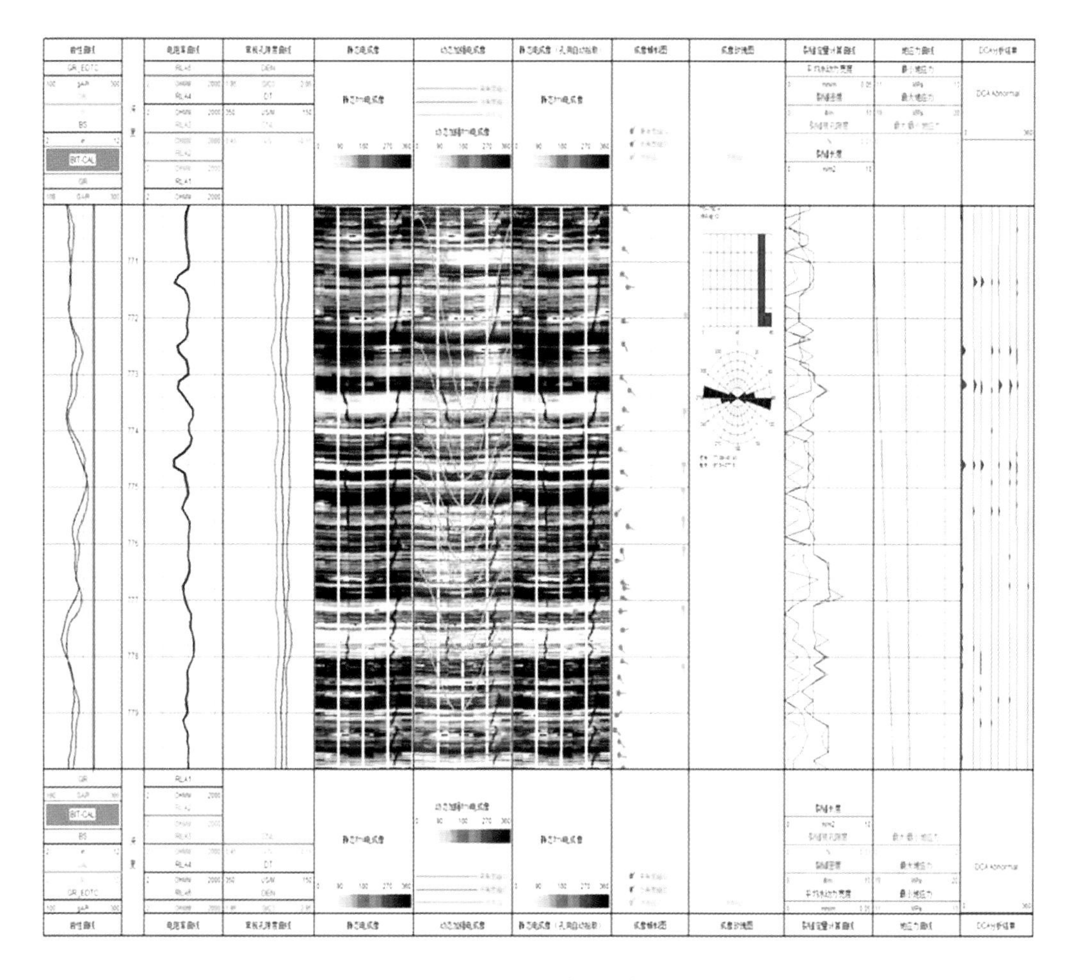

图 4.39　黔页 1 井裂缝分析成果图

6）力学参数测井模拟技术

目前，力学参数的测井模拟计算，一般还是采用传统理论公式，需要用到纵、横波声波时差。对于常规测井资料，一般只有纵波曲线，而横波曲线需要通过纵波与密度模拟计算得出，公式如下：

$$\Delta t_S = \frac{\Delta t_P}{\left[1 - 1.15\dfrac{(1/\rho_b) + (1/\rho_b)^3}{e^{1/\rho_b}}\right]^{1.5}} \tag{4.20}$$

对于黔页 1 井的声波扫描测井 Sonic Scanner，可以直接测得地层更真实、更准确的纵横波时差（图 4.40），通过以下理论公式，计算得到力学参数。

（1）地层泊松比

$$\xi = \frac{V_P}{V_S}$$

$$\sigma = \frac{\xi^2 - 2}{2 \times (\xi^2 - 1)} \tag{4.21}$$

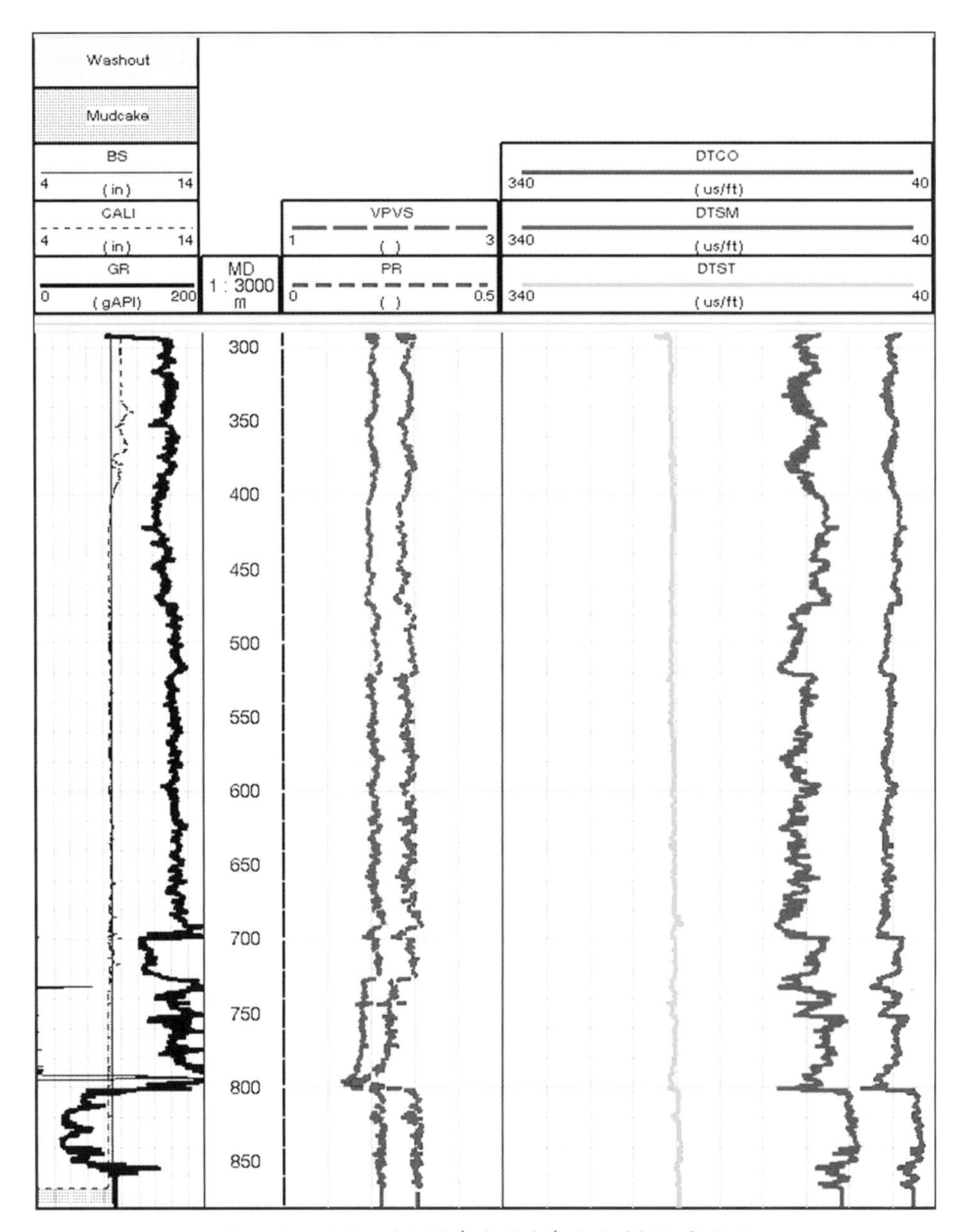

图 4.40　黔页 1 井扫描声波测井声波时差提取成果图

(2)杨氏模量

$$E = 2\rho(1 + \sigma) V_S^2 \tag{4.22}$$

(3)体积模量

$$K = \frac{E}{3(1 - 2\sigma)} \tag{4.23}$$

(4)剪切模量

$$\mu = \frac{E}{2(1 + \sigma)} \tag{4.24}$$

(5)脆性指数

$$\text{脆性指数}(\%) = \text{石英} / (\text{石英} + \text{碳酸岩} + \text{黏土})$$

$$CX = 50(E - 1)/7 + 200(0.4 - \sigma) \tag{4.25}$$

(6)最大主应力与最小主应力

$$\sigma_H = \frac{m(P_f + \alpha P_p - S_t)}{3n - m} \tag{4.26}$$

$$\sigma_h = \frac{n(P_f + \alpha P_p - S_t)}{3n - m} \tag{4.27}$$

$$m = \mu(\varepsilon_h + \varepsilon_v) + (1 - \mu)\varepsilon_H \tag{4.28}$$

$$n = \mu(\varepsilon_H + \varepsilon_v) + (1 - \mu)\varepsilon_h \tag{4.29}$$

式中,σ_H 为最大主应力;σ_h 为最小主应力;P_p 为地层孔隙压力;P_f 为地层破裂压力;S_t 为抗拉强度;α 为有效应力系数;ε_H 为水平最大应力方向应变量;ε_h 为水平最小应力方向应变量;ε_v 为竖向地应力方向变量,μ 为泊松比。

从图4.41可以看出,有机碳含量高的地方,脆性指数稍低;硅质、钙质含量高的地方,脆性指数稍高。脆性指数对于岩性的反应较为灵敏,优选的计算模型较为准确,可以为后续压裂提供科学依据。

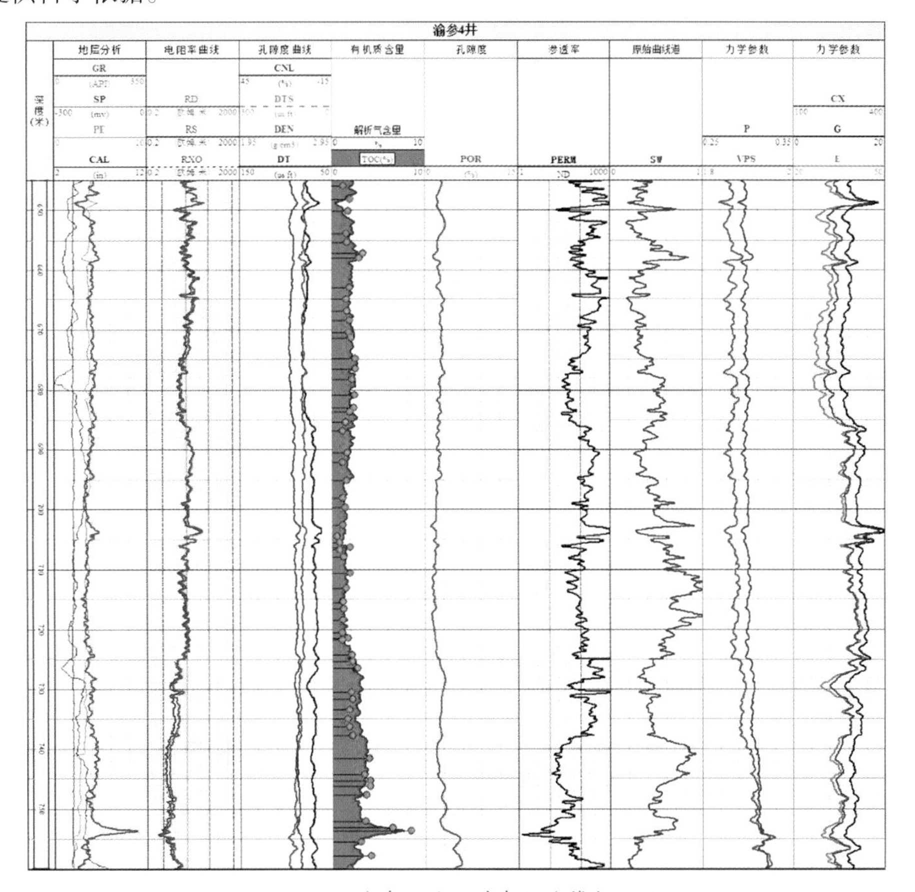

图4.41 渝参4井力学参数计算成果图

7)小结

通过对渝东南地区1口探井、6口参数井的测井资料分析研究,模拟技术的应用与优选,形成一套页岩气储层测井解释关键技术,见表4.19。

表4.19 页岩气储层测井解释关键技术

研究项目	测井优选结果		优选理由
TOC含量计算	多元线性模拟: TOC=-9.901 * DEN+1.428 * ΔlogR+0.002 * GR+26.643		只需常规测井资料,成本较低,误差较小
	核磁-密度孔隙度法		需要核磁共振测井,成本较高,但精度高
储层模拟	岩相分析:利用岩心与电成像测井标定常规测井曲线,建立该地区常规测井岩相识别图版		效果较好,建立一个工区的常规识别图版,成本较低
	多矿物组分模拟:采用Elanplus最优化测井解释程序,建立砂泥岩、碳酸盐岩、页岩等多矿物模型		综合利用多曲线信息,成本低,精度较高
	孔隙度模拟	POR=0.049 1 * DT-7.533 4	模型简单,成本低,精度较高
		核磁共振测井法	成本较高,但能反映有效孔隙度,精度高
	渗透率模拟	$PERM=0.002\ 6 * RT^{0.904\ 8}$	模型简单,成本低,精度较高
		SDR模型:$K=C\varphi^4 T_{2GM}^2$	需要核磁共振测井,成本较高,但精度高
	饱和度模拟:$S_W=\sqrt[n]{\dfrac{abR_W}{R_T\varphi^m}}$		基础模型,参数易选取,成本低,精度较高
含气量计算	吸附气模拟:$g_c=\dfrac{V_{lc}p}{(p+P_{lt})}$		对理论模型进行了校正,成本低,精度较高
	游离气模拟:$G_c f_m=\dfrac{1}{B_g}\cdot(\varphi_{eff}(1-S_W))\cdot\dfrac{\psi}{\rho_b}$		
油气水层识别	RT-DEN交会图图版法		只需常规测井资料,成本低,精度较高
裂缝分析	微电阻率成像测井定量分析		需要微电阻率成像测井,成本较高,但精度高

续表

研究项目	测井优选结果	优选理由
力学参数模拟	利用纵波和密度曲线模拟得到横波,根据理论公式计算	参数选取容易,成本低,精度较高
	采用声波扫描测井直接测得纵横波	成本较高,但更真实,更直接,精度高

4.2.2 页岩储层地震解释及预测评价技术研究

地震勘探技术是通过人工方法激发地震波,研究地震波在地层中传播的规律与特点,以查明地下的地质构造、沉积、储层等地质特征,为寻找油气田或其他勘探目的服务的一种物探方法。页岩气地震解释及预测技术主要借鉴相对成熟的常规油气地震勘探方法,以地质、钻井、测井、岩心分析等资料为基础,应用地震数据进行构造解释、储层反演、裂缝及含气性检测等研究,从而预测页岩气富集有利区。

1)构造精细解释技术

页岩气构造精细解释技术通过制作合成地震记录,骨干剖面网,三维结合时间切片,来了解页岩层段的反射特征、资料品质,分析页岩层段构造形态、断裂特征、构造带的特征及控制因素,制作页岩层段的构造纲要图和断裂系统图。其工作流程与常规油气地震资料解释没有区别,主要包括层位标定、断层解释和层位追踪。

(1)层位标定

地震层位标定是联系地震与地质的桥梁,是提高构造精细解释精度和开展储层预测的关键。目前,常用的层位标定方法有两种:一种是用声波合成地震记录与井旁地震道做相关对比进行的层位标定;另一种是用 VSP 记录直接进行层位标定。

本次研究在利用电阻率、自然电位、声波、自然伽玛等测井曲线进行全区地层对比的基础上,运用声波时差和密度曲线,精细制作合成记录。应用 Landmark 软件中的合成地震记录的模块,优化了地震子波主频选取,标准层的选择等关键参数的选取,分析各层顶底界面的声波特征,从井旁地震道提取目的层段的子波,保证了目的层段地震信息与井所解释的地质信息最大相关。

(2)断层解释

断裂识别在地震资料解释中比较实用有效的技术包括:一是在常规的数据体上识别断层,二是在相干等属性数据体上和三维可视化状态下识别断层。在地震资料解释过程中将这几种方法相结合,采用三维解释手段对目的层段进行断裂识别和解释,可进一步提高解释精度。

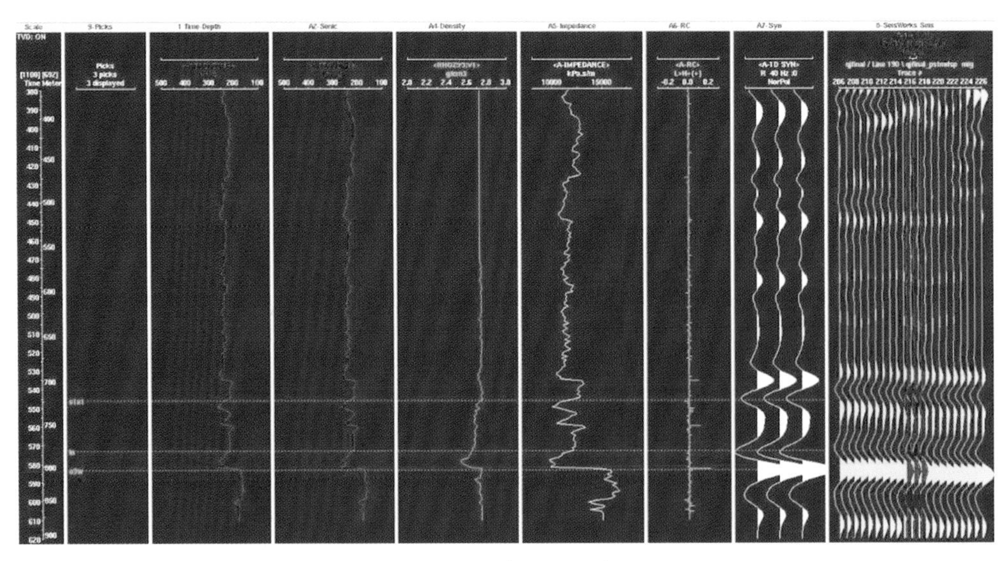

图 4.42　合成地震记录制作及标定

断层解释运用目前最新的立体构造解释方法-断层立体展布法，其做法是首先浏览地震剖面，对断层的展布有初步认识，然后浅、中、深层各做若干张水平切片、相干切片，主测线、联络线先抽稀，后加密，并与切片同步解释、相互参照，实现"切片定走向、剖面定倾向、共同定产状"的"三定"解释原则，确保断层空间位置的正确性。

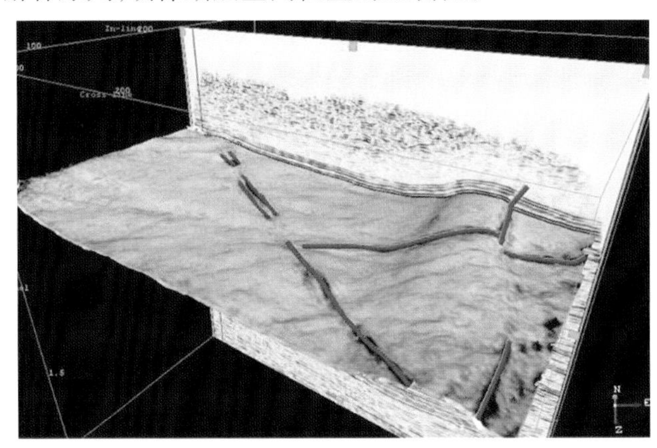

图 4.43　断层立体展示

(3)层位追踪

制作合成地震记录，将地质层位标定在地震剖面上，通过浏览线、道、等时切片地震资料，了解工区内地震反射波的反射特征，主要目的层地层结构，局部构造的时间域剖面、平面形态，确定精细解释的具体思路和方法。对于连续性较差的反射层，按照由大到小、由粗到细的原则，从标定的过井骨架剖面开始，建立起全区的总体解释框架；对于连续性较好的反射层或局部反射剖面，可采用种子点自动追踪方法解释层位，保证地震波追踪的波峰、波谷、零相位等特征在全区一致。解释完成后，通过连井线、联络线、任意线的检查，确保层位闭合。经过层位标定、手动自动联合解释等技术确保反射层的解释合理、精度高。

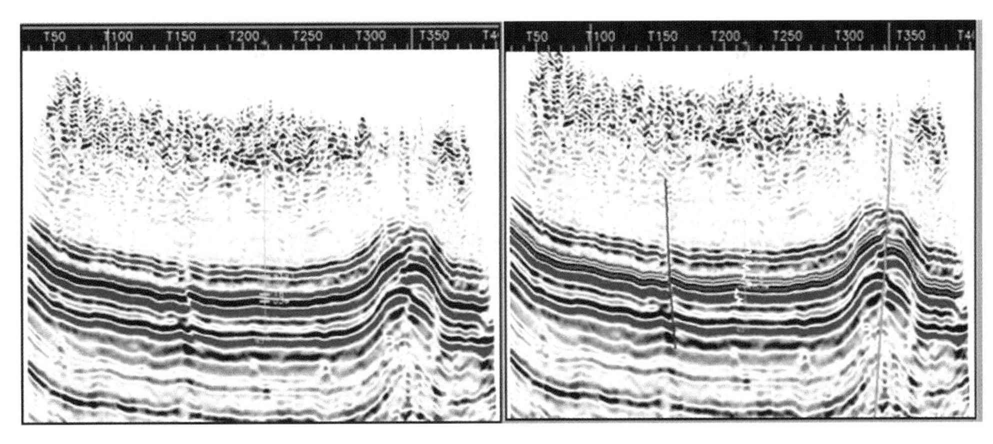

图 4.44　层位的标定、解释

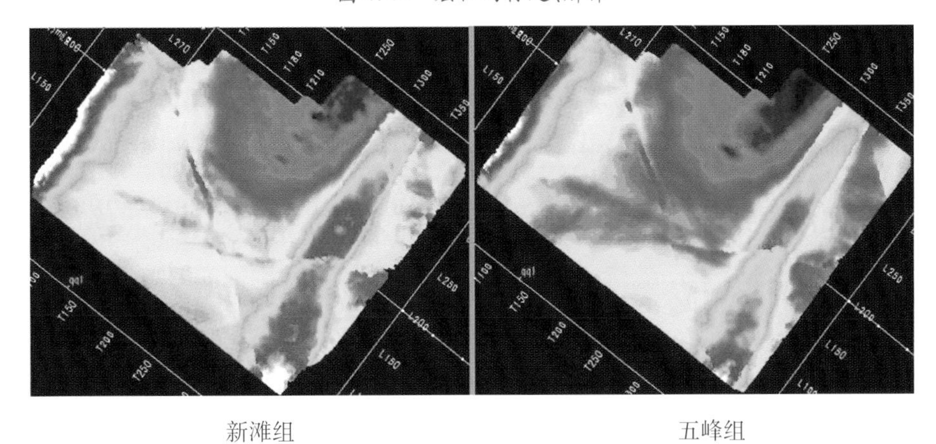

新滩组　　　　　　　　　　五峰组

图 4.45　新滩组底和五峰组底地震反射界面时间构造图

2）储层反演技术

根据叠后、叠前地震资料的分类可将储层反演技术划分为叠后地震反演技术和叠前地震反演技术两种，其目的是用地震资料反推地下波阻抗或速度分布，估算储层参数，并进行储层预测和油藏描述，为油气勘探提供可靠的基础资料。目前，常规油气储层反演主要应用叠后反演技术；但对于页岩气勘探，叠后反演技术已不能满足储层描述的需要，应用叠前反演技术精细预测储层脆性、含气性等参数成为一种必然。

对比三种叠后反演技术，基于地震数据的声波阻抗反演技术忠实于地震数据，反映储层的横向变化可靠，但无法识别 10 m 以下的储层；基于模型的测井属性反演技术可识别 2 ~6 m 的储层，但受初始模型的影响严重，存在多解性；基于地质统计的随机模拟与随机反演技术分辨率高，能较好地反映储层的非均质性，受初始模型的影响小，最终得到多个等概率的随机模拟结果。由于三维地震工区内只有 1 口井参与反演，为了得到较高的分辨率，本次研究采用地震相控非线性随机反演技术，有效综合地质、测井和地震数据，使得反演结果（速度或波阻抗参数）符合地质沉积特征，同时具备较高的分辨率。

叠前反演技术近年来得到了快速的发展，为油气勘探做出了重要的贡献。在应用较广泛的叠前弹性阻抗反演和叠前弹性多参数同步反演中，后者结果稳定、分辨率高、可控制性强,避免提取角度地震子波,减少了数据转换中的累积误差。因此,本次研究采用叠前弹性多参数同步反演技术。

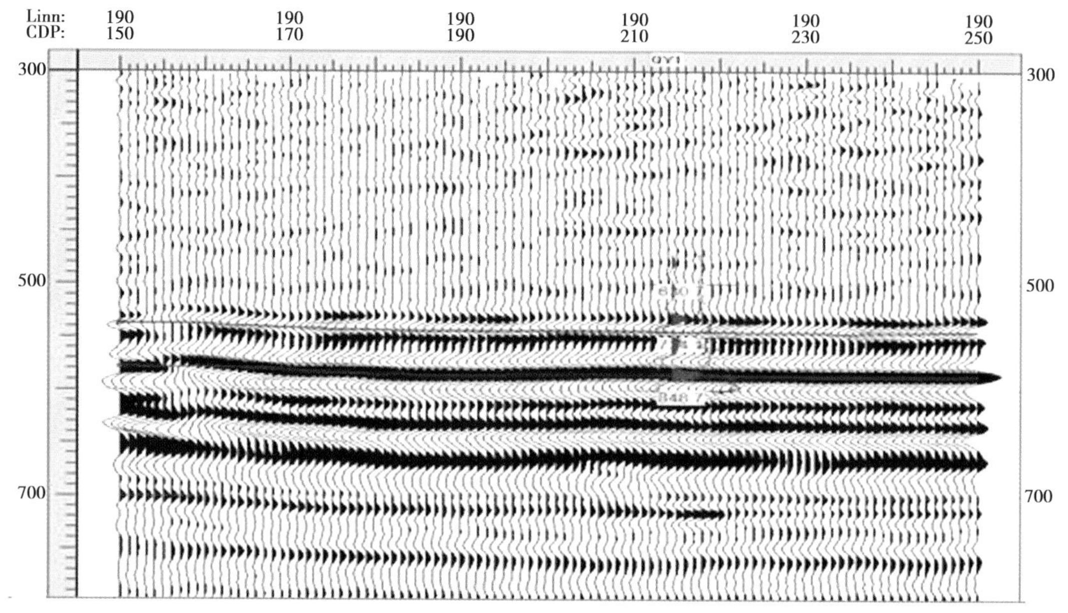

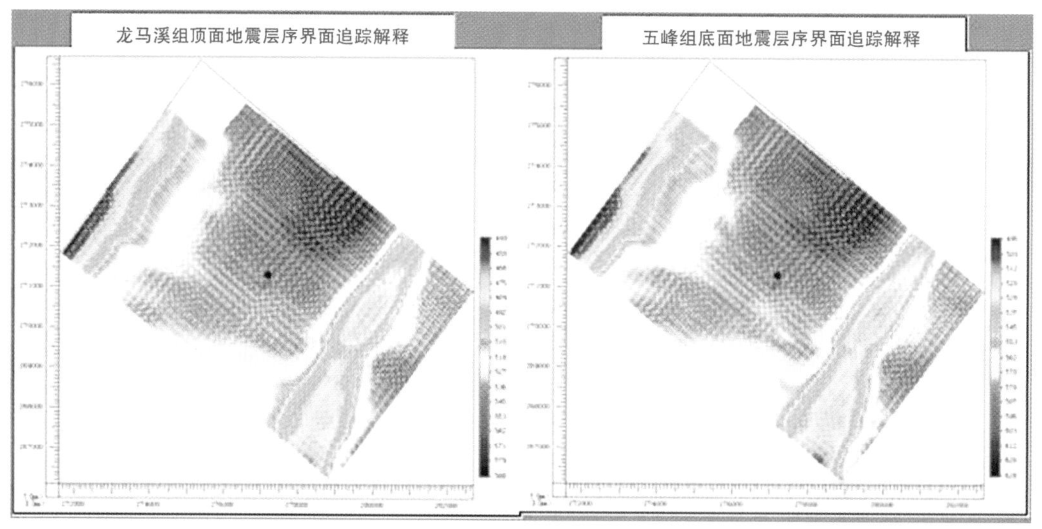

图 4.46　地震剖面层序解释时间构造图

(1)地震相控非线性随机反演技术

地震相控非线性随机反演是在地震地层学和沉积学的基础上,通过钻井的岩芯观察和岩电标定,建立储层的典型相模式,根据不同沉积相甚至微相在时、空域的展布特征,包括垂相演化与平面分布,通过采用数理统计学方法,总结地质体的长宽比、厚度以及规模,应用某种数学算法定量表征有利相带的空间分布,从而使得物性参数(速度、波阻抗等)反演受沉积的控制,具备地质意义。然后在沉积相三维模型建立的基础上,首先根据测井资料统计各种沉积相或微相中岩石物性的分布特征,并用一种特定的数学算法来描述储层岩、电等参数的空间分布特征;基于不同沉积相的岩石物性参数特征和扇体储层的空间分布特征模拟井间任一点的初始速度或波阻抗模型。最后将波阻抗转化为反射系数并与估计的地震子波进行褶积产生合成地震道，通过非线性算法反复迭代直至合成道与原始地震道达到一定程度的匹配。

①地震相控约束外推计算。

在地震相模型的控制下，通过原始数据将各个单个反演问题结合成一个联合反演问题可以降低反演在描述参数几何形态时的单个反演问题的自由度，从本质上提高了地球物理研究的效果。

依据地震相的外部几何形态及其相互关系、内部结构，依据其在区域构造背景的位置，结合井的资料进行相转化，可以在宏观上初步确定其对应的沉积相。为此，可以在地震剖面上对沉积体系进行宏观划分并确定出相界面或层序界面。

首先利用本区钻井资料、综合录井资料编制多口井层序划分与地层界面解释对比图。利用这个结果，可以在对应的连井地震剖面图上解释出层序界面，建立层序或相控模型，进而可以在平面上和三维空间上勾画出目的层等不同层序间的匹配关系，为地震相控约束反演奠定约束条件。综合利用钻井资料、录井资料在研究区三维地震剖面上进行层序解释，图 4.47 为地震剖面层序时间构造图。宏观模型最好与构造解释断层、地层起伏特征结合起来。反演过程中由于采用了随机反演算法，因此，地震相界面的划分和宏观模型的建立允许在纵向上有误差。

考虑地下地质的随机性，相控外推计算中采用多项式相位时间拟合方法建立道间外推关系。具体做法是在相界面控制的时窗范围内从井出发，将测井资料得到的先验模型参数向量或井旁道反演出的模型参数向量，沿多项式拟合出的相位变化方向进行外推，参与下一地震道的约束反演。

②叠后地震反演的实现过程。

根据图 4.47 的储层反演流程，利用地震相控非线性随机反演技术可以得到最终反演速度体。

在用上述方法进行反演处理的过程中，地震子波的确定采用了从井旁地震道直接提取、整形后内插形成空变子波的方法，因此，子波主频和频带宽度与地震资料匹配关系较好，有利于反演算法的快速收敛和反演精度的提高。

③反演适用条件。

叠后地震相控非线性随机反演方法要求地震资料具有较高的信噪比和分辨率，适用于无井区或少井区的反演，在勘探初期，初始模型难以准确求得，可以根据速度谱资料和地震资料以及地震相模型控制得到高精度的反演结果。

在某三维地震工区应用叠后地震相控非线性随机反演技术与基于模型的反演算法进行对比，反演结果如图 4.49、图 4.50 所示。叠后相控反演结果分辨率较高，扇体沉积特征清晰，可分辨多个期次，而模型法的反演结果则精度较低，无法准确地分辨扇体沉积模式。

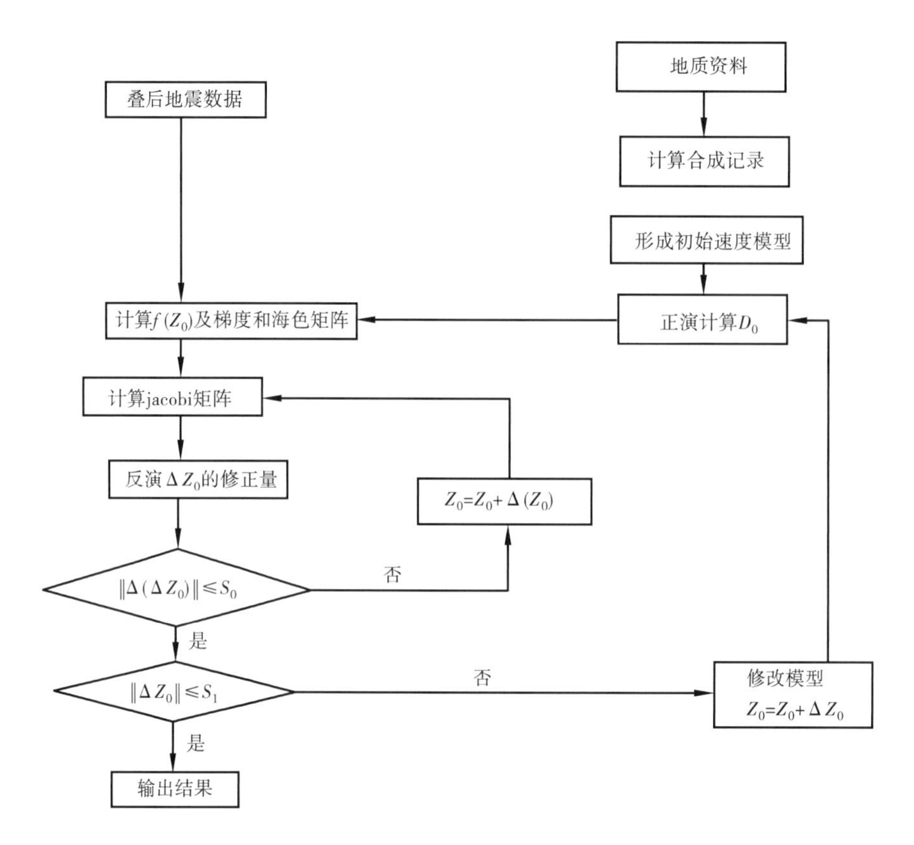

图 4.47　测井约束分步化非线性反演流程图

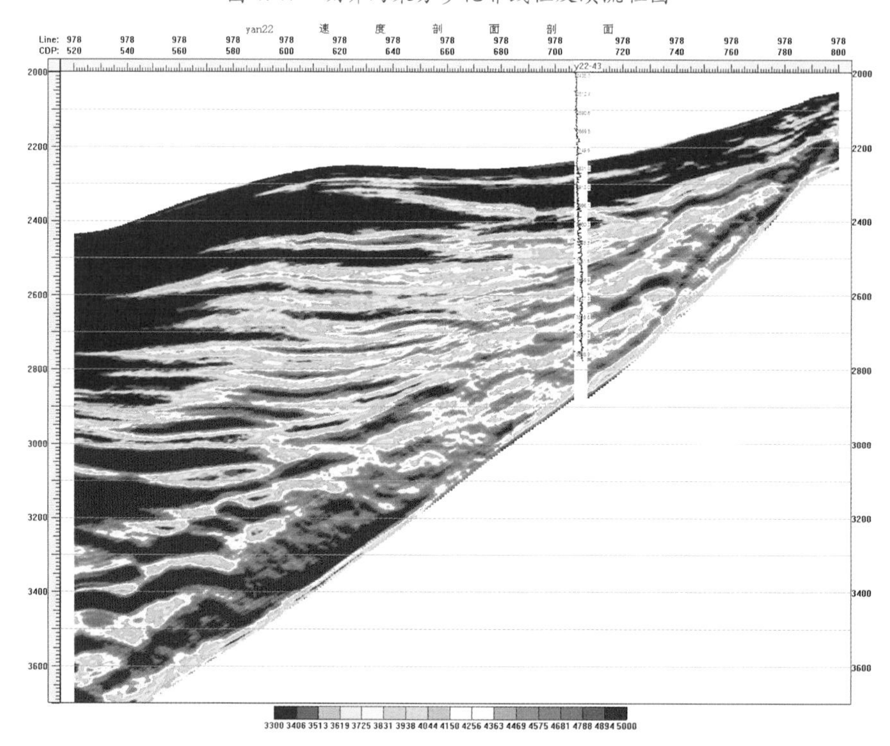

图 4.48　叠后相控非线性随机反演结果

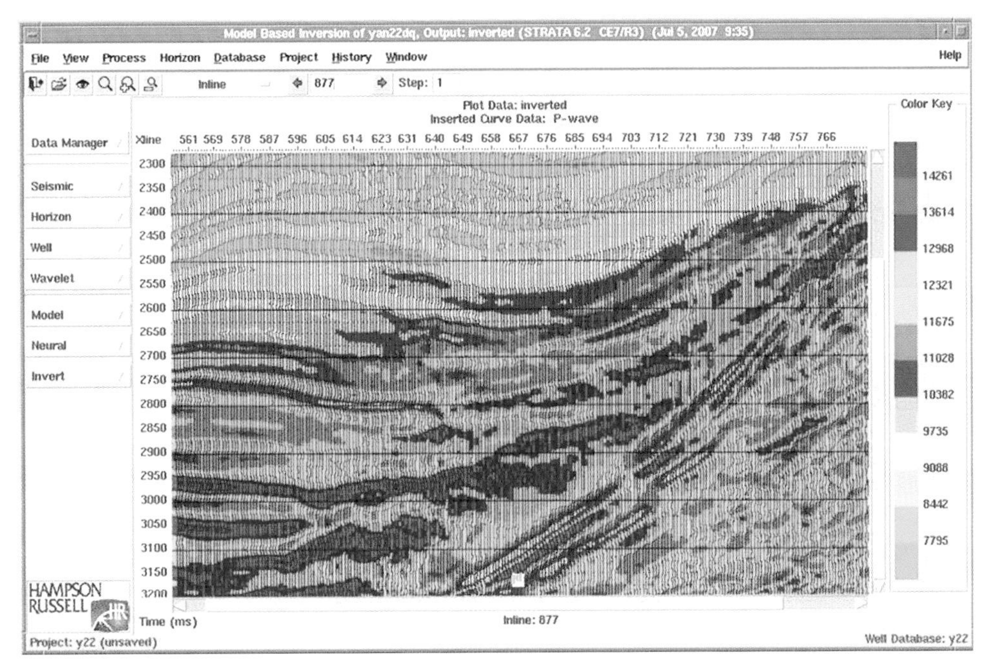

图 4.49　模型法反演结果

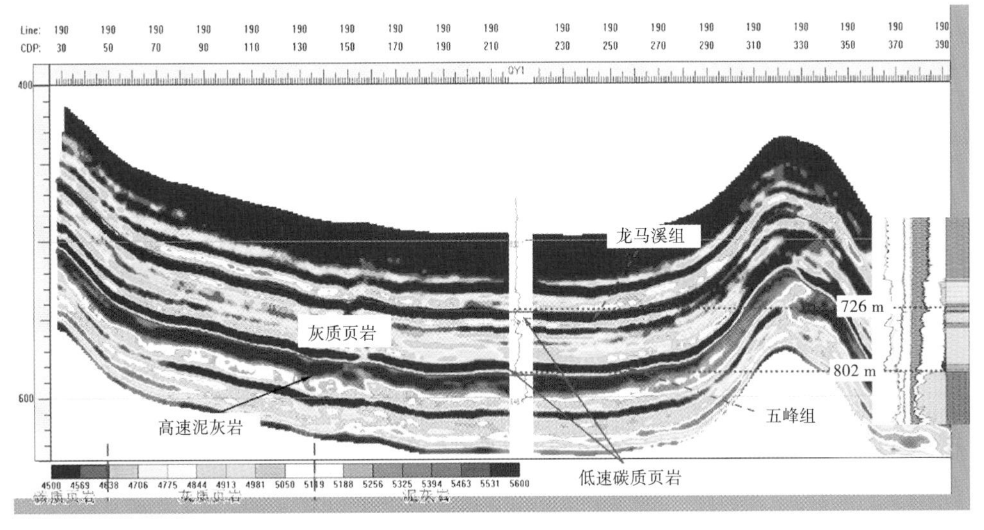

图 4.50　反演剖面图

在研究区应用此方法，反演剖面岩性特征明显，对储层岩性进行了有效划分；反演结果精度、分辨率高，可清晰识别 5 m 以下薄储层并可以在全区范围内追踪解释，预测储层的空间分布特征。

(2)叠前弹性多参数同步反演技术

叠前地震资料保留了地震反射振幅随偏移距或入射角而变化的特征，可提供更多、更敏感有效的数据体成果。在测井资料的约束下，开展地震纵、横波速度和密度及其他弹性参数的叠前地震反演研究，得到高精度的、能够反映储层横向变化的多种弹性参数，对于研究复杂油气储层的空间分布、开展对复杂油气藏的精细描述等具有十分重要的意义。

①多角度联合反演算法研究。

由于常规的叠前反演存在计算量大、稳定性差、反演结果不可靠等诸多问题。2000 年，Whitcombe D N,Connolly P A 和 Reagan R L 也提出了有效的改进方法。他们认为目前可行的办法是对现有水平叠加方法进行改进，可以选择振幅随炮检距线性变化的部分范围或部分角度道集进行动校叠加，形成特定炮检距或角度剖面，比如，可采用 5°~15°、15°~25°、25°~35°等临界角范围内不同角度道集进行叠加，来获得多个具有 AVO 特性的地震剖面。这种叠加方法保留了地震波振幅随入射角变化的信息，较全角度水平叠加方法有了很大的进步，同时也在一定程度上压制了噪声，解决了叠前反演计算量大、稳定性差的问题。

对于一个地质储层来说，无论反射波的反射角多大，其纵波速度、横波速度和密度等弹性参数应该是一个常数，因此，在有了多组单角度反演结果之后，更希望得到综合的反演结果。但是，直接利用这些反演结果获得综合的反演结果是困难的。所以，有必要从反演过程寻找直接反演综合的纵波速度、横波速度和密度的方法，经分析研究，多组部分角度叠加的数据体共同反演是一个行之有效的方法。

②提高参数反演精度的方法研究。

在传统的叠前反演方法中，弹性参数对反射系数贡献的差异很大，从而导致参数对设计的目标函数敏感程度差异很大，这样反演出的各个弹性参数体的精度就存在着很大的差异。这就要求在原有理论的基础上，探索能够提高弹性参数反演精度的方法，使叠前反演在实际应用中发挥越来越重大的作用。

纵波速度、横波速度和密度是叠前反演中最基本的弹性参数，但它们对反射系数的贡献大小不一，即敏感度不同，导致反演结果中，低敏感度的参数反演的精度低，与实际资料相差较远。因此，对参数敏感度的模拟分析，有助于探索更加有效的方法来提高反演的精度。

从理论模型研究入手设计如表 4.20 的一个单层模型，进行储层模拟分析，采用 Zoeppritz 方程计算 PP 波的反射系数，入射角度分别采用 100、200 与 300，对三个参数的敏感度进行研究。

表 4.20　理论模型参数表

层　段	纵波速度/($m \cdot s^{-1}$)	横波速度/($m \cdot s^{-1}$)	密度/($g \cdot m^{-3}$)
气　层	2 600~3 000	1 300~1 500	2 070~2 400
干　层	2 600~3 600	1 300~1 800	2 200~2 590
变化范围	2 500~3 800	1 250~1 900	2 000~2 600

从表 4.20 和图 4.51 中可以看出，给予三个弹性参数相同的变化范围，而反射系数的变化差异却很大，纵波速度变化引起的反射系数变化最大，在小角度时体现得更加明显；随着角度的逐渐增加，横波速度对纵波反射系数的贡献也逐渐增加，30°时这种变化更加明显；对于密度参数，其变化量最小，对反射系数最不敏感。

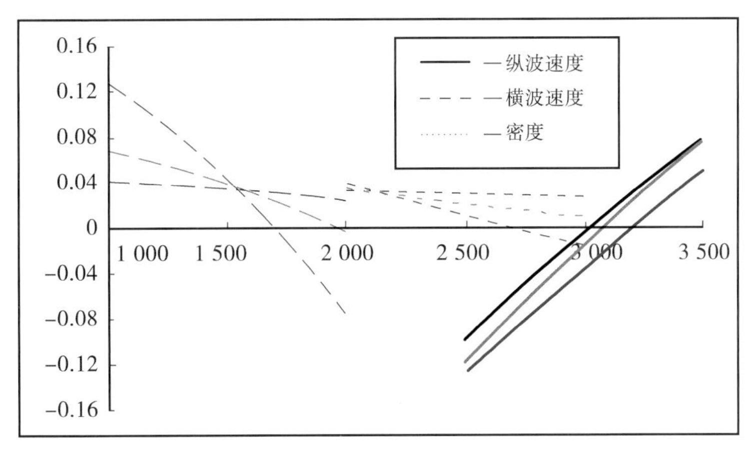

图4.51 10°(黑色)、20°(红色)与30°(蓝色)入射时三个参数敏感度分析图

这样就可以得到一个结论:如果单纯采用传统的叠前反演方法,纵波速度反演的精度要比另外两个参数高很多,横波速度在高角度的地震资料时才有高精度,而密度反演结果将与真实结果相差很远,不利于储层预测研究。

为深入考察三参数对反射系数的敏感程度,分别按其导致反射系数变化量的百分比来进行统计。在沉积岩中,纵波速度一般为1 500 ~ 6 000 m/s,横波速度一般为500 ~ 4 000 m/s,密度一般为1.5 ~ 3 g/cm^3,分别分析各参数在变化范围的0% ~ 10%对应反射系数的变化量,作0°、10°、20°、30°等角度进行分析。同样参考Rutherford和Williams所分的三种AVO模型及Castagna分类中的第四种,设计四类模型,表4.21为各模型参数信息。

表4.21 各模型参数信息

分类	岩性	$Vp/(m \cdot s^{-1})$	$Vs/(m \cdot s^{-1})$	$\rho/(g \cdot cm^{-3})$
模型Ⅰ	页岩	2000-45-2450	1000-35-1350	2.0-0.015-2.15
	气砂岩	4 060	2 530	2.4
模型Ⅱ	页岩	2000-45-2450	1000-35-1350	2.0-0.15-2.15
	气砂岩	2 680	1 615	2.2
模型Ⅲ	页岩	2000-45-2450	1000-35-1350	2.0-0.15-2.15
	气砂岩	1 900	950	2
模型Ⅳ	页岩	2000-45-2450	1000-35-1350	2.0-0.015-2.15
	气砂岩	1 320	825	1.8

对于模型Ⅰ,在达到临界角前,纵波速度和密度对反射系数的敏感度是随角度增大而变低的,横波速度与之相反,在0°和10°,敏感度:纵波速度>密度>横波速度;20°,敏感度:横波速度>纵波速度>密度;30°达到临界角,敏感度:纵波速度>横波速度>密度。

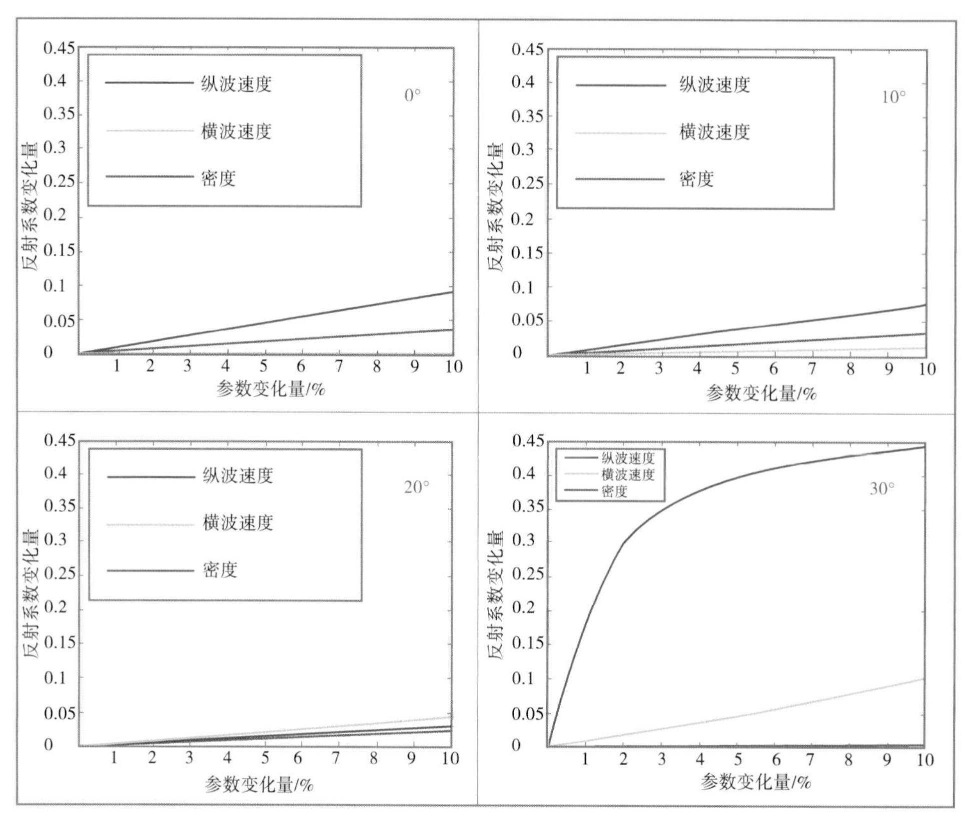

图 4.52 模型Ⅰ三参数敏感度曲线图

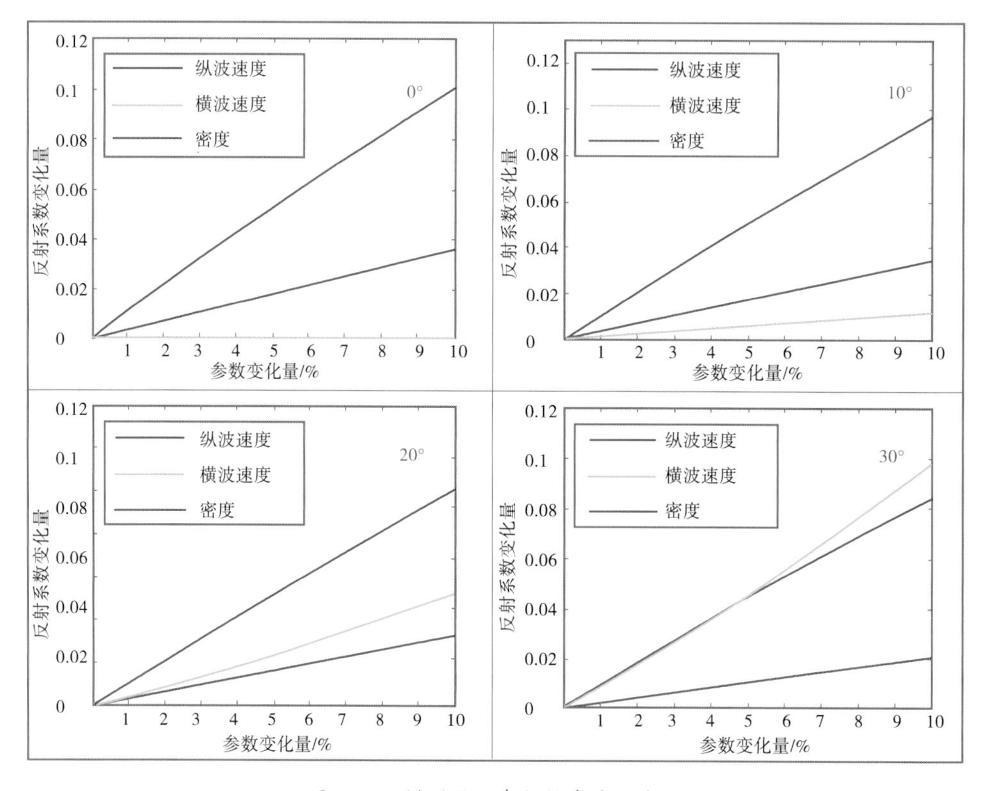

图 4.53 模型Ⅱ三参数敏感度曲线图

对于模型Ⅱ,纵波速度和密度对反射系数的敏感度是随角度增大而变低的,横波速度与之相反,在 0°和 10°,敏感度:纵波速度>密度>横波速度;20°,敏感度:纵波速度>横波速度>密度;30°,敏感度:横波速度>纵波速度>密度。

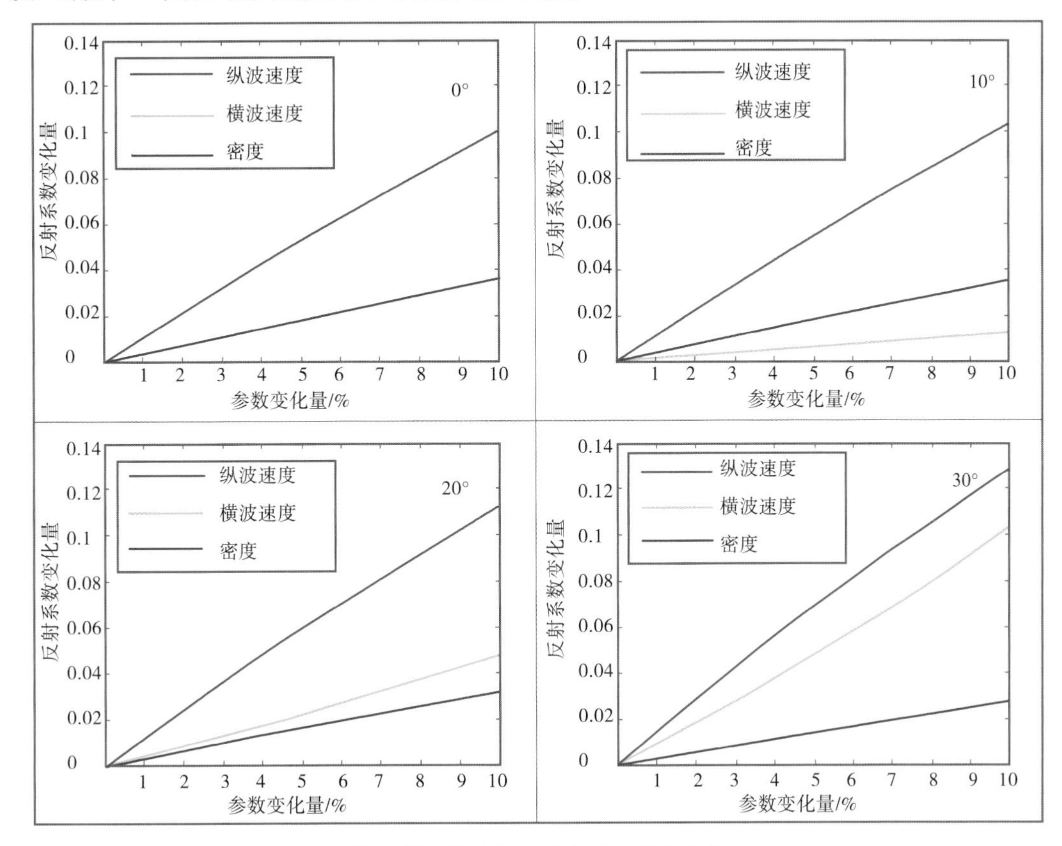

图 4.54 模型Ⅲ三参数敏感度曲线图

对于模型Ⅲ,纵波速度和密度对反射系数的敏感度是随角度增大而变低的,横波速度与之相反,在 0°和 10°,敏感度:纵波速度>密度>横波速度;20°和 30°,敏感度:纵波速度>横波速度>密度。

对于模型Ⅳ,纵波速度和密度对反射系数的敏感度是随角度增大而变低的,横波速度与之相反,在 0°和 10°,敏感度:纵波速度>密度>横波速度;20°和 30°,敏感度:纵波速度>横波速度>密度;纵波速度随角度对反射系数的敏感度变化幅度明显比横波速度和密度低。

由上面分析可知 3 个参数对反射系数的敏感度差异较大,总体上纵波速度对反射系数的敏感度要高于其他两个参数,这是造成基于纵波资料利用常规方法实现三参数同步反演时 3 个参数反演精度差异较大且总体精度不高的根本原因。可以用 3 个参数的敏感度分析结果为指导,通过对反演算法进行优化来提高反演的稳定性和精度。

③叠前三参数同步反演思路。

为了实现弹性参数的一致性反演,提高反演的精度,针对叠前反演中存在的问题,从以下三个方面展开研究取得了明显的效果。

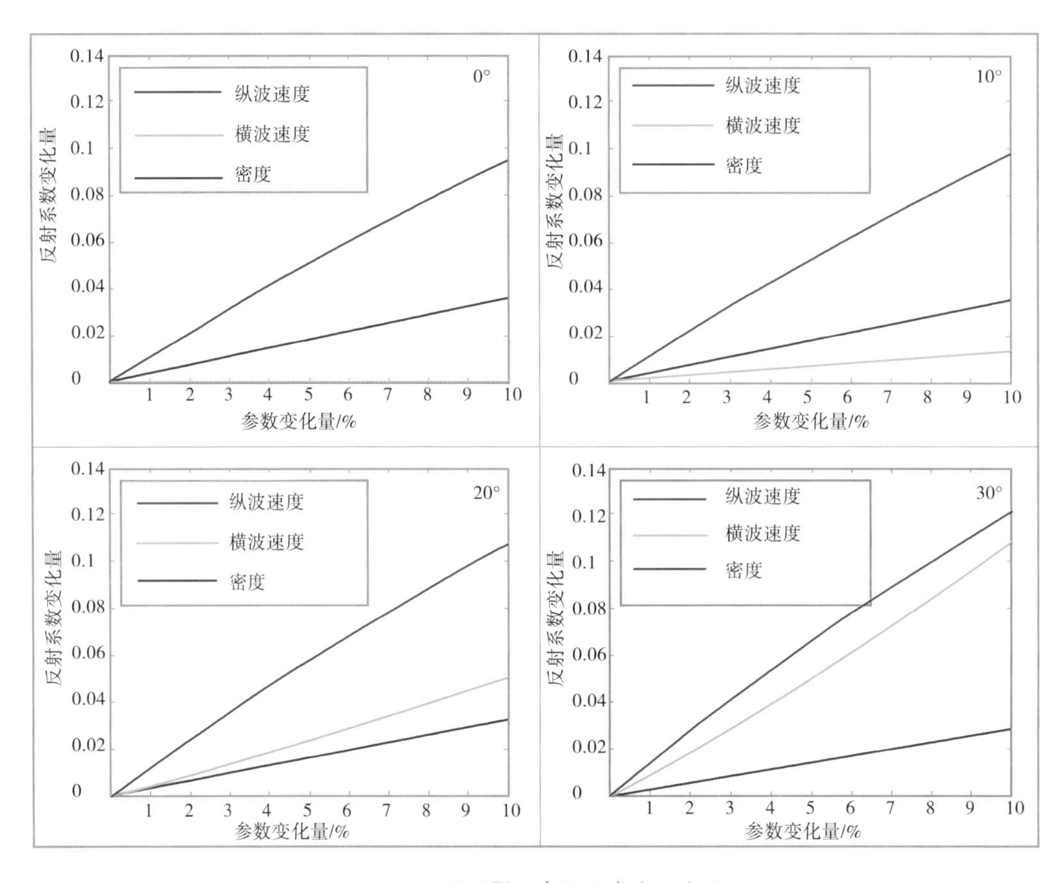

图 4.55 模型Ⅳ三参数敏感度曲线图

a. 采用叠前同步反演思路给予计算过程新的推导思路和合理的简化形式，进行提高叠前反演分辨率的研究，有效控制多个参数，同时对多参数同步反演方法加深分析，实现了一致性反演的高效率与高精度。

b. 将贝叶斯理论引入叠前反演中，考虑了对目标函数进行泰勒级数展开时的高阶项，结合似然函数及先验随机约束信息，既可以提高反演精度和稳定性，又不会过多地增加计算量。贝叶斯理论提供了一个相对比较“软”的约束条件，合理调节反演算法的实现，解决了 AVO 反演的“病态问题”。

c. 建立复杂构造层控制和断层控制下的模型约束机制，实现三维构造断层模型的约束反演处理，使反演结果能够准确反映构造断层特征。

④反演适用条件。

基于叠前地震资料的叠前弹性参数反演方法可反演出多个与气层相关的弹性参数，可与地质资料结合直接判断油气的存在，它要求地震资料具有较高的信噪比和分辨率，但是由于研究区的叠前地震资料信噪比较低，同相轴连续性差，反演成果受资料影响可能存在缺陷。

基于以上原理，同时使用 0° ~ 10°、10° ~ 18°和 18° ~ 35° 3 个部分角度叠加地震资料进行叠前同步反演。反演结果如图 4.56 所示，纵、横波速度和密度参数反演值基本符合研究区特点。

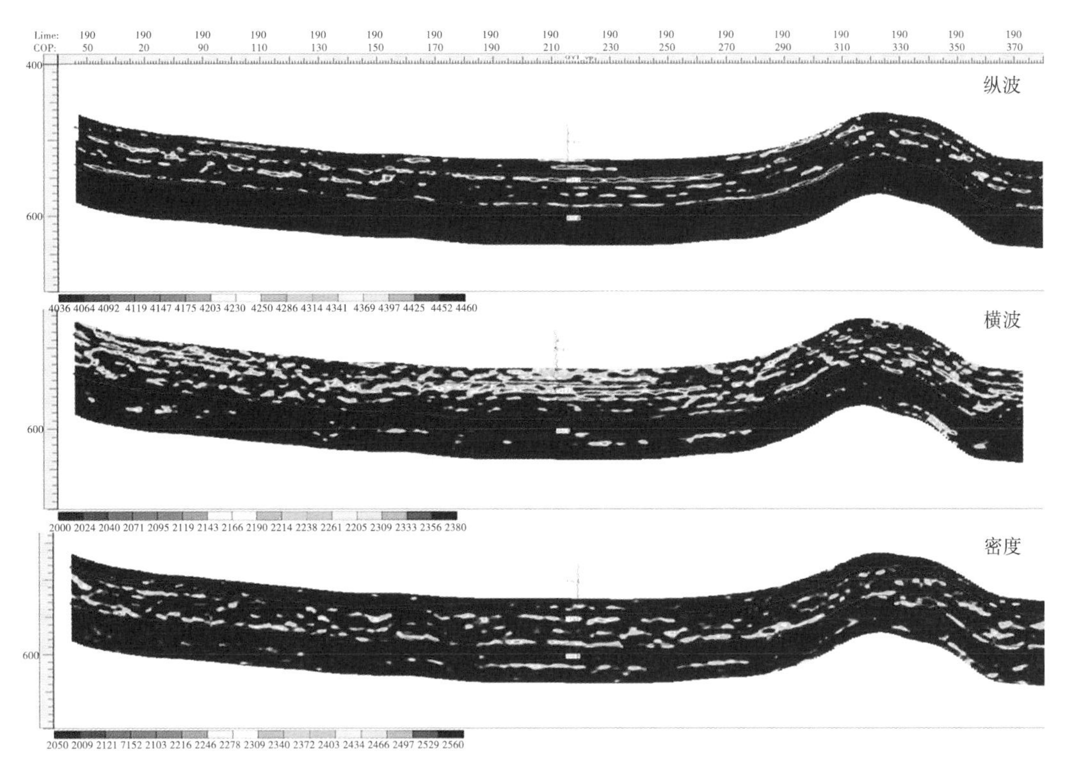

图4.56 反演的纵波速度、横波速度与密度

由于叠后地震资料信噪比高，反演速度、预测厚度等成果稳定可靠是优质储层评价的重要依据，但由于其参数单一，直接判断气层分布证据不够充分。因此，叠前与叠后反演成果有机结合，可以互相取长补短，将改善叠前地震资料的应用效果。

3）裂缝检测技术

页岩气赋存介质主要是泥页岩及其砂岩夹层中的裂缝、孔隙、有机质等。据研究，天然裂缝的发育程度不仅直接影响着页岩气藏的开采效益，而且决定着页岩气藏的品质和产量高低，但是较大的断层对页岩气的保存又有一定破坏，因此天然断裂的预测工作对于页岩气甜点的确定十分重要。

通过裂缝检测地震技术的调研，多分量转换波裂缝检测和纵波方位各向异性检测方法对地震资料的品质要求较高。重庆地区多山地且灰岩出露较多，对地震资料的品质有一定影响，因此我们选用当前研究的热点-叠后属性分析技术对页岩储层裂缝进行预测。同时，鉴于叠后三维地震资料的分辨率的限制及裂缝成因的复杂性、裂缝形态的多样性等造成的预测多解性，单一地震属性很难对裂缝做出准确预测，因此利用多属性综合分析提高裂缝检测精度尤其关键。常用于裂缝检测的属性主要有相干属性、曲率属性和蚂蚁体等。

（1）相干体技术

相干体技术是20世纪90年代发展起来的一种用于识别断层、地层特征及其相互关系的信号处理和勘探的方法，其基本原理是在三维数据体中求每一道每一样点处小时窗内分析点所在道与相邻道波形的相似性,形成一个表征相干性的三维数据体,即计算时窗内的数据相干性,把这一结果赋予时窗中心样点。相干体技术通过分析三维数据体局部地震波形的相似性对数据的不连续性进行成像,当地质平面连续时,道和道之间有高的相关值或相似值;当地层不连续时,相关值或相似值出现低值异常。然而相干属性预测裂缝的不足之处也异常明显,即难以检测出小尺度裂缝。

(2)曲率分析技术

曲率是用来表征层面上某一点处变形弯曲的程度的几何属性,不受地震反射能量的影响,与地应力有密切的关系,因此更能客观地反映地震几何属性特征,更好地指示断层、大尺度裂缝的发育规律。

层面变形弯曲越厉害,曲率值就会越大。对于一个二维的曲线而言,曲率可以定义为某一点处正切曲线形成的圆周半径的导数。如果曲线弯曲褶皱厉害,曲率值就比较大,而对于直线,不管是水平还是倾斜其曲率就是零。一般背斜特征时定义曲率值为正值,向斜特征定义曲率值为负值。二维曲线曲率的简单定义方式可以延伸到三维曲面上,此时曲面则由两个互相垂直相交的垂面与曲面相切。在垂直于层面的面上计算的曲率定义为主曲率,同时可以计算最大和最小曲率,这两种曲率正好是互相垂直的。通常采用最大曲率来寻找断裂系统。

(3)蚂蚁体分析技术

蚂蚁体分析技术又称断裂系统自动追踪技术,是近年来兴起的一种叠后裂缝预测技术,对小断层及裂缝有很好的预测效果。该方法模拟蚂蚁在寻找食物过程中发现路径的行为,是一种在图形中寻找并优化路径的概率型选择技术。

该技术的原理就是在地震体中设定大量的电子"蚂蚁",并让每只"蚂蚁"沿着可能的断层面向前移动,同时发出"信息素"。沿断层前移的"蚂蚁"应该能够追踪断层面,若遇到预期的断层面将用"信息素"做出非常明显的标记。而对不可能是断层的那些面将不作标记或只作不太明显的标记。

蚂蚁体分析技术利用边缘探测手段,增强地震资料中的空间不连续性,通过噪声压制技术,预处理地震资料,提高地震数据中的空间地震波速度突变面并通过产状控制(倾角、方位角),完成断裂系统的自动追踪。该技术提高了构造解释精度,改善了地质细节描述,大大缩短了人工解释时间,能够提供客观、详尽、可重复的地层不连续性构造图。

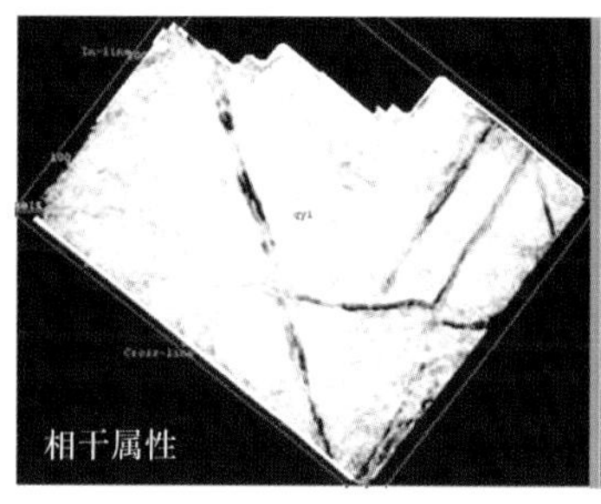

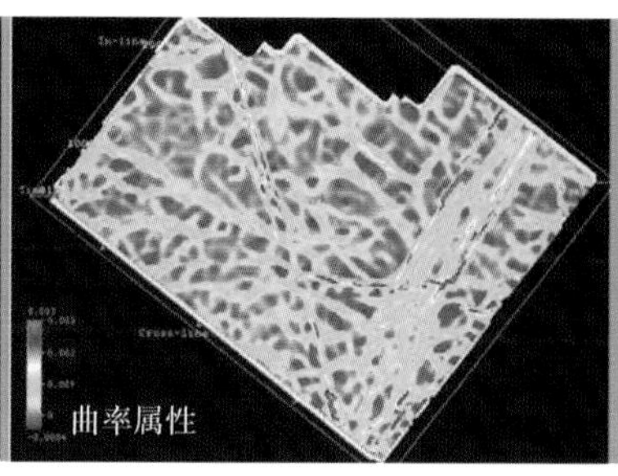

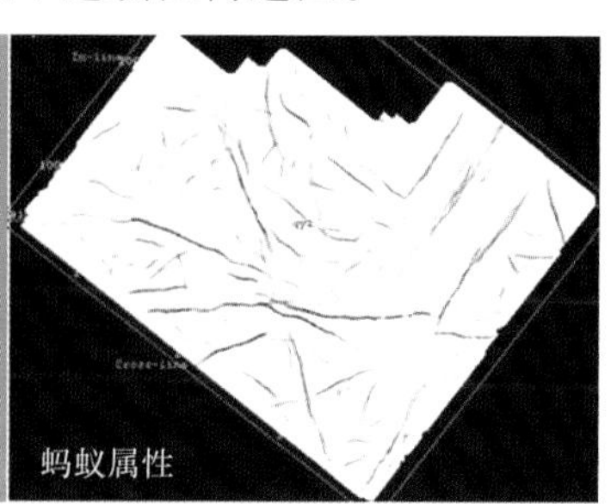

图 4.57　目的层断裂属性分析图

通过对叠后地震属性裂缝预测技术研究分析，相干体技术并不能有效预测页岩气储层裂缝的展布特征，因此最终选取曲率属性和蚂蚁体技术作为此次研究应用的两项关键技术。基于地震资料本身分辨率的局限性，虽然叠后属性并不能完全定量描述裂缝，但是其对裂缝带展布空间的预测也对钻井部署及水平段的钻进有一定指导意义。

4）叠后流体检测技术

通过对叠后流体检测方法的调研，虽然基于低频阴影具有一定的效果，但低频阴影影响因素较多，理论形成机制复杂，目前仍处于探索研究阶段。本次研究发现储层物性是产生低频阴影的重要因素之一，储层孔隙中只要含有流体，不论油气水都有响应。而应用高频衰减的方法，我们发现在高频段包含了较多的噪声，严重影响求取吸收衰减属性的结果。针对研究区的实际情况，采用以下方法：直接在选定的高频段计算地震波谱能量随频率衰减的梯度因子，本次研究在时间-频率联合域提取信号的衰减属性，这样既可以保证提取信号的衰减属性有较强的抗噪能力，又能分析不同尺度上的瞬时属性。

基于叠后流体检测方法的研究，选择合适的时频分析技术是提取地震频率等相关属性的关键。先进的时频分析技术主要包括广义S变换（GST）和匹配追踪算法（MP+WVD）等，利用该项技术对目的层段地震波频率成分的变化进行精细表征，得到真实可靠的低频属性及高频成分的衰减属性，为储层进行油气检测创造条件。

（1）广义S变换（GST）

标准S变换是以Morlet小波为母小波的连续小波变换的延续。S变换的小波基函数是由简谐波和高斯窗函数的乘积构成，简谐波在时域仅作尺度伸缩不发生平移，而高斯窗函数则进行伸缩和平移变换。

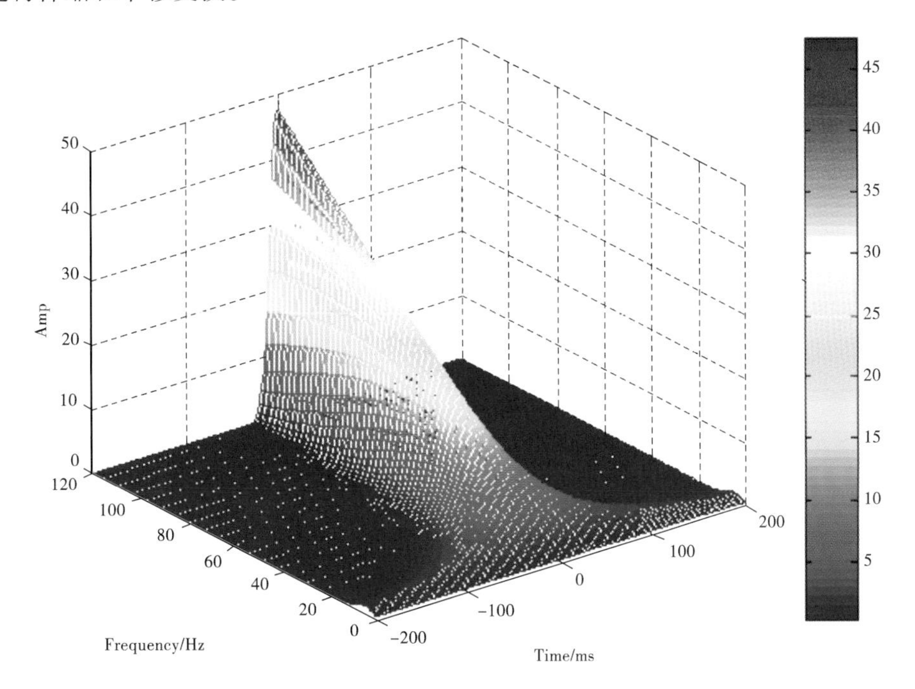

图4.58　S变换小波函数的振幅包络变化图

与小波变换相比，S 变换的时频谱分辨率与频率有关，且与 Fourier 谱保持直接的联系，在实际应用中可以利用快速 FFT 提高计算效率。但由于 S 变换的小波函数是以固定的趋势随频率变化（图 4.58），缺乏灵活性，在实际应用中效果也不够理想。

（2）匹配追踪时频分析（MP）

匹配追踪时频分析首先将地震信号在完备的时频原子库中自适应地分解为一组时频原子的线性组合，尽可能精确地匹配原信号的局部结构，准确表达信号的内部层次特征；然后基于时频原子的 Wigner-Villa 分布映射，既保持了 Wigner-Villa 分布时频分辨率高的特点，又避免了直接求原始信号 Wigner-Villa 分布的交叉项干扰，从而得到地震信号的高质量时频谱分布。以下是地震信号匹配追踪的具体流程图：

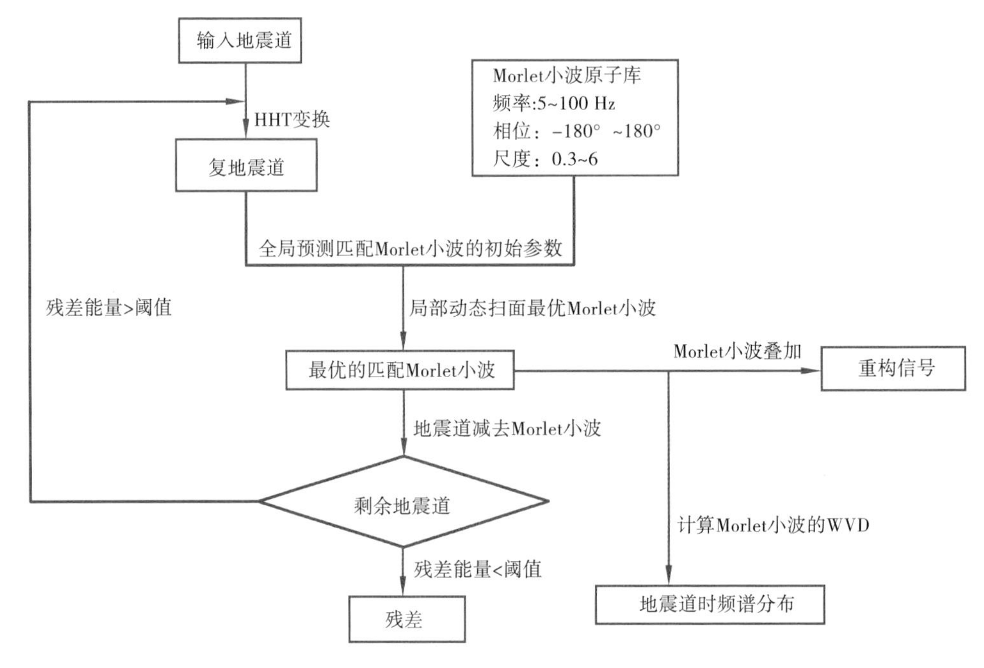

图 4.59　地震信号匹配追踪时频分析的流程图

（3）时频分析应用效果与计算效率对比

①模型信号应用效果对比。

对图 4.60（a）中的模型信号分别利用 GST 和 MP 算法分析它的谱变化特征，如图 4.60（b）所示，GST 能较好地描述模型信号在时间和频率域的分布情况，这主要是上述二种方法能够根据信号的频率和具体形态自适应调整窗函数的宽度，使得低频处有较高频率分辨率，高频处有较高时间分辨率；而 MP 算法不受 Heisenberg 不确定性原理的制约，无论在时间方向还是在频率方向都具有较高的分辨率，如模型信号在 300 ms 存在两个主频分别为 15 Hz 和 45 Hz 的子波叠加，600 ms 附近存在两个子波干涉的现象，基于 MP 计算的时频谱分布[图 4.60（c）]能同时精细表征信号在时间和频率方向的变化特征。

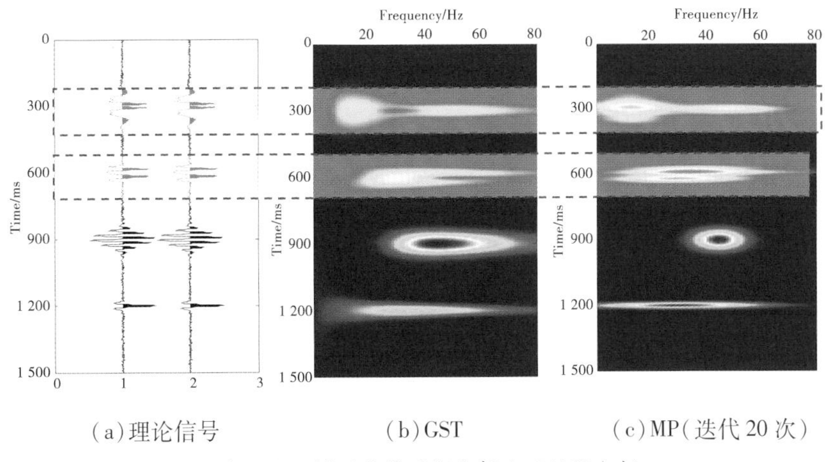

(a)理论信号　(b)GST　(c)MP(迭代 20 次)

图 4.60　模型信号时频分析应用效果分析

以上分析表明,GST 和 MP 算法均能较精细地表征地震信号的时频谱分布特征,其中 MP 算法的精度相对较高,并且具有一定的抗噪能力,更适合定量分析地震信号时频特征。

②计算效率对比。

表 4.22 是 GST 和 MP 算法计算模型信号频谱分布的计算效率,分析可知,MP 算法的效率远不如 GST,这主要是因为 MP 是一种重复迭代逼近的贪婪算法,当信号的结构相对简单,经过 20 次迭代就可以精确地匹配信号的局部结构。当数据非常复杂时,需要对信号进行多次匹配分解才能准确表达信号的内部层次特征,导致 MP 的计算效率要低于 GST。

表 4.22　模型信号时频分析计算效率分析

理论合成信号(1 500 个采样点)	计算时间/s	计算效率
MP	0.437	1
GST	0.266	1.6

5)储层建模技术

油藏模型研究是 20 世纪 80 年代中后期兴起的一项用于油藏描述和油藏物性分布预测的复合学科理论和方法体系,它集数学地质、地质统计学、油层物理学等方法于一体,最大限度应用计算机技术进行油气藏及内部结构精细解剖,揭示油气分布规律,建立能够描述油气分布状况和流动特征的地质的、岩石物理的等油气参数地质模型,对储层进行有效预测和模拟。

目前,储层建模技术的发展趋势是由定性向定量发展、单学科建模研究向多学科综合建模发展、静态资料建模向动静态资料结合建模发展。其方法主要分为两类:确定性建模和随机建模。

(1)确定性建模

确定性建模是对井间未知区给出确定性的预测结果,即从已知确定性资料的控制点(井点)出发,推测出点间(井间)确定的、唯一的和真实的储层参数。目前,常用的确定性建模的储层预测方法主要有以下几种:储层地震学方法、储层沉积学方法、水平井建模、露头原型模型建模、克里金方法。

(2)随机建模

随机建模是利用已知的信息为基础,以随机函数为理论,应用随机模拟方法得到可选的、等概率的和高精度的反映变量空间分布的模型。随机建模方法可分很多类,Haldorsen等从变量类型角度来分,将随机模型分成了离散模型、连续模型和混合模型。Deutsch 等根据模拟单元的特征,将随机模型分为基于目标的随机模型和基于象元的随机模型。其他还有:①从数据分布类型角度分为高斯模拟和非高斯模拟;②从参与模拟的变量数目可分为单变量模拟和多变量模拟;③从模拟结果是否忠实于原始数据的角度分为条件模拟和非条件模拟。

本次研究采用储层地震学方法建立确定性模型。储层地震学方法应用地震资料研究储层的几何形态、岩性及参数的分布,即从已知点出发,应用地震横向预测技术进行井间参数预测,并建立储层的三维地质模型。一般精细油气建模在油气田开发后期进行。目前,本次研究的三维地震工区还处于勘探的初期,建模所需大量井数据严重不足,并不能完成精细的模拟。因此,本次研究利用构造精细解释成果(层位、断层等)进行构造建模,结合地震反演技术得到储层参数和优质储层分布及裂缝预测结果,建立储层三维模型,对页岩储层进行直观、有效的预测和模拟,如图 4.61 所示。

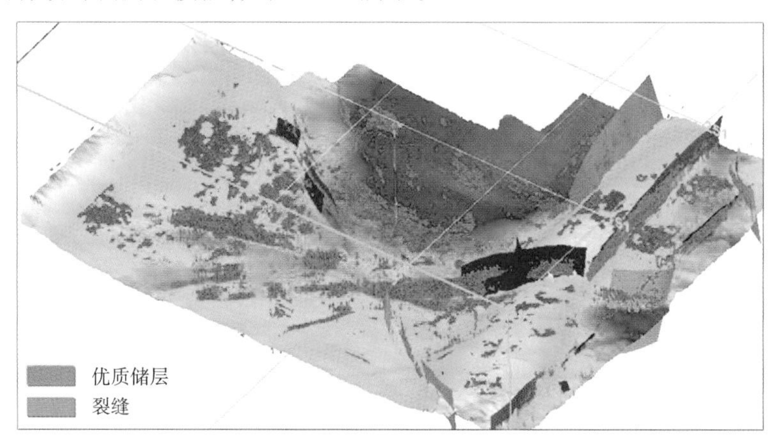

图 4.61　三维储层模型

6)小结

针对重庆地区页岩气地震勘探现状,对页岩气地震解释及预测技术进行优选和分析,形成一套符合重庆地区特点的技术方法。首先从井震联合层位标定入手,分析页岩气目标层及优质页岩储层的地震反射波形特征,采用断层立体展布法进行常规精细资料解释,确定目标页岩层及优质页岩埋深、厚度及分布范围等,并获得页岩层构造形态及断层空间展布等特征;其次,以测井岩-电关系为基础建立页岩气储层特征与地震反射波响应特征及地震反射波敏感动力学参数关系,形成页岩气储层分析技术及解释模型,应用叠后地震相控非线性反演技术预测页岩储层空间展布特征,同时应用叠前地震多参数同步反演技术精细预测优质(含气、高脆)页岩气储层发育有利区;然后,通过裂缝预测技术检测区域裂缝发育情况，选择合理的裂缝发育带，并结合含气性预测技术进一步确定页岩气藏有利聚集区；最后，采用储层地震学方法建立确定性模型对页岩储层进行直观描述和模拟，为预测页岩气富集有利区提供依据。

4.3 页岩气资源评价技术研究

页岩气资源是泥页岩层系中赋存的天然气总量，是发现与未发现资源量的总和。页岩气资源评价是基于目前已掌握资料并根据页岩气形成和聚集的地质原理，对具体评价单元中页岩气聚集数量和分布特点所进行的考量。本研究拟在调研页岩气资源量评价与计算方法基础上，针对重庆地区页岩层系特殊性，选取符合重庆地区地质特点的页岩气资源量计算方法，提高页岩气评价结果的可靠性。

4.3.1 页岩气资源评价技术概述

目前，在常规油气资源评价方法基础上，基于常规油气资源评价方法并考虑页岩气聚集的地质特殊性，页岩气资源评价方法划分为类比法、成因法、统计法和综合分析法 4 大类（表 4.23）。

1）类比法

类比法是页岩气资源量与储量评价和计算的最基本方法，由于重点考虑的因素不同而可以进一步划分为多种，如资源丰度类比法、含气量类比法等。类比法运用的前提条件是某一评价区（预测区）和某一高勘探程度区（标准区）的油气地质条件具有一定的相似性。类比法主要用于新区、气田开发前和生产早期的资源评价，由于低勘探程度区仅有少部分钻井和相关测试资料，缺乏评价的关键参数，故主要采用类比法，通过与标准区的泥页岩地化特征和储层特征等关键参数的类比确定地质条件的相似程度，估算页岩气总地质资源量。

理论上，该方法可适应于不同的地质条件和资料情况，但由于目前已成功勘探开发的页岩气主要集中在美国且页岩气富集模式还很有限，故该方法的应用目前还局限于与美国页岩气区具有相似地质背景的研究对象中。同时，类比法的权值和分值的确定缺乏准确依据，人为因素影响比较大。

2）统计法

当已经取得一定的含气量数据或拥有开发生产资料时，使用统计法进行页岩气资源与储量计算易于取得更加准确数据。

①概率体积法：体积法计算页岩气资源量的关键是页岩含气量的确定。概率体积法可适用于页岩气勘探开发的各阶段和各种地质条件。

②福斯潘法（FORSPAN）：建立在已有开发数据基础上，估算结果为未开发原始资源量。因此，该方法适合于已开发单元的剩余资源潜力预测。已有的钻井资料主要用于储层参数（如厚度、含水饱和度、孔隙度、渗透率）的综合模拟、权重系数的确定、最终储量和采收率的

估算。如果缺乏足够的钻井和生产数据,评价也可依赖各参数的类比取值。

③单井(动态)储量估算法:以1口井控制的范围为最小估算单元,把评价区划分成若干最小估算单元,通过对每个最小估算单元的储量计算,得到整个评价区的资源量数据。

④测井分析评价法:适用于钻井评价和开发期间,是以大量钻井、录井、测井及岩心分析工作为基础。

⑤递减曲线分析法:适用于气田开发中、后期,以大量的生产数据为基础。

⑥数值模拟法:数值模拟方法以生产数据为基础,适用于气藏开发阶段。

3)成因法

成因分析法是基于页岩气形成过程极其复杂(如古生界海相页岩),要弄清页岩生气过程中每一次生、排烃过程几乎不可能的条件下进行的,在页岩气的资源与储量评价计算过程中宜采用“黑箱”原理进行,即将页岩视为“黑箱”并以页岩气研究为核心,通过多次试验分别求得页岩的平衡聚集量,进而求得页岩的剩余总含气量。由于在常规的页岩气资源评价方法中,页岩气是被作为残留于烃源岩中的损失量进行计算的,故页岩气资源量的成因算法是对油气资源量计算的重要补充。

4)综合分析法

在类比法、成因法、统计法计算资源量的基础上,采用蒙特卡洛法、打分法、专家赋值法、特尔菲综合法等对计算结果进行综合分析,并可通过概率分析法对页岩气资源的平面分布进行预测,得出可信度较高的结果。

表4.23　页岩气资源评价方法

评价方法	方法列举	主要影响因素
类比法	规模(面积、体积等)类比法、聚集条件类比法、统计类比法、沉积速度法、工作量分析法、综合类比法等	被比对象和类比系数
统计法	体积统计法(包括体积法、体积加和法等)、地质统计法、吸附要素分析法、地质要素风险概率分析法、产量分割法、历史趋势分析法、资源规模序列法、动态分析法等	历史数据及统计模型,有效体积参数及含气量
成因法	剩余资源分析法、成因分析法、产气历史分析法、物质平衡法、地化参数法、模拟分析法等	过程模型及滞留系数
综合法	蒙特卡罗法、专家赋值法、专家系统法、盆地模拟法、打分法、资源规模序列法、特尔菲综合分析法等	综合模型及权重分析

4.3.2　页岩气资源评价方法优选

重庆及其周缘地区与美国东部页岩气产出地区(阿巴拉契亚、密执安及伊利诺斯盆地等)具有诸多的地质可比性(包括页岩地质时代、构造变动强度等),均属于早古生代海相沉积盆地并经历了多期复杂的构造运动,具备了富集页岩气的有利地质条件(张金川,2006,

2008a,2008b)。据统计,目前重庆地区针对页岩气的参数井/探井 18 口,其中渝西—渝中地区 5 口,渝东南 11 口,渝东北 2 口。针对志留系 11 口,寒武系 4 口,侏罗系 3 口,通过实施参数井/探井,证实了重庆市页岩气资源具有良好的勘探开发前景。

但是,由于重庆地区钻井浅并且数量少,区域勘探程度较低,虽然目前已经在主要的页岩地层中找到了页岩气发育的直接证据,但是构造、沉积等对页岩气成藏的控制作用有待进一步研究。重庆地区页岩气资源评价还处在盆地(凹陷)层次。成因法要求掌握研究区地下页岩气运聚机理,目前重庆地区页岩层系的研究程度较浅,大量问题有待研究和解决,故在重庆地区页岩气资源评价中不推荐使用;而综合分析法需要类比法、成因法、统计法计算资源量的基础,适用于页岩气藏勘探、开发的较成熟阶段,故在重庆地区页岩气资源评价中也不推荐使用。前人利用资源丰度类比法计算了普子向斜及其周缘的资源量。选取成果勘探开发的并且地质背景相似的焦石坝地区进行类比分析,即将渝参 4 井作为预测井,焦页 1 井作为刻度井,选定埋藏深度、有机碳含量、石英含量、储层孔隙度、富有机质储层厚度和微裂缝发育程度等 6 项地化及储层评价参数进行地质类比评分。根据渝参 4 井及焦页 1 井类比参数对比,分别计算出富有机质硅质页岩相、富有机质混合质页岩相及富有机质黏土质页岩相的地质类比总分,得到二者的类比相似系数,通过已知焦页 1 井三种岩相储层的页岩气资源丰度,类比获得渝参 4 井的三种岩相储层的页岩气资源丰度(表 4.24、表 4.25)。利用渝参 4 井类比得到的资源丰度计算出普子向斜及其周缘的资源量(表 4.26)。

表 4.24　焦页 1 龙马溪组岩相地质特征及资源丰度页岩气资源评价方法

岩　相	TOC /%	石英含量 /%	孔隙度 /%	储层厚度/m	密度 /($t \cdot m^{-3}$)	含气量 /($m^3 \cdot t^{-1}$)	资源丰度 /($10^8 m^3 \cdot km^{-2}$)
富有机质硅质页岩相	3.73	47.68	4.7	24.5	2.56	4.66	2.90
富有机质混合质页岩相	2.3	33	4.73	3	2.51	2.37	0.18
富有机质黏土质页岩相	2.88	36.48	5.63	19.5	2.51	2.44	1.21

表 4.25　渝参 4 龙马溪组岩相地质特征及类比资源丰度

岩　相	TOC /%	石英含量 /%	孔隙度 /%	储层厚度/m	类比资源丰度 /($10^8 m^3 \cdot km^{-2}$)
富有机质硅质页岩相	3.74	50.5	2.82	22.36	2.64
富有机质混合质页岩相	2.27	35.88	3.21	13	0.19
富有机质黏土质页岩相	2.41	30.4	2.81	8.15	0.93

表 4.26 普子向斜及其周缘龙马溪组页岩气资源量估算结果统计表

岩 相	资源丰度/($10^8 m^3 \cdot km^{-2}$)	面积/km^2	资源量/亿方
富有机质硅质页岩相	2.64	484.72	1 279.66
富有机质混合质页岩相	0.19	443.20	84.21
富有机质黏土质页岩相	0.93	438.94	408.21

使用类比法计算资源量除了要求评价区和标准区的油气成藏地质条件类似以外，还要求评价区的油气成藏地质条件基本清楚、类比标准区已进行了系统的页岩油气资源评价研究。但是重庆地区区域勘探程度较低，构造、沉积等对页岩气成藏的控制作用研究不清，不适合使用类比法评价全区的资源量。

通过分析各类页岩气资源评价技术的适用条件，鉴于可应用资料的局限性，本项目在有利区优选的基础上，参考《页岩气资源潜力评价与有利区优选方法（暂行稿）》的相关规定，采用体积法评估重庆地区页岩气资源。

实际应用中，使用体积法估算了重庆渝东北地区页岩气地质资源量，其中，下寒武统页岩气有利区地质资源量为 $12\ 733.7\times10^8\ m^3$，可采资源量为 $2\ 288.8\times10^8\ m^3$；上奥陶统—下志留统页岩气有利区地质资源量为 $6\ 697.3\times10^8\ m^3$，可采资源量为 $1\ 205.0\times10^8\ m^3$，显示了渝东北地区下古生界具有较好的页岩气资源勘探潜力，比较真实地反映了研究区的页岩气资源前景，为页岩气勘探和井位部署提供了有力的资源支撑。

第5章 | 页岩气综合地质评价研究

5.1 烃源岩评价

5.1.1 页岩生烃潜力评价方法概述

岩石中有足够的有机质是形成油气的物质基础，是决定源岩生烃潜力的主要因素，有机碳含量是指岩石中残留的有机成因的碳含量，包括岩石中的可溶有机质和干酪根中的碳含量。对于常规油气来说，泥质烃源岩有机质丰度评价标准国内外比较一致，大多采用有机碳0.5%作为下限值。然而，有机质丰度明显受到干酪根类型、有机质沉积环境等因素影响。烃源岩的有机质类型决定着生烃潜力和生成产物的不同，这是由于有机质化学结构不同而造成的。在研究有机质类型时，常以烃源岩中的干酪根为对象，进行多种地化分析来研究有机质类型。烃源岩有机质成熟度表示沉积有机质向油气转化的热演化程度，它决定着有机质生成油气的数量和潜力。

页岩的生烃潜力评价是页岩气评价的基础工作之一，页岩生成的气体能否形成商业性规模还取决于有机质富集程度、有机质类型及所经历的热演化程度。常规油气的烃源岩评价包括以下几个方面的研究：①有机质丰度；②有机质类型；③成熟度；④油气源对比。由于页岩气藏为自生自储，属于源内运移，不需要做油气源对比研究。所以页岩的生烃潜力评价只包括有机质丰度、类型和成熟度。

5.1.2 页岩地球化学关键指标评价

根据油气地质基本条件，任何油气藏的形成必须具备三个关键要素，即油气来源、储集空间和保存条件。页岩气也不例外，首先是生烃条件，页岩气藏烃源岩多为沥青质或富含有机质的暗色、黑色或高碳泥页岩，总有机碳含量TOC、成熟度、有机质类型、气体含量、烃的相态、埋藏史和演化程度作为表征页岩气的重要地化指标而备受关注，其中，总有机质丰度、成熟度、有机质类型更是决定性因素（潘仁芳等，2009）。

1）有机碳含量

有机碳含量是影响页岩气富集的一个根本性因素，决定着页岩的生气量，也直接影响着页岩的含气量。页岩中的有机质对气体具有重要的吸附作用，页岩气中有大量的气体就是以吸附形式存在于干酪根表面。因此,高的有机碳含量就意味着高的生气量和吸附量(图5.1)。

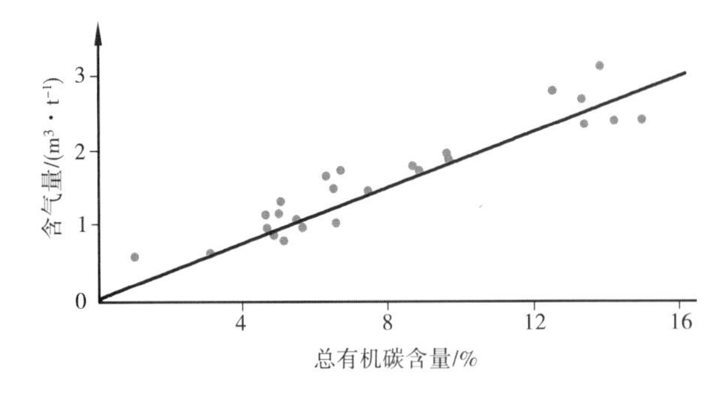

图5.1 Antrim页岩与含气量关系

渝东南黔浅1井龙马溪组页岩样品进行有机碳实验测试和等温吸附实验分析表明,龙马溪组黑色页岩样品吸附气含量与有机碳呈正比例关系,拟合系数(R^2)达0.674(图5.2)。综合分析认为,有机碳含量和页岩吸附气含量有很好的正相关关系,有机碳含量越高,吸附气含量也就越高,这说明有机碳含量是页岩吸附气含量的主控因素。

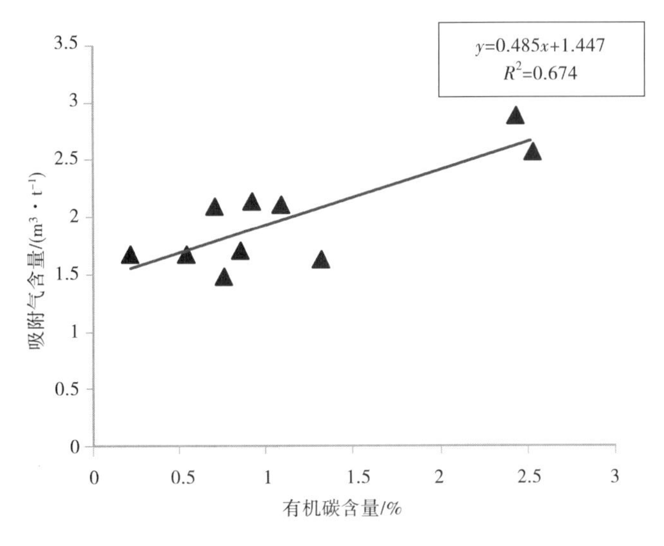

图5.2 黔浅1井龙马溪组页岩有机碳含量与吸附气含量关系

目前评价页岩有机质丰度主要有两种途径:一是地球化学方法,常用的评价依据是有机碳、氯仿沥青及生烃潜量;二是有机岩石学的方法,即以烃源岩中有机组分类型及含量(TOC)作为评价依据。本书选用第二种方法进行有机碳的测定,该方法是与北美国家一致的。北美国家用这种方法测得TOC分布范围,如密西根盆地的Antrim页岩TOC分布范围是0.3%~24.0%;伊利诺斯盆地的NewAbany页岩TOC分布范围是1.0%~25.0%;福特沃斯盆地的Barnett页岩的TOC分布范围是1%~20%;圣胡安盆地的Lewis盆地的页岩TOC分布范围是0.45%~2.5%。可见不同盆地有机碳含量TOC值分布范围较大,那么怎样划分有机质丰度的等级是急需解决的问题。斯伦贝谢公司Boyer等提出的页岩气藏有机碳含量的评价标准,把有机质丰度划为6个等级,即TOC<0.5%为很差,0.5%~1%为差,

1% ~2% 为一般,2% ~4% 为好,4% ~12% 为很好,大于 12% 为极好。Burnaman 等也提出,页岩中有机碳含量至少为 2% 。对于有机碳含量的下限问题,不同地区不同层系,甚至不同学者其观点都不尽相同。美国从事页岩气勘探开发的油公司将有效页岩 TOC 含量下限值为 2% ,这一选值实际相当于石油地球化学家在评定烃源岩等级时所确定的"好生油岩"标准。

我国部分地区已具备页岩气勘探的基本地质条件,下古生界富有机质页岩地层十分发育,但我国页岩气勘探开发起步较晚,地质背景比北美地区复杂,主要原因在于地质条件的特殊性,包括地层年代更老、后期构造变形大等。这就决定了北美地区页岩气的评价标准和勘探经验可能不完全适合我国页岩气的评价和勘探。国内有些学者认为产气页岩的总有机碳含量为 1% ~20% ,0.5% 被认为是有潜力的页岩气源岩的下限。目前,已有的页岩气评价标准和勘探经验可能不完全适合国内多个盆地页岩气的评价和勘探,这些评价是建立在对已有盆地页岩气资料分析基础之上的,不应排除研究区域的特殊性,对于不同盆地的页岩甚至是同一套页岩的不同区域,都有可能存在差异,所以页岩气评估标准有待进一步勘探开发的实际工作来验证修订。为了切实提高重庆地区页岩气勘探的成功率,当前迫切需要研究和建立适合重庆地区页岩气形成地质条件特点的标准。

重庆地区下古生界页岩为陆棚沉积环境,有机质大量生成并得以保存,沉积了厚度较大、分布面积较广的暗色页岩。该区被视为中国页岩气的先导试验区,专家和学者们对其进行了研究,两大油公司专门针对页岩气层进行了钻探,获得了第一手资料。应用野外露头、岩心、测井等资料,研究了重庆地区海相页岩气的生烃潜力的各项评价指标限值问题。根据重庆地区页岩气勘探方面的获得重大突破的黔页 1 井、焦页 1 井及其邻井地球化学及含气性特征初步建立烃源层评价的内容及相关评价标准。

黔页 1 井构造上位于渝东南陷褶束桑柘坪向斜北东轴部,钻遇上奥陶统五峰组—下志留统龙马溪组。黔页 1 井测井解释及试气结果表明,在五峰—龙马溪组地层解释页岩储层 3 层,共 44.8 m,分别为:727.0 m ~748.0 m、778.0 m ~792.0 m 及 792.0 m ~801.8 m。其中,最好的页岩气潜力层段为 792.0 m ~801.8 m,试气结果显示产气能力最高,TOC 值为 1.3% ~4.4% ,均值为 3.0% ;一般储层段位于 748.0 m ~778.0 m 深度段,产气能力不如 792.0 m ~801.8 m 层段,但能产出工业气流,TOC 值为 0.5% ~1.5% ,均值为 1.0% ;较差储层位于 727.0 m ~748.0 m 深度段,产气能力较差,TOC 值为 0.57% ~2.03% ,均值为 1.3% ;根据有机碳含量分布结合试气情况,将一般储层段的 TOC 平均值 1.0% 作为达到具有一定生气能力的下限,将试气情况最好的储层段的 TOC 平均值 3.0% 作为产气能力较好的有机质丰度下限。

对于五峰—龙马溪组而言,TOC 含量是影响页岩含气量最直接的因素。图 5.3 呈现了黔浅 1 井和焦页 1 井有机碳含量与含气量的正相关关系。两口井含气量要能达到工业下限($1\ m^3/t$)要求(目前国内没有含气量工业性判别标准,根据北美勘探经验将 $1\ m^3/t$ 作为工业下限值),页岩 TOC 含量都需要大于 2%(图 5.3、图 5.4)。

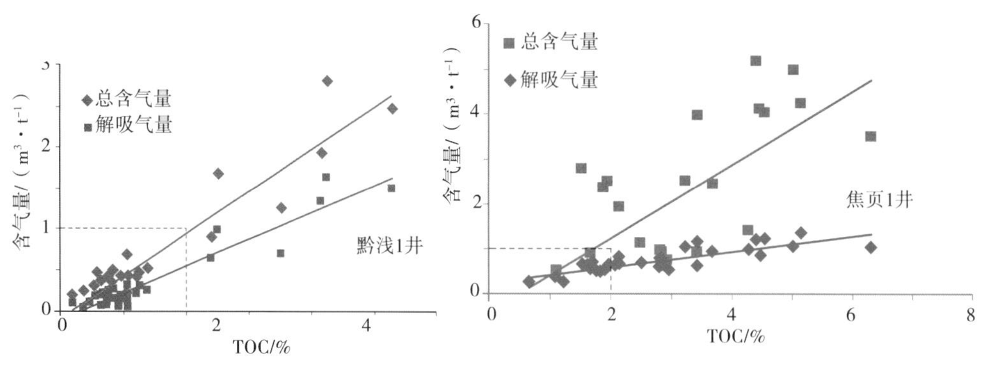

图 5.3　黔浅 1 井 TOC 与含气量关系　　图 5.4　焦页 1 井 TOC 与含气量关系

综合前面分析的结果，渝东南地区下古生界五峰—龙马溪组页岩有效 TOC 分级情况如下：TOC 值为 1% 时，页岩具有一定的生气能力；TOC 值为 2% 时，页岩的含气量达到了工业下限 1 m^3/t 要求（表 5.1）。

表 5.1　渝东南地区五峰—龙马溪组页岩 TOC 分级情况

Ⅲ级	Ⅱ级	Ⅰ级
<1.0%	1.0% ~2.0%	>2.0%

2）成熟度

成熟度是指沉积有机质在温度（主要与埋藏深度有关）、时间等因素的综合作用下，向烃类演化的程度。常规油气的成熟度划分标准：未熟油的 R_o 值小于 0.5%，生油窗内的 R_o 值为 0.5% ~1.3%，高成熟的 R_o 值为 1.3% ~2.0%，过成熟的 R_o 值大于 2.0%。

根据美国和加拿大的勘探开发结果，形成页岩气的页岩的成熟度为 0.4% ~3.0% 不等，发现其变化范围较大，从未成熟到过成熟均有发现。如：密执安盆地 Antrim 页岩成熟度下限为 0.3%，而西弗吉尼亚州南部成熟度高达 4%。密西根盆地的 Antrim 页岩 R_o 分布范围为 0.4% ~0.6%；阿巴拉契亚盆地的 Ohio 页岩 R_o 分布范围为 0.4% ~1.3%；伊利诺斯盆地的 NewAbany 页岩 R_o 分布范围为 0.4% ~1.0%；福特沃斯盆地的 Barnett 页岩的 R_o 分布范围为 1.0% ~1.3%；圣胡安盆地的 Lewis 盆地的 R_o 分布范围为 1.6% ~1.88%。加拿大泥盆纪 Horn River 盆地和三叠纪 Montney 页岩所产的天然气则生成于较大的埋深处。而阿尔伯达和萨斯喀彻温省的 Second White Specks 页岩所产的天然气为浅埋藏，其埋深之浅以至于目前页岩中仍然有细菌正在生成气体；魁北克省的 Utica 页岩则既有深埋藏又有浅埋藏，因而存在着生物气和热解气共存的可能。因此，根据页岩成熟度可将页岩气藏划分为高成熟度、低成熟度以及高-低成熟度混合型页岩气藏三种类型。

现有资料分析表明，成熟度下限的临界值为 0.4% ~0.6%，对于上限的讨论，陈建平等（2007）认为海相Ⅰ和Ⅱ型干酪根天然气生成成熟度的上限或“生气死亡线”的 R_o 值为 3.0%；陈正辅等（1997）通过生油岩高温模拟实验，当 R_o 值大于 3.5%，生气量大幅度减小，当模拟温度超过 600 ℃时，相当于 R_o 值为 4.0%，装样玻璃管内出现黑色焦炭类物质，反映生气作用基本终结。

统计重庆地区 6 口参数井 70 余件岩心样品,包括五峰—龙马溪组和牛蹄塘组两套富有机质页岩的成熟度,R_o 的分布范围为 1.60% ~4.96% 。可以看出,R_o 值已经超过生油窗,全部大于 1.3% ,说明重庆地区的页岩气是热成因气,已经进入高—过成熟阶段,甚至达到生烃终止。虽然前人提出了不同的 R_o 有效区间范围,但五峰—龙马溪组和牛蹄塘组两套富有机质页岩的 R_o 值均处于各有效区间之内。也就是说,重庆地区页岩热演化程度已达到高—过成熟阶段,满足生成大量页岩气的条件。

3)有机质类型

虽然干酪根的类型对烃源岩层的总产气数量的影响不大,但是在成熟度相同的情况下,干酪根具有不同的分子结构会影响页岩气的吸附率和扩散率。根据对美国各盆地的研究,形成页岩气的有机质类型Ⅰ、Ⅱ、Ⅲ型均有(Burnaman,2009)。由于Ⅰ、Ⅱ型有机质在生油窗阶段以生油为主,气体生成较少,大量较大的油分子可以堵塞页岩的孔隙,减慢气体开采的流速,因此形成页岩气的页岩以成熟度较高为佳。北美密西根盆地的 Antrim 页岩有机质类型为Ⅰ—Ⅲ型;阿巴拉契亚盆地的 Ohio 页岩有机质类型为Ⅰ、Ⅱ型;伊利诺斯盆地的 NewAbany 页岩有机质类型为Ⅱ型;福特沃斯盆地的 Barnett 页岩有机质类型为Ⅱ型;圣胡安盆地的 Lewis 盆地的有机质类型为Ⅲ型。

据研究,由油窗到气窗的转变估计发生于 R_o 在 1.15% ~1.4% 阶段(Jarvie et al.,2005)。Burnaman(2009)亦认为Ⅰ型有机质只有当 R_o>1.4% 时才可能成为好的气源岩,而Ⅱ型和Ⅲ型干酪根则需要较高的氢指数才能保证有足够数量的天然气生成。重庆地区下古生界页岩成熟度较高,基本在高—过成熟阶段,已经过了生油窗,R_o 均>1.3% ,且从实验数据看,氢指数很低,以渝东南彭水—南川区块焦页 1 井镜下鉴定来进一步说明问题。

焦页 1 井工区位于川东高陡褶皱带万县复向斜,沉积了一套深水陆棚相,根据获取的页岩气评价的地质参数,气测显示良好。焦页 1 井龙马溪组灰黑色页岩段,镜下可以看到页岩中富含腐泥无定型体,说明有机质类型好,为Ⅰ型。该套页岩干酪根类型好,生烃潜力大,属于Ⅰ型干酪根,以海洋菌藻类为主要生源(图 5.5)。

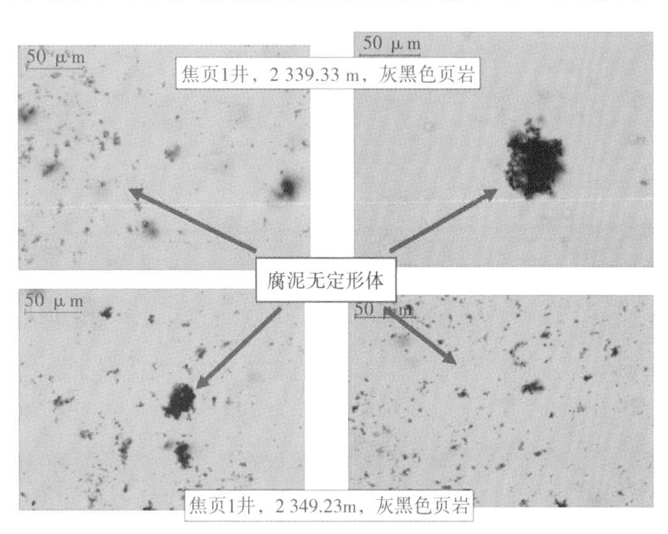

图 5.5　焦页 1 井有机质类型薄片鉴定(据中石化江汉油田)

干酪根的稳定碳同位素组成($\delta^{13}C$)能够表征原始生物母质的特征,次生的同位素分馏效应不会严重掩盖原始生物母质的同位素印记,普遍认为是划分高—过成熟烃源岩有机质类型的有效指标。这里以渝东南地区的五峰—龙马溪组海相页岩为例,用干酪

根 $\delta^{13}C$ 的碳同位素值来判识页岩的有机质类型。Schoell(1984)研究了中欧地区数个盆地干酪根同位素特征,发现Ⅰ型干酪根 $\delta^{13}C$<-28‰,过渡型干酪根 $\delta^{13}C$ 为-28‰~-25‰,Ⅲ型干酪根 $\delta^{13}C$>-25‰。我国学者也提出了不同的划分标准(表5.2)。

表5.2　我国干酪根类型与 $\delta^{13}C$ 划分标准

三分法(王大锐,2000)		黄第藩(1984)		SY/T 5735—1995
典型腐泥型	<-29.0‰	标准腐泥型 I_1	<-30.2‰	<-30.0‰
Ⅰ	-27.0‰~-29.3‰	含腐殖的腐泥型 I_2	-28.2‰~-30.2‰	-30.0‰~-28.0‰
Ⅱ	-25.5‰~-27.2‰	中间型或混合型Ⅱ	-26.0‰~-28.2‰	-28.0‰~-25.2‰
Ⅲ	-21.0‰~-26.0‰	含腐泥的腐殖型 III_1	-24.5‰~-26.0‰	-25.5‰~-22.5‰
		标准腐殖型 III_2	-20.0‰~-24.5‰	> -22.5‰

渝东南下古生界五峰—龙马溪组页岩干酪根 $\delta^{13}C$(PDB)为-28.8‰~-32.5‰,无论按照上述哪种分法,该套页岩母质干酪根类型均为典型腐泥型,含少量Ⅰ2型。综合镜下鉴定和干酪根碳同位素初步判定重庆地区页岩有机质类型为Ⅰ型干酪根。

根据上述研究,初步形成了适合重庆地区的地球化学指标的判别标准(表5.3)。

表5.3　重庆地区页岩地化指标判别指标

等　级	Ⅰ级	Ⅱ级	Ⅲ级
TOC	>2%	1%~2%	<1%
R_o	>1.4%且<3.5%,在高过成熟阶段		
有机质类型	Ⅰ型		

5.2　页岩储层评价

低渗透致密储层评价以地质分析统计、岩心实验为手段,主要评价储层沉积相、储层岩石学特征、储层物性特征及储层孔隙结构特征四方面。

储层沉积相评价主要研究储层沉积微相,采用岩心观察结合储层岩石粒度概率曲线分析综合确定储层沉积微相;储层岩石学特征评价主要研究储层岩石类型及岩石矿物组分,主要采用X衍射技术进行分析;储层物性特征评价主要采用压汞的方法,研究储层的孔隙度和渗透率分布;储层孔隙结构特征是指储层岩石的孔隙及喉道的几何形状、大小、分布及相互连通关系。低渗透储层孔隙结构特征评价主要研究储层的孔隙特征(孔隙类型、孔径大小、分选性等)、喉道特征(主要包括喉道类型、喉道半径及排驱压力等)。孔隙类型主要采用薄片及铸体薄片观察,研究孔隙的类型及分布;孔径大小及分选性、喉道半径、排驱压力等主要采用薄片观察及压汞实验分析。

与低渗透致密储层评价相比,页岩储层评价在内容和评价技术手段上有所不同,页岩储层主要评价页岩储层地球化学特征、岩性特征、物性特征、微观结构特征和分布特征。

页岩储层岩性特征评价主要评价页岩类型及页岩矿物组分,页岩可通过薄片鉴定分析岩石组成,进行岩石定名,页岩岩石矿物组分采用 X 衍射技术定量分析页岩岩石矿物组分及其相对含量;页岩物性特征主要研究页岩储层的孔隙度和渗透率;页岩微观结构特征主要研究页岩孔隙结构类型、大小及页岩比表面积大小,孔隙结构类型和大小用扫描电镜技术及压汞的方法进行研究,页岩比表面积采用吸附法进行实验测试;页岩分布特征主要研究页岩储层的厚度及埋藏深度,研究方法主要根据钻井方法及地质方法分析推测方法获得。

5.2.1 页岩储层评价方法概述

页岩储层与其他低渗透致密储层相比,其纳米级孔隙和喉道导致页岩储层孔隙度和渗透率更低。页岩有机质间孔隙发育,使得页岩具有较大的比表面积,有利于气体吸附。此外,页岩矿物组分与其他低渗透储层相比也有一定的差异性,一方面导致页岩储层天然裂缝发育程度有所不同,另一方面影响页岩压裂改造效果。因此,需要重新建立页岩储层的评价方法体系。

根据渝东南地区页岩储层特征,确定页岩储层评价内容,包括沉积特征评价、岩石学特征评价、微观结构特征评价、物性评价、裂缝系统特征评价及含气性特征评价六大方面,并根据实际生产情况,结合页岩龙马溪—五峰组页岩储层特征探讨页岩储层关键指标标准,为渝东南地区页岩气勘探开发提供参考。

1)页岩储层沉积特征评价内容

(1)沉积相

沉积相是沉积环境的物质表现,可以表明特定沉积环境下的岩性和古生物等的有规律的综合特征。沉积相对储层的影响实质上是对岩石类型和结构组分特征的影响,不同沉积相具有不同的水介质条件,所形成的岩石类型、粒径大小、分选性、磨圆度、杂基含量和岩石组分等方面均有所差异,岩石的这些特性决定了原生空隙和后期岩石的成岩作用类型和强度,从而导致储层物性在纵向上和横向上的明显差异。

根据岩性特征(颜色、矿物成分、岩石类型、沉积结构、沉积构造等)、古生物特征、地球化学特征和地球物理特征(测井、地震)等标志,可以对沉积相进行分类和识别。

研究表明,富有机质页岩最发育的沉积环境为浅海陆棚相,根据陆棚的水深和水动力条件等,划分为深水陆棚相和浅水陆棚相,其中浅水陆棚相又可划分为以泥质成分为主的泥质浅水陆棚相和以砂质成分为主的砂质浅水陆棚相。

①深水陆棚相。

深水陆棚处于陆棚靠大陆斜坡一侧、风暴浪基面以下的浅海区。由于水深相对较深,能量低,水体安静,为静水强还原环境,有利于有机质的保存,沉积物经过沉积、埋藏、压实、成岩等作用能够形成富含有机质的暗色泥页岩,岩石颜色通常为深灰—黑色,有机质含量普遍相对较高。深水陆棚主要发育一套以黑色泥岩、黑色碳质页岩、黑色硅质岩为主的细粒沉积，发育水平层理。

②浅水陆棚相。

浅水陆棚处于滨外浪基面之下至风暴浪基面之上的浅海陆棚区，水体处于弱氧化弱还原环境，沉积物以深灰色、灰色、黑色含粉砂质泥页岩为主，其次为碳酸盐岩。由于水深较浅，水体动荡，常常间歇性地受到风暴、潮流和海流的影响，砂质沉积物常常被改造成席状砂、滩坝。浅水陆棚是一高能沉积环境，根据沉积特征水体识别主要以砂质沉积物为主的砂质陆棚及以泥质沉积为主的泥质陆棚。浅水陆棚主要沉积黑色泥岩、灰色泥岩、粉砂质泥岩和泥质粉砂岩，发育块状层理、水平层理。

哪种沉积微相的储层更好的问题，目前并没有一个统一的评价标准，本书将结合渝东北地区的页岩储层沉积微相与相应的有机碳含量、孔隙度和渗透率的关系对页岩储层基于沉积相进行评级。

(2)厚度

页岩作为页岩气生成和赋存的主体，一定的含气泥页岩厚度是形成页岩气富集的基本条件，也是影响页岩气资源丰度高低的重要因素，控制着页岩气的经济效益。

含气页岩的厚度越大，就越能保证页岩气的资源量，同时也越有利于水平井压裂。据国内外主要页岩气开采盆地相关文献调研发现，美国大规模商业开发的五大含气页岩系统厚度为 31 ~579 m(页岩净厚度为 9 ~91 m)，加拿大核心开采区的页岩厚度为 30 ~300 m。

目前国内外普遍提出的页岩气藏的页岩厚度标准有：>6 m、>9 m、>15 m、>30 m、>45 m。但是，其他条件的补偿将会使页岩储层具有很好的产能，所以说页岩的厚度下限可以随着有机碳含量的增大和成熟度的提高以及开采技术的进步而适当降低。目前国内张金川教授及国土资源部李玉喜等专家普遍拟用的经济开采标准为大于等于 30 m。

(3)埋深

虽然页岩油气的保存条件没有常规圈闭油气藏要求那么高，但只有在一定的深度埋藏才具有一定的含油气丰度，一般认为盆地中心区或盆地斜坡区含气页岩的埋藏深度较有利。

但是，并不是埋深越大越好。随着埋藏深度的增加，压力和温度的增高导致页岩的孔隙结构发生变化：一是高压带来孔隙度和渗透率降低，二是温度的增高使页岩吸附气含量降低；另一方面，埋深的增加导致钻井成本增加，降低储层的经济价值。

所以页岩储层的埋深要在一定的范围内。埋深的确定要综合分析世界各大盆地页岩气系统的埋藏深度，埋深的下限要结合特定盆地的页岩储层特征以及当前的勘探开发水平。

2)页岩储层岩石学特征评价内容

(1)岩石定名

岩相是指具有不同矿物成分和结构特征的岩石类型，岩相的划分主要基于岩石矿物组分及结构特征。因此，不同岩相的页岩具有不同矿物成分和结构特征，这也使得页岩储层在纵向上表现出不同的特性。合理的岩相划分有助于详细地研究储层性质，进而规划合理的勘探开发方案。

(2)岩石矿物组分

页岩的矿物成分按成因分为自生矿物和碎屑矿物,主要包括石英、黏土、斜长石、白云石、方解石、黄铁矿、铁白云石、钾长石、方沸石、菱铁矿等。黏土矿物具有较大的比表面和较高的孔隙体积,使得其吸附能力比较强。在有机碳含量差不多的情况下,黏土含量高的样品所吸附的气体量要大于黏土含量较低的样品,且随着压力的增高,黏土含量高的样品吸附的气体量与低含量黏土矿物所吸附的气体量的差值也在逐渐增大(图5.6);但是,黏土矿物会造成页岩的塑性,使页岩中微裂缝发育程度降低,不利于页岩储层的压裂改造。石英、长石及碳酸盐矿物等脆性矿物的存在能提高岩石的脆性,使页岩容易形成天然裂缝和压裂缝网,提高页岩气的储集及渗流能力,增加页岩气单井产量。脆性矿物含量是页岩储层评价的关键,对页岩气勘探开发非常重要。

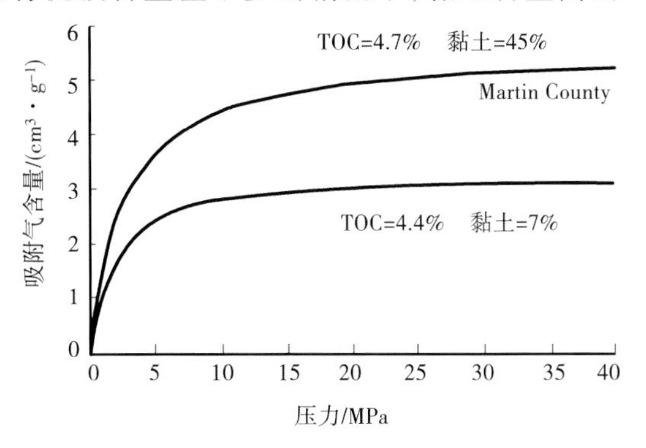

图5.6　不同压力条件下黏土矿物含量与吸附气含量的关系

目前,评价页岩储层岩石矿物成分的主要技术手段为X射线衍射技术,用于评价页岩中黏土矿物含量并进行全岩分析,可分别得到页岩储层中石英、长石、方解石、黏土矿物、黄铁矿等矿物成分的含量。

(3)脆性特征

岩石脆性是岩石综合力学特性的表征,脆性破坏是在非均匀应力作用下产生局部断裂,并形成多维破裂面的过程。页岩脆性测试是储层力学评价、射孔改造层段选取和压裂规模设计的重要基础,对页岩储层压裂改造具有重要的意义。实践证明,页岩气压裂时,脆性越好的层段破裂越充分,裂缝网络发育越好,能够建立越多的人工裂缝作为流体渗流和运移通道。岩石脆度的评价方法有多种,主要有基于强度的脆性评价方法、基于硬度或坚固性的脆性评价方法、基于全应力-应变的脆性评价方法和基于岩石矿物组成的脆性评价方法。页岩脆性的表现与所含矿物类型相关性非常明显,脆性矿物含量高的页岩其造缝能力和脆性更好。另外,矿物组成作为岩性识别标准,提高了计算结果的可靠性和细分性。基于岩石矿物组成的脆性评价方法可根据试验校正的测井矿物解释结果获得全井段脆性表征剖面,对页岩压裂改造比较适用。

页岩岩石矿物成分主要有石英、碳酸盐岩和黏土三大类,其相对含量决定了页岩的脆性程度,是计算页岩脆性指数和进行水力压裂设计的基本资料。根据岩心矿物成分分析确定页岩脆性指数的计算公式如下:

$$\beta = \frac{C_{\text{quarts}}}{C_{\text{quarts}} + C_{\text{clay}} + C_{\text{carbonate}}} \times 100\% \tag{5.1}$$

式(5.1)表明,页岩脆性与页岩中石英等脆性矿物含量有关,石英含量越高,页岩脆性越大,越有利于压裂改造,石英含量高的页岩储层是页岩气开发的有利地区。

3)页岩储层物性特征评价内容

(1)孔隙度、渗透率

页岩孔隙度和渗透率反映页岩储层的储集能力和渗流能力,是对页岩气勘探开发影响较大的两个关键参数。页岩储层的储渗空间可分为基质孔隙和裂缝。基质孔隙有残余原生孔隙、有机质生烃形成的微孔隙、黏土矿物伊利石化形成的微裂(孔)隙和不稳定矿物(如长石、方解石)溶蚀形成的溶蚀孔等。黔页1井及黔浅1井测试结果表明,页岩渗透率与解吸气含量及总含气量呈较好的正相关关系,页岩气测孔隙度与页岩渗透率亦呈较好的正相关关系。

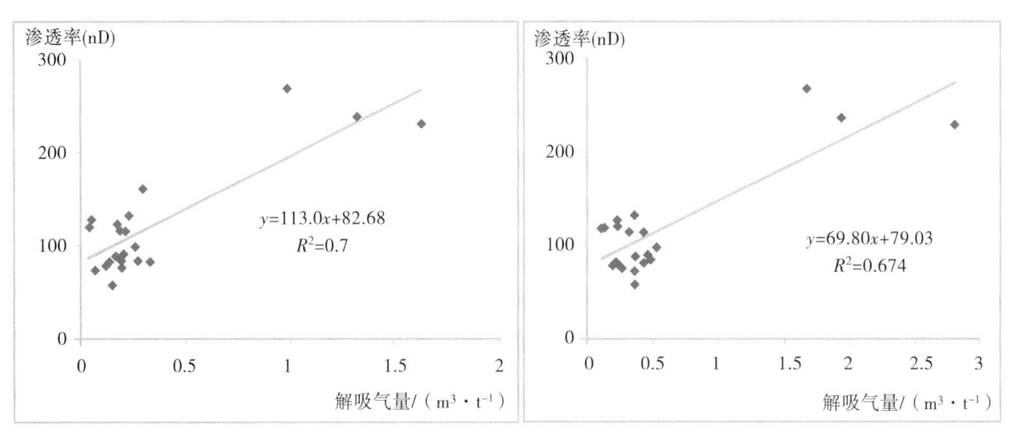

图5.7 黔页1井页岩渗透率与解吸气含量及总含气量的关系

页岩孔隙度测试采用压力脉冲衰减法、气体吸附法或者氦气膨胀法,这三种方法皆可满足页岩孔隙度测试精度要求;页岩渗透率测试采用压力脉冲衰减法,可满足页岩纳米级孔隙渗透率测试要求。

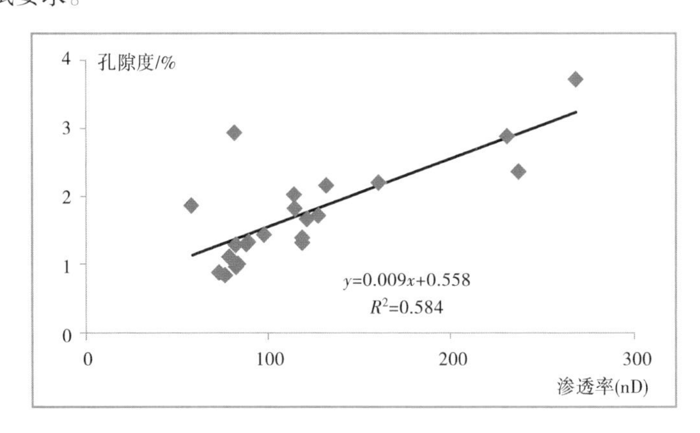

图5.8 黔页1井页岩基质孔隙度与渗透率的关系

(2)裂缝系统

页岩储层基质孔隙度和渗透率远远小于常规储层基质孔隙度和渗透率,对页岩气而言,页岩裂缝是页岩气重要的储集空间和主要的渗流通道,对页岩气的勘探开发具有十分重要的作用。

表征岩心上和单井裂缝发育情况的参数主要有裂缝密度、裂缝开度、裂缝孔隙度和裂缝渗透率,裂缝密度、裂缝开度、裂缝孔隙度和裂缝渗透率可通过岩心统计或测井的方法得到,裂缝对页岩气储集及渗流的贡献可根据裂缝的孔隙度和渗透率二个参数综合确定。此外,页岩裂缝的有效性直接影响裂缝所起到的储渗作用,因此,需要具体统计岩心上裂缝的充填性及充填程度,或通过测井手段对裂缝的充填性及充填程度进行统计表征。

通常而言,裂缝充填程度越低,裂缝密度、裂缝开度、裂缝孔隙度及裂缝渗透率越大,裂缝对页岩气的储集作用和渗流作用贡献越大,越有利于页岩气的富集及开发。但是,如果裂缝密度过大,有可能导致页岩气的散失,对页岩气的富集形成不利影响。

4)页岩储层微观结构特征评价内容

页岩由于其致密、孔渗条件较差的特点,在常规油气勘探中一直被视为常规油气藏的盖层,页岩颗粒细小、致密,故对页岩微观结构的表征较困难。但是,对页岩气勘探开发而言,页岩微观结构特征影响页岩气的储集和渗流,需认真加以研究。

(1)孔隙结构特征(孔隙、喉道)

孔隙结构一般指岩石所具有的孔隙和喉道的几何形状、大小、分布以及相互关系。常用的研究方法为孔隙铸体薄片法、扫描电镜法和压汞曲线法。根据国际理论和应用化学协会(IUPAC)的孔隙分类,孔隙直径小于 2 nm 的孔称为微孔隙,2 ~ 50 nm 的孔称为中孔隙(或介孔),大于 50 nm 的称为宏孔隙(或大孔隙)。根据对渝东南地区页岩储层孔径大小分布统计,孔隙直径主要为 5 ~ 10 nm,以中孔为主。页岩孔径虽然较小,但它是页岩气主要的储集空间和重要的渗流通道,影响页岩气的成藏和开发,因此,需对其进行详细的评价。

(2)比表面积

页岩气主要以两种方式赋存在页岩储层中,第一种是以游离态赋存在孔隙及天然裂缝中,另一种是以吸附态吸附在岩石颗粒表面或有机质表面,吸附态页岩气占有比较大的比例。页岩气的吸附能力与页岩孔隙的比表面积相关,比表面积越大,则对页岩气的吸附能力越强。因此,评价页岩储层孔隙比表面积对评价吸附态页岩气含量具有重要作用。页岩比表面积测试技术采用吸附法。

5.2.2 页岩储层关键指标评价

目前,关于重庆地区富有机质页岩储层评价研究较少,缺乏可供勘探开发参考的储层评价指标标准。基于页岩储层地质特征,以页岩储层沉积特征、岩石学特征、物性特征、岩石微观结构特征及含气性特征作为页岩储层评价的主要内容,优选页岩沉积相、厚度、埋深、岩相、岩石矿物组分、脆性、孔隙度、渗透率、孔径、比表面积及含气量作为页岩储层评价的关键指标参数。结合重庆地区地质特征、钻井岩心分析测试数据及页岩气试气数据,下面探讨并建立适应重庆地区富有机质页岩自身特点的页岩气储层评价关键指标标准,指导重庆地区勘探开发工作。

1)页岩储层沉积特征评价

(1)沉积相

在早古生代,整个四川盆地由于受到铜湾运动末期的影响,表现为中间高两边低,川中隆起开始形成,而且在四川盆地周缘发育大型断裂,如城口断裂、华蓥山断裂以及齐耀山断裂,这些断裂在早古生代时期表现为拉张性质的正断层,导致由盆地中间向周缘水体逐渐变深,由浅水砂质陆棚相逐渐过渡到浅水泥质陆棚相再到深水泥质陆棚相。

以渝东北地区下寒武统水井沱组为例,对详测剖面和钻井的沉积相分析,水井沱组页岩主要为一套浅海陆棚相沉积,包括深水、泥质浅水和砂质浅水陆棚亚相,这三种相带在岩石岩性、矿物组合、结构构造、地球化学等方面具有鲜明特征(图5.9)。

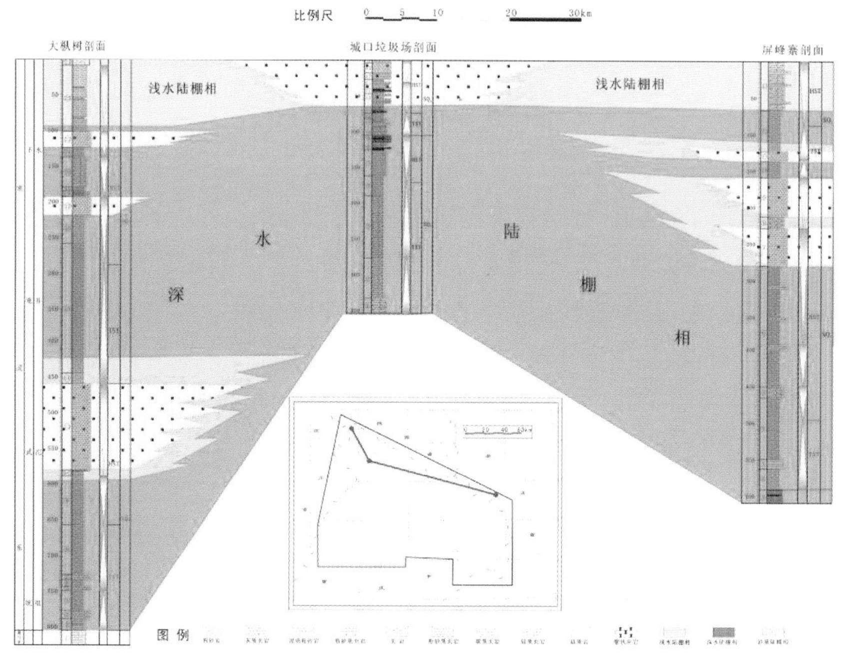

图5.9　渝东北地区下寒武统水井沱组剖面沉积相区域对比分析图

深水陆棚相沉积主要发育在水井沱组中下部,岩性以黑色碳质页岩为主,底部为一套硅质岩沉积,夹少量薄层粉砂岩和粉砂质泥岩。在该区水井沱组下部常发育一套厚度较大的石煤层,在一定程度上反映了当时的深水沉积环境及后期的成岩演化;同时这套地层局部发育铁质、硅质岩结核体,这些结核体矿物成分与围岩区别较大,初步认为是在沉积过程中搬运过来的弱固结的结核体,为滑塌沉积体,指示一种深水沉积环境,因此可作为该地区深水陆棚相标志物。这套黑色页岩岩石成分以石英和黏土矿物为主,另外还含有少量长石和碳酸盐,此外,黄铁矿普遍发育,主要以颗粒状零星分布,偶尔也顺层以片状或结核体发育。水井沱组底部黑色页岩主要发育块状层理和水平层理,页理较发育。

泥质浅水陆棚相沉积主要发育在水井沱晚期,岩性以灰黑色—深灰色粉砂质页岩、硅质页岩为主,有时顶部发育一套浅灰色的白云质灰岩。这套岩石成分以石英和黏土矿物为主,其他还含有少量长石和碳酸盐岩,粉砂质含量相对较高,岩石颜色变浅,有机质含量较中下部深水陆棚环境形成的黑色页岩明显减少,局部含风暴成因的席状砂以及灰质岩薄层,主要发育波状层理和交错层理。

砂质浅水陆棚相沉积主要发育在水井沱中-晚期,岩性以灰色—深灰色中厚层状粉砂质页岩或泥质粉砂岩为主,沉积构造发育较为局限,主要为波状层理、小型交错层理和砂纹层理。

以城浅1井水井沱组为例,自下而上,发育深水陆棚相、砂质浅水陆棚相和泥质浅水陆棚相沉积,对应不同沉积相的有机碳含量数据分析可知深水陆棚相的有机碳含量最高,泥质浅水陆棚相的有机碳含量其次,砂质浅水陆棚相的有机碳含量最低(表5.4)。

表5.4 城浅1井水井沱组沉积相和TOC的关系

沉积相	TOC/%
泥质浅水陆棚相	1.56~3.37/2.7
砂质浅水陆棚相	0.44~4.48/2.27
深水陆棚相	1.45~6.91/3.38

通过对渝东北地区城浅1井及野外剖面的有机碳含量分析,我们可以对富有机质页岩的沉积相分为三个等级:Ⅰ级储层其沉积环境为深水陆棚相,有机碳含量较高,为较好储层,是页岩气勘探最有利的沉积相带;Ⅱ级储层为一般储层,有机碳含量次之,其沉积环境为泥质浅水陆棚相;Ⅲ级储层为较差储层,有机碳含量较低,其沉积环境为砂质浅水陆棚相;渝东北页岩储层基于沉积相的分级情况见表5.5。

表5.5 渝东北页岩储层基于沉积相的分级情况

储层参数 / 储层级别	沉积相
Ⅰ级	深水陆棚相
Ⅱ级	泥质浅水陆棚相
Ⅲ级	砂质浅水陆棚相

(2)厚度

由于重庆地区黑色页岩储层单层厚度的岩心分析资料和测井解释资料数据不足,因此,无法确定一个合理的基于单层厚度的页岩储层评价分级标准。参考美国进入大规模商业开发的五大含气页岩单层厚度和国土资源部颁布的《页岩气勘探开发相关技术规程》,考虑将页岩单层厚度指标定为,优质页岩(TOC大于2.0%)单层厚度要大于15 m,有机质丰度较低(TOC为1.0%~2.0%)的页岩单层厚度要超过30 m,且区域上要连续稳定分布(陈桂华等,2012)。

(3)埋深

重庆地区地下水侵蚀基准面约500 m,考虑地下水向下的渗透能力,将重庆页岩储层的埋深上限定为600 m。对于页岩埋深的下限没有统一的标准,张金川(2004)和侯读杰教授认为,小于4 000 m的页岩才具有经济开发价值;国土资源部2013年1月发布了《中华人民共和国页岩气行业标准》——《页岩气勘查开发相关技术规程》(征求意见稿),关于资源潜力评价埋深下限为4 500 m。考虑重庆地区地质特点,将重庆地区的埋深下限定为4 500 m。

页岩气赋存需要一定的压力,所以埋深必须达到一定的深度,但是埋藏越深,钻井成本将大幅提高,结合重庆地区页岩气钻井的勘探现状,我们对页岩储层的埋深分三个等级:Ⅰ级储层埋深1 500~3 000 m,为最好储层,埋深适中,压力适中,有利于页岩赋存,钻井成本较低;Ⅱ级储层600~1 500 m,为较好储层,埋深浅,钻井成本低,但是低压不利于页岩保存;Ⅲ级储层埋深3 000~4 500 m,为较差储层,埋深大,钻井成本高,为勘探潜力区;重庆页岩储层基于埋深的分级情况见表5.6。

表5.6　渝东北页岩储层基于埋深的分级情况

储层级别	埋深/m
Ⅱ级	600~1 500
Ⅰ级	1 500~3 000
Ⅲ级	3 000~4 500

当然,埋深下限并不是一个固定的值,随着钻井数据的增多以及勘探开发技术水平的提高,页岩储层的埋深下限将有所扩大。

2)页岩储层岩石学特征评价

(1)页岩岩相划分

岩相与矿物组成、有机质含量有非常密切的关系。岩相是沉积岩中所有岩性特征的总和,包括结构、构造、颜色、层理、矿物成分和粒度分布。在砂岩和碳酸盐岩中,结构、层理、构造和粒度分布等特征可以区别出来,因此被广泛应用于岩相命名(如粗粒碎屑岩相、交错层理砂岩岩相和骨架石灰岩相)。这些定性数据对于解释沉积环境、建立沉积相和识别水动力特征十分有效。然而,对于页岩储层却是一个挑战,原因有三点。第一,页岩沉积在一个相对统一的沉积环境和水动力条件下。因此,页岩研究的重点不是解释沉积相,而是解释页岩沉积及有机质保存的机理。第二,在宏观尺度上,页岩有一个相对统一的结构、层理、构造和粒度分布。因此,研究页岩的定性微观特征没有研究砂岩和碳酸盐岩的特征有意义。第三,页岩气生产、水平压裂和天然气含量的关键因素是矿物组成、地质力学特性和有机质富集程度,而不是岩石结构、层理、内部构造和粒度分布。矿物组成,尤其是石英和碳酸盐矿物的百分比影响着页岩地质力学性质和水平井压裂的有效性。另外,石英和碳酸盐等矿物吸附气体的能力不强,因此当页岩含有更多的石英和碳酸盐等矿物时,游离气/吸附气的比例更高。

页岩岩相的划分应该注重对页岩储层有重要影响的地质力学参数和有机质富集程度。目前国内外尚无统一的页岩岩相划分方案。在岩心尺度,XRD和地化分析数据对于页岩岩相划分的标准具有十分重要的意义。下面将用三角图来表征矿物组成特征和划分标准。

所有的矿物分为三组:石英(石英、斜长石和长石)、碳酸盐矿物(石灰石和白云石)和黏土(伊利石、绿泥石和高岭石)。用黏土含量和石英/碳酸盐岩比值(RQC)这两个与矿物组成有关的参数划分三角图成四个区域。当黏土含量超过40%时,页岩中弹性变形占主导。在Marcellus Shale中,黏土含量在40%左右时是一个分界,低于40%为脆性,高于40%为塑性。RQC用来进一步划分脆性页岩(黏土低于40%)为三个带:假如RQC超过3,碳酸盐通常超过60%,在Marcellus Shale中表现为石灰岩薄层;当RQC不到1/3时,石英作为主要矿物使得页岩易碎;当RQC在3和1/3之间时,碳酸盐和石英有利于页岩破碎。根据Marcellus Shale的特征,RQC在3和1/3之间时划分为三种类型:富石英、混合和富碳酸盐。TOC反映了有机质富集程度,6.5%被认为是相对富有机质和贫有机质的分界。当碳酸盐含量超过60%时,TOC非常低。在Marcellus Shale中没有发现富有机质碳酸盐夹层。总之,通过岩心和测井,我们划分出七个岩相:富有机质硅质页岩、富有机质混合页岩、富有机质页岩、灰色硅质页岩、灰色混合页岩、灰色页岩、钙质层(图5.10)。

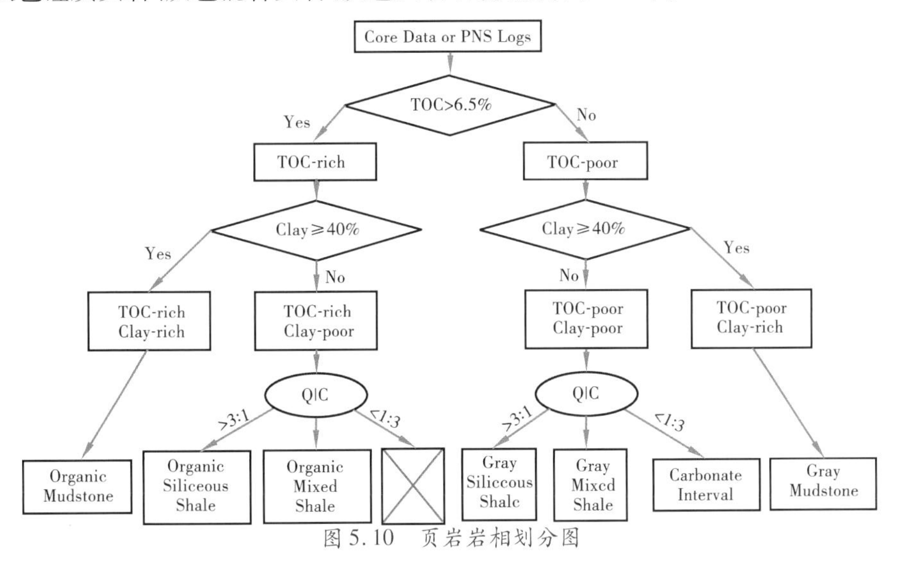

图5.10 页岩岩相划分图

根据大量的调研及分析,确定了如图5.11所示的划分方案。

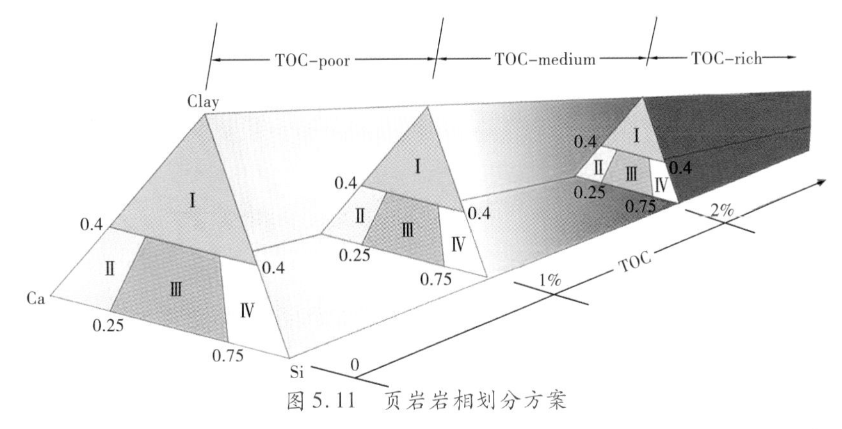

图5.11 页岩岩相划分方案

(Clay:黏土矿物;Ca:碳酸盐矿物,主要包括方解石和白云石;Si:石英,包括陆源碎屑石英、生物成因石英及自生石英等)

首先根据 TOC 的含量对页岩进行划分，当 TOC>2% 时为富有机质页岩，当 2% >TOC>1% 时为含有机质页岩，当 TOC<1% 时为贫有机质页岩。然后根据矿物组成进行分类，当黏土含量大于 40% 时，为黏土质页岩；当黏土矿物小于 40% 时，根据 Ca 与 Si 的比例进行划分，当 Ca/Si>3 时，为钙质页岩，当 Ca/Si<1/3 时，为硅质页岩，当 3>Ca/Si>1/3 时，为混合质页岩。综合 TOC 和矿物组成得到如下 12 种岩相类型：富有机质黏土质页岩相、富有机质钙质页岩相、富有机质混合质页岩相、富有机质硅质页岩相、含有机质黏土质页岩相、含有机质钙质页岩相、含有机质混合质页岩相、含有机质硅质页岩相、贫有机质黏土质页岩相、贫有机质钙质页岩相、贫有机质混合质页岩相、贫有机质硅质页岩相。

对渝东南地区页岩的 TOC 含量与矿物组成进行分析。根据 TOC 含量，五峰组和龙马溪组可划分三种岩相类型，见表 5.7。

表 5.7　渝东南地区页岩岩相类型(按 TOC 含量)

页岩岩相类型	TOC 分布区间/%	TOC 平均值/%	样品数/个
富有机质页岩	2.00 ~ 8.49	3.4	89
含有机质页岩	1.00 ~ 1.98	1.4	101
贫有机质页岩	0.01 ~ 0.99	0.6	142

图 5.12 是对页岩 TOC 含量的统计，从图中可以看出，富有机质页岩、含有机质页岩和贫有机质页岩均比较发育，其中贫有机质页岩样品数最多。

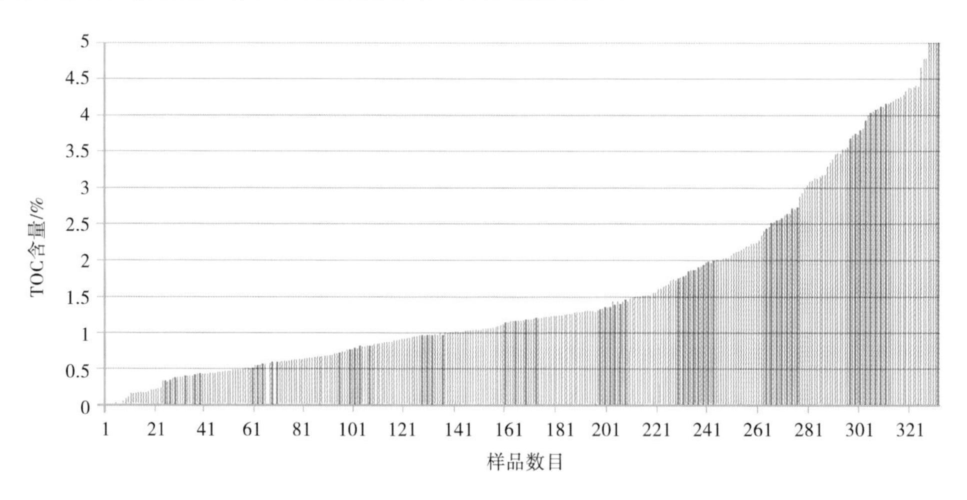

图 5.12　TOC 含量统计分布图

对渝东南海相页岩矿物组成分析表明，研究区主要发育硅质页岩，约占 70%，其次是黏土质页岩和混合质页岩，约占 30%，钙质页岩在研究区不发育(图 5.13)。

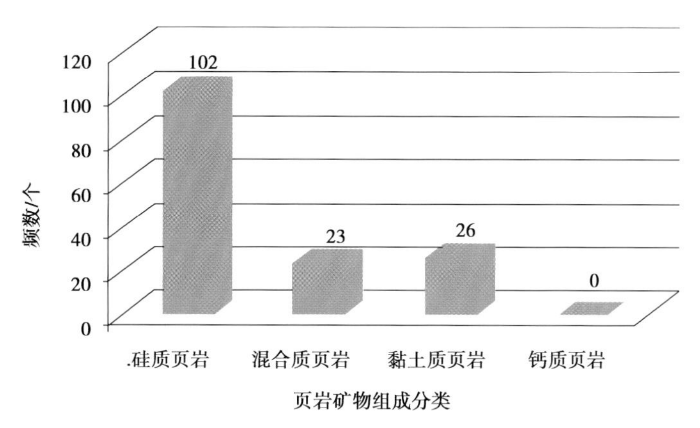

图 5.13　渝东南地区页岩矿物组成分类统计图

从矿物组成三角图中可以看出(图 5.14),黔浅 1 井的硅质页岩和钙质页岩含量基本相当,酉浅 1 井主要发育硅质页岩;黔页 1 井发育的页岩岩相类型比较分散,三种类型均有发育;渝参 4 井也是三种类型均有发育,但硅质含量相对较低;渝参 6 井虽三种岩相类型均有发育,但矿物组成相对集中,黏土含量与石英含量基本相当。

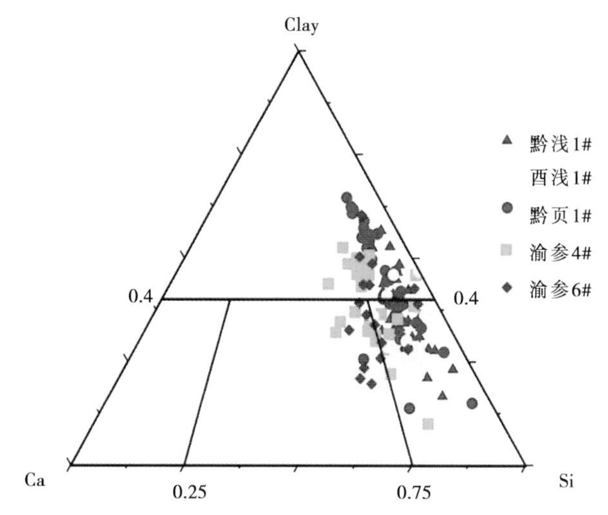

图 5.14　渝东南地区页岩矿物组成三角图(按井分类)

综合 TOC 含量与矿物组成含量,表明渝东南地区主要发育有 9 种岩相类型(表 5.8):

表 5.8　渝东南地区岩相类型统计表

岩相类型		表示符号	样品数/个
富有机质页岩相	富有机质硅质页岩	A1	35
	富有机质混合质页岩	A2	4
	富有机质黏土质页岩	A3	7
含有机质页岩相	含有机质硅质页岩	B1	21
	含有机质混合质页岩	B2	7
	含有机质黏土质页岩	B3	17

续表

岩相类型		表示符号	样品数/个
贫有机质页岩相	贫有机质硅质页岩	C1	40
	贫有机质混合质页岩	C2	10
	贫有机质黏土质页岩	C3	10

从三角图中可以看出(图 5.15),TOC 大于 2% 的岩相主要为硅质页岩,1% <TOC<2% 的岩相主要为黏土质页岩,TOC<1% 的岩相主要为硅质页岩和黏土质页岩,混合质页岩也有发育。

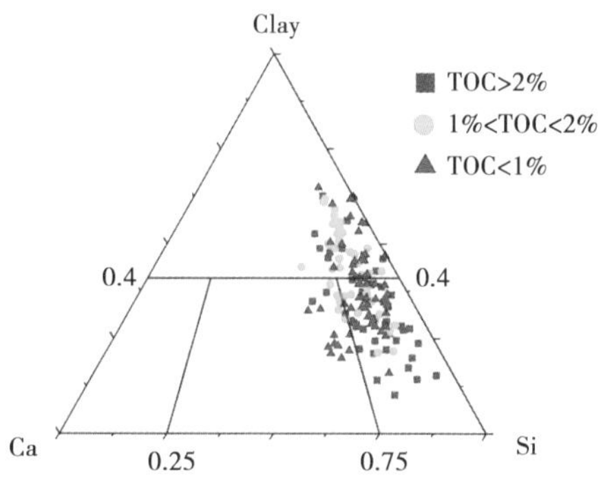

图 5.15　渝东南地区岩相类型三角图

宏观上来看,富有机质页岩颜色黑,导致纹层不明显,笔石非常发育,顺纹层黄铁矿条带及结核非常发育,由于断裂破碎而发育很多摩擦镜面;含有机质页岩颜色相对较浅,可见少量笔石,水平层理非常发育,并且清晰可见,这是由周期性环境变化导致的;贫有机质页岩颜色较浅,方解石充填比较严重,一般发育于浅水陆棚环境(图 5.16)。

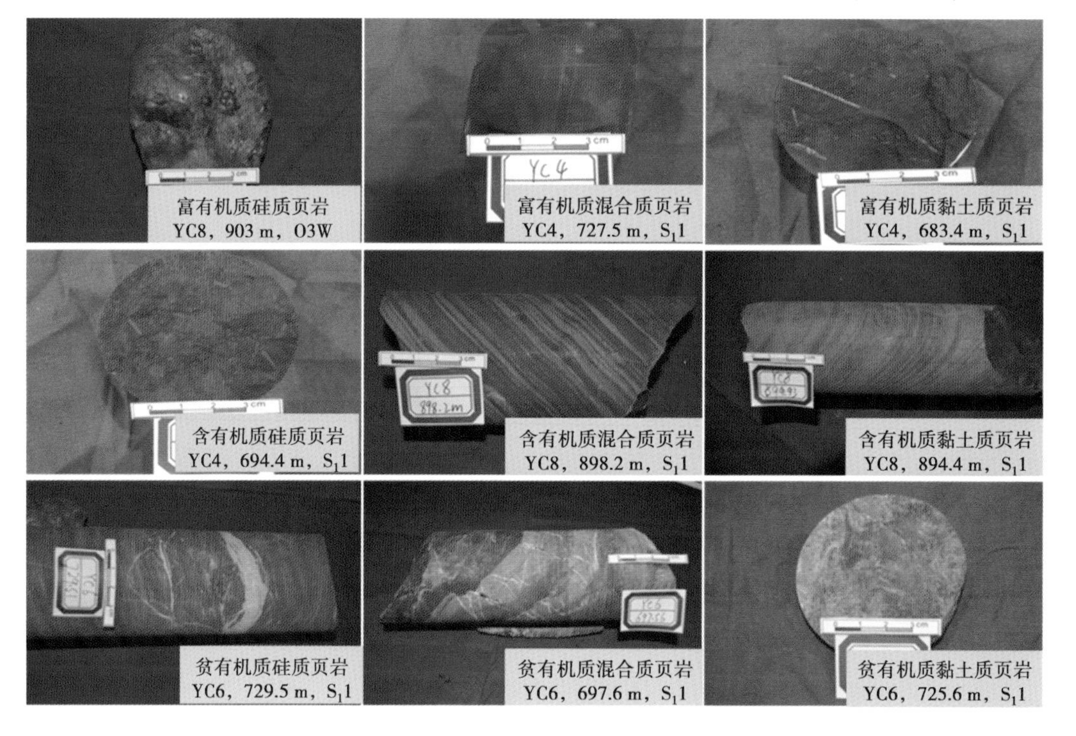

图 5.16　页岩岩相宏观特征

微观上来看,在富有机质页岩中,颜色普遍较黑,纹层不明显,充填的有机质和黄铁矿增加了样品的不透明度,另外充填有方解石的细脉(染红);在含有机质页岩中,水平纹层清晰可见,暗色的黏土和亮色的石英方解石交替,TOC 含量增加的深色层段亦界定了纹层边界;在贫有机质页岩中,发育有水平至波状纹层,纹层连续性差,暗色比例较小,在贫有机质黏土质页岩中,石英颗粒零星散布于黏土中(图5.17)。

通过对研究区页岩岩相的属性对比分析,综合各项参数的属性,得出如下页岩岩相综合评价表(表5.9)。从该表中可以看出,富有机质硅质页岩无论是从含气量、TOC含量还是从石英含量和脆性指数来看,都是非常好的页岩气勘探层段。富有机质混合质页岩、富有机质黏土质页岩、含有机质硅质页岩次之。

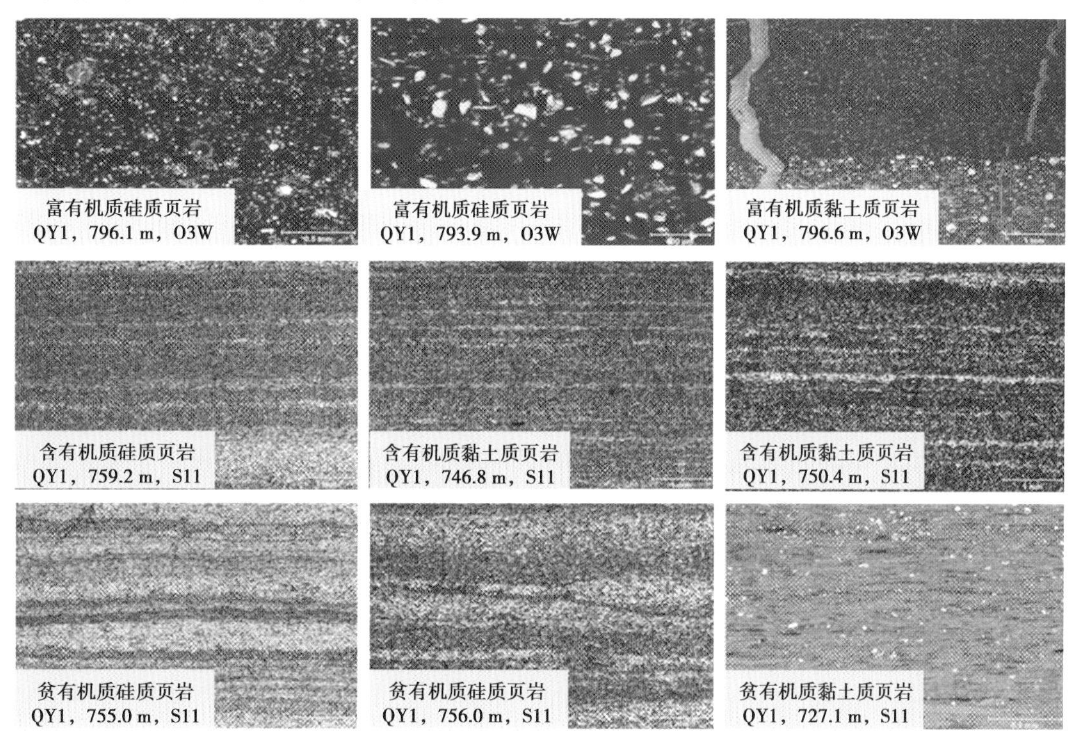

图5.17 页岩岩相微观特征

表5.9 页岩岩相综合评价表

岩相类型	孔隙度/% 范围/平均值	渗透率/mD 范围/平均值	岩石密度/(g·cc^{-1}) 范围/平均值	含气量/(m^3·t^{-1}) 范围/平均值	TOC/% 范围/平均值	石英/% 范围/平均值	脆性指数 范围/平均值
A_1	0.11~6.24 1.85	0~0.129 0.0118	2.42~2.74 2.6	0.24~1.86 1.4	2~5.2 3.5	33.6~73.8 52.7	0.48~0.81 0.62
A_2	0.15~0.39 0.21	0.000 3~0.003 7 0.000 3		1.16~1.61 1.4	2~2.71 2.3	25.9~36.4 35.9	0.40~0.51 0.44
A_3	0.11~5.9 2.63	0.000 01~0.000 6 0.003 3	2.58~2.71 2.64	1.08~1.64 1.4	2~2.71 2.4	25~42.8 32.6	0.30~0.48 0.38
B_1	0.11~3.71 1.67	0~6.43 0.329 4	2.53~2.87 2.63	0.19~0.20 0.2	1~1.96 1.4	31.9~56 43.4	0.42~0.67 0.54

续表

岩相类型	孔隙度/% 范围/平均值	渗透率/mD 范围/平均值	岩石密度/(g·cc^{-1}) 范围/平均值	含气量/(m^3·t^{-1}) 范围/平均值	TOC/% 范围/平均值	石英/% 范围/平均值	脆性指数 范围/平均值
B_2	0.12~0.15 0.32	0.000 1~0.000 9 0.000 3	2.71~2.74 2.73	0.03~0.77 0.4	1.1~1.5 1.4	27.6~35 34.7	0.35~0.52 0.45
B_3	1.8~5.74 3.24	0~0.470 0.029 5	2.6~2.71 2.65	0.09~1.04 1.00	1.1~1.5 1.4	26.5~42 31.6	0.31~0.48 0.38
C_1	0.13~3.94 1.4	0~0.338 0.031 1	2.59~2.79 2.64	0.04~0.14 0.1	0.2~0.99 0.6	31~52.5 43.3	0.41~0.69 0.54
C_2	0.09~1.76 0.35	0~0.097 0.01	2.69~2.8 2.73	0.02~0.42 0.1	0.4~0.9 0.6	33.4~44.4 38.6	0.42~0.57 0.52
C_3	0.58~4.71 1.86	0~0.202 0.037 5	2.62~2.87 2.68	0.02~0.22 0.1	0.5~0.97 0.6	24.6~41 34.8	0.28~0.48 0.39

根据以上分析结果,对页岩储层进行岩性岩相分级:I级为较好储层,储层含气量、TOC含量、石英含量及脆性指数较高,具有非常好的勘探前景。I级储层主要是富有机质硅质页岩;Ⅱ级储层为一般储层,储层含气量、TOC含量、石英含量及脆性指数一般,勘探前景较大。Ⅱ级储层包括富有机质混合质页岩、富有机质黏土质页岩和含有机质硅质页岩;Ⅲ级储层为较差储层,储层含气量、TOC含量、石英含量及脆性指数相对较低,勘探前景一般。Ⅲ级储层包括含有机质混合质页岩、含有机质黏土质页岩、贫有机质硅质页岩、贫有机质混合质页岩及贫有机质黏土质页岩(表5.10)。

表5.10　页岩储层岩性岩相分级

<table>
<tr><th>储层级别</th><th>I级储层</th><th>Ⅱ级储层</th><th>Ⅲ级储层</th></tr>
<tr><td rowspan="5">岩性岩相类型</td><td rowspan="5">富有机质硅质页岩</td><td rowspan="2">富有机质混合质页岩</td><td>含有机质混合质页岩</td></tr>
<tr><td>含有机质黏土质页岩</td></tr>
<tr><td>含有机质硅质页岩</td><td>贫有机质硅质页岩</td></tr>
<tr><td rowspan="2">富有机质黏土质页岩</td><td>贫有机质混合质页岩</td></tr>
<tr><td>贫有机质黏土质页岩</td></tr>
</table>

(2)岩石矿物组分

渝东南地区目前只有黔页1井做了射孔压裂,并有产能数据。以下根据黔页1井的产能情况及邻近井黔浅1井目的层储层特征对渝东南富有机质页岩储层进行评价并建立相关评价标准。

①黔页 1 井产能分析。

黔页 1 井位于重庆市册山乡东北约 1 km 处,构造上位于渝东南陷褶束桑柘坪向斜北东轴部,钻遇上奥陶统五峰组—下志留统龙马溪组。黔页 1 井测井解释结果表明,在龙马溪组地层解释页岩储层 3 层,共 74.8 m,分别为:727 ~ 748 m、778 ~ 792.0 m 及 792 ~ 801.8 m。其中,最好的页岩气潜力层段为 792.0 ~ 801.8 m 层段,该段厚度为 9.8 m,有机碳含量较高,约 3.2%;有效孔隙度平均约为 3.6%;总含气量平均约 2.1 m^3/t。

黔浅 1 井现场含气量测试结果显示,目的层总含气量和解吸气含量纵向上也可分为明显的两段,第一段位于 727 ~ 748 m 深度段,总含气量为 0.304 m^3/t,解吸气含量为 0.159 m^3/t,含气性一般或较差。第二段位于 778 ~ 801.8 m 深度段,总含气量为 1.514 m^3/t,解吸气含量为 0.917 m^3/t,总含气量和解吸气含量较高,含气性好。

黔页 1 井采用 sondex 生产测井组合仪对 710 ~ 820 m 井段进行了测试。生产测井结果显示黔页 1 井目的层 794 ~ 797 m 层段产气能力最高,贡献了产气量的 73.5%;其次为 748 ~ 751 m 层段,贡献了产气量的 25.5%;730 ~ 733 m 层段仅贡献了产气量的 1%,可忽略不予考虑。

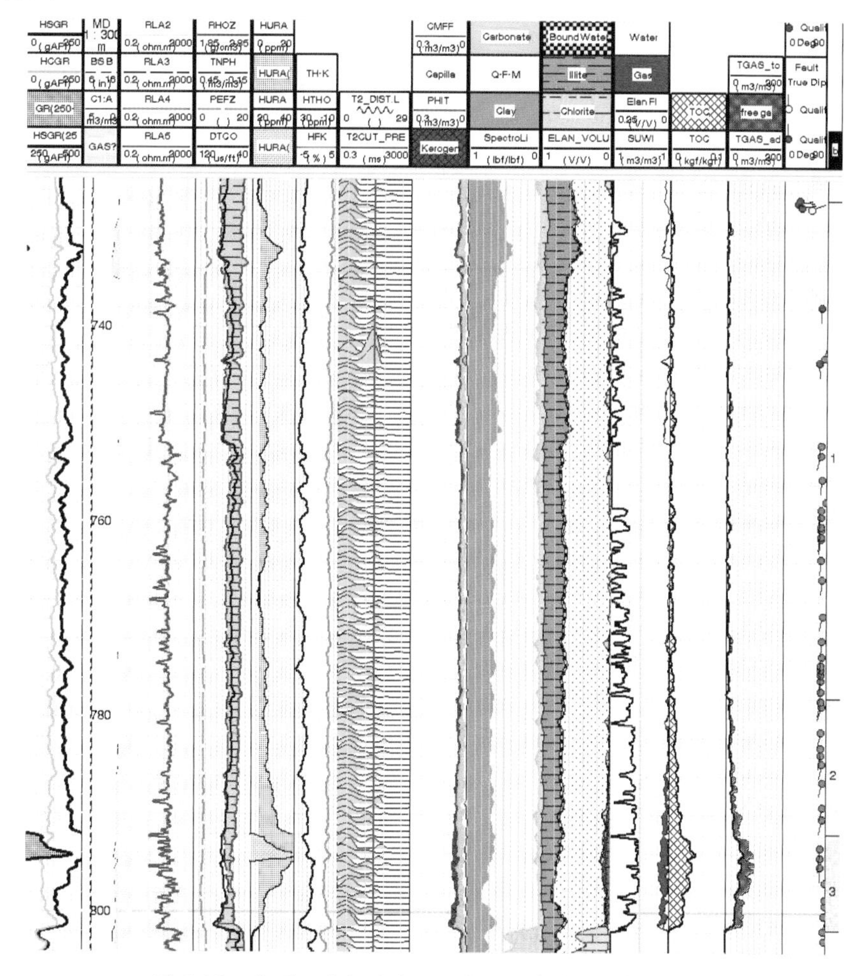

图 5.18 黔页 1 井龙马溪组页岩储层成像测井解释结果

根据储层测井解释结果、现场含气量测试结果及储层纵向产能贡献情况，将目的层分为三段：第一段为 727 ~ 748 m 深度段，第二段为 748 ~ 778 m 深度段，第三段为 778 ~ 801.8 m 深度段。同时，将目的层第二段划分为一般储层，将目的层第三段划分为较好储层。目的层第一段由于对产能的贡献极低，将其划分较差储层。以下储层评价将根据目的层三个层段储层特征参数分布并结合其产能情况对渝东南地区富有机质页岩储层进行综合评价分级，并给出具体的分级界限，为勘探开发提供具体参考依据。

②岩石矿物组分指标。

黔页 1 井岩石矿物组分与孔隙度及渗透率相关关系分析结果显示，石英含量与渗透率呈较好的正相关关系。石英含量越高，页岩脆性越高，页岩储层裂缝越发育，页岩气渗透率越高，页岩产气能力更强。

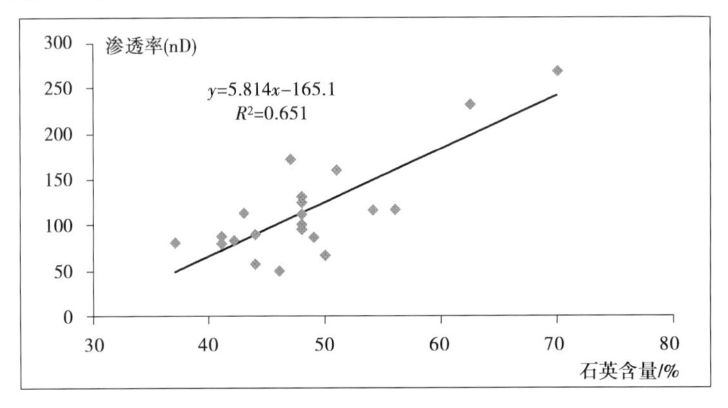

图 5.19　石英含量与渗透率相关关系分析

黔浅 1 井岩心样品分析测试结果表明，渝东南地区富有机页岩层段石英含量较高，为 33% ~70%，均值为 47.9%。黏土矿物含量为 16% ~44%，均值为 29.1%。从目的层三个不同层段来看，第一层段石英含量为 33% ~47%，均值为 41.4%。黏土矿物含量为 26% ~44%，均值为 32.7%；第二层段石英含量为 41% ~56%，均值为 47.9%。黏土矿物含量为 18% ~35%，均值为 28.3%；第三层段石英含量为 45% ~70%，均值为 54.4%。黏土矿物含量为 16% ~38%，均值为 26.8%。对比不同深度及同一层段总含气量、解吸气含量、石英含量、黏土矿物含量，总体趋势表明更高的石英含量及更低的黏土矿物含量会导致更高的总含气量及解吸气含量。以目的层第二段和第三段为例，第三段石英含量和脆性指数比第二段高且第三段黏土矿物含量比第二段低，导致第三段总含气量和解吸气含量更高，且第三段的产能是第三段的 3 倍。原因在于更高的石英含量及更低的黏土矿物含量导致页岩的脆性更强，使页岩内部产生更多的微裂缝，增强页岩的储集和渗流能力。

国土资源部 2012 年颁布的《页岩气资源/储量计算与评价技术要求（试行）》（征求意见稿），明确页岩储层在脆性矿物含量大于 30% 时可获得较好的压裂效果；哈丁歇尔顿公司给出的中国页岩气选区标准认为，页岩有利区储层中硅质含量应大于 35%。

根据以上页岩矿物组分与物性、含气量相关关系分析，结合目的层第二段和第三段矿物含量特征、含气量特征及相关选区标准对储层进行分级。据此，将目的层第一段石英含量均值作为渝东南地区能产出工业气流的富有机质页岩储层石英含量的下限,将目的层第一段黏土矿物含量均值作为渝东南地区能产出工业气流的富有机质页岩储层黏土矿物含量的上限。同时,将目的层第三段石英含量均值作为渝东南地区产气能力较好储层石英含量的下限,将目的层第三段黏土矿物含量作为渝东南地区产气能力较好储层黏土矿物含量的上限。在此基础上,将渝东南地区富有机质页岩分为三级。Ⅰ级为较好储层,储层石英含量较高且黏土矿物含量较低,储层渗透率较好,勘探潜力大。Ⅰ级储层的石英含量大于54%,黏土矿物含量小于27%;Ⅱ级储层为一般储层,储层的石英含量和黏土矿物含量中等,储层渗透率一般,勘探潜力较大。Ⅱ级储层的石英含量为41%~54%,黏土矿物含量为27%~33%;Ⅲ级储层为较差储层,储层的石英含量较低而黏土矿物含量较高,储层渗透率差,勘探潜力一般。Ⅲ级储层的石英含量小于41%,黏土矿物含量大于33%(表5.11)。

表 5.11 渝东南富有机质页岩储层基于岩石矿物含量分级

储层参数 储层级别	石英含量	黏土矿物含量
Ⅰ级	>54%	<27%
Ⅱ级	41%~54%	27%~33%
Ⅲ级	<41%	>33%

(3)脆性特征

根据黔浅1井页岩储层岩石矿物组分分析结果,结合脆性指数计算公式,可计算目的层页岩脆性指数纵向分布。结果表明,储层脆性指数为39.8%~73.1%,均值为56.7%。其中,第一段岩石脆性指数为39.8%~55.4%,均值为50.2%;储层第二段岩石脆性指数为50%~67.5%,均值为58%;储层第三段岩石脆性指数为52.3%~73.1%,均值为61.4%。

由于页岩脆性指数是基于页岩岩石矿物组成计算,脆性指数的大小与石英的含量成正比。因此,脆性指数对页岩气勘探开发的影响同石英等脆性矿物含量的作用相一致,主要是影响页岩的压裂效果,进而影响压后的产量。这里,依据石英含量与页岩储层物性及含气量相关关系,根据页岩储层脆性特征,将储层第二段页岩岩石脆性指数的最小值作为能产出工业气流页岩储层岩石脆性指数的下限,将储层第三段页岩岩石脆性指数均值作为具有较好产能的页岩储层岩石脆性指数的下限值。在此基础上,将渝东南地区富有机质页岩储层分为三级。Ⅰ级为较好储层,储层岩石脆性指数较高,压裂改造效果较好,勘探潜力大。Ⅰ级储层脆性指数大于61%;Ⅱ级储层为一般储层,储层岩石脆性指数一般,勘探潜力较大。Ⅱ级储层的脆性指数为50%~61%;Ⅲ级储层为较差储层,储层脆性指数较小,勘探潜力一般。Ⅲ级储层岩石脆性指数小于50%(表5.12)。

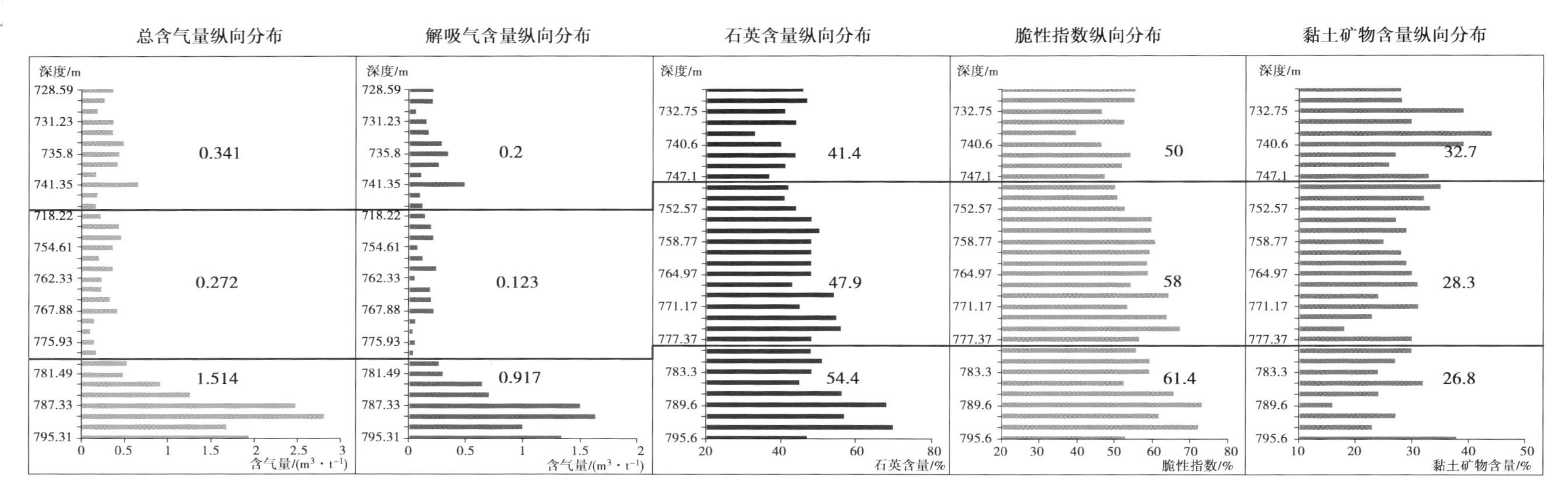

图5.20 黔页1井页岩储层评价关键参数纵向分布(含气性与岩石学特征)

表 5.12 渝东南富有机质页岩储层基于岩石脆性指数分级

等　级	脆性指数
Ⅰ级	>61%
Ⅱ级	50% ~61%
Ⅲ级	<50%

3)页岩储层物性特征评价

根据黔浅 1 井含气量测试结果及黔页 1 井页岩物性测试结果,将各参数进行相关关系分析,结果表明:页岩储层渗透率与页岩解吸气含量及总含气量呈较好的正相关关系。

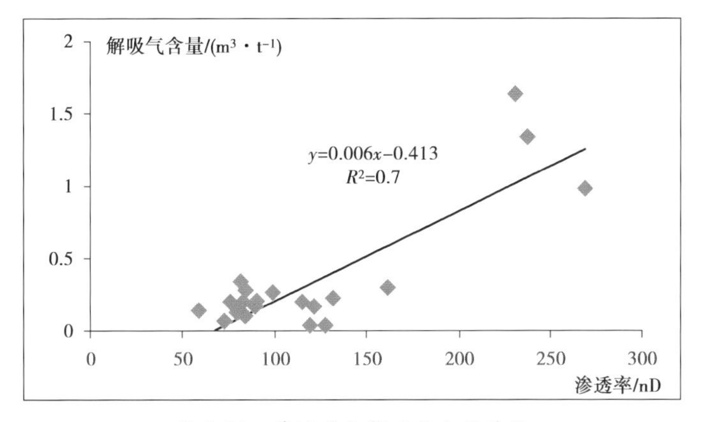

图 5.21　渗透率与解吸气含量关系

黔页 1 井储层测试结果显示:目的层有效孔隙度为 1.41% ~5.61%,均值为 3.23%,总孔隙度为 1.76% ~6.24%,均值为 4.21%。有效孔隙度和总孔隙度在纵向上的分布可明显分为三段,第一段位于 727 ~748 m 深度段,有效孔隙度均值为 3.45%,总孔隙度均值为 4.7%。第二段位于 748 ~778 m 深度段,有效孔隙度均值为 2.26%,总孔隙度均值为 3.13%,有效孔隙度值和总孔隙度值最小。第三段位于 778 ~801.8 m 深度段,有效孔隙度均值为 4.17%,总孔隙度均值为 5.06%,有效孔隙度值和总孔隙度最大。

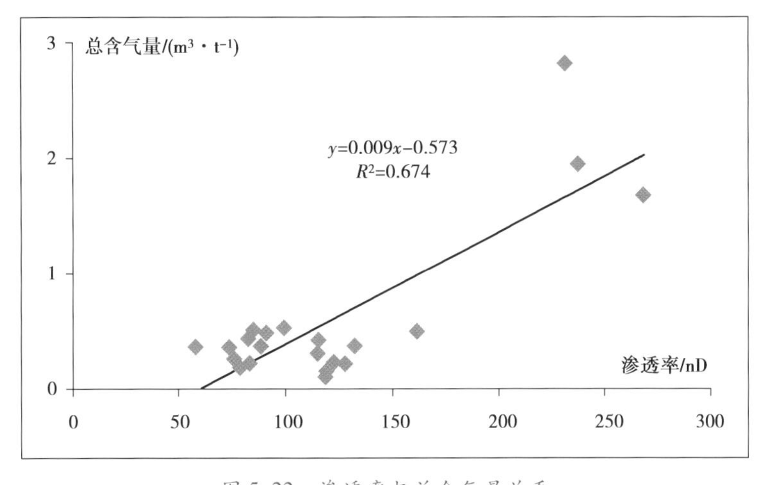

图 5.22　渗透率与总含气量关系

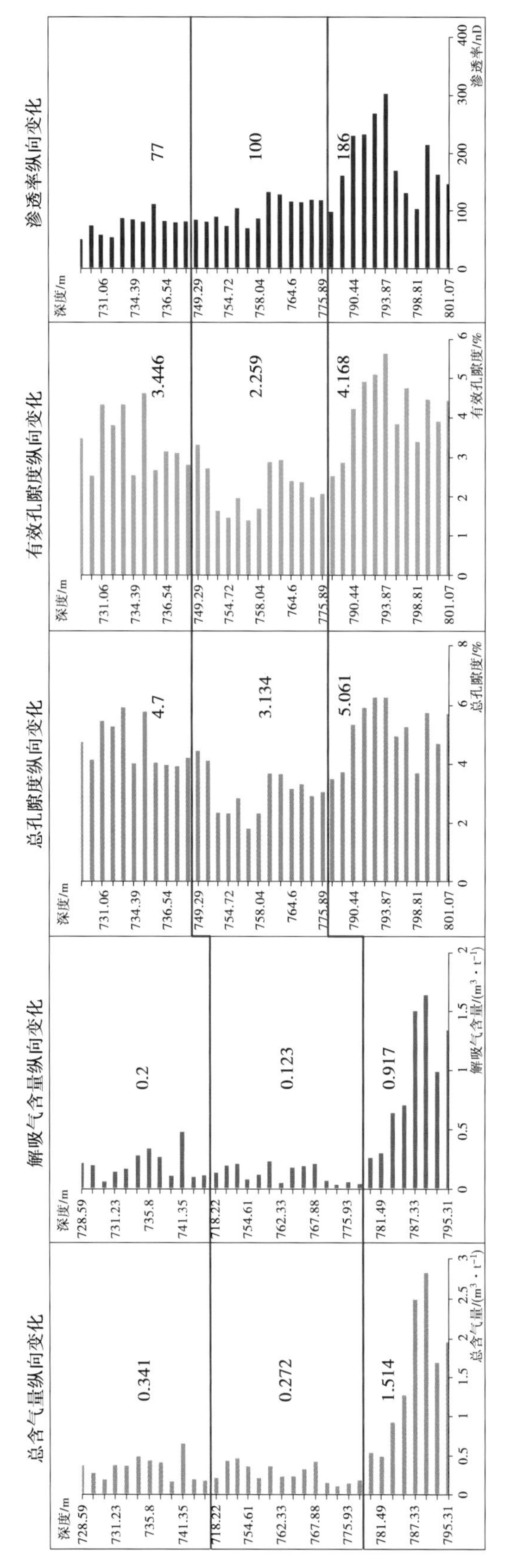

图 5.23　黔页 1 井页岩储层评价关键参数纵向分布（含气性与物性特征）

黔页 1 井储层覆压孔渗法渗透率测试结果显示:目的层渗透率为 50 ~ 304 nD,均值为 122 nD。第一段 727 ~ 748 m 深度段渗透率均值为 77 nD,渗透率最小,第二段 748 ~ 778 m 深度段渗透率均值为 100 nD,第三段 778 ~ 801.8 m 深度段渗透率均值为 186 nD,渗透率最大。

根据储层孔隙度及渗透率分布结合储层产能情况,基于渗透率与含气量之间的相关关系,将目的层第二段孔隙度及渗透率平均值作为达到工业气流储层的孔隙度和渗透率下限,将目的层第三段孔隙度及渗透率平均值作为产气能力较好储层的孔隙度和渗透率的下限。在此基础上将渝东南富有机质页岩储层分为三级。Ⅰ级为较好储层,储层的储集能力和渗流能力较好,勘探潜力较大。Ⅰ级储层的总孔隙度大于 5.1%,有效孔隙度大于 3.1%,渗透率大于 186 nD;Ⅱ级储层为一般储层,储层的储集能力和渗流能力一般,勘探潜力较大。Ⅱ级储层的总孔隙度为 3.1% ~5.1%,有效孔隙度为 2.3% ~4.2%,渗透率为 100 ~ 186 nD;Ⅲ级储层为较差储层,储层的储集能力和渗流能力较差,勘探潜力一般。Ⅲ级储层的总孔隙度小于 3.1%,有效孔隙度小于 2.3%,渗透率小于 100 nD。渝东南富有机质页岩储层分级情况见表 5.13。

表 5.13 渝东南地区页岩储层孔隙度及渗透率分级标准

储层参数 储层级别	总孔隙度	有效孔隙度	渗透率
Ⅰ级	>5.1%	>4.2%	>186 nD
Ⅱ级	3.1% ~5.1%	2.3% ~4.2%	100 ~ 186 nD
Ⅲ级	<3.1%	<2.3%	<100 nD

4)页岩储层微观结构特征评价

(1)孔喉

黔浅 1 井页岩压汞实验结果显示,渝东南富有机质页岩喉道直径主要有 6 个值,分别为 30、40、50、60、70 和 80 nm,表明压汞仪测试精度较小。因此,无法根据黔页 1 井压汞实验结果探讨页岩储层喉道大小标准。

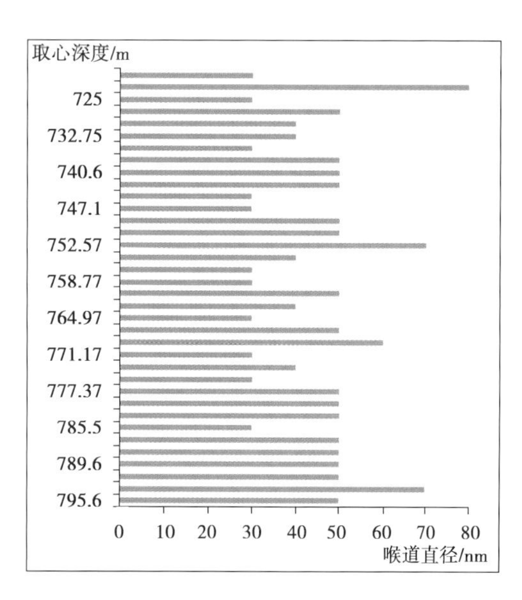

图 5.24 黔页 1 井页岩储层喉道直径纵向分布

根据黔浅 1 井页岩压汞实验结果,黔浅 1 井页岩储层孔喉半径主要为 0 ~ 100 nm,该区间分布频率为 88.2% ~93.4%(以其中一块测试结果为例,如图 5.25 所示),均值为 90.7%,表明黔浅 1 井页岩储层孔喉半径主要在 100 nm 以内。同样由于压汞实验测试精度的影响,无法根据黔浅1井压汞实验结果探讨页岩储层孔隙大小标准。

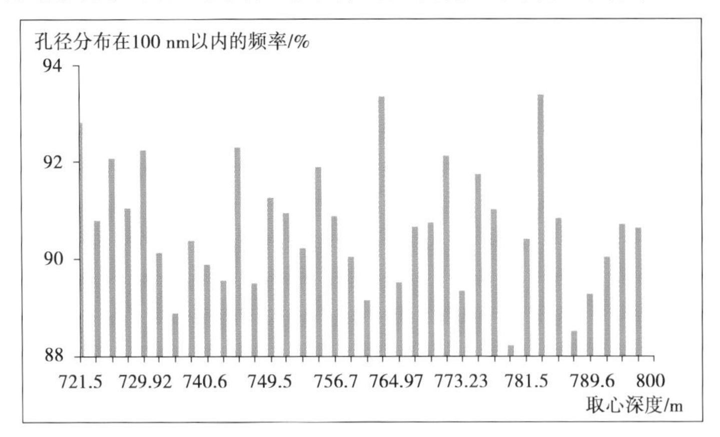

图5.25 黔页1井页岩储层孔喉半径分布

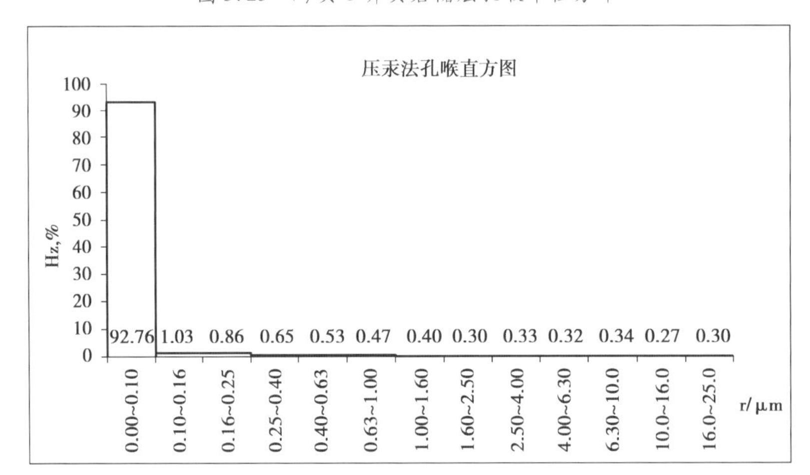

图5.26 黔页1井页岩储层孔喉半径频率

渝页1井储层压汞测试结果表明,渝东南黑色页岩平均孔径分布在3.51～6.76 nm,大多数的孔径分布在2～5 nm,即以中孔隙为主,中孔体积占到了总体积的70%左右。

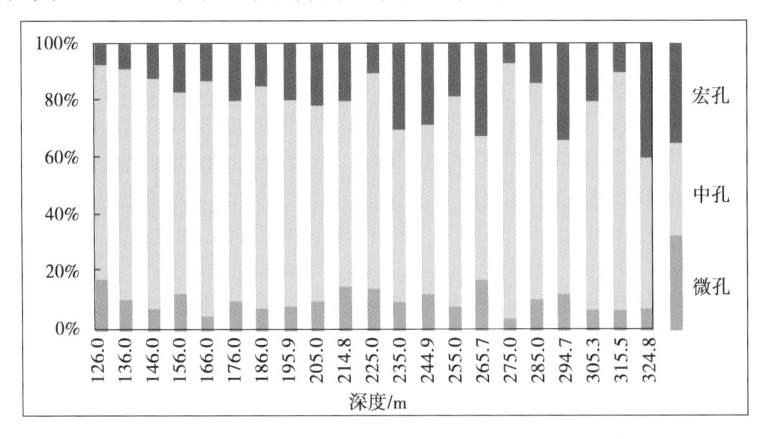

图5.27 黔页1井页岩储层孔径大小及纵向分布

根据以上分析,对渝东南地区富有机质页岩储层孔隙结构大小进行分级并确定其分级标准:Ⅰ级为较好储层,储层孔径较大,使得储层孔隙度和渗透率较高,勘探潜力大。Ⅰ级储层的平均孔径大于 50 nm，以宏孔为主；Ⅱ级储层为一般储层，孔隙大小一般，储层的储集能力和渗流能力一般，勘探潜力较大。Ⅱ级储层的平均孔径为 2～50 nm，以中孔为主；Ⅲ级储层为较差储层，储层孔径较小，储层的储集能力和渗流能力较差，勘探潜力一般。Ⅲ级储层的平均孔径小于 2 nm，以微孔为主。

表 5.14 渝东南地区页岩储层孔径分级标准

等　级	孔径大小
Ⅰ级	>50 nm
Ⅱ级	2～50 nm
Ⅲ级	<2 nm

（2）比表面积

由于黔页 1 井页岩储层比表面积测试数据不足，且其他井测试方法和标准不统一，测试结果差距较大，无法对比分析。因此，无法确定一个合理的基于比表面积的页岩储层评价分级标准。

5.3 页岩含气性评价

页岩储层含气性特征是页岩储层评价一个重要参数，页岩储层含气量大小直接关系到储层是否具有开采价值，当前主要采用现场含气量测试、等温吸附实验、测井解释等手段获取页岩含气性指标，用含气量值和等温吸附气量值大小来表征页岩储层含气性特征。

本书通过研究页岩含气性评价各项指标和北美地区主要页岩气田含气性评价判别标准，并结合黔页 1 井、邻井黔浅 1 井现场含气量测试结果以及等温吸附实验数据，提出适合重庆地区页岩含气量判别指标标准和页岩含气量下限值，同时利用黔页 1 井的生产测井结果对提出的下限指标进行验证。

5.3.1 含气性评价方法概述

1）含气性指标

（1）现场解吸含气量

页岩现场解吸含气量是指通过现场含气量解吸实验获得的解吸气量，主要由损失气量、解吸气量、残余气量三部分构成。其中，损失气量是通过在储层温度下获得的解吸气量推算得到的岩心在装罐前损失的含气量，解吸气量是在储层温度下解吸一定时间获得的含气量，残余气量是通过粉碎解吸结束的岩心获得的含气量。页岩储层的现场解吸含气量越大，说明该页岩储层越具有开采价值、含气性特征越好。

现场解吸含气量的大小除了受实验手段的影响外，主要受储层保存条件、储层物性、地质情况等内在因素的影响。

(2)等温吸附气量

等温吸附气量是通过室内等温吸附实验,模拟地层环境,表征页岩在理想情况下的最大吸附气量。等温吸附气量只是从一个侧面反映理想情况下页岩储层最大含气量,往往等温吸附气量大于页岩储层实际含气量,该含气量能为页岩储层含气性评价起着一定的指导作用,特别是在评价页岩储层吸附气含量时起到至关重要的作用。

(3)测井解释含气量

测井解释获得的含气量主要包括吸附气量、游离气量、总含气量,其获取的含气量原理与现场含气量测试、等温吸附实验有一定区别。游离气量主要体现压裂后,贡献页岩气井开采初期的产能,直接关系到开采成本能否快速收回。吸附气量主要是为页岩气井后期和长期生产产能做贡献,页岩气开采初期吸附气从页岩储层中解吸出来量少,对产能贡献率低。总含气量是吸附气量与游离气量的总和,从总体上表征页岩储层的储气能力。

测井解释获得的含气量值主要是从生产的角度,表征页岩储层的含气性能,同时也能从面的角度直观表现整个页岩储层段含气性。而现场含气量测试和等温吸附实验只能从点的角度表征整个页岩储层的含气性。

2)北美地区主要页岩气田含气量判别标准

目前,北美地区页岩气田含气量判别标准不一,其是否具有开采价值,与很多因素有关,如储层埋深、厚度、TOC、R_o 等。表 5.15 为北美地区主要页岩气田开采价值判别指标,可见一般含气量为大于 3 m^3/t 气田含气量好,1 ~ 3 m^3/t 为适中,小于 1 m^3/t 为差。但这指标具有相对性,不能从该项指标单一地决定该地区页岩储层是否具有开采价值。要结合储层埋深、厚度、TOC、R_o 等综合指标判断,如表 5.16,含气量最低的 Lewis 页岩气田,其储层埋深适中,页岩储层厚度大,含气量大于 0.37 m^3/t 具有开采价值。而 Ohio 页岩气田含气量大于 1.7 m^3/t 开采经济性才明显,Antrim 页岩气田由于埋深浅,储层厚度虽然小,含气量大于 1.13 m^3/t 也具有经济开采价值。

表 5.15　北美地区主要岩气田开采价值判别指标

等　级	Ⅰ级	Ⅱ级	Ⅲ级
有机质类型	Ⅰ型	Ⅱ型	Ⅲ型
TOC	>2%	0.5% ~2%	<0.5
R_o	1.2% ~3.5%	0.5% ~1.2%	<0.6
泥页岩厚度	>30 m	6 ~30 m	<6 m
埋深	1 000 ~3 000 m	<1 000 m >3 000 m	<500 m >4 000 m
含气量	>3 m^3/t	1 ~3 m^3/t	<1 m^3/t

表5.16 北美地区主要岩气田主要参数指标

页岩名称	Ohio	Antrim	New Albany	Barnett	Lewis
埋藏深度/m	610～1 524	183～730	183～1 494	1 981～2 591	914～1 829
厚度/m	91～610	49	31～122	61～300	152～579
TOC/%	0.5～23	0.3～24	1～25	1～13	0.45～3
R_o/%	0.4～4	0.4～0.6	0.4～0.8	1.0～2.1	1.6～1.88
含气量/($m^3 \cdot t^{-1}$)	1.7～2.83	1.13～2.83	1.13～2.64	8.49～9.91	0.37～1.27

5.3.2 页岩含气性指标评价

重庆地区作为全国页岩气勘探开发的主战场，含气性评价指标的研究对于重庆地区页岩气勘探开发具有重要的意义，同时对全国的页岩气勘探也具有指导意义。本次含气性评价指标探讨主要结合黔页1井、邻井黔浅1井的现场含气量解吸、等温吸附实验、测井解释以及配合生产产能数据验证和北美地区含气性标准评价经验得出适合重庆地区含气性评价方法体系，特别是对渝东南地区页岩储层含气性评价具有实质的指导意义。

1)含气性指标评价内容

分析黔浅1井现场含气量测试数据和黔浅1井、黔页1井等温吸附气量，以及黔页1井含气量测井解释结果与生产产能数据。本节拟通过含气性评价指标研究成果、结合北美地区含气性指标标准，得出适合重庆地区含气性评价的方法体系。

(1)现场解吸含气量指标

①解吸气量。

图5.28为黔浅1井解吸气量数据，整个五峰—龙马溪组解吸含气量为0.05～1.65 m^3/t。特别是五峰组解吸气量为0.63～1.65 m^3/t，比该地区龙马溪组解吸气量高。

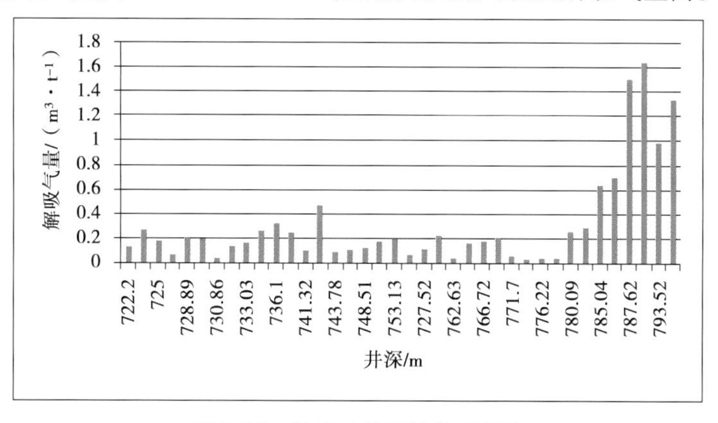

图5.28 黔浅1井现场解吸气量

②损失气量。

图5.29为黔浅1井五峰—龙马溪组损失气量，通过在地层温度条件下获得的解吸气量使用拟合公式反推得到的损失气量为0.01～1.16 m^3/t。准确计算损失气量可为合理评估含气量提供基础条件支撑。

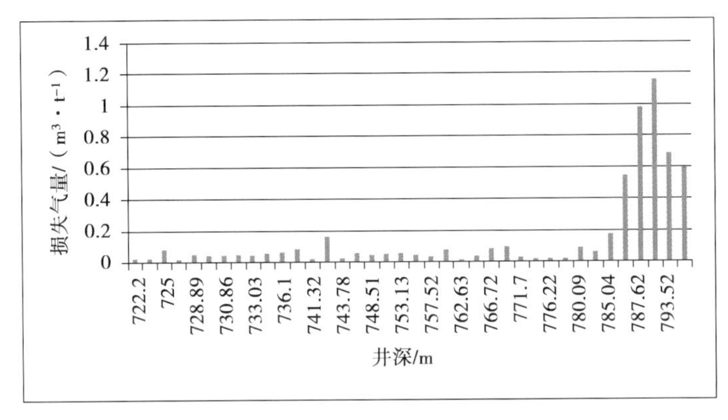

图5.29　黔浅1井现场解吸损失气量

③残余气量。

残余气量是通过粉碎解吸完成后的岩心得到的含气量。图5.30为黔浅1井的残余气量，为0.01～0.25 m^3/t，残余气量较低。

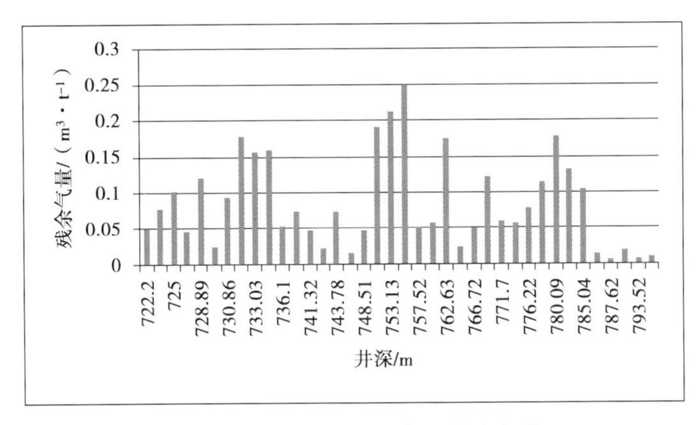

图5.30　黔浅1井现场解吸残余气量

④总含气量。

总含气量是解吸气量、损失气量、残余气量三者的总和，反映储层的真实含气量，其总含气量高低直接关系到储层是否具有开采价值。图5.31为黔浅1井的现场解吸总含气量，其中龙马溪组含气量为0.2～0.65 m^3/t，总含气量较低，五峰组含气量为0.91～2.81 m^3/t，总含气量适中，具有一定的开采价值。

（2）等温吸附气量指标

等温吸附气量是一种间接反映页岩储层最大吸附气量的数据，主要用于页岩储层的吸附能力大小判断，对页岩储层评价具有一定的指导和参照作用。图5.32和图5.33为黔浅1井龙马溪组和五峰组页岩岩心等温吸附实验数据，可见龙马溪组最大等温吸附气含量为

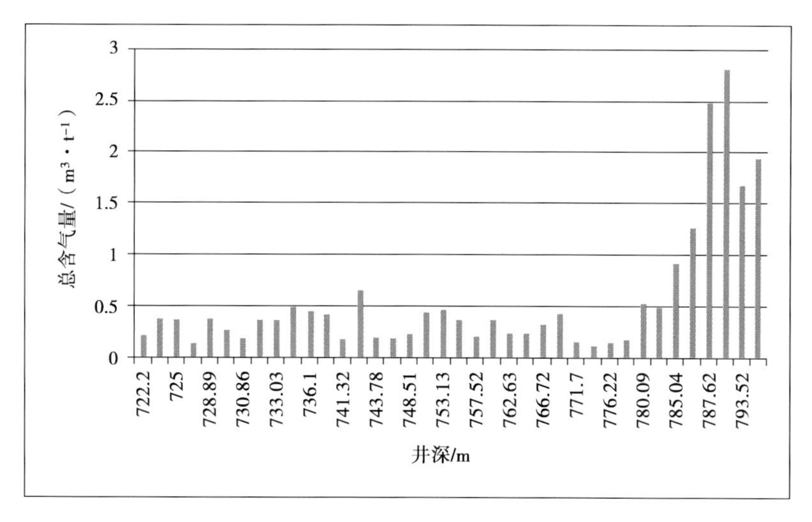

图 5.31　黔浅 1 井现场解吸总含气量

1.6 m³/t，五峰组最大等温吸附气含量为 2.8 m³/t。图 5.34 为黔页 1 井五峰组等温吸附曲线图，显示五峰组最大等温吸附气含量为 2.0 m³/t。从这些数据可知，五峰组页岩储层吸附气体能力比龙马溪组页岩储层吸附气体能力强，说明在相同情况下，该地区五峰组吸附气含气量可能比龙马溪组吸附气含气量高。

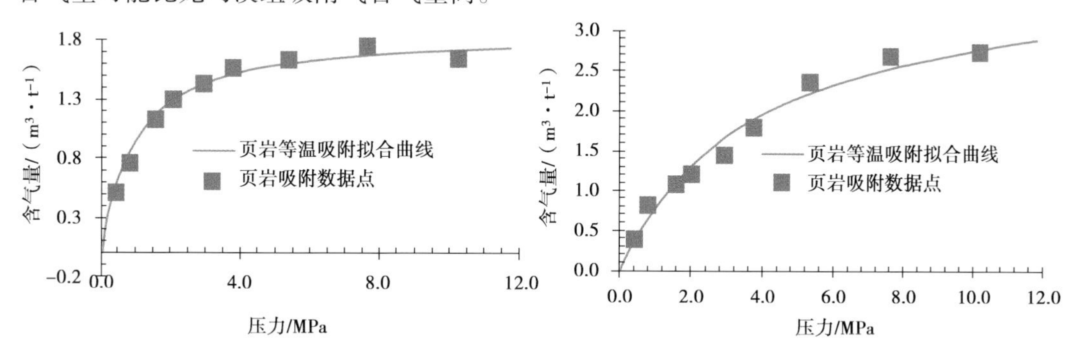

图 5.32　黔浅 1 井龙马溪组页岩等温吸附数据　　图 5.33　黔浅 1 井五峰组溪组页岩等温吸附数据

（3）测井解释含气量指标

图 5.35 至图 5.37 为黔页 1 井测井解释获得的五峰—龙马溪组页岩储层总含气量、吸附气量、游离气量。可知，五峰组含气量比龙马溪组高，五峰组总含气量为 1.1 ~ 2.5 m³/t，龙马溪组含气量为 0.027 ~ 1.3 m³/t。从黔页 1 井吸附气含气量图知，五峰组吸附气含气量也比龙马溪组高，五峰组吸附气量为 0.6 ~ 1.5 m³/t，龙马溪组吸附气量为 0.0265 ~ 0.65 m³/t。从黔页 1 井页岩储层游离气量图知，五峰组吸附气含气量比龙马溪组高，五峰组游离气量为 0 ~ 0.45 m³/t，龙马溪组游离气量为 0.35 ~ 1.25 m³/t。可知，总含气量高的页岩储层段，游离气和吸附气一般都高，特别是游离气含量越高，开采越具有经济价值。黔页 1 井五峰组游离气含量比龙马溪组高，说明压裂开采后这段产能贡献大，这项结果也被以后的生产测井数据所证实。

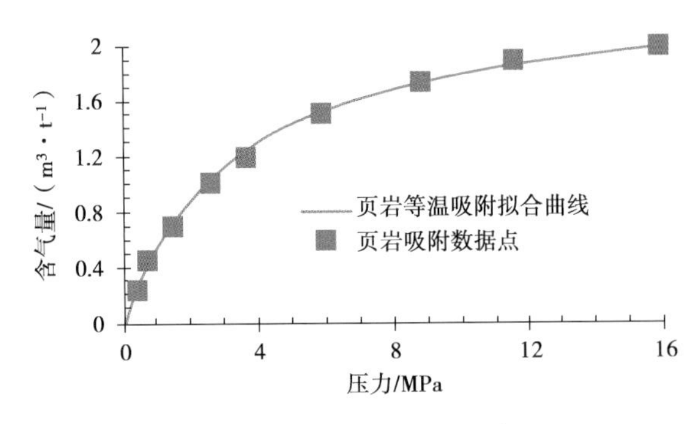

图 5.34　黔页 1 井五峰组溪组页岩等温吸附数据

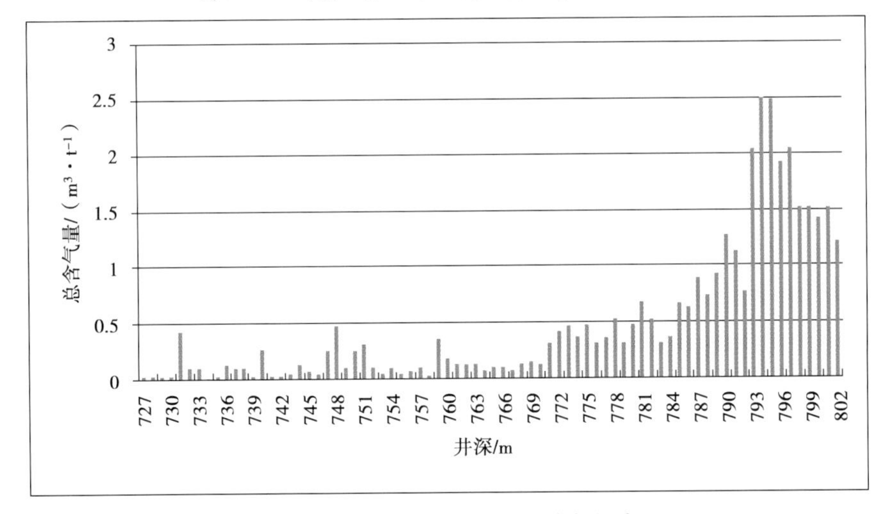

图 5.35　黔页 1 井测井解释总含气量

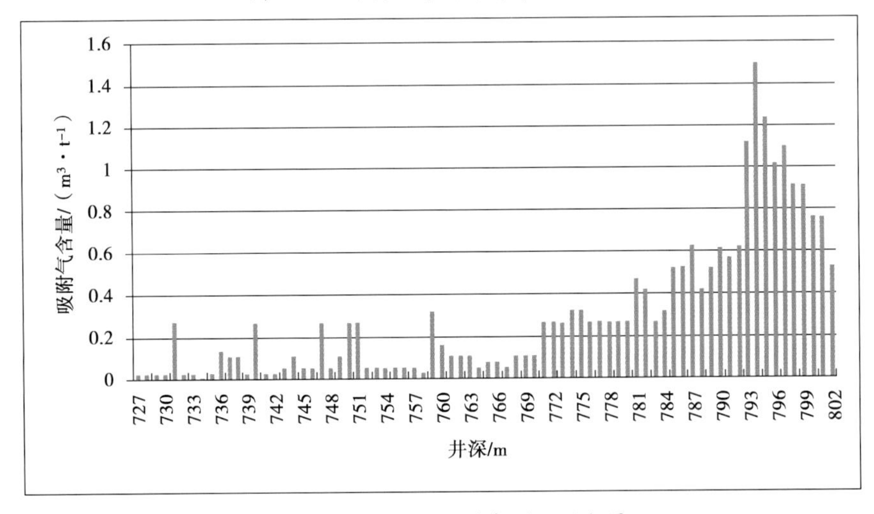

图 5.36　黔页 1 井测井解释吸附气量

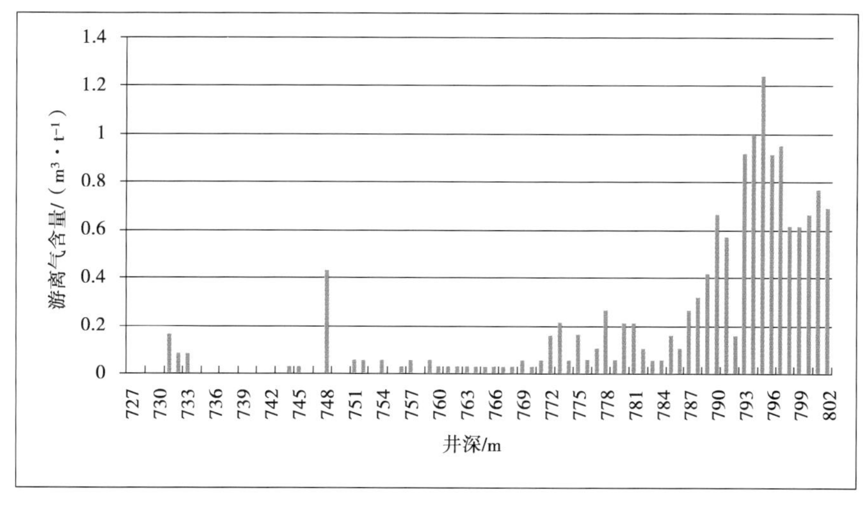

图 5.37　黔页 1 井测井解释游离气量

总之，现场含气量测试、等温吸附实验、测井解释都能一定程度上获得页岩含气量大小，用于评价页岩储层含气性。其中，现场含气量测试与测井解释获得的页岩总含气量数据最直观、最形象地反映了页岩的含气性能。测井解释获得的吸附气量与游离气量大小最能体现短期与长期开采的价值，游离气量直接关系到能否获得高产能与短期收回成本，吸附气量大小关系到长期开采的经济价值。等温吸附实验是一个间接反映页岩储层的吸附能力大小的手段，获得的等温吸附气量只是一个间接反映数据，对页岩气长期的开采具有参考价值。根据以上分析，可获得重庆地区含气性评价方法，如表 5.17 所示。

表 5.17　重庆地区含气性评价方法体系

评价指标	总含气量（解吸气、损失气、残余气）	等温吸附气量	总含气量（吸附气、游离气）
评价方法技术	现场含气量测试	等温吸附实验	测井解释
作用	评价储层含气能力大小、储量评估等	评估储层吸附能力	指导生产、储层改造、储量评估等

2）页岩含气性指标评价

（1）重庆地区含气量指标判别

黔页 1 井位于重庆市册山乡东北约 1 km 处，构造上位于渝东南陷褶束桑柘坪向斜北东轴部，钻遇上奥陶统五峰组—下志留统龙马溪组。表 5.18 为黔页 1 井含气量测井解释结果，在五峰—龙马溪组地层解释页岩储层 3 层，共 74.8 m，其中第一段和第二段（727 ~ 792 m）为龙马溪组，总含气量分别为 0.21 m^3/t 和 0.8 m^3/t，含气量较低。第三段（792 ~ 801.8 m）为五峰组，总含气量为 2.1 m^3/t，含气量适中，满足基本的含气量开采条件。其中，最好的页岩气潜力层段为 792.0 ~ 801.8 m 层段，该段厚度为 9.8 m，有机碳含量较高，约 3.2%；有效孔隙度平均约为 3.6%；总含气量平均约 2.1 m^3/t。

表 5.18　黔页 1 井含气量测井解释结果

层　号	顶深 /m	底深 /m	层厚/m	总有机碳 /%	吸附气 /($m^3 \cdot t^{-1}$)	总气含量 /($m^3 \cdot t^{-1}$)
1	727	778	51	0.5	0.18	0.21
2	778	792	14	1.4	0.6	0.8
3	792	801.8	9.8	3.2	1.2	2.1

根据测井解释结果,对黔页 1 井进行分三段射孔并压裂。压裂试采,获得 3 000 m^3/d 工业气流,同时采用 sondex 生产测井组合仪进行生产测井。生产测井结果显示黔页 1 井目的层 792 ~ 801.8 m 层段产气能力最高,贡献了产气量的 73.5%;其次为 778 ~ 792 m 层段,贡献了产气量的 25.5%;727 ~ 778 m 层段仅贡献了产气量的 1%,见表 5.19。

表 5.19　黔页 1 井生产测井结果

层　号	顶深/m	底深/m	产量/($m^3 \cdot d^{-1}$)	相对产气量/%
1	727	778	30	1
2	778	792	765	25.5
3	792	801.8	2 205	73.5

比较黔页 1 井三段含气性情况,第一段 727 ~ 778 m,厚度 51 m,获得产能 30 m^3/d,其总含气量为 0.026 ~ 0.52 m^3/t,总含气量主要分布为 0.1 ~ 0.4 m^3/t,均值 0.21 m^3/t。第二段 778 ~ 792 m,厚度 14 m,获得产能 762 m^3/d,其总含气量为 0.3 ~ 1.3 m^3/t,总含气量主要分布为 0.6 ~ 1.1 m^3/t,均值 0.8 m^3/t。第三段 792 ~ 801.8 m,厚度 9.8 m,获得产能 2 205 m^3/d,其总含气量为 0.7 ~ 2.5 m^3/t,总含气量主要分布为 1.5 ~ 2.4 m^3/t,均值 2.1 m^3/t。可知,第一段虽然储层厚度大,但含气量低,产能贡献率低,无实质性产能贡献价值。第二段总含气量均值为 0.8 m^3/t,具有一定的产能贡献,但效果差。第三段产能贡献率高,虽然储层厚度小,但总含气量适中,具有开采经济价值。

结合重庆地区实际情况,当五峰—龙马溪组总含气量为 0.8 m^3/t,储层厚度为 14 m 时,得到的产能为 762 m^3/d,不具有开采价值,含气性评价为差,可见总含气量低于 0.8 m^3/t,不具有开采价值。而重庆地区五峰—龙马溪组优质储层段一般为 10 ~ 50 m,按照日产 2 000 m^3 为工业气流,重庆地区平均优质储层厚度为 30 m 算,总含气量小于 1 m^3/t 为差,不能获得工业气流,含气性评价为差。

当总含气量为 2.1 m^3/t、储层厚度为 9.8 m 时,得到的产能为 2 205 m^3/d,具有开采价值,含气性评价为较好,可见总含气量高于 2.1 m^3/t,开采价值明显。重庆地区五峰—龙马溪组优质储层段一般为 10 ~ 50 m,按照日产 2 000 m^3 为工业气流,日产 5 000 m^3 为具有可采经济价值的气流,重庆地区平均优质储层厚度为 30 m 算,总含气量大于 2 m^3/t,能获得具有经济价值的气流,含气性评价较好。

综上所述,结合重庆地区实际情况,含气量 1 m^3/t 为含气性评价标准的下限,含气量 2 m^3/t 能获得具有经济价值的气流。

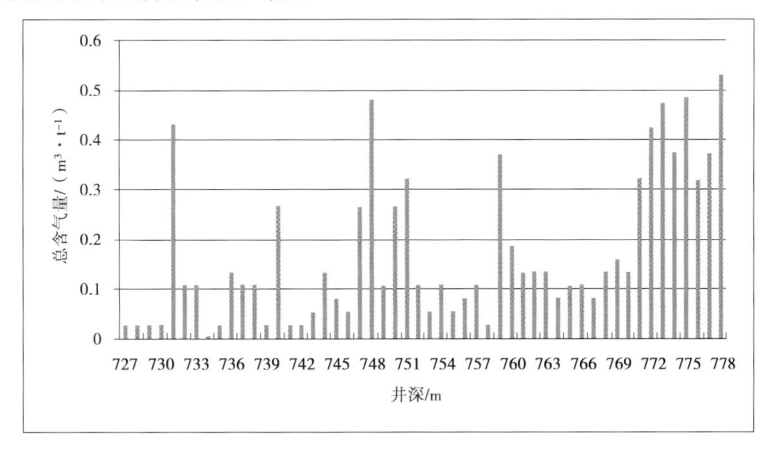

图 5.38 黔页 1 井第一段总含气量

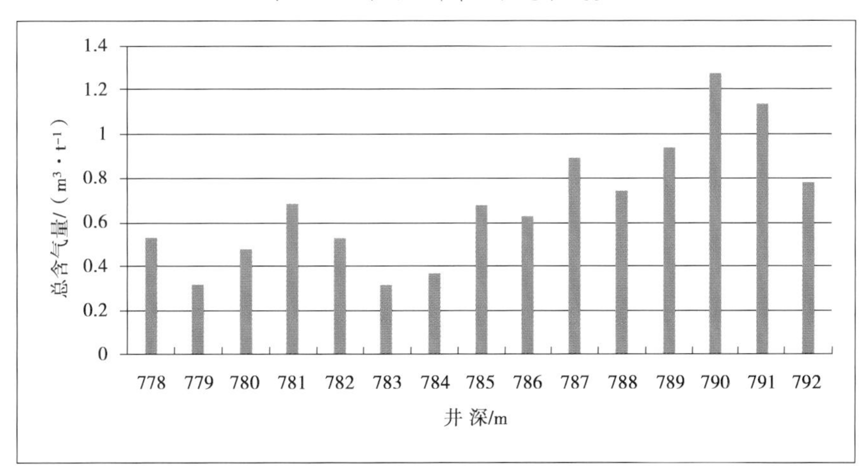

图 5.39 黔页 1 井第二段总含气量

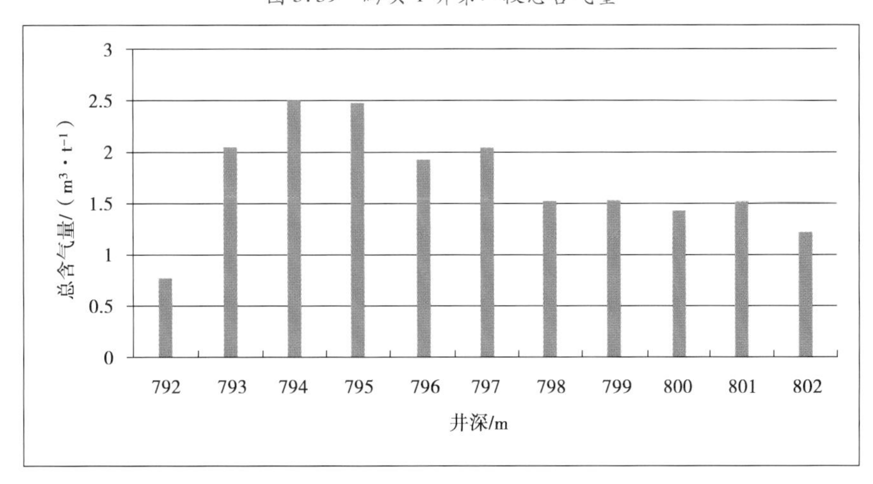

图 5.40 黔页 1 井第三段总含气量

(2)重庆地区含气量指标判别标准

根据重庆地区实际情况,渝东南主要发育寒武系牛蹄塘组、五峰—龙马溪组两套页岩,渝东北主要发育五峰—龙马溪组、水井坨组页岩，其储层埋深除寒武系牛蹄塘组埋深较深外，五峰—龙马溪组大部分地区埋深适中。由于重庆地区页岩储层与北美地区页岩储层存在不同，重庆地区页岩储层埋深主要为500～2 000 m，TOC为2%～5%，R_o为2%～4%等条件下，对比北美地区含气量判别指标，含气量小于1 m^3/t为Ⅲ级储层，1～3 m^3/t为Ⅱ级，大于3 m^3/t为Ⅰ级。结合重庆地区与北美地区页岩储层埋深、厚度、TOC等参数，发现该判别指标适用于重庆地区含气量标准的指标。同时，建立重庆地区含气性评价方法体系。此外，对等级Ⅰ级、Ⅱ级两级指标进行细分，进一步使北美判别指标满足重庆地区实际情况。

表5.20 重庆地区含气量判别指标标准

等级	Ⅰ级		Ⅱ级		Ⅲ级
	$Ⅰ_1$	$Ⅰ_2$	$Ⅱ_1$	$Ⅱ_2$	<1 m^3/t
	5 m^3/t	3～5 m^3/t	2～3 m^3/t	1～2 m^3/t	

5.4 页岩气保存条件评价

5.4.1 页岩气保存条件概述

国内外关于页岩气藏保存条件的研究相对较少，关于常规油气藏保存条件的研究比较多，目前页岩气保存条件研究主要类比常规油气。马永生(2006)采用含油气沉积盆地流体历史分析新方法，从动态和演化的角度，在分析油气保存条件评价主要参数的基础上，通过研究油气保存条件的破坏因素及其评价方法，总结出一套针对南方海相地层油气成藏、保存条件研究的理论与方法，形成一套适合多旋回叠合盆地油气保存条件综合评价的技术体系。郭彤楼(2003)、万红(2002)、罗啸泉等(2010)等认为影响天然气保存与破坏的三大主要因素是盖层的封闭性(盖层宏观特性、微观特性)、构造(构造变形、断层的封堵性、抬升与剥蚀)和水文地质(地层水成因、矿化度、变质系数等)的开启性及它们的演化规律。

页岩气与常规油气相比，两者既具有共性，又具有一定的差异性。页岩气藏独特的地质特征主要表现在以下几个方面：①页岩气藏为典型的自生、自储、自盖型天然气藏；②页岩气藏储层具有典型的低孔、低渗物性特征；③气体赋存状态多样：页岩气主要由吸附气和游离气组成；④页岩气成藏不需要在构造的高部位，为连续型富集气藏；⑤与常规油气藏相比，页岩气藏较易保存。因此，页岩气保存条件研究与常规油气保存研究既有共同点，又有其特殊性(表5.21)。

页岩气由于其吸附特征，具有一定的抗破坏能力，但是在四川盆地边缘地区构造运动强烈，期次多、生排烃也具有多期性、深大断裂普遍发育且水文地质条件复杂，因此，页岩气藏的保存还是遭受了巨大影响，甚至在部分地区页岩气藏被完全破坏掉。因此，本书在研究重庆地区页岩气保存条件时主要考虑构造、断层等几个主控因素，同时还要考虑水文地质等因素。

表 5.21　页岩气与常规油气保存因素的共异性

影响因素	类型	
	常规油气保存	页岩气保存
主要因素	盖层条件	构造运动
	构造运动	演化历史
	断层封闭性	断层封闭性
	水文地质	水文地质
次要因素	生储盖组合	盖层
	地层压力	天然气组分
	岩浆活动	压力系数

5.4.2　保存条件评价

重庆地区主要发育上奥陶统五峰组—下志流统龙马溪组和下寒武统牛蹄塘组两套黑色页岩，分布广泛，且有机质丰度和成熟度较好，具有较好的资源潜力。但是由于重庆地区经历了多期复杂的构造运动，油气藏生成、破坏和改造十分普遍，如渝东南地区龙马溪组—五峰组烃源岩，经历了 3 次大规模的隆升过程，导致背斜核部地区抬升量超过覆盖志留系的地层厚度，使得龙马溪地层遭到严重的剥蚀；因此，后期保存条件成为制约研究区油气富集成藏的关键因素。由于本区研究程度有限，目前页岩气保存条件的研究仅限于构造演化史、断层、构造样式及侵蚀基准面等几个方面。

1）构造演化史

构造热演化史控制着油气的生成、运移、聚集与成藏。构造热演化史不仅控制着烃源岩的多期生烃，还控制油气成藏的多期性。因此，构造热演化史的研究对页岩气保存条件研究至关重要。

通过研究页岩的生烃、排烃历史、最大生气时间与地层沉降埋藏史之间的时空匹配关系能判别页岩气藏保存条件的好坏。如果生烃时间较晚，大规模构造抬升发生在生气高峰期之后或者大规模构造抬升的时间比较晚，那么页岩气藏的保存条件比较好，目前有可能是我们勘探的目标；反之，页岩气藏可能已遭受破坏。

南方上扬子海相页岩经历了长期的构造和热演化，具有演化历史复杂、热成熟度较高、生烃时间早等特征，其不同构造单元热演化史不同，主要有以下几种类型：

①四川盆地内部基本为早期长时间浅埋—早、中期长时间隆升—中期二次深埋—晚期快速抬升的特点。早、中期的长期浅埋和长期隆升有利于有机质的保存，中期快速深埋利于天然气的生成，后期快速抬升不利于天然气的排出，利于页岩气聚集。

②黔中隆起及其周缘的下古生界埋藏史和热演化史属于早期生烃—中期多次生排

烃—晚期快速抬升(比四川盆地内抬升早)等特点。总体来讲,这一类型的页岩埋藏史和热演化史比四川盆地内的要差,主要表现为早期生烃时间早且生烃量较大、中期经历了多次生排烃和晚期抬升时间早且幅度大等不利因素。

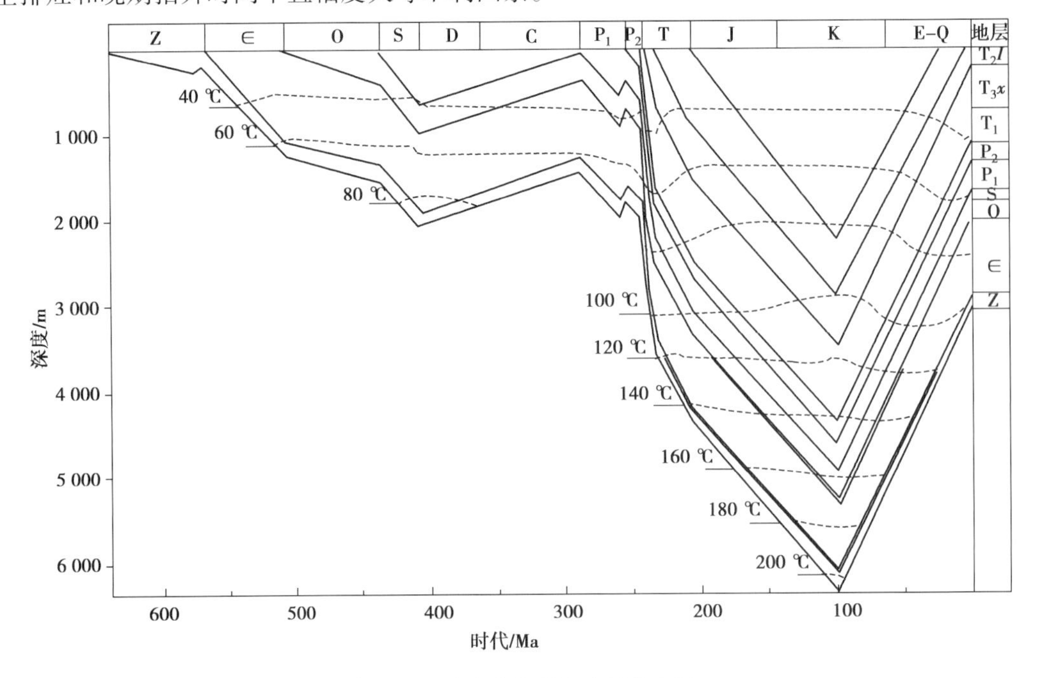

图 5.41　川南地区威 2 井埋藏史图

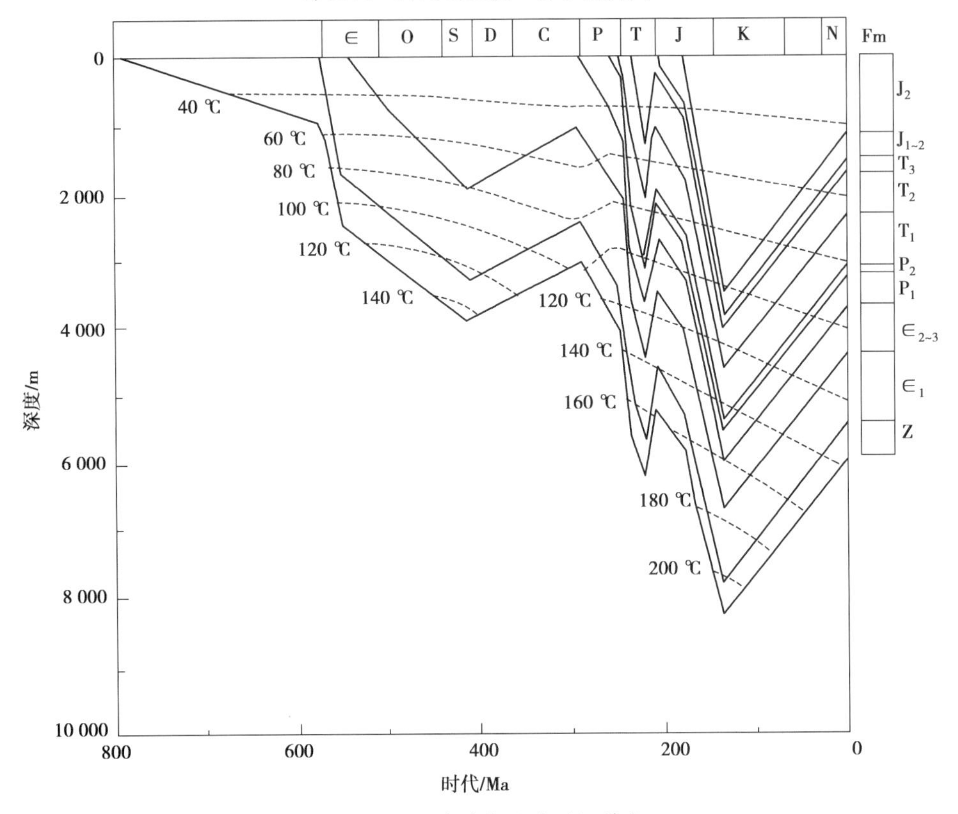

图 5.42　黔中隆起区地层埋藏史

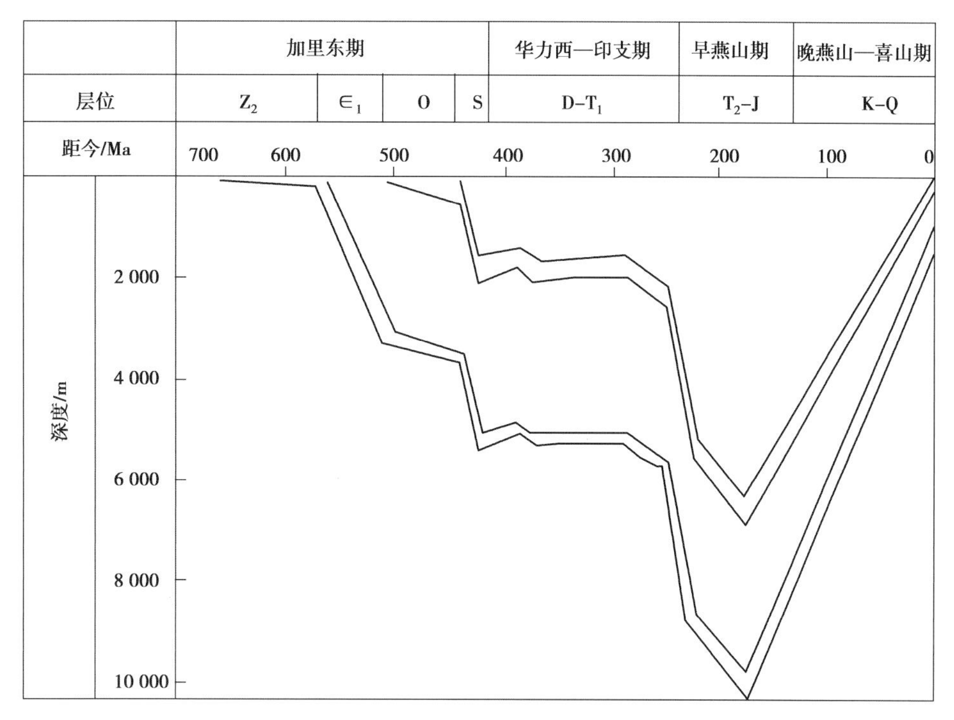

图 5.43　湘鄂西地区咸 2 井埋藏史

③湘鄂西地区的下寒武统黑色页岩埋藏史属于长期持续埋藏—快速隆升型。这一类型的埋藏史和热演化史与前两类相比具有长期持续生烃、抬升时间较早(侏罗纪时期)和抬升幅度大等特征。由于抬升剥蚀改造持续时间长,且以褶皱抬升为特征,隆升幅度大,故下古生界出露地表处,页岩暴露严重的复背斜地带保存条件较差;复向斜地带,页岩分布连续,保存较好(聂海宽,2012)。

对比这 3 类埋藏史曲线不难发现,保存条件好,能形成大型气田或者有较大油气潜力的地区具有以下特征:①初始生烃时间晚,在加里东期以前基本没有生烃,如四川盆地,而另外两个地区则生成了大量的油气。②生气高峰晚,根据美国页岩气勘探开发经验判断,生气高峰越晚越好;③抬升时间晚,四川盆地在白垩纪中期以后抬升,另外两个地区为白垩纪早期和中侏罗世。因此,根据页岩埋藏史和热演化史可以将页岩气保存条件分为好、中、差三个等级。

表 5.22　保存级别划分

保存级别	评价指标		
	生烃时间	生气高峰期	抬升时间
Ⅰ(好)	加里东期以后	K 中期及以后	K 中期及以后
Ⅱ(中)	加里东期以前	K 早期-J	K 早期-J
Ⅲ(差)	加里东期以前	J 中期及以前	J 中期及以前

2)断层

断层是页岩气运移、聚集的重要通道,对页岩气聚集具有保存和破坏的双重作用,断层的发育规模和性质是影响页岩气聚集、保存和破坏的重要因素。

(1)继承性大断裂对保存条件的影响

重庆地区发育的继承性大断裂主要有城巴断裂带、乌(龙)坪(坝)断裂带、沙市隐伏断裂、长寿—遵义断裂、华蓥山断裂带、七曜山断裂带、郁山正断层、马喇正断层。

这些断层具有断裂规模大、活动历史长、控制了断层两侧沉积作用的特点,且多为具有多期性的活动断裂,沿断裂附近还常伴有地震发生。

大规模的断层可以连通上下地层,尤其是区域性大断裂在多期次、长时间的构造活动中,以及地面水渗滤作用下,进一步改善了地层的连通性,使得已经生产的油气不同程度的散失,不利于页岩气的保存,因此,在页岩气勘探选区时应该尽量避开这些大断裂,尤其是通天大断裂。

(2)断层性质对保存条件的影响

传统观点认为,正断层由拉张作用形成,一般纵向开启;逆断层由挤压作用形成,一般纵向封闭;扭性断层介于其间。随着断层油气藏的不断发现和资料不断积累,发现压扭性断层在油气勘探中的作用比逆断层和正断层更为重要。在相同条件下,逆断层的封闭性比正断层好,压扭性断层的封闭性又比逆断层好。因为正断层的断面常呈不规则铲式下弯状,沿该不规则面滑落的下降盘容易形成更多的张裂隙,而且形成正断层体系的区域构造应力场通常为拉张性的,不能提供足够的挤压力使裂隙愈合。因此,正断层封闭性通常比扭断层和逆断层差,且正断层的下降盘比上升盘更易纵向泄漏;逆断层断面呈舒缓波状,挤压破碎带宽,而且逆断层体系是挤压应力场作用的产物,多次构造挤压作用可提供足够大的压力使裂隙闭合、碾磨断裂带物质、增强断层封闭能力,因此,其封堵性优于正断层;扭性断层断面平直,破裂带窄(逆断层断面弯曲,正断层断面多为锯齿状,二者的破碎带较宽)。水平滑动距离比逆断层、正断层长,断层两盘地层彼此摩擦作用强,形成断层泥封堵或薄膜封堵的可能性大,因此,比逆断层、正断层封闭性都要好。

以渝东南地区为例,在该区的南部主要以压性或压扭性的断裂为主,多表现为逆冲推覆断裂和逆断层居多,故南部保存条件较好;在该地区的中部断裂主要以正断层为主,断面的倾向以北西向为主,主要发育在背斜的轴部,故中部地区保存条件较差;在该区的北部断裂多分布在背斜的两翼,具有多种类型的断裂,故北部保存条件中等。

进一步研究断层的性质和分布(图5.44)可知,在相同条件下,大亚-平安、太极-黔江、万木-宜居、偏柏-大溪、平凯-涌洞一带保存较好;葡萄-马武、保家-郁山、鹿角-桐楼、黑水-马刺、楠木一带保存较差。

3)构造样式

结合地质剖面图的构造特征,根据断层和褶皱样式、褶皱翼间角大小及地层倾角,将重庆地区的构造样式分成八类:背冲平拱、碟形向斜、逆冲断夹片、直立宽缓向斜、侧卧宽缓向斜、闭合向斜、高陡断褶皱和倒转向斜(表5.23)。其中背冲平拱、碟形向斜构造样式主要分布在渝中-渝西地区；逆冲断夹片主要分布在渝东北盆缘高陡区；其他样式主要分布在渝东南褶皱带。

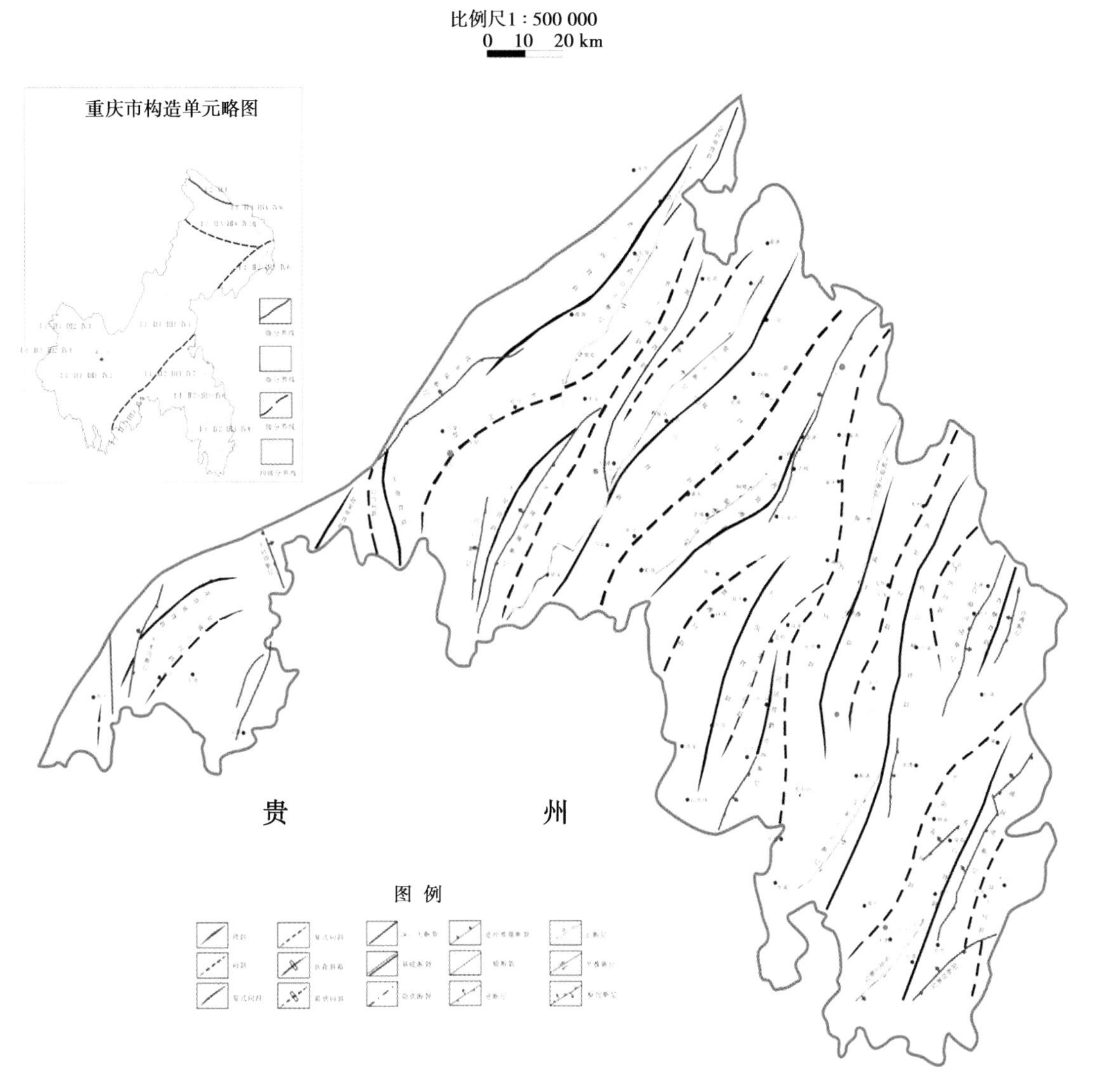

图 5.44 渝东南地区构造纲要图

表 5.23 重庆地区构造样式划分

构造样式	剖面特征	基本特征	分布区块
背冲平拱		背斜顶部平缓，翼间角>150°，两翼地层最大倾角<20°，轴面近直立	主要分布在渝中—豫西地区（如焦石坝等地）
碟形平缓向斜		翼间角>150°，两翼地层最大倾角<20°，向斜呈碟形	

续表

构造样式	剖面特征	基本特征	分布区块
逆冲断夹片		多条铲式逆冲断层组合并向深部收敛,地层错断形态复杂	主要分布在渝东北地区(如城口)
对称宽缓向斜		翼间角 90°~150°,两翼最大倾角为 20°~45°,轴面近直立	主要分布在渝东南地区(如彭水、龚滩、秀山东)
侧卧宽缓向斜		翼间角 90°~150°,两翼最大倾角为 20°~50°,轴面倾斜	
闭合向斜		翼间角<90°,两翼地层倾角>45°,轴面近直立	
高陡断褶皱		翼间角>120°,单侧断层倾角>45°,轴面倾斜	
倒转向斜		轴面倾斜,两翼倾向相同,一翼的地层倒转	

对上述构造样式的翼间角和两翼地层倾角进行进一步研究,得出翼间角大于 150°,两翼地层最大倾角小于 25°的构造样式(如背冲平拱,碟形向斜),对于页岩气的保存最为有利;翼间角为 90°~150°,两翼地层最大倾角为 25°~45°的构造样式(如直立宽缓向斜、侧卧宽缓向斜),对于页岩气的保存较为有利;翼间角小于 90°,两翼地层最大倾角大于 45°的构造样式(如高陡褶皱带,紧闭向斜,城口逆冲断夹片除外),不利于页岩气的保存。

4)侵蚀基准面

重庆市地处长江中上游,区内水资源丰富且水文地质环境较为复杂。水系较发育,不仅有长江、嘉陵江、乌江三大主力水系,而且地下水类型多,水量丰富,导致区内地貌以侵蚀溶蚀地貌分布最为广泛。

为了避免地下水对页岩气藏的破坏,在评价页岩气保存条件时还应该考虑到该地区地下水的侵蚀基准面。

侵蚀基准面又称侵蚀基面,是河流垂直下切侵蚀的界限,是影响某一河段或全河发育的顶托基面。其高低决定河流纵剖面的状态,其升降会引起长河段的冲淤和平面上的变化,在这个面上侵蚀停止或侵蚀与堆积达到平衡。通过地表高程数据可以识别出有利区内侵蚀基准面标高。通过对重庆地区地表高程数据研究,可以得出重庆地区地下水侵蚀基准面在 500 m 以深,考虑地下水向下的渗透能力,将重庆地区页岩气保存的埋深上限定为 600 m。

综上,针对重庆地区海相地层,页岩气保存条件的主要研究内容包括构造作用和演化历史、断层的封堵性、地层水条件及其在时间和空间上的组合关系。在评价过程中,应具体问题具体分析,将页岩气保存条件的几个方面综合起来进行判断(表 5.24),不能以一个指标的好坏而肯定或否定一个地区或领域。参考常规油气保存条件的评价方法和综合评价指标体系的研究成果,本项目认为页岩气的保存条件需要从上述三个互为成因联系的方面进行分析。其中,盖层和断层封闭性是影响保存条件的直接因素;后期构造运动则是影响保存条件和油气藏破坏与散失的根本原因;水文地质条件和地下流体化学—动力学参数是判识现实保存状况好坏的判识性指标(马永生,2006)。

表 5.24　重庆地区页岩气保存条件综合评价指标体系

因素	评价参数		评价指标体系		
			Ⅰ(好)	Ⅱ(中)	Ⅲ(差)
构造	距离通天断层的距离/km		>10	2 ~ 10	<2
	继承性大断层发育		无	较少	较多
	断层性质		压扭性断层	逆断层	正断层
	构造样式		背冲平拱和碟形向斜	直立宽缓向斜和侧卧宽缓向斜	闭合向斜、高陡断褶皱和倒转向斜
	埋藏史类型		早期长时间浅埋—早中期长时间隆升—中期二次埋深—晚期快速抬升	早期生烃—中期多次生排烃—晚期快速抬升	长期持续埋深—快速隆深
	最大生气时间	下寒武统	中白垩世以来	奥陶纪—三叠纪	寒武纪末
		上奥陶统—下志留统	白垩世以来	泥盆纪—三叠纪	志流纪末
出露地层	下寒武统		P-T	$\in_2$-S	$\in_1$
	上奥陶统—下志留统		J、K	P、T	S_2
埋深/m			1 500 ~ 3 000	3 000 ~ 4 500	6 00 ~ 1 500
水文地质	侵蚀基准面		重庆地区地下水侵蚀基准面在 500 m 以深		

根据目前成功勘探开发页岩气的经验来看,有利的页岩气保存区应是地层产状平缓、断裂发育较少、地形平坦、构造样式完整,同时侵蚀基准面与目的层之间的相对位置对页岩气的保存也会有一定的影响。总体来看,背冲平拱和碟形向斜是最有利的页岩气保存的构造样式,其中焦石坝区块(背冲平拱)是目前页岩气勘探最成功的区块之一,其目的层埋深适中、在侵蚀基准面之下、地层平缓。

5.5 页岩气资源评价

页岩气资源评价是页岩气勘探开发目标优选的关键,根据页岩气形成和聚集的地质原理,对研究区页岩气分布特点和资源量进行评价,估算研究区资源潜力,聚焦有利勘探开发目标,为优化页岩气勘探开发部署提供指导。鉴于重庆地区可应用资料的局限性,在对重庆地区页岩气烃源岩、储层、保存条件及含气性充分认识的基础上,参考《页岩气资源潜力评价与有利区优选方法(暂行稿)》的相关规定,在进行有利区优选的基础上,选取总有机碳含量、成熟度、厚度及含气量等指标,采用体积法评估重庆地区页岩气资源、预测页岩气发育有利区。

5.5.1 有利区优选

要对页岩气进行有利区优选评价,首先应了解影响其富集的各种地质因素,以综合地质评价为基础,分析页岩气形成及分布主要控制因素,侧重于含气量预测及开发条件分析,对地质(有机碳含量、有机质成熟度、富有机质泥页岩厚度、埋藏深度、含气量等)和地表工程(地形地貌、水文状况、道路交通、地表景观等)等关键要素进行综合分析,综合确定页岩气的可采效果,优选有利区,对有利区进行分级。

页岩气藏作为一种非常规天然气藏,具有非常规气藏的典型特征,诸如含气量以及各种赋存状态所占的比例、有机碳含量、成熟度、裂缝、孔隙度、渗透率、深度、厚度、矿物组成等主要地质参数在不同区域变化较大。很多学者尝试利用各种参数对页岩气富集区进行预测,Shiley 等(1981)认为在伊利诺斯盆地肯塔基州可以根据岩心中铁离子的百分含量变化来预测气体大量聚集的地方;Cruits(2002)指出,页岩的产气能力以及页岩气分布主要取决于有机碳含量、干酪根类型以及热成熟度,盆地中心部位是最好的页岩气发育区;而 Martini 等(2003)从生物气地球化学观点分析认为,盆地边缘具有生物化学生气的条件,也是页岩气发育有利区;Hill 和 Nelson(2000)认为有机碳、热成熟度、厚度、吸附气所占比例等特征控制了美国五大页岩气盆地的页岩气聚集。美国页岩气的勘探开发表明,页岩气产出最好的地区必须是高的有机碳含量、厚度、孔隙度和渗透率以及适当的热成熟度、埋深、裂缝、温度、湿度、压力等良好匹配的区域。正如勘探所证实的一样,利用各种地质参数来进行页岩气聚集条件分析和勘探有利区预测,已在福特沃斯盆地 Barnett 页岩中取得了良好的效果。

北美地区页岩气勘探经验表明,控制页岩气可采性的地质参数主要为页岩有机质丰度、页岩厚度、矿物组成、脆性、渗透率、孔隙压力、有机质成熟度和原地气量等八大因素。斯伦贝谢、哈里伯顿两大公司依据 TOC、脆性矿物、黏土矿物、成熟度、物性和页岩有效厚度等地质因素并结合多年实践确定了定量评价标准(表 5.25),其他公司的评价标准与之基本类似。

表 5.25 北美页岩气核心区评价标准

主要参数		最低值
有机碳含量(TOC)		>2%
脆性矿物含量		>40%
黏土矿物含量		<30%
有机质成熟度(R_o)		>1.1%
物性	孔隙度	>2%
	渗透率	>100 nd
有效厚度		>30 ~ 50 m

尽管中国不同地区在富有机质页岩发育规模、页岩质量等方面具广泛的相似性,但中国地质条件复杂,尤其是构造演化、沉积环境、热演化过程等,使不同地区页岩气形成、富集存在许多差异。中国古生界海相富有机质页岩分布范围广、连续厚度大、有机质丰度高,但演化程度高、构造变动多;中新生界陆相富有机质页岩横向变化大,以厚层泥岩或砂泥互层为主,有机质丰度中等,热成熟度低。因此,国土资源部制定的《页岩气资源潜力评价与有利区优选方法(暂行稿)》提出,中国海相页岩气优选有利区主要参考页岩面积、页岩有效厚度、页岩埋深、TOC、R_o、总含气量、保存条件、地表条件等 8 项指标,制定页岩气有利区优选标准(表 5.26)。

表 5.26 海相页岩气有利区优选参考标准

选区	主要参数	海 相
有利区	泥页岩面积下限 /km^2	有可能在其中发现目标(核心)区的最小面积,在稳定区或改造区都可能分布。根据地表条件及资源分布等多因素考虑,面积下限为 200 ~ 500 km^2。
	泥页岩厚度/m	厚度稳定,单层厚度≥10 m
	TOC/%	平均不小于 1.5%
	R_o/%	Ⅰ型干酪根≥1.2%;Ⅱ型干酪根≥0.7%;Ⅲ型干酪根≥0.5%
	埋深	300 ~ 4 500 m
	地表条件	地形高差较小,如平原、丘陵、低山、中山、沙漠等
	总含气量	不小于 0.5 m^3/t
	保存条件	中等—好

重庆地区发育多套富有机质页岩,页岩分布广、厚度大、变形强、埋藏较浅、有机质含量高、热演化程度高。构造变形严重、地形起伏高差大、地层时代老的复杂地质背景形成了重庆地区特色明显的页岩气富集类型,具有总有机碳含量高、热演化程度高和构造复杂程度

高等典型的南方区域特征。在参考国内外页岩气有利区优选标准的基础上，根据重庆地区实际地表特点及目的层地质情况，建立符合重庆地区页岩气地质特点的盆缘山区页岩气有利区优选评价指标，主要从区块完整性和致密性、地形条件、地球化学特征、储层特征和含气性五方面共 21 个指标进行评价（表 5.27）。

表 5.27　重庆地区页岩气有利区优选参考指标

要素及指标		重要程度
区块完整性和致密性	区块面积/km^2	重要
	地层倾角/（°）	重要
	褶皱翼间角/（°）	一般
	断裂密度/（条·10 km^{-2}）	一般
	目的层埋深/m	重要
	区域侵蚀基准面与目的层最浅处高程差/m	一般
地形条件	地形变异系数	一般
	高坡面积率/%	一般
地球化学特征	含气页岩（TOC>2%）厚度	非常重要
	有机质丰度（TOC%）	重要
	有机质成熟度（R_o%）	一般
储层特征	脆性矿物含量/%	重要
	基质渗透率/mD	非常重要
	有效孔隙度/%	重要
	兰格缪尔体积/兰格缪尔压力	一般
	天然裂缝/节理密度/（条/100 m）	一般
含气性	解吸气量/（$m^3 \cdot t_{岩}^{-1}$）	非常重要
	解吸速率/min	一般
	总含气量/（$m^3 \cdot t_{岩}^{-1}$）	非常重要
	可采资源丰度/（$10^8 m^3 \cdot km^{-2}$）	非常重要
	总原地气量/（$10^8 m^3$）	非常重要

5.5.2　评价参数选取、资源量计算

针对重庆地区页岩气特殊性，利用前文烃源岩评价、储层评价、含气性评价、保存条件评价建立的参数指标，选取合理评价参数，利用体积法对页岩气资源量进行计算。

1）评价参数选取

在页岩气资源评价过程中，表征气源条件的有机地球化学参数、表征页岩气富集与保

存条件的储层性质参数、直接反映页岩气气体含量的参数、表征页岩气开采条件与风险的矿物学参数和地质复杂性参数对于资源评价至关重要。根据重庆地区的地质背景、勘探程度及资料基础,选择体积法作为页岩气资源评价方法,采用分析计算、实验测试、地质类比、统计分析等多种方法和手段,获取资源计算所需的评价参数。表 5.28 列出了几个关键评价参数的计算方法。

表 5.28　关键参数计算方法

主要参数	直接法	间接法
有效厚度/m	根据泥页岩含气层段中有效厚度进行统计	沉积相带推测
有效面积/km^2	根据 TOC 和成熟度值圈定	地球物理推测、沉积相带推测
游离气量/($m^3 \cdot t^{-1}$)	现场解析法	孔隙度计算、测井解释法
吸附气量/($m^3 \cdot t^{-1}$)	等温吸附实验	TOC 推算

(1)有效厚度

根据国土资源部油气资源战略研究中心《页岩气资源潜力评价与有利区优选方法(暂行稿)》规定,页岩气资源量起算的有效厚度为:单层厚度大于 10 m(海相)。计算时应采用有效(处于生气阶段且有可能形成页岩气的)厚度进行赋值计算。若夹层厚度大于 3 m,则计算时应予以扣除。

前文储层研究表明,由于目前重庆地区黑色页岩储层单层度的岩心分析资料和测井解释资料数据不足,因此,无法确定一个合理的基于厚度的页岩储层评价分级标准。参考美国进入大规模商业开发的五大含气页岩纯厚度,综合考虑将页岩厚度指标定为:优质页岩有效厚度要大于 15 m,页岩中有机质丰度低的页岩厚度要超过 30 m,且区域上要连续稳定分布(陈桂华等,2012,页岩油气地质评价方法和流程)。

(2)有机碳含量(TOC)

页岩地层的有机碳含量(TOC)和分布虽未直接参与页岩气资源量的估算,但其对资源量的估算结果却有着极为重要的影响,对于页岩气资源潜力的勘探与开发具有十分重要的意义。

前文烃源岩研究表明,TOC 值为 1% 时,页岩具有一定的生气能力;TOC 值为 2% 时,页岩的含气量达到了工业下限 1 m^3/t 的要求。

本研究中,TOC 含量主要通过岩心及野外样品的实验分析获得,同时结合岩心分析对测井曲线的解释进行校准,从而更好地证明页岩气储层在空间分布的多样性。

(3)有效面积

根据国土资源部油气资源战略研究中心《页岩气资源潜力评价与有利区优选方法(暂行稿)》规定,页岩气资源量起算的有效面积为:连续分布面积大于 50 km^2。

本研究选取有机碳含量关联法结合泥页岩厚度等值线图计算页岩发育有效厚度。根据前文确定的重庆地区有机碳含量和有效厚度的下限值（TOC>1%，优质页岩有效厚度要大于15 m，页岩中有机质丰度低的页岩厚度要超过30 m），将大于有机碳含量且厚度的下限值作为计算页岩有效面积的最小极限。

（4）含气量

前文含气性研究表明，含气量1 m^3/t 为重庆地区含气性评价标准的下限，含气量2 m^3/t 能获得具有经济价值气流。根据建立的重庆地区含气性评价方法体系（表5.15），可以采用现场含气量测试方法（获得解吸气、损失气、残余气）、等温吸附实验（获得等温吸附气量）及测井解释方法（获得吸附气、游离气）获得含气量。

2）资源量计算

（1）体积法基本原理

依据体积法基本原理，页岩气资源量为泥页岩质量与单位质量泥页岩所含天然气（含气量）之乘积。

假设 Q_t 表示页岩气资源量（$10^8\ m^3$），A 表示含气泥页岩面积（km^2），h 表示有效泥页岩厚度（m），ρ 为泥页岩密度（t/m^3），q 为吸附含气量（m^3/t），则：

$$Q_t = 0.01 \times A \times h \times \rho \times q \tag{5.2}$$

泥页岩含气量是页岩气资源计算和评价过程中的关键参数，是一个数值范围变化较大且难以准确获得的参数，因此，也可以采用分解法对（总）含气量进行分别求取。泥页岩中天然气根据其赋存形式可分为吸附气、游离气以及溶解气，可分别采取不同的方法进行计算：

$$q_t = q_a + q_f + q_d \tag{5.3}$$

式中，q_a 表示吸附含气量，m^3/t；q_f 表示游离含气量，m^3/t；q_d 表示溶解含气量，m^3/t。

泥页岩中的天然气可不同程度地溶解于地层水、干酪根、沥青质或原油中，但由于地质条件变化大，溶解气含量通常难以准确获得。在地质条件下，干酪根和沥青质对天然气的溶解量极小，而地层水又不是含气泥页岩中流体的主要构成，故上述介质均只能对天然气予以微量溶解，在通常的含气量分析及资源量分解中可忽略不计。当地层以含油（特别是含轻质油）为主且油气同存时，泥页岩地层中可含较多溶解气（油溶气），此时可按凝析油方法进行计算。

（2）体积法主要公式

①吸附气资源量。

$$Q_a = 0.01 \times A \times h \times \rho \times q_a \tag{5.4}$$

式中，Q_a 表示吸附气资源量，$10^8\ m^3$；A 表示含气泥页岩面积，km^2；h 表示泥页岩厚度，m；ρ 表示泥页岩密度，t/m^3；q_a 表示吸附含气量，m^3/t。

$$q_a = V_L \times P/(P_L + P) \tag{5.5}$$

式中，V_L 表示兰氏（Langmuir）体积，m^3；P_L 表示兰氏压力，MPa；P 表示地层压力，MPa。

获取吸附含气量的方法目前主要是等温吸附实验法，即将待实验样品置于近似地下温度的环境中，模拟并计量不同压力条件下的最大吸附气量。采用等温吸附法计算所得的吸附气含量数值通常为最大值，具体地质条件的变化可能会不同程度地降低实际的含气量，故实验所得的含气量数据在计算使用时通常需要根据地质条件变化进行校正。

②游离气资源量。

$$Q_f = 0.01 \times A \times h \times q_f \tag{5.6}$$

式中，Q_f 表示游离气资源量，$\times 10^8\ m^3$；A 表示泥页岩面积，km^2；h 表示泥页岩厚度，m；q_f 表示吸附含气量，m^3/t。

游离含气量的计算可以通过孔隙度（包括孔隙和裂缝体积）和含气饱和度实现。

$$q_f = \Phi_g \times S_g / B_g \tag{5.7}$$

式中，Φ_g 表示孔隙度，%；S_g 表示含气饱和度，%；B_g 表示天然气体积系数（为将地下天然气体积转换为标准条件下体积的换算系数），无量纲。

③地质资源量。

在不考虑页岩油情况下，页岩气资源量可由吸附气资源量与游离气资源量加和求得：

$$Q_t = 0.01 \times A \times h \times \rho \times q_t = 0.01 \times A \times h(\rho \times q_a + \Phi_g \times S_g / B_g) \tag{5.8}$$

④可采资源量。

页岩气可采资源量可由地质资源量与可采系数相乘而得：

$$Q_r = Q_t \times k \tag{5.9}$$

$$k = (q_o - q_r)/q_o \tag{5.10}$$

因此，

$$Q_r = Q_t \times k = Q_t \times (q_o - q_r)/q_o \tag{5.11}$$

式中，Q_r 表示页岩气资源量，$10^8\ m^3$；k 表示可采系数，无量纲；q_o 表示泥页岩原始含气量，m^3/t；q 表示泥页岩残余含气量，m^3/t。

5.5.3 资源评价

页岩气资源评价主要是分析计算参数可靠性、评价有利区资源潜力和勘探风险：

①参考《页岩气资源潜力评价与有利区优选方法（暂行稿）》，结合重庆地区页岩气综合地质评价建立的参数指标，分析页岩气资源计算参数的可靠性。例如，作为体积法计算页岩气资源量的敏感参数，重庆地区优质页岩有效厚度要大于 15 m，有机质丰度低的页岩厚度要超过 30 m 且区域上要连续稳定分布；含气面积需要大于通过有机碳含量关联法确定的页岩有效面积下限。

②评价不同类别有利区的页岩气资源丰度，研究其勘探开发潜力。

③在分析不同级别有利区的地质条件、资源潜力、资本投入的基础上，对该区的勘探风险性进行分析评价，从而尽量减小勘探风险，提高钻探成功率。

第6章 | 应用实例——以渝东南地区五峰—龙马溪组为例

本书在充分调研、实验和研究的基础上,对页岩气分析测试技术和方法进行研发、改进和优选,形成了一套适合重庆地区页岩气分析测试技术系列;同时针对重庆地区页岩地质特点,建立了一套页岩气综合地质评价和资源评价方法。本实例以重庆市渝东南地区五峰组—龙马溪组富有机质页岩地层为例,详述这两套方法体系在该地区页岩气勘探中发挥的重要作用。

6.1 研究区以往地质工作程度

6.1.1 区域地质调查工作程度

渝东南开展了1∶100万、1∶50万、1∶20万和1∶5万的区域地质调查工作。至2011年底,1∶100万、1∶50万和1∶20万区调已覆盖全区,1∶5万区调完成41幅,渝东南地区已完成7.5幅,包括羊角、武隆,酉阳、龙潭、溶溪、杨家坝、秀山、钟灵幅;渝东南其他未完成图幅正在开展基础地质调查工作,详见表6.1。

表6.1 重庆市区域地质调查现状

序 号	地质调查项目名称	完成情况	完成时间
		图幅数及图幅名称	
1	1∶100万区域地质调查	全市全部完成	1965年之前
2	1∶50万区域地质调查	全市全部完成	1965年之前
3	1∶25万区域地质调查	2幅:开县幅、万县幅	2002—2005
4	1∶20万区域地质调查	26幅(渝东南7幅),已覆盖全市	1966—1982
5	1∶5万区域地质调查	41幅(渝东南7.5幅)	1980—2011

6.1.2 油气资源评价及勘探工作

中国南方海相中、古生界油气的勘探工作于20世纪50年代中期开始,历经“六五”“七五”“八五”三个国家重点科技攻关项目，以及中石油三轮油气资源评价，主要成果包括：马力等(2004)《中国南方大地构造和海相油气地质》，戴鸿鸣等(2005)《四川盆地川东南地区下组合油气地质评价》，黄泽光(2008)《上扬子地区下组合成藏条件研究》，梁狄刚等(2007)《南方复杂构造区有效烃源岩评价》，田景春等(2009)《四川盆地天然气成藏规律研究》，牟传龙(2009)《原特提斯构造演化与中上扬子油气下组合研究》，刘树根等(2010)《川东南—鄂西渝东地区海相层系油气成藏条件与成藏机理研究》，马永生、刘树根等(2010)《中国海相碳酸盐岩层系深层油气成藏机理》等资料。这些研究成果指出南方以找气为主，并在上古生界和下中生界找到了丰富的天然气田。同时也表明下古生界、上古生界及中生界页岩有机质含量高，是品质优良的烃源岩，具备页岩气勘探的巨大潜力。

6.1.3 页岩气工作

1)页岩气基础研究

2009 年以来，国土资源部油气中心组织中石油、中石化、中国地质大学(北京)、重庆地质矿产研究院、成都地质调查中心等单位，开展“中国重点地区页岩气资源潜力及有利区带优选”项目，积极推进川渝黔鄂页岩气战略调查先导试验区的建设，包括渝东南、渝东北、川南、川东南、黔北，并在重庆地质矿产研究院设立先导试验区管理办公室。通过上扬子地区页岩分布的调查，采用露头考察、地表化探、钻井揭示、现场解析、室内实验分析等手段，获得了页岩地层厚度、埋深、页岩储层储集能力，吸附气量，以及有机碳含量、岩石力学特征、敏感性特征等系列参数，并对渝东南和渝东北地区重点目标区页岩的区域分布、地质特征、沉积构造背景、页岩发育条件进行了分析和有利区优选以及资源量估算。截至 2020 年，在重庆市实施的页岩气相关研究项目共有 5 个。

2)物探工作

重庆市渝东北与渝东南地区物探工作程度相对较低。四川盆地边缘即渝东北地区万源至开州以北基本未做过物探工作，盆地内即渝东北地区万源至开县以南中石油常规油气二维地震基本覆盖；渝东南地区石柱到南川以南中石化在部分地区做过二维地震勘探，重庆地质矿产研究院施工过以指导钻探为目的零星地震剖面线，在秀山页岩气区块，豫顺新能源开发公司实施了全区二维地震勘探；重庆市渝中地区，中石油常规油气二维地震勘探基本覆盖全区。

3)钻井工作程度

初步统计，重庆市自 2009 年以来，中石油、中石化、中国地质地质大学、重庆地质矿产研究院等单位开展了页岩气钻探工作，目前渝东南地区施工的井主要有黔江 1 井、黔江 2 井、黔浅 1 井等 15 口钻井(表 6.2)。针对志留系目的层 11 口，寒武系目的层 4 口。通过实施参数井/探井，证实了重庆市页岩气资源具有良好的勘探开发前景。

表 6.2　渝东南地区页岩气钻井工作统计表

序　号	井　名	位　置	目的层位	井　别	实施单位
1	黔江 1 井	黔江区工农镇	O_3w-S_1l	参数井	中石油
2	黔江 2 井	黔江区工农镇	O_3w-S_1l	参数井	中石油
3	彭页 1 井	彭水县桑柘镇	O_3w-S_1l	水平井	中石化
4	黔浅 1 井	黔江区册山乡	O_3w-S_1l	参数井	重庆地质矿产研究院
5	黔页 1 井	黔江区册山乡	O_3w-S_1l	预探井	重庆地质矿产研究院
6	秀浅 1 井	秀山县清溪场镇	$\in_1n$	参数井	重庆地质矿产研究院
7	渝页 1 井	彭水县连湖镇	O_3w-S_1l	参数井	中国地质大学(北京)
8	酉科 1 井	酉阳县龙潭镇	$\in_1n$	参数井	中国地质大学(北京)
9	渝科 1 井	酉阳县龙潭镇	$\in_1n$	参数井	中国地质大学(北京)
10	酉地 2 井	酉阳县海洋乡	O_3w-S_1l	参数井	重庆矿产开发有限公司
11	渝参 4 井	武隆县桐梓镇	O_3w-S_1l	参数井	重庆地质矿产研究院
12	渝参 6 井	酉阳县酉酬镇	O_3w-S_1l	参数井	重庆地质矿产研究院
13	渝参 7 井	酉阳县涂市乡	O_3w-S_1l	参数井	重庆地质矿产研究院
14	渝参 8 井	酉阳县丁市镇	O_3w-S_1l	参数井	重庆地质矿产研究院
15	渝参 9 井	酉阳后坪乡思渠镇	$\in_1n$	参数井	重庆地质矿产研究院

6.2　区域地质特征

6.2.1　区域地层特征

1)地层分区

根据西南地区川渝滇黔地层区划标准和区划方案,结合重庆市地层发育总体面貌及分布情况、地层层序及接触关系、岩性组合及厚度变化、区域变质作用、古生物组合及发育情况等地层标志,可将隶属华南地层大区的重庆市进一步划分为三级地层区(图 6.1),将重庆市地层区划分为两个Ⅰ级地层区,五个Ⅱ级地层分区及八个Ⅲ级地层小区(表 6.3)。

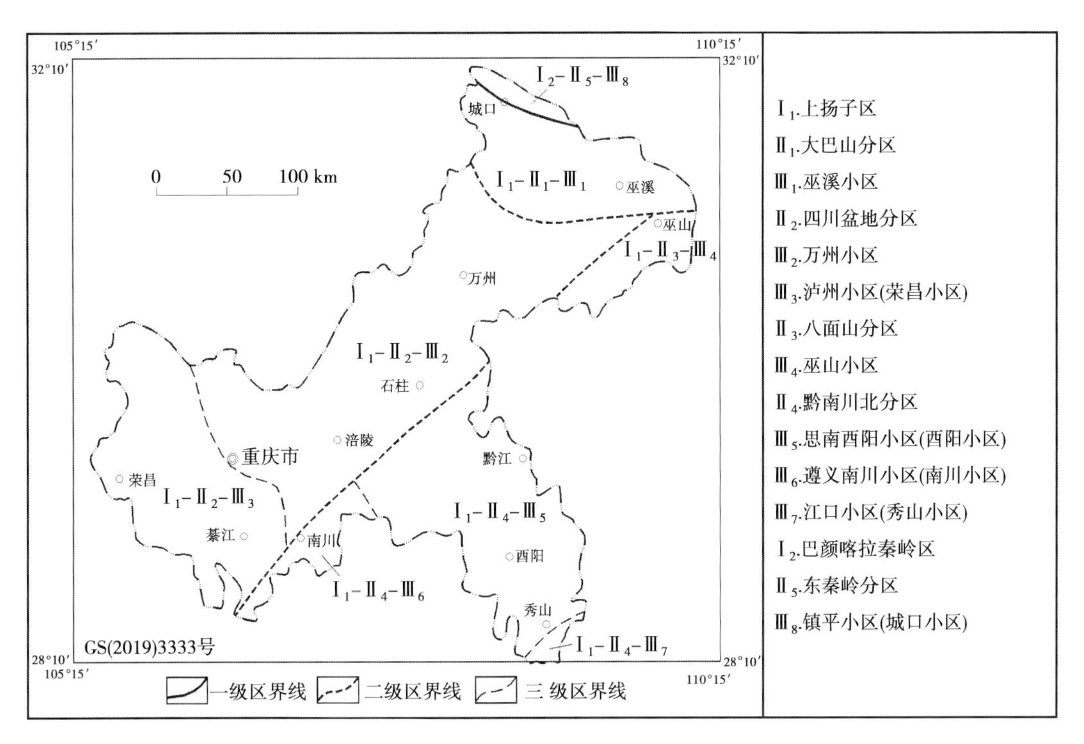

图 6.1 重庆市地层区划图

表 6.3 重庆市地层分区一览表

地层大区	地层区	地层分区	地层小区
华南地层大区	扬子地层区（Ⅰ$_1$）	大巴山地层分区（Ⅱ$_1$）	巫溪地层小区（Ⅲ$_1$）
		四川盆地地层分区（Ⅱ$_2$）	万州地层小区（Ⅲ$_2$）
			荣昌地层小区（Ⅲ$_3$）
		八面山地层分区（Ⅱ$_3$）	巫山地层小区（Ⅲ$_4$）
		黔北渝南地层分区（Ⅱ$_4$）	南川地层小区（Ⅲ$_5$）
			酉阳地层小区（Ⅲ$_6$）
			秀山地层小区（Ⅲ$_7$）
	南秦岭—大别山地层区（Ⅰ$_2$）	十堰—随州地层分区（Ⅱ$_5$）	城口地层小区（Ⅲ$_8$）

渝东南地区属扬子地层区包括八面山Ⅱ级地层分区和黔北渝南Ⅱ级地层分区，包含巫山地层小区、南川地层小区、酉阳地层小区和秀山地层小区四个Ⅲ级地层小区（表 6.4）。

表 6.4　渝东南地区地层分区一览表

地层大区	地层区	地层分区	地层小区
华南地层大区	扬子地层区(I_1)	八面山地层分区(II_3)	巫山地层小区(III_4)
		黔北渝南地层分区(II_4)	酉阳地层小区(III_5)
			南川地层小区(III_6)
			秀山地层小区(III_7)

2)地层发育特征

渝东南地区地层发育特点是:①古生界发育良好,广泛分布,缺失上志留统;②青白口系为巨厚的浅变质碎屑岩及火山岩(板溪群);③南华系为冰川或冰水沉积;④震旦系为碳质页岩、粉砂岩、硅质岩、碳酸盐岩;⑤泥盆系、石炭系有零星出露,泥盆系下统缺失,石炭系仅保存中石炭统部分地层;⑥古生界及三叠系存在相变;⑦侏罗系、白垩系部分地区残存。本次研究的重要目标层系为下寒武统牛蹄塘组、上奥陶统五峰组—下志留统龙马溪组,地层关系概况见区域地层表(表6.5)。

表 6.5　渝东南区域地层简表

系	统	地方性地层名称	符号	厚度/m	岩性简述	主要矿产
第四系			Q	<10	由坡积、残积、冲积的碎石,砂、砂质黏土等组成	
二叠系	上统	长兴组	P_3c	96~107	中—厚层状微晶灰岩、含白云质灰岩,含硅质团块,偶夹有机质灰岩、页岩	大理岩
		吴家坪组	P_3w	83~112	上段为灰质白云岩,中厚层硅质团块夹硅质灰岩;下部为煤系黏土岩	煤、高岭土、黄铁矿
	中统	茅口组	P_2m	188~349	灰色厚层微晶灰岩,夹少量沥青质灰岩,含灰质白云岩	石灰岩
		栖霞组	P_2q	177~192	深灰色微晶灰岩夹沥青灰岩,含硅质团块及条带	石灰岩
		梁山组	P_2l	1~15	碳质页岩、黏土岩、铝土岩(矿)、铁绿泥石岩	煤、铝土矿

续表

<table>
<tr><th>系</th><th>统</th><th colspan="2">地方性
地层名称</th><th>符号</th><th>厚度/m</th><th>岩性简述</th><th>主要矿产</th></tr>
<tr><td>泥盆系</td><td>上统</td><td colspan="2">水车坪组</td><td>D_3s</td><td>0 ~ 92</td><td>上部薄—中厚层状灰岩,下部页岩、米白色厚层状石英砂岩</td><td>石英砂岩</td></tr>
<tr><td rowspan="6">志留系</td><td rowspan="4">中统</td><td rowspan="4">罗惹坪组</td><td>第四段</td><td>S_2lr^4</td><td>>110</td><td>紫红色与黄绿色相间的泥岩、页岩和粉砂岩</td><td rowspan="3">磷矿</td></tr>
<tr><td>第三段</td><td>S_2lr^3</td><td>413</td><td>页岩、粉砂质页岩夹粉砂岩及钙质结核或灰岩透镜体</td></tr>
<tr><td>第二段</td><td>S_2lr^2</td><td>375 ~ 571</td><td>页岩、粉砂质页岩、泥岩和薄板状粉砂岩组成</td></tr>
<tr><td>第一段</td><td>S_2lr^1</td><td>288 ~ 344</td><td>页岩、粉砂质页岩、夹少量灰岩</td><td rowspan="3">页岩气</td></tr>
<tr><td rowspan="2">下统</td><td rowspan="2">龙马溪组</td><td>第二段</td><td>S_1ln^2</td><td>105 ~ 192</td><td>青灰色页岩、粉砂质页岩及少量粉砂岩,顶部为钙质页岩或泥灰岩</td></tr>
<tr><td>第一段</td><td>S_1ln^1</td><td>201 ~ 336</td><td>灰黑色含钙质页岩、含碳质石英粉砂质页岩夹粉砂岩</td></tr>
<tr><td rowspan="8">奥陶系</td><td rowspan="2">上统</td><td colspan="2">五峰组</td><td>O_3w</td><td>2 ~ 12</td><td>黑色含碳质粉砂质页岩、含硅质页岩及粉砂岩</td><td>页岩气</td></tr>
<tr><td colspan="2">临湘组</td><td>O_3l</td><td>3 ~ 14</td><td>浅灰色薄—中厚层瘤状泥质灰岩,顶:泥灰岩</td><td rowspan="4"></td></tr>
<tr><td rowspan="2">中统</td><td colspan="2">宝塔组</td><td>O_2b</td><td>14 ~ 38</td><td>薄—中厚层状干裂纹灰岩</td></tr>
<tr><td colspan="2">十字铺组</td><td>O_2s</td><td>13 ~ 38</td><td>中厚层瘤状泥质灰岩</td></tr>
<tr><td rowspan="4">下统</td><td colspan="2">大湾组</td><td>O_1d</td><td>140 ~ 257</td><td>紫红、灰绿色粉砂质页岩、泥质灰岩、瘤状泥质灰岩</td></tr>
<tr><td colspan="2">红花园组</td><td>O_1h</td><td>61 ~ 72</td><td>厚层状结晶灰岩,含少量硅质团块及条带灰岩</td><td rowspan="3">萤石、芒硝、重晶石</td></tr>
<tr><td colspan="2">分乡组</td><td>O_1f</td><td>17 ~ 42</td><td>薄—厚层状灰岩夹页岩,钙质页岩</td></tr>
<tr><td colspan="2">南津关组</td><td>O_1n</td><td>141 ~ 182</td><td>灰色厚层状介壳灰岩、灰岩、白云质灰岩及白云岩</td></tr>
</table>

续表

系	统	地方性 地层名称	符号	厚度/m	岩性简述	主要矿产
寒武系	上统	毛田组	$\in_{3}m$	185 ~ 197	灰岩、灰质白云岩 及白云岩,含少量硅质团块	
		耿家店组	$\in_{3}g$	299 ~ 357	灰色厚层结晶云岩, 灰质云岩,偶夹鲕粒云灰岩	
	中统	平井组	$\in_{2}p$	377 ~ 400	白云质灰岩与灰质白云岩互层, 中下部夹一层粉砂质泥岩, 泥岩底部见铁矿呈薄层及透镜状分布	银、铅、 锌、铁、汞
		高台组	$\in_{2}g$	406	深灰色中厚层状微晶云岩, 底部粉砂质页岩夹白云质灰岩, 顶部见铁矿层呈透镜状分布	
	下统	清虚洞组	$\in_{1}q$	210 ~ 307	上部灰色薄至厚层白云质灰岩、 白云岩及泥质白云岩;中、 下部为灰、深灰色厚层灰岩	
		金顶山- 明心寺组	$\in_{1}m\text{-}j$	662 ~ 831	上部黄绿色粉砂质页岩, 下部为深灰色薄至厚层灰岩	
		牛蹄塘组	$\in_{1}n$	57 ~ 170	黑色碳质页岩,底部为 厚 1.5 ~ 26.7 m 的硅质岩	磷、页岩气
震旦系	上统	灯影组	Z_{2dn}	25 ~ 111	棕色、灰色薄层致密硅质岩, 间夹板状硅质页岩	锑
	下统	陡山沱组	Z_{1d}	26 ~ 214	灰白色薄至中厚层白云质灰岩, 间夹泥灰岩及页岩	锰

目的层地层发育情况详述于下:

(1)下寒武统牛蹄塘组

牛蹄塘组:源于刘之远(1947)命名的“牛蹄塘页岩”,根据遵义市西 30 余 km 牛蹄公社附近的岩层而命名。其叙述是:“牛蹄塘页岩,色黑,富含碳质,风化后为灰白色,厚约 150 m”。后经张文堂等(1964)观察,认为牛蹄塘组的岩性并非全属碳质页岩,而只是本组底部厚约 40 m 的黑页岩,越往底,含碳质越高,风化后成灰色或灰白色。这层黑色页岩之上即为灰色或深绿色或灰黑色硬页岩。这层硬页岩风化后不呈灰白色,而呈棕色或棕黄色,且厚度在 100 m 左右。

岩性以灰绿色页岩或黑色碳质页岩为主,可以划分为两段岩性:其中底部为硅质岩夹少量碳质页岩，普遍含磷矿，产软舌螺类；下部以黑色碳质页岩为主；上部为深灰绿色页岩夹粉砂岩条带页岩；产三叶虫；古介类；古海绵骨针；软舌螺类。

(2)下寒武统明心寺组—金顶山组

渝东北地区对应为石牌组和天河板组，石牌组岩性为青灰色粉砂质页岩夹薄层至页状粉砂岩，天河板组下部为灰至青灰色中厚层状钙质粉砂岩夹砂质灰岩，中上部为青灰色、灰至深灰色、薄至中层状粉砂岩夹粉砂质页岩及假鲕状灰岩透镜体。

(3)下寒武统清虚洞组

渝东北地区对应为石龙洞组，下部为灰白至深灰色、厚至巨厚状灰岩，常具条带状及豹皮状构造，其底为厚约数米的假鲕状灰岩，中上部为灰至深灰色、中—厚层状灰岩及灰质白云岩、白云岩及泥质白云岩，偶含硅质团块，顶部为薄层泥质白云岩。

(4)中寒武统高台组

中上部为灰至深灰色、薄至中厚层状白云岩和泥质白云岩，偶夹灰岩、白云质灰岩及一层砂质白云岩或石英砂岩；下部为浅灰色薄层含泥质白云岩、灰色厚层状灰质白云岩及豹皮状白云质灰岩，其底 8 ~ 20 m 为页岩，泥质粉砂岩夹白云质灰岩。厚 66 ~ 75 m。

(5)中寒武统平井组

白云质灰岩与灰质白云岩互层，偶夹少量灰岩及白云岩，常具条带状构造及鲕粒状结构，底部夹数层泥质白云岩，厚 377 ~ 400 m。

(6)上寒武统耿家店组

该组主要为厚层状结晶白云岩，常具砂状断口，偶见角砾状构造及假鲕状结构，局部含少量硅质团块，其底数十米为浅至深灰色白云岩或白云质灰岩。厚 299 ~ 357 m。

(7)上寒武统毛田组

该组主要为灰岩、灰质白云岩及白云岩，顶部常见数层竹叶状灰岩及薄层硅质层，并含少量硅质团块。厚 185 ~ 197 m。

(8)下奥陶统南津关组

下部为灰至深灰色、薄至厚层状的条带状介壳灰岩，顶为一层厚约 8 m 的页岩或钙质页岩，产化石丰富；中上部为灰至深灰色、中至巨厚状灰岩、白云质灰岩及白云岩，长夹少量硅质团块及条带，含化石稀少。厚 141 ~ 181.5 m。

(9)下奥陶统分乡组

岩性为灰至深灰色，薄至厚层状灰岩夹灰绿色、黄绿色页岩及钙质页岩，长含少量硅质团块及条带，偶见薄层硅质层及中粒石英砂岩。厚 17 ~ 42 m。

(10)下奥陶统红花园组

该组为产萤石、重晶石的重要层位。岩性为一套灰至深灰色、厚至巨厚状，常含少量硅质团块及条带的结晶灰岩。厚 61 ~ 72 m。

(11)下奥陶统大湾组

下部为黄绿色、紫红色页岩及粉砂质页岩，底部夹少量灰色、紫红色页岩及粉砂质页岩，底部夹少量灰色、紫红色薄至中厚层状灰岩及瘤状泥质灰岩；中部为灰绿色、薄至厚层状瘤状泥质灰岩及灰岩;上部为黄绿色、黄绿色页岩与薄至中厚层状粉砂岩互层,常含少量钙质结核。厚 140 ~ 257 m。

(12)中奥陶统十字铺组

该组主要由一套灰色中至厚层状生物碎屑灰岩组成。厚 13 ~ 38 m。

(13)中奥陶统宝塔组

灰色中—厚状层龟裂纹灰岩。厚 14 ~ 38 m。

(14)上奥陶统临湘组

浅灰色薄—中厚层含泥瘤状灰岩。厚 3 ~ 14 m。

(15)上奥陶统五峰组

黑色砂质页岩、硅质页岩及粉砂岩。厚 2 ~ 12 m。

(16)下志留统龙马溪组一段

下部为黑色含碳质页岩,之上为黄灰色页岩、粉砂质页岩,夹少量薄层泥质粉砂岩,与下伏地层呈整合接触。厚 306 ~ 528 m。

(17)下志留统龙马溪组二段/罗惹坪组

灰绿色粉砂岩夹页岩。厚度大于 1 000 m。

6.2.2 构造特征

本次研究区位于重庆市东南侧,处于四川盆地的东南部,南部与贵州北部相交,东部与湖南西部相接,属于扬子准地台坳陷构造单元。研究区内自震旦纪以来经历了桐湾运动、加里东运动、海西运动、印支运动、燕山运动以及喜山运动。

1)区域构造发育史特征

(1)桐湾运动

桐湾运动以下寒武统角度不整合或微角度不整合覆盖在灯影组白云岩之上为标志。四川盆地在桐湾运动经历了两次构造升降运动,导致灯影组二段与四段被风化剥蚀,剥蚀范围为雅安、资阳、成都以西。它标志着川中稳定地块的形成。其中,威远气田就是桐湾运动的直接产物,其灯影组顶部风化壳是油气储集的重要空间。就研究区而言,渝东南地区块位于四川盆地东南部,离隆起区较远,受桐湾运动的影响较小,但是由于桐湾运动造成扬子地台的整体抬升,在四川盆地东南部(渝东南地区)发育局限台地—开阔台地沉积特征,以震旦系顶部白云岩沉积为标志。

(2)加里东运动

至震旦纪末期桐湾运动以后,四川盆地各个构造单元经历了截然不同的区域构造变形特征。乐山龙女寺古隆起在桐湾运功以后逐渐向东扩展,寒武系、奥陶系、志留系与上覆二叠系表现为角度不整合接触。但是四川盆地周边却以大型正断层为特征,现今城口断裂,龙门山断裂带以及齐耀山断裂表现为大型逆冲断层,但是在加里东运动时期,该断裂带性质可能为张性特征,表现为正断层,并且沉积了较厚的寒武系,并且在下寒武统岩性为深黑色泥岩,为被动大陆边缘沉积特征。因此,在整个加里东运动时期,除了乐山龙女寺古隆起外,四川盆地周边为断陷盆地。本次研究区渝东南地区为川东被动大陆边缘,沉积了下寒武统牛蹄塘组深黑色页岩。

(3)海西运动

海西运动以四川盆地整体抬升为标志,除川西古隆起区进一步扩大以外,整个四川盆地周边也逐渐开始发生造山运动。泥盆系、石炭系在四川盆地内大面积缺失,仅在川东北局部地区有沉积。

(4)印支运动

印支运动时限为三叠纪,它是四川盆地由海相沉积向陆相沉积转换的重要时期。以上三叠统须家河组砂岩平行不整合覆盖在中三叠统雷口坡组白云岩之上为标志。主要受古特提斯洋闭合的影响,在整个中上扬子板块周边洋盆逐渐关闭,在渝东南地区主要表现为鄂西洋盆闭合,雪峰山造山运动开始进入陆内造山阶段。造山带构造变形特征初见雏形。

(5)燕山运动

在扬子准地台的台缘坳陷地区(渝东北)燕山运动表现为块断运动,缺少燕山构造层,主要反映了印支期后的继承性隆升。

上扬子台内坳陷是扬子准地台内有燕山运动确切证据的构造单元。在黔江、酉阳一带的正阳组明显角度不整合于三叠系—侏罗系之上。正阳组是燕山运动后在山间盆地内沉积的一套红色复陆屑类磨拉石建造。

(6)喜马拉雅运动

喜马拉雅运动泛指发生在新生代的构造运动。可分为三幕:第Ⅰ幕发生于古近纪、新近纪之间,第Ⅱ幕发生于早、中更新世之间,第Ⅲ幕发生于中、上更新世之间(后两幕属新构造运动)。区内未发现古近纪、新近纪的沉积物。但从周边地区的资料显示,喜马拉雅运动是重庆地区范围内最重要的构造运动之一,它使自南华纪以来的沉积盖层全部褶皱隆升,结束了湖盆沉积历史。

综上所述,重庆地区区域构造格局的形成经历了各个时期的构造运动,特别指出的是,重庆地区范围内北东向构造主要受燕山运动先期形成隔挡式褶皱,而后又经受喜马拉雅运动的褶皱作用改造,而形成城垛式褶皱或隔挡式褶皱、隔槽式褶皱。

2)研究区构造地质单元

根据重庆地区所处的大地构造位置及不同时期构造变形性质与特征等,将研究区构造地质单元划分为四个级别:地台区一般划分到Ⅳ级,地槽区划分到Ⅱ级。对地台区Ⅰ级构造单元的划分主要是依据褶皱基底最后一次的形成时期;Ⅱ级单元为地台发展阶段形成的大型隆起和坳陷;Ⅲ级单元是地台发展阶段某一地质时期形成的凸起和凹陷;Ⅳ级单元反映后期构造变动及盖层变形形成的褶皱带特点。

按照上述构造地质单元的划分原则,将重庆地区划分为2个一级构造单元、4个二级构造单元、4个三级构造单元和10个四级构造单元(表6.6、图6.2)。

表 6.6 重庆地区构造单元划分表

<table>
<tr><td rowspan="10">Ⅰ$_1$ 扬子准地台</td><td rowspan="4">Ⅱ$_1$ 重庆台内坳陷</td><td rowspan="2">Ⅲ$_1$ 重庆凹陷褶皱带</td><td>Ⅳ$_1$ 万州凹陷褶皱带</td></tr>
<tr><td>Ⅳ$_2$ 华蓥山凸起褶皱带</td></tr>
<tr><td rowspan="2">Ⅲ$_2$ 川中台内凸起</td><td>Ⅳ$_3$ 龙女寺台内凸起</td></tr>
<tr><td>Ⅳ$_4$ 自贡台凹陷褶皱带</td></tr>
<tr><td rowspan="4">Ⅱ$_2$ 上扬子台内坳陷</td><td rowspan="4">Ⅲ$_3$ 渝东南凹陷褶皱带</td><td>Ⅳ$_5$ 金佛山凸起褶皱带</td></tr>
<tr><td>Ⅳ$_6$ 七曜山凸起褶皱带</td></tr>
<tr><td>Ⅳ$_7$ 黔江凹陷褶皱带</td></tr>
<tr><td>Ⅳ$_8$ 秀山凸起褶皱带</td></tr>
<tr><td rowspan="2">Ⅱ$_3$ 大巴山台地边缘坳陷</td><td rowspan="2">Ⅲ$_4$ 大巴山褶皱带</td><td>Ⅳ$_9$ 城口凹陷褶皱带</td></tr>
<tr><td>Ⅳ$_{10}$ 南大巴山凹陷褶皱带</td></tr>
<tr><td>Ⅰ$_2$ 秦岭地槽褶皱系</td><td>Ⅱ$_4$ 大巴山冒地槽褶皱区</td><td></td><td></td></tr>
</table>

图 6.2 重庆地区构造单元划分图

一级构造单元：$Ⅰ_1$ 扬子准地台、$Ⅰ_2$ 秦岭地槽褶皱系；

二级构造单元：$Ⅱ_1$ 重庆台内坳陷、$Ⅱ_2$ 上扬子台内坳陷、$Ⅱ_3$ 大巴山台地边缘坳陷、$Ⅱ_4$ 大巴山冒地槽褶皱区；

三级构造单元：$Ⅲ_1$ 重庆凹陷褶皱带、$Ⅲ_2$ 川中台内凸起、$Ⅲ_3$ 渝东南凹陷褶皱带；

四级构造单元：$Ⅳ_1$ 万州凹陷褶皱带、$Ⅳ_2$ 华蓥山凸起褶皱带、$Ⅳ_3$ 龙女寺台内凸起、$Ⅳ_4$ 自贡台凹陷褶皱带、$Ⅳ_5$ 金佛山凸起褶皱带、$Ⅳ_6$ 七曜山凸起褶皱带、$Ⅳ_7$ 黔江凹陷褶皱带、$Ⅳ_8$ 秀山凸起褶皱带、$Ⅳ_9$ 城口凹陷褶皱带、$Ⅳ_{10}$ 南大巴山凹陷褶皱带。

研究区渝东南地区可以划分为1个一级构造单元、1个二级构造单元、1个三级构造单元和4个四级构造单元。分别为 $Ⅰ_1$ 扬子准地台、$Ⅱ_2$ 上扬子台内坳陷、$Ⅳ_5$ 金佛山凸起褶皱带、$Ⅳ_6$ 七曜山凸起褶皱带、$Ⅳ_7$ 黔江凹陷褶皱带、$Ⅳ_8$ 秀山凸起褶皱带。

扬子准地台（$Ⅰ_1$）北以城巴断裂带与秦岭地槽褶皱系分界。区内扬子准地台的基底仅出露了褶皱基底。在陆核内部发育有裂陷形成的冒地槽，沉积物以板溪群为代表。800 Ma左右的晋宁运动使地槽褶皱回返，形成了扬子准地台。

地台盖层内，下古生界具有稳定型沉积建造组合特征。加里东运动使大部分地区抬升，故在这些地区缺失泥盆系、石炭系。二叠纪开始地台区整体下沉，处于潮间—潮上环境；中晚三叠世间的印支运动，结束了海相沉积历史，从此进入陆相沉积阶段。喜马拉雅期，台缘褶皱带普遍发生了前陆逆冲推覆，同时盆地发生隐伏滑脱，不少断裂发生走向滑移（走滑），在断裂两侧形成扭动构造样式。

重庆台内坳陷（$Ⅱ_2$）东以七曜山断裂为界，是四川台坳的东缘，它在古生代是一相对隆起区，台坳核部在华蓥山断裂以西，其上盖层普遍缺失泥盆系和石炭系；华蓥山断裂以东则普遍缺失部分古生界，且为一北东向的相对坳陷。早三叠世晚期，该区发育成为半封闭的内海盆地，发育蒸发式建造，受印支运动末幕的影响，三叠纪后本区进入陆相沉积阶段。

重庆凹陷褶皱带（$Ⅲ_1$）为介于华蓥山断裂与七曜山断裂之间的北东向褶皱带。凹陷褶皱带内出露的中生代地层主要为三叠系和侏罗系，南部边缘有白垩系。据航磁资料，其褶皱基底由板溪群变质砂岩、板岩组成。在古生代，该区相对于川中台内凸起是沉降区，除缺失部分古生界外，其余地层发育齐全。坳陷中，从早至晚逐渐由南东向北西迁移。到中生代，本区则逐渐隆升成陆。

研究区内褶皱为狭长的背斜与宽缓的向斜，背斜和向斜宽度比为1∶3～1∶4，组成隔挡式褶皱。构造线以北北东为主，但受基底断裂以及盆地边缘构造的制约，常产生联合、复合，形成弧形或似帚状构造。

川中台内凸起（$Ⅲ_2$）位于华蓥山断裂以西。其内侏罗系红层广泛分布。据深钻探资料，其基底由各种片麻岩及岩浆杂岩组成，盖层之下为花岗岩和变质霏细岩；盖层中二叠系也平行不整于下奥陶统之上，早中三叠世发育蒸发式建造，晚三叠世发育灰色复陆屑建造，侏罗系为红色复陆屑建造。盖层褶皱多为北东—北北东的短轴背斜或鼻状构造及半环状构造。其中可分为2个Ⅳ级构造单元。

上扬子台内坳陷（Ⅱ$_2$）是渝东南的一个坳陷，西以七曜山断裂与重庆凹陷褶皱带分界。台内坳陷震旦系—侏罗系发育，线形褶皱发育。

褶皱基底板溪群与南华系冰碛层为角度或平行不整合，震旦系为硅质建造，寒武系为硅质及内源碳酸盐建造，奥陶系为异地碳酸盐建造及笔石页岩建造，志留系为海退序列的笔石页岩建造—砂泥质建造。加里东运动使该区隆升，台内坳陷大部分地区缺失泥盆系、石炭系，局部有零星出露；下、中二叠统为铝土质建造—碳酸盐建造，上二叠统为海陆交互相的含煤建造；早三叠世为滨海环境，沉积物为内源碳酸盐建造；中三叠统为红色砂泥质建造、蒸发式建造。受印支运动影响，晚三叠世本区抬升，上三叠统为灰色复陆屑建造，侏罗系为红色复陆屑建造。在黔江一带，上白垩统与下伏侏罗系角度不整合，表明盖层褶皱时期为燕山期。台内坳陷中，由西至东构造线从南北向过渡为北东向。

渝东南凹陷褶皱带（Ⅲ$_3$）西以七曜山断裂为界。该地区距上扬子准地台古生代的坳陷中心比较近，下古生界发育齐全，化石丰富。板溪群仅于秀山一带出露，为一套冒地槽砂泥质建造夹少量凝灰岩及结晶灰岩，南华系多平行不整合于板溪群之上。酉阳、秀山一带，一套厚210～220 m的冰期砂泥质建造平行不整合于板溪群之上。这一不整合面反映了澄江期该区急剧上升。渝东南凹陷褶皱带内，震旦系为礁型碳酸盐建造；寒武系—志留系为碳酸盐建造、砂泥质页岩建造；石炭纪—泥盆纪海侵曾波及本区，少数区残留上泥盆统和中石炭统；二叠系为铝土质铁质建造、内源碳酸盐建造和单陆屑含煤建造；下、中三叠统为蒸发式建造；晚三叠世—侏罗纪，该区受雪峰隆起影响，有上三叠统和侏罗系沉积；上白垩统为山间盆地磨拉石建造，不整合于侏罗系及更老地层之上。其褶皱为燕山期所形成，并与重庆陷褶束的一系列北北东向褶皱群呈有规律的带状分布。

金佛山凸起褶皱带（Ⅳ$_5$）东以大矸坝断层与七曜山凹褶束为界，南延入贵州省。该区出露地层以古生界为主，仅金佛山向斜局部有下三叠统，重庆地区范围内以龙骨溪背斜及金佛山向斜为主体构造。由北向南构造线由北北东向渐转为南北向，是南北向构造与北北东向构造联合的结果。

七曜山凸起褶皱带（Ⅳ$_6$）、黔江凹陷褶皱带（Ⅳ$_7$）、秀山凸起褶皱带（Ⅳ$_8$）与重庆陷褶束均为一系列北北东向褶皱群呈有规律的带状分布，从北西向南东，其褶皱为隔挡式褶皱→城垛状褶皱→隔槽式褶皱。该区正断层发育，多发生在背斜轴部，是燕山褶皱的第二次纵张构造。

大巴山台地边缘坳陷（Ⅱ$_3$）北接秦岭地槽褶皱系，是城巴断裂带以南的一个极窄的下古生代坳陷。南华系为火山碎屑岩建造，震旦系—中三叠统以稳定型建造为主。中三叠世与晚三叠世之间及晚三叠世与早侏罗世之间的印支运动，使盖层褶皱，且因坳陷上升普遍缺失侏罗纪以后的沉积地层。

大巴山凹陷褶皱带（Ⅲ$_4$）位于巫溪、城口一带，为一北西向构造带，北以城巴断裂带与北大巴山冒地槽褶皱带分界，该凹陷褶皱带内缺失泥盆系和石炭系，南华系—志留系、二叠系—三叠系发育，为滨海、浅海碎屑岩和碳酸盐台地沉积。晚三叠世时该区隆起，缺失侏罗系以上地层。

秦岭地槽褶皱系（I_2）西以玛沁—略阳深断裂与松潘-甘孜地槽褶皱系为界，南以城巴断裂带与扬子准地台为邻，重庆地区范围内仅为北大巴山印支褶皱带南缘。

3）晚古生代区域古隆起演化特征

本次研究区位于四川盆地东南缘（渝东南地区），至震旦纪以来经历了桐湾运动、加里东运动、海西运动、印支运动、燕山运动以及喜山运动，从沉积古地理演化而言经历了台地相、深水陆棚相、浅水陆棚相、三角洲前缘。周边古隆起作为物源供应区，影响渝东南区块的沉积环境。

本研究区的主要目的层位下寒武统牛蹄塘组，上奥陶统五峰组—下志留统龙马溪组。因此，研究区内晚古生代形成的古隆起才是影响这两套烃源岩的主要原因。至震旦纪以来，渝东南地区西侧发育川中古隆起，东侧受雪峰隆起影响，而南部受黔中隆起控制，在空间上表现为三高夹一盆的地理特征（图6.3）。

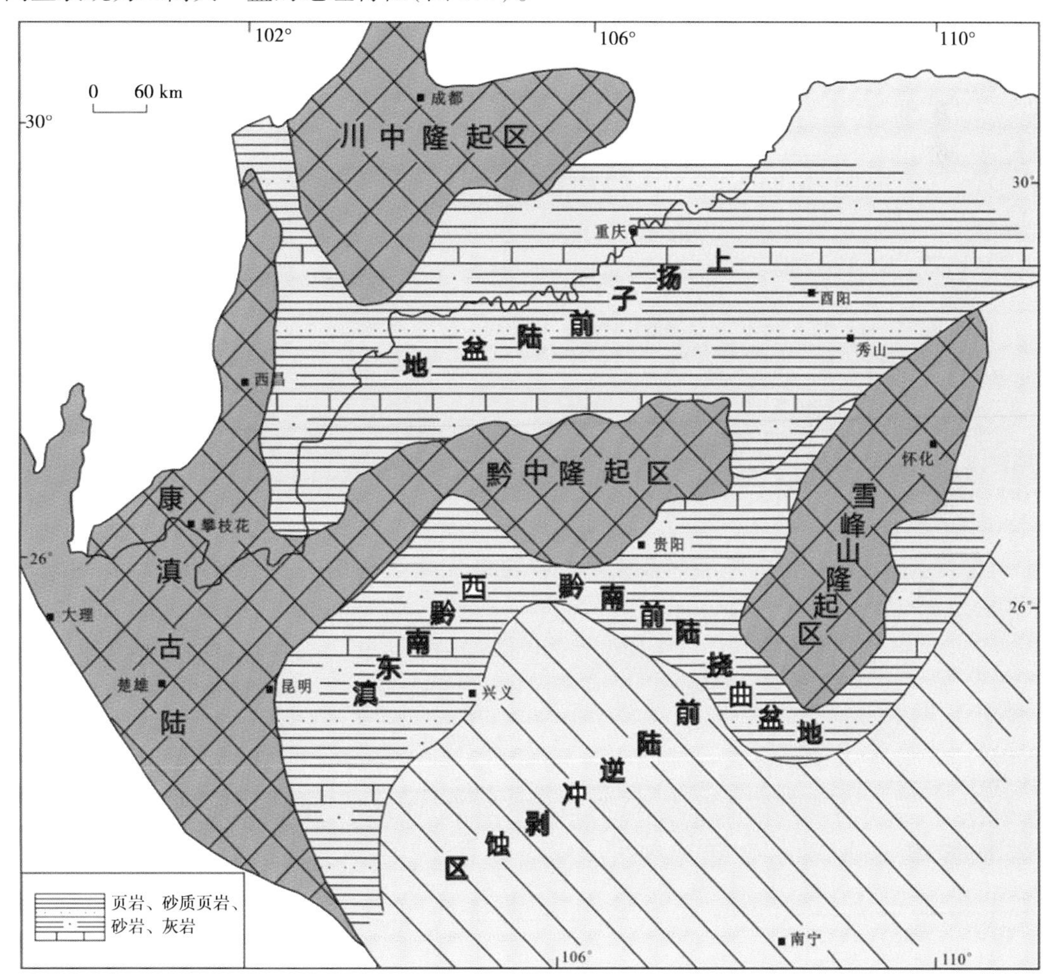

图6.3 晚古生代上扬子与滇黔桂地区构造-岩相古地理图

（1）川中古隆起

川中古隆起是发育在四川盆地内老的古隆起，以桐湾运动为标志，其表现形式为寒武系角度不整合覆盖在震旦系灯影组之上，且古隆起范围随着地质时期的迁移不断向西扩大。该古隆起是受基底和断裂控制的具有一定继承性的隆起。古隆起范围内具有良好的生储盖空间匹配关系,具有形成大中型气田的地质条件。区内发现威远大气田,表现了川中古隆起上巨大的油气勘探资源潜力。在页岩气勘探开发方面,威远背斜的页岩气开采也取得了较大的成绩。就对渝东南地区的影响而言,它位于研究区西侧,影响了区内沉积水体的深度,以及黑色页岩的厚度(烃源岩)。表现研究区为向陆一侧(西侧)水体逐渐变浅,黑色页岩厚度逐渐变薄。

(2)黔中隆起

黔中隆起是晚奥陶世到志留纪早期华南上扬子区南部的一个重要古地理单元。它向东一直影响到铜仁以北,就黔中古陆而言,它对渝东南地区的沉积环境影响较小。黔中隆起向北延伸是形成一些小型的古陆则是对渝东南地区的页岩气勘探影响较大,这使得渝东南地区页岩厚度可能在局部变化较大、发生异常变薄的特征。

(3)雪峰隆起

雪峰隆起位于上扬子板块东南边缘,属于江南-雪峰隆起的西段,主要指分布在湖南西部、北部、贵州东南和广西北部的前震旦纪浅变质岩出露区。至雪峰隆起后,它控制了整个渝东南地区的物源供给,形成三角洲沉积,使得早志留世早期的深水陆棚相向上相变为三角洲前缘相,岩性也从黑色页岩向上变为粉砂岩-细砂岩。因此,雪峰隆起直接影响了渝东南地区志留系龙马溪组黑色页岩的沉积厚度。同时,我们还可以通过黑色页岩向上变为粉砂岩的界线重新认识雪峰隆起的确切时间。

4)断裂特征

渝东南地区西侧以齐耀山断裂为界,北起于湖北,经巫山、武隆、南川进入贵州,横贯七曜山、金佛山。重庆境内全长大于350 km,是上扬子台内坳陷的渝东南凹陷褶皱带与重庆台内坳陷的重庆凹陷褶皱带的分界线。同时发育有逆冲推覆断裂、逆断层、正断层、平推断层、枢纽断层等多种性质的断裂。断裂的延伸方向和褶皱的走向基本相同,均为北北东向或北东向,其中以北北东向的断层居多。

该区的南部以压性或压扭性的断裂为主,多表现为逆冲推覆断裂和逆断层,且具有雁行排列式,断裂组合形态特征为多字形构造。断面倾向北西和南东,主要发育于背斜两翼,且断层的倾角很大,有的近于直立。在该地区的中部断裂主要以正断层为主,断面的倾向以北西向为主,主要发育在背斜的轴部。在该区的北部断裂多分布在背斜的两翼,具有多种类型的断裂,断面倾向北西和南东。

5)构造特征和构造样式

(1)研究区构造特征

本次研究根据渝东南地区地表地层出露情况、野外测量的大量实测剖面和已有的地质资料,采用地层延伸法,由地表向深层逐一恢复地层的形态和厚度,并根据1:20 000地质图幅中已有的剖面来控制和校正1:50 000区域剖面中的地层厚度和形态,编制出了研究区区域构造地质剖面(图6.4、图6.5)。

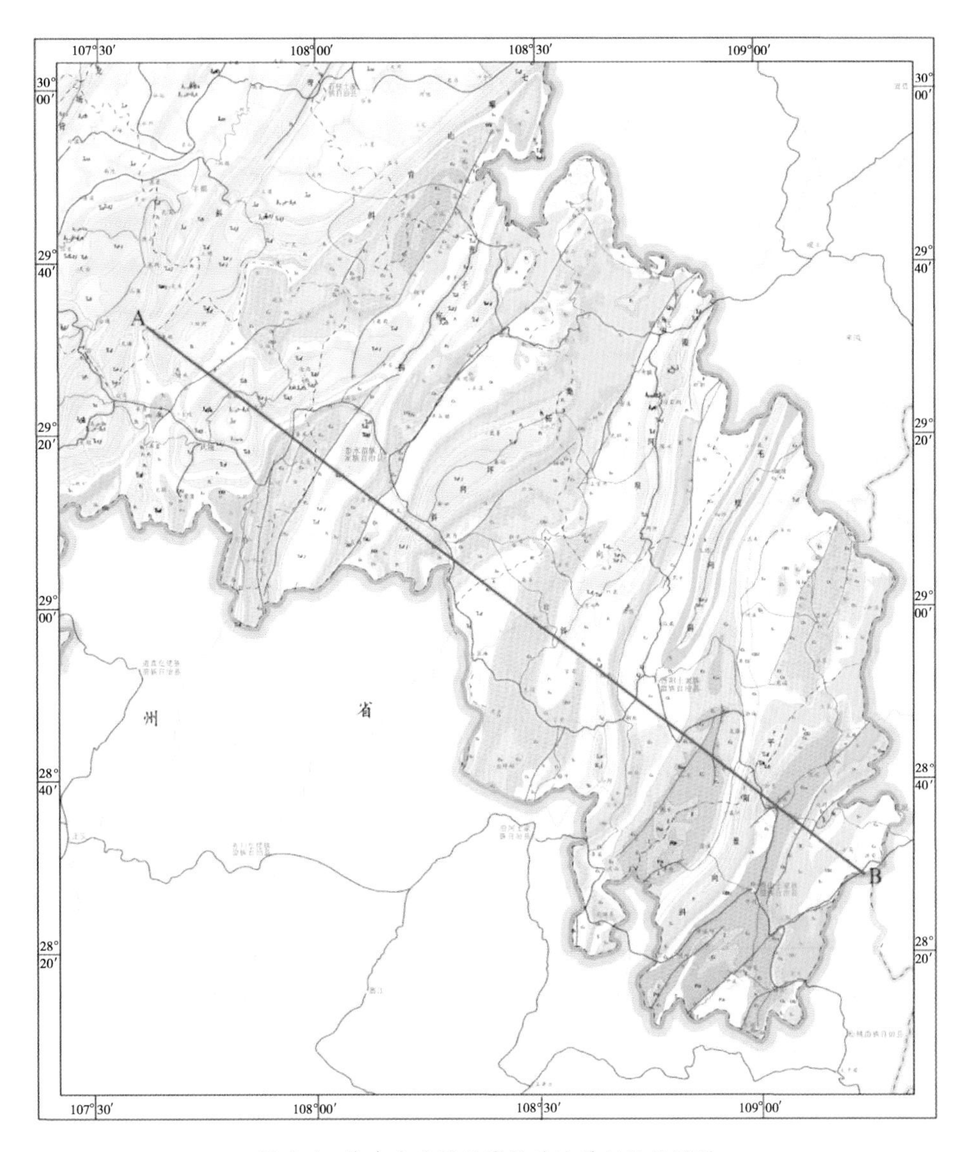

图6.4 渝东南地区区域构造地质剖面位置图

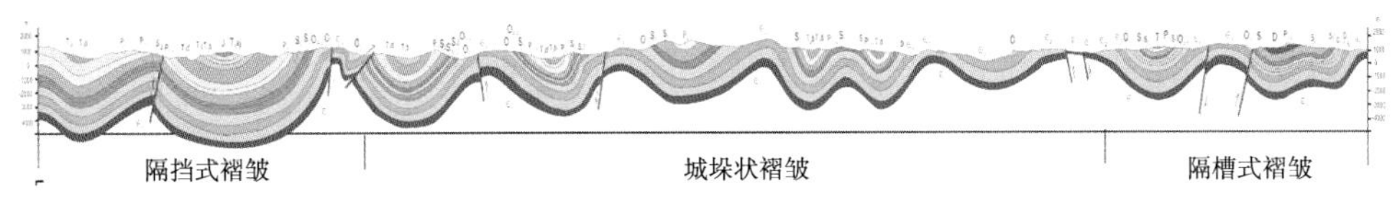

图6.5 渝东南地区区域构造地质剖面图

渝东南地区出露地层以古生界为主,其次为中生界三叠系及少量的侏罗系,缺失白垩系和第三系。变形带内背斜呈宽阔的箱状,核部出露寒武系-奥陶系地层,向斜多呈线状,主要出露上古生界及中、下三叠统地层(图6.5)。

该地区构造带内大多为线状褶皱,总体呈NNE向,其同心褶皱(亦称平行褶皱)特征及分带性明显。褶皱的显著特征是七曜山断层、郁山断层、马啦断层将渝东南地区分为隔挡式、过渡时、隔槽式三个褶皱构造带。该地区北部背斜通常为轴部宽度很窄、地层陡倾的紧闭式背斜,而向斜通常为轴部宽大、地层相对平缓的屉状向斜,其间次级褶皱发育。紧闭背斜与开阔平缓的向斜相间排列，组成典型的隔挡式褶皱或梳状褶皱，在地貌上形成岭、谷相间的特征（图6.4）。在该地区的中部，背斜和向斜的宽度大致相当，组成了典型的过渡性褶皱，形态上为城垛状褶皱；该区东南部，构造变形带内背斜呈宽阔的箱状，核部出露寒武系-奥陶系地层，向斜狭窄，呈线状，形成了隔槽式褶皱带。

渝东南地区内的大量褶皱和断裂从印支期开始发育，到燕山期基本定型，至喜山期进一步被改造。印支期在中国南方多个块体的汇聚、碰撞和造山背景下，古特提斯多岛洋的闭合，形成了大巴山-江南隆起复合盆山体系，各构造变形带的形成就是该复合盆山体系共同作用的结果。华夏与扬子板块的碰撞是最终导致了江南隆起的形成，并引起各变形带发生强烈变形。由此可见该地区各构造变形带形成的主要动力来源主要是来自SE-NW向的挤压，但在西部地区，由于上扬子基底的应力缓冲（顶撞），使挤压作用力对西部地区构造变形的影响相对较小。

渝东南地区在SE-NW的强烈挤压作用下，盖层内产生一系列向NE逆冲断层，这些断层将各滑脱层沟通，同时，由于持续挤压响应，使逆冲断裂的东南部岩层往北西方向运动，当其位移至断坡、并向高层滑脱面爬升时，由于横弯褶皱作用等原因，初始背斜形成；当岩层逐渐在断坡附近发生大规模重叠时，背斜进一步扩展，大型平底向斜是背斜形成后的被动构造，这样就形成了隔挡式褶皱的初期样式。随着时间的推移，下部滑脱层的岩层继续沿断裂向上部滑脱层爬升，上部已经形成的褶皱逐渐舒展，背斜逐渐变宽，向斜逐渐变窄，形成了由隔挡式褶皱向隔槽式褶皱过渡的中间形态。随着SE-NW向挤压作用继续进行，下部滑脱层的岩层继续向上爬升，向斜继续变窄，各套岩层最终在早期发育的断裂处出现窄向斜，而背斜则变得宽缓，因此就形成了隔槽式变形带，与此同时，在隔槽式变形带前缘继续形成新的隔挡式褶皱，而紧邻隔槽式变形带，靠近造山带的地方，由于强烈的挤压作用，基底岩层顺断层向前滑动，被推覆至造山带前缘，遭受严重破坏，挤出变形带由此形成。研究区内各构造带的形成是不同构造发展阶段的产物，它们形成了一个完整的构造演化序列。自从印支运动以来，由于华夏与扬子板块的碰撞为研究区提供了SE-NW向的挤压动力来源开始，首先在造山带附近形成隔挡式褶皱，随着时间的推移，隔挡式褶皱开始向NW迁移，早期的隔挡式褶皱带被隔槽式褶皱带所取代，在强烈挤压的造山带根部，基底岩系被挤出，形成遭受破坏最为严重的挤出构造变形带。由于应力的传递是由南东向北西方向传递，最先隆升遭受剥蚀最严重的是研究区东南部，并且由东南向西北方向的地层遭受剥蚀的程度越来越弱。

（2）研究区构造样式

在渝东南隔挡式、过渡时、隔槽式三个褶皱构造带划分的基础上，结合该区地震资料和地质剖面图的构造特征，根据断层和褶皱样式、褶皱翼间角大小及地层倾角，将渝东南地区的构造样式又细分成七类：背冲平拱、碟形向斜、直立宽缓向斜、侧卧宽缓向斜、闭合向斜、高陡断褶皱和倒转向斜。

①背冲平拱：背斜顶部宽缓，翼间角大于150°，两翼地层最大倾角小于20°，轴面近直立。主要分布区块包括焦石坝、桐梓和后坪（图6.6）。

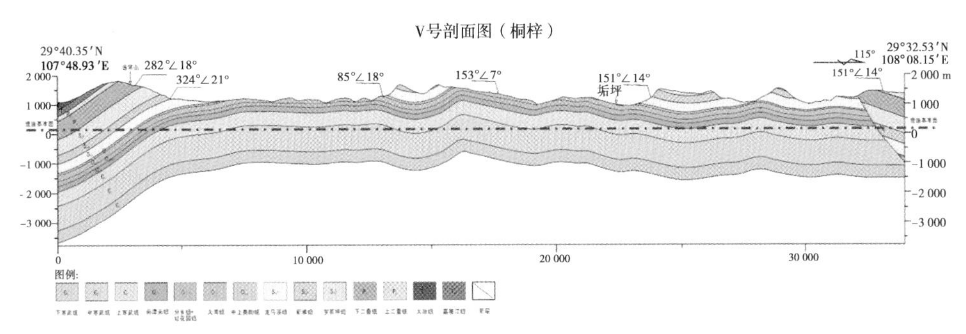

图 6.6　桐梓区块地质剖面图

②碟形向斜：翼间角大于 150°，两翼地层最大倾角小于 20°，向斜呈碟形，主要以黔页 1 井区为主（图 6.7）。

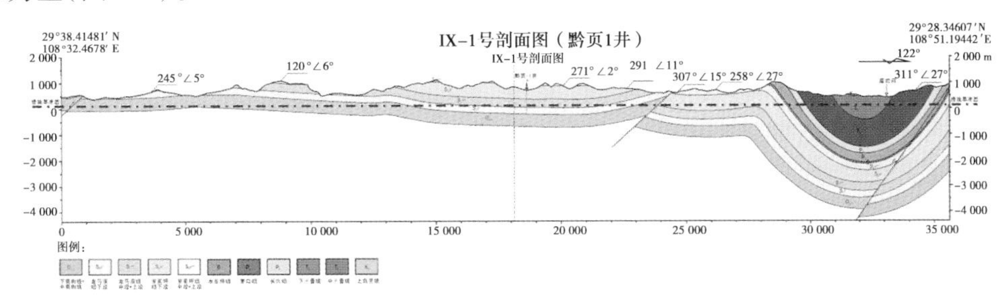

图 6.7　黔页 1 井区地质剖面图

③直立宽缓向斜：翼间角 90°～150°，两翼最大倾角为 20°～45°，轴面近直立，主要分布在彭水、龚滩、秀山东、南腰界、酉阳东、三坝、黔江（图 6.8）。

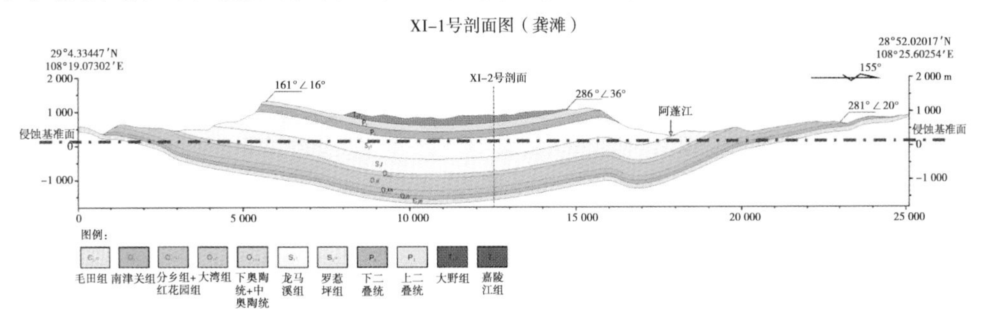

图 6.8　龚滩区块地质剖面图

④侧卧宽缓向斜：翼间角 90°～150°，一翼最大倾角为 20°～45°，轴面倾斜，主要分布在龚滩、黄家、黔江、酉阳东、武隆、普子（图 6.9）。

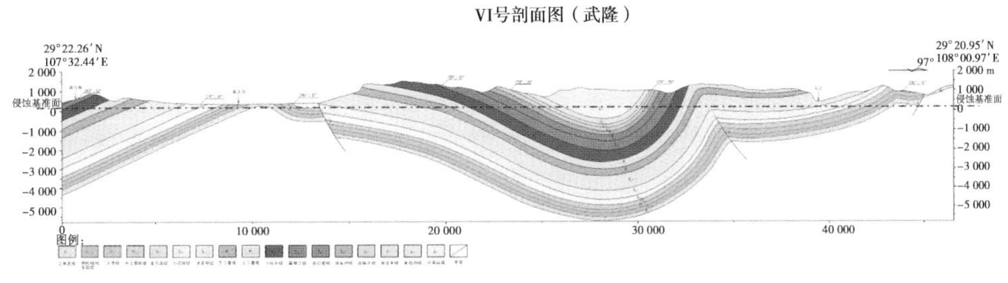

图 6.9　武隆区块地质剖面图

⑤闭合向斜：翼间角小于 90°，两翼地层倾角大于 45°，轴面近直立，主要分布在平阳盖、

彭水、毛坝、宜居-小河、酉阳东(图 6.10)。

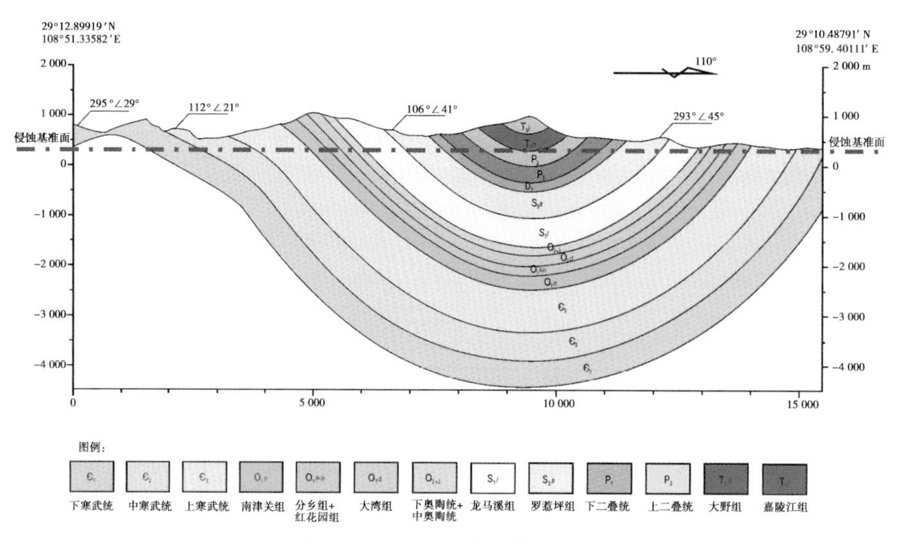

图 6.10　毛坝区块地质剖面图

⑥高陡断褶皱:翼间角大于 120°,单侧断层倾角大于 45°,轴面倾斜,主要分布在桐梓、后坪、酉阳东、彭水、武隆、黔江、普子(图 6.11)。

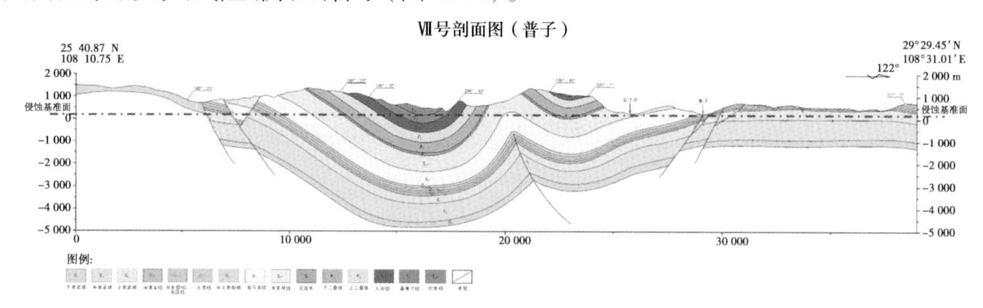

图 6.11　普子区块地质剖面图

⑦倒转向斜:轴面倾斜,两翼倾向相同,一翼的地层倒转。主要分布在三坝(图 6.12)。

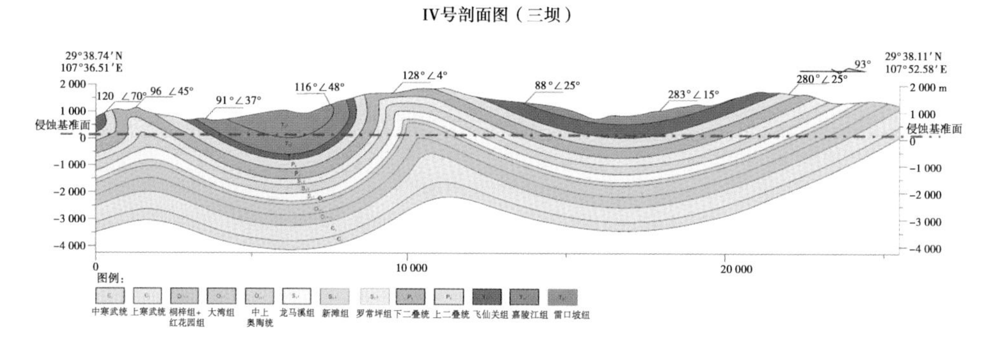

图 6.12　三坝区块地质剖面图

6.2.3　主要页岩层系展布特征

上奥陶统五峰组和下志留统龙马溪组地层在上扬子地区基本上为连续沉积,可以作为一套烃源岩层系。该套地层在研究区所在的渝东南地区是非常重要的一套烃源岩，渝东南地区已有揭示该套烃源岩的钻井11口。本项目对研究区内该套地层的7口参数井和5条露头剖面进行了密集采样和详细测量，并对所有样品也进行了系统分析。下面以这些分析资料为基础结合区域收集资料讨论上奥陶统五峰—下志留统龙马溪组烃源岩的分布。

渝东南地区晚奥陶世-早志留世整体处于陆棚-盆地相沉积，在五峰—龙马溪组发育了一套厚度较大的泥页岩（图6.13）。

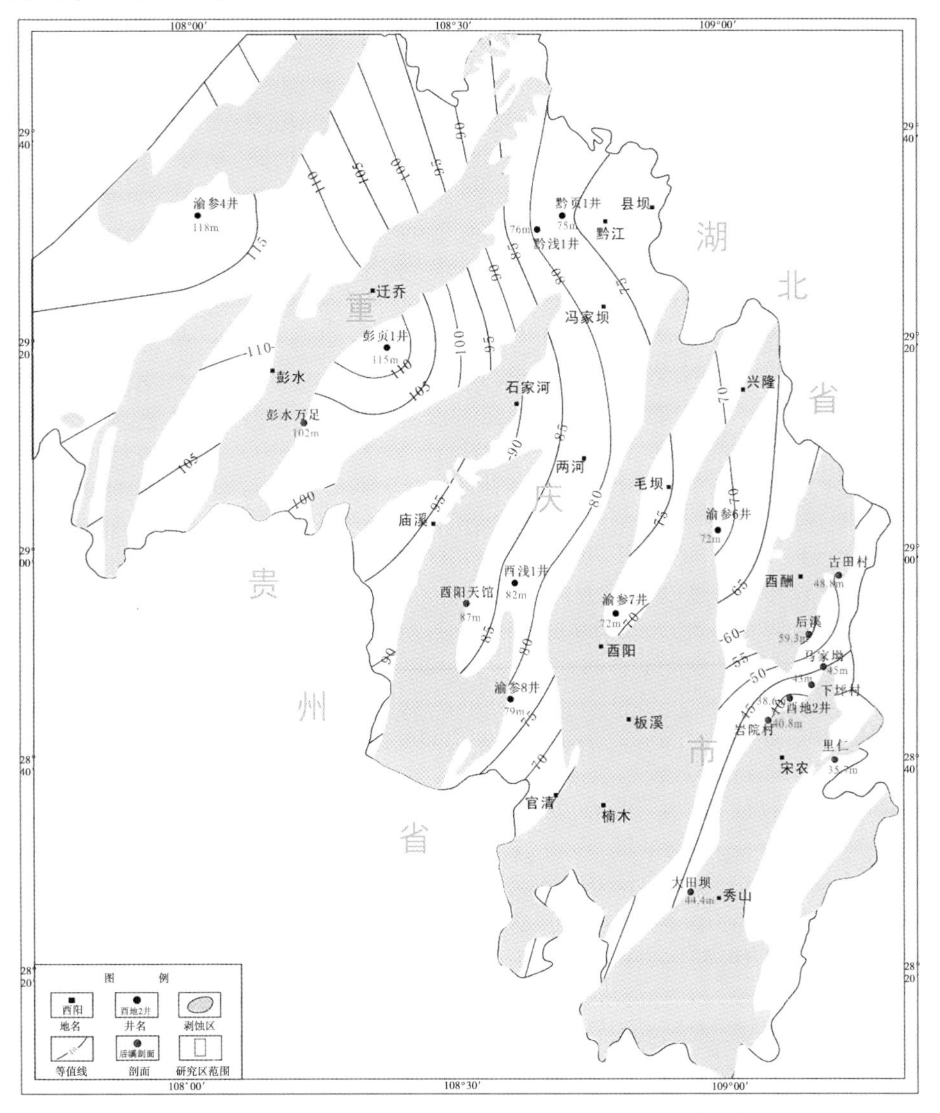

图6.13 研究区及周边地区五峰组—龙马溪组黑色页岩厚度等值线图

该套地层在渝东南部分地区被剥蚀，残余地层在整个渝东南地区主体呈北东向的带状分布，区域上目的层页岩沉积厚度变化较大，从北西向南东方向有减薄趋势，厚度一般为35～120 m。目的层沉积厚度较大，一般为35～70 m，从北东往南西方向黑色页岩厚度逐渐变薄。

6.2.4 沉积体系特征

1)沉积相和沉积标志

从地面露头揭示、钻井岩心观察描述和测井曲线特征等资料显示,渝东南地区五峰—龙马溪组为海相陆棚沉积,以浅水陆棚和深水陆棚亚相为主,其微相主要由泥质深水陆棚、泥质浅水陆棚、砂质浅水陆棚相组成。沉积岩石类型主要有泥页岩、浊积岩、震积岩、地震岩席、风暴岩、粉沙质泥页岩,沉积标志主要有浊流沉积、静水沉积、球枕构造、滑塌变形、风暴沉积、波状层理和泥岩撕裂屑(表6.7)。

表6.7 渝东南地区沉积相类型及沉积标志

沉积亚相	沉积标志	岩石类型	沉积特征	岩心照片
深水陆棚	浊流沉积	浊积岩	具有递变层理,显示由衰减水流沉积而成	
	静水沉积	泥页岩	风暴浪基面以下静水环境下形成的,水平层理,富含笔石	
	球枕构造	地震岩席	由地震导致的软沉积物变形形成,凹面指示地层顶部	
	滑塌变形	震积岩	在地震作用下发生运动和位移所产生的变形	
浅水陆棚	风暴沉积	风暴岩	风暴作用下形成的一种密度流沉积	
	波状层理	粉砂质泥页岩	泥砂在水动力条件强弱交替的情况下形成的	
	泥岩撕裂屑	震积岩	由地震等导致,泥岩棱角分明,反映了沉积物滑动再沉积的特点	

浅水陆棚主要发育含有机质混合质页岩,条带状韵律发育,波纹层理,而笔石发育较少(图6.14);深水陆棚主要为富有机质硅质页岩,有机质含量高,黄铁矿含量高,笔石发育较多(图6.15、图6.16)。

图6.14 浅水陆棚岩心照片

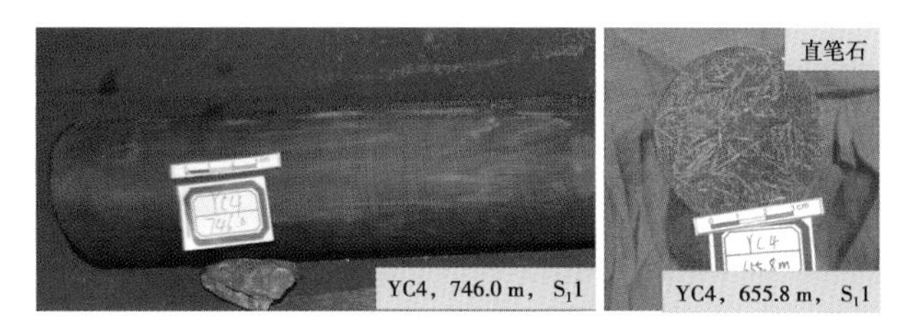

图 6.15　深水陆棚岩心照片

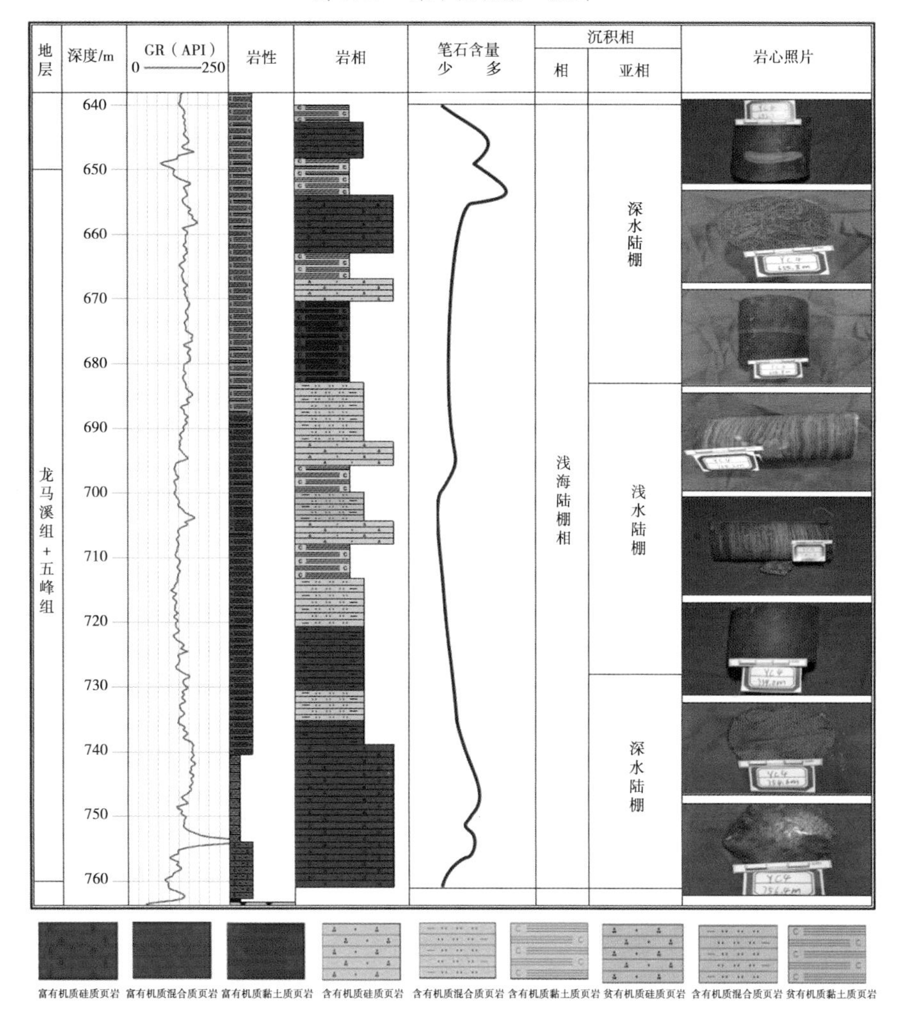

图 6.16　YC4 井沉积相综合柱状图

2）单井沉积相分析

对研究区 7 口井岩心观察与测井解释表明，渝东南为深水陆棚与浅水陆棚交替的沉积环境，龙马溪组发育两个三级层序，海侵体系域与高位体系域交替，底部普遍发育富有机质硅质页岩，不同的沉积构造特征揭示了不同的勘探潜力（图 6.17—图 6.26），深水陆棚相中的海侵体系域是最有利的勘探目标区，即五峰组和龙马溪组下部是页岩气最有利勘探部位。

井名	黔页1	渝参4	渝参6	渝参7	渝参8	酉浅1	黔浅1
沉积环境	深水陆棚与浅水陆棚交替出现						
海平面变化	海侵—海退—海侵—海退						
厚度/m	76	110	83	77	78	81	72
笔石发育情况	底部发育较多，中上部发育较少	顶部和底部非常发育	底部发育较多，中上部很少	上部发育较少，中部几乎没有，底部非常发育	顶部和底部发育较多	中上部发育较少，底部发育较多	底部较多，向上逐渐变少
黄铁矿发育情况	整体比较发育，底部最多	黄铁矿结核非常发育	很少发育，主要集中在底部	整体较少，底部略有增多	整体较少	上中下均有发育	上中下均有发育
颜色、裂缝、纹层特征	颜色较深，破碎较少，裂缝被方解石充填，中上部纹层较明显	整体颜色较深，中部约30 m发育灰色条带，底部裂缝非常发育，岩心破碎严重	整体颜色相对较浅，破碎较严重，发育高角度裂缝，方解石充填较发育，中部纹层发育	颜色较深，破碎较严重，裂缝非常发育，被方解石胶结，中部纹层较发育	颜色较深，底部破碎较严重，污手，方解石充填，中上部比较完整，纹层较发育	颜色较深，底部破碎严重，裂缝被方解石充填，中上部保存较好，纹层较明显	颜色相对较浅，底部略有破碎，中上部保存较好，裂缝不发育，可见纹层
岩心照片			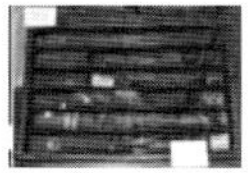	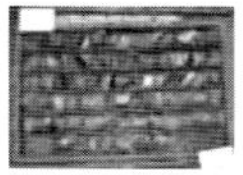	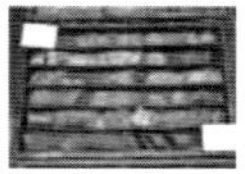		

图6.17 钻井岩心特征归纳图

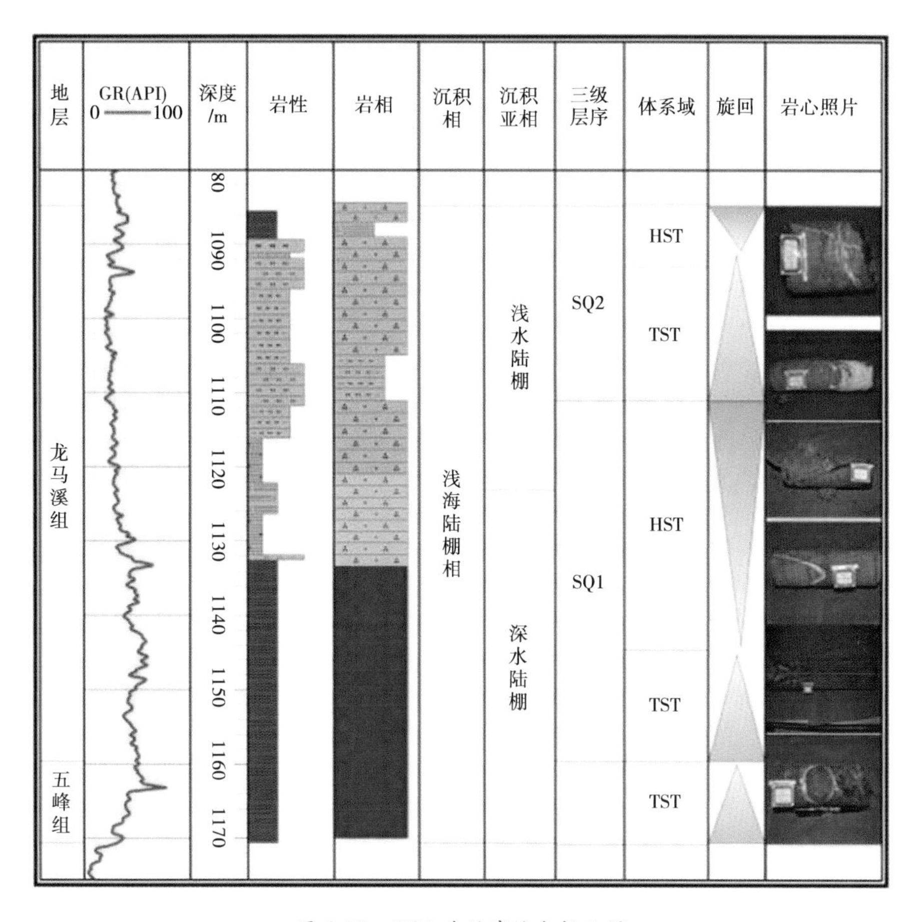

图6.18 YQ1井层序综合柱状图

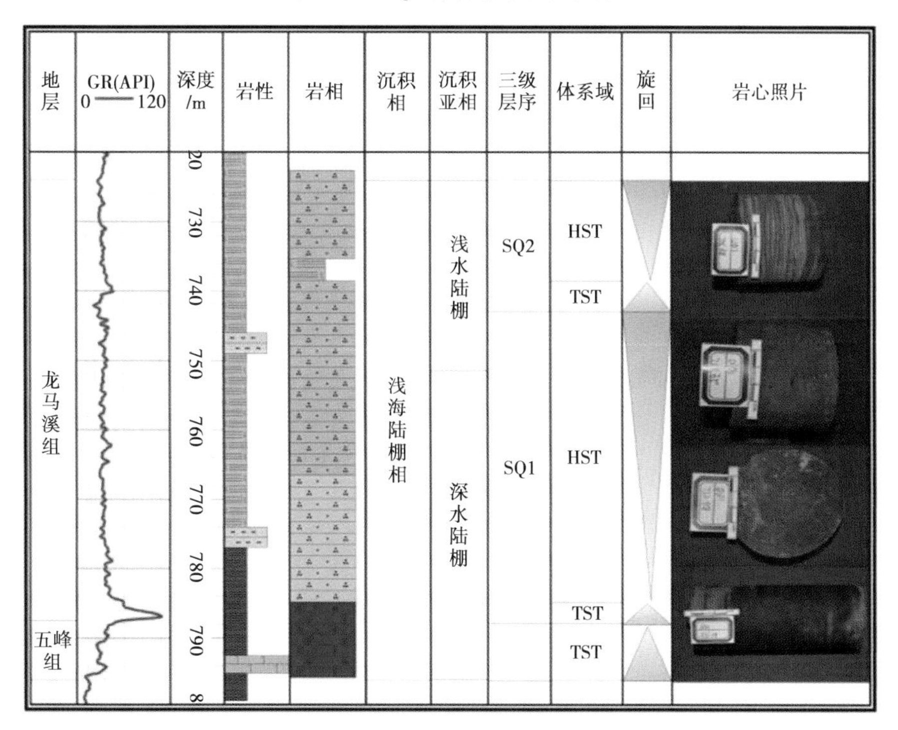

图 6.19　QQ1 井层序综合柱状图

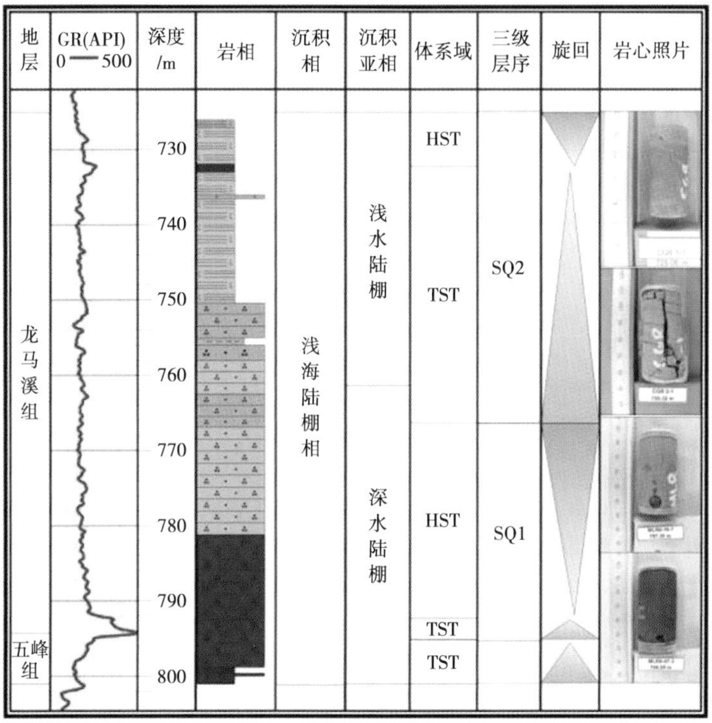

地层	GR(API) 0—500	深度/m	岩相	沉积相	沉积亚相	体系域	三级层序	旋回	岩心照片
龙马溪组		730		浅海陆棚相	浅水陆棚	HST	SQ2		
		740							
		750				TST			
		760							
		770			深水陆棚		SQ1		
		780				HST			
		790				TST			
五峰组		800				TST			

图 6.20　QY1 井层序综合柱状图

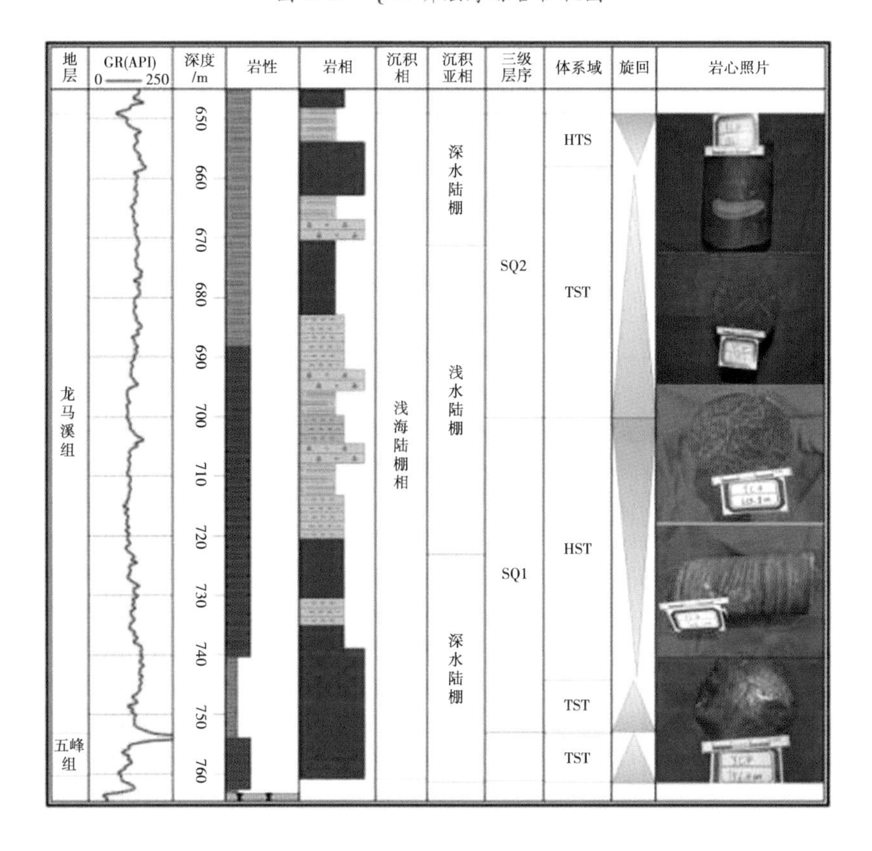

图 6.21 YC4 井层序综合柱状图

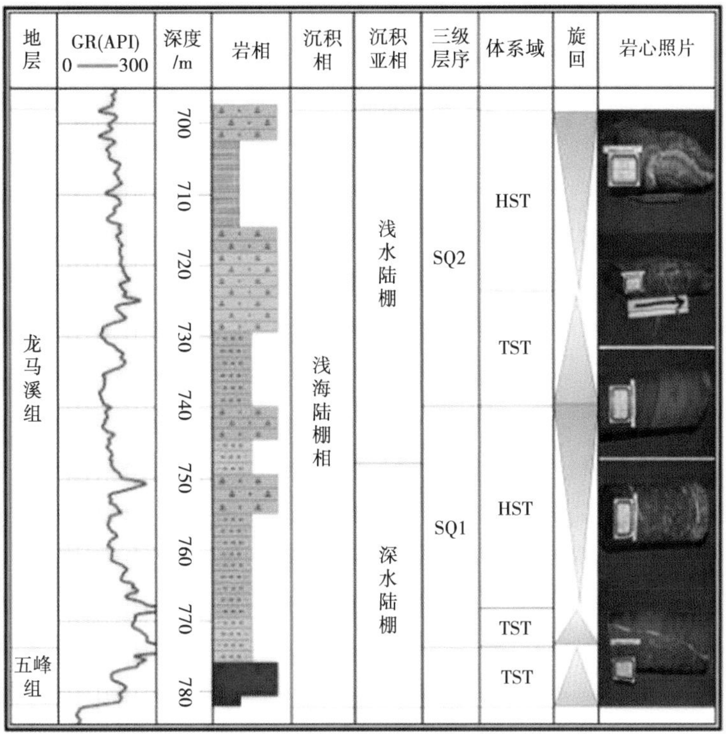

地层
GR(API)
0 300
深度/m
岩相
沉积相
沉积亚相
三级层序
体系域
旋回
岩心照片
龙马溪组
五峰组
700
710
720
730
740
750
760
770
780
浅海陆棚相
浅水陆棚
深水陆棚
SQ2
SQ1
HST
TST
HST
TST
TST

图 6.22 YC6 井层序综合柱状图

地层
GR (API)
0 300
深度/m
岩相
沉积相
沉积亚相
体系域
三级层序
旋回
岩心照片
龙马溪组
五峰组
780
790
800
810
820
830
840
850
860
浅海陆棚相
浅水陆棚
深水陆棚
HST
TST
HST
TST
TST
SQ2
SQ1

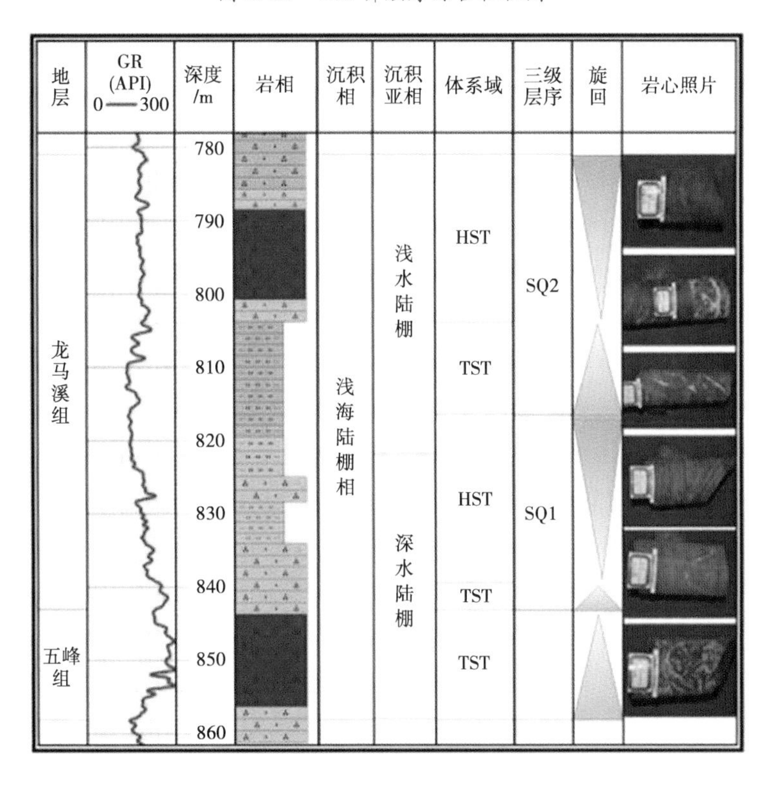

图 6.23 YC7 井层序综合柱状图

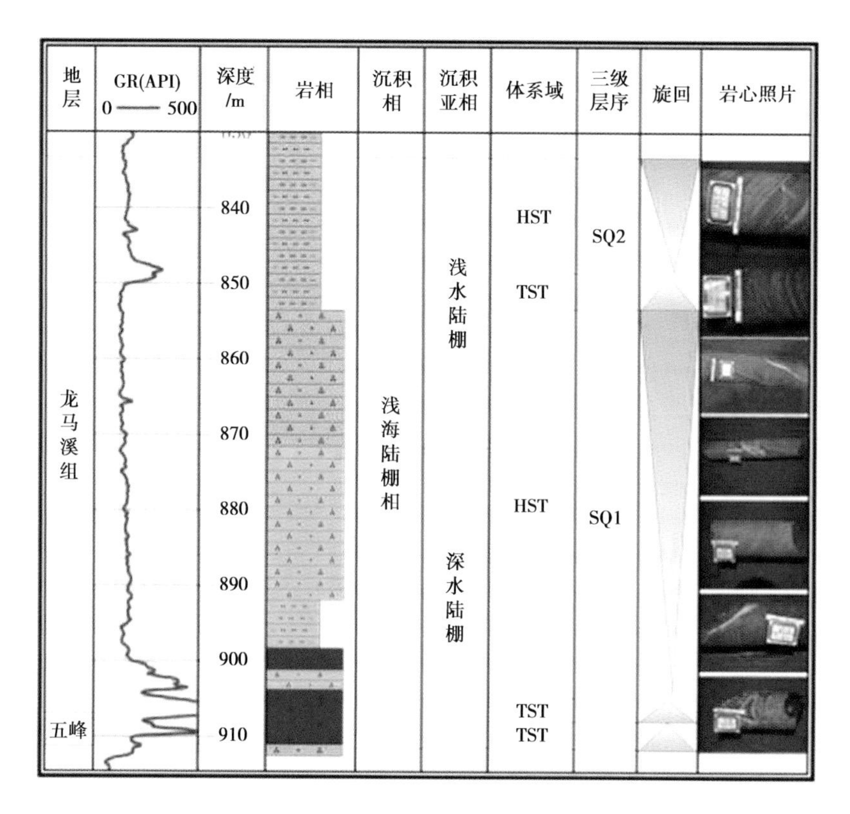

图 6.24　YC8 井层序综合柱状图

3)连井沉积相分析

在单井沉积划分完成的基础上,对研究区内 5 口井进行了连井层序地层格架内沉积相的对比。本次建立连井剖面所使用的井由南向北为:渝参 8 井、渝参 7 井、渝参 6 井、黔浅 1 井和渝参 4 井。

单井沉积旋回分析,整个渝东南地区主要经历了 1 个三级旋回,包括海侵体系域和高水位体系域。其中,五峰组和龙马溪组下部黑色页岩发育在海侵体系中。从连井剖面中也可以看出,在整个连井剖面的底部表现为高 GR 值,反映了泥岩含量高,根据单井相分析和岩心露头分析这套高 GR 值的泥岩为高 TOC 的黑色页岩(图 6.25),属于海侵体系域的产物。而且在渝参 7 井中厚度最大,向南向北西逐渐变薄,正好反映了整个渝东南地区在晚古生代所处的地理位置。其西侧为川中隆起,东南侧为雪峰隆起,在整个渝东南地区表现为两隆夹一盆,因此,在渝参 7 井位置,黑色页岩沉积厚度最厚。

连井剖面向上为高水位体系域,随着海平面逐渐减低,黑色页岩沉积逐渐转变为粉砂质泥岩、泥质粉砂岩沉积。它不仅是对全球海平面下降的反映,还说明了雪峰隆起的时间。在高水位体系域中可分为高泥岩层和低泥岩层,高泥岩层通过单井分析和岩心分析为粉砂质泥岩、泥质粉砂岩,而低泥岩层则为粉砂岩。它们都是由于海平面降低后,陆源碎屑不断注入后形成的砂质沉积物。

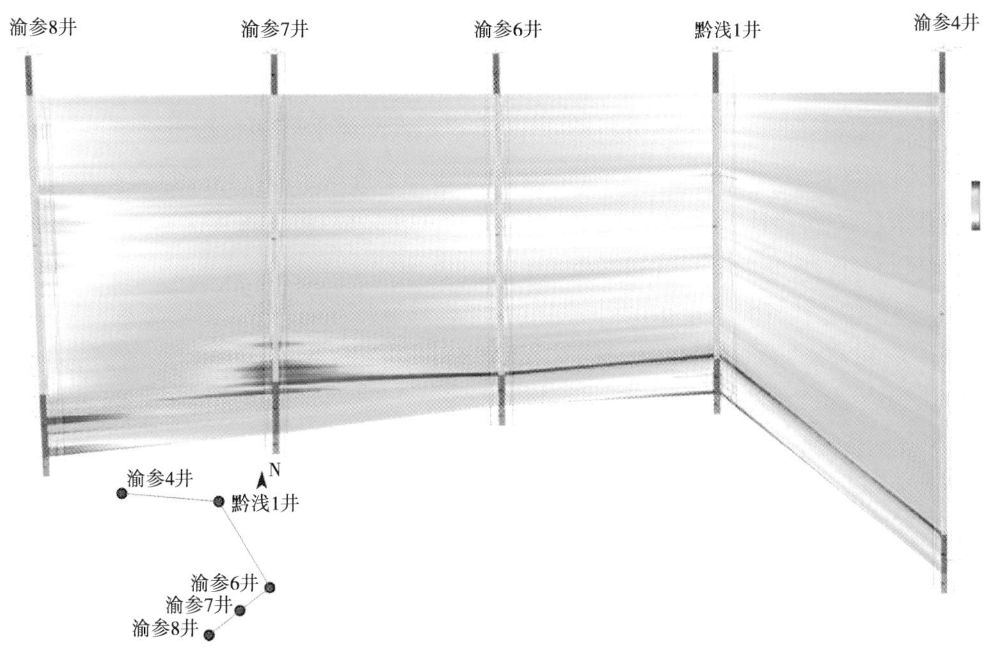

图6.25 渝东南地区连井剖面GR曲线反演图

海侵体系域和高水位体系域中主要发育3个沉积相:深水泥质陆棚相,浅水泥质陆棚相和浅水砂质陆棚相(图6.26)。其中,海侵体系域中发育的黑色泥岩为深水陆棚相的沉积产物,粉砂质泥岩、泥质粉砂岩为浅水泥质陆棚相的产物,而粉砂岩为浅水砂质陆棚相沉积产物。从连井剖面看,由深到浅,由南东向北西的相变表现了全球海平面变化以及川中隆起和雪峰隆起对渝东南地区的影响。

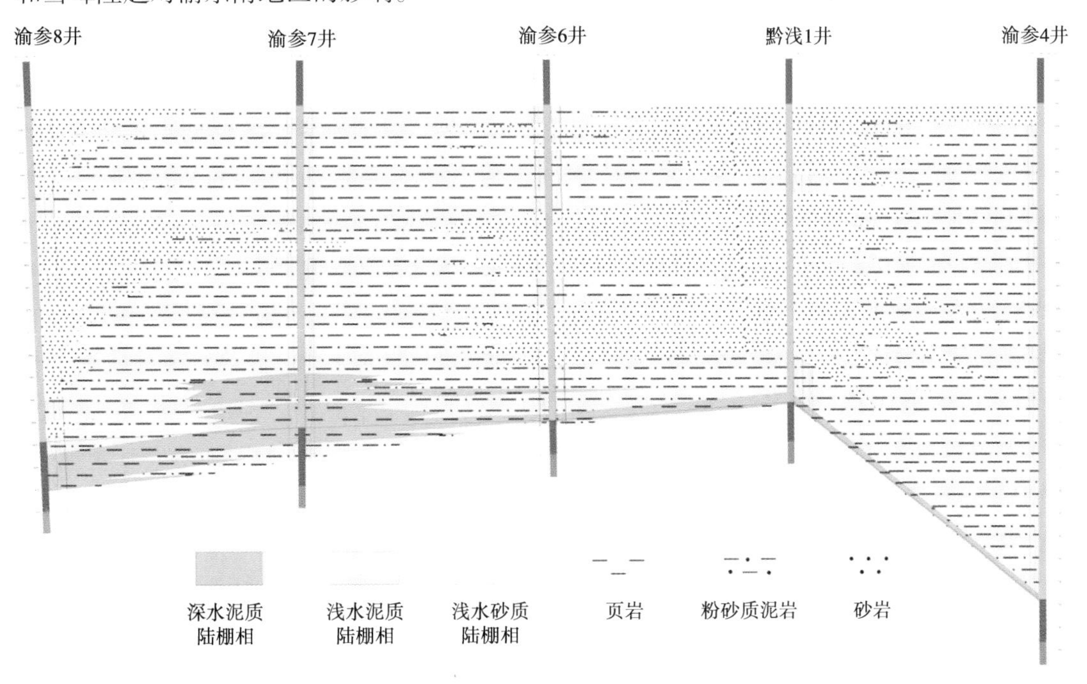

图6.26 渝东南地区连井剖面沉积相分析

4）沉积相平面展布

沉积相的平面展布研究是在层序划分的基础上，通过统计研究区内10口井和5条露头剖面各个体系域的砂岩厚度、地层厚度、黑色泥岩厚度、灰色泥岩厚度，结合各种相标志、单井相、露头岩心相、剖面相及统计分析结果，对沉积相在平面上的展布作出分析和划分。本次研究对研究区目的层的2个体系域的沉积相展布特征进行详细分析（图6.28、图6.29）。

海侵体系域：海侵体系域沉积时水体相对较深，根据岩心相和露头剖面特征，在单剖面沉积相划分的基础上进行了连井沉积体系划分对比，由于海侵体系域主要发育黑色泥岩和少量粉砂岩（图6.27），其沉积相类型主要为深水泥质陆棚沉积，岩石类型主要为黑色泥岩和灰色泥岩，在研究区东部和南部发育少量薄层砂体，为浅水砂质陆棚沉积。

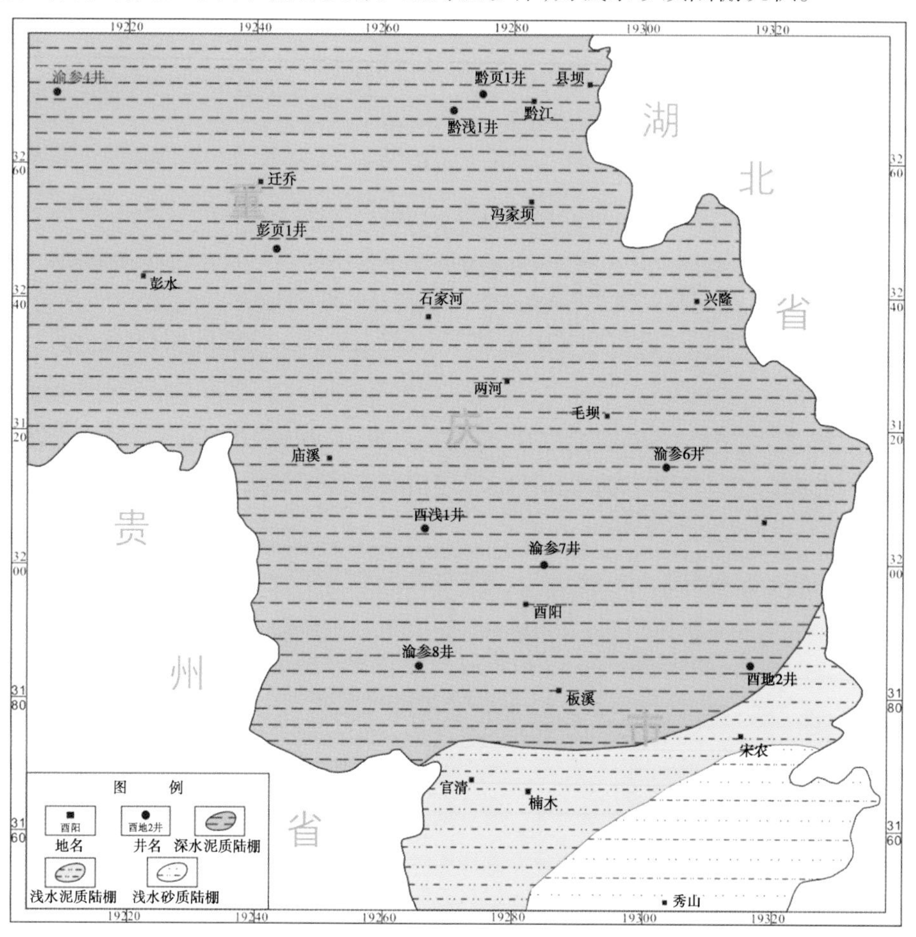

图6.27 研究区TST沉积体系平面展布图

高位体系域：高位体系域时期，水体深度逐渐降低，根据岩心相和露头剖面特征，在单剖面沉积相划分的基础上进行了连井沉积体系划分对比，建立了海侵体系域的沉积相图（图6.28）。对比海侵体系域，高水位体系域的深水盆地相面积向北西方向逐渐减小，而浅水砂质陆棚相由东北部和西南部逐渐向西扩大，表现了雪峰隆起对整个陆缘碎屑物质的控制。

到了新滩组沉积时期，雪峰隆起进入成熟期，开始发育三角洲前缘沉积，沉积了巨厚层粉砂岩和中砂岩。黑色页岩沉积结束。

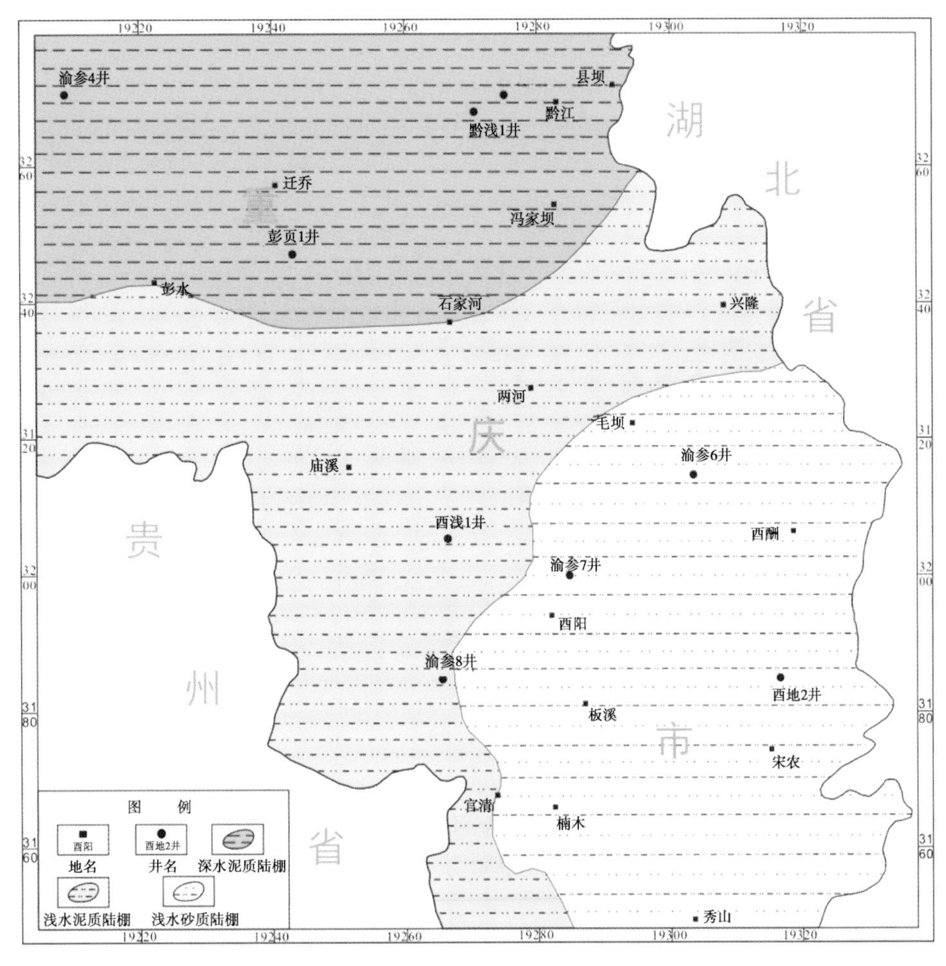

图 6.28　研究区 HST 沉积体系平面展布图

6.3　烃源岩特征

页岩既是储集层又是烃源岩,作为烃源岩研究其有机地球化学特征进而分析页岩的生烃条件,页岩生烃能力的内部控制因素主要是页岩自身的地球化学指标,即干酪根类型和显微组分、有机碳含量、成熟度、生烃潜量等参数。同时,这些地球化学指标也是影响页岩气赋存状态及页岩含气性能的重要因素。

6.3.1　页岩地球化学特征

1)有机质丰度

有机质丰度是指单位质量岩石内所含有机质的数量。在其他条件相近的前提下,岩石中原始有机质含量(丰度)越高,其生烃能力越强。目前,衡量岩石中有机质的丰度所用的指标主要有总有机碳(TOC)、氯仿沥青“A”、总烃和生烃潜量(S_1+S_2),但对于高-过成熟的页岩，由于受岩石生烃、排烃作用的影响，氯仿沥青“A”、总烃和生烃潜量等指标难以准确指示页岩原始生烃能力。而总有机碳含量是指岩石中有机碳占岩石质量的百分比，虽然随着有机质热成熟作用的进行，总有机碳是减少的，但研究表明岩石质量在演化过程中也是逐渐减小的，因此，总有机碳含量可以近似代表岩石原始有机质丰度，是评价烃源岩及其原始生烃能力的有效指标。

（1）有机碳含量

根据渝东南地区7口井336块岩心样品实测的有机碳含量数值可以得出，研究区上奥陶统五峰组—下志留统龙马溪组页岩有机碳含量变化范围较大，分布在0.218%～8.49%，平均为1.61%。其中，有机碳含量大于1%的样品有195个，占总数的58.04%；有机碳大于2%的样品有94个，占总数的27.98%；有机碳大于3%的样品有55个，占总数的16.37%（图6.29），表明研究区该套页岩有机碳含量总体一般。

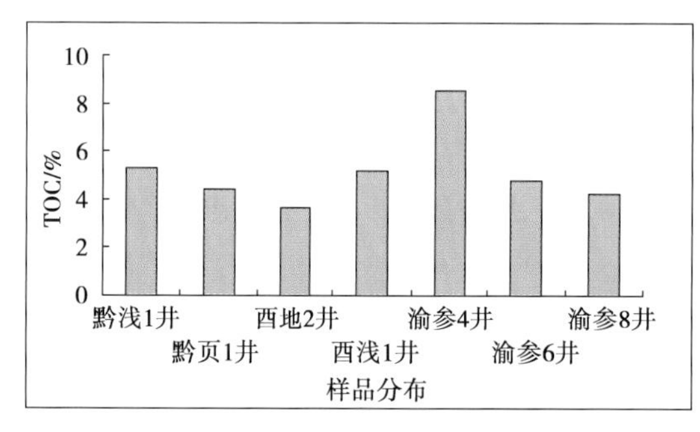

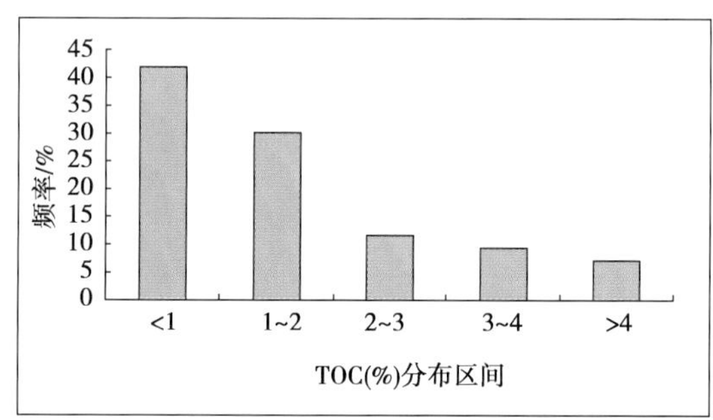

图6.29 渝东南地区五峰组—龙马溪组页岩有机碳含量（左）和累计分布（右）

按照中国南方地区古生界烃源岩评价等级划分标准（据梁狄刚等，2008，详见表6.8），结合前述提出的有机碳评价标准，烃源岩等级为差的样品有141个，占总数的46.96%；评价为中的样品有101个，占总数的30.06%；评价为好的样品有39个，占总数的11.61%；评价为很好的样品有50个，占总数的14.31%；评价为极好的样品有5个，占总数的1.49%。

表6.8 中国南方地区古生界烃源岩评价等级划分标准（据梁狄刚等，2008）

烃源岩等级	下古生界泥岩		上古生界泥岩		碳酸盐岩	
	TOC /%	S_1+S_2 /（mg · $g_{岩}^{-1}$）	TOC /%	S_1+S_2 /（mg · $g_{岩}^{-1}$）	TOC /%	S_1+S_2 /（mg · $g_{岩}^{-1}$）
非	<0.5	<0.5	<0.5	<0.5	<0.5	<0.5
差	0.5～1.0	0.5～2.0	0.5～1.0	0.5～2.0	0.5～1.0	0.5～2.0
中	1.0～2.0	2.0～6.0	1.0～2.5	2.0～6.0	1.0～2.0	2.0～6.0
好	2.0～3.0	6.0～10	2.5～4.0	6.0～10	2.0～3.0	6.0～10
很好	3.0～5.0	10.0～20.0	4.0～7.0	10.0～20.0	>3.0	>10.0
极好	>5.0	>20.0	>7.0	>20.0	—	—

(2)生烃潜量

岩石热解参数分析的功能是定量检测岩石中的含烃量。其中,总烃含量为 S_1、S_2、S_3 的总和,S_0 为气态烃含量,代表了 C1-C7 的轻烃含量;S_1 为游离烃含量,代表已生成但未运移走的液态烃(C7 以后)残留量;S_2 代表干酪根可裂解生成的烃含量;$S_0+S_1+S_2$ 代表生烃潜量,可反映源岩的生烃能力。但是生烃潜量受热演化程度的影响较大,中国古生界海相烃源岩成熟度普遍很高,岩石热解获得的残余生烃潜力通常很低,不能直接反映其原始生烃潜力。目前,陈建平等(2012)认为可以通过以未成熟-低成熟阶段烃源岩有机质为基础,按有机质类型大类,建立生烃潜量与有机碳含量之间的定量关系,以此来计算高-过成熟烃源岩的原始生烃潜力。

研究区内上奥陶统五峰组—下志留统龙马溪组 5 口井 264 块页岩岩心样品岩石热解实验分析测试表明,这套页岩生烃潜量一般为 0.03 ~ 0.23 mg/g,平均为 0.08 mg/g(图 6.30)。表明该套页岩的残余生烃潜量均较低,最大值都达不到 0.5 mg/g,这主要是由于烃源岩演化程度过高,随着生成的烃类的运移,$S_0+S_1+S_2$ 含量随之降低。若参考中国南方地区未成熟古生界烃源岩评价等级划分标准(表 6.9),也可推断该区下古生界两套页岩现今生烃能力基本终止。

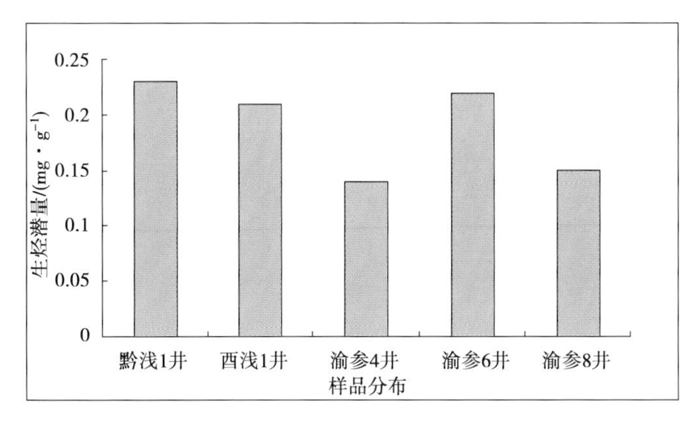

图 6.30 渝东南地区五峰组—龙马溪组页岩不同井生烃潜量分布图

表 6.9 干酪根类型与 $\delta^{13}C$ 分布的关系

三分法(王大锐,2000)		黄第藩(1984)		SY/T 5735—1995
典型腐泥型	<-29.0‰	标准腐泥型 I_1	<-30.2‰	<-30.0‰
Ⅰ	-27.0‰ ~ -29.3‰	含腐殖的腐泥型 I_2	-28.2‰ ~ -30.2‰	-30.0‰ ~ -28.0‰
Ⅱ	-25.5‰ ~ -27.2‰	中间型或混合型Ⅱ	-26.0‰ ~ -28.2‰	-28.0‰ ~ -25.2‰
Ⅲ	-21.0‰ ~ -26.0‰	含腐泥的腐殖型 $Ⅲ_1$	-24.5‰ ~ -26.0‰	-25.5‰ ~ -22.5‰
		标准腐殖型 $Ⅲ_2$	-20.0‰ ~ -24.5‰	> -22.5‰

陈建平等(2012)以目前可以获得的我国古生界(包括元古宇)海相低成熟烃源岩为基础,按下古生界(包括元古宇)、上古生界泥岩、上古生界含煤沉积(不包括煤)三大类源岩求

取有机碳含量(TOC)与原始生烃潜力(P_g)之间的回归关系方程,得出的下古生界生烃潜量计算公式:$P_g=5.63\times TOC-2.37$,按此公式推算研究区在其未成熟-低成熟演化阶段的原始生烃潜力应该为0.45~45.43 mg/g(TOC取烃源岩下限值0.5%和目的层最大值8.49%),平均值为6.69 mg/g(TOC取目的层平均值1.61%),通过与中国南方地区古生界烃源岩评价等级划分标准表进行对比,表明该套页岩原始生烃潜力较大。

2)有机质类型

由于不同来源、不同环境下发育的有机质生烃潜力和产物性质有很大差别,因此,要客观认识烃源岩的性质和生烃条件就必须对有机质类型进行评价。有机质的类型既可以由不溶有机质(干酪根)的元素组成特征来反映,也可以由其产物(氯仿沥青"A")的族组成特征来反映。但氯仿沥青"A"的族组成不仅受母质类型影响,还受母质的成熟度及运移、次生改造过程的影响;通过干酪根的H/C、O/C原子比分类的界限是对未成熟的有机质而言,随着成熟度的升高,所有有机质的H/C、O/C原子比均降低,这时需结合其他指标来鉴别,如干酪根的稳定碳同位素组成($\delta^{13}C$)和干酪根显微组分。

(1)干酪根碳同位素组成特征

干酪根的稳定碳同位素组成($\delta^{13}C$)能够表征原始生物母质的特征,次生的同位素分馏效应不会严重掩盖原始生物母质的同位素印记,普遍认为是划分高-过成熟烃源岩有机质类型的有效指标。

不同类型的干酪根,其微观组分也不同,微观组分也是控制页岩生烃能力的主要因素。Schoell(1984)研究了中欧地区数个盆地干酪根碳同位素特征,发现Ⅰ型干酪根$\delta^{13}C$ <-28‰,过渡型干酪根$\delta^{13}C$为-28‰~-25‰,Ⅲ干酪根$\delta^{13}C$>-25‰。黄籍中等(1988)提出了一个更详细的标准(表6.9),并在我国下古生界烃源岩评价中取得了较好的应用效果。

研究区两口井13块页岩岩心样品干酪跟碳同位素实验结果显示该区五峰组—龙马溪组干酪根$\delta^{13}C$值为-30.9‰~-28.8‰,平均值为-29.6‰(图6.31),属于腐泥型干酪根(Ⅰ型)。

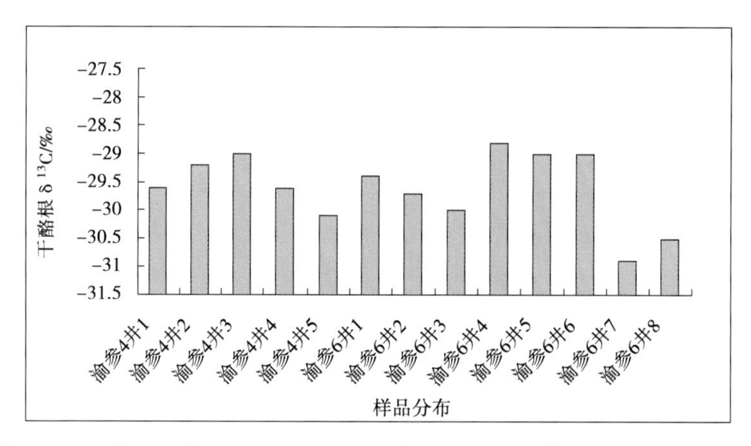

图6.31 研究区五峰组—龙马溪组主要样品点干酪根$\delta^{13}C$(PDB)分布直方图

(2)干酪根显微组分

干酪根显微组分组成中,镜质组(V)、惰性组(I)和壳质组(E)均系源于高等植物的有机质,其中镜质组(V)和惰性组(I)为典型的Ⅲ型有机质,壳质组(E)为典型的Ⅱ型有机质,而低等生源的藻类体和无定形物质为Ⅰ型有机质。因此,可以根据各类组分的相对含量来划分有机质类型。据胜利油田地质院提出的干酪根类型指数(Ti)的概念,用各组分的百分含量进行加权计算:

Ti=(腐泥组×100+壳质组×50-镜质组×75-惰性组×100)/100

根据这个公式可以对有机质(干酪根)类型进行综合评价:当 $Ti>80$ 时为Ⅰ型,$0<Ti<80$ 为型,$Ti<0$ 时为Ⅲ型(表 6.10)。

表 6.10　干酪根类型 Ti 划分标准

干酪根类型	划分标准
Ⅰ型	$Ti \geqslant 80$
Ⅱ1 型	$40<Ti<80$
Ⅱ2 型	$0<Ti<40$
Ⅲ型	$Ti<0$

区内西地 2 井、西浅 1 井、渝参 6 井三口井五峰组—龙马溪组页岩 35 块岩心样品干酪根显微组分鉴定结果表明,该套页岩样品中检测到大量的腐泥组和少量的镜质组、惰质组等三类常见的有机显微组分,Ti 均大于 80,故目的层页岩有机质类型为Ⅰ型(表 6.11)。

表 6.11　研究区不同地区五峰组—龙马溪组页岩样品显微组分含量分布表

井名	层位	腐泥组/%	壳质组/%	镜质组/%	惰性组/%	Ti	有机质类型
西地2井	O_3w-S_1l	95～98 96.75(8)	0	1～3 1.63(8)	1～3 1.63(8)	90.50～96.25 93.91(8)	Ⅰ型
西浅1井	O_3w-S_1l	95～99 96.8(10)	0	1～5 3.2	0	87.75～98.25 94.4	Ⅰ型
渝参6井	O_3w-S_1l	94～98 96.24(17)	0	1～3 2.0(17)	1～3 1.76(17)	88.75～96.25 92.97(17)	Ⅰ型

综合两项有机质类型判别指标,认为研究区内五峰组—龙马溪组页岩有机质类型属于Ⅰ型。

3)有机质成熟度

研究区下古生界页岩在沉积后经历了多期次的构造运动,热演化史复杂,页岩热演化程度普遍偏高。对于烃源岩热演化程度,据张义纲等"七五"研究成果,当成熟度(R_o)>4.0%时,干酪根已全部芳构化(石墨化),不再有天然气生成;陈正辅等"八五"期间对生油岩的高温模拟实验显示,当 R_o>3.5%时,生气量大幅度减小,而模拟温度超过 600 ℃时,相当于 R_o=4.0%时,装样玻璃管内出现黑色焦炭类物质,反映生气作用基本终结。因此,采用生烃基本终止线 R_o=4.0%,黑色页岩热成熟阶段划分标准见表 6.12。

表 6.12 中国南方黑色页岩成熟阶段划分标准(据中石化研究院,2005)

成熟阶段	未熟期	成熟期	高成熟期	过成熟早期	过成熟晚期	变质期
R_o(%)	<0.5	0.5~1.3	1.3~2	2~3	3~4	>4
生烃阶段	生物气	成油期	凝析油-湿气	干气		生烃终止

镜质体反射率(R_o)是国际上公认的标定有机质成熟度的一项独立指标,但不适用于下古生界烃源岩(腾格尔等,2007),下古生界页岩缺乏来源于高等植物的标准镜质组,因此无法直接获得镜质体反射率。国内外学者提出了诸如沥青反射率(Rob)、海相镜状体反射率、牙形刺相对荧光强度等成熟度的判识指标(涂建琪等,1999),其中沥青反射率已成为表征那些缺乏镜质体而含有沥青的海相烃源岩有机质成熟度的一个重要指标(涂建琪等,1999)。据干酪根镜鉴和有机显微组分鉴定,本次采集的上奥陶统五峰组-下志留统龙马溪组页岩样品富含沥青质,故用换算过的沥青等效镜质体反射率来评价页岩成熟度。

研究区 6 口参数井 63 块岩心样品实测的成熟度数据表明,该区上奥陶统五峰组—下志留统龙马溪组黑色页岩演化程度总体较高,成熟度一般为 1.8%~3.38%,平均为 2.56%(图 6.32),表明该套页岩热演化程度基本处于高成熟-过成熟演化阶段,页岩已达到生气高峰期,有利于页岩气的充分生成,但页岩在该阶段生烃能力有限。

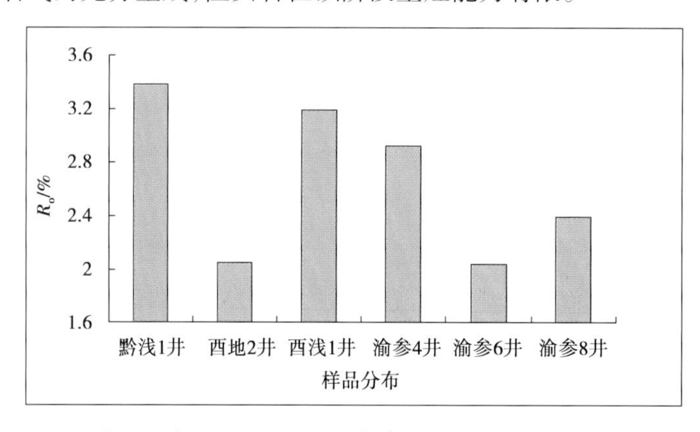

图 6.32 研究区上奥陶统—下志留统各参数井页岩样品成熟度分布直方图

4)页岩地球化学分布特征

纵向上,从渝参 4 井和渝参 6 井地化剖面图上可以看出该区五峰组—龙马溪组黑色页岩可以分为三段,剖面底部为第一段,其特征是页岩颜色以灰黑、黑色为主,富含有机质,为海进体系域深水陆棚沉积环境,TOC 和生烃潜量最高,是目的层中最好的部分;中部为第二段,为高位体系域浅水陆棚沉积环境,由于沉积环境的变化,页岩有机碳含量明显下降,TOC 和生烃潜量最小,为目的层中最差部分;上部为第三段,为又一沉积旋回海进体系域泥质深水陆棚沉积,其特征是 TOC 和生烃潜量居中,较第二段好,但比第一段差,是目的层中较好部分(图 6.33,图 6.34)。图中五峰组—龙马溪组黑色页岩成熟度纵向上变化不大,其中渝参 6 井处于高成熟期,渝参 4 井处于过成熟早期。

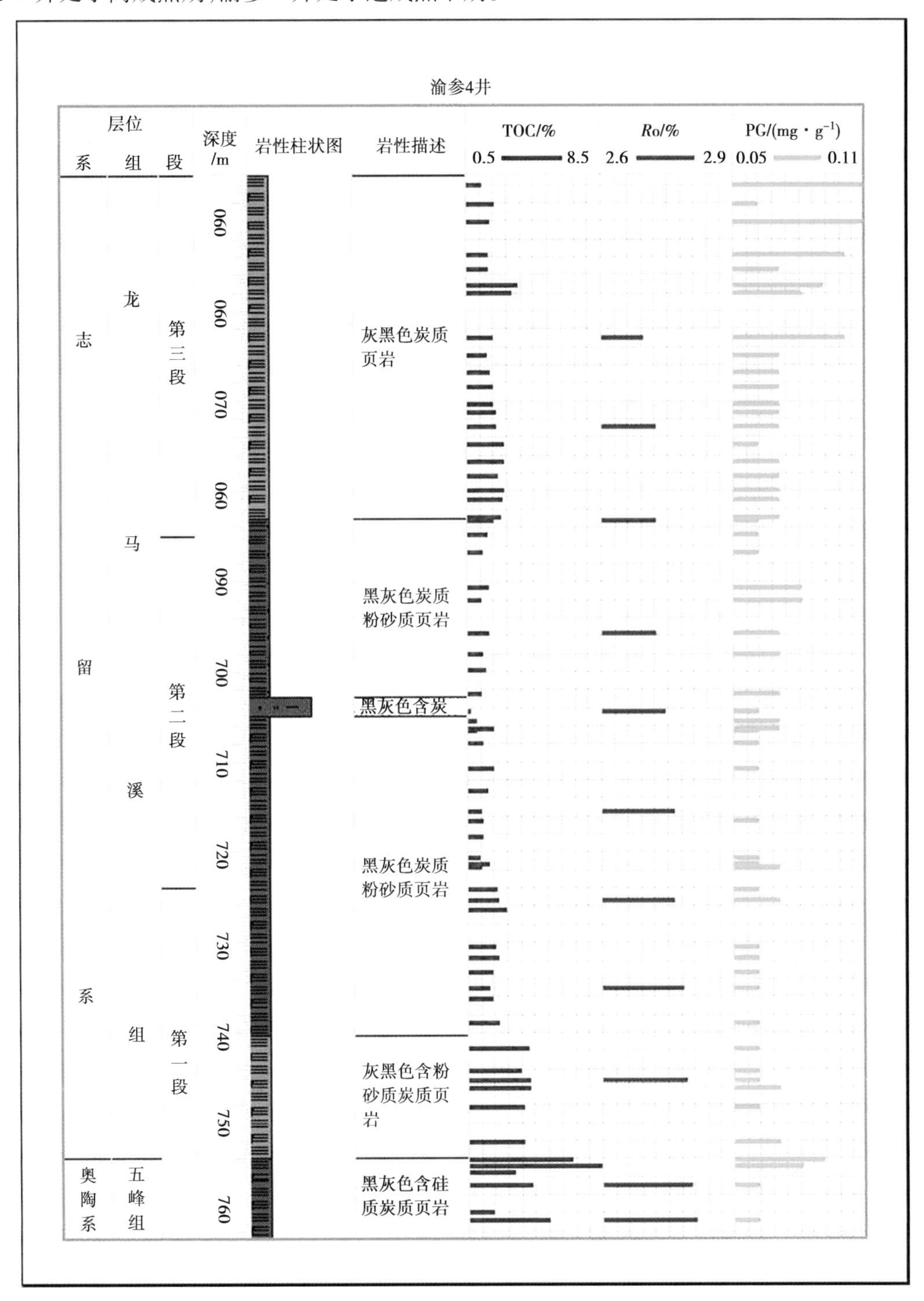

图 6.33 渝参 4 井上奥陶统五峰组-下志留统龙马溪组页岩地化剖面图

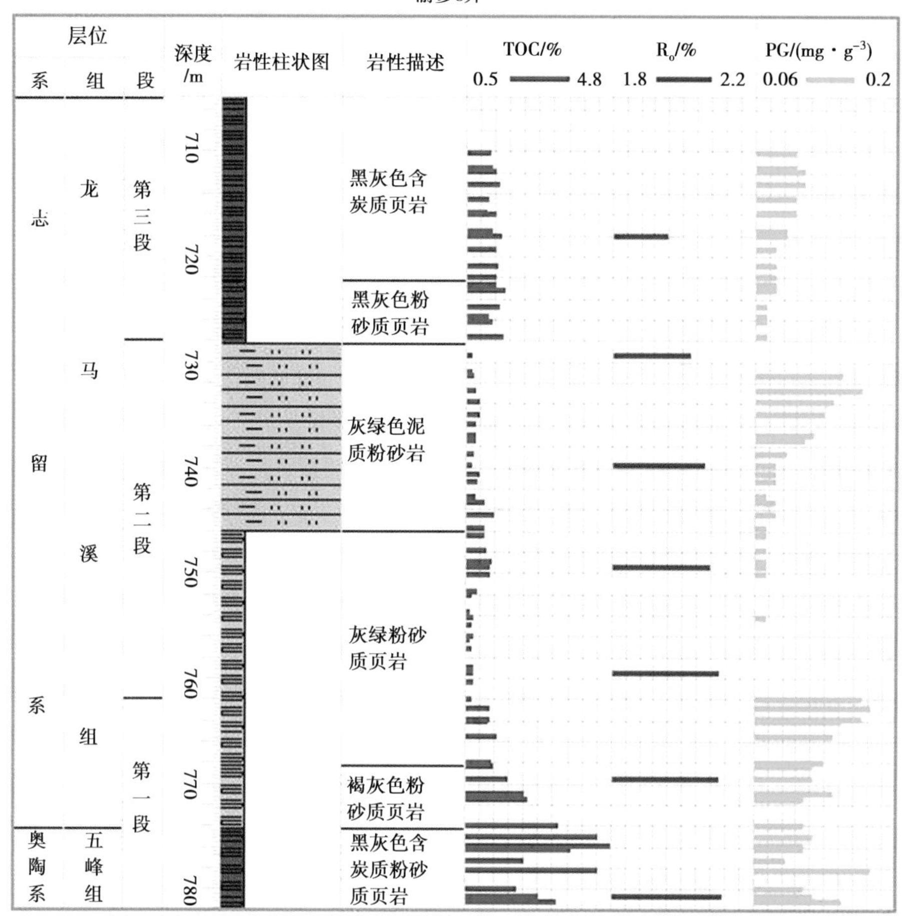

图 6.34　渝参 6 井上奥陶统五峰组-下志留统龙马溪组页岩地化剖面图

总体上看,五峰组—龙马溪组黑色页岩有机质丰度在垂向上非均质性较强,变化较大,且底部有机碳含量最高;成熟度在垂向上非均质性较弱,变化不大,主要在高成熟期到过成熟早期。该套目的层具有一定的页岩气勘探潜力,尤其是底部目的层。

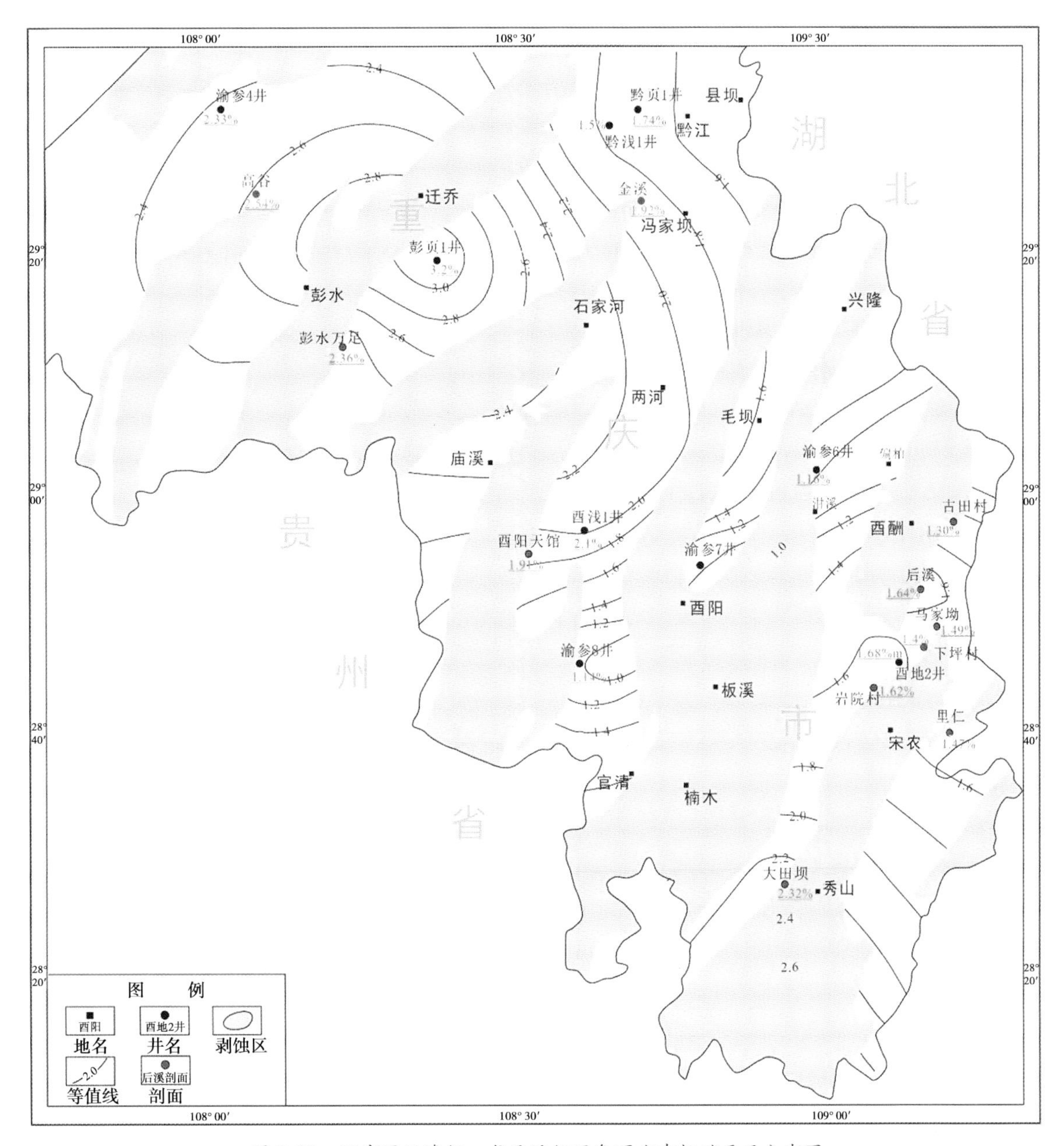

图6.35 研究区五峰组—龙马溪组黑色页岩有机碳平面分布图

从渝东南地区五峰组—龙马溪组泥页岩热演化程度平面图上看,整体变化也不大,主要分布在1.9%~3.2%,处于高成熟到过成熟期。页岩热演化程度高值区与泥页岩的沉积中心相对应,高值区分布在庙溪到石家河一带,往东南和西北两方逐渐减小至2.0%左右(图6.36)。

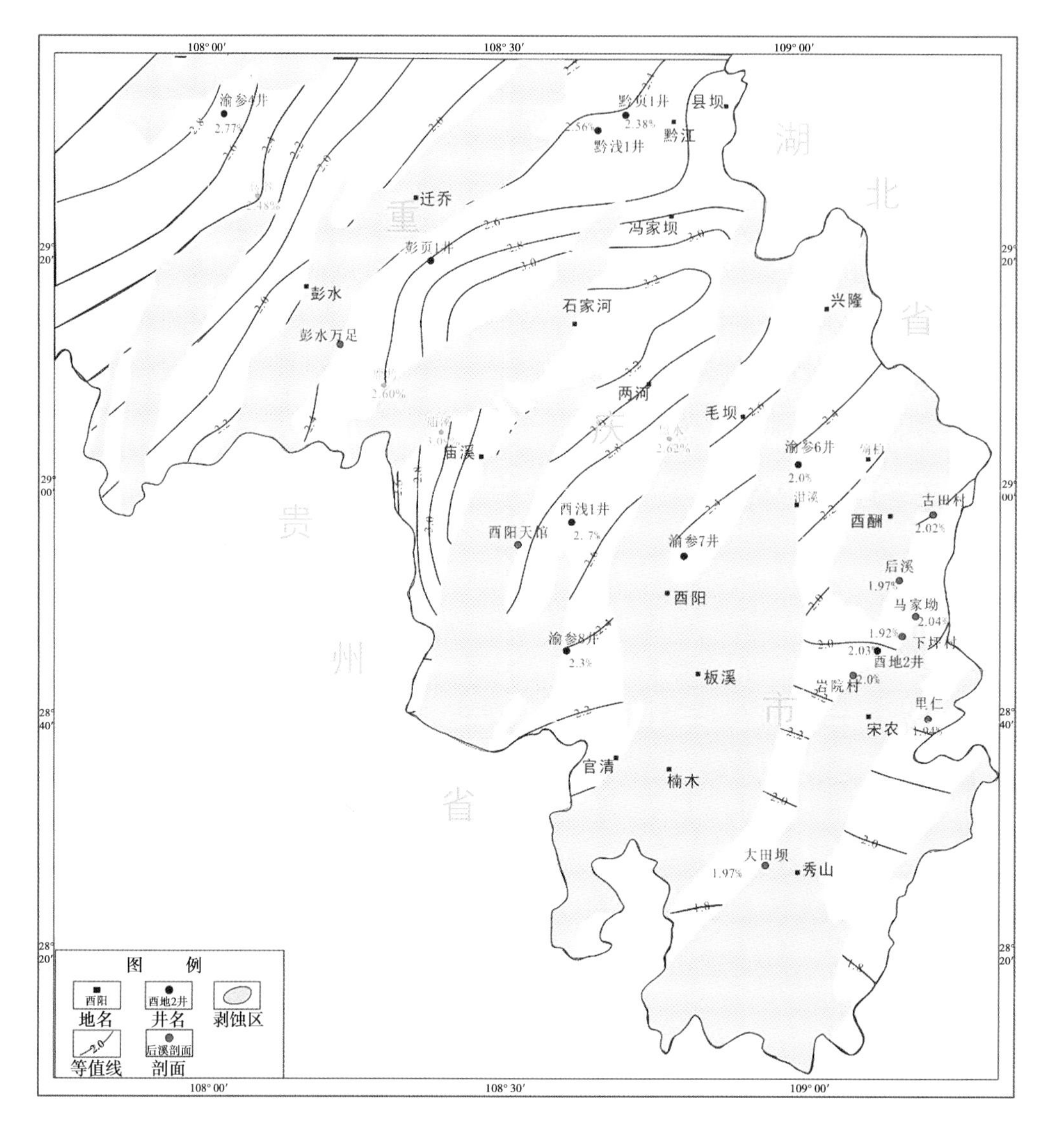

图 6.36　研究区五峰组—龙马溪组黑色页岩成熟度等值线图

6.3.2　生烃演化史

渝东南地区位于四川盆地东部盆缘区，主要经历了两次大规模的构造抬升作用，即泥盆纪末的华力西运动、白垩纪末的喜山运动。白垩纪末抬升量最大，造成五峰组—龙马溪组泥页岩热演化达到过成熟，停止生气。

前人研究成果表明，在区域构造作用的控制下，渝东南地区的志留系龙马溪组烃源岩发生了阶段性的成烃演化，从渝东南地区埋藏史图（图 6.38）可以看出，在志留纪前，地层平缓沉积，由于石炭纪-泥盆纪地层处于抬升剥蚀状态，此时地层沉积停滞，而后地层继续沉降，侏罗纪-白垩纪曲线斜率增大，埋藏深度陡增，说明地层在这一段不长的时间内进入了快速沉降期，为页岩气的成藏提供了物质基础。渝东南地区的地层埋藏史具有埋藏期长、抬升期短、早期沉降、晚期抬升剧烈的特点，根据 Cardot 成烃演化模式图判断（图 6.38），上奥陶统五峰组-下志留统龙马溪组有机质大约在晚二叠世进入生烃门限，一直延续到中三叠世末，以生油为主；从晚三叠世到侏罗纪末，以生湿气为主，应该是本区五峰组—龙马溪组页岩气初次成藏阶段；而此后直到古近纪，五峰组—龙马溪组烃源岩演化进入高成熟阶段，以生干气与裂解气为主，大量形成的天然气在持续的排烃过程中增加了页岩的裂缝，导致吸附气与裂缝游离气共生，是本区页岩气成藏的主要时期。

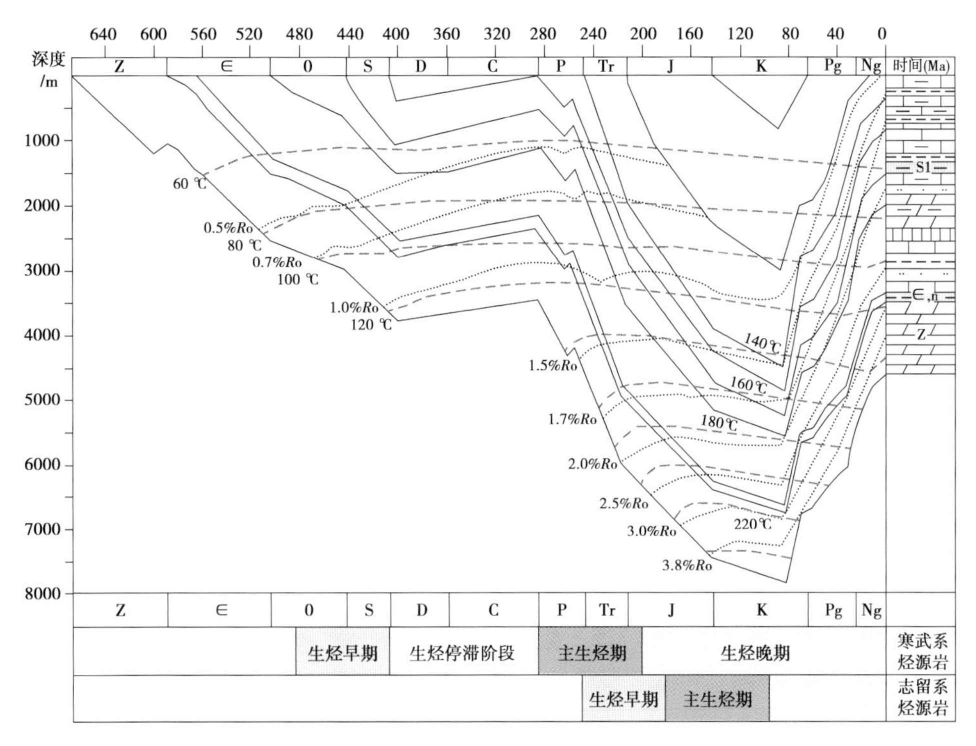

图6.37 丁山1井寒武系和志留系烃源岩生烃史图

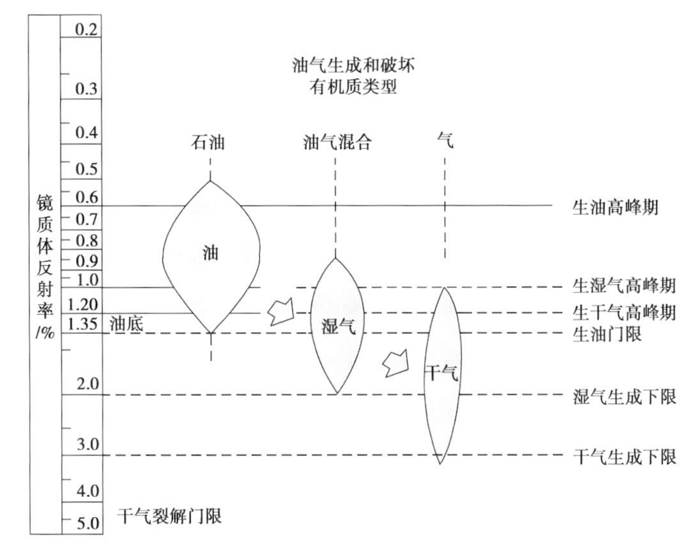

图6.38 烃源岩成烃演化模式图

6.4 页岩储层特征

页岩是烃源岩,又作为储集层,需从储层角度进行研究。在储集空间方面,页岩储层实际上与常规碎屑岩和碳酸盐岩储层类似,也发育各类孔隙和裂缝,但在孔缝类型、大小及发育规模上都存在许多差异。页岩虽然具有吸附性特征,但孔隙和裂缝的发育对于页岩气的聚集和产出都具有至关重要的作用,页岩主要发育微、纳米级孔隙,这是与常规储层的一个重要区别,也是制约页岩气有效勘探开发的关键,因此是页岩气储层研究的重点。通过野外露头、岩心观察统计、测试分析及计算机模拟等方法对页岩气储层特征及其展布特征进行研究,同时根据前述储层关键参数评价的标准来进行本研究区储层类型划分。

6.4.1 页岩岩石矿物学特征

页岩矿物成分在一定程度上控制了页岩储层吸附能力和基质孔隙度,渝东南地区五峰组—龙马溪组岩性主要由黑色、灰黑色碳质页岩、粉砂质页岩及泥质粉砂岩等组成,底部为碳质页岩、炭硅质页岩,富含笔石化石,顶部常为数米厚的薄至中厚层泥质粉砂岩,总体上该套地层下部是优质页岩发育最好的层段。

表 6.13 研究区五峰组—龙马溪组黑色页岩与 Barnett 页岩岩矿组成对比表

层 位	石英/%	黏土矿物/%	碳酸盐岩/%	长石/%	黄铁矿/%
			方解石和白云石	钾长石和斜长石	
Barnett 页岩	10-54 32.6	3-44 30.9	3-86 29.3	0-8 2.6	0-2 0.8
五峰组-龙马溪组	24.6-78.3 42.9	9.6-58.2 29.4	0.1-33.5 9.07	2.3-28.1 16.9	0.6-13.5 3.06

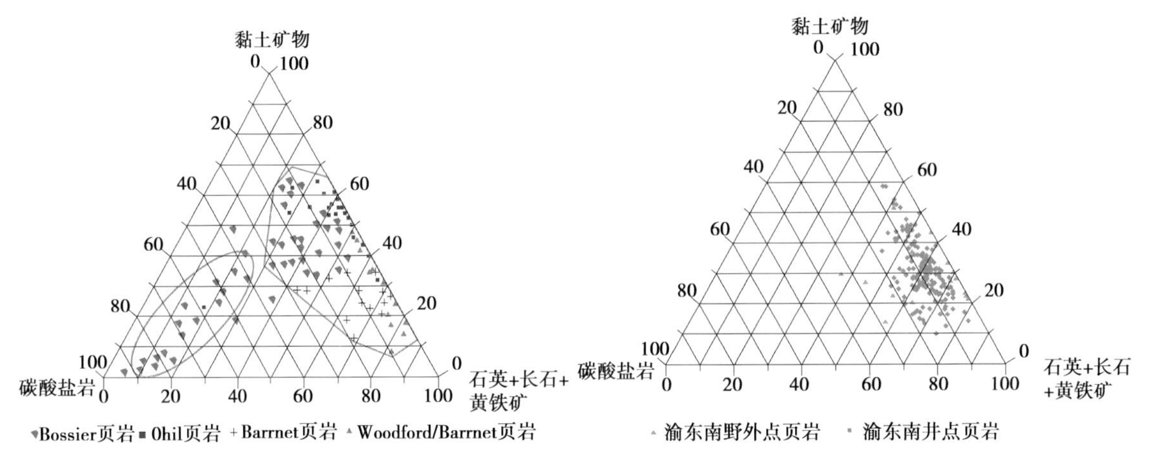

(左:美国主要产气页岩(据 Hallib,2009);右:渝东南地区五峰组—龙马溪组页岩)

图 6.39 黑色页岩岩石矿物组成三角图

渝东南地区页岩的矿物成分包括碎屑矿物、黏土矿物和少量的碳酸盐岩矿物，主要包括石英、黏土、斜长石、白云石、方解石、黄铁矿、铁白云石、钾长石、方沸石、菱铁矿等。其中，碎屑矿物包括石英、斜长石、钾长石等；黏土矿物包括伊利石、伊蒙混层、高岭石等。

页岩样品全岩X射线衍射实验分析结果表明，研究区上奥陶统五峰组-下志留统龙马溪组黑色页岩矿物成分与Barnett页岩相似，主要为碎屑矿物和黏土矿物，还有少量的碳酸盐岩、黄铁矿（表6.13，图6.40）。其中，碎屑矿物含量为32.3%～81.9%，平均58.3%，成分主要为石英（24.6%～78.3%，平均42.9%）和少量的长石（1.7%～28.1%，平均15.4%）；碳酸盐岩含量为0.1%～33.5%，平均9.07%；黄铁矿含量为0.6%～13.5%，平均3.06%；黏土矿物含量为9.6%～58.2%，平均29.4%，主要为伊利石和伊蒙混层矿物，伊利石含量为10%～68%，平均38.94%，伊蒙混层矿物含量为21%～88%，平均48.28%，以及少量的露头高岭石和绿泥石。可见，研究区龙马溪组暗色页岩中石英、长石、碳酸盐岩等脆性矿物含量较高，地表样品与井下岩心样品脆性矿物含量相当，其含量较Barnett页岩含量高（表6.13，图6.39），表明该套目的层具有较好的脆性。

页岩矿物组合垂向上具有渐变的特征，随剖面向上，石英等脆性矿物含量具有逐渐减少的趋势，下部黑色页岩段脆性矿物含量一般能达到50%以上；而黏土矿物含量向上逐渐增加，底部黏土矿物一般占10%～20%，向上增加到30%～40%（图6.40，图6.41）。

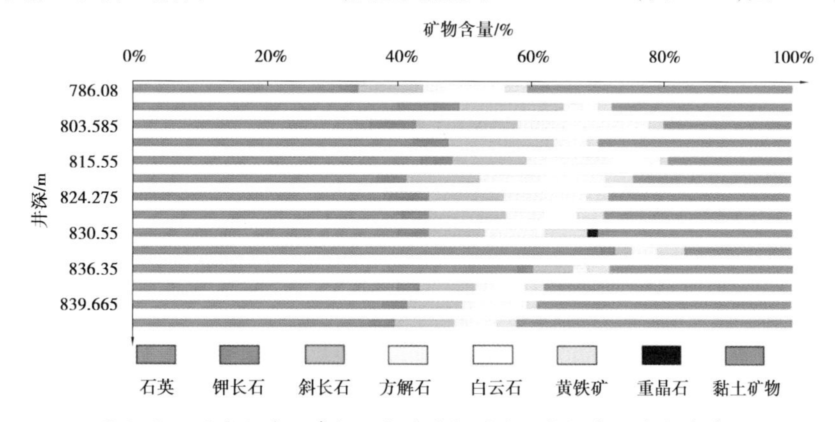

图6.40 酉地2井五峰组—龙马溪组页岩矿物组合纵向分布特征

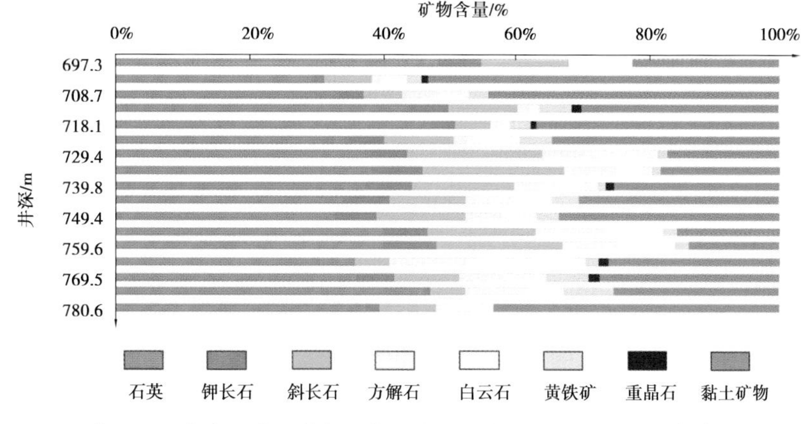

图6.41 渝参6井五峰组—龙马溪组页岩矿物组合纵向分布特征

通过统计各井和野外剖面点数据脆性矿物含量特征，绘制出渝东南地区上奥陶统五峰组-下志留统龙马溪组脆性矿物变化等值线图（图6.42），从图中可以看出，自东南向西北脆性矿物有微弱变小的趋势；最大值分布在秀山县大田坝地区，为81.9%，最小值分布在武隆西部，为50%，研究区中部脆性矿物分布在65%～75%。

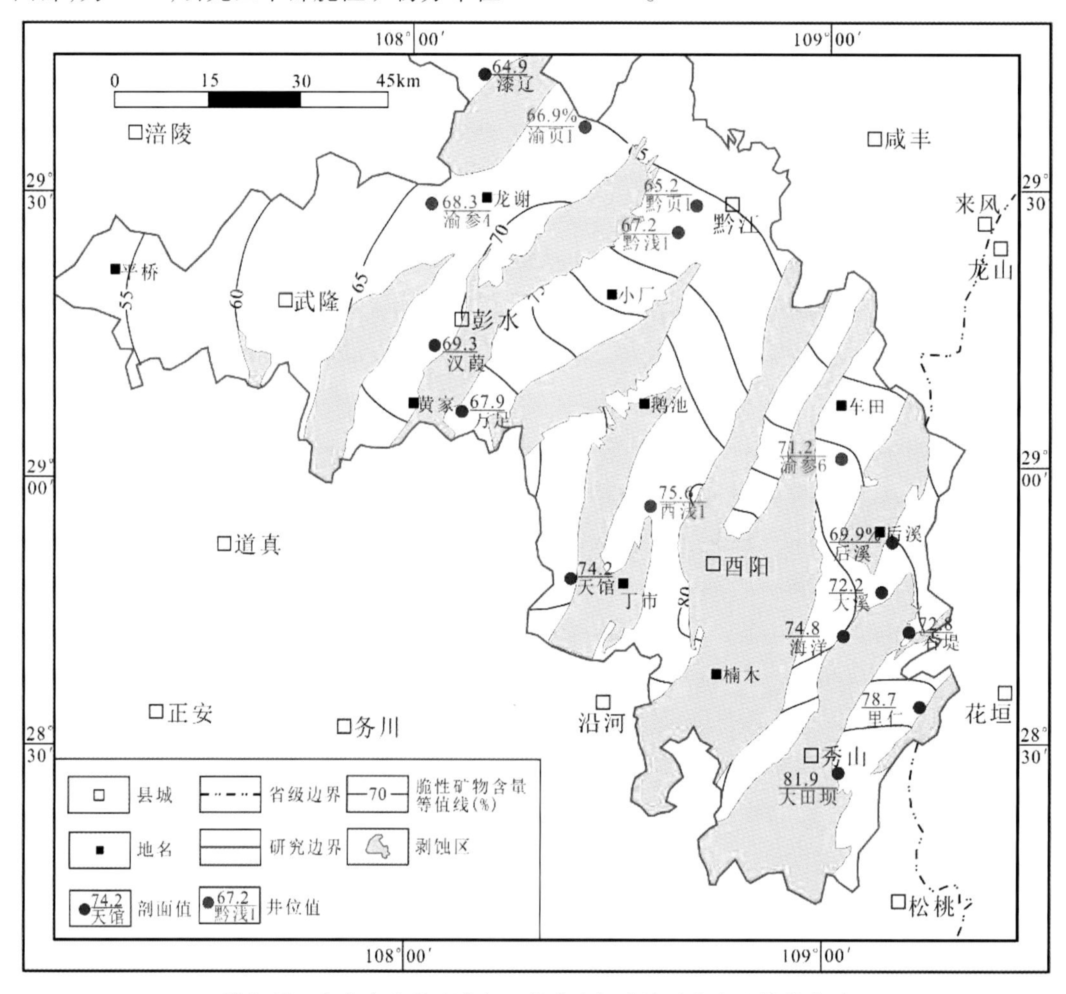

图6.42 渝东南地区五峰组—龙马溪组脆性矿物变化等值线图

综上所述，研究区五峰组—龙马溪组的脆性矿物的含量较高，钙质成分含量少，脆性较好，有利于后期储层的压裂改造。

6.4.2 页岩储集物性特征

1）孔渗性能

在常规储层研究中，物性指标是评价储层特征的主要参数，而对于页岩气储层，通常作为常规油气的烃源岩和盖层进行研究，但在扫描电镜下可以观察到大小不等的各类孔隙、喉道、晶洞和裂缝组成的复杂多孔系统，并具有网格状有限连通的特征，这些孔隙是主要的储集空间。孔隙度大小在一定程度上控制着页岩的含气性，例如阿巴拉契亚盆地Ohio页岩和密执安盆地Antrim页岩，局部孔隙度高达15%，游离气体积占总孔隙体积的50%（Hill，

2002)。渗透率是判断一个页岩气藏是否具有经济价值的重要参数,页岩的基质渗透率非常低,一般小于0.01 md,甚至为纳达西级,但随裂缝的发育,渗透率将大大提高;然而,页岩气井要以一定速度生产天然气所需要的渗透率要比在岩芯中测得的值大很多,故需要形成大量的人工干预性裂缝来维持商业生产。本次研究测试了目的层地表样品与井下样品的孔渗性能,并对测试结果进行了对比分析。

研究区上奥陶统—下志留统页岩样品孔隙度、渗透率测试数据表明,该套页岩属低孔低渗储层。露头页岩样品孔隙度为0.21%~19.28%,平均6.45%。从所有样品的分布频率上看,孔隙度小于2%的占30.77%,分布在2%~7%的占全部样品的38.46%,分布在7%~10%的占全部样品的7.69%,大于10%的占23.08%,部分样品孔隙度偏大可能与地表风化作用相关(图6.43)。上奥陶统-下志留统主要露头页岩样品渗透率主要分布于0.006~0.065 1×10^{-3} μm^2,平均0.010 5×10^{-3} μm^2。分析表明,所测渗透率样品均大于0.005×10^{-3} μm^2,分布在0.005~0.01×10^{-3} μm^2 的占23.08%,分布在0.01~0.05×10^{-3} μm^2 的占46.15%,分布在0.05~0.1×10^{-3} μm^2 的占30.77%,没有大于0.1×10^{-3} μm^2 的样品(图6.44)。孔隙度和渗透率呈一定的正相关关系(图6.45),这可能是由于页岩渗透性还受到了裂缝发育、孔隙喉道连通性能的影响,部分样品渗透率偏大,与样品的裂缝发育程度有关。

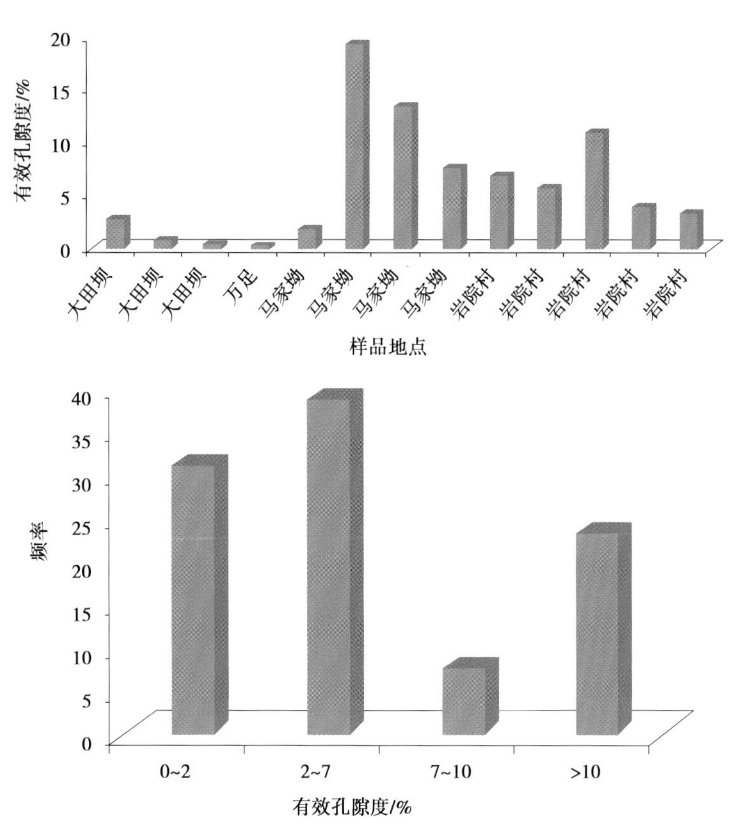

图6.43 研究区上奥陶-下志留统地表样品孔隙度和累计分布直方图

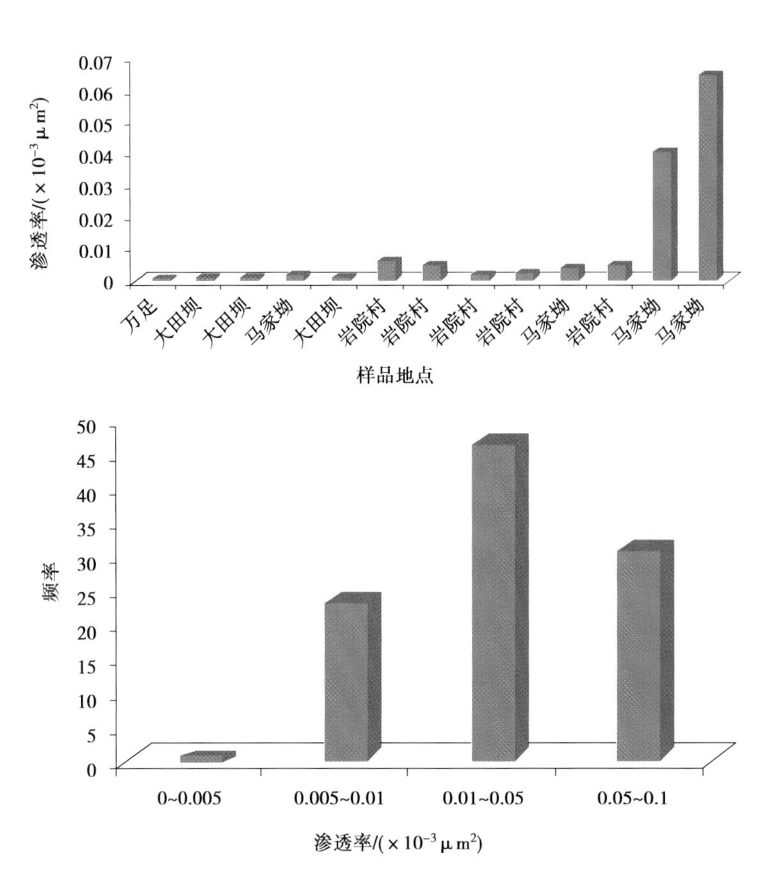

图 6.44　研究区上奥陶统-下志留统地表样品渗透率和累计分布直方图

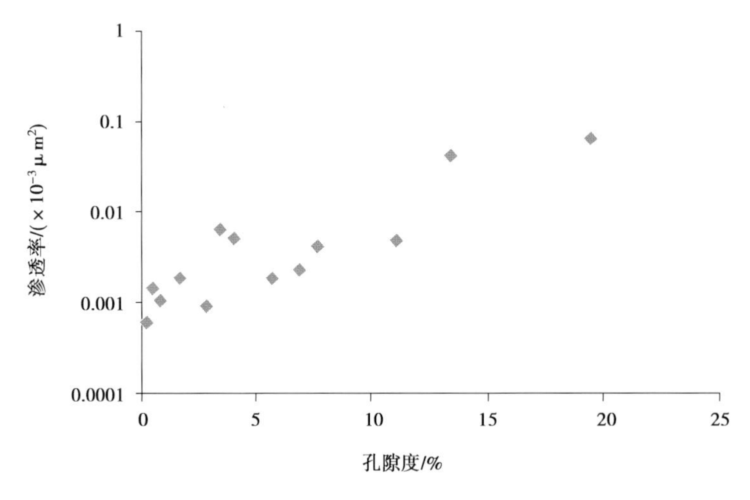

图 6.45　研究区地表样品上奥陶统-下志留统页岩孔隙度和渗透率关系

根据研究区七口页岩气地质参数井目的层页岩岩心的物性测试数据，上奥陶统-下志留统页岩样品孔隙度为 0.09% ~5.61%，平均 0.89%；渗透率主要分布在（0.000 1 ~ 0.338 4）$\times10^{-3}\mu m^2$，平均 0.011$\times10^{-3}\mu m^2$，个别样品渗透率大于 1$\times10^{-3}\mu m^2$，可能受裂缝影响。物性测试数据显示地表露头样品测得的页岩孔隙度普遍比钻井岩心样品大，这可能是由于地表页岩长期经受风化剥蚀作用，导致页岩颗粒结构变疏松、孔隙度增大，因此，井下岩心样品的物性实验数据更具代表性。

通过统计各井和野外剖面点数据孔隙度平均值,绘制出渝东南地区上奥陶统五峰组-下志留统龙马溪组孔隙度变化等值线图(图 6.46)。从图中可以看出,孔隙度最大值分布在黔江区黔页 1 井,为 5.36%,最小值分布在秀山县南部和武隆西部,均小于 1%,研究区中部孔隙度变化不大,分布在 2% ~3%。

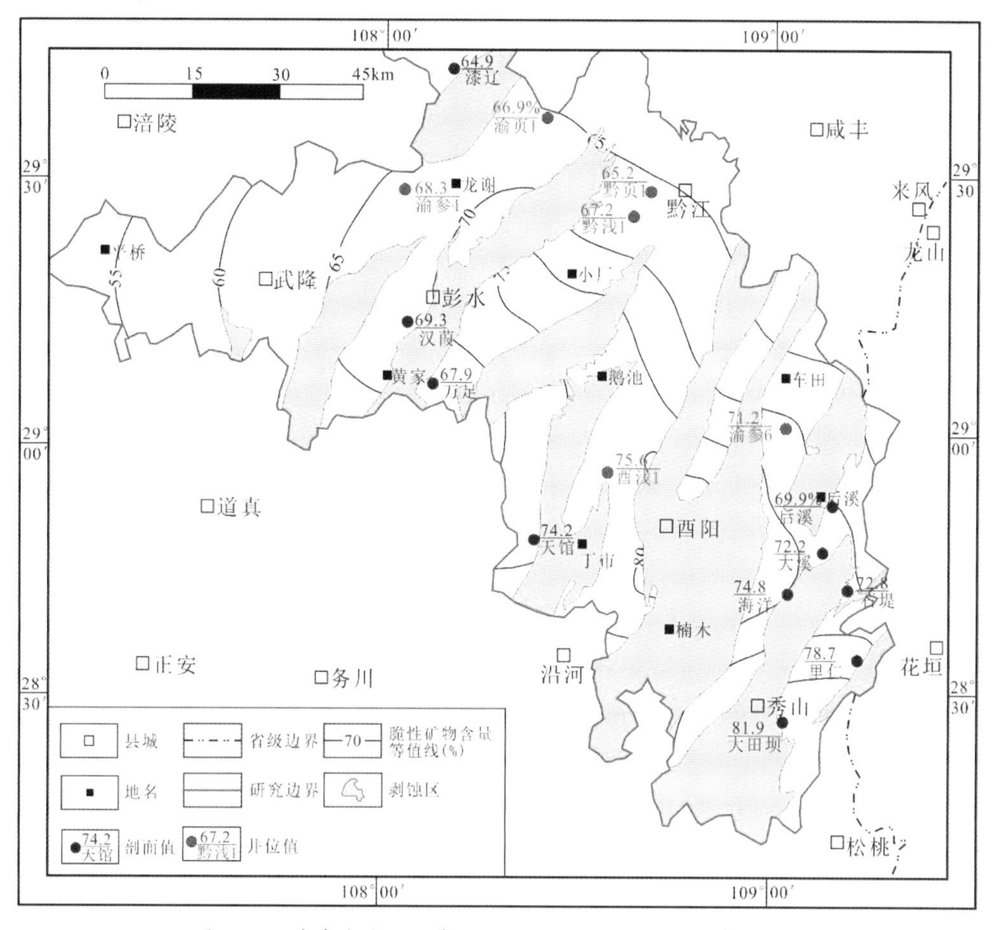

图 6.46 渝东南地区五峰组—龙马溪组孔隙度变化等值线图

2) 储集空间类型

在储集空间方面,页岩储层实际上与常规碎屑岩和碳酸盐岩储层类似,也发育各类孔隙和裂缝,但在孔缝类型、大小及发育规模上都存在许多差异。为了研究页岩的储集空间特征,对研究区页岩样品进行了高分辨率电镜扫描图像分析、薄片微观结构和矿物成分鉴定等实验,发现研究区五峰组—龙马溪组页岩储层的储集空间类型主要为孔隙和裂缝两大类。

(1) 孔隙类型

研究区五峰组—龙马溪组主要发育有 4 种储集空间类型,即有机质孔、粒间孔隙、粒内孔隙、黏土矿物层间孔隙。

①有机质孔。将页岩中有机质(干酪根或沥青)内部的孔隙,称为有机质孔(<0.2 μm),这大多是有机质在生烃或排烃作用时,发生膨胀而产生的气孔,因而这类孔隙在有机质发育的黑色碳质页岩段内较为发育,对该类页岩孔隙度的贡献不可忽视(图6.47)。

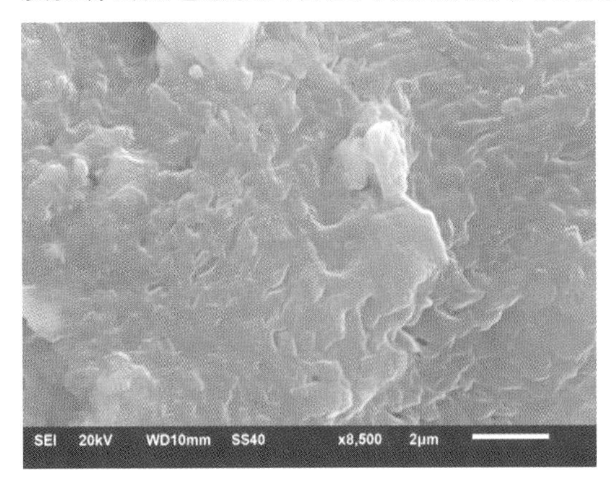

(a)有机质孔隙(纳米级)酉地2

(b)有机质孔隙(纳米级)渝参6

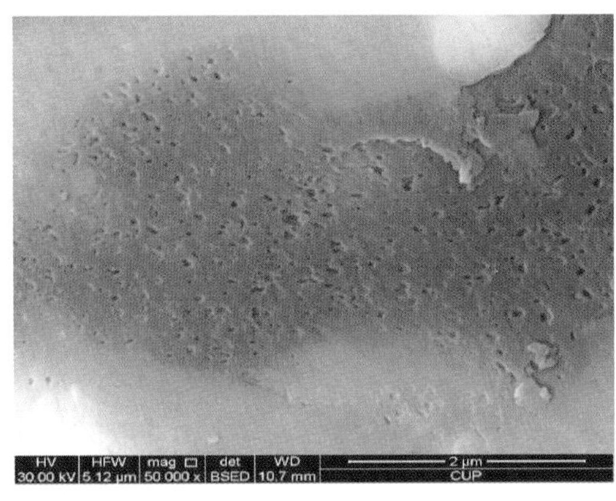

(c)有机质孔(酉阳)

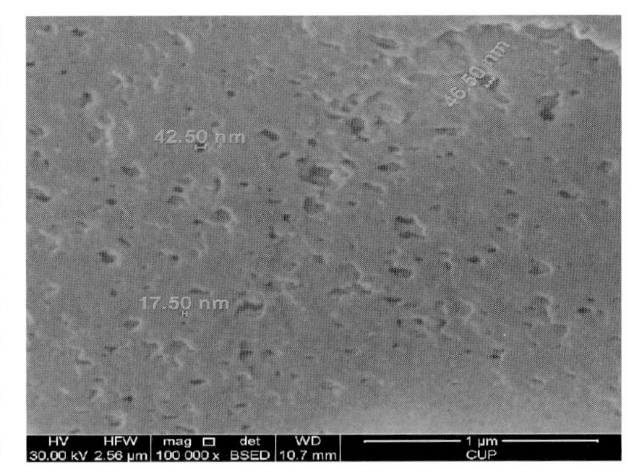

(d)有机质孔(酉阳)

图6.47　研究区五峰组—龙马溪组页岩有机质孔隙特征

②粒间空隙(矿物质孔、有机质与矿物质之间孔)指页岩中各类颗粒之间的孔隙,此类孔隙在砂质含量较重的粉砂质页岩、泥质粉砂岩内广泛发育。通过扫描电镜或X射线衍射实验可以观察到研究区五峰组—龙马溪组页岩粒间空隙主要包括矿物质孔和有机质与矿物质之间的孔隙。其中,矿物质孔主要是黏土矿物颗粒间或晶体间的孔隙,矿物颗粒越大,其粒间孔越大,其孔隙直径分布在纳米级与5 μm之间[图6.48(a)、(b)、(c)]。有机质和矿物之间的各种孔隙只占页岩孔隙的一小部分,但却意义重大;该类孔隙连通了有机质(沥青)或干酪根网络和矿物质孔[图6.48(d)],把两类孔隙连接起来,使得有机质中生成的天然气能够运移至矿物质孔赋存,某种程度上有微裂缝的作用,对页岩气的聚集和产出至关重要。

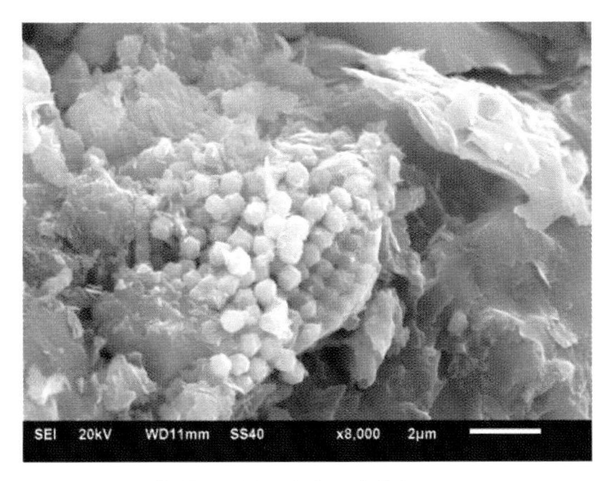

(a)黄铁矿晶间孔隙(纳米级)酉地 2

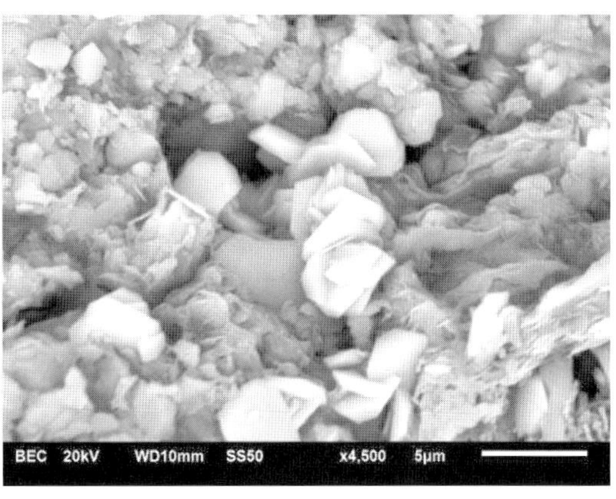

(b)黏土矿物粒间孔隙,5 μm 左右露头

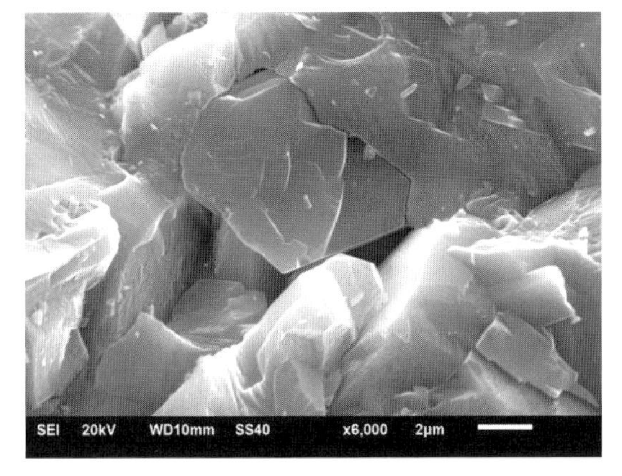

(c)长石晶间孔隙(1 μm 左右)酉地 2

(d)有机质与矿物的粒间孔隙(2 μm 左右)渝参 6

图 6.48 研究区五峰组—龙马溪组页岩粒间孔隙特征

③粒内空隙。粒内孔隙是指矿物颗粒内的孔隙,主要是石英、方解石和白云石等易溶矿物的溶蚀作用而产生的孔隙。溶蚀孔隙的形状不规则,成群发育,其特点是孔隙壁呈曲线,从目前的观察来看,溶蚀孔径从几十到几百纳米不等(图 6.49)。

④黏土矿物层间孔隙。随着地层埋深增加、地温增高和地层水逐渐变为碱性,黏土矿物发生脱水转化而析出大量的层间水,在层间形成微裂隙。黏土矿物转化形式主要包括蒙脱石向伊利石、伊利石-蒙脱石混层转化,伊利石-蒙脱石混层向伊利石转化,高岭石向绿泥石转化等。研究区五峰组—龙马溪组样品中丝缕状、卷曲片状伊利石间发育大量微裂隙,缝宽一般为纳米级别,最大可达 6.5 μm,连通性较好(图 6.50)。

(2)裂缝

裂缝是龙马溪组页岩中常见的一种储集空间类型,也是渗流通道,是页岩气从基质孔隙流入井底的必要途径。裂缝的形成主要与岩石的脆性、有机质生烃、地层孔隙压力、差异水平压力、断裂和褶皱等因素相关。其中,具有高含量的石英、长石、钙质等脆性矿物是页岩裂缝形成的内因,其他因素则是裂缝发育的外因。研究区裂缝以构造裂缝和成岩形成的层间微裂缝为主(图 6.51)。构造裂缝在研究区比较发育,野外露头、井下岩芯及显微镜下中均可见,裂缝以高角度裂缝为主,低角度缝较少,局部可见两组高角度裂缝相切;通过对西地2井、渝参6井岩芯观察，全井段见层间缝和斜交缝，以中下段最为发育，裂缝大多被方解石和少量的黄铁矿充填。

(a)白云石粒内孔隙(纳米级)西地2

(b)长石粒内孔隙(纳米级)渝参6

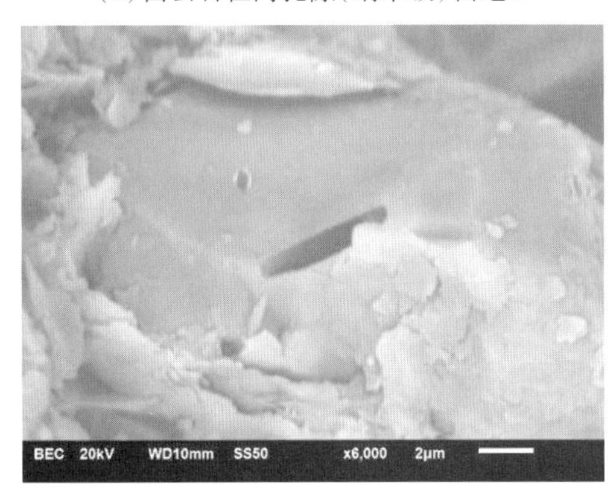

(c)石英粒内溶蚀孔隙,2 μm左右露头

(d)方解石粒内孔隙(纳米级)西地2

图6.49　研究区五峰组—龙马溪组页岩粒内孔隙特征

(a)黏土矿物层间孔隙(纳米级)

(b)矿物层间孔隙(纳米级~6.5 μm)

图6.50　研究区五峰组—龙马溪组页岩矿物层间孔隙特征

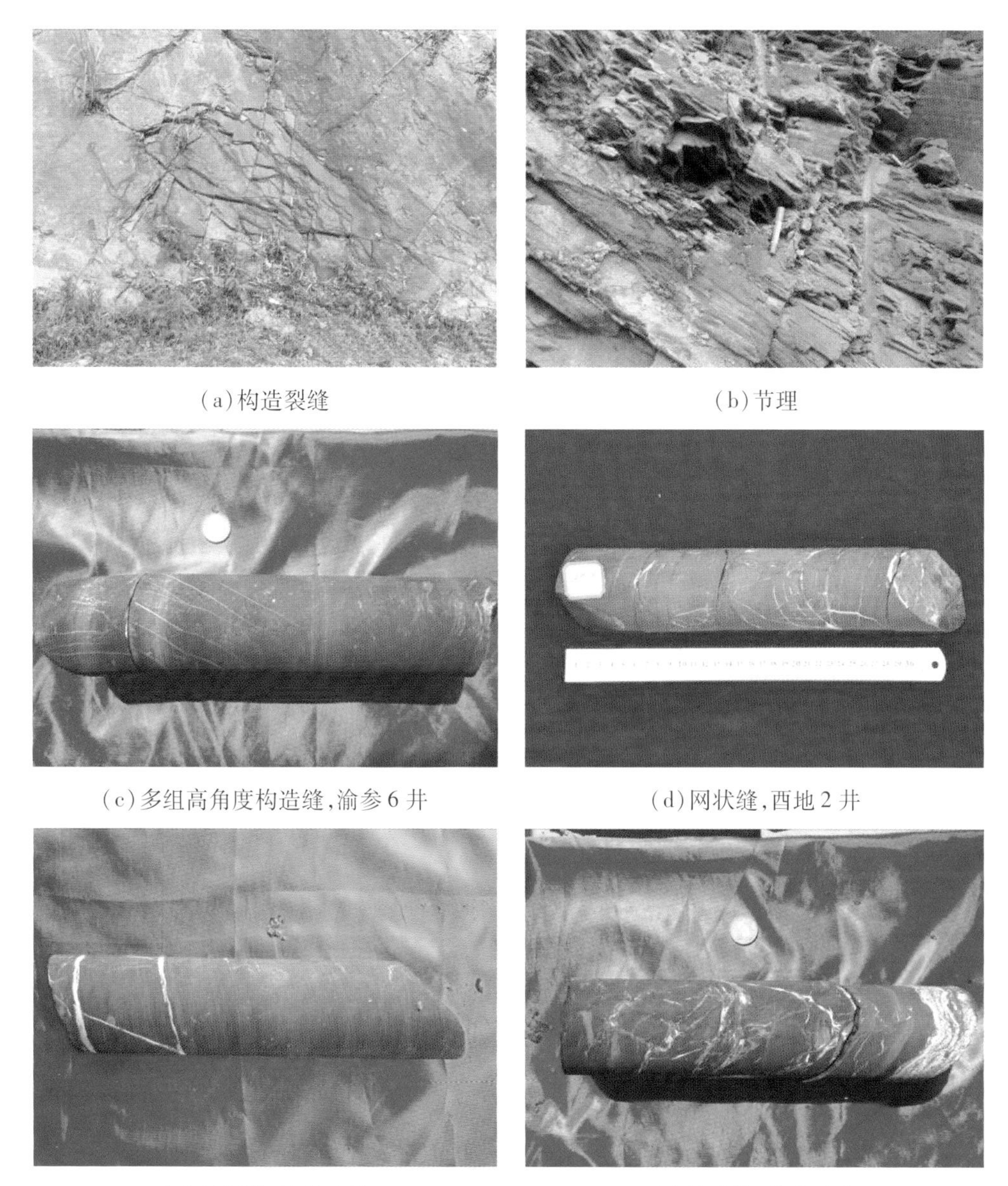

(a)构造裂缝　(b)节理

(c)多组高角度构造缝,渝参6井　(d)网状缝,西地2井

(e)层间缝,渝参6井　(f)构造缝,渝参6井

图6.51　研究区五峰组—龙马溪组裂缝发育特征

3)孔隙结构特征

储集岩的孔隙结构实质上是岩石的微观物理性质,是指岩石所具有的孔隙和喉道的几何形状、大小、分布及相互连通关系(王允诚,2002)。泥(页)岩的孔喉半径范围一般为0.005~0.1 μm,最小的孔喉半径与沥青质分子大小相当,是水分子和甲烷分子的10倍以上(Philip,2011a,b;Camp,2011)。

(1)比表面积

泥页岩由于粒度细、孔喉小,从而导致其相对于固相岩石中的大孔隙具有更大的内表面积。研究区五峰—龙马溪组页岩样品BET比表面积主要分布在2.77~23.30 m^2/g,平均为11.23 m^2/g。其中,85%以上样品比表面积大于4.0 m^2/g(图6.52),表明五峰—龙马溪组页岩孔比表面积总体较大,微孔隙较发育。

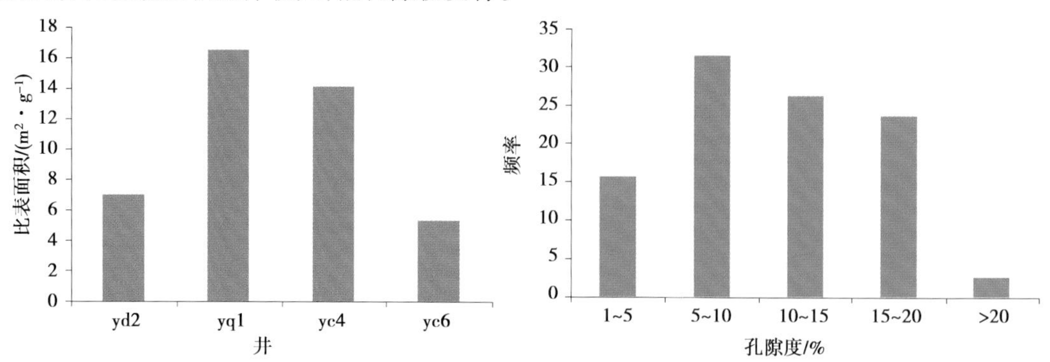

图6.52　研究区钻井五峰—龙马溪组黑色页岩BET比表面积及频率分布直方图

(2)孔喉参数特征

喉道的大小、分布及其几何形状是影响储集层储集能力和渗透特征的主要因素。渝东南地区五峰组—龙马溪组页岩样品压汞法毛管压力测试显示,研究区所在区域黑色页岩压汞曲线大多位于含汞饱和度(S_{Hg})-毛管力(P_c)半对数直角坐标系的右上方,几乎没有平台(图6.53),页岩孔喉均值主要分布于30~50 nm;分选系数较小,均值系数较大,平均值分别为0.08和0.45,说明该套页岩储层孔喉分布较集中,分选程度较好;排驱压力较大,主要

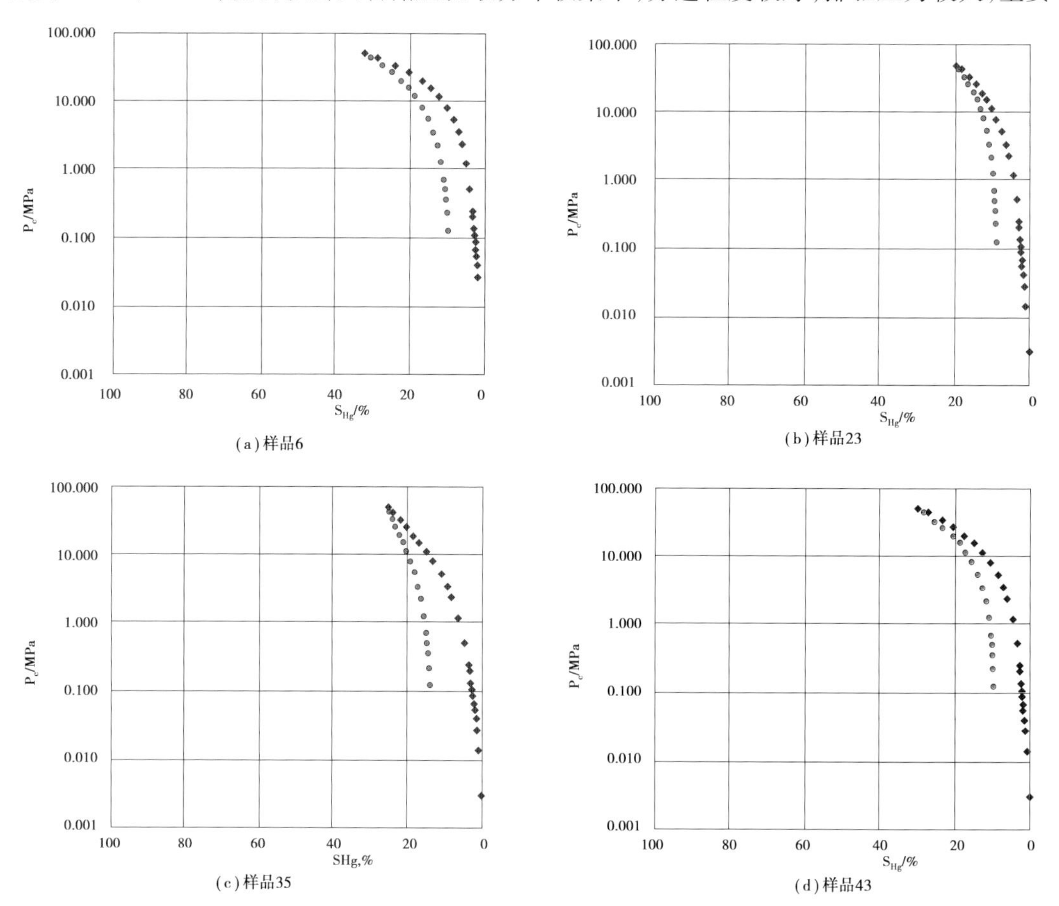

图6.53　渝东南黔浅1井五峰组—龙马溪组组黑色页岩压汞法毛管压力曲线

在8.51 MPa左右，退出效率较低平均为58.97%，二者均说明该套页岩孔喉非常细小。以上参数特征均反映出五峰组—龙马溪组页岩具有颗粒细小致密、孔隙小、喉道细、连通性差的特点。

该套页岩的孔喉半径主要分布在0.00～0.10 μm，分布频率分别为90.57%，其次是0.10～0.16 μm区间，分布频率为1.54%，在区间0.16～0.25 μm的分布频率为1.11%，在区间0.25～0.40 μm的分布频率为0.97%，分布在大于0.40 μm区间的样品很少，分布频率为4.25%（图6.54）。这进一步表明五峰组—龙马溪组页岩储层孔喉非常细小，渗透率极低，主要发育微型孔隙，孔喉半径主要分布在100 nm以内，纳米级孔隙占有绝对优势。

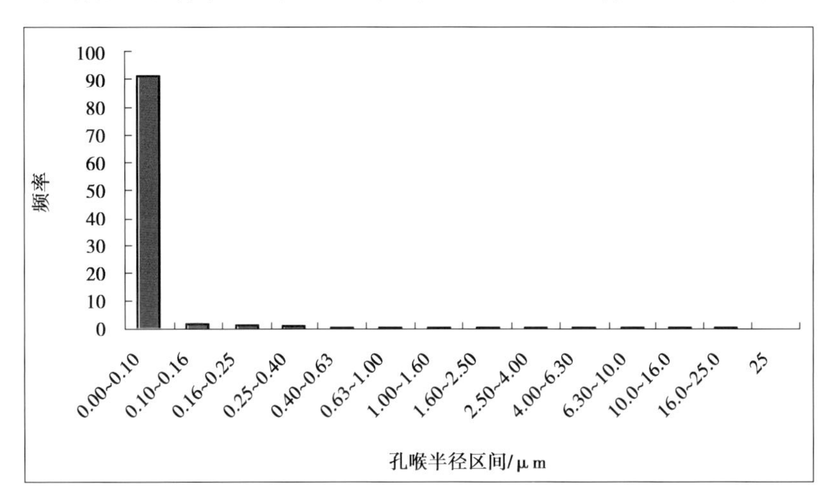

图6.54 渝东南地区下五峰组—龙马溪组黑色页岩孔喉半径分布频率直方图

6.5 页岩含气性特征及主控因素分析

6.5.1 页岩含气性特征

页岩含气量测定方法可以分为两类：直接法（解析法）和间接法。直接法是指利用现场钻井岩心和有代表性岩屑测定实际含气量，间接法是指通过等温吸附实验、测井解释等方法推测吸附气含量和游离气含量，其中直接法是页岩含气量测定的常用方法（唐颖等，2011；李玉喜等，2011）。

目前，重庆地质矿产研究院在渝东南地区钻探8口目的层为五峰—龙马溪组的页岩气井。其中，7口井做了现场解析气实验，4口井完成等温吸附实验（另外4口井已送样），6口井进行了测井解释含气量（表6.14）。

表6.14 渝东南地区五峰—龙马溪组页岩气井含气量测定统计表

井　名	目的层深度/m	现场解吸气测试	等温吸附气测试	测井解释含气量
渝参4井	645～763	√		√

续表

井　名	目的层深度/m	现场解吸气测试	等温吸附气测试	测井解释含气量
黔浅1井	722～796	√	√	
黔页1井	724～802		√	√
西浅1井	1 086～1 170	√	√	
渝参8井	832～912	√		√
渝参7井	780～863	√		√
渝参6井	705～782	√		√
西地2井	783～837	√	√	√

1)现场解吸气含量

此法是利用解析罐直接测定新鲜岩样中甲烷含量的一种方法,它能够在模拟地层实际环境的条件下反映页岩的含气性特征,因此被用来作为页岩气含量测量的基本方法。

表6.15　渝东南地区五峰—龙马溪组页岩气井现场解吸气含量统计表

井名	亚段	深度段/m	厚度/m	现场解吸气含量/($m^3 \cdot t^{-1}$)		样品数
				亚段	全层	
渝参4井	第一段	724～763	39	0.96～2.7(平均值1.62)	0.42～2.7(平均值1.23)	34
	第二段	685～724	39	0.42～1.19(平均值0.90)		31
	第三段	645～685	40	0.48～1.62(平均值1.14)		42
黔浅1井	第一段	784～796	12	0.64～1.63(平均值1.13)	0.03～1.63(平均值0.60)	6
	第二段	741～784	43	0.03～0.47(平均值0.15)		20
	第三段	722～741	19	0.05～0.33(平均值0.19)		12
西浅1井	第一段	1 134～1 170	36	0.9～1.52(平均值1.19)	0.07～1.52(平均值0.60)	10
	第二段	1 107～1 134	27	0.07～0.35(平均值0.21)		8
	第三段	1 086～1 107	21	0.08～0.34(平均值0.20)		7
渝参8井	第一段	900～912	12	0.002～0.22(平均值0.11)	0.002～0.22(平均值0.04)	11
	第二段	850～900	50	0.002～0.09(平均值0.03)		50
	第三段	832～850	18	0.006～0.04(平均值0.20)		20
渝参7井	第一段	824～863	39	0.01～0.19(平均值0.04)	0.000 4～0.19(平均值0.03)	36
	第二段	805～824	19	0.000 4～0.08(平均值0.03)		20
	第三段	780～805	25	0.002～0.06(平均值0.03)		22
渝参6井	第一段	762～782	20	0.02～0.24(平均值0.06)	0.02～0.24(平均值0.10)	17
	第二段	728～762	34	0.02～0.14(平均值0.07)		35
	第三段	705～728	23	0.10～0.03(平均值0.19)		19

续表

井名	亚段	深度段/m	厚度/m	现场解吸气含量/($m^3 \cdot t^{-1}$)		样品数
				亚段	全层	
西地2井	第一段	817~837	20	0.03~0.36(平均值0.18)	0.03~0.36(平均值0.15)	7
	第二段	797~817	20	0.03~0.04(平均值0.03)		2

渝东南地区共有7口目的层为五峰—龙马溪组的页岩气井进行了现场含气量解吸测试(表6.15)。从单井上看,渝参4井目的层现场解吸气含量最高,为0.48~2.7 m^3/t,平均1.22 m^3/t;西浅1井次之,为0.08~1.52 m^3/t,平均0.53 m^3/t;渝参7井最差,在0.000 4~0.19 m^3/t,平均仅为0.03 m^3/t。纵向上来看(图6.55),各井第一亚段现场解吸气含量最高,第三亚段次之,第二亚段最差。

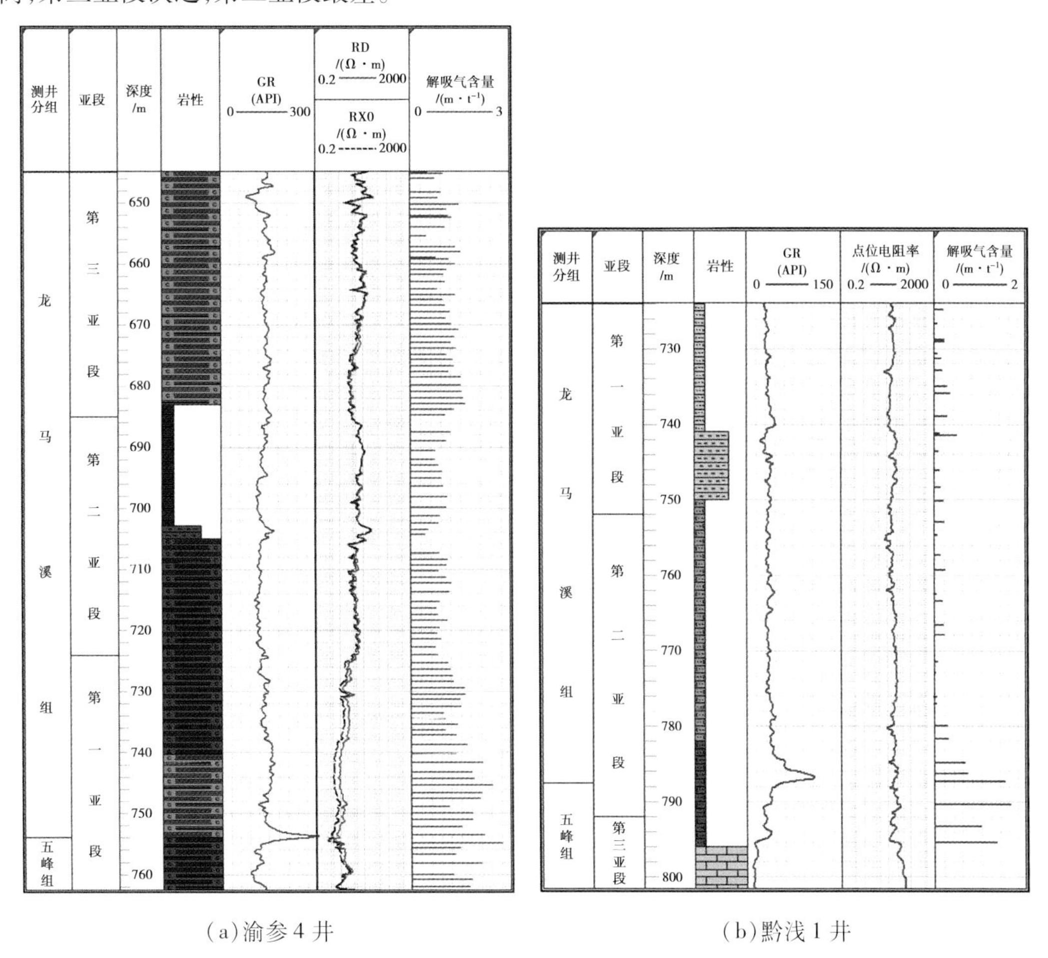

(a)渝参4井　　(b)黔浅1井

图6.55　渝东南地区单井现场解吸气纵向变化图

2)等温吸附气量

等温吸附实验所反映的是页岩在一定温度、压力下对天然气的最大吸附能力。实验采用高压等温吸附实验方法,在近似地层温度条件下,对研究区页岩样品进行等温吸附实验来建立吸附气量与压力、温度的关系模型。渝东南地区共有 4 口五峰—龙马溪组的页岩气井完成了等温吸附气测试(表 6.16)。测试结果显示,等温吸附气含量为 0.74 ~6.12 m^3/t,平均为 2.65 m^3/t,表明五峰—龙马溪组页岩的吸附能力总体较强。

表 6.16　渝东南地区五峰—龙马溪组页岩气井等温吸附气含量统计表

井名	亚段	深度段/m	厚度/m	等温吸附气量/($m^3 \cdot t^{-1}$)		样品数
				亚段	全层	
黔页 1 井	第一段	792 ~802	10	1.52 ~2.57(2.03)	1.52 ~2.57(2.03)	3
黔浅 1 井	第一段	784 ~796	12	2.72 ~3.31(3.07)	1.56 ~3.31(平均值 2.34)	3
	第二段	741 ~784	43	1.75 ~2.25(2.12)		4
	第三段	722 ~741	19	1.56 ~1.82(1.69)		2
酉浅 1 井	第一段	1 134 ~1 170	36	1.66 ~3.96(2.78)	0.74 ~3.96(平均值 2.31)	10
	第二段	1 107 ~1 134	27	0.74 ~1.73(1.07)		4
	第三段	1 086 ~1 107	21	0.86		1
酉地 2 井	第一段	817 ~837	20	4.08 ~6.12(5.20)	4.08 ~6.12(5.20)	3

根据 Langmuir 等温吸附公式,分析目的层页岩样品在温度 40 ℃、压力 0 ~20 MPa 条件下对天然气吸附能力的变化(图 6.56)发现,随着压力的增大,页岩的吸附气量增大,但随着压力的增加,吸附气量增加缓慢,不同页岩样品吸附气量增加的程度不同,最大吸附量也不同,不同井位、不同深度的页岩其吸附性能具有不同的特征,对比目前已做等温吸附实验的 4 口井发现,各井第一亚段等温吸附气含量最高,尤其是酉地 2 井的等温吸附气量最大,为 4.08 ~6.12 m^3/t,平均 5.20 m^3/t。

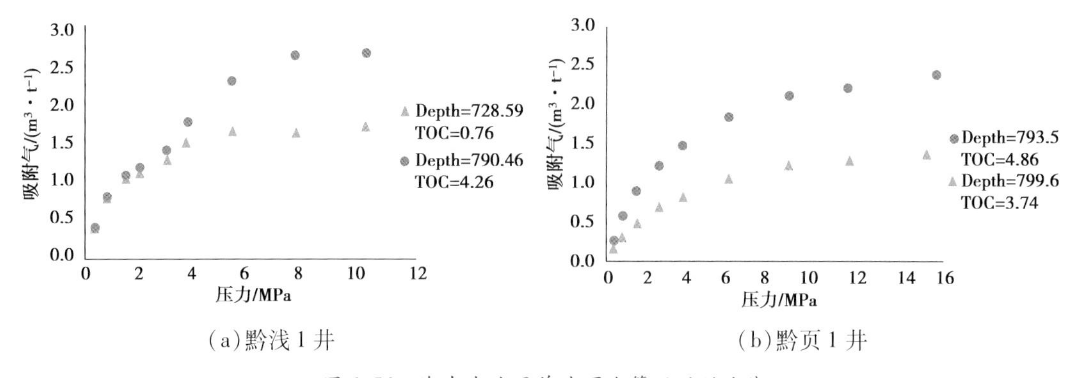

图 6.56　渝东南地区单井页岩等温吸附曲线

3)总含气量

通过测井方法对渝东南地区单井目的层的吸附气量、游离气量进行测量(表 6.17),从而获得各单井的总含气量。纵向上看(图 6.57),各井第一亚段测井解释总含气含量最高,第三亚段次之，第二亚段最差；总含气量高的页岩储层段，游离气和吸附气一般都高。根据前文建立的重庆地区含气量判别指标标准（表 6.16），渝东南地区五峰—龙马溪组第一亚段总含气量均满足 1 m^3/t 的含气性评价标准下限。

利用 USBM 直接法对黔浅 1 井、酉浅 1 井进行了含气性测试，获得解吸气量、损失气量及残余气量。解吸法测试获得单井的现场解吸气量；利用地层温度条件下获得的解吸气量使用拟合公式反推得到的损失气量，测试所得损失气量包括游离气和部分吸附气中扩散出来的气量，可以在一定程度上反映游离气的含量；残余气量是通过粉碎解吸完成后的岩心得到的含气量。

表 6.17　渝东南地区五峰—龙马溪组页岩气井测井解释含气量统计表

井名	亚段	深度段/m	厚度/m	测井解释含气量/($m^3 \cdot t^{-1}$)			
				吸附气	游离气	总含气	全层
渝参4井	第一段	724～763	39	0.79～2.05（平均 1.13）	0.03～0.93（平均 0.31）	0.99～2.38（平均 1.44）	0.76～2.38（平均 1.22）
	第二段	685～724	39	0.68～0.99（平均 0.82）	0.002～0.39（平均 0.16）	0.76～1.33（平均 0.98）	
	第三段	645～685	40	0.57～1.11（平均 0.92）	0.04～0.54（平均 0.32）	0.89～1.53（平均 1.24）	
渝参8井	第一段	900～912	12	0.69～2.03（平均 1.31）	0.39～0.99（平均 0.66）	1.18～2.70（平均 1.97）	0.60～2.70（平均 1.43）
	第二段	850～900	50	0.30～1.06（平均 0.64）	0.14～0.64（平均 0.40）	0.60～1.60（平均 1.04）	
	第三段	832～850	18	0.60～1.53（平均 0.87）	0.06～0.69（平均 0.40）	0.69～1.87（平均 1.27）	
渝参7井	第一段	824～863	39	1.12～4.05（平均 2.53）	0.12～0.85（平均 0.55）	1.32～4.67（平均 3.08）	1.09～4.67（平均 2.48）
	第二段	805～824	19	0.90～2.19（平均 1.30）	0.15～0.58（平均 0.38）	1.09～2.77（平均 1.68）	
	第三段	780～805	25	1.44～2.48（平均 1.94）	0.59～0.85（平均 0.75）	2.16～3.25（平均 2.69）	
渝参6井	第一段	762～782	20	0.34～2.32（平均 1.04）	0.28～0.72（平均 0.47）	0.62～2.73（平均 1.51）	0.26～2.73（平均 1.17）
	第二段	728～762	34	0.19～1（平均 0.52）	0.03～0.51（平均 0.29）	0.26～1.34（平均 0.81）	
	第三段	705～728	23	0.43～1.47（平均 0.83）	0.14～0.56（平均 0.37）	0.72～1.73（平均 1.21）	

续表

井名	亚段	深度段/m	厚度/m	测井解释含气量/(m³·t⁻¹)			
				吸附气	游离气	总含气	全层
西地2井	第一段	817~837	20	0.14~1.03(平均0.59)	0.24~0.67(平均0.45)	0.56~1.53(平均1.04)	0.56~1.53(平均0.91)
	第二段	797~817	20	0.39~0.95(平均0.53)	0.24~0.63(平均0.43)	0.64~1.50(平均0.96)	
	第三段	783~797	14	0.34~0.52(平均0.42)	0.25~0.46(平均0.33)	0.62~0.84(平均0.75)	
黔页1井	第一段	792~802	10	0.09~1.21(平均0.84)	0.29~0.79(平均0.62)	0.48~2.00(平均1.46)	0.2~2.00(平均0.99)

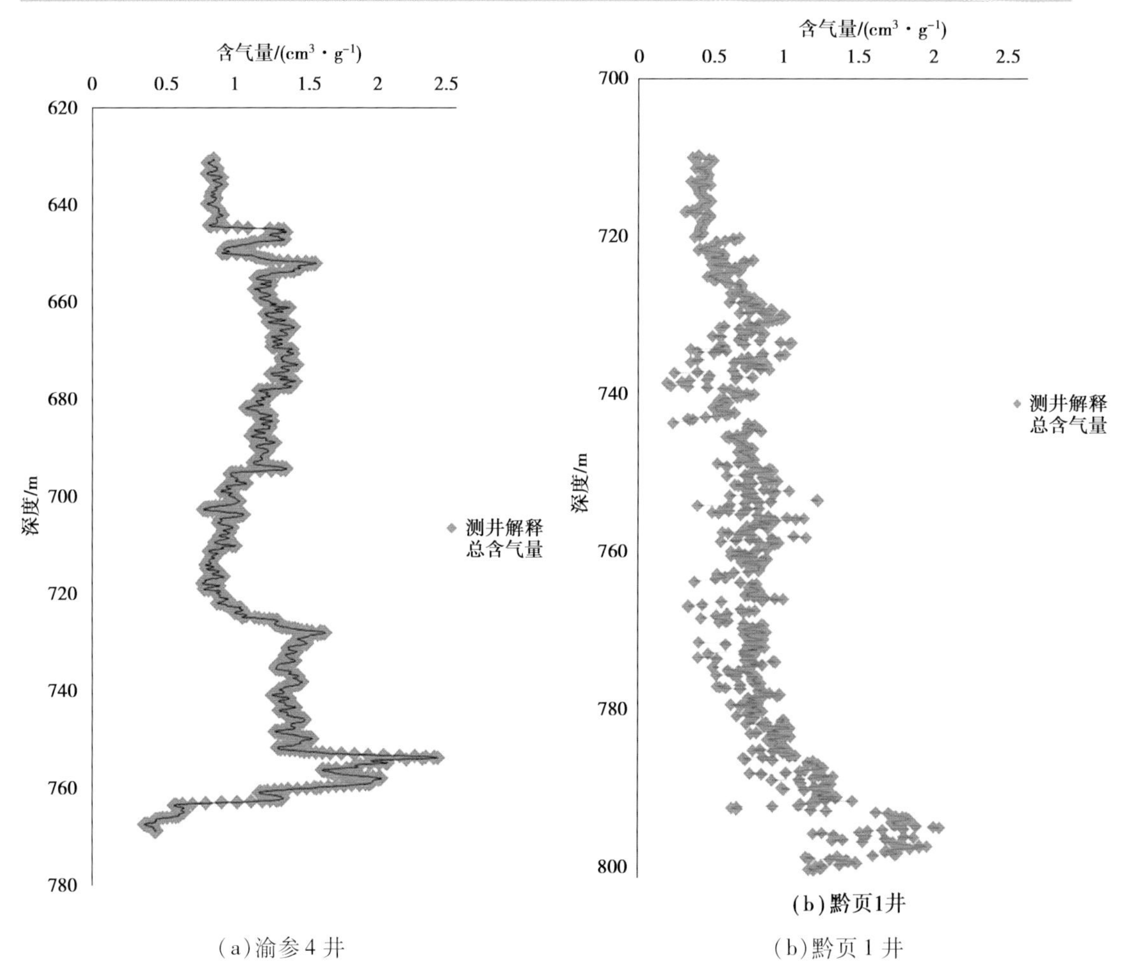

(a)渝参4井　　(b)黔页1井

图6.57　渝东南地区单井测井解释总含气量纵向变化图

①黔浅1井五峰—龙马溪组现场测试总含气量数据[表6.18,图6.58(a)]看出,解析气量、总含气含量在第一亚段最高,第三亚段次之,第二亚段最少;损失气量在第一亚段最高的,第二亚段次之,第三亚段最少。第一亚段损失气量占总含量的比例最高,能够反映此亚段游离气量相对比例高。

表6.18 黔浅1井五峰—龙马溪组样品含气量测试统计表

亚段	解吸气		损失气		残余气		总含气量		样品数
	亚段	全层	亚段	全层	亚段	全层	亚段	全层	
第一段	0.64~1.63(平均1.13)	0.03~1.63(平均0.32)	0.18~1.16(平均0.69)	0.01~1.16(平均0.15)	0.01~0.1(平均0.03)	0.01~0.25(平均0.09)	0.92~2.81(平均1.85)	0.11~2.81(平均0.56)	12
第二段	0.03~0.47(平均0.15)		0.01~0.16(平均0.05)		0.12~0.25(平均0.1)		0.11~0.65(平均0.3)		20
第三段	0.05~1.33(平均0.19)		0.01~0.08(平均0.05)		0.02~0.18(平均0.09)		0.13~0.49(平均0.33)		6

②酉浅1井五峰—龙马溪组现场测试总含气量数据[表6.19,图6.58(b)]看出,损失气量在第一亚段最高,第三亚段次之,第二亚段最少;解析气量、总含气含量在第一亚段最高,第二亚段次之,第三亚段最少。损失气量占总含气量的比例很小,反映游离气量相对较低。

表6.19 酉浅1井五峰—龙马溪组样品含气量测试统计表

亚段	解析气		损失气		总含气量		样品数
	亚段	全层	亚段	全层	亚段	全层	
第一段	0.9~1.52(平均1.19)	0.08~1.52(平均0.60)	0.003~0.17(平均0.05)	0.001~0.17(平均0.02)	0.91~1.57(平均1.24)	0.09~1.57(平均0.62)	10

6.5.2 含气性主控因素

页岩的内部因素(页岩有机地球化学参数、矿物组成、物性参数等)和外部因素(深度、温度、压力等)是影响页岩含气量的因素。页岩的总含气量包括吸附气含量和游离气含量两部分,影响吸附气含量的主要因素包括有机碳含量、石英含量、总烃量、黄铁矿含量、含水饱和度、密度、压力和温度等,而影响游离气含量的主要因素为压力、温度、含水饱和度、碳酸盐含量、孔隙度和密度等。研究区页岩含气量解吸实验和等温吸附实验可以看出,页岩吸附性能较好但含气性一般,这表明页岩含气性受到了多种因素的影响。

1)有机地化条件

(1)有机碳含量

总有机质含量(TOC)可以反映出页岩的有机质丰度,是页岩气聚集最重要的主控因素之一。国内外的测试结果表明,有机质含量与页岩的含气量正相关性较好。这是因为在相同的气藏温度和压力下,有机碳含量较高的页岩具有更多的微孔隙空间,增大了游离气的贮存空间;此外,有机质吸附甲烷气体的能力远高于无机质等黏土矿物,有机碳含量的增大也会极大提高吸附气的含量。

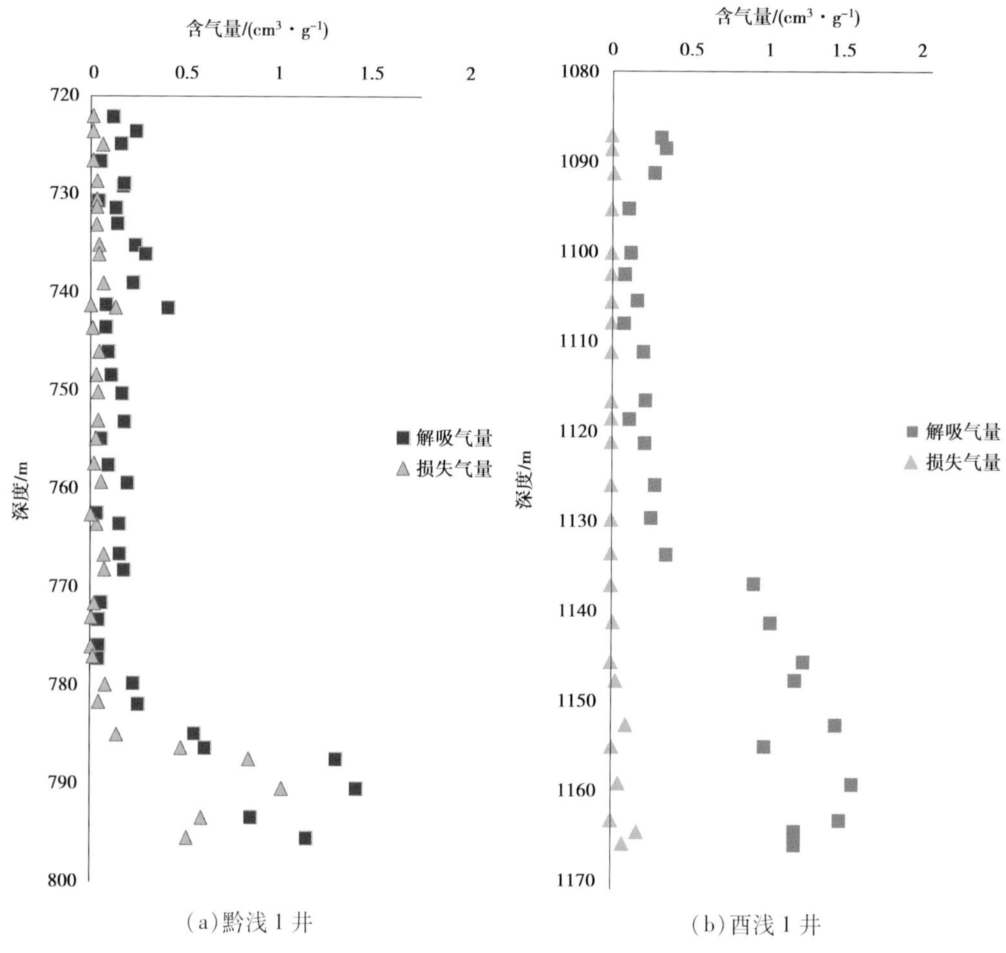

(a)黔浅1井　　(b)西浅1井

图6.58　单井现场测试总含气量纵向变化图

渝东南地区有机质类型主要为Ⅰ型，五峰—龙马溪组样品的有机碳含量为0.34%～5.2%，平均为1.58%，变化范围较大。从图6.59中可见，随着有机碳含量的增加，不论是解吸气还是等温吸附气都有增大的趋势，相关性较好。

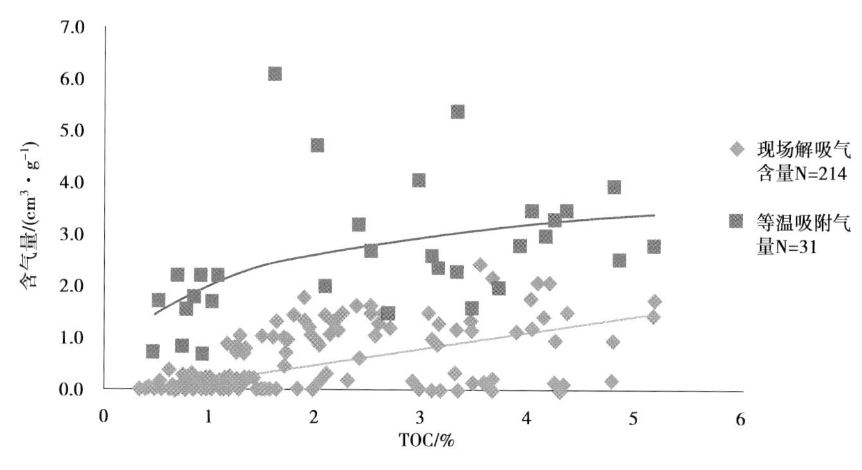

图6.59　渝东南地区单井TOC与含气量关系图

渝东南地区五峰—龙马溪组泥页岩研究发现,有机质丰度是影响泥页岩吸附性的主要因素(图6.60)。相同压力下,总有机碳含量高的泥页岩对甲烷的吸附能明显要大。

(2)有机质成熟度

有机质成熟度是指沉积有机质在温度、时间等因素的综合作用下向石油和天然气演化的程度。国际上通常将镜质体反射率(R_o)作为标定有机质成熟度的一项指标。有机质通常含有大量微孔,其内表面积随热成熟度的增长而增加(Ross 和 Bustin,2008),因此有机质成熟度越大,其吸附气体能力越强。

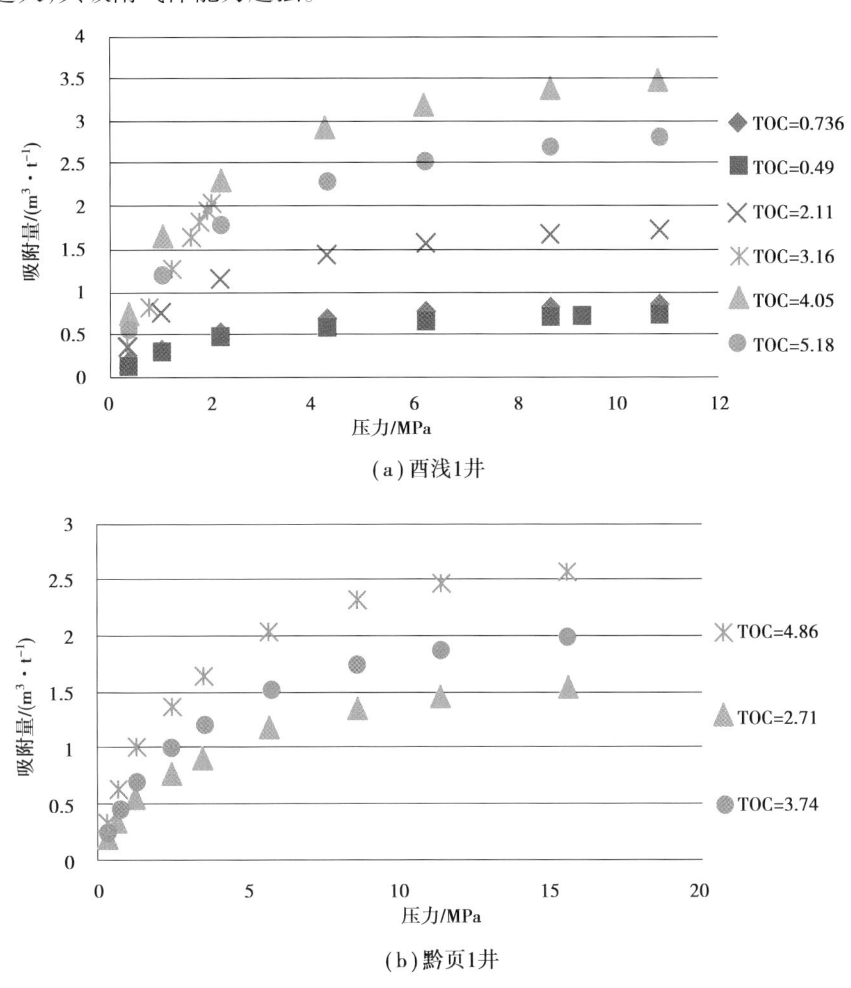

图6.60 渝东南地区不同TOC含量的泥页岩等温吸附曲线变化图

通过分析渝东南单井实测数据发现,五峰—龙马溪组样品的镜质体反射率处于1.18%~3.8%,成熟度和吸附气含量之间的相关关系不明显(图6.61)。分析认为,当镜质体反射率小于1.1%时,因为页岩处在生油窗,生气量有限且溶解于石油中;当镜质体反射率成熟度过高时,生气能力有限,均导致页岩吸附气含量不高。只能说明在一定的成熟度范围内,吸附气含量较大。

2)矿物成分

页岩中显微孔隙结构对页岩气的赋存状态具有重要的控制作用,而显微孔隙结构和吸

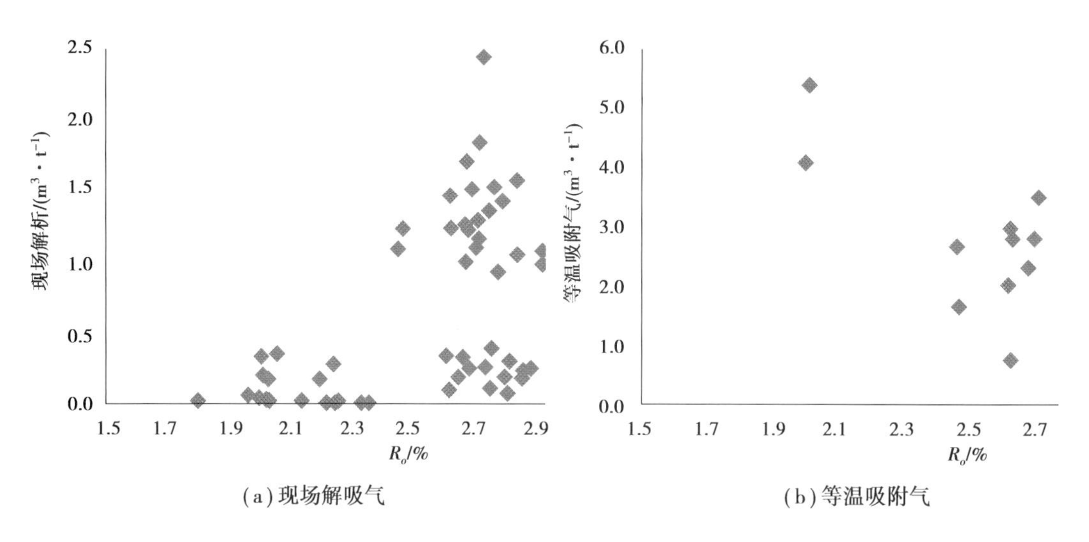

图6.61　渝东南地区五峰—龙马溪组TOC与含气量关系图

附能力又受页岩的矿物组成制约。页岩的矿物组成一般以石英或黏土矿物为主,黏土矿物包括高岭石、伊利石、绿泥石、伊蒙混层等,以及少量蒙脱石或不含蒙脱石。研究表明,页岩石的矿物组成在一定程度上决定着页岩气藏品质的优劣,影响页岩含气性。石英相对于黏土矿物有较小的矿物比表面积,故具有较小的吸附能力,但石英含量的增加可提高岩石的脆性,又有利于裂缝的发育。

(1)黏土矿物含量

黏土矿物由于具有较大的矿物比表面积,故有较强的吸附能力,随着黏土矿物含量的增加,矿物比表面积增加,对页岩气吸附有利。渝东南单井全岩矿物成分实验测试表明,随黏土矿物含量增加,页岩解吸含气量增大,二者呈现正相关关系(图6.62)。

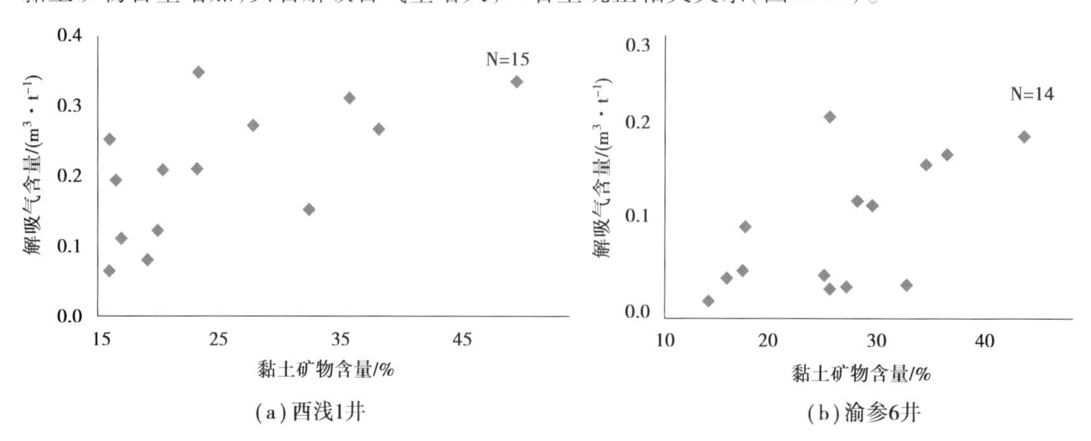

图6.62　渝东南地区五峰—龙马溪组黏土矿物与含气量关系图

(2)石英含量和脆性指数

石英含量越高,页岩脆性越高,页岩储层裂缝越发育,页岩气渗透率越高,页岩产气能力更强(图6.63)。黔页1井实验数据表明,高石英含量和脆性指数的第一亚段其总含气量和解吸气含量更高,且产能更高。

分析表明,更高的石英含量和脆性指数及更低的黏土矿物含量导致页岩的脆性更强,一方面使页岩内部产生更多的裂缝,增强页岩的储集和渗流能力,另一方面使页岩容易改造、页岩气更容易产出,从而导致更高的含气量和更高的产量。

3)孔缝发育

总体上,研究区目的层储集空间类型多样,具有低孔隙度、低渗透率的特征。在页岩层中,天然气赋存状态多样,除极少部分以溶解态赋存外,大部分均以游离态或吸附态赋存于页岩的各类基质孔隙空间或颗粒表面。页岩的孔缝发育特征直接影响到天然气的赋存方式及富集能力,页岩孔缝虽小,主要发育纳米级孔隙和微裂缝,但对于更为微小的天然气分子(甲烷分子直径0.38 nm),页岩内广泛发育的各类孔隙空间对天然气具有较强储集能力。

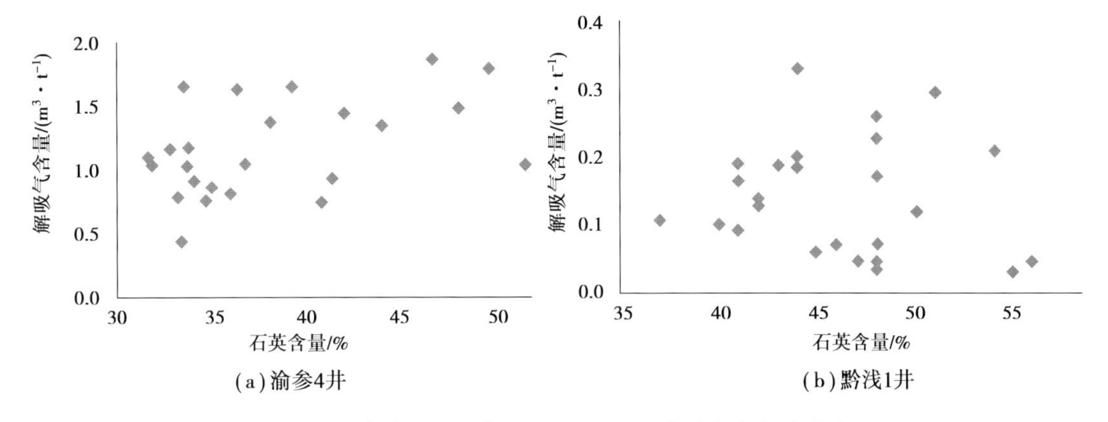

图6.63 渝东南地区五峰—龙马溪组石英含量与含气量关系图

依据富有机质页岩具有普遍含气的特性,对同一套含气页岩,在一定程度上,页岩内的大孔隙直接决定了页岩的游离气含量,孔隙容积越大,则所含游离态气体含量就越高;同时,页岩孔隙越发育,尤其是有机质孔等微孔越发育的时候,研究表明页岩的总孔体积主要是由孔径小于10 nm的微孔隙提供的,这就为页岩的吸附作用提供了更多具吸附性的孔比表面,从而有利于吸附态页岩气的赋存。页岩孔比表面积越大,在相同温度压力条件下,页岩的吸附能力就越强。研究区五峰—龙马溪组页岩含气量与比表面积呈现一定的正相关性(图6.64)。

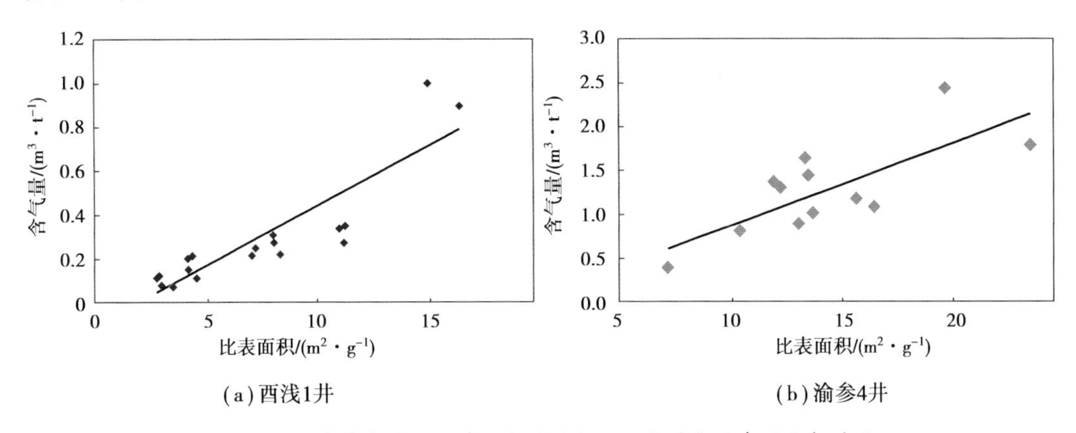

图6.64 渝东南地区五峰—龙马溪组吸附气量与比表面积相关性

4)储存条件

储存条件是控制常规油气成藏的关键因素,而对于自生自储的页岩气藏,由于页岩吸附机理的存在,自身抗破坏能力较强,是否也需要有适宜的储存条件以及需要什么样的储存条件,是值得探讨的问题。页岩气是指富含有机质的泥页岩经生烃、排烃作用后主要以游离和吸附态滞留于页岩层系中的那部分天然气,根据前人对页岩气成藏机理的研究.富有机质页岩所生成的气态烃是首先满足自身基质的吸附和微孔缝的储存作用的,当页岩对天然气的储集趋于饱和时,才产生了以生烃膨胀作用为基本动力的天然气“逃逸”作用,表明在页岩的生气阶段,页岩是富含气的。然而,在一些页岩气钻井中,页岩岩心的实际含气量却很低。

现场解吸结果表明,渝参6、7、8井和西地2井的页岩气含气量均很低,但是有机碳实验数据显示单井五峰组—龙马溪组下部有机碳含量较高,TOC大于2%的页岩段有十多米,但该优质页岩段的页岩气含气量却很低;测井解释四口井的含气性较好(表6.18);等温吸附实验表明,西地2井目的层该套页岩吸附能力较强(平均5.20 m^3/t)。目前初步分析认为,造成渝参6、7、8井和西地2井含气量低的主要原因是断裂发育,页岩整体封闭性性能较差,页岩气保存性受到了影响。造成其现场解吸气含量低的原因还需在地化、地震、测井数据的补充进一步分析。

6.6 页岩气发育有利区优选及资源评价

页岩气藏是泥质烃源岩生烃后未运移出去的,以吸附、游离或者溶解状态滞留于页岩内的天然气聚集,由此可见富含有机质的泥页岩具有普遍的含气性,页岩气勘探开发的关键是如何寻找含气量较高的页岩气富集区,并通过合适的工程工艺技术获得工业气流。因此,页岩气的选区评价,应是对该研究区页岩气富集成藏规律进行充分认识的基础上,进行有利区优选和资源评价,通过优选和综合地质评价,进一步缩小勘探靶区,聚焦有利勘探核心区,优化勘探部署,力争勘探突破。

6.6.1 页岩气成藏条件及富集规律

1)页岩气成藏条件研究

①早期稳定的隆升-沉降构造形态和陆棚沉积演化条件是渝东南地区多套富有机质页岩发育的基础。

震旦纪-中奥陶世,渝东南地区处于相对稳定、总体下沉的状态,有条状凹陷和隆起出现,缺乏宽广的剥蚀区,沉积组合在大范围内较均齐,主要为广阔的浅海碳酸盐岩、白云岩台地。在渝东南地区,其在晚震旦世-中寒武世沉积幅度大,堆积了近3 000 m膏盐沉积和。中奥陶世末期,都匀运动发生,在上扬子地块上形成大的隆起、坳陷,但渝东南地区仍处于坳陷之内,并广泛接受了一套深水盆地相-浅海陆棚相的暗色泥页岩-粉、细砂岩沉积。志留纪末期的广西运动基本上继承了都匀运动的构造格局,使早期形成的隆起、坳陷进一步发展。同时还使全区地壳上升，造成志留系（主要是上志留统）的大面积缺失或剥蚀。因此，在渝东南地区加里东以来没有表现出明显的褶皱，只是表现为地块的整体抬升，并且出现上志留统的大面积缺失。

在晚震旦世-寒武纪，因受加里东运动早幕的构造拉张影响，沉积盆地具有自北西向南东由克拉通地块向被动大陆边缘过渡的构造背景，区域沉积相展布有从浅水陆棚相区平缓延伸到次深海大陆斜坡和深海盆地相区的变化，由上升洋流带入的丰富营养物质促进了海相低等生物的大规模繁衍，因此无论是浅水陆棚相区，还是较深水斜坡或盆地相区，均可形成富含有机组分的泥或泥灰质烃源岩的连续沉积，从而形成分布面积广、厚度较大、层位稳定的下寒武统牛蹄塘组烃源岩系，是渝东南区内第一套烃源岩重要的发育期。下寒武统由灰黑色-黑色泥页岩、碳质泥页岩及石煤夹层与深灰色-灰黑色薄层泥晶灰岩、泥灰岩和含泥质泥晶灰岩组成。烃源岩的区域分布主要受较深水陆棚和开阔海台地相控制，沉积厚度较稳定，一般厚100～200 m，由南东往北西逐渐减薄，黑色页岩中水平文理发育，含分散状和纹层状霉粒黄铁矿，生物以三叶虫、介形虫为代表，表明牛蹄塘组沉积环境的水动力较弱，具有较强的还原环境。

进入奥陶纪，由于受加里东晚幕早时的构造挤压影响，扬子地块西侧构造抬升和东南侧江南古岛链的初始挤压隆升等。这些区域构造和沉积盆地性质进入急剧变革的前期，渝东南地区持续隆升的水体迅速变浅，形成广阔的陆棚滞留盆地，沉积了本区第二套主要烃源岩-上奥陶统五峰组黑色碳质页岩。该烃源岩系厚度虽小，仅几米至十几米，但范围较广，层位稳定，有机质丰度高。

进入志留纪，因受加里东晚幕时的影响，扬子陆块进一步受华南地块自南东向北西迁移的造山挤压，江南古陆强烈隆升和自东向西逆冲的影响，导致中国南方大地构造性质由拉张转入到以挤压为主的重大变革时期，相对稳定的克拉通坳陷盆地-被动大陆边缘盆地格局转换为水平挤压和挠曲沉降为主的前陆盆地演化阶段。下志留统龙马溪组下部沉积相，主要为深水陆棚沉积，沉积了一套黑色页岩、碳质泥页岩，主要形成于前陆盆地挠曲坳陷最前列的早期阶段。五峰组—龙马溪组，作为渝东南地区第二套烃源岩，是在早奥陶世继承了寒武纪古地理格局基础上开始了新一轮海侵过程，在晚奥陶世五峰组达到新一轮海侵高潮，到早志留系初期为晚奥陶世海侵过程的继续，五峰组和龙马溪组地层均含有笔石化石，尤其下部含非常丰富的笔石化石，向上化石逐渐减少。该组中还普遍见有分散状黄铁矿晶粒，说明当时处于还原静水条件下沉积，该烃源岩系岩性单一，层位稳定，有机质丰度高，但沉积厚度变化较大，厚度为40～205 m，由北西向南东页岩厚度逐渐变薄。

②多套富有机质页岩广泛发育，有机质丰度高、成熟度高、类型好，页岩含气性较好，是渝东南地区源内页岩气富集成藏的物质基础。

研究区发育两套主力烃源岩，早寒武世-中奥陶世构造-沉积旋回阶段，发育了牛蹄塘组烃源岩，也是上扬子区域性烃源岩之一，在早寒武世的深水陆棚沉积环境使得上扬子地区的渝东南地区牛蹄塘组富含大量有机质黑色页岩发育、分布非常广泛，覆盖了渝东南整个区域。由于后期的构造运动使得该地区抬升，仅在秀山县南部和西北部的部分区域被剥蚀缺失，出露新元古界地层；晚奥陶世-志留纪构造-沉积旋回阶段，晚奥陶世发育了五峰组滞留环境的笔石页岩沉积，主要是碳质和硅质页岩，进入志留纪，虽然构造运动加强，但沉积建造没有大的改变，下志留统发育了龙马溪组深水环境的灰黑色泥页岩、碳质页岩、硅质页岩和粉砂岩等沉积，富含笔石化石，是又一套上扬子区域性烃源岩。后期的构造运动，使得该地区遭受了强烈的抬升剥蚀和挤压，渝东南地区由西北部地区到东南部地区下志留统龙马溪组地层剥蚀量逐渐加大，在其东南角上甚至出露了新元古界地层，使该区呈现“背斜成山，背斜成谷”的特点，使得连续分布的五峰组—龙马溪组页岩地层被分割成北东-南西向条带状展布。

烃源岩的类型、丰度和演化程度对富有机质页岩富集成藏有直接影响。丰度的差别影响页岩气的数量和规模；演化程度控制能否形成页岩气成因类型，也决定形成何种成因性质的页岩气藏；类型的不同决定了气藏性质。渝东南地区无论是下寒武统牛蹄塘组还是上奥陶统五峰组—下志留统龙马溪组富有机质页岩段有机质含量较高，下寒武统黑色页岩的有机碳含量为0.16% ~9.62%，平均3.43%，上奥陶统—下志留统黑色页岩的有机碳含量为 0.22% ~8.49%，平均2.05%。已知井的地化剖面揭示出，五峰组—龙马溪组下部有机碳含量较高，最高可达8.49%，向上逐渐降低，有机碳含量大于0.5%的页岩厚度为75 ~143 m，平均为105 m。有机碳含量大于1.0%的页岩厚度为28 ~116 m，平均71 m，有机碳含量大于2.0%的页岩厚度为9 ~45 m，平均19 m；两套富有机质页岩地史研究表明，下古生界地史时期的深埋作用导致古生界海相源岩热演化程度明显偏高，下寒武统牛蹄塘组黑色页岩 R_o 为3.36% ~4.96%，平均4.41%；上奥陶统五峰组—下志留统龙马溪组黑色页岩的 R_o 为 1.56% ~3.68%，平均2.51%。渝东南地区两套页岩成熟度达到高-过成熟阶段，烃源岩总体演化程度较高。虽然页岩储层中的有机质成熟度不是影响页岩气成藏的关键因素，但成熟度越高越有利于页岩气形成和富集。地化有机质类型分析，两套富有机质页岩有机质类型均为I型，另外，从页岩气组分分析看，下寒武统页岩气中 CH_4 含量为81.2% ~98.38%，干燥系数在96.02%以上；龙马溪组页岩气 CH_4 含量为88.99% ~97.69%，干燥系数在 98.93%以上。下寒武统页岩气 $\delta^{13}C1$ 和 $\delta^{13}C2$ 分别为-37.7‰ ~ -29.4‰和-40.7‰ ~ -36.6‰；龙马溪组页岩气 $\delta^{13}C1$ 和 $\delta^{13}C2$ 分别为-31.1‰ ~ -29.7‰和-37.04‰ ~ -35.09‰。两套含气页岩均出现了 $\delta^{13}C1>\delta^{13}C2$ 的同位素“逆序”现象，表明它们可能具有不同演化阶段烷烃气混合的成因，这和高过成熟阶段富有机质页岩中可溶有机质裂解气与早期的干酪根裂解气混合有关，证实下寒武统牛蹄塘组和上奥陶统五峰组—下志留统龙马溪组页岩气为原油裂解和干酪根裂解复合成因。前已述及，有机质含量高低直接影响页岩含气量的大小，有机质丰度越高，页岩气含量越高。根据黔页1井、黔浅1井、酉浅1井和渝参4井现场解吸含气量分析，含气量大于0.5 m^3/t 的厚度为11 ~118 m，平均47.0 m，含气量大于1.0 m^3/t 的厚度为8 ~92 m，平均38.5 m，含气量大于2.0 m^3/t 的厚度为10 ~17 m，平均13.5 m，渝东南地区富有机质页岩有机质丰度与页岩含气性具有良好的正相关关系。渝东南地区良好的源岩条件和含气性条件，为渝东南地区源内页岩气富集成藏提供了物质基础。

③多类型孔隙发育，页岩比表面大，脆性矿物含量高，对致密页岩储层物性具有有效的改造作用，是页岩气富集成藏的必要条件。

与常规天然气不同，对于页岩气来说，页岩既是烃源岩又是储集层。在常规储层中，孔隙度和渗透率是储层特征研究中最重要的两个参数，这对页岩气藏同样适用。泥页岩类基质孔隙极不发育，多为微毛细管孔隙，渗透率也远小于致密砂岩，属于渗透率极低的沉积岩，但沉积环境、成岩作用、有机质演化、构造应力、水动力条件和围岩特征等诸多因素的综合效应，改善致密泥页岩的储集性能，能够使有机质丰富的泥页岩形成一定规模、渗透性较好的封闭体系，使致密的泥页岩具有富集成藏的储集条件。

通过对研究区物性统计分析表明，有效孔隙度为 1.41% ~5.61%，平均值为 3.23%，渗透率为 50 ~304 nD，平均值为 122 nD，说明储集物性很低，为低孔特低渗透储层，因此页岩气的大规模发育需要相当的储集空间。从黔页 1 井孔隙度和深度关系图、渗透率与深度关系图可以看出（图 6.65），在 780 ~800 m 处，孔隙度、渗透率有突然增大的趋势，基质孔隙度平均为 5.2%，基质渗透率平均为 198.5 nD，次生孔隙对物性有明显的改善作用，说明该井在这个深度段内储层物性较好，可能存在次生孔隙，经扫描电镜和氩离子抛光分析，五峰组—龙马溪组和牛蹄塘组在扫描电镜下主要发育有五种储集空间类型，即：黏土矿物层间孔隙、粒间孔隙、溶蚀孔隙、有机质微孔隙及成岩微裂缝，这种多类型孔隙的存在，为游离气提供了好的储集空间，另一方面，微裂缝进一步改善了页岩的渗流能力。

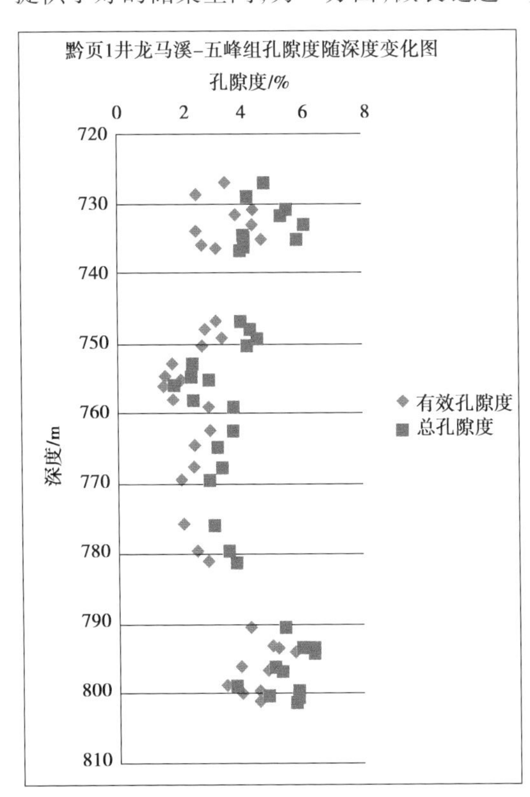

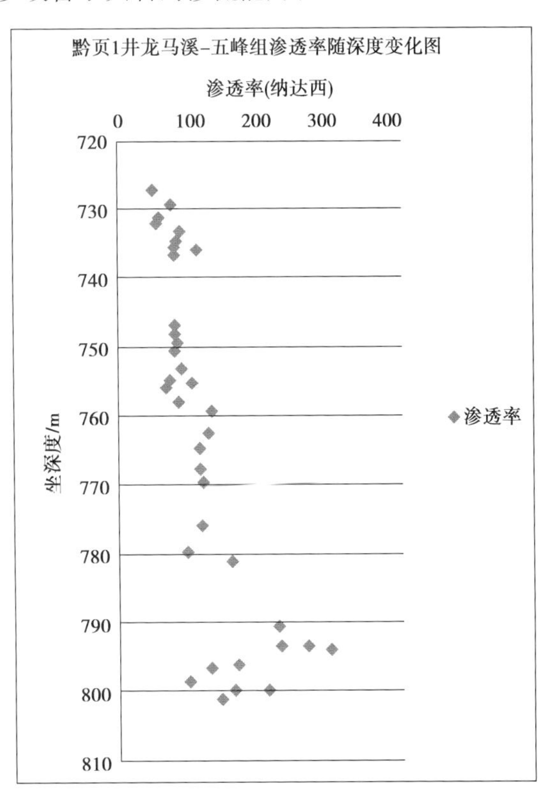

图 6.65 黔页 1 井孔隙度、渗透率与深度关系图

页岩气不仅吸附在有机质上，同时黏土成分也是重要的吸附载体。黏土薄片如伊利石

具有吸附气体的微孔隙结构,黏土矿物具有较大的比表面积,可提供较多的吸附位点,能够增加地层中的吸附气含量。Ross 和 Bustin(2009)研究了页岩中的无机矿物组分对孔隙结构的影响及在吸附和储存能力上的差异,研究显示伊利石、蒙脱石和高岭石的吸附等温线分别有较大差异,伊利石对气体的吸附能力远大于蒙脱石和高岭石(图 6.66)。渝东南地区下志留统龙马溪组黑色页岩经 X 衍射分析黏土矿物含量为 27% ~62%,平均为 43.2%,主要为伊利石和伊蒙混层矿物,以及少量的绿泥石,其中伊利石含量为 41% ~81%,平均为 54.7%。从西浅 1 井和西地 2 井比表面积数据分析看,渝东南下志留统龙马溪组页岩 BET 比表面积为 3.6 ~20.2 m^2/g,平均为 11.8 m^2/g,说明该区页岩具有较大的比表面积,这大大增加了渝东南地区富有机质页岩的吸附能力。

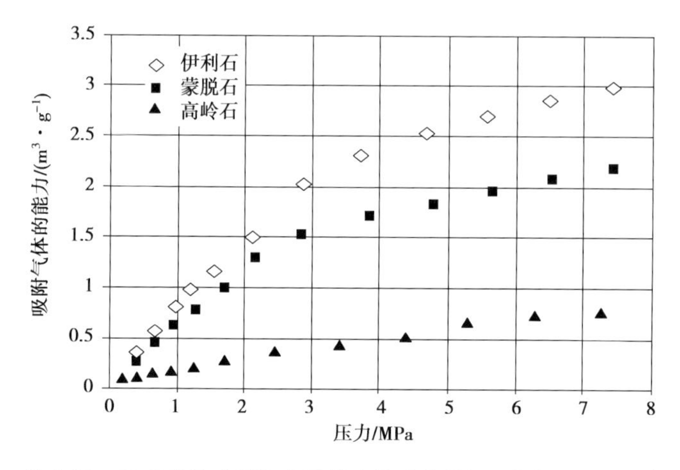

图 6.66 不同矿物对甲烷吸附能力的实验(Ross 和 Bustin,2009)

由于页岩的低渗透性特征,实现页岩气增产最有效的办法是人工压裂造缝,因此易于压裂是实现页岩气经济开采的必要条件。因此需要岩石具有很高的脆性,这却取决于其矿物组成。目前,从国内外已勘探和开发生产的页岩气区块的岩石中都含有较少的黏土矿物和较多的脆性矿物,其中,石英含量的多少与岩石脆性有最直接的关系。渝东南地区五峰—龙马溪组页岩碎屑矿物含量为 29% ~71%,平均为 48.7%,成分主要为石英和少量的长石,根据北美地区主要产气页岩储层主要参数的基本标准,矿物组成中脆性矿物含量要求大于 40%,脆性矿物含量增加,提高岩石的易压裂性,这对页岩气的生产至关重要,同时脆性矿物含量高的地层在岩石的成岩过程中更易产生微裂隙,为游离气提供储集空间,并提高地层渗透率。研究和实践表明,脆性矿物含量是页岩能够通过压裂造缝获得高产的关键因素。

渝东南地区黔页 1 井五峰组—龙马溪组页岩段解释气层 3 层共计 44.8m,分 3 段体积压裂改造方式进行压裂,分别是第一段:730 ~733 m,第二段:748 ~751 m,第三段:794 ~797 m。经试采后分析表明,各射孔段产能贡献分别为:第一段产能贡献 1%,第二段产能贡献 25.5%,第三段产能贡献 73.5%,生产测井结果显示黔页 1 井目前的主产气井段为 794 ~797 m 射孔段,其次为 748 ~751 m 射孔段。通过脆性矿物含量统计分析认为,第一段石英含量均值为 27%,第二段石英含量均值为 31%,第三段石英含量均值为 61%,说明较高的脆性矿物含量，在外力作用下易于形成天然裂缝和诱导裂缝，形成网状结构缝，有利于页岩气的开采。

④线状褶皱-断裂、抬升-剥蚀，后期多期次构造运动，形成现今渝东南地区多凸多凹即隔槽式褶皱-过渡式褶皱-隔挡式褶皱的构造形态，构造形变强度是渝东南地区页岩气保存的主要因素。

渝东南地区在燕山期的运动奠定了现今基本的构造格局。在燕山运动以前，渝东南地区以区域隆升为主，但到了燕山运动早期，则变为以挤压、褶皱作用为主，同时伴有强烈的隆起抬升作用。渝东南地区燕山早期的褶皱-冲断作用形成的构造线呈北东向展布，褶皱轴面和断面倾向南东，为一从南东向北西扩展的传递挤压特征。七曜山断裂间是一个深断裂带，其上所有构造层均强烈褶皱、断裂，主要为隔槽式和等宽褶皱，背斜宽缓，一般为箱状；向斜窄、陡，地表呈狭长带状分布，内部挤压的构造和滑脱十分发育；褶皱具有从东到西由密而疏、由强而弱的特点。该带北西主滑脱面在志留系滑脱层，构造呈现隔挡式滑脱样式，背斜高陡，呈狭长带状分布，向斜宽缓；构造线呈斜列式展布，其走向逐渐由北北东向北东东方向偏转成弧形；该段褶皱同样具有从东到西由密而疏、由强而弱的特点。在渝东南地区晚燕山运动形成的北北东向构造复合于早期北东向和东西向构造之上，使该区构造格局变得更加复杂。

到了喜马拉雅晚期，渝东南地区又进入了新一期的造山阶段——以隆升为主的再造山过程。此期间，地层隆升剥蚀表现尤为明显，这种隆升剥蚀在渝东南地区没有渐新世和中新世沉积，上三叠统、侏罗系、上白垩统亦被大量剥蚀（或缺失），仅在局部地区残存，地壳持续的抬升、掀斜、坳褶和强烈的侵蚀作用，造成了第四系下更新统与新近系及其先期的地层呈不整合接触。

早期的加里东期-海西期-印支中期，渝东南地区的构造运动以隆升和沉降为主，此时形成的构造也是以大型的隆起和坳陷，它们对烃源岩的保存没有起到特殊的变化作用，只是加强了烃源岩的演化强度。印支晚期-燕山早期是渝东南地区寒武系牛蹄塘组和上奥陶统五峰组和下志留系龙马溪组烃源岩进一步埋深的时期，也是烃源岩被埋藏最深的时期。此期下寒武统埋深为9 000 ~ 11 600 m，下志留统埋深在7 000 ~ 8 600 m，巨大的埋藏深度造成了烃源岩的高演化程度。

燕山期是渝东南地区两套烃源岩层的一个主要的改造时期。早燕山运动是一场强烈的以褶皱、断裂为主要特征的造山运动，构造线方向为北东-北东东向，并且从南东向北西由“隔槽式”构造带逐渐转变为“隔挡式”构造带；褶皱形态主要为紧密线形褶皱；断裂规模较大，为逆冲断裂或逆冲推覆断裂。地壳的抬升使地层遭到大量的剥蚀，渝东南地区线状褶皱和断裂使古生代地层分割成北东向的条块，向斜内古生界得以保存，背斜上古生界遭到大量剥蚀；燕山晚期运动是区内又一场重要的褶皱造山运动，其构造线方向为北北东向，它们复合于燕山早期的构造之上，使渝东南地区早期的背斜和向斜分割成更小的条块。上奥陶统五峰组和下志留系龙马溪组复背斜上的向斜中烃源岩层保存较好，如普子向斜、桑柘坪向斜、翟河坝向斜、酉阳向斜和平阳盖向斜等，但这些向斜狭窄，呈长条状，面积较小，向斜边缘目的层已露出地表，对页岩气的封盖和保存有一定影响，因页岩气藏属于"自生、自储、自盖"原地成藏。烃源岩的厚度对排烃具有十分重要的作用，Tissott 和 Welte 认为源岩的有效厚度与生油岩及运载层的组合方式有关，一般为 10 ~ 30 m。王捷等（1995）认为进入成熟门限的生油岩向，其上、下排烃的有效厚度分别为 18.5 m 和 4.0 m，排油效率分别为 54.6% 和 24.1%，以向上排烃为主。结合以上相关文献针对常规油气烃源岩排烃厚度研究，本项目给出烃源岩排烃最大厚度在源岩内上下 30.0 m，也就是说对于出露地表的烃源岩，如果不考虑淋滤和风化等因素，应在 30.0 m 以下地层页岩气才能保存。

2）页岩气富集规律

渝东南地区页岩气藏具有源内成藏的特征，有效烃源岩控制了富有机质页岩的分布，自生自储的配置关系决定了页岩气的富集程度。烃源岩评价表明，渝东南地区上奥陶统五峰组—下志留统龙马溪组烃源岩处于中期原地成藏和后期裂缝调整成藏阶段的过渡期，该套源岩对页岩气富集成藏的贡献最大。因此，该套源岩的分布范围控制了页岩气藏的发育范围，即渝东南地区各个向斜部位是上奥陶统五峰组-下志留统龙马溪组富有机质页岩层段富集的部位。

渝东南地区早期稳定的古构造背景和大面积海相陆棚沉积环境，发育了上奥陶统五峰组-下志留统龙马溪组和下寒武统牛蹄塘组优质烃源岩，是该区页岩气富集成藏的物质基础。后期强烈的挤压和抬升剥蚀，使页岩气成藏受到了保存条件的制约，同时，这种构造活动，改善了页岩致密储层的物性条件，产生了大量的节理、裂缝和次生孔隙，增加了页岩气的储集空间。

通过已知井对比和黔页 1 井区储层预测分析，上奥陶统五峰组-下志留统龙马溪组富有机质页岩最富集的部位为上奥陶统五峰组—下志留统龙马溪组下部，即第一亚段，局部地区第三亚段也是页岩气富集的有利部位，说明富有机质页岩的分布无论从纵向上还是横向上都具有很强非均质性。采用地震储层预测技术方法，通过叠后反演，可识别 5 m 以下薄储层。纵向上，从反演速度剖面（图 6.67），储层可以清晰识别，而且在反演速度体上，薄储层均可以清晰识别，并可以在全三维工区范围内追踪解释，预测储层的空间分布特征。图中可见，下部反演预测的一套页岩储层为黔页 1 井的优质页岩段 792.0 ~ 801.8m（9.8m）气层，上部为黔页 1 井优质页岩段 728.0 ~ 735.0 m（7.0 m）含气层。平面上，页岩气储层在黔页 1 井三维地震工区全区分布、厚度有一定的变化，最大厚度 18.0 m、最小 7.0 m，平均厚度为 12.0 m 左右；厚度大于 15 m 的储层主要发育在黔页 1 井区和工区北部，厚度小于 9.0 m 的区域在黔页 1 井的西边和东南局部出现（图 6.68）。

渝东南地区富有机质页岩的分布在平面上具有分区分带的特点，不同层位富有机质页岩因其处在不同的成藏阶段，同时受后期强烈的褶皱-冲断和抬升-剥蚀作用的差异，在渝东南地区形成了北北东向从北西至南东隔挡式褶皱带-过渡式（城垛式）褶皱带-隔槽式褶皱带。受这三个褶皱构造带控制，页岩气在不同构造部位具有不同的富集成藏特征。

纵向上，渝东南地区该套富有机质页岩层段分为三个亚段，从下至上分别为第一亚段、第二亚段和第三亚段。页岩气最富集层段为第一亚段，第一亚段富有机质页岩全区分布广泛、稳定,是目前渝东南地区页岩气勘探获得重大突破的最主要贡献层段。其次为第三亚段,第三亚段富有机质页岩分布由北西至南东逐渐减薄,第二亚段最差。平面上,渝东南地区在后期强烈的抬升-剥蚀作用下,褶皱带背斜几乎被剥蚀殆尽,由于南部的黔中隆起和东部的雪峰隆起的共同作用,渝东南地区上奥陶统五峰组-下志留统龙马溪组地层构造形态上

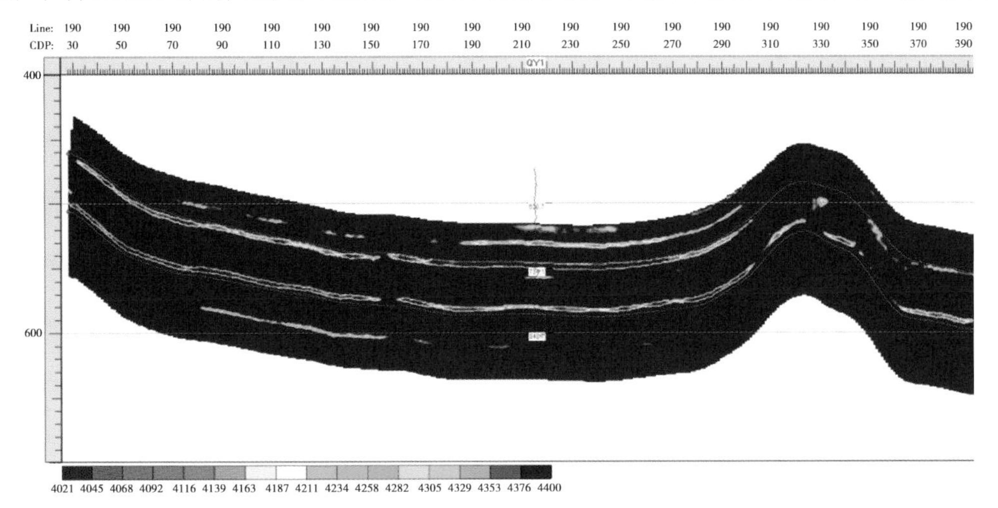

图 6.67 叠后地震储层反演与流体检测(line190)

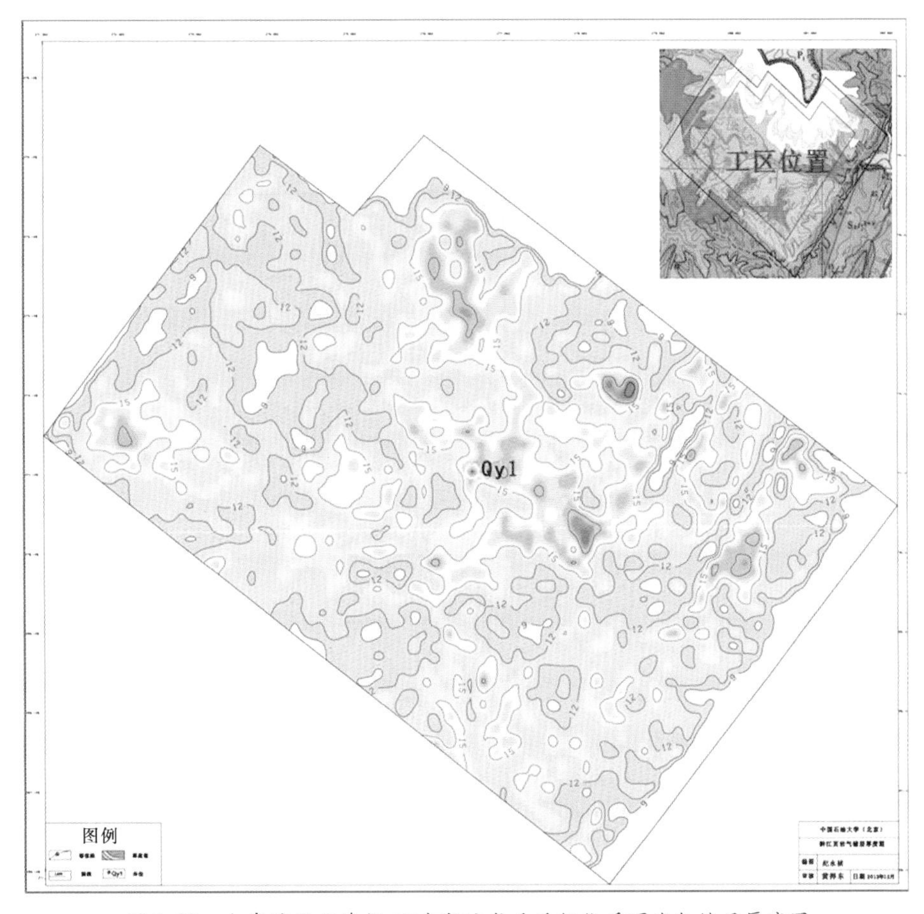

图 6.68 上奥陶统五峰组-下志留统龙马溪组优质页岩气储层厚度图

呈现北西低南东高的特点，导致从北西至南东该套地层剥蚀量逐渐增大，在东南部局部地区甚至志留系全部被剥蚀。该区最大埋深均位于向斜构造的中心位置，隔挡式褶皱内的青杠向斜龙马溪组黑色页岩底界埋深最大为4 900 m，城垛式褶皱带内的濯河坝向斜最大埋深3 200 m，隔槽式褶皱内的车田向斜最大埋深为2 700 m。总体上，上奥陶统五峰组-下志留统龙马溪组富有机质页岩在渝东南地区埋藏深度由北西至南东具有逐渐变浅的趋势，属于中深层-中浅层页岩气藏，因此页岩富集成藏主要集中在向斜中心及较缓的斜坡部位。

6.6.2 有利区优选

从北美地区页岩气勘探经验来看，控制页岩气可采性的地质参数主要为8大因素，包括页岩有机质丰度、页岩厚度、矿物组成、脆性、渗透率、孔隙压力、有机质成熟度和原地气量。2012年8月，国土资源部油气中心颁布《页岩气资源潜力评价与有利区优选方法（暂行稿）》，提出页岩气优选有利区主要参考8项指标。渝东南地区为典型南方型，该区复杂的地质背景形成了特色明显的页岩气富集类型，普遍具有总有机碳含量高、热演化程度高和构造复杂程度高等典型的南方区域特征。在该区内，3个褶皱构造带形成页岩气的多种可能地质条件同时具备，是页岩气发育及勘探研究的有利区域。该区发育了多套富有机质页岩，分布广、厚度大、变形强、埋藏浅、有机质含量高、热演化程度高，区域上褶皱带及断裂带易于产生裂缝，但渝东南地区后期构造变形强烈，褶皱背斜部位遭受了强烈的剥蚀，致使五峰—龙马溪组地层在渝东南地区褶皱背斜部位出露，使页岩气成藏富集的保存条件可能受到很大影响。因此，根据渝东南地区实际地表特点及目的层地质情况，页岩气有利区优选标准采用本项目提出的重庆地区页岩气有利区优选评价方法，主要从区块完整性和致密性、地形条件、地球化学特征、储层特征和含气性五方面共21个指标进行了评价，优选出8个向斜上奥陶统五峰组—下志留统龙马溪组页岩气发育有利区，从北西至南东依次为：青杠向斜、普子向斜、桑柘坪向斜、龚滩向斜、濯河坝向斜、毛坝向斜、车田向斜和平阳盖向斜。页岩气富集成藏有利区平面分布与褶皱构造带走向一致，呈北北东向条带状展布，有利区分布范围根据褶皱构造带分区和成藏模式的不同其分布面积有不同的变化，由北西至南东，褶皱构造带由疏而密，有利区分布面积也由大变小，横切向斜轴向有利区面积的宽度由宽变窄，有利区共圈定面积7 796 km^2（图6.69）。

根据北美页岩气勘探开发的经验来看，有利的页岩气勘探开发区应是地质背景好，即页岩广泛分布、地层产状平缓、后期断层和褶皱不发育、页岩埋藏深度适中。而对于渝东南地区，在构造变形强烈的地质条件下，应根据该区实际的地质背景，除进行有机质丰度、热成熟度、厚度、埋深、面积和含气量等关键地质因素对页岩储层进行评价外，同时还要针对渝东南地区盆缘山区复杂的地表地貌和地下地质构造演化特点进行有利区的进一步优选和分级，主要从静态要素（主要指构造样式、侵蚀基准面）和动态要素（断裂和节理）两个方面来分析区块的完整性和封闭条件，对区块进行优选。分析每个有利区的构造完整性，主要考虑构造样式、侵蚀基准面和地形变异系数（表6.20）。该表列出了各个有利区内的主要地貌参数，包括面积、断裂数和长度、侵蚀基准面标高和不同坡度面积所占的百分比。

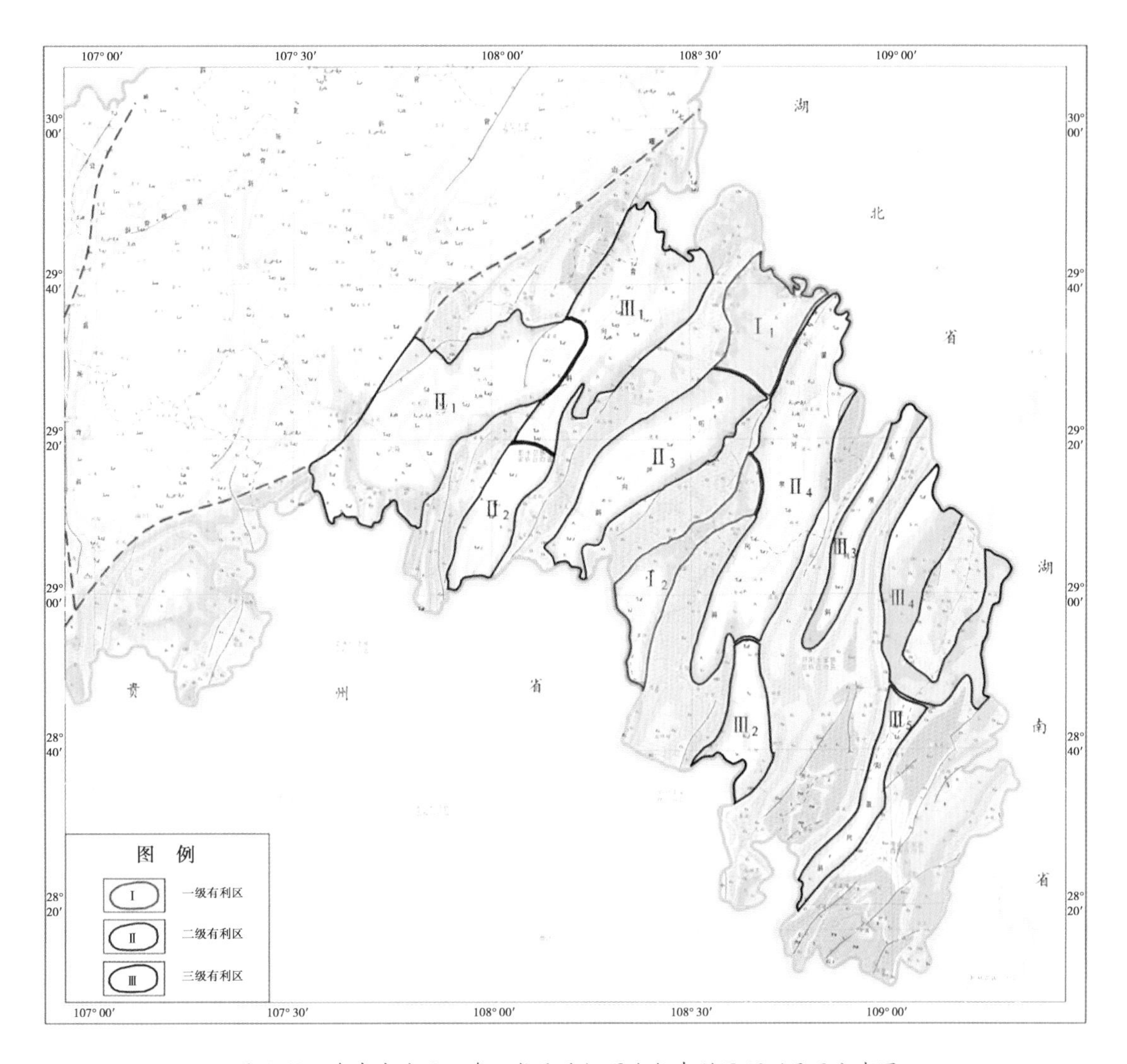

图 6.69 渝东南地区五峰—龙马溪组页岩气有利区预测平面分布图

表 6.20 重庆地区地形变异系数定量表征表

区块编号	构造名称	区块名称	面积 /km²	断裂数 /个	断裂长度 /mm	构造侵蚀面/m	地表粗糙度	不同坡度占总面积/%			
								0° ~ 10°	10° ~ 20°	20° ~ 30°	>30°
1	青杠向斜	武隆	808.4	4	54.1	171.5	1.07	22.9	46.3	22.5	8.3
2	普子向斜	普子	1 020.4	17	330.9	201.5	1.08	20	40.2	27.7	12.2
3	普子向斜	黄家	492.3	2	23.9	204.2	1.07	27.2	44.8	20.3	7.7
4	桑柘坪向斜	黔页1井井区	563.3	4	89	226.4	1.10	23.6	37.8	24.5	14.1
5	桑柘坪向斜	彭水	881.6	13	215	209	1.08	25.1	41	24.3	9.5
6	龚滩向斜	龚滩	305.6	8	107.5	271.5	1.08	24.8	45.1	21.2	9.0
7	濯河坝向斜	黔江	745.8	6	119.1	262.3	1.08	22.6	42.9	24.5	10.0

续表

区块编号	构造名称	区块名称	面积/km²	断裂数/个	断裂长度/mm	构造侵蚀面/m	地表粗糙度	不同坡度占总面积/%			
								0°～10°	10°～20°	20°～30°	>30°
8	毛坝向斜	毛坝	402.5	3	50.7	327.4	1.08	21.7	41.5	29.6	7.1
9	濯河坝向斜	宜居-小河	300.5	9	115.2	285.5	1.08	20.5	39.2	29.6	10.6
10	车田向斜+酉阳东背斜	酉阳东	1 764.1	39	928.69	287.5	1.07	27.5	42.8	23.5	6.2
11	平阳盖向斜	平阳盖	442.4	2	19	256.1	1.07	24.7	44.7	23.7	6.8

表 6.21　渝东南地区五峰—龙马溪组有利区划分表

编号	有利区分级	区块名称	构造名称	构造样式	面积/km²
1	Ⅰ1	黔页 1 井井区	桑柘坪向斜	蝶形向斜	449
2	Ⅰ2	龚滩	龚滩向斜	对称、侧卧宽缓向斜	428
3	Ⅱ1	武隆	青杠向斜	侧卧宽缓向斜为主、高陡断褶皱为辅	1 540
4	Ⅱ2	黄家	普子向斜	侧卧宽缓向斜为辅	400
5	Ⅱ3	彭水	桑柘坪向斜	对称宽缓向斜为主、闭合向斜为辅	860
6	Ⅱ4	黔江	濯河坝向斜	侧卧宽缓向斜为主、高陡断褶皱为辅	1 340
7	Ⅲ1	普子	普子向斜	高陡断褶皱为主、侧卧宽缓向斜为辅	997
8	Ⅲ2	宜居-小河	濯河坝向斜	闭合向斜	328
9	Ⅲ3	毛坝	毛坝向斜	闭合向斜	377
10	Ⅲ4	酉阳东	车田向斜+酉阳东背斜	侧卧宽缓向斜为主、闭合向斜为辅	752
11	Ⅲ5	平阳盖	平阳盖向斜	闭合向斜	325

根据目前成功勘探开发页岩气的经验来看，有利的页岩气勘探区应是地层产状平缓、断裂发育较少、地形平坦。同时，侵蚀基准面与目的层之间的相对位置对页岩气的保存也会有一定的影响。总体来看，背冲平拱和碟形向斜是最有利的页岩气勘探的。但是，即使是相同的构造样式，而目的层的埋深相差很大，对页岩气的保存影响也较大。直立宽缓向斜和侧卧宽缓向斜两翼地层（或一翼地层）平缓、部分目的层在侵蚀基准面之下，也是页岩

气勘探较好的有利区。闭合向斜、高陡断褶皱和倒转向斜中地层倾角较大,高坡率所占的百分比较大,页岩气勘探难度较大。其中,黔页 1 井区块(碟形向斜)和龚滩区块(宽缓向斜)为重点勘探核心区块(表 6.21)。

6.6.3 页岩气资源评价

1)资源量计算

体积法是一种简单快速的页岩气资源评价方法,也是勘探开发程度较低区域进行页岩气资源量评价的基本方法,也是本文采用的计算资源量方法。简要过程是:首先确定评价区页岩系统展布面积、有效页岩平均厚度、页岩密度、页岩含气量;其次根据评价区页岩地化特征、储层特征等关键因素,结合页岩沉积、构造样式等地质条件,与已知含气页岩对比,按地质条件相似程度,最终按如下方式估算渝东南地区页岩气资源量(表 6.22):

$$Q = 0.01 \times S \times h \times \rho \times q \tag{6.1}$$

式中 Q——评价区页岩气资源量,$10^8 m^3$;

S——评价区有效页岩面积,km^2;

h——有效页岩厚度,m;

ρ——页岩密度,t/m^3;

q——页岩含气量,m^3/t。

2)渝东南地区资源评价

(1)计算参数可靠性分析

本次资源量计算参数的确定,首先依据前述资源评价参数选取原则进行,然后根据渝东南地区地质特点,面积选取侵蚀基准面之下以埋深大于600 m 作为页岩含气面积范围;厚度以有机碳大于2%的页岩厚度作为富有机质页岩有效厚度,岩石密度取页岩有效厚度内平均岩石密度 2.5 t/m^3 作为页岩密度值,总含气量以页岩有效厚度内测井解释平均总含气量作为各个有利区面积内总含气量计算值。若该区内无井资料,则通过类比法借用邻区已有参数作为本有利区计算参数,因此,本次资源量计算参数选取是合理可靠的。

(2)有利区资源潜力评价

渝东南地区五峰—龙马溪组富有机质页岩共划分了三类有利区,Ⅰ类有利区 2 块,Ⅱ类有利区 4 块,Ⅲ类有利区 5 块,共划分有利区面积 7 796 km^2、计算总资源量为 10 191 亿 m^3。其中Ⅰ类有利区面积 877 km^2、计算资源量为 924 亿 m^3,Ⅱ类有利区面积 4 140 km^2、计算资源量为 6 602 亿 m^3,Ⅲ类有利区面积 2 779 km^2、计算资源量为 2 665 亿 m^3,Ⅰ类和Ⅱ类有利区面积占总面积的 64%,资源量占总资源量的 74%,Ⅰ类和Ⅱ类有利区属于低丰度页岩气储层,说明渝东南地区从目前的勘探认识程度来看,具有较好的勘探开发潜力。

(3)勘探风险性评价

本次对渝东南地区五峰—龙马溪组划分了三类有利区,其中Ⅰ类有利区是该区最有利的勘探核心区,Ⅱ类有利区次之,Ⅲ类有利区勘探风险性较大,因此针对该层位应以核心区勘探为首选区,减小勘探风险,提高钻探成功率。

表 6.22　渝东南地区五峰—龙马溪组页岩气资源量计算表

序号	有利区分级	构造名称	区块名称	面积/km^2 埋深>600 m	含气页岩（TOC>2%）厚度/m	有机质丰度/%	有效孔隙度/%	解吸气量/（$m^3 \cdot t_{岩}^{-1}$）	总含气量/（$m^3 \cdot t_{岩}^{-1}$）	地质资源量/（$10^8 m^3$）	资源丰度/（$10^8 m^3 \cdot km^{-2}$）
1	Ⅱ1	青杠向斜	武隆	1 540	36.7	0.6~8.5	4.83	1.18	2	2 826	1.84
2	Ⅲ1	普子向斜	普子	997	36.7	1.4~7.3	4.83	1.18	2	1 830	1.84
3	Ⅱ2	普子向斜	黄家	400	36.7	1.4~7.3	4.83	1.18	2	734	1.84
4	Ⅰ1	桑柘坪向斜	黔页1井井区	449	12	2.2~4.4	4.5	1.23	2.1	282	0.63
5	Ⅱ3	桑柘坪向斜	彭水	860	24	2.2~4.4	4.5	1.23	2	1 032	1.20
6	Ⅰ2	龚滩向斜	龚滩	428	30	0.6~5.2	4.5	1.19	2	642	1.50
7	Ⅱ4	濯河坝向斜	黔江	1 340	30	0.6~5.2	4.5	1.19	2	2 010	1.50
8	Ⅲ3	毛坝向斜	毛坝	377	20	0.6~5.2	2.2	0.03	1.5	283	0.75
9	Ⅲ2	濯河坝向斜	宜居-小河	328	12	0.6~5.2	2.2	0.03	1.5	148	0.45
10	Ⅲ4	车田向斜+酉阳东背斜	酉阳东	752	10	0.6~5.2	2.2	0.1	1.5	282	0.38
11	Ⅲ5	平阳盖向斜	平阳盖	325	10	0.6~5.2	2.2	1.19	1.5	122	0.38
总计				7 796						10 191	

参考文献

[1]吴庆红,李晓波,刘洪林,等. 页岩气测井解释和岩心测试技术——以四川盆地页岩气勘探开发为例[J]. 石油学报,2011(03):484-488.

[2]唐颖,张金川,刘珠江,等. 解吸法测量页岩含气量及其方法的改进[J]. 天然气工业,2011(10):108-112,128.

[3]李智锋,李治平,王杨,等. 页岩气储层渗透性测试方法对比分析[J]. 断块油气田,2011(06):761-764.

[4]王海涛. 页岩气探井测试压裂方案设计与评价[J]. 石油钻探技术,2012(01):12-16.

[5]胡郁乐,罗光强,杨国巍,等. PPTS-1 压力传递型泥页岩渗透性测试系统[J]. 煤田地质与勘探,2013(06).

[6]于荣泽,卞亚南,张晓伟,等. 页岩储层非稳态渗透率测试方法综述[J]. 科学技术与工程,2012(27):7019-7027,7035.

[7]帅琴,黄瑞成,高强,等. 页岩气实验测试技术现状与研究进展[J]. 岩矿测试,2012(06):931-938.

[8]胡郁乐,罗光强,杨国巍,等. PPTS-1 压力传递型泥页岩渗透性测试系统[J]. 煤田地质与勘探,2013(06):87-89.

[9]刘洪林,邓泽,刘德勋,等. 页岩含气量测试中有关损失气量估算方法[J]. 石油钻采工艺,2010(S1):156-158.

[10]陈更生,董大忠,王世谦,等. 页岩气藏形成机理与富集规律初探[J]. 天然气工业,2009, 29(5): 17-21.

[11]程克明,王世谦,董大忠,等. 上扬子区下寒武统筇竹寺组页岩气成藏条件[J]. 天然气工业,2009,29(5):40-44.

[12]戴俊生, 汪必峰, 马占荣. 脆性低渗透砂岩破裂准则研究[J]. 新疆石油地质, 2007, 28(4): 393-395.

[13]戴长林,石文睿,程俊,等. 基于随钻录井资料确定页岩气储层参数[J]. 天然气工业,2012,32(12):17-21.

[14]范柏江,师良,庞雄奇. 页岩气成藏特点及勘探选区条件[J]. 油气地质与采收率,2011, 18(6): 9-13.

[15]高福红,刘立,高红梅,等. 鸡西盆地早白垩世烃源岩沉积有机相划分和评价[J]. 吉林

大学学报:地球科学版,2007,37(4):717-720.

[16]高霞,谢庆宾.储层裂缝识别与评价方法新进展[J].地球物理学进展,2007:1460-1465.

[17]顾健,黄永建,王成善.松辽盆地"松科1井"南孔青山口组泥岩岩相研究[J].中国矿业,2010(1):161-165.

[18]郝建飞,周灿灿,李霞,等.页岩气地球物理测井评价综述[J].地球物理学进展,2012,27(4):1624-1632.

[19]郝孝荣.页岩气层测井响应特征及其含气量评价[J].科技资讯,2012(28):84-85.

[20]何建军,贺振华,黄德济.致密砂岩储层裂缝发育带的检测和识别[J].成都理工大学学报(自然科学版).2004:713-716.

[21]胡爱军,潘一山,唐巨鹏,等.型煤的甲烷吸附以及NMR试验研究[J].洁净煤技术,2007,13(3):37-40.

[22]黄绪德,郭正吾.致密砂岩裂缝气藏的地震预测[J].石油物探,2000:1-14.

[23]黄兆辉,邹长春,聂昕,等.页岩储层参数的测井评价方法[J].中国地球物理,2012:409-410.

[24]吉利明,邱军利,张同伟,等.泥页岩主要黏土矿物组分甲烷吸附实验[J].地球科学——中国地质大学学报,2012,5(37):1043-1050.

[25]贾承造,郑民,张永峰.中国非常规油气资源与勘探开发前景[J].石油勘探与开发,2012,39(2):129-136.

[26]姜福杰,庞雄奇,姜振学,等.致密砂岩气藏成藏过程的物理模拟实验[J].地质论评,2007,53(6):844-848.

[27]姜福杰,庞雄奇,欧阳学成,等.世界页岩气研究概况及中国页岩气资源潜力分析[J].地学前缘,2012,19(2):198-211.

[28]姜福杰.致密砂岩气藏成藏过程中的地质门限及其控气机理[J].石油学报,2010,31(1):49-54.

[29]姜培海,杨小丽.利用储层沉积学参数预测储层孔隙度[J].中国海上油气(地质),1997,11(4):261-267.

[30]姜振学,庞雄奇,曾溅辉,等.油气优势运移通道的类型及其物理模拟实验研究[J].地学前缘,2005,12(4):507-516.

[31]蒋欲强,董大忠,漆麟,等.页岩气储层的基本特征及其评价[J].天然气工业,2010,30(10):7-12.

[32]赖生华,刘文碧,李德发,等.泥质岩裂缝油藏特征及控制裂缝发育的因素[J].矿物岩石,1998,18(2):47-51.

[33]李道品.低渗透砂岩油田开发[M].北京:石油工业出版社,1997.

[34]李明刚,禚喜准,陈刚,等.恩平凹陷珠海组储层的孔隙度演化模型[J].石油学报,2009,30(6):862-868.

[35]李荣,孟英峰,罗勇,等. 泥页岩三轴蠕变实验及结果应用[J]. 西南石油大学学报,2007,29(3):57-59.

[36]李善军,肖承文,汪涵明. 裂缝的双侧向测井响应的数学模型及裂缝孔隙度的定量解释[J]. 地球物理学报,1996,39(6): 845-852.

[37]李武广,杨胜来,徐晶,等. 考虑地层温度和压力的页岩吸附气含量计算新模型[J]. 天然气地球科学,2012,23(4): 791-796.

[38]李武广,杨胜来. 页岩气开发目标区优选体系与评价方法[J]. 天然气工业,2011,31(4): 59-62.

[39]李新景,胡素云,程克明. 北美裂缝性页岩气勘探开发的启示[J]. 石油勘探与开发,2007,34(4):392-400.

[40]李新景,吕宗刚,董大忠,等. 北美页岩气资源形成的地质条件[J]. 天然气工业,2009,29(5): 27-32.

[41]李艳丽. 页岩气储量计算方法探讨[J]. 天然气地球科学,2009,20(3): 466-469.

[42]李玉喜,乔德武,姜文利,等. 页岩气含气量和页岩气地质评价综述[J]. 地质通报,2011,30(2-3):310-317.

[43]李元昊,刘建平,梁艳,等. 鄂尔多斯盆地上三叠统延长组低渗透岩性油藏成藏物理模拟[J]. 石油与天然气地质,2009: 706-712.

[44]李忠,梁波,巫芙蓉,等. 地震裂缝综合预测技术在川西致密砂岩储层中的应用[J]. 天然气工业,2007:40-42.

[45]连承波,赵永军,李汉林,等. 煤层含气量的主控因素及定量预测[J]. 煤炭学报,2005,30(6): 726-729.

[46]梁超,姜在兴,郭岭,等. 黔北地区下寒武统黑色页岩沉积特征及页岩气意义[J]. 断块油气田,2012,19(1):22-26.

[47]刘爱华,傅雪海,王可新. 褐煤储层含气量计算[J]. 西安科技大学学报,2012,32(3):306-313.

[48]刘传联,舒小辛,刘志伟. 济阳坳陷下第三系湖相生油岩的微观特征[J]. 沉积学报,2001,19(2):293-298.

[49]刘莉萍,秦启荣,李乐. 川中公山庙构造沙一储层裂缝预测[J]. 西南石油学院学报,2004,26(4): 10-13.

[50]刘树根,马文辛,JansaL,etal. 四川盆地东部地区下志留统龙马溪组页岩储层特征[J]. 岩石学报,2011,27(8):2239-2252.

[51]刘震,邵新军,金博,等. 压实过程中埋深和时间对碎屑岩孔隙度演化的共同影响[J]. 现代地质,2007,21(1): 125-131.

[52]龙鹏宇,张金川,唐玄,等. 泥页岩裂缝发育特征及其对页岩气勘探和开发的影响[J]. 天然气地球科学,2011,22(3): 525-532.

[53]卢颖忠,黄智辉,管志宁,等. 储层裂缝特征测井解释方法综述[J]. 地质科技情报,

1998：86-91.

[54]马如辉．致密砂岩储层的裂缝预测[J]．天然气工业，2005：60-61.

[55]莫修文，李舟波，潘保芝．页岩气测井地层评价的方法与进展[J]．地质通报，2011，30(2/3)：400-405.

[56]穆龙新．裂缝储层地质模型的建立[J]．石油勘探与开发．1995：78-82.

[57]聂海宽，唐玄，边瑞康．页岩气成藏控制因素及中国南方页岩气发育有利区预测[J]．石油学报，2009，30(4)：484-491.

[58]聂海宽，张金川，张培先，等．福特沃斯盆地 Barnett 页岩气藏特征及启示[J]．地质科技情报，2009，28(2)：87-93.

[59]蒲伯伶，包书景，王毅，等．页岩气成藏条件分析——以美国页岩气盆地为例[J]．石油地质与工程，2008，22(3)：34-39.

[60]屈策计，李江山，刘玉博．页岩气赋存机理研究[J]．中国石油和化工标准与质量，2013，8(1)：157.

[61]沈国华．有限元数值模拟方法在构造裂缝预测中的应用[J]．油气地质与采收率，2008，15(4)：24-26.

[62]寿建峰，朱国华．砂岩储层孔隙保存的定量预测研究[J]．地质科学，1998，32(2)：244-249.

[63]宋惠珍，曾海容，孙君秀，等．储层构造裂缝预测方法及其应用[J]．地震地质，1999，21(3)：205-213.

[64]宋永东，戴俊生．储层构造裂缝预测研究[J]．油气地质与采收率，2007，14(6)：9-13.

[65]苏培东，秦启荣，黄润秋．储层裂缝预测研究现状与展望[J]．西南石油学院学报，2005，27(5)：14-17.

[66]孙永河，吕延防，付晓飞，等．库车坳陷北带断裂输导效率及其物理模拟实验研究[J]．中国石油大学学报(自然科学版)，2007：135-140.

[67]孙永河，吕延防，付晓飞，等．库车坳陷的断裂有效运移通道及其物理模拟[J]．地质科学，2008：389-401.

[68]孙玉凯，李新宁，何仁忠，等．吐哈盆地页岩气有利勘探方向[J]．新疆石油地质，2011，32(1)：4-6.

[69]谭成轩，王连捷．三维构造应力场数值模拟在含油气盆地构造裂缝分析中应用初探[J]．地球学报，1999，20(4)：392-394.

[70]王飞宇，贺志勇，孟晓辉，等．页岩气赋存形式和初始原地气量(OGIP)预测技术[J]．天然气地球科学，2011，22(3)：501-510.

[71]王冠民．古气候变化对湖相高频旋回泥岩和页岩的沉积控制[D]．中国科学院研究生院(广州地球化学研究所)，2005.

[72]王群，宋延杰，张淑梅．含气饱和度新模型的探讨[J]．大庆石油学院学报，1989，13(4)：17-22.

[73] 王世谦,满玲,董大忠,等. 四川盆地南部五峰组—龙马溪组泥质岩岩相与储集特征[A]. 中国矿物岩石地球化学学会. 中国矿物岩石地球化学学会第14届学术年会论文摘要专辑[C]. 中国矿物岩石地球化学学会,2013:2.

[74] 王祥,刘玉华,张敏,等. 页岩气形成条件及成藏影响因素研究[J]. 天然气地球科学,2010,21(2):350-355.

[75] 王筱文,肖立志等. 中国陆相地层核磁共振孔隙度研究[J]. 中国科学G辑,2006,36(4):366-374.

[76] 武景淑,于炳松,李玉喜. 渝东南渝页1井页岩气吸附能力及其主控因素[J]. 西南石油大学学报,2012,34(4):40-47.

[77] 肖昆,邹长春,黄兆辉,等. 页岩气储层测井响应特征及识别方法研究[J]. 科技导报,2012,30(18):73-79.

[78] 徐美华,陈小凡,谢一婷,等. 页岩气地质储量计算方法探讨[J]. 重庆科技学院学报(自然科学版),2013,15(3).

[79] 闫存章,黄玉珍,葛春梅,等. 页岩气是潜力巨大的非常规天然气资源[J]. 天然气工业,2009,35(5):79-83.

[80] 袁政文,译. 阿尔伯达深盆气研究[M]. 北京:石油工业出版社,1996.

[81] 张帆,贺振华. 预测裂隙发育带的构造应力场数值模拟技术[J]. 石油地球物理勘探,2000,35(2):154-163.

[82] 张金川,金之钧,郑浚茂. 深盆气资源量—储量评价方法[J]. 天然气工业,2001,21(4):32-35.

[83] 张金川,金之钧,袁明生. 页岩气成藏机理和分布[J]. 天然气工业,2004,24(7):15-18.

[84] 张金川,薛会,张德明,等. 页岩气及其成藏机理[J]. 现代地质,2003,17(4):466.

[85] 张金华,魏伟,钟太贤. 国外页岩气资源储量评价方法分析[J]. 中外能源,2011,16(9):38-42.

[86] 张晋言. 页岩油测井评价方法及其应用[J]. 地球物理学进展,2012,27(3):1154-1162.

[87] 张利萍,潘仁芳. 页岩气的主要成藏要素与气储改造[J]. 中国石油勘探,2009,14(3):20-23.

[88] 张林晔,李政,朱日房. 页岩气的形成与开发[J]. 天然气工业,2009,29(1):1-5.

[89] 张晓东,秦勇,桑树勋. 煤储层吸附特征研究现状及展望[J]. 中国煤田地质,2005,17(1):16-22.

[90] 张雪芬,陆现彩,张林晔,等. 页岩气的赋存形式研究及其石油地质意义. 地球科学进展,2010,25(6):597-604.

[91] 赵文智,邹才能,宋岩. 石油地质理论与方法进展[M]. 北京:石油工业出版社,2006:132-134.

[92] 邹才能,董大忠,王社教,等. 中国页岩气形成机理,地质特征及资源潜力[J]. 石油勘探与开发,2010,37(6):641-653.

[93]邓克俊,谢然红.核磁共振测井理论及应用[M].中国石油大学出版社,2010:64-66.
[94]潘仁芳,赵明清,伍媛.页岩气测井技术的应用[J].中国科技信息,2010,(7):15-18.
[95]董红,侯俊胜,李能根,等.煤层煤质和含气量的测井评价方法及其应用[J].物探与化探,2001,25(2):138-143.
[96]莫修文,李舟波,潘保芝.页岩气测井地层评价的方法与进展[J].地质通报,2011,30(2/3):400-405.
[97]潘仁芳,赵明清,伍媛.页岩气测井技术的应用[J].中国科技信息,2010(007):16-18.
[98]吴庆红,李晓波,刘洪林,等.页岩气测井解释和岩心测试技术——以四川盆地页岩气勘探开发为例[J].石油学报,2011,32(3):484-488.
[99]刘双莲,陆黄生.页岩气测井评价技术特点及评价方法探讨[J].测井技术,2011,35(2):112-116.
[100]郝孝荣.页岩气层测井响应特征及其含气量评价[J].科技资讯,2012(28):84-85.
[101]侯颉,邹长春,杨玉卿.页岩气储层矿物组分测井分析方法[J].工程地球物理学报,2012,9(5):607-613.
[102]郝建飞,周灿灿,李霞,等.页岩气地球物理测井评价综述[J].地球物理学进展,2012,27(4):1624-1632.
[103]潘仁芳,伍媛,宋争.页岩气勘探的地球化学指标及测井分析方法初探[J].中国石油勘探,2009,14(3):6-9.
[104]刘洪林,王红岩,李景明,等.煤层含气量快速解吸仪[P].北京:CN101034050,2007-09-12.
[105]刘洪林,王红岩,李景明,等.煤层含气量快速解吸仪[P].北京:CN201016909,2008-02-06.
[106]董大忠,程克明,王世谦,等.页岩气资源评价方法及其在四川盆地的应用[J].天然气工业,2009,05:33-39,136.
[107]左中航,杨飞,张操,等.川东南地区志留系龙马溪组页岩气有利区评价优选[J].化工矿产地质,2012(03):135-142.
[108]王永诗,李政,巩建强,等.济阳坳陷页岩油气评价方法——以沾化凹陷罗家地区为例[J].石油学报,2013,(01):83-91.
[109]王伟锋,刘鹏,陈晨,等.页岩气成藏理论及资源评价方法[J].天然气地球科学,2013(03):429-438.
[110]朱恒银,王强.页岩气勘探开发技术综述[J].安徽地质,2013(01):21-25.
[111]马林.页岩储层关键参数测井评价方法研究[J].油气藏评价与开发,2013(06):66-71.
[112]王世谦,王书彦,满玲,等.页岩气选区评价方法与关键参数[J].成都理工大学学报(自然科学版),2013(06):609-620.

[113]李武广,杨胜来.页岩气开发目标区优选体系与评价方法[J].天然气工业,2011(04):59-62,127-128.

[114]刘双莲,陆黄生.页岩气测井评价技术特点及评价方法探讨[J].测井技术,2011(02):112-116.

[115]魏明强,段永刚,方全堂,等.页岩气藏孔渗结构特征和渗流机理研究现状[J].油气藏评价与开发,2011(04):73-77.

[116]聂海宽,何发岐,包书景.中国页岩气地质特殊性及其勘探对策[J].天然气工业,2011(11):111-116,131-132.

[117]李庆辉,陈勉,金衍,等.页岩脆性的室内评价方法及改进[J].岩石力学与工程学报,2012(08):1680-1685.

[118]郝建飞,周灿灿,李霞,等.页岩气地球物理测井评价综述[J].地球物理学进展,2012(04):1624-1632.

[119]唐颖,邢云,李乐忠,等.页岩储层可压裂性影响因素及评价方法[J].地学前缘,2012(05):356-363.

[120]吴勘.高-过成熟区页岩气藏烃源岩评价方法探索[J].石油天然气学报,2012(10):37-39,167.

[121]王世谦,王书彦,满玲,等.页岩气选区评价方法与关键参数[J].成都理工大学学报(自然科学版),2013(06):609-620.

[122]谢小国,杨筱.页岩气储层特征及测井评价方法[J].煤田地质与勘探,2013(06).

[123]王永诗,金强,朱光有,等.济阳坳陷沙河街组有效烃源岩特征与评价[J].石油勘探与开发,2003(03):53-55.

[124]Abouelresh M O,Slatt R M. Lithofacies and sequence stratigraphy of the Barnett Shale in east-central Fort Worth Basin,Texas[J]. AAPG bulletin, 2012, 96(1): 1-22.

[125]Al-Anazi A, Gates I D. A support vector machine algorithm to classify lithofacies and model permeability in heterogeneous reservoirs[J]. Engineering Geology, 2010, 114(3): 267-277.

[126]Amsden T W. Lithofacies map of Lower Silurian deposits in central and eastern United States and Canada[J]. Assoc. Petroleum Geologists Bull, 1955, 39(1): 60-74.

[127]Ancell K L, Priice H S, Ford W K. An Investigation of the gas Producing and Storage Mechanism of the Devonian Shale at Cottageville Field[C]. SPE7938,1979.

[128]Baird G C. Pebbly phosphorites in shale; a key to recognition of a widespread submarine discontinuity in the Middle Devonian of New York[J]. Journal of Sedimentary Research, 1978, 48(2): 545-555.

[129]Barrer R M. Diffusion in and through solid[M]. Cambridge: Cambridge University Press,1951.

[130]Berner R A. Authigenic mineral formation resulting from organic matter decomposition in

modern sediments[J]. Fortschr. Miner, 1981, 59(1): 117-135.

[131]Bowker K A. Barnett Shale gas production, Fort Worth Basin: issues and discussion[J]. AAPG bulletin, 2007, 91(4): 523-533.

[132]Bridge J S, Jalfin G A, Georgieff S M. Geometry, lithofacies, and spatial distribution of Cretaceous fluvial sandstone bodies, San Jorge Basin, Argentina: outcrop analog for the hydrocarbon-bearing Chubut Group[J]. Journal of Sedimentary Research, 2000, 70(2): 341-359.

[133]Bustin R M, Bustion A, Cui X et al. 2008. Impact of shale properties on pore structure and storage characteristics. SPE Shale Gas Production Conference, SPE 119892.

[134]Bustin R. M. ,Gas shale tapped for big pay [J]. AAPG Explorer, 2005, 26(2):5-7.

[135]Bustin,R. M. ,C. R. Clarkson. Geological controls on coalbed methane reservoir capacity and gas content[J]. International Journal of Coal Geology,1998,38:3-26.

[136]Cipolla C L, Lolon E P, Erdle J C, et al. Reservoir Modeling in Shale-Gas Reservoirs [J]. SPE Reservoir Evaluation & Engineering, 2010, 13(4):638-653.

[137]Cassidy M M. Excello Shale, northeastern Oklahoma: clue to locating buried reefs[J]. AAPG Bulletin, 1968, 52(2): 295-312.

[138]CastellóD L, Alcaniz2Monge J, Casa-LilloM A, et al. Advances in the study of methane storage in porous carbonaceous materials[J]. Fuel,2002,81:1777-1803.

[139]Chalmers G R L, Bustin R M. Lower Cretaceous gas shales in northeastern British Columbia, Part I: geological controls on methane sorption capacity[J]. Bulletin of Canadian petroleum geology, 2008, 56(1): 1-21.

[140]Chalmers G R L, Bustin R M. Lower Cretaceous gas shales in northeastern British Chalmers G R L, Bustin R M. The organic matter distribution and methane capacity of the lower cretaceous strata of northeastern British Columbia[J]. Int. J. Coal Geol. ,2007,70: 223-239.

[141]Chang H C, Kopaska-Merkel D C, Chen H C, et al. Lithofacies identification using multiple adaptive resonance theory neural networks and group decision expert system[J]. Computers & Geosciences, 2000, 26(5): 591-601.

[142]Consulting A L L. Projecting the economic impact of Marcellus Shale gas development in West Virginia: a preliminary analysis using publicly available data[J]. DOE/NETL, 2012, 402033110.

[143]Cui. X. A New Method To Simultaneously Measure In Situ Permeability and Porosity Under Curtis J B. Fractured shale gas systems[J]. AAPG Bulletin,2002,86(11):1921-1938.

[144]Curtis M E, Ambrose R J, Sondergeld C H. Structural characterization of gas shales on the micro- and nano-scales[J]. 2010,SPE 137693.

[145]Dicker,A. I. and R. M. Smits. A practical approach for determining permeability from labo-

ratory pressure-pulse decay measurements[J]. 1998,SPE Paper17578.

[146]Dill H G, Ludwig R R, Kathewera A, et al. A lithofacies terrain model for the Blantyre Region: Implications for the interpretation of palaeosavanna depositional systems and for environmental geology and economic geology in southern Malawi[J]. Journal of African Earth Sciences, 2005, 41(5): 341-393.

[147]Dubois M K, Bohling G C, Chakrabarti S. Comparison of four approaches to a rock facies classification problem[J]. Computers & geosciences, 2007, 33(5): 599-617.

[148]El-Azabi M H, El-Araby A. Depositional framework and sequence stratigraphic aspects of the Coniacian-Santonian mixed siliciclastic/carbonate Matulla sediments in Nezzazat and Ekma blocks, Gulf of Suez, Egypt[J]. Journal of African Earth Sciences, 2007, 47(4): 179-202.

[149]Ghadeer S G, Macquaker J H S. The role of event beds in the preservation of organic carbon in fine-grained sediments: Analyses of the sedimentological processes operating during deposition of the Whitby Mudstone Formation (Toarcian, Lower Jurassic) preserved in northeast England[J]. Marine and Petroleum Geology, 2012, 35(1): 309-320.

[150]Hickey J J, Henk B. Lithofacies summary of the Mississippian Barnett Shale, Mitchell 2 TP Sims well, Wise County, Texas[J]. AAPG bulletin, 2007, 91(4): 437-443.

[151]Jarvie D M, Hill R J, Ruble T E, et al. Unconventional shale-gas systems: The Mississippian Barnett Shale of north-central Texas as one model for thermogenic shale-gas assessment[J]. AAPG bulletin, 2007,91(4): 475-499.

[152]Martini A M, Walter L M, Budai J M. , et al. Genetic and temporal relations between formation waters and biogenic methane—Upper Devonian Antrim shale, Michigan basin, USA [J]. Geochimica of CosmochimicaActa, 1998, 62(10):1699-1720.

[153]Martini A M, Walter L M, Ku T C W, et al. Microbial production and modification of gases in sedimentary basins: A geochemical case study from a Devonian shale gas play, Michigan basin[J]. AAPG Bulletin,2003,87(8):1355-1375.

[154]Michelena R J, Godbey K S, Angola O. Constraining 3D facies modeling by seismic-derived facies probabilities: Example from the tight-gas Jonah Field[J]. The Leading Edge, 2009, 28(12): 1470-1476.

[155]Milliken K L, Esch W L, Reed R M, et al. Grain assemblages and strong diagenetic overprinting in siliceous mudrocks, Barnett Shale (Mississippian), Fort Worth Basin, Texas [J]. AAPG bulletin, 2012, 96(8): 1553-1578.

[156]Mitra A, Warrington D, Sommer A. Application of Lithofacies Models to Characterize Unconventional Shale Gas Reservoirs and Identify Optimal Completion Intervals[C]. SPE Western Regional Meeting, 2010.

[157]Montgomery SI. , Javie DM, Bowker K A, et al. Mississippian Barnett Shale, Fort Worth

basin, north central Texas: Gas shale play with multi trillion cubic foot potential. AAPG Bulletin, 2005, 89(2): 155-175.

[158] Ross D J K, Bustin R M. Shale gas potential of the lower jurassicgordondale member, northeastern British Columbia, Canada[J]. Bulletin of Canadian Petroleum Geology, 2007, 55(1): 51-75.

[159] Wysocka A, Świerczewska A. Lithofacies and depositional environments of Miocene deposits from tectonically-controlled basins (Red River Fault Zone, northern Vietnam) [J]. Journal of Asian Earth Sciences, 2010, 39(3): 109-124.

[160] XIE Z. Research on the quaternary fine-fraction lithofacies and sedimentation model in Tainan Area, Qaidam Basin[J]. Earth Science Frontiers, 2009, 16(5): 245-250.

[161] Yao T, Chopra A. Integration of seismic attribute map into 3D facies modeling[J]. Journal of petroleum science and engineering, 2000, 27(1): 69-84.

[162] YeeD, SeidleJP, HansonWB. Gas sorption coal and measurement of gas content. Hydrocarbons from Coal. Ameriean Association of Petroleum Geologists. Tusa, Oklahoma, 1993, 203-218.

[163] Zhang T, Ellis G S, Ruppel S C, et al. Effect of organic-matter type and thermal maturity on methane adsorption in shale-gas systems[J]. Organic Geochemistry, 2012, 47: 120-131.

[164] Abousleiman Y, Tran M, Hoang S, et al. Geomechanics field characterization of Woodford Shale and Barnett Shale with advanced logging tools and nano-indentation on drill cuttings [J]. The Leading Edge, 2010, 29(6): 730-736.

[165] Aplin A C, Macquaker J H S. Mudstone diversity: Origin and implications for source, seal, and reservoir properties in petroleum systems[J]. AAPG bulletin, 2011, 95(12): 2031-2059.

[166] Billiotte J, Yang D, Su K. Experimental study on gas permeability of mudstones[J]. Physics and Chemistry of the Earth, Parts A/B/C, 2008, 33: S231-S236.

[167] Carpentier B, Huc A Y, Bessereau G. Wireline logging and source rocks-estimation of organic carbon content by the CARBOLOG method[J]. Log Anal, 1991, 32(3): 279-297.

[168] Dicker A I, Smits R M. A practical approach for determining permeability from laboratory pressure-pulse decay measurements [C]. International Meeting on Petroleum Engineering, 1988.

[169] Egermann P, Lenormand R, Longeron D, et al. A fast and direct method of permeability measurements on drill cuttings[J]. SPE Reservoir Evaluation & Engineering, 2005, 8 (4): 269-275.

[170] Elgmati M, Zhang H, Bai B, et al. Submicron-pore characterization of shale gas plays [C]. North American Unconventional Gas Conference and Exhibition, 2011: 622-636.

[171] Luffel D L, Hopkins C W, PD S. Matrix permeability measurement of gas productive shales[C]. SPE Annual Technical Conference and Exhibition, 1993.

[172] Mavor M. Barnett shale gas-in-place volume including sorbed and free gas volume[C]. AAPG Southwest Section Meeting. Fort Worth, Texas, 2003.

[173] Mavor, M. 2009. Shale Gas Core Analysis Overview, Oral presentation given at the SPWLA Topical Conference on Petrophysical Evaluation of Unconventional Reservoirs, Philadelphia, Pennsylvania, 15-19 March.

[174] Schettler P, Parmely C R, Lee W J. Gas storage and transport in Devonian shales[J]. SPE Formation Evaluation, 1989, 4(3): 371-376.

[175] Schoenberg M, Muir F, Sayers C. Introducing ANNIE: A simple three-parameter anisotropic velocity model for shales[J]. Journal of Seismic Exploration, 1996, 5(1): 35-49.

[176] ZeHui Huang, Williamson M. A. Artificial neural network modeling as an aid to source rock characterization[J]. Marine and Petroleum Geology, 1996, 13(2):277-290.

[177] Zuber M, Williamson J, Hill D, et al. A comprehensive reservoir evaluation of a shale reservoir-The New Albany Shale[C]. SPE Annual Technical Conference and Exhibition, 2002.